全国高等院校计算机基础教育研究会"计算机系统能力培养"立项项目

Android 实例详解
——项目实训开发

韩 迪 李建庆 编 著

北京邮电大学出版社
www.buptpress.com

内 容 简 介

随着移动互联网的发展和5G网络到来,智能手机应用开发市场发展越来越完善。本书以此为前提,主要讲解基于Android平台的项目开发。

本系列以Android平台项目开发为主线,分为上下两册。此次为下册,适合有一定Android编程基础的读者阅读学习。本册共分为11章实训和2章附录。本书的重点并不强调Android平台相比iOS平台的开发优势,而更多的是结合Android自身开源平台的特点和Google等强有力后盾的支持,从而设计出更多方便工作,服务生活的应用程序。

整书涵盖了移动终端的数据库、传感器、移动网络、最新插件、设计模式、工业化思想以及移动测试工具等多方面内容。书中讲授的大部分应用开发案例,已经发布在Android应用市场。和其他实训类的图书的区别在于:本书的安排不是案例为知识点服务,而是知识点是为案例服务的。根据作者的教学和开发经验,要让读者更好地将知识点融会贯通,需要在项目学习,在项目中应用。本书将项目拆分成主要功能模块,逐个击破每个知识点,将实际开发经验和建构主义教学融入其中,培养读者分析问题的能力解决问题的能力。

此外,特邀QPython框架的开发作者River,为本书撰写"用Web语言开发Android应用"的章节。让具有Web开发经验的程序员可以利用QPython框架也能够快速的构建Android应用。

图书在版编目(CIP)数据

Android实例详解——项目实训开发 / 韩迪,李建庆编著. --北京:北京邮电大学出版社,2016.8
(2020.8重印)

ISBN 978-7-5635-4797-5

Ⅰ. ①A… Ⅱ. ①韩…②李… Ⅲ. ①移动终端-应用程序-程序设计 Ⅳ. ①TN929.53

中国版本图书馆CIP数据核字(2016)第148140号

书　　　名:Android实例详解——项目实训开发
著作责任者:韩　迪　李建庆　编著
责 任 编 辑:满志文
出 版 发 行:北京邮电大学出版社
社　　　址:北京市海淀区西土城路10号(邮编:100876)
发　行　部:电话:010-62282185　传真:010-62283578
E-mail:publish@bupt.edu.cn
经　　　销:各地新华书店
印　　　刷:北京九州迅驰传媒文化有限公司
开　　　本:787 mm×1 092 mm　1/16
印　　　张:37.75
字　　　数:988千字
版　　　次:2016年8月第1版　2020年8月第3次印刷

ISBN 978-7-5635-4797-5　　　　　　　　　　　　　　　　　　定　价:76.00元

· 如有印装质量问题,请与北京邮电大学出版社发行部联系 ·

前　　言

随着计算机处理能力的高速发展,以及通信速度的提高和可穿戴设备的普及,IT 行业逐渐朝着移动互联网方向蓬勃发展。同时由于人类对生产效率、生活质量的不懈追求,人们开始希望能随时、随地的享用计算能力和信息服务,由此带来了计算模式的新变革。

新的变格方向之一是进入普适计算(Ubiquitous Computing)时代。普适计算是一个强调和环境融为一体的计算概念,而计算机本身则从人们的视线里消失。人们能够在任何时间、任何地点,都可以根据需要获得计算能力。

技术都是以人为本的,所以将来智能手机市场发展的趋势的重点并不是 Android 新 SDK 提供了什么新功能;iOS 又有了什么新的用户体验;又或者其他的手机平台又提供了什么更有趣的软件市场,而是普适计算的发展。其中包括计算机、手机、汽车、家电、可穿戴设备等所提供的综合网络服务。

所以本书的重点并不强调 Android 平台相比 iOS 平台的开发优势,而更多的是结合 Android 自身开源平台的特点和 Google 等强有力后盾的支持,从而设计出更多方便工作,服务生活的应用程序。

本书内容:

本书以 Android 应用程序实例开发为主线,通过 11 个单元的实训和 2 个单元附录,由"本地开发"到"平台框架",再到"性能优化",全面涵盖了有关数据库、传感器、移动网络、最新插件、设计模式、工业化思想以及移动测试工具等多方面的内容,书中讲授的大部分应用开发案例,已经发布在 Android 应用市场。

本书分为三部分:

第一部分:本地开发——前 1~4 章节涵盖了 Android 开发所需要的最新内容。如在日记本中使用业界常用的 ORM 型数据库;在音乐播放器中利用歌词下载讲解网络服务;在电话和短信功能中描述了通信服务花样玩法。

第二部分:平台框架——5~8 章节不仅仅只是讲解 Android 的开发,因为大型的项目是需要移动端(Android 或者 IOS)和后台配合进行交互。所以这部分除了突出 Android 部分的增删改查之外,同时也包含讲解移动端如何和服务器交互,整体架构该如何设计。选取的案例包含了:移动新闻平台信息发布和推送、可穿戴设备数据操作与展现、体感游戏中传感器数据采集与交互等新颖有趣的内容。

第三部分:性能优化——本书最后 3 个章节是在已经完成项目需求的基础上思考如何优化软件性能。内容分别是:同一个项目需求但不同开发方法:利用编写一个公交查询系统讲解了三种开发方法——本地原生态开发,Web 框架开发,Qpython 框架开发;一个实战项目从需求到设计完整流程。某企业实际运行的财务系统:讲解的顺序从原型设计开始到代码编写及调试,以及后期甲方需求修改,代码重构等方面,为读者呈现一个完整的软件流程;一般工业化设计思路的三个方面:关注多并发,多缓存以及性能优化和性能测试工具。

最后,包含了两篇关于 Android 测试驱动和 LBS 使用的附录,方便有需要的读者扩展学习。

本书三个部分环环相扣,注重对实际动手能力的指导。遵循技术知识体系的严密性的同时,在容易产生错误、不易理解的环节配以详细的开发截图,并将重要的知识点和开发技巧以

"知识点""注意""小技巧"等活泼形式呈现给读者。所有实例的讲解方面,按照"搜索关键字"(挖掘本章中在搜索引擎中的需要的关键字)、"本章难点"(帮助读者把握重点)、"项目简介"(项目的功能介绍)、"案例的设计与实现"(如何将功能需求进行分析、拆解变成最终实现)、"项目心得"(笔者的心得体会)、"参考资料"(笔者在解决问题时候查阅的网页、书籍或者其他资料)和"常见问题"(程序调试中会出现的问题)。

本书特色

- 本书适用于有一定移动终端开发经验的读者。为了保证讲解内容与时俱进,部分章节的撰写由工作在知名 IT 企业的资深架构师完成。

- 本书章节的安排涵盖了移动终端的数据库、传感器、移动网络、最新插件、设计模式、工业化思想以及移动测试工具等多方面内容。每章就是一个独立的项目,学习时间约为 3 小时。每章由 3～5 个小节组成,小节之间可以独立运行,但逻辑上又能组合成一个完整的项目。避免了读者在学习过程中因为项目中某个功能无法实现,导致整个项目无法运行,从而影响学习效率。这样安排的目的希望做到学习意义上的"高内聚,低耦合"。虽然将项目拆开会带来更多的编写工作量,但是读者学习的效率会更高。

- 培养分析问题、解决问题的能力,而不仅仅是一本指导书。本书并不仅仅是教读者第一步怎么做,第二步这么做,而且思考这个项目该如何拆分,大的问题该如何变成小的问题,小的问题如何去寻找解决方案,解决的方案有多少种,哪一种更好。希望能够达到授人鱼不如授人以渔,授人以渔不如授人以欲的目的。而且书中大部分案例都已放上应用市场,所以本书在讲解过程中,同时也根据市场的反馈、用户体验等方面讲解原本代码中不妥当的地方。令读者开发经验更成熟。避免其他 Android 图书经常忽略对于错误的反馈。

- 每个章节最后给出参考链接,让读者能够有依可寻。因为每个人精通的范围是有限的,希望为读者提供信息二次挖掘的入口。现在搜索引擎提供很丰富内容,问题的解决方法一般网上都会有,但是关键是:如何找到这些信息,然后如何整理。所以本书通过"搜索关键字"和课后提供的"参考资料",辅导读者能够更好地利用搜索引擎,提高自学能力。

- 案例的撰写融入了大量作者以及业界工程师的开发经验。其中选取了大量的企业中实际的开发框架和工具,让读者真正体会理论学习和业界实践相结合。

致谢

首先特别感谢澳门基金会的支持。

感谢刘瑞斌,资深全栈型工程师,一起无数次熬夜研究代码,对 Android 新技术执着和积极向上的态度,激励着我前行。

感谢朱冠州,在软件调试过程中的细心、踏实的工作,和较强责任心,值得借鉴。

感谢曾梓华,态度认真的 Android 工程师,移动互联网爱好者,在案例的设计和建议上,收获良多。

感谢开源技术社区中的每一位优秀工程师和热心网友,和你们交流,让我们找到了的进步空间。

最后感谢家人的理解与默默支持。

由于书中内容较多较新,难免有所疏漏,诚挚感谢读者指出书中不足,这样能和读者共同进步和提高。

编　者

目 录

项目 1　基于 ORM 数据库的日记本应用程序 ························· 1

 A　基于 Android 数据库辅助类日记本 ····························· 1
 B　基于 GreenDao 框架的 ORM 数据库日记本应用 ················· 14
 C　为产品添加开场动画和使用教程 ······························ 21

项目 2　网络音乐播放器应用 ····································· 31

 A　淡妆浓抹 Activity ··· 31
 B　任劳任怨的 Service ·· 42
 C　双管齐下的 Handler ······································· 55
 D　用户体验 UE ··· 70
 E　网络功能实现 AsyncTask ··································· 81
 F　频谱 Visualizer 与均衡器 Equalizer ··························· 106

项目 3　创意电话和短信应用程序 ································· 119

 A　想怎么打就怎么打 ·· 119
 B　想怎么发就怎么发 ·· 137

项目 4　行程表提醒类应用程序 ··································· 155

 A　界面设置 ··· 155
 B　行程表数据库 ·· 177
 C　闹钟与情景模式 ·· 185

项目 5　基于推送服务的新闻类系统平台开发 ······················· 200

 A　Tab 界面框架搭建 ·· 200
 B　自定义 ListView 数据填充 ·································· 208
 C　基于 HTTP 协议的网络编程 ································ 225
 D　利用开源库及第三方平台实现 LBS 和推送服务 ················ 237

项目 6　Android 体感类系统平台开发 ····························· 264

 A　搭建程序框架 ·· 264
 B　实现控制和通信 ·· 281
 C　传感器开发 ··· 291
 D　远程控制 ··· 295
 E　服务器设置 ··· 306

项目 7　手机管家类应用平台开发 ······ 317
    A　交互设计 ······ 317
    B　架构设计 ······ 330
    C　功能实现 ······ 337

项目 8　基于可穿戴系统健康类的平台开发 ······ 347
    A　项目配置与说明 ······ 347
    B　页面切换神器-ViewPager ······ 357
    C　控件的多样性-自定义控件 ······ 372
    D　ListView 性能的优化 ······ 384
    E　必不可少的推送功能 ······ 392
    F　利用开源项目进行优化 ······ 403

项目 9　公交路线查询系统——非原生态应用比较 ······ 419
    A　公交路线查询移动应用系统-App 版本 ······ 419
    B　公交路线查询移动应用系统——Web 版本 ······ 434
    C　公交路线查询移动应用系统-QPython 版本 ······ 446

项目 10　移动财务管理应用程序——企业版 ······ 460
    A　原型工具和需求分析 ······ 460
    B　ORMLite 数据库 CURD 操作 ······ 468
    C　界面设计与实现 ······ 478
    D　App 的云备份与恢复 ······ 482

项目 11　Android 工业化设计思路 ······ 501
    A　Android 多任务高并发框架 taskController ······ 501
    B　Android 多缓存高并发框架 LruDiskCache ······ 514
    C　Android 函数响应式链编程 RxJava ······ 526
    D　Android 自动化持续集成环境 CI ······ 540
    E　Android 性能优化工具-渲染，运算，内存 ······ 557

附录 1　Android 的测试驱动开发（TDD） ······ 575

附录 2　基于 Android 平台与 LBS 地理位置服务的移动社交应用系统 ······ 582

项目 1　基于 ORM 数据库的日记本应用程序

A　基于 Android 数据库辅助类日记本

搜索关键字

（1）ContentProvider
（2）DatabaseHelper
（3）BaseColumns

本章难点

本项目使用的数据库是 SQLite。众所周知，数据库在 Android 系统中是私有的。那么两个程序如果需要交互数据该如何操作呢？

ContentProvider 类提供了实现一组标准的方法接口，从而让其他应用程序保存或者读取此 ContentProvider 的各种数据类型。也就是说：一个程序可以通过实现一个 ContentProvider 的抽象接口将自己的数据暴露出去，外界是无法查看的，通过标准统一的接口和程序里面的数据进行打交道：读取、删除、修改、查询等。ContentProvider 的使用是本章的难点。

A.1　项目简介

在 Android 市场上有很多诸如笔记本、日记本、便签本等类似软件，虽然 UI 大相径庭，但是其核心部分：有关数据库操作的原理是类似的。

本章的重点并不在如何设计一个画面精美、功能强大的日记本，而着重讲解类似日记本之类的软件中，数据库的增删改查是如何实现。

主要是学习 SQLite 的使用，具体是将增删改查的各项功能同步显示在 ListView 上。虽然是基础学习，UI 也比较简单，但是也有上千行的代码量，并且触类旁通讲解 Android 中其他几种数据存储方式和 SQLite 的区别，所以弄明白也绝非易事。

如图 1A-1 所示，为系统运行的初始界面和单击 Menu 后的效果。

当单击"添加新日记"按钮时，弹出如图 1A-2 所示的编辑界面。

单击"确定"按钮后，完成日记编辑后跳转到原始运行界面，如图 1A-3 所示。

图 1A-1　运行初始界面

图 1A-2　编辑界面

图 1A-3　添加完成后界面

A.2　案例设计与实现

A.2.1　需求分析

1. 项目的功能

（1）默认启动界面 listview，其中包含了对应日记的 title 和创建的时间。

（2）如果第一次进入系统（也就是没有日记数据在数据库中），即用户从来没有写过日记，则提示如何操作开始写（单击 Menu 进入）。

（3）主菜单 Actvity 单击 Menu 跳出"添加一篇新日记"和"设置密码"菜单，日记编辑 Activity 单击 Menu 跳出"删除当前日记"菜单。

（4）添加新日记 intent 另外一个页面包括有：标题输入、内容输入（如果做复杂可以加入表情）、确定按钮、重写按钮。

（5）添加界面动画交互。

2. 需要界面跳转

（1）主界面（显示标题和时间）。

（2）日记编写界面。

（3）第一次进入系统显示教程。

（4）设置密码。

3．数据存储

（1）ContentProvider。

（2）UriMatcher。

（3）SharePreferences。

图 1A-4　项目界面列表

4．数据库字段

在日记本的数据表中，一共有 4 个字段，分别是：id、title、body、created（创建时间）。

A.2.2　界面设计

项目所对应的界面文件，如图 1A-4 所示（Layout 文件夹下）。

主界面布局文件：diary_list.xml，效果如图 1A-5 所示。

图 1A-5　主界面

编辑界面布局文件：diary_edit.xml，效果如图 1A-6 所示。

日记列表布局文件：diary_row.xml，效果如图 1A-7 所示。

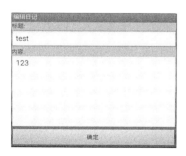

图 1A-6　编辑界面

图 1A-7　日记列表

其中，所有界面所对应的字符键值对，如图 1A-8 所示。

A.2.3　功能实现

本项目的关键难点是有关数据存储方式 ContentProvider 的使用，首先看一下本例逻辑结构图，如图 1A-9 所示。

【注意】文档一开始对于代码的并没有太多的解释，因为整个功能没有实现完，解释意义

并不大,等代码输入完毕,再从整体框架上详细进行解析。

A.2.3.1 ContentProvider

先新建一个类:LifeDiaryContentProvider 继承 ContentProvider 类。如图 1A-10 所示,在代码前面定义程序中需要的一些变量和函数:

定义一:日记本中需要的一些变量。

定义二:UriMatcher。用来匹配 URI 的类型,是单一的数据请求还是全部数据请求。

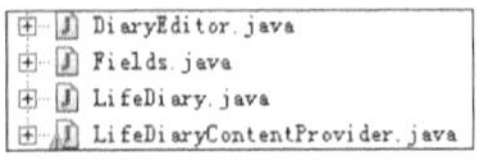

图 1A-8　字符键值对

图 1A-9　所涉及的类

定义三:DatabaseHelper。DatabaseHelper 是继承 SQLiteOpenHelper 的。SQLiteOpenHelper 是一个抽象类,有 3 个函数 onCreate、onUpdate、onOpen(onOpen 一般很少用)。

定义四:getFormateCreatedDate。继续在当前类中定义一个获取当前时间的函数,如图 1A-11 所示。

1. 辅助类 DatabaseHelper

在刚刚定义的 LifeDiaryContentProvider 类中添加一个辅助类 DatabaseHelper(起到生成数据库,并维护数据库的作用),其中还没有重写 onCreate 方法和 onUpdate 方法,现在分别在 onCreate 和 onUpgrade 中添加建立数据库和维护表的操作,如图 1A-12 所示。

2. 辅助类 ContentProvider

日记本的数据存储在 SQLite 数据库中,当然可以通过 SQLite 实现增删改查。但是 SQL 语句容易出错,这里,执行增删改查操作不是直接访问数据库,而通过日记本里面的 ContentProvider 来实现。(不使用此方法也可以,本例是为了说明 ContentProvider 的优点,所以采用这种方式管理数据。)

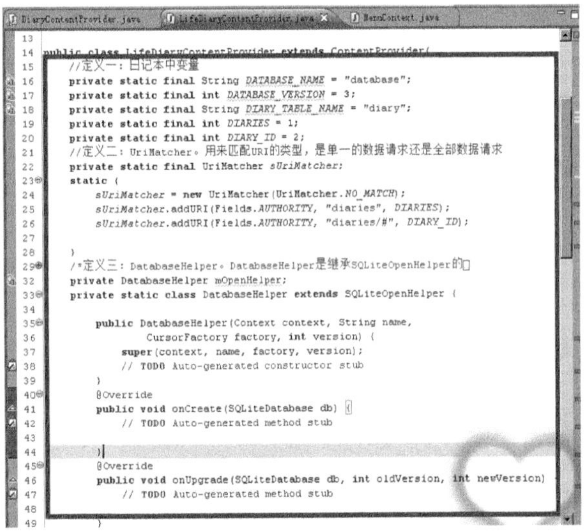

图 1A-10　LifeDiaryContentProvider

在图 1A-10 中 14 行显示了 LifeDiaryContentProvider 是继承于 ContentProvider 的。

【知识点】为什么通过 ContentProvider 来实现增删改查呢?

从图 1A-13 中的 API 显示了一个 ContentProvider 类实现了一组标准的方法接口,从而能够让其他的应用保存或者读取此 ContentProvider 各种数据类型(因为 Android 系统中数据是私有的,不借助 ContentProvider,数据是不能交换)。

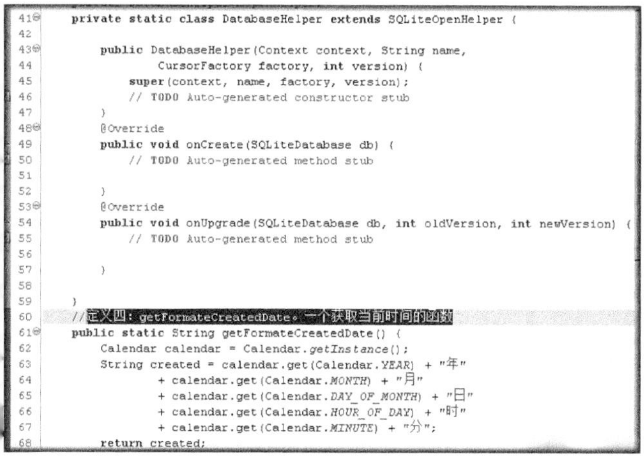

图 1A-11　getFormateCreatedDate 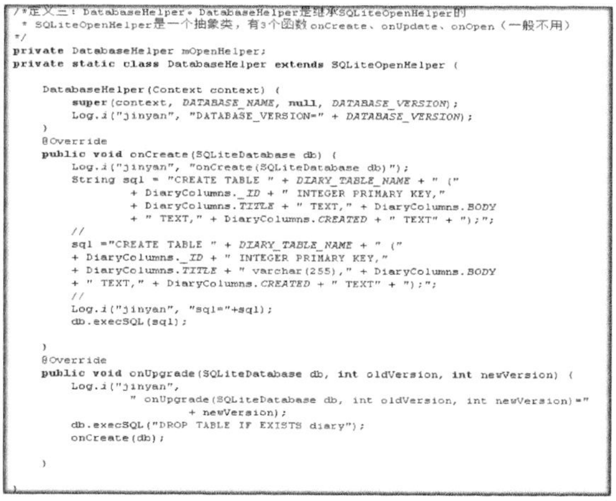　　　　　　图 1A-12　重写两个关键方法

简单来说，一个程序可以通过实现一个ContentProvider的抽象接口将自己的数据暴露出去，外界根本看不到暴露出来的数据在应用当中是如何操作的，这都不重要，重要的是外界可以通过这一套标准以及统一的接口和程序里的数据打交道，可以读取程序的数据，当然可以删除数据。从图1A-13的API提示信息可以了解一些常用的接口。

图1A-14是在LifeDiaryContentProvider类中继承了一组标准的方法接口，如方框所示，暂时还没有重写它。

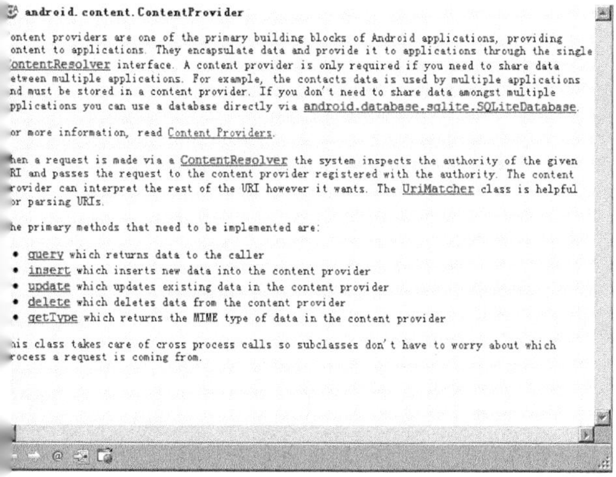

图 1A-13　帮助文档 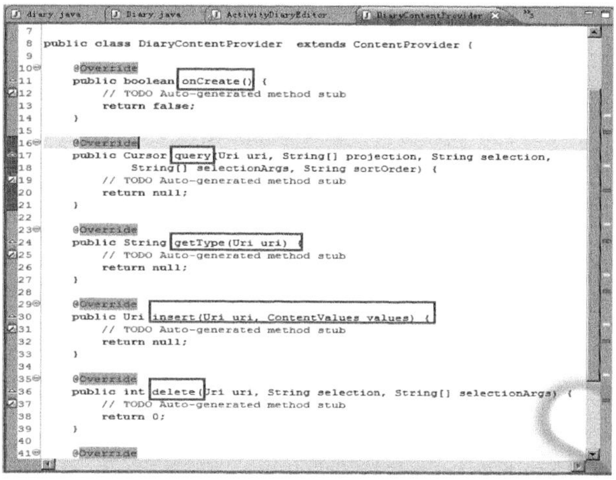　　　　　　　　　　　　图 1A-14　实现代码

【提醒】实际开发过程中程序并不是一次全部写完。

3. 列名辅助类 BaseColumns

新建一个名为Fields的类。在该类中需要定义日记本内数据库的列表字段的名字。如图1A-15所示。留意图中第8行这样一句代码：

```
public static final String AUTHORITY = "andy.ham.diaryContentProvider";
```

这是授权部分，是唯一的，并且需要和mainfest结合起来配合定义。

图 1A-15 中 15 行：

Uri CONTENT_URI = Uri.parse("content://" + AUTHORITY + "/diaries");

表示正式声明了 contentURI，暂时不理解不要紧，接下来讲解 Uri 的时候就理解为什么这么写了。

当构造列名的辅助类时，直接实现 BaseColumns，这就有了默认的 _id 字段，因为 BaseColumns 这个接口有个两个变量，一个 ID = _id，另外一个是 COUNT = _count。在 Android 当中，每个数据库表至少有一个字段，这个字段是 id。

在日记本的数据表中，一共有 4 个字段，分别是：id、title、body、created。

【注意】manifest 要与前面的授权部分相对应，如图 1A-16 所示。

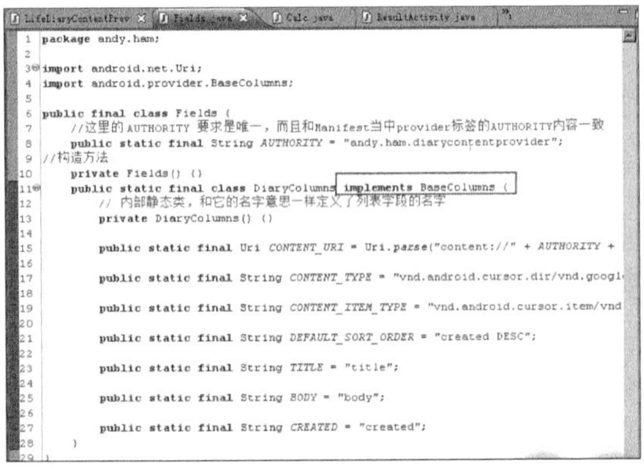

图 1A-15 描述需要的字段

图 1A-16 manifest 声明

其中图 1A-16 中 10 行和 11 行表示：

Android:name = "DiaryContentProvider" 实现 content provier 的类名

Android:authorities = "andy.diaryContentProvider" 为 content URI 第二部分，授权部分，如上图 1A-15 对应的部分。

【小技巧】程序写到这里，现在就比较有基础能理解 BaseColumns 为什么如此设置了，也能更好地理解 ContentProvider 的作用。

如果说 ContentProvider 是一个移动硬盘，里面包含了数据是私有的，现在有台笔记本（其他程序）想访问这个移动硬盘(ContentProvide)，它们之间通过一条 USB 数据线连接，并且是统一的。其中 USB 的这一头是 BaseColumns，而另外一头则是 manifest。如果两个接口匹配了，则可以访问移动硬盘中的数据(ContentProvide)，反之则不行。那么移动硬盘上的数据组织，一定有规定的格式，这就是下面要讲的：Uri。

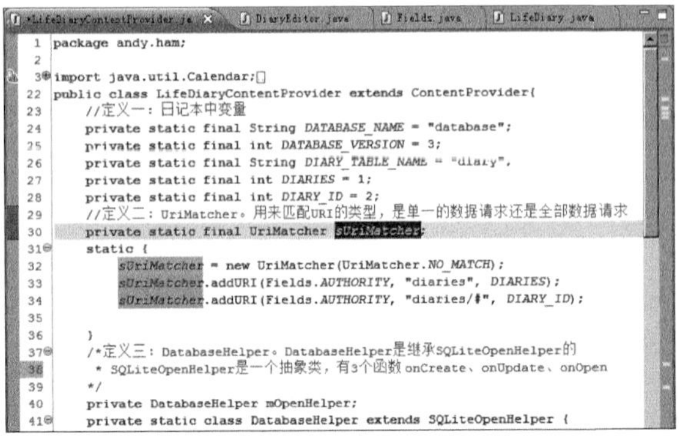

4. 辅助类 UriMatcher

回到 LifeDiaryContentProvider 类开头定义 UriMatcher 类的内容，如图 1A-17 所示。

UriMatcher 是匹配 Uri 的一个辅助

图 1A-17 UriMatcher 类

类,很方便地判断一个 Uri 的类型:是单条数据还是多条数据。同时为了便于判断和使用 Uri,一般将 Uri 的授权者名称和数据路径等内容声明为静态常量,并声明 ContentURI。

【注意】这个类的主要作用是:判断这个 Uri 是对单个数据的请求还是对全部数据的请求。

5. 框架总结

可能读者在看到刚刚的 BaseColumns 和 UriMatcher 已经很不理解了,这些类有什么作用,那么再结合 ContentProvider 再来从操作原理上理解一次。

1) 再看 ContentProvider

当程序员开发的应用程序继承 ContentProvider 类,并重写该类用于提供数据和存储数据的方法,就可以向其他应用共享其数据。虽然使用其他方法也可以对外共享数据,但数据访问方式会因数据存储的方式而不同,如:采用文件方式对外共享数据,需要进行文件操作读写数据;采用 sharedpreferences 共享数据,需要使用 sharedpreferences API 读写数据。而使用 ContentProvider 共享数据的好处是统一了数据访问方式。

2) Uri 类简介

Uri 代表了要操作的数据,Uri 主要包含了两部分信息:

(1) 需要操作的 ContentProvider;

(2) 对 ContentProvider 中的什么数据进行操作,一个 Uri 由以下几部分组成,如图 1A-18 所示,这也解释了 BaseColumns 类中数据为什么那么定义:

图 1A-18 Uri

(1) scheme:ContentProvider(内容提供者)的 scheme 已经由 Android 所规定为:content://。

(2) 主机名(或 Authority):用于唯一标识这个 ContentProvider,外部调用者可以根据这个标识来找到它。

(3) 路径(path):可以用来表示我们要操作的数据,路径的构建应根据业务而定,如下:

- 要操作 contact 表中 id 为 10 的记录,可以构建这样的路径:/contact/10。
- 要操作 contact 表中 id 为 10 的记录的 name 字段,contact/10/name。
- 要操作 contact 表中的所有记录,可以构建这样的路径:/contact。
- 要操作的数据不一定来自数据库,也可以是文件等他存储方式。
- 要操作 XML 文件中 contact 结点下的 name 结点,可以构建这样的路径:/contact/name。
- 如果要把一个字符串转换成 Uri,可以使用 Uri 类中的 parse()方法,如之前图 1A-15 中 15 行所示。

```
Uri CONTENT_URI = Uri.parse("content://" + AUTHORITY + "/diaries");
```

【注意】diaries 后没有跟数字,表示访问日记本中所有数据。

3) 再看 UriMatcher

因为 Uri 代表了要操作的数据,所以经常需要解析 Uri,然后从 Uri 中获取数据。Android 系统提供了两个用于操作 Uri 的工具类,分别为 UriMatcher 和 ContentUris。一个获取数据,一个获取 id。

UriMatcher:用于匹配 Uri,它的用法如下:

(1) 首先把需要匹配 Uri 路径全部给注册上,如下:

常量 UriMatcher.NO_MATCH 表示不匹配任何路径的返回码(-1),图 1A-17 中 32 行。

UriMatcher uriMatcher＝new UriMatcher(UriMatcher. NO_MATCH)；

① 如果 match()方法匹配 content：//andy. diarycontactprovider/contact 路径,返回匹配码为 1。uriMatcher. addURI("andy. diarycontactprovider","diaries",1)；//添加需要匹配 Uri,如果匹配就会返回匹配码。

② 如果 match()方法匹配 content：// andy. diarycontactprovider /diaries/230 路径,返回匹配码为 2。

uriMatcher. addURI("com. andy. sqlite. provider. contactprovider","contact/＃",2)；//＃号为通配符,图 1A-17 中 34 行。

（2）注册完需要匹配的 Uri 后,就可以使用 uriMatcher. match(uri)方法对输入的 Uri 进行匹配,如果匹配就返回匹配码,匹配码是调用 addURI()方法传入的第三个参数,假设匹配 content：// andy. diarycontactprovider /diaries 路径,返回的匹配码为 1。

6．核心代码

实现了 LifeDiaryContentProvider 类中标准以及统一的接口,其目的是为了和程序里的数据打交道。注意,这些接口的实现顺序并无特别要求。

1) Query

Query()此方法返回一个 Cursor 对象作为查询结果集,如图 1A-19 所示。

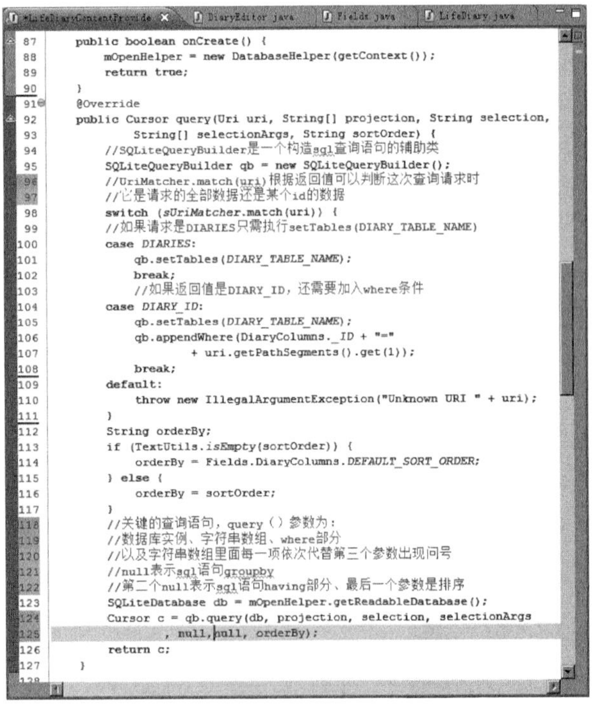

图 1A-19　Query

代码解析：

其中 95 行表示的 SQLiteQueryBuilder 是一个构造 SQL 查询语句的辅助类。

98 行 UriMatcher. match(uri)根据返回值可以判断这次查询请求时,它是请求的全部数据还是某个 id 的数据。其中需要注意的以下两句代码：

SQLiteDatabase db = mOpenHelper. getReadableDatabase()；

得到一个可读的 SQLiteDatabase 的实例。

Cursor c = qb. query(db, projection, selection, selectionArgs, null, null, orderBy)；

其中对应的 7 个参数分别为：数据库实例、字符串数组、where 部分、字符串数组里面每一项依次代替第三个参数出现问号、null 表示 SQL 语句 groupby、第二个 null 表示 SQL 语句 having 部分、最后一个参数是排序。

2) getType

getType()方法返回所给 Uri 的 MIME 类型,如图 1A-20 所示。

根据 Uri 制定数据的 MIME 类型,判断返回的是单条数据还是全部数据。

返回值如果是以 vnd.android.cursor.item 开头，那么 Uri 是单条数据，如图 1A-21 在 manifest 中对应所示。

如果是以 vnd.android.cursor.dir 开头的，说明 Uri 指定的全部数据。

图 1A-20　getType

图 1A-21　AndroidManifest 定义内容

3) Insert

Insert()方法的重构就比较有讲究，该方法负责往数据集中插入一列，并返回这一列的 Uri，如图 1A-22 所示。

第一步：判断 Uri，如果这个 Uri 不是 DIARIES 类型的，那么这个 Uri 就是一个非法的 Uri。

第二步：得到一个 SQLiteDatabase 的实例。

SQLiteDatabase db = mOpenHelper.getWritableDatabase();

第三步：插入一条记录到数据库当中，注意：insert()返回的是一个 Uri，而不是一个记录 id。所以需用到 ContentUris 把记录的 id 构造成一个 Uri。

代码解析：

ContentUris 是 content URI 的一个辅助类。用于获取 Uri 路径后面的 ID 部分，它有两个比较实用的方法：

- withAppendedId(uri, id)用于为路径加上 id 部分。本例中是这样用的，如图 1A-21 中 177 行所示，把 id 和 contentUri 连接成一个新的 Uri。

- parseId(uri)方法用于从路径中获取 id 部分，这个方法负责把 contentURI 后面的 id 解析出来。

4) Delete

Delete()方法删除指定 Uri 的数据，如图 1A-23 所示。

图 1A-22　insert

代码解析：

191 行：getPathSegments()方法得到一个 String 的 List，这个 get(1) 为 rowID，如果是 get(0) 则为"diaries"。

194 行：delete(DIARY_TABLE_NAME, DiaryColumns._ID + "=" + rowId, null)属于标准的 SQLite 删除操作，第一个参数是数据表的名字，第二个相当于 SQL 语句中的 where 部分。

9

5) Update

Update()方法负责更新指定 Uri 的数据,如图 1A-24 所示。

图 1A-23 delete   图 1A-24 update

更新的操作比较简单得到 SQLiteDatabase 的实例和 rowId 的值,最后在调用 update 语句执行更新操作:

```
update(DIARY_TABLE_NAME, values, DiaryColumns._ID + " = " + rowId, null);
```

【注意】纵观整个 ContentProvider,所有的数据操作其实依靠着 Uri 这条线将其串联起来。

A.2.3.2 辅助类 ContentResolver

【特别注意】其实,到这里程序还没有真正的开始,因为有关界面的控件操作,监听器的实现,回调方法的实现都没有开始。

也许,作为初学者,可能到这里读者已经在怀疑一个日记本的程序有这么难吗?其实,在课后的参考资料中,笔者给出了普通实现一个日记本的操作案例的链接。在文章中详细讲解了利用 SQLiteOpenHelper 封装数据库操作,也会使程序员对数据库的操作更加方便和安全。

那么为什么要大费周章地利用 ContentProvider 实现对数据库的操作呢?还记得之前举的移动硬盘复制数据的例子吗?利用 SQLiteOpenHelper 封装数据库操作只能给单个程序提供数据的操作,而使用 ContentProvider 可以为多个程序提供数据共享,就像一个移动硬盘一样,可以在几台机器当中共享数据。注意,接口地址(Uri)必须保持统一。

这种便利在本例中还体现得不太明显,因为本例规模还不大。越大型的工程 ContentProvider 的优越性就越明显。

图 1A-25 实现功能

ContentProvider 分为系统级的和自定义的,本例定义的就为自定义(所以感觉比较复杂),Android 系统也提供好的 ContentProvider,例如联系人,图片等数据。试想,如果程序员想开发一个通讯录程序势必会用到系统里面的联系人号码,如果 Android 不提供增删改查的接口,全部要自己实现,这是多么大的工程!在参考资料中也附带了实现通讯录的案例链接。代码不多,有兴趣的读者可以研究一下。

从目前开始,才是真正意义上实现功能操作。程序最初运行起来会启动 diary_list.xml 界面,如图 1A-25 所示。

在编写主要功能代码前,先介绍一个重要的对象 ContentResolver。

简单来说,前面做了这么多的铺垫工作,其目的就是等待着有对象来调用由 ContentProvider 提供的一系列接口,这个调用对象就是 ContentResolver。

严格来说,开发人员使用 ContentProvider 对象和 ContentResolver 对象进行交互,而 ContentResolver 则通过 Uri 确定需要访问的 ContentProvider 的数据集。

在发起一个请求的过程中,Android 会根据 Uri 确定处理这个查询的 ContentResolver,然后初始化 ContentResolver 所有需要的支援,这个初始化的工作是 Android 系统完成的,无须开发者帮助。

一般只有一个 ContentProvider 对象,但是可以同时与多个 ContentProvider 进行交互。

现在另外新建一个类 LifeDiary,这个类相对应用作外部应用,调用 ContentProvider 中的数据进行添加、删除、修改和查询操作。

1. 创建主界面

一开始实现初始化和创建工作,如图 1A-26 所示。

其中,初始化包括了:定义 adapt 并显示到 ListView 里面,因为程序一旦开始载入就要显示已有的日记列表(41～45 行)以及初始化其他一些变量。

创建工作包括了:创建单击 Menu 键的操作(17～22 行,以及 48～53 行)和创建游标的工作(33～34 行),如图 1A-26 所示。

2. 定义选项菜单和对应单击方法

紧接着,创建 optionMenu 单击后的操作,图 1A-27 中 55 行所示 onOptionsItemSelected 的方法:

图 1A-26　SimpleCursorAdapter　　　　　　图 1A-27　菜单选项

代码解析:

(1) 图中方框所示(59～61 行)表示单击"新增"按钮之后,程序会跳转到 DiaryEditor 页面。特别注意设置了 Action 和 data,这两个部分在程序跳转到另外页面后会用到。

(2) 其中,特别标注的地方(69 行),是本章的核心,调用 ContentProvider。

当外部应用需要对 ContentProvider 中的数据进行添加、删除、修改和查询操作时,可以使用 ContentResolver 类来完成,要获取 ContentResolver 对象,可以使用 Activity 提供的 getContentResolver()方法。

ContentResolver 使用 insert、delete、update、query 等方法来操作数据。有读者一定会问：为什么只有删除日记的时候调用了 ContentProvider 的 delete 方法？因为"新建日记"和"编辑日记"用的界面（即 diary_edit.xml）是同一个界面，所以用了另外一个类（下面会讲到）来完成。

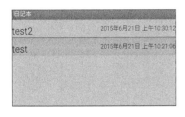

图 1A-28　编辑页面选择文件

用户通过编辑 activity 中单击"删除"按钮后，程序会通过：Uri dUri=Uri.parse(dUriString);先得到需要删除数据的 Uri，然后通过 getContentResolver().delete(dUri, null, null);，然后调用它的 delete 方法进行删除。

（3）"单击"其中任何一个日记名称，如图所示就可以调出编辑页面，如图 1A-28 所示。这是通过 74～78 行代码所实现，难度并不大，需要注意的地方程序 76 行通过 getIntent().getData()得到了所需要的 Uri。

（4）程序最后 2 个方法(80、86 行)是当新增和删除了日记之后，需要重新刷新 ListView 和 Activity。

A.2.3.3　编辑和新增功能

还记得刚刚主界面中单击"新增"按钮时候，通过语句：

intent0.setAction(DiaryEditor.INSERT_DIARY_ACTION);

设置的 action 为 INSERT_DIARY_ACTION，那么既然有 setAction，一定就有 getAction，如图 1A-29 中 1 所示，这样就得到之前传过来的动作数据。

既然得到了数据之后，就可以做出按钮的动作判断了，当单击"编辑"按钮就执行编辑按钮的事件，如图 1A-29 中 2 所示；当单击"新建"按钮就执行新建按钮的事件，如图 1A-29 中 3 所示。

如果说之前 LifeDiary 类只是调用 ContentResolver 中的 delete 方法，现在 DiaryEditor 类中就调用了 insert 和 update 方法，如图 1A-30 所示。

图 1A-29　菜单操作　　　　　　　　　图 1A-30　插入和更新操作

代码解析(84～93 行)：

首先通过 getText 方法将编辑框中的数据都读了出来(84～85 行)；

将要插入的数据都放到一个 ContentValues 的实例当中(86～90 行)；

调用 getContentResolver()得到了当前应用的一个 ContentResolver 的实例(91 行)；

最后 insert 数据，这个插入方法有 2 个参数，一个是数据的 Uri；另外一个参数是包含了要插入数据的 ContentValues 的实例(92 行)。

更新方法和插入方法类似，这里就不在详解。

A. 2. 3. 4　整合 AndroidManifest. xml

系统完成之后，有些细节在 AndroidManifest 中要特别留意，如图 1A-31 所示，否则会报一些小错误。

到这里日记本的基本功能就全部实现了，如果读者希望查阅更详细的信息，请参考源代码。

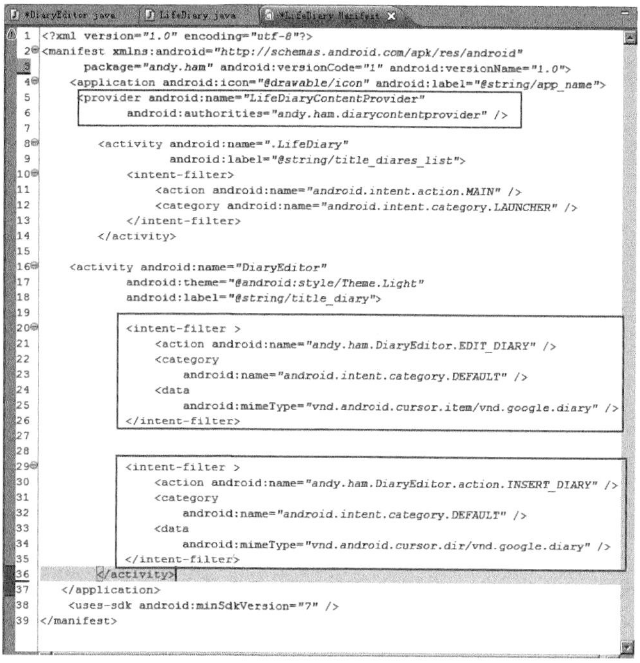

```
<?xml version="1.0" encoding="utf-8"?>
<manifest xmlns:android="http://schemas.android.com/apk/res/android"
      package="andy.ham" android:versionCode="1" android:versionName="1.0">
    <application android:icon="@drawable/icon" android:label="@string/app_name">
     <provider android:name="LifeDiaryContentProvider"
            android:authorities="andy.ham.diarycontentprovider" />

        <activity android:name=".LifeDiary"
                  android:label="@string/title_diares_list">
            <intent-filter>
                <action android:name="android.intent.action.MAIN" />
                <category android:name="android.intent.category.LAUNCHER" />
            </intent-filter>
        </activity>

    <activity android:name="DiaryEditor"
            android:theme="@android:style/Theme.Light"
            android:label="@string/title_diary">

            <intent-filter >
                <action android:name="andy.ham.DiaryEditor.EDIT_DIARY" />
                <category
                    android:name="android.intent.category.DEFAULT" />
                <data
                    android:mimeType="vnd.android.cursor.item/vnd.google.diary" />
            </intent-filter>


            <intent-filter >
                <action android:name="andy.ham.DiaryEditor.action.INSERT_DIARY" />
                <category
                    android:name="android.intent.category.DEFAULT" />
                <data
                    android:mimeType="vnd.android.cursor.dir/vnd.google.diary" />
            </intent-filter>
        </activity>
    </application>
    <uses-sdk android:minSdkVersion="7" />
</manifest>
```

图 1A-31　manifest

A. 3　项目心得

本章介绍了一个简洁的日记本的案例，主要目的是并不是日记本该这么操作，数据库该如何增删查改。而是重点讲解 Android 中数据存储中的 ContentProvider 类，一个可以向其他应用共享数据的类。

纵观下来，虽然简单但是需要注意的地方也很多，衍生的知识点也不少。其实 Android 存储还有很多种方式，本章是讲解了最复杂的一种，如果要灵活运用，还需多看多学。

A. 4　参考资料

(1) Android 中 ContentProvider 组件详解：

http://www.cnblogs.com/zuolongsnail/archive/2011/06/24/2091091.html

(2) 利用 DatabaseHelper 和 SQLiteDatabase 封装的 android 日记本：

http://apps.hi.baidu.com/share/detail/31220984

(3) ContentProvider 往通讯录添加联系人和获取联系人：

http://blog.sina.com.cn/s/blog_61b056970100t76l.html

http://blog.csdn.net/laichao1112/article/details/6438213

B 基于 GreenDao 框架的 ORM 数据库日记本应用

搜索关键字

（1）ORM 框架
（2）GreenDao 框架

本章难点

随着越来越多的开发者愿意将自己的项目进行开源提交到 github 等服务器上，更多的程序员会通过使用这些开源的项目来令自己的项目开发变得更加简单，减少大量的重复工作，在这些开源的项目中，ORM 框架的开源项目令开发者可以更快更简单的对数据进行增删改查（是目前业界使用比较多的关系型数据库），并大幅度减少开发者的对数据库操作的代码量。这些优点都注意让 ORM 框架受到大量开发者的欢迎。

在本章内容中，将介绍如何使用 GreenDao 框架"改写"上一章的日记本应用，在达到同样的使用效果的同时，让读者明白 ORM 框架在开发过程中的优势。

B.1 项目简介

什么是 ORM 框架？

ORM，即对象关系映射（Object Relational Mapping，简称 ORM，或 O/RM，或 O/R mapping），是一种程序技术，用于实现面向对象编程语言里**不同类型系统的数据之间的转换**。从效果上说，它其实是创建了一个可在编程语言里使用的"虚拟对象数据库"。

对象关系映射，是随着面向对象的软件开发方法发展而产生的。面向对象的开发方法是当今企业级应用开发环境中的主流开发方法，关系数据库是企业级应用环境中永久存放数据的主流数据存储系统。而对象和关系数据是业务实体的两种不同的表现形式，业务实体在内存中表现为对象，在数据库中表现为关系数据。内存中的对象之间存在关联和继承关系，而在数据库中，关系数据无法直接表达多对多关联和继承关系。因此，对象关系映射系统一般以中间件的形式存在，主要实现程序对象到关系数据库数据的映射。

简单的来说就是，ORM 框架为你提供了一个对象，用于更简单、更好地操作数据库。

一般的 ORM 包括以下四部分：

（1）一个对持久类对象进行 CRUD 操作的 API；
（2）一个语言或 API 用来规定与类和类属性相关的查询；
（3）一个规定 MAPPING METADATA 的工具；
（4）一种技术可以让 ORM 的实现同事务对象一起进行 DIRTYCHECKING，LAZY ASSOCIATION FETCHING 以及其他的优化操作。

下面来看看不同平台上的 ORM 框架。

（1）JAVA：
APACHE OJB
CAYENNE

JAXOR
HIBERNATE
IBATIS
JRELATIONALFRAMEWORK
SMYLE
TOPLINK
APACHEOJB
CAYENNE
JAXOR
HIBERNATE
IBATIS
JRELATIONALFRAMEWORK
SMYLE
TOPLINK
ENTITYSCODEGENERATE
LINQTOSQL
GROVE
RUNGOO. ENTERPRISEORM
FIRECODECREATOR
MYGENERATION
CODESMITHPRO
CODEAUTO...

其中 TOPLINK 是 ORACLE 的商业产品，其他均为开源项目。

其中 HIBERNATE 的轻量级 ORM 模型逐步确立了在 JAVA ORM 架构中领导地位，甚至取代复杂而又烦琐的 EJB 模型而成为事实上的 JAVA ORM 工业标准。而且其中的许多设计均被 J2EE 标准组织吸纳而成为最新 EJB 3.0 规范的标准，这也是开源项目影响工业领域标准的有力见证。

（2）.NET:
ENTITYSCODEGENERATE
LINQ TOSQL
GROVE
RUNGOO. ENTERPRISEORM
FIRECODE CREATOR
MYGENERATION
CODESMITH PRO
CODEAUTO...

其中：

ENTITYSCODEGENERATE：是（VB/C♯.NET 实体代码生成工具）的简称，ENTITYSCODEGENERATE（ECG）是一款专门为.NET 数据库程序开发量身定做的（ORM 框架）代码生成工具，所生成的程序代码基于面向对象、分层架构、ORM 及反射＋工厂模式等。支持.NET1.1 及以上版本，可用于 ORACLE、SQLSERVER、SYBASE、DB2、MYSQL、ACCESS、SQLITE、POSTGRESQL、DM（达梦）、POWERDESIGNER 文件、INFORMIX、FIREBIRD、MAXDB、EXCEL 等和 OLEDB、ODBC 连接的数据库并可自定义，详见工具的帮助文档和示例。

LINQ TO SQL：微软为 SQLSERVER 数据库提供的，是.NET FRAMEWORK 3.5 版的一个组件，提供了用于将关系数据作为对象管理的运行时基础结构。GROVE：即 GROVE ORM DEVELOPMENT TOOLKIT。包含 GROVE 和 TOOLKIT 两部分内容。GROVE 为 ORM 提供对象持久、关系对象查询、简单事务处理、简单异常管理等功能。RUNGOO.ENTERPRISEORM：是一个基于企业应用架构的代码生成工具，主要适用于 B/S 模式的应用系统开发。开发语言：C♯，支持 VS2003 和 VS2005 两个版本的开发平台，同时支持 SQL Server 2000/2005。

可以看到，越来越多的开源 ORM 框架正在推广到不同的编程语言平台，越来越多的开发人员也愿意使用 ORM 框架进行开发，下面就来看看在 Android 平台下的 5 个非常好的 ORM 框架。

（1）OrmLite ——主要面向 Java 的 ORM 框架，也是 Android 中也非常流行。其语法中广泛使用注解（Annotation）。

（2）SugarORM ——是 Android 平台专用的 ORM 框架，可以很容易处理 1 对 1 和 1 对多的关系型数据。

（3）GreenDao —— 性能非常高的 ORM 框架，可以支持每秒数千次的 CURD 操作，加载速度几乎是 OrmLite 框架的 6 倍，是业界中非常流行的 ORM 框架。

（4）Active Android ——其命名方式是 Yii、Rails 框架中对 ORM 实现的典型，可以帮助开发者以面向对象的方式操作 SQLite。

（5）Realm——是一个移动数据库，其目标是取代 CoreData 和 SQLite 数据库。基于 C++ 编写，所以可以直接运行在设备硬件上，速度很快。

本章将选取这 5 个 ORM 框架中性能最高的 GreenDao 框架来改造日记本，令读者可以更好的理解和学懂 ORM 框架。

在 GreenDao 框架官方给出的 Demo 中，有六个工程目录，分别为：

（1）DaoCore：库目录，即 jar 文件 greenDao-1.3.0-beta-1.jar 的代码。

（2）DaoExample：android 范例工程。

（3）DaoExampleGenerator：DaoExample 工程的 DAO 类构造器，java 工程。

（4）DaoGenerator：DAO 类构造器，Java 工程。

（5）DaoTest、PerformanceTestOrmLite：其他测试相关的工程。

在 ADT 中导入 DaoExample 项目，可以看到 DaoExample 项目的文件夹分布如图 1B-1 所示。

根据 GreenDao 官方说明文档，如图 1B-1 中的 src/gen 下的是一些通过 GreenDao 的 jar 生成的文件：

（1）Note.java：一个包含一个 Note 所有数据的 java 类。

（2）NoteDao.java：一个 DAO 类，是操作 Note 对象的接口。

（3）DaoMaster.java：可以获得一个方便的 SQLiteOpenHelper，可以进行创建和删除数据库操作。

（4）DaoSession.java：对数据库进行配置，并可以对数据库表进行增删改查操作。

图 1B-1　DaoExample 项目文件夹

熟悉 Android 开发的都知道，Android 的功能部分代码都放置在 src/文件夹下，那么如图 1B-1 的 src-gen 文件夹中的类是如何工作的呢。要弄懂 src-gen 里面的功能性代码，首先要打开 NoteActivtiy.java，了解这个项目的功能。

根据官方文档的解释，DaoExample 这个项目是一个日记本的示例项目，它是由 GreenDao 官方使用其框架所写的一个演示项目，以便想使用 GreenDao 框架的开发者更加清晰明了的了解该框架如何运行在实际项目中，具有非常高的参考价值，了解好官方演示项目有助于下面修改日记本项目的实战内容。

DaoExample 项目运行起来效果如图 1B-2 所示。

结合实际使用可知,该演示项目作用为:在 EditText 文本框中输入文字之后单击 Add 按钮,就会往数据库中插入一条数据,然后将 EditText 置空。

该演示项目实现代码如图 1B-3 所示。

由图 1B-3 第 113 行的 addNote()方法可知,当用户单击 Add 按钮之后,获取所需要的 noteText,comment 和 Date 之后,创建一个 note 对象,再通过 noteDao 的 insert 方法就能将数据插入到数据库中。

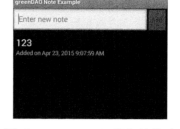

图 1B-2　DaoExample 项目运行演示

再看图 1B-3 第 127 行的 OnListItemClick()方法可知,当用户单击 List 的 Item 时候,程序就会在数据库中删除掉对应的 Item 数据,**仅仅只需要通过一行代码**,就能达到该效果。

要知道如何实现上述代码,首先要知道 Note 到底是什么类。按住 ctrl 同时左键单击 Note 类,就会发现 ADT 自动跳转到图 1B-1 项目的 src-gen/Note.java 文件中,打开 Note.java,如图 1B-4 所示。

图 1B-3　NoteActivity 代码实现　　　　　　　　　　图 1B-4　Note.java

由图 1B-4 可知,Note.java 是一个有 id、text、comment 和 Date 变量的类,而正是通过这样的类,**可以用于映射一个数据库表中对应的各个字段**。

接下来打开 NoteDAO.java,如图 1B-5 所示。

根据官方文档说明,图 1B-5 中第 22 行～30 行用于创建一个可持久化的对象以便进行可持久化的操作,即增删改查等数据库操作。

直白地说,使用 ORM 型数据库,就是把数据库操作当成"对象"一样简单的操作(不用写例如 select * from table where =xxx 复杂句子)。避免代码出错,也保证安全性和整洁性。

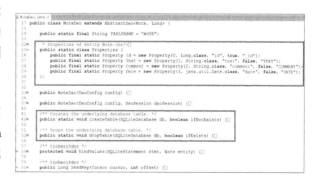

图 1B-5　NoteDAO.java

B.2　案例设计与实现

B.2.1　需求分析

本案例将通过使用 GreenDao 框架对上一章节的日记本项目进行改造,通过实例更深入地了解和使用 ORM 架构。由于和上节中的界面近乎一样,所以本节重点放在对数据库功能的操作描述上。

B.2.2 功能实现

1. 使用 GreenDao 框架

参考 GreenDao 官方的文档说明，要使用 GreenDao 框架，首先需要新建一个 Java 项目为 greenDaoJava，该 Java 项目用于生成 DAO 类文件（DAO：Data Access Objects 数据访问对象，一般是对数据库中的数据做增删改查），即生成图 1B-1 中 src-gen 文件夹中的文件，以供使用 GreenDao 框架，该 Java 工程需要导入 greenDao-generator.jar 和 freemarker.jar 文件到 Java 项目中，其中 greenDao-generator.jar 可以通过 GreenDao 官网提供的下载链接下载，而 freemarker.jar 是一个模板引擎，基于模板生成文本输出的通用工具，需要自行下载使用。

2. 面向对象编程思想操作数据库

然后参考 GreenDao 提供的 6 个项目模板中的 DaoExampleGenerator 项目里面的代码编写 Java 项目，用于生成类似于图 1B-1 中 src-gen 文件夹下的文件，以使用 GreenDao 框架。

根据上一章的日记本案例中数据库中设计的字段，需要 1 个 id，3 个 String，String 分别是：

（1）Title

（2）Body

（3）Date

新建的 Java 项目为 greenDaoJava，代码如图 1B-6 所示。

图 1B-6 greenDao 代码

如图 1B-6 第 16 行，该方法第一个参数用来更新数据库版本号，第二个参数为要生成的 DAO 类所在包路径。

如图 1B-6 第 19 行，该方法的第二个参数为生成的 DAO 文件的项目文件路径，该路径文件夹需要先进行"手动"新建，不然会出现错误。

如图 1B-6 第 23 行，该方法用于新建一张名为 Note 的表。第 25 行～29 行用于设置该表的字段。

【注意】设置字段属性有很多方法，有兴趣可以自行查阅 GreenDao 框架的官方文档。

接下来运行 greenDaoJava 项目，如控制台出现如图 1B-7 所示结果即生成 DAO 文件成功。如出现报错，请查看图 1B-6 中 19 行的用于生成 DAO 文件夹的路径是否手动创建并且确保其正确。

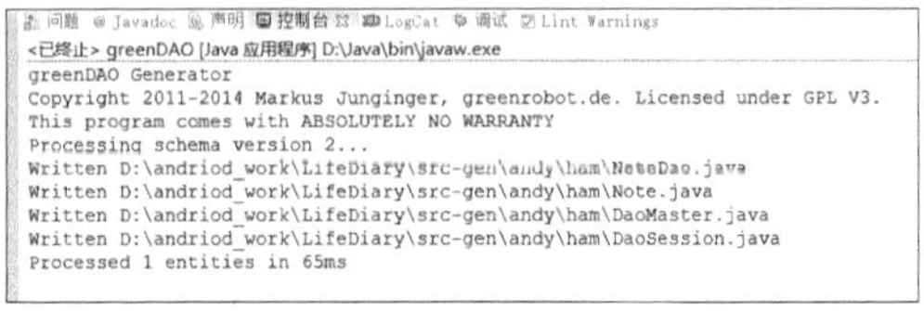

DAO 文件生成成功之后，刷新 LifeDiary 项目，就会发现 src-gen 文件夹下面生成了四个文件，然后要将 DAO 文件用作源文件夹才能在项目中使用，方法如下：右键 src-gen 文件夹→构建路径→用作源文件夹，但是这时会出现如图 1B-8 的情况：

图 1B-7 生成 DAO 文件成功

如果出现图 1B-8 的"错误"情况是因为还没有在项目中导入 GreenDao 框架的 jar 包，在 adt 17 之后的版本导入 GreenDao 的 jar 包，需要在项目下新建一个 libs 文件夹，把 DaoExample/libs 里面的 jar 复制粘贴到项目下即可。

到这里，就可以在项目中使用 GreenDao 框架并享受其带来的快捷和方便了。

下面就将进入上一章的日记本项目进行使用 GreenDao 框架的修改，打开日记本项目，往项目中导入上面生成的 GreenDao 类的文件，并设置 src-gen 为源文件夹，最后导入 greendao-1.x.x.jar 类，项目文件格式如图 1B-9 所示。

用户打开日记本应用，当应用进入到主界面的时候就需要从数据库中读取数据并将数据显示在 ListView 中，使用 GreenDao 框架实现该功能首先需要创建 3 个对象，分别为

（1）daoMaster

（2）daoSession

（3）noteDao

daoMaster 主要用于实例化数据库对象，daoSession 可以对数据库表进行增删改查，而 noteDao 主要用于对数据库中的数据进行增删改查，需要注意的是，就算应用只需要使用 noteDao 对象，但是还是要按照 daoMaster→daoSession→noteDao 的顺序初始化对象。

DaoMaster 类可以使用 DevOpenHelper 内部类方法初始化数据库对象，该方法有 3 个参数。分别为：

图 1B-8　DAO 文件生成成功

（1）Content　　　　　　窗口

（2）String　　　　　　　数据库名

（3）CursorFactory　　　游标 cousor 指向的行数

如图 1B-10 中第 68 行，就是在当前 Activity 中打开名为 notes-db 的数据库，游标 cursor 为空，默认指向数据库第一行的数据。

实现代码如图 1B-10 所示。

在图 1B-10 中第 43～49 行，创建读取数据库对象 db、3 个 Dao 框架相关对象以及存放数据的 Cursor 对象。

图 1B-9　导入 GreenDao 框架之后的日记本项目

在图 1B-10 中在 67 行的 InitDAO()方法中，首先在 68～69 行使用 GreenDao 框架定义的 DevOpenhelper 方法初始化数据库"notes-db"，然后赋值给 SQLiteDatabase 变量打开数据库，再通过该变量依次初始化 daoMaster、daoSession、noteDao 对象以便使用 DAO 类对数据库进行操作。

图 1B-10　读取数据库赋值与 ListView

在 79 行的 InitList()方法中，首先在 80～81 行将获取的 title、date 的列名分别赋值给两个 String 对象，第 82 行设置读取数据库的 order，第 83～89 行就是将读取出的数据显示在 ListView 中。

到这里，主界面的数据读取已经完成了，运行结果如图 1B-11 所示。

图 1B-11 主界面运行结果

下面来修改属于新建日记、编辑日记、删除日记的功能代码文件——DiaryEditor. java。

既然需要操作数据库，那么同样要进行 DAO 类的初始化，即图 1B-10 第 67 行的 InitDAO( )方法，初始化 DAO 类之后，操作数据库就变得轻而易举了，下面来看插入数据库的方法，如图 1B-12 所示。

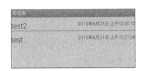

图 1B-12 中第 133～136 行用于获取布局中对应编辑框中的内容和当前系统事件，然后通过第 138 行初始化并赋值一个 Note 变量，而对数据库进行插入操作只需要调用 noteDao 类中的 insert()方法即可。

删除数据和修改数据也是非常简单，如图 1B-13 和图 1B-14 所示。

DiaryEditor. java

```
132    private void insertDiary() {
133        String title = mTitleText.getText().toString();
134        String body = mBodyText.getText().toString();
135        final DateFormat df = DateFormat.getDateTimeInstance(DateFormat.MEDIUM, DateFormat.MEDIUM);
136        String date = df.format(new Date());
137
138        Note note = new Note(null, title, body, date);
139        noteDao.insert(note);
140
141        Log.d("DaoExample", "Inserted new note, ID: " + note.getId());
142 //     ContentValues values = new ContentValues();
143 //     values.put(Fields.DiaryColumns.CREATED, LifeDiaryContentProvider
144 //             .getFormateCreatedDate());
145 //     values.put(Fields.DiaryColumns.TITLE, title);
146 //     values.put(Fields.DiaryColumns.BODY, body);
147 //     getContentResolver().
148 //     insert(Fields.DiaryColumns.CONTENT_URI, values);
149
150    }
```

图 1B-12 新建日记

DiaryEditor. java

```
//      update(mUri, values,null, null);
    }

    //添加菜单键选项
    public boolean onCreateOptionsMenu(Menu menu) {
        super.onCreateOptionsMenu(menu);
        menu.add(Menu.NONE, MENU_ITEM_DELETE, 0, R.string.menu_delete);
        return true;
    }

    //添加选择菜单的选择事件
        public boolean onOptionsItemSelected(MenuItem item) {
            switch (item.getItemId()) {
                // 删除当前数据
            case MENU_ITEM_DELETE:
                //getContentResolver().delete(dUri, null, null);
                noteDao.deleteByKey(mid);

                Toast.makeText(DiaryEditor.this, R.string.diary_delete_success
                        ,Toast.LENGTH_LONG).show();
                Intent intent = new Intent(DiaryEditor.this ,LifeDiary.class);
                startActivity(intent);
                DiaryEditor.this.finish();
                break;
            }
            return super.onOptionsItemSelected(item);
        }
}
```

图 1B-13 删除日记

DiaryEditor. java

```
    private void updateDiary() {
        String title = mTitleText.getText().toString();
        String body = mBodyText.getText().toString();
        final DateFormat df = DateFormat.getDateTimeInstance(DateFormat.MEDIUM,
                DateFormat.MEDIUM);
        String date = df.format(new Date());

        Note note = new Note(mid, title, body, date);
        noteDao.insertOrReplace(note);
        // ContentValues values = new ContentValues();
        // values.put(Fields.DiaryColumns.CREATED, LifeDiaryContentProvider
        // .getFormateCreatedDate());
        // values.put(Fields.DiaryColumns.TITLE, title);
        // values.put(Fields.DiaryColumns.BODY, body);
        // getContentResolver().
        // update(mUri, values,null, null);
    }
```

图 1B-14 更新日记

进行完上述对日记本应用的修改，就可以把上一章项目中所写的 Fields 和 LifeDiaryContentProvider 类直接删除掉！还记得上一章中所写的 Fields 和 LifeDiaryContentProvider 类代码有多少吗，使用 GreenDao 框架就可以减少了如此之多的代码量！

【注意】 删除完 LifeDiaryContentProvider 类之后，记得修改 AndroidManifest 里面的 LifeDiaryContentProvider 的相关代码，如图 1B-15 所示。

LifeDiary Manifest

```
<?xml version="1.0" encoding="utf-8"?>
<manifest xmlns:android="http://schemas.android.com/apk/res/android"
    package="andy.ham" android:versionCode="1" android:versionName="1.0">
  <application android:icon="@drawable/icon" android:label="@string/app_name">
    <provider android:name="LifeDiaryContentProvider"
        android:authorities="andy.ham.diarycontentprovider" />
```

图 1B-15 删除红框处的代码

最后的日记本项目文件如图 1B-16 所示。

有了 GreenDao 框架的帮助，对数据库的操作就如同面向对象编程一样，代码简洁易懂，同时省去大量重复冗余的代码，大大减轻了开发者的负担。

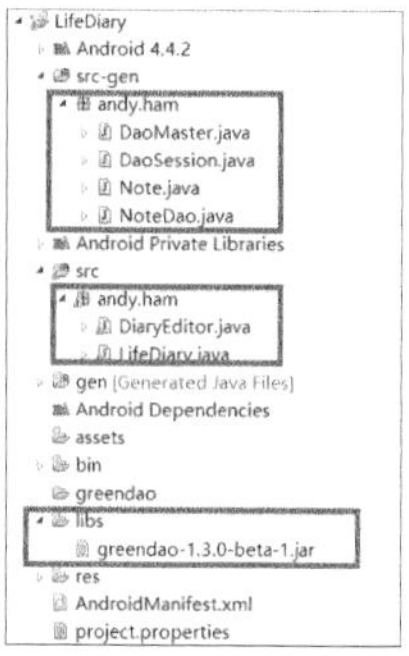

B.3 项目心得

现在随着各大开源社区和代码托管平台的成熟，有着越来越多的好用、方便的开源程序为不同平台的开发者提供帮助。作为成熟的开发者应该要熟悉这些开源框架，提高开发效率。

B.4 参考资料

（1）百度百科——ORM

http://baike.baidu.com/link?url=w_si1X3F6JCeYppct8IwE7Uyt3rZOCFEsSRfokOrVvo8w0wAsS2C4P2IxJ3IpUhHCrEbAB-MX6xOiDHIvuu1ma

（2）5 of the Best Android ORMs

http://www.sitepoint.com/5-best-android-orms/

（3）GreenDao 框架官网

http://greendao-orm.com/

图 1B-16　使用 GreenDao 框架的日记本项目

C　为产品添加开场动画和使用教程

搜索关键字

（1）SharePreference
（2）Animation
（3）Dialog

本章难点

本节将为日记本项目丰富一些实用性非常高的功能，如

（1）数字密码加密，需要掌握 Dialog 对话框和使用 SharePreferences 这种轻量级的存储器。

（2）添加开机动画功能，需要了解 Anime 的使用，弄清各种不同动画变换的参数以及巧妙运用各种布局层叠从而达到动画的效果。

（3）显示日记本应用的使用教程功能需要巧妙运用 SharePreferences，达到判断用户第一次安装后进入应用的功能。

C.1 项目简介

通过前面对日记本的基本功能的学习，相信读者已经对数据库的操作有一定了解了，但是

一个日记本准确地说是一个"产品远远不止单单操作数据库这么简单,日记本作为一个私密软件,需要进行加密防止被其他人进入;好的日记本应用应该做到精美,加入动画交互可以提升应用的"颜值"。

于是本小节通过设置日记本数字密码、加入动画交互等功能更加丰富读者对 Android 中常用的技能的掌握。

C.2 案例设计与实现

C.2.1 日记本加密

本节"加密功能"需要掌握两部分的内容:
(1) 掌握如何制作自定义的 Dialog 对话框;
(2) 了解 SharePreferences 的存储使用。

1. 使用 SharePreferences 为日记本添加密码保护功能

能够放在 Android Market 的日记本应用,应该是一个私密性非常强的东西,没有人愿意随随便便就把自己的日记本公之于众,所以程序的设计者必须给日记本应用添加上一把"锁"。

因为常见的数字密码只是一组字符串,并不需要专门的 SQL 去进行管理,这时候就可以用上 Android 自带的轻量级储存类——SharePreference,该类十分适合储存小型数据,在 Android 常被用于:软件配置参数、密码、背景图片 ID 等。

SharePreference 类是生成 xml 文件用于存放数据的,该类生成的 xml 文件将会被存放在/data/data/<package name>/shared_prefs 目录下:

下面是一个简单的 SharePreference 存储例子(和本例无关):

```
SharedPreferences sharedPreferences = getSharedPreferences("andy", Context.MODE_PRIVATE);
//私有数据
Editor editor = sharedPreferences.edit();
//获取编辑器
editor.putString("name", "andy.ham");
editor.putInt("age", 4);
editor.commit();
//提交修改
```

运行上面的代码之后,系统将会生成一个名为 andy.xml 的 xml 文件,该文件中内容如下:

```
<? xml version = '1.0' encoding = 'utf-8' standalone = 'yes' ? >
<map>
<string name = "name">andy.ham</string>
<int name = "age" value = "4" />
</map>
```

由此可见,使用 SharedPreferences 类储存信息十分方便,而且生成的 xml 文件内容清晰有条理,所以 SharedPreferences 类深得开发者的青睐。下面来举例常用的两个 SharedPreferences 类方法。

(1) getSharePreferences(name ,mode)方法用于存储生成 SharePreference 类文件,其中 mode 为操作模式,分别有四种:

① MODE_APPEND:追加方式存储。
② MODE_PRIVATE:私有方式存储,其他应用无法访问。
③ MODE_WORLD_READABLE:表示当前文件可以被其他应用读取。

④ MODE_WORLD_WRITEABLE:表示当前文件可以被其他应用写入。

（2）SharePreferences.edit()方法用于获取编辑器,以便以键值对方式把数据保存进 xml 文件中,然后通过 commit()方法提交数据。

下面来演示该如何获取 SharePreferences 中的数据(代码和本例日记本无关)。

```
SharedPreferences share = getSharedPreferences
("andy",Context.MODE_WORLD_READABLE);
    int i = share.getInt("age",0);
String name = share.getString("name","");
boolean flag = share.getBoolean("flag",false);
```

获取 SharedPreferences 类储存的数据首先需要定位到需要获取数据的 xml 文件,然后通过 getInt、getString、getBoolean 等方法获取其中的键值对数据。

【注意】getString 等方法的第二个参数为默认值,这意味着如果在该 xml 文件中没有找到该键值对数据的话,该方法将会返回默认值。例如上例中并没有"flag" 该键值对数据,那么该方法将会返回 flase。

回到日记本应用,实现设置密码功能首先需要新建一个 setPasswordActivity 的 Activity,该 Activity 用于让用户设置日记本密码功能是否开启。布局文件效果如图 1C-1 所示。

该布局中有 2 个文本可供单击,分别为:

（1）数字密码。

（2）无密码。

图 1C-1　设置密码布局效果

因为布局比较简单,具体实现可以参考项目代码。

setPasswordActivity 需要实现的功能效果有:

（1）单击数字密码,将会弹出 Dialog 并让用户填写密码,确认后就生成保存密码的 SharePreferences ,其中的 xml 文件保存的是保存状态 isSet 和密码 Password。

（2）单击无密码,就会将保存密码的 xml 文件中的 isSet 数据设置为 false 或者可以将该 xml 文件直接删除。

2. 使用 DiaLog 控件让用户输入密码

Dialog 就是 Android 中常见的对话框。在 Android 中,如需要使用自定义 Dialog 样式就需要新建一个布局文件,即自定义一个 xml 文件,该 xml 文件定义的样式即为自定义的 DiaLog 样式。如图 1C-2 就是本例中自定义的 Dialog 样式:

图 1C-2　自定义 Dialog 样式

该自定义 Dialog 样式 xml 文件为 digital_pass.xml,实现如图 1C-3 所示。

使用自定义 Dialog 样式的时候需要把想要呈现出的 Dialog 样式编写好,在使用的时候,系统才能调用出自定义的 Dialog。

下面就来看看如何在 Activtity 中调用自定义的 Dialog 对话框。

下图 1C-4 的代码就是绑定在数字密码文本上面的监听器。

如图 1C-4 中 52 行所示,首先创建好在需要在哪个布局显示 Dialog 的 LayoutInflater 对象,以及 53 行所示的自定义 Dialog 样式 View 对象。

23

```
<LinearLayout xmlns:android="http://schemas.android.com/apk/res/android"
    android:layout_width="wrap_content"
    android:layout_height="wrap_content"
    android:orientation="vertical" >
    <RelativeLayout
        android:layout_width="fill_parent"
        android:layout_height="150dp" >
        <LinearLayout
            android:id="@+id/label1"
            android:layout_width="fill_parent"
            android:layout_height="wrap_content"
            android:layout_marginBottom="10dp"
            android:layout_marginLeft="5dp"
            android:layout_marginRight="5dp"
            android:layout_marginTop="30dp"
            android:addStatesFromChildren="true"
            android:background="@drawable/layout_selector"
            android:padding="5dp" >
            <TextView
                style="@style/myStyle.BlackBigText"
                android:layout_width="wrap_content"
                android:layout_height="wrap_content"
                android:text="@string/set_password" />
            <EditText
                android:id="@+id/set_pass"
                style="@style/myStyle.BlackBigText"
                android:layout_width="fill_parent"
                android:layout_height="30dp"
                android:layout_weight="1"
                android:background="@null"
                android:hint="@string/pass_con_title"
                android:password="true"
                android:maxLength="30"
                android:numeric="integer"
                android:singleLine="true" >
                <requestFocus />
            </EditText>
        </LinearLayout>
    </LinearLayout>
</LinearLayout>
```

图 1C-3　自定义 Dialog 样式实现代码

图 1C-4　在 Activity 中显示 Dialog

图 1C-5　设置密码效果

通过 54 行设置好 Dialog 对象 builder，并在 55 行设置 Dialog 标题、56 行设置 Dialog 自定义样式、57～77 行设置 Dialog 确定按钮并绑定单击"确认"按钮的监听器、在 78～84 设置 Dialog 取消按钮并绑定监听器。最后依次调用 builder 对象的 create().show() 方法。至此，自定义 Dialog 就完成了。

而 63～79 行则是当用户两次输入密码一致的时候，在 67 行用 SharePreference 创建一个名为 pass.xml 的 xml 文件，用 password 标签储存输入的密码，并将 isSct 标签设置为！isSet。储存结束之后，在 73 行将自定义 Dialog 设置为不显示，然后用 Toast 显示密码设置成功与否，最后跳转回主菜单进行密码验证。

如图 1C-5 就是完成后，用户单击数字密码文本的效果。

目前，只是完成了设置密码部分，还需要设计当用户设置好密码之后，再次进入应用需要提示输入密码的界面。

同样的，提示用户输入密码的界面也同样是使用 Dialog 显示，自定义 Dialog 样式效果如图 1C-6 所示。

图 1C-6　提示用户输入密码 Dialog 样式

自定义 confirm_pass.xml 实现代码如图 1C-7 所示。

下面分析判断用户输入密码正确性的核心部分:checkPass()方法,代码部分如图 1C-8 所示。

图 1C-7　提示用户输入密码 Dialog 样式

图 1C-8　检查密码方法

如图 1C-8 中第 98～100 行取出用 SharePreferences 储存密码的 pass.xml 文件中的数据,包括 isSet 和 password 并赋值给对应的变量。当判断 isSet 为 true 时,显示输入密码的 Dialog 并设置好相关属性,绑定按钮监听器,在监听器中判断输入的密码与设置的密码是否一致,如果一致,调用 dialog.dismiss()方法取消 Dialog 显示,否则用 Toast 提醒密码输入错误,不让 Dialog 消失,同时不要忘记将编辑框中的变量重新设置为空。

如图 1C-8 中第 123～128 行代码块可以令 Dialog 不消失。这样,就完成了所有的密码保护功能。下面来看看运行起来的效果,如图 1C-9 所示。

通过设置数字密码保护功能,学习了 SharePreferences 轻量级储存和 Dialog 控件的使用方法,在 Android 应用中,这两个知识点都是十分常用的,一定要多练习熟练掌握。

图 1C-9　检查密码效果

C.2.2　开场动画

一个能给人留下好印象的 Apps,一定少不了好看的动画切换效果。下面就通过这个例子来简单地了解一下 Android 中怎样做出好看的动画吧。

本例实现的动画效果如图 1C-10 所示:开启应用之后,是一个缓缓打开的门,然后再出现一个进入日记的按钮,单击按钮之后才能真正进入日记本应用。本节需要掌握两部分的内容:

（1）如何编写显示动画的对应布局 xml 文件。
（2）如何对布局文件设置动画效果。

图 1C-10　动画效果 Welcome Access

要实现该动画效果需要两个布局，分别为：缓缓打开的门和当门打开之后弹出"进入日记"按钮的布局，新建 Welcome 和 Access 两个 Activity 类，Welcome 类负责显示缓缓打开门的动画，Access 类负责显示弹出"进入日记"按钮的动画，它们分别加载 welcome.xml 和 access.xml 布局，welcome.xml 和 access.xml 布局代码分别如图 1C-11 和图 1C-12 所示。

从图 1C-11 代码可以看出，welcome.xml 设置了一张 background 为 main_bg 的图片，然后有两个 LinearLayout 布局 anim_left 和 anim_right 分别覆盖在背景图片之上的左右两侧。

图 1C-11　welcome.xml 布局文件　　　　图 1C-12　access.xml 布局文件

从图 1C-12 代码可以看出，access.xml 中同样设置了一张 background 为 main_bg 的图片，然后在布局下方设置了一个 Button。

以上布局文件就完成了，下面开始进行动画的编写。

日记本 APP 的动画启动后，一开始应该先进入的是 Welcome 类，需要实现的就是显示 welcome.xml 布局文件，然后把布局文件中分别覆盖在背景图上左右两侧的两个 LinearLayout 布局缓缓向左右移动直至消失为止。

代码实现如图 1C-13 所示。

为了提高用户体验，Welcome 动画播放时应该去掉标题栏，实现代码设置如图 1C-13 中 25 行，实现效果如图 1C-14 下框中所示。而图 1C-13 中的 26～27 行可以令应用全屏化，即可以去掉图 1C-14 中上框所示。

```
18      protected LinearLayout leftLayout;
19      protected LinearLayout rightLayout;
20      protected LinearLayout animLayout;
21
22⊖     @Override
23      protected void onCreate(Bundle savedInstanceState) {
24          super.onCreate(savedInstanceState);
25          this.requestWindowFeature(Window.FEATURE_NO_TITLE);
26          getWindow().setFlags(WindowManager.LayoutParams.FLAG_FULLSCREEN,
27              WindowManager.LayoutParams.FLAG_FULLSCREEN);
28          setContentView(R.layout.welcome);
29          init();
30      }
31
32      //变量初始化
33⊖     private void init() {
34
35          leftLayout = (LinearLayout)findViewById(R.id.leftLayout);
36          rightLayout = (LinearLayout)findViewById(R.id.rightLayout);
37          animLayout = (LinearLayout)findViewById(R.id.animLayout);
38          animLayout.setBackgroundResource(R.drawable.main_bg);
39          // 加载开门动画
40          Animation leftOutAnimation = AnimationUtils.loadAnimation(
41              getApplicationContext(), R.anim.translate_left);
42          Animation rightOutAnimation = AnimationUtils.loadAnimation(
43              getApplicationContext(), R.anim.translate_right);
44          // 左布局向左移动
45          leftLayout.setAnimation(leftOutAnimation);
46          // 右布局向右移动
47          rightLayout.setAnimation(rightOutAnimation);
48          // 设置动画监听器
49          leftOutAnimation.setAnimationListener(new AnimationListener() {
50
51⊖             @Override
52              public void onAnimationStart(Animation animation) {
53                  // TODO Auto-generated method stub
54              }
55
56⊖             @Override
57              public void onAnimationRepeat(Animation animation) {
58                  // TODO Auto-generated method stub
59              }
60
61⊖             @Override
62              public void onAnimationEnd(Animation animation) {
63                  // TODO Auto-generated method stub
64                  //结束动画时,隐藏布局
65                  leftLayout.setVisibility(View.GONE);
66                  rightLayout.setVisibility(View.GONE);
67                  Intent intent = new Intent();
68                  intent.setClass(Welcome.this, Access.class);
69                  startActivity(intent);
70                  overridePendingTransition(0, 0);
71                  Welcome.this.finish();
72              }
73          });
```

图 1C-13 Welcome 类实现

图 1C-14 图中上框所示为应用标题栏,下框为系统通知栏

【**注意**】图 1C-13 中的 24~26 行的代码需要在 setContentView()方法之前执行,不然系统会报错。

图 1C-13 第 35~38 行将布局绑定在对应的变量,40~43 行使用了 AnimationUtils 类,该类为应用动画提供了通用的方法,它有一个很重要的方法 loadAnimation(Context,Animation),该方法用于加载 Animation 的实例,两个形参分别为显示动画的 Activtiy 和动画变化状态。

想要动画按照自定义方法变化就需要在 res 文件夹下新建一个 anim 文件夹,然后把动画变化的 xml 文件放在 anim 文件夹中,这样就可以在代码中调用 R.anim.xxx 动画变化文件了,如图 1C-15 为本例的 anim 文件摆放:

下面来看看这些 xml 文件是怎么令动画生效的,如图 1C-16 是 translate_left.xml 和图 1C-17 是 translate_right.xml 文件内容:

下面解释一下 anim 文件中常用的几个标签:

alpha　　　　　渐变透明度动画效果
scale　　　　　渐变尺寸伸缩动画效果
translate　　　 画面转换位置移动动画效果
rotate　　　　　画面转移旋转动画效果

在本例中,使用的是画面转换位置移动动画效果——translate 标签,该标签常用方法有:

(1) fromXDelta 动画起始时 X 坐标上的位置
(2) toXDelta 动画结束时 X 坐标上的位置
(3) fromYDelta 动画起始时 Y 坐标上的位置

图 1C-15　anim 文件摆放位置

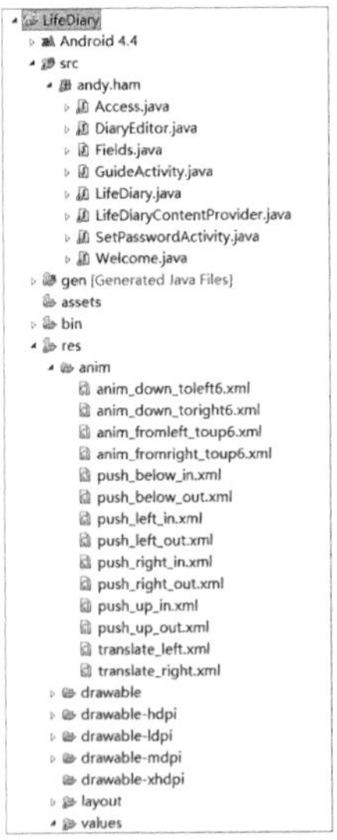

(4) toYDelta 动画结束时 Y 坐标上的位置

(5) duration 动画持续时间

```
<?xml version="1.0" encoding="UTF-8"?>
<set android:fillAfter="false"
  xmlns:android="http://schemas.android.com/apk/res/android">
    <translate
        android:duration="3000"
        android:fromXDelta="0.0"
        android:toXDelta="-50.0%p"
        android:fromYDelta="0.0"
        android:toYDelta="0.0" />
</set>
```

图 1C-16　translate_left. xml 文件内容

```
<?xml version="1.0" encoding="UTF-8"?>
<set xmlns:android="http://schemas.android.com/apk/res/android"
    android:fillAfter="false" >

    <translate
        android:duration="3000"
        android:fromXDelta="0.0"
        android:fromYDelta="0.0"
        android:toXDelta="50.0%p"
        android:toYDelta="0.0" />

</set>
```

图 1C-17　translate_right. xml 文件内容

可以想象出来，通过这几个属性，然后使用 AnimationUtils. loadAnimation(Context, Animation)方法就可以很容易就实现动画移动效果。最后，在图 1C-13 中的 Welcome 类中的第 40 和 42 行将动画效果绑定在对应的布局上，就这样，开门的动画效果就完成了。

最后，在图 1C-13 中 49～72 行绑定一个动画监听器，实现动画监听器需要实现三个方法：

(1) onAnimationStart()在 Animation 开始时调用

(2) onAnimationEnd()在 Animation 结束时调用

(3) onAnimationRepeat()在 Animation 重复时调用

在本例中只实现了 onAnimationEnd()方法，其作用是把左右布局隐藏起来，然后跳转到下一个 Access 类，其中 setVisibiily(View. xxx)方法有三种状态：

(1) 可见(visible)

(2) 不可见(invisible)

(3) 隐藏(GONE)

```
guideactivity.xml   Access.java
1 package andy.ham;
2
3
4
5 import android.app.Activity;
14
15 public class Access extends Activity {
16
17     private Button access;
18     private SharedPreferences sp=null;
19
20     @Override
21     protected void onCreate(Bundle savedInstanceState) {
22
23         super.onCreate(savedInstanceState);
24         this.requestWindowFeature(Window.FEATURE_NO_TITLE);
25         setContentView(R.layout.access);
26
27         access = (Button)findViewById(R.id.access);
28         access.setOnClickListener(new OnClickListener() {
29
30             @Override
31             public void onClick(View arg0) {
32                 Intent intent = null;
33                 intent = new Intent(Access.this, LifeDiary.class);
34                 startActivity(intent);
35                 overridePendingTransition(android.R.anim.slide_in_left,android.R.anim.slide_out_right);
36                 Access.this.finish();
37             }
38         });
39     }
40
41 }
```

图 1C-18　Access 类实现

在 Access 类中，需要把绑定好“进入日记”的按钮，如图 1C-18 所示。

如图 1C-18 中第 35 行用到了一个 overridePendingTransition()函数，该函数用于实现两个 Activity 切换时使用的动画，其中两个形参分别是当前 Activity 使用的退出动画，第二个形参是下一个 Activity 使用的显示动画，使用该函数有 3 个需要注意的地方：

(1) 必须在 StartActivity()或 finish()之后立即调用。

(2) 只在 Android 2.1 以上版本有效。

(3) 手机设置-显示-动画，要处于开启状态。

到此,关于动画的初步知识已经结束,但是 Android 的 Animation 非常强大好看,更多关于 Animation 的知识有兴趣的读者可以自行查阅相关资料。

C.2.3 开机教程

现在大多数主流应用,在安装之后第一次打开时,都会出现关于该应用的使用教程。简单一点的,会显示一幅图片用于提醒用户应该怎么使用本应用;复杂的,则结合各种优美的动画以及交互,为用户生动地演示整个应用的使用方法,本节将会实现一个简单的应用实用教程,通过让用户单击 Button 来提醒用户应该如何使用日记本应用,在 Activity 中,需要判断用户第几次单击 Button,当达到临界时,将退出使用教程。

如何显示使用教程,网上有各有不同的方法。

但是问题在于怎么判断用户是在安装应用之后,第一次打开应用呢?本节将介绍一种巧妙运用 SharePreference 类的方法解决该问题。下面就来通过实例一探究竟。

学习本节主要需要掌握 2 个内容:

(1) SharePreference 类的运行机制。

(2) 判断用户第几次点击 Button。

首先,令使用教程显示为一个半透明的状态悬浮在主界面上面,会让用户体验更加优秀,那么就需要编写一个半透明的 Activtiy,新建一个 GuideActivity 类,该 Activity 用于显示半透明使用教程的布局并判断用户第几次单击 Button。新建一个 guideactivity.xml 布局文件,这里给出一个简单实现半透明布局的方法:通过放置一个匹配全屏幕大小的 Button 用于响应用户单击 Activtiy 的操作,同时也可以通过设置该 Button 的 background 属性为♯50000000,即可实现半透明的 Button 布局。

但是这种布局方法也有明显的缺点,就是不容易实现比较复杂的单击操作,所以只适用于非常简单的使用教程显示。

如图 1C-19 所示,即为应用使用教程显示的布局文件代码:

半透明布局写好了,接下来就是重点了,该如何判断用户是否是第一次进入应用呢?很简单,通过 SharePreferences 就可以了:在第一次进入应用的时候,应用还没有创建相对应的 SharePreferences 对象,那么就可以判断用户时第一次进入该应用了,然后从主界面 LifeDiary 跳转至 GuideActivtiy,当用户依次单击完 Button 后,便生成相对应的 SharePreferences 文件,那么第二次进入应用的时候就可以判断已经有该文件,就不会再跳转至 GuideActivity 了。

在 LifeDiary 中实现 checkisFirttime()方法如图 1C-20 所示。

图 1C-19　使用教程显示布局文件　　　　图 1C-20　判断是否第一次进入应用

当进入 GuideActivtiy 之后依次单击 Button 完成后,记得一定要生成 first_pref 的 SharePreferences 对象文件,不然会进入死循环。

图 1C-21　生成 first_pref 的 SharePreferences 对象文件

GuideActivity 代码实现如图 1C-21 所示。

如图 1C-21 第 35 行,当用户单击 Button 的时候,如果监听器判断用户是第一次单击 Button 的时候,即 isExit 的值为 false 的时候,改变 Button 的文字信息,然后将 isExit 设置为 true。那么用户在第二次单击 Button 的时候,即第 40～44 行,应用就会生成判断是否第一次进入应用的 SharePreference 对象文件,然后退出 GuideAcivity。

该判断用户单击 Button 次数的实现方法看起来有没有很熟悉?没错,很多应用在单击返回键的时候,会弹出"再单击一次将退出应用"的 Toast 信息,也是通过这样的方法实现的。

通过以上步骤,一个简单的应用使用教程就完成了。效果如图 1C-22 和图 1C-23 所示。

图 1C-22　应用使用教程效果 1　　图 1C-23　应用使用教程效果 2

C.3　项目心得

本章介绍了为日记本应用添加数字密码、动画、使用教程的案例,主要目的是为了提高日记本应用的使用体验。在如今各应用同质化越来越严重的时代,优秀的开发者需要通过学会各种提高应用使用体验的方法才能获得更多消费者的认同。

C.4　参考资料

(1) SharePreferences

http://www.tuicool.com/articles/Ery6Zr

(2) Animation

http://blog.csdn.net/feng88724/article/details/6318430

项目 2 网络音乐播放器应用

A 淡妆浓抹 Activity

引 言

音乐播放器可以说是每一位学习 Android 的初学者必做的一个例子。互联网上有不少关于 Android 音乐播放器的开源例子,但是却很难找到功能较完整的播放器教程。此款优雅音乐播放器不仅实现了基本的播放音乐功能,还实现了获取 SD 卡音乐文件、歌曲选择、可拖动的进度条以及后台播放功能。

本例涉及的内容有:媒体播放器、广播、服务、Handler。建议做项目同时触类旁通的了解相关知识。以下是播放器主要功能图片,如图 2A-1 所示。

完成这样一个项目需要掌握两个方面知识点:
(1) 如何获取音乐文件,并播放音乐?
(2) 如何后台运行播放(例如一边听歌一边上网)?

下面就以 3 篇文档分别解决上述的问题,本篇是开篇主要讲解 UI 设计以及扫描音乐和播放音乐。

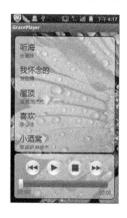

图 2A-1 系统运行图片

搜索关键字

(1) MediaPlayer
(2) MediaStore

本章难点

本章将介绍怎么样在 Android 平台下实现音乐播放。在 Linux 平台下,如果想要编写一个音乐播放器的程序,可能需要对底层的声卡进行编程。Android 是基于 Linux 内核开发的,那么在 Android 平台想要实现音乐播放,应该怎么做呢?

Android 平台将音乐播放、视频播放等功能封装成了 MediaPlayer 类,利用这个类,开发者只需要调用 MediaPlayer.start() 就可以实现音乐播放了。不同时期 MediaPlayer 类的播放状态是不一样的。通过本章的练习,读者将会理解 MediaPlayer 的状态以及如何运用这些状态。

A.1 项目介绍

本实训的目标是完成扫描音乐和播放音乐,这两个功能靠 MediaStore 和 MediaPlayer 来实现。MediaStore 存储了 Android 手机存储设备中媒体文件的索引,利用这些索引,可以轻松地找到并利用多媒体文件。MeidaPlayer 是 Android 管理多媒体应用的类。本实训除了讲述这两个类的用法,还介绍了如何向模拟器导入 SD 卡,并且向 SD 卡中放入音乐文件。

A.2 案例设计与实现

A.2.1 需求分析

项目的功能:
(1) 基本音乐播放控制(播放、暂停、停止)。
(2) 上一曲、下一曲控制。
(3) 获取所有 SD 卡中的音乐文件。
(4) 单击音乐文件列表,播放音乐。

A.2.2 界面设计

新建工程,在本项目中,设定 SDK 的最低版本为 API14,如图 2A-2 所示。

1. 运行界面

本项目虽然只有一个界面,但是设计实现还是非常花心思。

因为主界面实现了音乐播放控制、选择音乐功能。主界面由 4 个播放控制按钮以及 1 个显示音乐的列表。主界面的完成效果如图 2A-3 所示。是不是感觉好像和图 2A-1 所暂时的播放器界面不太一样,没有错,图 2A-1 是程序的最终发布版界面,融合了更有趣的技术。并且界面和功能代码也一样,随着功能的增加,代码也需要不断地修改。但是本次实训先以图 2A-3 作为布局的标准。

2. 布局控件

根据设计的界面,选用相应的布局方式和控件,如图 2A-4 所示。

图 2A-2

图 2A-3 主界面

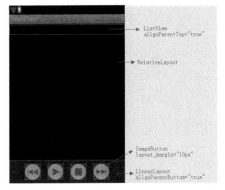
图 2A-4 主界面功能按钮布局

主要的布局框架采用的是 RelativeLayout,在其中嵌套了 4 个 ImageButton 的播放按钮,这4个按钮采用LinearLayout一字排开,如图2A-5所示。

在主界面中,使用到listview控件,因此,需要为listview的Item项设置布局。该布局中有两个TextView控件,分别用于显示歌曲名,艺术家名。

代码如图2A-6所示。

图2A-5　主界面功能按钮布局代码　　　　　　　　　　图2A-6

3. 细节完善

需要说明的是,灵活运用RelativeLayout和LinearLayout,以及利用"盒子模型"中,替按钮添加外边距(margin),可以让程序具有最好适应性的布局。每个ImageButton使用的背景资源是自定义的drawable资源,它们实际上是一个XML文件,利用这些XML文件可以非常轻松地处理按钮的单击反馈,简化Activity的代码。背景图片资源的定义如图2A-7所示。

图2A-8是其中一个button的定义的内容。

【小技巧】给linearLayout1设置背景色为"♯80000000"是有原因的。一般来说,RGB使用6个16进制数组合"♯RRGGBB"表示颜色(如"♯000000"表示黑色,"♯FFFFFF"表示白色)。给RGB增加一个维度Alpha,它表示透明度,增加两个十六进制数,即"♯AARRGGBB",这样,linearLayout1的背景色就是黑色且透明了(如图2A-3演示界面所示)。

图2A-7　按钮背景资源文件

设置优化完细节之后,主界面的样子如图2A-9所示。

图2A-8　按钮背景资源定义

图2A-9　主界面(未完成)

对比图2A-3和图2A-9,区别在于背景颜色和文字颜色。虽然设置根元素的RelativeLayout的背景色,以及各个组件的文字颜色可以达到这种效果,但是Android提供了更加方便的概念:主题(Theme)。

主题(Theme)是一系列样式的组合(字体、背景颜色、文字颜色等)。在Android Manifest中定义的<application>和<activity>元素中加入属性android:theme,可以将一套样式添加到整个程序或者某个Activity。但是主题是不能应用在某一个单独的View里。

在 AndroidManifest.xml 中设置程序的主题,方法如图 2A-10 所示。

语句 android:theme＝"@android:style/Theme.Light"将程序的主题设置为"开灯",意思是将原来"黑底白字"的界面设置为"白底黑字",就好像漆黑一片的程序开了灯一样。完成之后的效果如图 2A-11 所示。

图 2A-10　设置程序的主题　　　　图 2A-11　添加主题之后的主界面

A.2.3　功能实现

设计完界面,开始实现功能,项目的逻辑结构图如图 2A-12 所示。

其中,系统资源文件 strings.xml 的定义如图 2A-13 所示。

1. 搭建 Activity 框架

在新建工程的时候,eclipse 会编写好一部分框架代码,其中有一部分是用不到的,把这些代码先删除。最终代码如图 2A-14 所示。

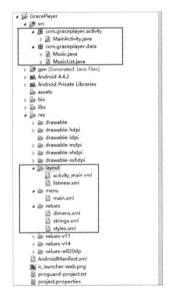

图 2A-13　strings.xml 的定义

图 2A-12　项目文件图　　　　　　　图 2A-14

接着,在主界面 Activity 文件 MainActivity.java 中获取 ImageButton,并注册监听器,具体的功能后续再来补充。参考代码如图 2A-15 和图 2A-16 所示。

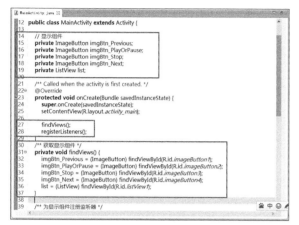
图 2A-15 搭建 Activity 框架 a

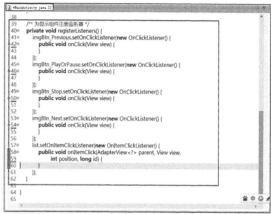
图 2A-16 搭建 Activity 框架 b

这些接口暂时先留空,之后再根据需要再慢慢调试。

这时,编写 Music.java 文件的代码。该类包含歌曲的基本属性,如歌曲名,艺术家名,歌曲路径,歌曲总时长等。该类提供一系列方法,便于用户获取歌曲名,艺术家名,歌曲路径,歌曲总时长。代码如图 2A-17 所示。

下面接着编写 MusicList.java 文件的代码。

该类包含了一个类型为 Music 的 ArrayList 对象,用于存放 Music 类的对象,起到了歌词列表的作用。

该类采用单例模式,由于该类构造器修饰符为 private,所以不能直接通过 new 方法生成该类的对象,该类提供了 getMusicList 方法,用户可以调用此方法获取唯一的 ArrayList 对象。代码如图 2A-18 所示。

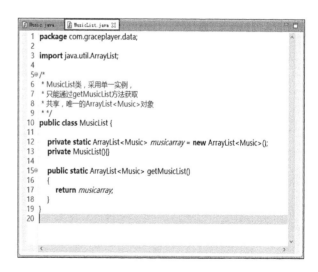

图 2A-17   图 2A-18

2. 获取音乐文件-MediaStore

【小技巧】说到读取音乐文件,读者首先想到解决方案的可能是遍历所有文件,筛选出扩展名为音乐文件扩展名的文件。这样的确可以实现,但是 Android 为人们提供了更方便的解决方案。

当手机开机、插拔 USB 连接时,Android 系统会启动 MediaScanner,扫描 SD 卡和内存里的文件。扫描的结果保存在 data/data/com.android.media/providers/databases/external 下。通过 DDMS 的 File Explorer 即可查看这个文件,文件包括了图片、音乐、视频等文件的信息。开发者无须逐个遍历文件,只要使用 ContentProvider 就可以获取 SD 卡中的音乐文件列表了。

下面图 2A-19,图 2A-20,图 2A-21 是实现的方法。

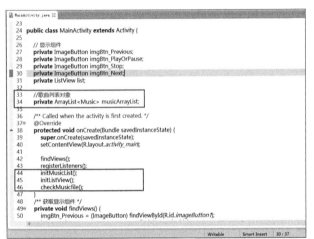

图 2A-19

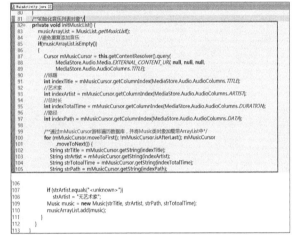

图 2A-20

在图 2A-20 的 initMusicList 方法中,遍历本地数据库,获取歌曲信息,使用这些信息可以对 Music 类的对象初始化,然后把这些对象添加到 ArrayList 中,最后通过操作 ArrayList 对象,可以获取歌曲名以及其他信息,这样做也符合面向对象编程的思想。

在图 2A-21 的 initListView 方法中,定义了一个 SimpleAdapter,作为 listview 的适配器。有了适配器,就可以设置歌曲列表中的内容了。

如果手机中没有音乐文件的话执行播放操作会抛出异常。因此,如果手机中没有音乐文件,则将播放按钮设为不可以单击,然后通知提醒用户就可以了。实现代码如图 2A-22 所示。

由于需要访问 SD 卡(外部存储空间),所以需要在 AndroidManifest.xml 文件中加入访问外部储存空间的权限,如图 2A-23 所示。

【小提示】

在图 2A-20 中,使用了几个重要的类与变量,说明如下:

• Cursor:可随机访问的结果集,用于保存数据库的查询结果。

• MediaStore:基于 SQLite 的多媒体数据库,它包含了音频,视频,图片等所有多媒体文件的信息。

• MediaStore.Audio.Media.EXTERNAL_CONTENT_URI:Uri 类的静态对象,存储了歌曲的路径。

图 2A-21

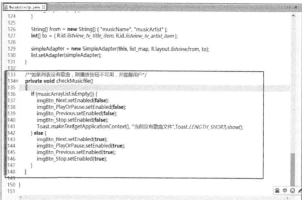

图 2A-22

图 2A-23

图 2A-24 添加了音乐列表

- MediaStore. Audio. AudioColumns. TITLE：歌曲标题在 Cursor 对象中的列名。
- MediaStore. Audio. AudioColumns. ARTIST：歌曲艺术家在 Cursor 对象中的列名。

【小技巧】除了 MediaStore. Audio，MediaStore 也定义了其他内部类，用于访问其他媒体文件。MediaStore 的内部类如表 2A-1 所示。

表 2A-1 MediaStore

Nested Classes		
class	MediaStore. Audio	音频信息
class	MediaStore. Files	非媒体文件
class	MediaStore. Images	图片信息
interface	MediaStore. MediaColumns	部分 MediaProvider 表的常用列
class	MediaStore. Video	视频信息

3. 播放音乐-MediaPlayer

1) MediaPlayer 的状态

Android 使用 MediaPlayer 类来实现音乐播放、视频播放等多媒体功能。开始使用 MediaPlayer 之前，先来了解 MediaPlayer 的状态。

【知识点】MediaPlayer 的状态有游离态（Idle）、初始态（Initialized）、准备态（Prepared）、运行态（Started）、完成态（PlaybackCompleted）、停止态（Stopped）、装载态（Preparing）、异常态（Error）和

结束态(End)共十种状态。当媒体类对象处于游离态或终止态时,该对象不可用(但不为 null,只是没有加载媒体文件)。MediaPlayer 的状态跟方法调用的关系如图 2A-25 所示。

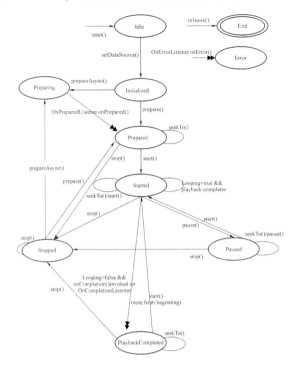

图 2A-25　MediaPlayer 的状态

从状态图总结出来一些常用的状态和操作,不同的状态中允许的操作如表格 2A-2 所示。

表 2A-2　常用状态和操作

允许操作状态	prepare()	start()	pause()	stop()
initialized	是	否	否	否
prepared	否	是	否	是
started	否	是	是	是
paused	否	是	是	是
stopped	是	否	否	是
PlaybackCompleted	否	是	否	是

音乐播放器的关键操作无非是播放(上一曲、下一曲操作也归为播放操作)、暂停和停止。

【知识点】播放又可以分成三种情况:开始新的播放(play)、暂停之后恢复播放(resume)以及播放结束之后重新播放(replay),这几种播放的区别是:开始新的播放(play)需要载入(load)音乐文件。接下来,先定义载入音乐文件的方法,然后定义播放、暂停以及停止音乐文件等操作的方法。自定义方法的作用是:针对 MediaPlayer 的特性进行处理,简化上层方法的代码,如图 2A-26 和图 2A-27 所示。

图 2A-26　读取音乐文件代码

2) Activity 控制 MediaPlayer

Activity 的任务之一的选择歌曲。在 Activity 中定义一个变量 number,用于记录当前正在播放的歌曲的序号。定义和初始化的代码如图 2A-28 所示。

图 2A-27 音乐控制代码　　　　　　　图 2A-28 定义和初始化代码

图 2A-28 定义一个游标,记录歌曲序号。

接下来,定义两个修改游标 number 的方法 moveNumberToNext()和 moveNumberToPrevious(),分别用于选择下一曲和上一曲。定义如图 2A-29 所示。

图 2A-29 选择上一曲、下一曲代码

万事俱备,只欠东风。最后,在 Activity 的显示组件的监听器中,调用写好的播放控制方法,就可以执行音乐播放了。参考代码如图 2A-30 和图 2A-31 所示。

3) 关联模拟器和 SD 卡

如果想要在模拟器中测试音乐播放,则需要模拟插入一张 SD 卡,然后向 SD 卡中加入音乐文件。接下来首先创建一张虚拟的 SD 卡。打开 cmd,进入 sdk 目录下 tools 文件夹,输入命令:mksdcard-l mycard 100M D:\mysdcard.img,如

图 2A-30 调用播放控制方法(1)

图 2A-32 所示。

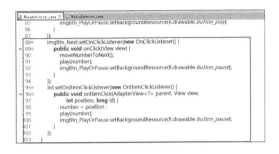

图 2A-31　调用播放控制方法（2）

图 2A-32　创建 SD 卡

创建的 SD 卡镜像文件如图 2A-33 所示。

命令 mksdcard 用于创建 SD 卡镜像文件，可选参数[-l mysdcard]用于指定 SD 卡的卷标。mksdcard 命令的说明如图 2A-34 所示。

图 2A-33　SD 卡镜像文件

图 2A-34　命令 mksdcard 说明

创建了 SD 卡镜像文件，只是创建了一个文件，接下来运行带有 SD 卡的模拟器，步骤如图 2A-35 和图 2A-36 所示。

图 2A-35　运行带 SD 卡的模拟器（1）

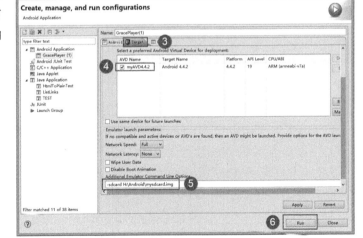

图 2A-36　运行带 SD 卡的模拟器（2）

等待模拟器启动完毕，就可以带有 SD 卡的模拟器就启动好了。检查 SD 卡的步骤如图 2A-37，图 2A-38 与图 2A-39 所示。

现在装载的 SD 卡是没有加入音乐文件的 SD 卡。为了测试音乐播放器，接下来在 cmd 中输入命令：adb push Innocence.mp3 sdcard/Innocence.mp3，向 SD 卡插入音乐文件如图 2A-40 所示。

图 2A-37　检查 SD 卡(1)

图 2A-38　检查 SD 卡(2)

图 2A-39　检查 SD 卡(3)

注意：执行插入文件操作需要启动模拟器。如果输入 adb push 命令时，模拟器还没有启动，则会出现如图 2A-42 中所示的情况。

图 2A-40　向 SD 卡插入音乐文件

图 2A-42　模拟器未启动

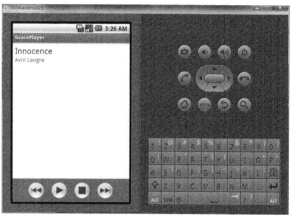
图 2A-41　导入音乐成功

A.2.4　软件测试

运行优雅音乐播放器，单击"播放音乐"按钮。播放器自动选择第一首音乐开始播放，播放按钮的图片改为暂停，如图 2A-43 所示。

单击"停止"按钮，音乐停止播放，播放按钮的图片改回播放，如图 2A-34 所示。

图 2A-43　音乐开始播放

图 2A-44　单击"停止"按钮之后

A.3 项目心得

本实训讲述了如何使用 MediaPlayer 来播放音乐。其中最重要的是理解 MediaPlayer 的状态,如果对状态不够熟悉或者理解,编写出来的代码很容易出现异常。其实,在学习 Acitivity 的生命周期时也是类似的。Android 给其组件强大的功能,但是如果不能理解透这些功能的用法,应用的时机,很容易起到反效果。

A.4 参考资料

(1) 分析 onXXX 事件监听器中的两个参数 position 和 id:
http://chirs1012f.iteye.com/blog/899606

(2) Android 使用透明色:
http://marshal.easymorse.com/archives/3767

(3) Android 扫描 SD 卡和系统文件(注意:本文没有提到主动更新 MediaStore,这篇文章有详细的方法):
http://www.cnblogs.com/stay/articles/1898932.html

B 任劳任怨的 Service

搜索关键字

(1) Android Service
(2) BroadcastReceiver
(3) 9 patch

本章难点

本章节将介绍如何实现后台播放音乐。Android 的 Activity 是一个 UI 线程,它运行在程序的主线程当中。当 Activity 离开 Activity 栈之后,Activity 就结束运行了。那么怎么实现后台播放呢?进度条又是怎么样定时更新的呢?在本章节中将会一一介绍。除此之外还引用了 9patch 文件,兼容任何分辨率的屏幕,以不变应万变。

B.1 项目简介

后台运行是音乐播放器的必备功能。本次实训在前一次案例的基础上,进一步优化音乐播放器的界面,同时增加一个 Service 类,用于实现后台音乐播放。通过本实训加深对 Android Service 和广播机制的理解。

B.2 案例设计与实现

B.2.1 需求分析

添加项目的功能:

（1）后台播放音乐。
（2）兼容各种分辨率的手机屏幕。

B.2.2 界面设计

1. 增加控件

本实训在上次实训界面的基础上进行修改，缩小了 ListView 的高度，在播放区域增加了进度条。主要的改动如图 2B-1 所示。

图 2B-2 中蓝色方框的是对原布局代码的修改。特别是在布局中加入了拖动条的控件 SeekBar，如图 2B-3 中方框所示。

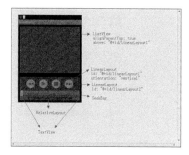

图 2B-1　主界面修改设计图

图 2B-2

图 2B-3　修改布局，增加进度条

添加完成之后，运行一下。现在手机中的主界面布局是这样的，如图 2B-4 所示。

2. "9-patch"技术

接下来，利用 9-patch 技术，在主界面增加背景图片，如图 2B-5、图 2B-6 所示。

9-patch 的原理是将图片增大 1 像素，在上、下、左和右边画上黑线。上边和左边的黑线组合起来的区域表示该图片可以被伸展的区域。而右边和下边的黑线组合起来的区域是指内容可以使用的区域。黑线添加完毕之后，将图片命名为 XX.9.png，就可以在程序中直接使用了。

图 2B-4 修改后的主界面布局　　　　图 2B-5 运行 draw9patch 程序

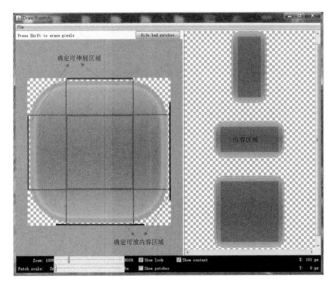

图 2B-6　draw 9-patch 工具

利用 draw9patch 工具,给两张图片增加识别条,然后将图片设置为组件的背景,操作步骤如图 2B-7 所示。

将 9-patch 图片复制到 drawable 文件夹中,如图 2B-8 所示。

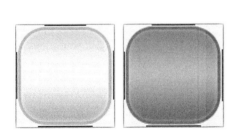

图 2B-7　准备两张 9-patch 图片　　　　图 2B-8　将 9-patch 图片复制到 drawable 文件夹中

然后在 main.xml 的布局文件中 ListView 即歌曲列表和 LinearLayout 即 4 个按钮的背

景布局中引用 9-patch,如图 2B-9 所示。

完成这些步骤之后,主界面的运行结果如 2B-10 所示。通过设置 9-patch 图片,程序无路是横屏还是竖屏都可以根据布局的设置自适应分辨率。

图 2B-9　给相应布局组件设置背景图片　　　　图 2B-10　增加了
　　　　　　　　　　　　　　　　　　　　　　　　9-patch 背景图片

3. 完善细节

请细心观察进度条,发现进度条的滑块在顶端部分有一半是被覆盖掉的,如图 2B-11 所示。

这是因为 SeekBar 是取滑块的中线来表示进度(progress)的。怎么解决滑块被遮住的问题呢? 先在主界面布局文件 main.xml 中给 SeekBar 增加背景色(android:background="#000000"),以判别 SeekBar 的实际区域,增加之后的效果如图 2B-12 所示。

图 2B-11　SeekBar 滑块有一半被隐藏了　　图 2B-12　SeekBar 实际所占区域

可以看到,滑块已经跑到 SeekBar 占位的外面去了。解决的办法很简单,只要给 SeekBar 左右两边添加内边距:android:paddingLeft="10dip" 和 android:paddingRight="10dip",SeekBar 的内容就"挤"小了。查看程序运行结果,如图 2B-13 所示。

最后去掉 SeekBar 的背景色,播放器的布局就全部完成了,如图 2B-14 所示。

【注意】运行程序时,如果拖动进度条,会出现如图 2B-15 的效果。

图 2B-13　增加了内边距的 SeekBar

图 2B-14　进度条完成

图 2B-15　变色

ListView 的内容部分背景变成主题的颜色了,变成白色,过渡得不平滑。在 ListView 的定义中加入属性 android:cacheColorHint="#00000000",ListView 的内容部分背景就变成透明的了,如图 2B-16 所示。运行程序,再次拖动进度条,白色的背景就不见了,如图 2B-17 所示。

图 2B-16　消除白色背景

主界面的最终完成图 2B-17 和代码如图 2B-18,图 2B-19 所示。

图 2B-17　主界面布局(最终)　　　　图 2B-18　主界面布局代码(最终)(1)

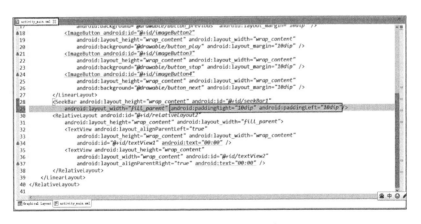

图 2B-19　主界面布局代码(最终)(2)

B.2.3　功能实现

首先图 2B-20 显示了程序的逻辑结构图。和之前相比添加了 service 类。

后台播放音乐

1. 后台运行的执行者-Service 类

相比 activity 生命周期,service 生命周期的方法只有 3 个:onCreate()、onStrat()和

onDestroy()。实例化 Service 的方法有两种:startService()和 bindService(),这两种方法有所区别,如图 2B-21 所示。

startService():如果 Service 没有创建(即 onCreate()),则按照 onCreate()→onStart()来执行。如果 Service 已经创建好了(执行了 onCreate(),但没有进入 onStart()),那么就只执行 onStart()方法。

图 2B-20　项目文件图

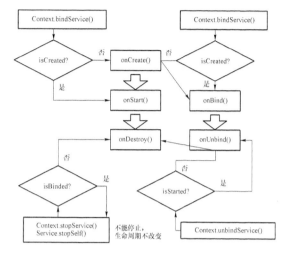

图 2B-21　Service 的生命周期

bindService():如果 Service 已经创建(即 onCreate()),那么 bindService()方法只会触发 onBind()方法。如果 Service 没有创建,那么 bindService 会先触发 onCreate(),然后触发 onBind()方法。当调用 bindService()的 Context 销毁时,那么它 bind 的 Service 的 onUnbind()会触发,如果此时 Service 没有正在运行(没有 onStart()),那么 onDestroy()方法也会触发。相反,如果 Service 正在运行当中,则不会执行 onDestroy()销毁 Service。

严格来说,Service 的声明周期只有 onCreate(),onStart()和 onDestroy()三个方法。onBind()和 onUnbind()只表示 Service 和 Context 的绑定状态。绑定期间,Service 不可以用 stopService()销毁。如果服务正在运行中(onStart()),那么 unbindService()不会销毁 Service。

为了更好地理解 Service 的生命周期,已经绑定跟生命周期的关系,接下来,通过一个例子来说明 Service 生命周期。例子的界面和代码如图 2B-22 到图 2B-27(非本例)所示。

Service 在后台运行,处理需要在后台运行的事件。

Service 的生命周期,只调用三个方法:onCreate(),onStart()和 onDestroy()。

图 2B-22　Service 生命周期测试

图 2B-23　主界面布局 main.xml

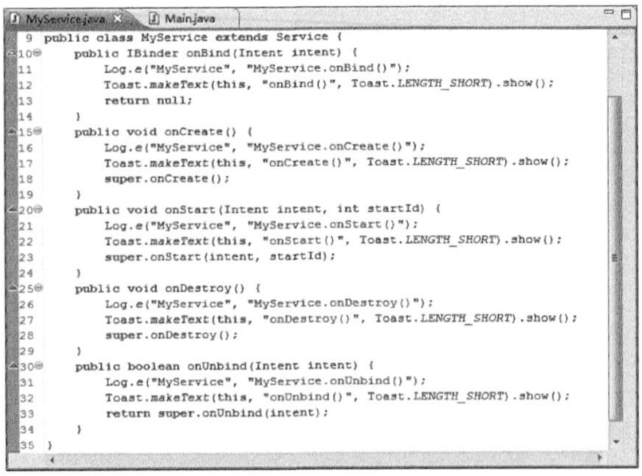

图 2B-24 后台运行 Service

图 2B-25 Activity 定义(1)

启动一个 Service：context. startService()→onCreate()→onStart()。

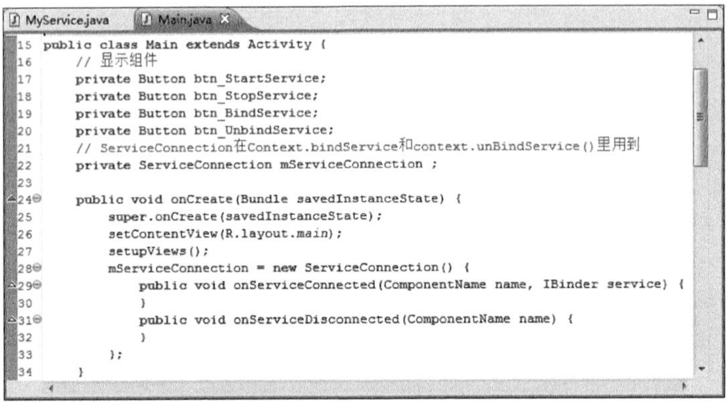

停止一个 Service：context. stopService()→onDestroy()，如果调用者直接退出而没有调用 stopService，则会一直在后台运行。

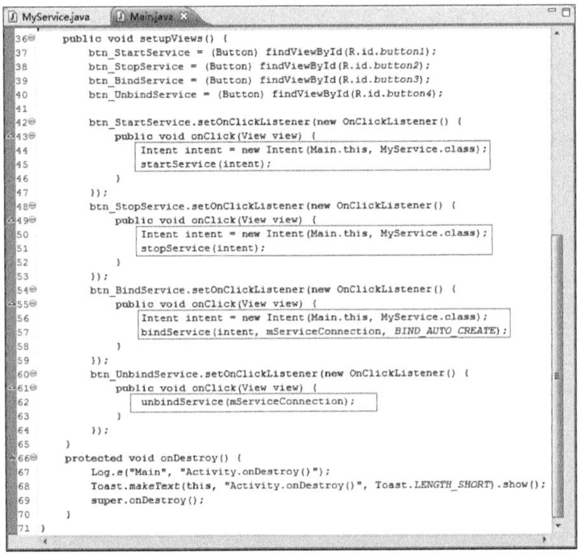

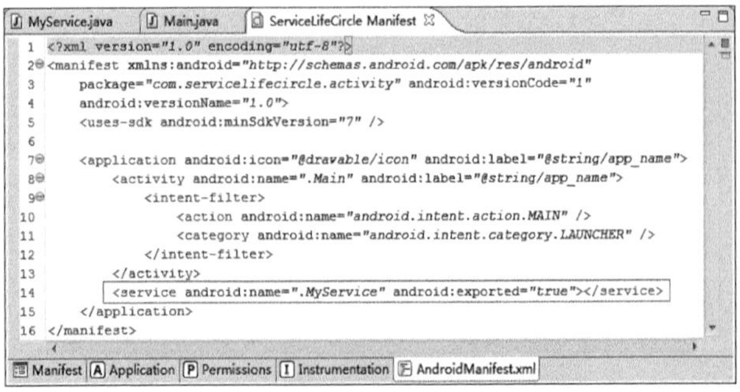

图 2B-26 Activity 定义(2)

图 2B-27 AndroidManifest.xml 定义

bindService 后,Service 就和调用 bindService 的进程同生共死了,就是说：当调用 bindService 的进程死了,那么它 bind 的 Service 也要跟着被结束。

期间也可以调用 unBindService()结束 Service。

调用 startService：onCreate()→onStart()(可多次调用)→onDestroy()。

调用 bindService：onCreate()→onBind()(一次,不可多次绑定)→onUnbind()→onDestory()。

在 Service 的一个生命周期过程中,可以看到,只有 onStart()的方法可以被多次调用,onCreate(),onBind(),onUnbind(),onDestory()在一个生命周期中只能被调用一次。

这个例子的代码在本实训的文件夹中可以找到。

音乐播放器在 Activity 销毁之后仍然要在后台运行,根据需要,即使不将 Service 与 Activity 绑定,也可以实现后台播放功能。因此,本例只使用 startService()方法来管理 Service 服务。

2. 后台播放音乐原理

后台运行是音乐播放器的必备功能。Android 使用 Service 来执行耗时较长的任务,让用户可以执行其他操作。将音乐播放器程序分成两块：Activity 作为显示层,负责接收用户操作和反馈操作;Service 作为控制层,负责音乐播放,在后台运行。Activity 和 Service 是紧密联系,又相对独立的。Service 没有用户界面,需要 Activity 对其发出操作命令,利用操作命令来控制音乐播放;Activity 不掌握播放器实体,需要 Service 对其发出播放器状态,才能保证 Activity 的界面正确无误。Activity 与 Service 协同工作的过程如图 2B-28 所示。

Activity 与 Service 协同工作的流程如下：
① 用户在 Activity 中的图形界面操作,产生命令,利用广播发送命令;
② Service 的命令接收器接收到命令,判断命令的内容;
③ 根据命令的内容,执行命令,控制 MediaPlayer,从而控制音乐播放;
④ 执行命令后,利用广播发送内容新的播放器状态;
⑤ Activity 的状态改变接收器收到广播后,更新用户图形界面。

3. 定义通信常量

接下来一步步实现 Service 和 Activity。首先新建一个类 MusicService,继承 Service 类。在 MusicService 中定义 Activity 和 Service 通信使用的命令、状态和广播标识符常量。定义代码如图 2B-29 所示。

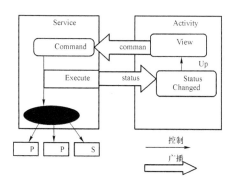

图 2B-28　Activity 与 Service 协同工作

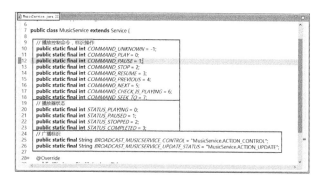

图 2B-29　通信标识常量定义

4. Activity 发送广播

Activity 的显示组件捕获用户的单击操作，向后台运行的服务发送控制消息。发送广播需要经过三个步骤：①创建 Intent，封装命令；②针对命令，封装不同的数据；③发送广播。Activity 向后台服务 MusicService 发送广播消息的步骤如图 2B-30 所示。

使用 Switch 语句来实现最合适不过了。实现的代码如图 2B-31 所示。

图中第 176 行新建了一个 Intent 对象，参数为 BROADCAST_MUSICSERVICE_CONTROL 是在 MusicService 中定义的一个广播标识，用于让过滤器 IntentFilter 识别广播。第 181 行根据命令封装歌曲序号。其中，只有播放命令需要封装歌曲序号。第 191 行发送广播。

接下来，让 Activity 的显示组件调用这个发送广播的方法就可以了。调用的方式如图 2B-32，图 2B-33 所示。

图 2B-30　发送广播步骤

图 2B-31　发送广播，通知 Service 执行操作

图 2B-32　显示组件调用发送广播方法(1)

图中 status 变量的定义如图 2B-34 所示。

变量 status 是更新 Activity 界面的依据（如播放、暂停按钮），它的值通过后台运行的 Service 发送的消息来更新。至于如何更新，将在后续小节"Activity 接收广播"中提到。

图 2B-33　显示组件调用发送广播方法(2)

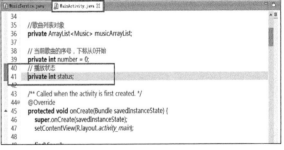

图 2B-34　定义播放状态

5. Service 接收广播

当用户在 Activity 中单击"播放"、"暂停"、"上一曲"、"下一曲"或者"停止"按钮时，会向 MusicService 发送一则广播消息，这条广播封装了命令（command）和需要播放的歌曲的序号

(number)。MusicService 通过 BroadcastReceiver 接收这些广播，根据广播消息来控制音乐播放。在图 2B-35 中，定义了几个变量，分别是歌曲序号，歌曲播放状态以及 MediaPlayer 对象。并自定义一个广播接收器 CommandReceiver，继承 BroadcastReceiver，定义如图 2B-36，图 2B-37 所示。

图 2B-35　定义相关变量

图 2B-36　定义广播接收器(1)

其中，该广播接收器中的音乐播放控制的函数实现如图 2B-38，图 2B-39 和图 2B-40 所示。

图 2B-37　定义广播接收器(2)

图 2B-38　音乐播放控制函数定义(1)

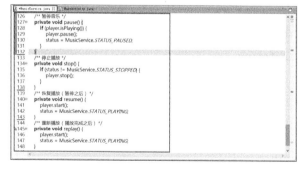

图 2B-39　音乐播放控制函数定义(2)

图 2B-40　音乐播放控制函数定义(3)

上图中 onReceive()方法在接收了广播之后执行。当命令为"播放"、"上一曲"和"下一曲"时，控制 MediaPlayer 播放音乐文件。首先读取 Intent 带过来的数据"number"，含义为歌曲序号。然后调用之前准备好的播放音乐的方法 play(int number)，就可以执行播放音乐了。

定义好了广播接收器之后，还需要将接收器跟 Activity 绑定起来，接收器才能真正开始工作。广播接收器通过 Context.registerReceiver()来实现接收器与应用上下文的绑定。

Android 系统每时每刻都有广播正在发送，比如用户单击 Home 按钮返回桌面，也是通过广播-接收器来实现的。因此,每一则广播都应该有一个标识符,以便指定处理广播的接收器。绑定广播接收器的方法如图2B-41所示。

IntentFilter(String action)构造方法返回一个消息过滤器。当发送广播的Intent封装的action的值与过滤广播的IntentFilter的action值相同时,CommandReceiver就会启动了。registerReceiver()方法为Activity注册广播接收器,注册之后广播接收器才能开始工作。

6. Service发送广播

MusicService类使用MediaPlayer执行音乐播放控制。无论是开始播放音乐,还是音乐播放结束之后,都应该通知Activity,让Activity更新用户界面,提示消息和指示Service下一步的操作。首先定义一个方法sendBroadcastOnStatusChanged(int status),封装发送广播部分的代码,调用这个方法时需要传入新的播放器状态。MusicService发送广播的方法定义如图2B-42所示。

有了这个方法为基础,接下来实现向Activity发送状态改变广播。

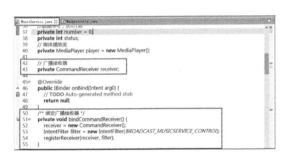

图2B-41　绑定广播接收器

图2B-42　MusicService发送广播

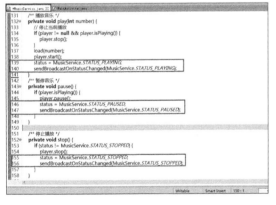

在播放控制的方法中,根据MeidaPlayer操作之后的状态,发送对应的状态消息,通知Activity。其中用status存放播放的状态,用于stop方法中的判断,实现代码如图2B-43,图2B-44所示。

图2B-43　状态改变,发送广播(1)

图2B-44　状态改变,发送广播(2)

当一首歌曲播放结束之后,后台运行的MusicService无从得知下一曲的序号是什么。OnCompletionListener可以监听MediaPlayer播放结束动作,并执行onCompletion()方法。为MediaPlayer对象注册OnCompletionListener,当歌曲播放结束时,向Activity发送一则广播,由Activity决定下一步的操作。代码如图2B-45所示。

图中第113行至122行代码定义了OnCompletionListener类的对象completionListener,onCompletion()方法利用一个if语句判断是否循环播放,如果是,则调用自己定义的replay()方法,否则,发送广播。

7. Activity 接收广播

当 MusicService 中 MediaPlayer 的播放状态发生了改变时,对外发送状态改变的广播,Activity 通过 BroadcastReceiver 接收广播,根据广播消息来更新 UI,或者执行播放控制动作。在 Activity 中自定义一个广播接收器 StatusChangedReceiver,继承 BroadcastReceiver,定义如图 2B-46 所示。

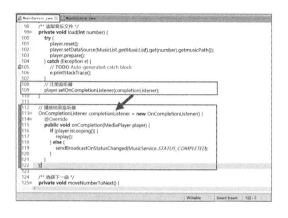

图 2B-45　定义和注册 OnCompletionListener 代码

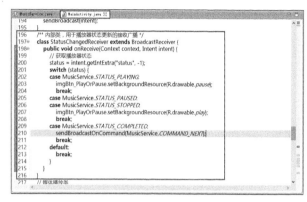

图 2B-46　Activity 处理广播信息

图 2B-46 中 onReceive()方法在接收了广播之后执行。第 210 行代码的作用是发送消息,让 MusicService 开始播放新选中的歌曲。

接下来将 StatusChangedReceiver 跟 Activity 绑定,让接收器开始工作。绑定的方法与"5)Service 接收广播"的绑定方法相类似。如图 2B-47 所示。

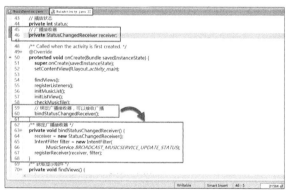

图 2B-47　绑定广播接收器

8. 总结 Activity

Activity 初次创建的时候,应该实现启动服务,检查播放状态。onResume()方法的定义如图 2B-48 所示。

图 2B-48　onResume()方法的定义

需要关注的是第 64 行代码。考虑两种情况:

(1) Activity 进入的时候,后台 Service 没有在启动,没有在播放音乐;

(2) Activity 进入的时候,后台 Service 正在播放音乐。

正是由于不同情况的存在,所以 Activity 创建时的播放状态、界面不是唯一的。所以需要与后台服务 MusicService 进行一次确认,发送一则消息,让 Service 通知 Activity 是否正在播放音乐。其中 MusicService 接收广播的内部类 BroadcastReceiver 的定义是这样的,如图 2B-49 所示。

【小技巧】Activity 的 onCreate()方法每一次执行都调用 startService(),如果之前已经运行了

53

图 2B-49　CommandReceiver 定义

服务,那会不会再次启动这个服务呢?答案是不会的。测试的方法是在 MusicService 的 onCreate 方法中,利用 Toast 提示方法执行了,就可以知道 Service 的运行状态了。参考代码如图 2B-50 所示。

Activity.onCreate()就讨论到这里。最后,Activity 在关闭的时候,应该检查一下 Service 是否正在执行播放任务。如果没有,即播放状态为 stopped,则关闭 Service,释放资源。参考代码如图 2B-51 所示。

图 2B-50　测试 MusicService 的创建

图 2B-51　如果不再播放音乐,则注销后台服务

9. 总结 Service

Service 的总结比较简单。唯一需要注意的地方是 MusicService 掌握着 MediaPlayer 对象。MeidaPlayer 不再使用的时候,应该使用 MeidaPlayer.release()方法将其注销掉。否则过多的 MediaPlayer 对象(可能是其他程序使用的)可能会将内存耗尽。MusicService 总结代码如图 2B-52 所示。

最后,需要在 AndroidManifest.xml 文件中对 service 进行定义,如图 2B-53 所示。

图 2B-52　补充 MusicService 代码

图 2B-53　AndroidManifest.xml 定义

B.2.4　软件测试

打开程序,随意播放一首歌曲,音乐正常播放,如图 2B-54 所示。

按下"回退"按钮,让 Activity 结束(onDestroy),回到桌面。结果是音乐仍然正在播放。再次打开程序,音乐正常播放,如图 2B-55 所示。

B.3　项目心得

本实训介绍了 Service 和 BroadcastReceiver 的用法,并且详细介绍了怎么样让 Activity 与 Service 各司其职,紧密合作。随着项目代码不断增多,项目会变得越来越复杂。这时不要企图一次性完成程序,而是首先让程序可以工作起来,再逐渐完善、改正、优化程序。所谓"细节决定成败",音乐播放器虽然是很小的项目,但是还是有许多细节的地方值得学习和关注的。

图 2B-54　正在播放歌曲

图 2B-55　音乐继续播放

B.4　参考资料

Service 的生命周期：

http://www.cnblogs.com/septembre/archive/2011/03/21/1990161.html

C　双管齐下的 Handler

搜索关键字

（1）SeekBar
（2）Android Handler
（3）Android Menu

本章难点

操作系统最大的魅力是实现了多线程操作，最大程度的利用了 CPU 资源，生活中常常边上网边听音乐，这就是多线程操作。手机系统也是一样，试想一个只能单线程操作的手机系统，上网的时候不能接听电话，这是多么令人沮丧的事情。在 Android 平台中依靠着 Handler 可以实现多线程操作。

本章节将介绍如何实现如何利用多线程实现进度条拖动音乐。与 Java 不同，Android 使用 Handler 来管理和实现多线程，开发者可以选择传递一个 Runnable 对象，或者一则包含了数据的消息 Message 给 Handler 的消息队列，Handler 根据消息队列来完成更新 UI，处理下载等任务。除此之外，本实训还提供用户可以设置不同的主题，总有一款满足用户的需要。

Handler 是 Android 平台中线程的管理者。利用 Handler 可以实现代码延迟执行，多线程控制程序等。值得一提的是，在业界中 Handler 实现多线程也是一种比较初级的做法，业界目前其实有很多更好的多线程的框架，在本书的后期案例中会逐渐讲解。

C.1 项目简介

可拖放的进度条是本实训的重点内容。本次实训在前一次案例的基础上,实现了可拖放的进度条,并且增加了主题功能,同时增加一个 PropertyBean 类,用于存储播放器的设置。通过本实训加深对 Handler 的理解,同时,也进一步锻炼用户体验的思想。

C.2 案例设计与实现

C.2.1 需求分析

项目的功能:
(1) 实现可以自由拖动的进度条。
(2) 实现用户主题功能。

C.2.2 界面设计

改变背景图片

先来看看添加了主题设置后的界面效果,如图 2C-1 所示。

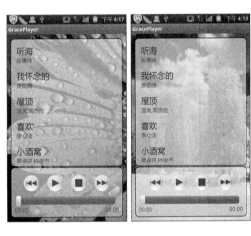

1. 准备工作

要完成这样的效果,先做好准备工作:

(1) 使用 PhotoShop 和 draw9patch 工具,准备透明的 9-patch 图片,如图 2C-2 所示。

(2) 订制需要的背景图片,如图 2C-3 所示。

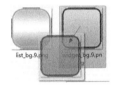

图 2C-1　更绚丽的 UI　　　　图 2C-2　准备一张透明的 9-patch 图片

图 2C-3　准备背景图片

然后分别添加到资源包当中,如图 2C-4 所示。

在 AndroidSDK 1.5 之前的版本中,res 文件夹下只有一个 drawable,而 2.1 版本中有 drawable-mdpi、drawable-ldpi、drawable-hdpi 三个,这三个主要是为了支持多分辨率。

drawable-hdpi、drawable-mdpi、drawable-ldpi 的区别:

(1) drawable-hdpi 里面存放高分辨率的图片,如 WVGA(480×800)、FWVGA(480×854)。

(2) drawable-mdpi 里面存放中等分辨率的图片,如 HVGA(320×480)。

(3) drawable-ldpi 里面存放低分辨率的图片,如 QVGA(240×320)。

系统会根据机器的分辨率来分别到这几个文件夹里面去找对应的图片。

在开发程序时为了兼容不同平台不同屏幕,建议各自文件夹根据需求均存放不同版本图片。

2. 修改主题

原来的界面有一个很突兀的问题:播放列表与功能区的间隙太大。为了让界面更加紧凑,将 ListView 和 LinearLayout 的边距细化,单独设置每个方向上的边距,以取消两个组件之间的间隙。

同时,将 ListView 和 LinearLayout 的背景设置为刚刚准备好的透明 9-patch 文件。

最后,为界面根布局元素 RelativeLayout 设置一个默认的背景图片,代码如图 2C-5 所示。
修改之后,界面的效果如图 2C-6 所示。

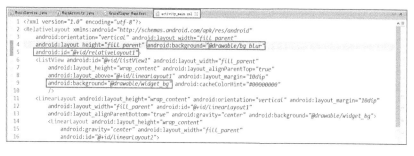

图 2C-5　修改 ListView 和 LinearLayout 细节

图 2C-6　修改 ListView 和 LinearLayout 细节后

C.2.3　功能实现

1. 播放进度条

1) Handler

Java 程序内置对多线程的支持,每一个程序都有一个默认的入口 main()。但是在 Android 中并没有主程序,并且在 Android 中不允许用多线程控制 UI,必须用 Android 自带的 Handler 控制多线程。那到底 Handler 是什么呢?

Handler 是一个多线程处理的类,每一个 Handler 的实例都与一个独立的线程和一个消息队列挂钩。线程的概念这里不多解释,主要讲解消息队列。Handler 的消息队列有两种:

①Thread 队列；②Message 队列。这两种队列有什么区别呢？

首先是在封装的数据内容上：Thread 队列使用 Handler.post()方法来发送消息,消息中可以包含一个 Runnable 对象。Message 队列使用 Handler.sendMessage()方法来发送消息,消息中可以包含一个 Bundle 对象,Bundle 的主要功能是封装多个"键-值"相对的数据。

其次是执行的方式上：Thread 队列在 post()之后,Runnable.run()马上被执行(通过 Thread.start()启动)。如果是使用 postDelayed()方法发送,则在规定延迟之后才执行。Message 队列在 sendMessage()之后,通过消息队列,经 Handler 的 hanlerMessage()方法来处理(前提是创建 Handler 对象时重写了 Handler.handleMessage(Message msg)方法)。如果使用 sendMessageDelayed()方法发送消息,则 hanlerMessage()将在到达规定的延迟时间之后执行,如图 2C-7 所示。

简单来说,Handler 有两个主要的用途：①定时执行某项任务；②将任务放在不同的线程当中进行处理。对于本实训的音乐播放器来说,Handler 的作用是：歌曲播放时,每隔 1 秒推动进度条前进一格。

考虑一种情况：有三条消息,他们按下面的顺序发送：

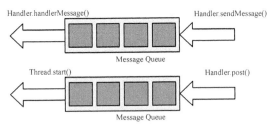

图 2C-7　消息队列工作流程

```
handler.sendEmptyMessage(MSG_FIRST);
handler.sendEmptyMessageDelayed(MSG_SECOND, 1000);
handler.sendEmptyMessage(MSG_THIRD);
```

那么消息队列是怎么样的呢？可能有两种情况：①MSG_FIRST→MSG_SECOND→MSG_THIRD；②MSG_FIRST→MSG_THIRD→MSG_SECOND。

编写如下 Handler 进行实验,查看实验结果。

```
Handler handler = new Handler(){
    @Override
    public void handleMessage(Message msg){
        super.handleMessage(msg);
        switch(msg.what){
            case MSG_FIRST:
                textView.append("first\n");
                break;
            case MSG_SECOND:
                textView.append("second\n");
                break;
            case MSG_THIRD:
                textView.append("third\n");
                break;
        }
    }
};
```

实验的结果如图 2C-8 所示(非本例)。

这说明,sendEmptyMessageDelayed()方法的工作原理是,在规定延迟之后,将消息加入消息队列,而不是让消息在消息队列当中等待,并阻塞后面的消息,如图 2C-9 所示。

2) 声明 SeekBar 对象

在 Activity 中声明进度条 SeekBar 对象,获取进度条的对象,并注册监听器。操作步骤如

图 2C-10 所示。

 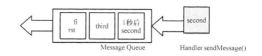

图 2C-8 Handler 实验结果　　图 2C-9 使用延迟发送时,消息进入顺序

图 2C-10 中声明了进度条 SeekBar 和两个文本对象 TextView。Handler 对象 seekBarHandler 用于定时更新 SeekBar 界面。新增的 time 变量用于保存进度条的当前进度,"time/duration"表示进度条进度百分比。PROGRESS_XXX 常量用于让 Handler 知道怎么处理消息。

播放器创建之初,进度条的进度(time)是 0。初始化 time 变量,获取显示组件的代码如图 2C-11 所示。

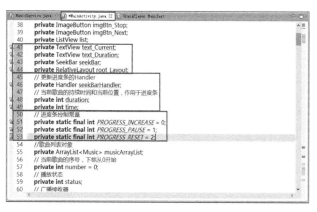 

图 2C-10 在 Activity 中声明 SeekBar 对象　　图 2C-11 初始化变量,获取显示组件

接下来,在 registerListeners 中为 SeekBar 注册 OnSeekBarChangeListener,稍后继续实现,如图 2C-12 所示。

3) Activity 和 Service 协作

对于音乐播放器来说,Activity 作为用户接口层,Service 作为后台控制层。Activity 是用户图形界面,它需要根据控制层 Service 的信息来更新 UI;Service 是后台控制层,它需要用户接口层提供操作信息来执行命令,如图 2C-13 所示。

 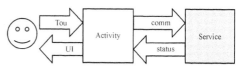

图 2C-12 注册监听器　　图 2C-13 用户- 用户接口-后台控制

技术分析：Activity 和 Service 需要如何协调工作。歌曲播放进度由歌曲当前时间和歌曲总长度决定。播放歌曲时，掌握歌曲信息的 Service 向 Activity 发送歌曲当前播放时间，以及当前播放进度，Activity 根据这些信息，更新进度条 UI。用户拖动进度条之后，Activity 向 Service 发送新的进度条进度，要求 Service 跳转到（seek to）新的进度位置开始播放。

4）MusicService

首先定义 Activity 和 Service 通过广播交换信息的常量。

当一次拖放进度条动作结束时，Activity 向 Service 发送请求，将音乐跳转至指定位置；Service 更改播放进度之后，向 Activity 发送广播，提醒 Activity 更新进度条的外观。

图 2C-14 增加识别操作和广播的常量

MediaPlayer 使用 seekTo(int) 方法来执行进度跳转，参数的单位是毫秒。在 MusicService 中自定义一个 seekTo(int) 方法，处理 MediaPlay 为 null 的情况，如图 2C-15 和图 2C-16 所示。

这时候，后台 Service 的音乐跳转功能已经完成了。如果传入一个广播，intent 中包含了 time 属性，那么 Service 就会根据 time 来修改当前播放进度了。

图 2C-15 执行跳转代码

现在，还差最后一个步骤：向 Activity 通知歌曲的当前播放时间和歌曲持续时间。已知在自定义方法 play() 操作时，会载入新的音乐文件。这意味着歌曲持续时间的改变。利用 play() 方法向 Activity 发送广播的时机，封装歌曲的当前播放时间，歌曲持续时间，歌曲序号，歌曲名以及艺术家名等信息。修改 sendBroadcastOnStatusChanged() 方法，代码如图 2C-17 所示。

图 2C-16 修改 MusicService 处理广播方法

图 2C-17 封装播放时间和持续时间

到这里，MusicService 的内容就全部完成了！

5）Activity

MediaPlayer 的播放进度是以毫秒为单位的。因此用毫秒作为 SeekBar 的进度单位。然而，对于显示播放进度的文本，使用"分：秒"作为单位会更加直观。为此编写一个毫秒转换为格式"mm:ss"的方法 formatTime()。定义如图 2C-18 和图 2C-19 所示。

Activity 利用 Handler 来更新进度条的进度,控制信息有三种:

图 2C-18　进度条的进度文本

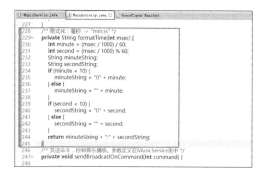

图 2C-19　格式化时间代码

(1) 开始运动(PROGRESS_INCREASE);
(2) 暂停运动(PROGRESS_PAUSE);
(3) 重置(PROGRESS_STOP)。

定义 Handler 的代码如图 2C-20(a)所示。

由于正在播放的音乐,每次按返回键返回到桌面再次进入界面的时候,进度条都会从零开始推动。对于这个 bug 修复,需要把图 2C-20 中的 225 行 seekBar.incrementProgressBy(1000);改成图 2C-20(b)中的 271 行 seekBar.setProgress(time);,如图 2C-20(b)所示。

图 2C-20(a)　控制进度条的 Handler 定义

图 2C-20(b)　控制进度条的 Handler 定义

然后在 onCreate 中调用此方法,如图 2C-20(c)所示。

PROGRESS_INCREASE 每一次执行都将进度条推进 1000 毫秒,并改变文本的内容。另外还有一个迭代操作:sendEmptyMessageDelayed(),让 1000 毫秒之后再次执行这一模块。PROGRESS_PAUSE 的处理相对简单,将使用 removeMessages() 将 PROGRESS_INCREASE 消息移除,进度条就停止运动了。PROGRESS_RESET 不仅要移除 PROGRESS_INCREASE 消息,还要将进度条、进度文本的数值归零。

完成了进度条,接下来写 SeekBar 的监听器:OnSeekBarChangeListener,如图 2C-21 所示。

按返回键返回到桌面再次进入界面的时候,图 2C-21 中 165、167 行代码会导致 time 归零,时间文本显示也从零开始走动。

图 2C-20(c)　在 onCreate 中调用此方法

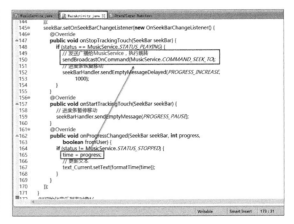

图 2C-21　SeekBar 注册监听器

【知识点】如果这里不做特别设置的话,当暂停音乐的时候,拖动进度条后再播放,音乐还是从原来暂停音乐的地方开始播放,拖动进度条没有效果。

提高用户体验,当然需要修改这个 bug,需要对进度条 SeekBar 的监听器进行修改:将图 2C-21 中的 164～168 行代码删除,并且把图 2C-21 中的 148～154 行代码修改成图 2C-22 中的 153～164 行代码所示。

当用户单击进度条滑块,onStartTrackingTouch()就会执行。利用 sendEmptyMessage() 让进度条暂停推进。接下来每当 SeekBar 滑块有细小的移动,onProgressChanged()方法便会被触发。一次拖动进度条的动作,有可能 onProgressChanged()被执行了上百次。onProgressChanged()方法的参数 progress 标识了新的 SeekBar 进度位置,将这个值保存在全局变量 time 中,以免最新的进度条刻度丢失。最后,当用户手指离开进度条时,onStopTrackingTouch()方法被执行,发送广播给后台 Service,让音乐跳转至指定位置。如果此时歌曲是正在播放状态,那么还要让进度条恢复移动。

OnSeekBarChangeListener.onStoppedTrackingTouch()方法调用了之前编写的 sendBroadcastOnCommand()方法。但是参数 COMMAND_SEEK_TO 还没有被处理。现在给 sendBroadcastOnCommand()方法增加对 COMMAND_SEEK_TO 的处理,代码如图 2C-23 所示。

图 2C-22　SeekBar 注册监听器

图 2C-23　修改 sendBroadcastOnCommand()方法

StatusChangedReceiver 类的作用是接收 Service 发送的广播,更新 UI。增加了进度条之后,StatusChangedReceiver 的功能也要做相应的修改。主要的修改是针对进度条 UI 和播放进度 time,如图 2C-24(a),图 2C-24(b)所示。

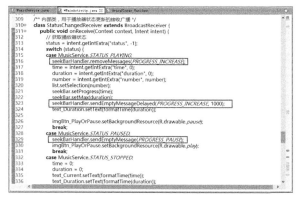

图 2C-24(a)　修改 StatusChangedReceivera(1)

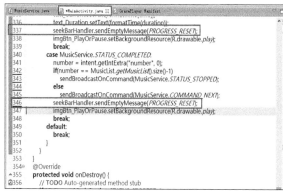

图 2C-24(b)　修改 StatusChangedReceivera(2)

MusicService 发送的广播有 4 种类型：STATUS_PLAYING、STATUS_PAUSED、STATUS_STOPPED 和 STATUS_COMPLETED。其中 STATUS_PLAYING 广播包含了音乐的当前进度和总长度。仔细分析这些状态对进度条的影响。

STATUS_PAUSED:进度条停止运动,滑块位置不改变；

STATUS_STOPPED:进度条停止运动,滑块位置归零；

STATUS_COMPLETED:进度条运动状态不变,滑块位置归零；

STATUS_PLAYING:进度条开始运动,滑块位置不变。

留意图 2C-24(a)中第 316 行和第 323 行代码,为什么发送开始信息的时候,要先删除信息呢？

这是因为,如果状态 STATUS_PLAYING 是由于：

(1) 播放器自动下一曲；

(2) 单击播放列表；

(3) 播放状态下拖动进度条等。

这些情况而发送过来的,进度条本身就是运动状态(sendEmptyMessageDelayed()在 seekBarHandler 中迭代调用),如果直接再发送 PROGRESS_INCREASE 消息,那么 seekBarHandler 就会有不止一条消息在运作,导致进度条的速度出错。

2. 用户主题

1) 增加 Menu

增加菜单 Menu 之前,首先准备一些固定的资源。在 res/values 下创建一个新的 xml 文件,起名为 array.xml,定义如图 2C-25 所示。

修改主题,实际上是修改根元素 RelativeLayout 的背景图片。播放列表和功能区的背景是透明的,因此非常容易搭配背景。首先在 Main.java 中声明并在 findViews()方法中获取根布局元素。

```
private RelativeLayout root_Layout;
...
root_Layout = (RelativeLayout) findViewById(R.id.relativeLayout1);
```

然后准备一个修改主题的方法 setTheme()，如图 2C-26 所示。

图 2C-25　数组定义　　　　　　　　　　图 2C-26　设置主题

接下来，在 string.xml 中加入以下定义，作为菜单的"关于"选项的文字：

＜string name="about"＞简介：这是一个简单的音乐播放器例子，除了实现基本的音乐播放功能，还实现了后台音乐播放、切换主题、进度条等功能。欢迎提出程序 BUG，感谢您的支持：)＜/string＞ 。修改如图 2C-27 所示。

到这里，准备工作就完成了。

每一种主题都对应着一个 if 分支。这里每一个分支只是修改了根布局元素的背景图片。if 分支当中除了可以修改背景，还可以执行修改文字颜色等操作。

接下来，利用 Menu 的方式，提供设置主题的界面。Menu 的定义如图 2C-28，图 2C-29，图 2C-30 所示。

图 2C-27　修改 string.xml　　　　　　　图 2C-28　Menu 定义(1)

图 2C-29　Menu 定义(2)　　　　　　　图 2C-30　Menu 定义(3)

onOptionsItemSelected()方法处理 Menu 项目被单击的事件。利用 item.getItemId()识别被单击项目的编号,来执行相应的操作。Resources.getStringArray()方法将读取 array.xml 中定义的数组,并返回一个字符串数组。

完成了 Menu 的定义之后,就可以使用了主题功能,如图 2C-31 到图 2C-34 所示。

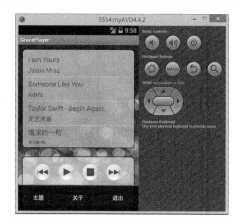
图 2C-31 单击 Menu 菜单

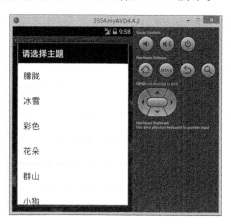
图 2C-32 单击"主题"菜单项之后

2)保存设置

Android 持久化数据的方法有四种:

(1) Java IO 流(File、网络等);

图 2C-33 单击"关于"菜单项之后

图 2C-34 单击"退出"菜单项后

(2) SharePreference;

(3) SQLite;

(4) ContentProvider。

本应用中需要用到存储的是主题功能,在播放器启动时,自动选择保存好的主题。保存主题,只需要保存一个主题的名称就可以了,因此选择以"键-值"对的形式,利用文件存储。存取的方法如图 2C-35 所示。

在音乐播放器的层次结构中,

图 2C-35 存取主题设置

Activity 属于用户接口层。为了把用户接口层和存储层分离,将存储主题的功能封装成一个独立的类 PropertyBean,这个类只向 Activity 提供读取主题(getTheme())和保存主题(setAndSaveTheme())的方法。

新建类 PropertyBean,放在 com.graceplayer.model 包下,如图 2C-36 所示。

最后,修改 Activity 的定义,如图 2C-37 和图 2C-38 所示。

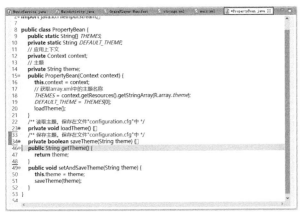
图 2C-36　PropertyBean 定义

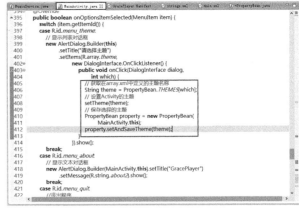
图 2C-37　修改 Activity

图 2C-38　Activity 进入时初始化主题

3) 更好的用户体验

添加了主题功能之后,GracePlayer 的用户界面有了很大的改善。作为一名专业的 Android 软件设计师,对软件的品质应该有着不懈的追求。为了进一步完善 GracePlayer,笔者曾将它交给非软件专业的用户使用,并征求其建议。

用户体验之一:音乐信息显示

用户的一句原话是:"为什么不能显示正在播放的音乐?这样我怎么知道正在听哪一首?"这是非常难得的建议。如果笔者只是闭门造车,很可能不会发现这个问题。

问题的解决办法有很多,笔者选择最简单的一种:在 Activity 的标题栏中显示正在播放歌曲。解决的方法如图 2C-39 与图 2C-40 所示。

在 Activity 的显示播放时间栏中显示正在播放歌曲(文字过长可以滚动显示)。方法如图 2C-41 至图 2C-46 所示。

用户体验之二:电话处理

在本音乐播放器正在播放音乐的时候,如果手机来电了或者想呼叫电话出去,会发现 GracePlayer 并不会暂停音乐。

图 2C-39　利用 Activity 标题栏提示正在播放歌曲(1)

图 2C-40　利用 Activity 标题栏提示正在播放歌曲(2)

图 2C-41　效果图，播放时间栏中显示正在播放歌曲

图 2C-42　布局

图 2C-43　创建布局对象

图 2C-44　获取布局对象

图 2C-45　获取当前播放的音乐名和艺术家

很明显,如果不做特别的代码设置:就会出现一边听电话一边听音乐的情况,一个正常的产品是不允许出现这种情况的。

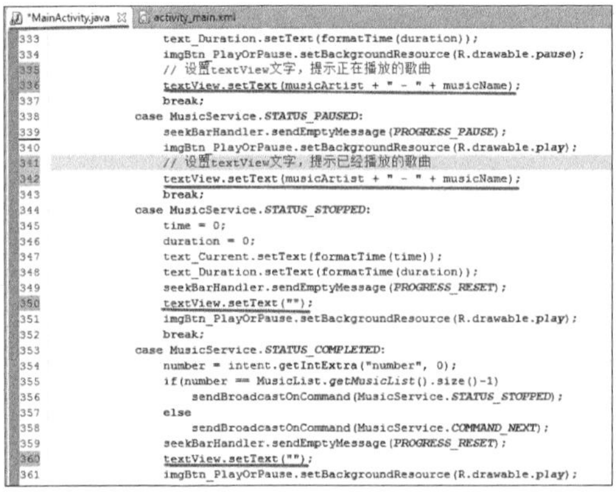

```java
                text_Duration.setText(formatTime(duration));
                imgBtn_PlayOrPause.setBackgroundResource(R.drawable.pause);
                // 设置textView文字，提示正在播放的歌曲
                textView.setText(musicArtist + " - " + musicName);
                break;
            case MusicService.STATUS_PAUSED:
                seekBarHandler.sendEmptyMessage(PROGRESS_PAUSE);
                imgBtn_PlayOrPause.setBackgroundResource(R.drawable.play);
                // 设置textView文字，提示已经播放的歌曲
                textView.setText(musicArtist + " - " + musicName);
                break;
            case MusicService.STATUS_STOPPED:
                time = 0;
                duration = 0;
                text_Current.setText(formatTime(time));
                text_Duration.setText(formatTime(duration));
                seekBarHandler.sendEmptyMessage(PROGRESS_RESET);
                textView.setText("");
                imgBtn_PlayOrPause.setBackgroundResource(R.drawable.play);
                break;
            case MusicService.STATUS_COMPLETED:
                number = intent.getIntExtra("number", 0);
                if(number == MusicList.getMusicList().size()-1)
                    sendBroadcastOnCommand(MusicService.STATUS_STOPPED);
                else
                    sendBroadcastOnCommand(MusicService.COMMAND_NEXT);
                seekBarHandler.sendEmptyMessage(PROGRESS_RESET);
                textView.setText("");
                imgBtn_PlayOrPause.setBackgroundResource(R.drawable.play);
```

图 2C-46　设置文本显示

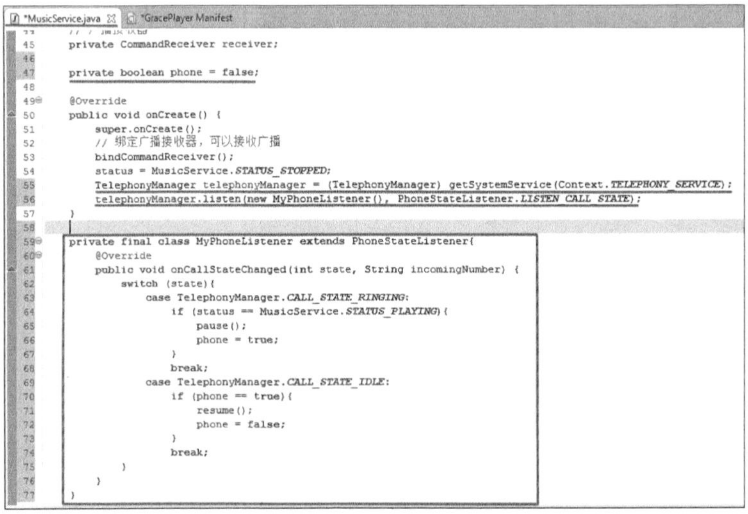

```java
    private CommandReceiver receiver;

    private boolean phone = false;

    @Override
    public void onCreate() {
        super.onCreate();
        // 绑定广播接收器，可以接收广播
        bindCommandReceiver();
        status = MusicService.STATUS_STOPPED;
        TelephonyManager telephonyManager = (TelephonyManager) getSystemService(Context.TELEPHONY_SERVICE);
        telephonyManager.listen(new MyPhoneListener(), PhoneStateListener.LISTEN_CALL_STATE);
    }

    private final class MyPhoneListener extends PhoneStateListener{
        @Override
        public void onCallStateChanged(int state, String incomingNumber) {
            switch (state){
                case TelephonyManager.CALL_STATE_RINGING:
                    if (status == MusicService.STATUS_PLAYING){
                        pause();
                        phone = true;
                    }
                    break;
                case TelephonyManager.CALL_STATE_IDLE:
                    if (phone == true){
                        resume();
                        phone = false;
                    }
                    break;
            }
        }
    }
```

图 2C-47

所以我们要为 GracePlayer 添加“来电”处理的功能。添加这个功能之后,GracePlayer 就能实现在开始电话的时候暂停音乐,结束电话的时候恢复播放。代码如图 2C-47 与图 2C-48 所示。

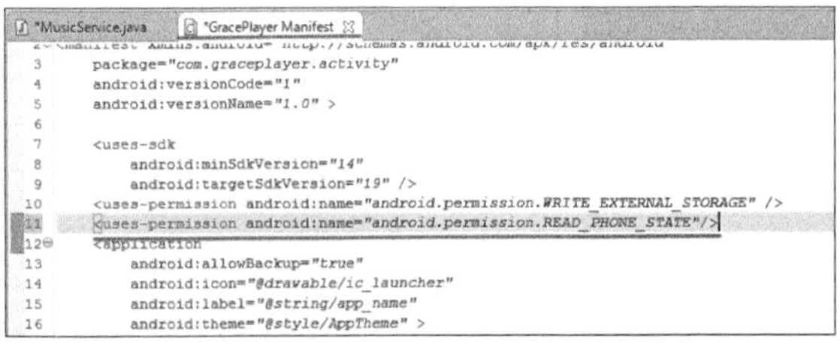

```xml
    package="com.graceplayer.activity"
    android:versionCode="1"
    android:versionName="1.0" >

    <uses-sdk
        android:minSdkVersion="14"
        android:targetSdkVersion="19" />
    <uses-permission android:name="android.permission.WRITE_EXTERNAL_STORAGE" />
    <uses-permission android:name="android.permission.READ_PHONE_STATE"/>
    <application
        android:allowBackup="true"
        android:icon="@drawable/ic_launcher"
        android:label="@string/app_name"
        android:theme="@style/AppTheme" >
```

图 2C-48

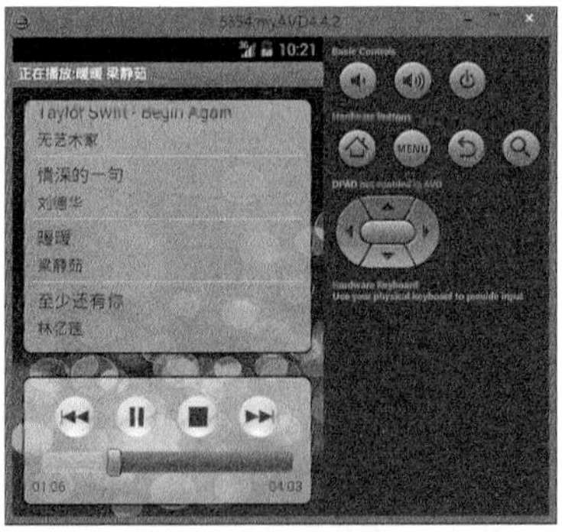

图 2C-49　正在播放音乐

图 2C-47 中第 47 行变量的作用是标记音乐是不是因为电话事件而暂停的,如果不是因为电话事件而暂停的,那么在结束电话的时候不会恢复播放。第 55,56 行获取电话服务并对呼叫状态进行监听。最后要添加电话权限,如图 2C-47 所示。

C.2.4 软件测试

打开程序,随意播放一首歌曲,拖动进度条,音乐正常跳转,进度条正常工作,如图 2C-49 所示。

按下"回退"按钮,让结束 Activity(onDestroy),回到桌面。结果是音乐仍然正在播放。再次打开程序,进度条没有错位,音乐正常播放,如图 2C-50 所示。

单击手机的 Menu 按钮,弹出 Menu 菜单,如图 2C-51 所示。

选择"主题"菜单项,弹出选择主题对话框,如图 2C-52 所示。

图 2C-50　音乐继续播放,界面没有错误

图 2C-51　单击 Menu 菜单

图 2C-52　单击"主题"菜单项之后

单击"彩色"列表项,程序结果如图 2C-53 所示。

重新单击手机 Menu 按钮,选择"关于"菜单项,结果如图 2C-54 所示。

重新单击手机 Menu 按钮,选择"退出"菜单项,结果如图 2C-55 所示。

图 2C-53　选择"彩色"主题之后

图 2C-54　单击"关于"菜单项之后

图 2C-55　单击"退出"菜单项之后

C.3　项目心得

本实训介绍了 SeekBar 和 Handler 的用法,并且介绍了怎么样实现用户主题功能。通过上面两次实训,音乐播放器已经小有规模。这时候,解耦的作用就体现出来了。本实训遵循

"开-闭"原则,在基本不修改原来项目的基础上增加了进度条和主题功能。

"尽早开始编码"是软件开发的一个误区。在开始项目之前,至少应该花相同于编码的时间进行项目的设计,包括数据存储,系统架构等,说白了,真正写代码的时间只占开发过程的一小部分,验证了一句话:思考比动手更重要。

C.4 参考资料

(1) Android Handler 的使用:(主要介绍了 Handler.post()的用法,以及对比 Android 的多线程和 Java 的多线程)。

http://weizhulin.blog.51cto.com/1556324/323922

(2) 深入理解 Android 消息处理系统——Looper、Handler、Thread。

http://my.unix-center.net/~Simon_fu/?p=652

(3) Android2.1 中的 drawable(hdpi,ldpi,mdpi) 的区别。

http://www.cnmsdn.com/html/201003/1268929636ID2261.html

D 用户体验 UE

搜索关键字

(1) AlertDialog
(2) TimerTask
(3) AudioManager
(4) getLayoutInflater().inflate

本章难点

本章节将介绍如何提高音乐播放器的用户体验。通过前面章节的学习,初步实现了音乐播放器的基本功能,但是这个离真正的产品还很远。

维基百科中对用户体验是这么定义的:用户体验(User Experience,UE/UX)是一种纯主观在用户使用产品过程中建立起来的感受。但是对于一个界定明确的用户群体来讲,其用户体验的共性是能够经由良好设计实验来认识到。

所以作为一个音乐播放器的 App 产品至少能做到:随机播放音乐、单击手机实体"|—"按键能控制音量,添加定时睡眠等功能。

接下来,将会对以上功能进行讲解。

D.1 项目简介

本实训在前一次案例的基础上,实现播放模式,双击返回退出,音量控制,睡眠模式等功能,在本次实训中,将进一步学习用户体验的思想。

以下是播放器新增功能,如图 2D-1 所示。

D.2 案例分析与实现

由于本节所罗列的用户体验之间不存在很强的逻辑先后关系,故以下所讲的内容不存在顺序制约关系,读者可根据兴趣爱好选择学习操作。

D.2.1 播放模式

播放模式是音乐播放器十分常见的一个功能,一般的播放控制模式包括:单曲播放,单曲循环,顺序播放,列表循环,随机播放等。在本项目中增加三种控制模式,分别是:顺序播放,列表循环,单曲循环。

图 2D-1 新增功能示意图

需求分析:实现顺序播放,列表循环,单曲循环三种播放控制模式。

思路:单击播放模式的菜单项,弹出带单选列表的对话框,通过用户的选择,确定当前的播放模式,实现这些功能不难,最重要的是思路要清晰,需要十分清楚当前歌曲的序号与歌曲列表长度的关系。

关键字:AlertDialog

步骤如下:

(1) 定义播放模式常量,添加字符串常量,菜单项等,并设置默认播放模式为顺序播放。

代码如图 2D-2 到图 2D-5 所示。

图 2D-2 加入播放控制模式常量

图 2D-3 系统资源文件 string.xml 定义

图 2D-4 菜单文件 main.xml 定义

图 2D-5 把默认播放模式设置为顺序播放

(2) 接下来,利用 Menu 的方式,提供选择播放模式的界面。代码如图 2D-6,图 2D-7 所示。

71

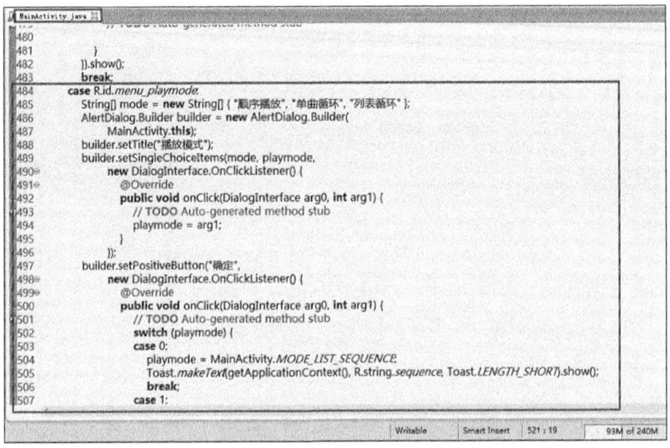

图 2D-6

在图 2D-6 的 489 行代码中，通过 setSingleChoiceItems 方法为对话框设置一个单项选择列表，其中 setSingleChoiceItems 方法的第一个参数表示单选列表中要显示的数据，第二个参数设置为 playmode，表示进入对话框时，根据当前的模式默认选中单项选择列表中的项。

在 497 到 516 行代码中，为对话框设置一个确定按钮，并设置响应事件方法，当单击"确定"按钮时，通过单选列表上的选中项设置播放模式，并弹出 Toast 提醒用户。

（3）当 MainActivity 接收到附带状态信息为播放完成的广播时，根据当前的播放模式进行不同的操作。代码如图 2D-8 所示。

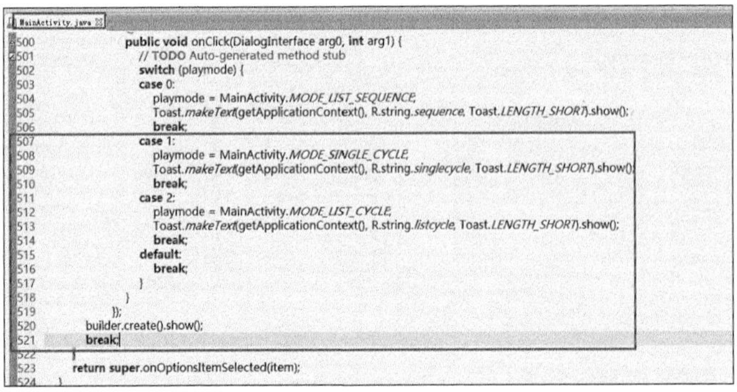

图 2D-7

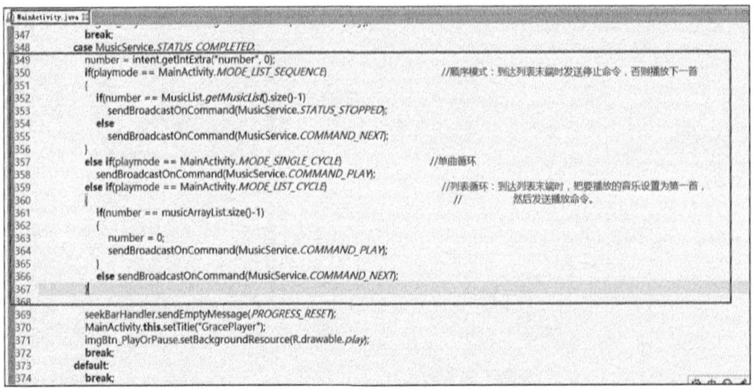

图 2D-8

现在，播放模式功能就已经实现了。

最终效果如图 2D-9,图 2D-10 所示,当单击 Menu 菜单按钮,弹出菜单列表。

单击播放模式菜单项,弹出单项选择对话框。选择其中的一种播放模式后,播放器会根据所选模式进行播放。效果如图 2D-10 所示。

D.2.2 双击返回键退出程序

在开发 Android 应用程序的时候,有一种功能是经常会用到的,那就是迅速双击返回键,实现退出应用的功能,那么这种功能应该如何实现?

图 2D-9 弹出菜单列

需求分析:在两秒内双击返回键,使程序退出。

思路:当用户按下返回键时设定一个定时器来监控是否 2 秒内实现了退出,如果用户没有在 2 秒接着按返回键,则通过定时器任务清除第一次按返回键的效果,使程序还原到第一次按下返回键之前的状态。

在 Java 中,Timer 类主要用于定时性,周期性的任务,所以这里使用 Timer 类。

关键字:Timer 类 onKeyDown 接口 TimerTask 类

步骤如下:

(1) 在 MainActivity.java 中添加退出判断标记,代码如图 2D-11 所示。

图 2D-10

(2) 重写 onKeyDown 方法,使程序能够响应单击返回键的事件。

代码如图 2D-12 所示,当单击返回键时,会执行 exitByDoubleClick 方法。

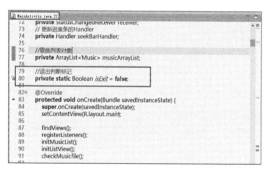

图 2D-11 加入退出判断标记

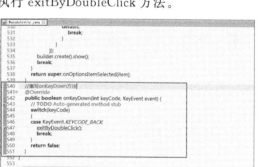

图 2D-12 重写 onKeyDown 方法

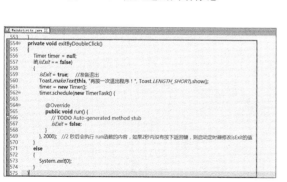

图 2D-13

(3) 编写 exitByDoubleClick 方法。代码如图 2D-13 所示。

在图 2D-13 中,第 562 行到 569 行代码的解释如下:

通过匿名内部类创建了一个 TimerTask 实例,并实现其 run 方法,在 run 方法中把标记 isExit 重新置成 false。定时器 timer 通过 schedule 方法加载 TimerTask 实例,并于 2 秒后执行 run 方法。当用户两次按下返回键的事件间隔大于 2 秒时,将会执行 if 中代码,重新设置定时器,否则进入 else 中,直接退出程序。

单击返回键时,弹出 Toast,提醒用户再次按下返回键,效果如图 2D-14 所示。

在 2 秒内按下返回键,程序退出。效果如图 2D-15 所示。

D.2.3 音量控制

在本项目中加入音量条,方便用户了解当前音量大小以及进行音量调节。

图 2D-14 弹出 Toast,提醒用户　　　　图 2D-15 程序退出

需求分析:通过拖动音量条,调节播放音量大小,并显示当前音量。

思路:在 Android 手机中,可以通过 Android 的 SDK 提供的声音管理接口来管理手机的音量模式以及调整音量大小,这就是 Android 中 AudioManager 类的使用。在本项目中,使用 SeekBar 来设置音量大小,使用 TextView 显示音量的大小。

图 2D-16

关键字:AudioManager 类、getSystemService 方法。

布局如图 2D-16 所示。

步骤如下:

(1) 修改主界面布局,添加 TextView 与 SeekBar 控件。

在 main.xml 文件的第 9 行后加入图 2D-17(a),图 2D-17(b) 中的代码,并在 ListView 组件加入 android:layout_below="@id/main_volumeLayout"属性,把 ListView 组件放置在音量布局下面。

最后把 ListView 的 android:layout_alignParentTop="true"属性与 android:layout_marginTop="10dip"属性去掉。最终代码如图 2D-17(b)所示。

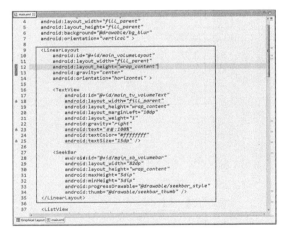

图 2D-17(a)　　　　　　　　　　图 2D-17(b)

(2) 在 MainActivity.java 中添加两个组件,TextView 与 SeekBar,分别用于显示音量大小与调节音量大小(代码如图 2D-18 所示),然后对控件初始化(代码如图 2D-19 所示)。

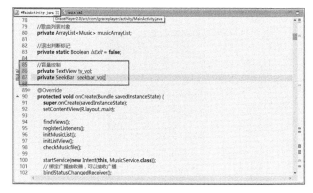

图 2D-18　　　　　　　　　　　　　　　　图 2D-19

（3）编写 audio_Control 方法（代码如图 2D-20 所示），并在 onResume 方法中调用（代码如图 2D-21 所示）。

图 2D-20　编写 audio_Control 方法　　　图 2D-21　在 onResume 方法中
调用 audio_Control 方法

Android 设备工作时，后台会运行着很多 Service 服务，它们在系统启动时被开启，用于支持系统的正常工作，例如音频管理，电源管理等。如果需要控制手机的音量，首先通过传入 Context.AUDIO_SERVICE 值并调用 getSystemService 方法，得到返回的音量管理对象。通过操作该对象，实现对手机音量的控制。

有读者会问，为什么该方法不在 onCreate 方法中调用，其实理由很简单，由 Activity 的生命周期得知，当主界面被完全覆盖并重新载入时，将会调用 onResume 方法，而 onCreate 方法只在 Activity 第一次创建时调用。在这里，当音乐播放器后台播放，再次进入主界面时，需要实时更新音量信息。

（4）音量控制这功能到这时候已经基本完成，但是认真调试程序就会发现一个问题，当按下手机音量键时，音量进度条并不会做出相应的更新。解决这个问题并不难，只要添加相关的代码就可以了。

Bug 解决：在 onKeyDown 方法中加入对音量按键的响应。

代码如图 2D-22 所示。

最终效果图（图 2D-23），当滑动音量条时，主界面中的音量条会自动调节。

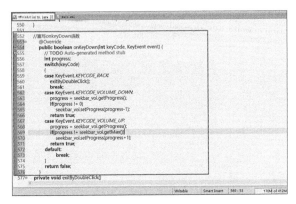

图 2D-22　重写 onKeyDown 方法，加入音量上/下键单击响应处理

图 2D-23　最终效果图

D.2.4　睡眠功能

在音乐爱好者中，有很多人喜欢在睡觉前听音乐，而现在很多主流的音乐播放器，都有睡眠模式功能。当用户设定好时间，在到达该时间时，音乐播放器会自动关闭，达到保护听力与省电的效果。现在给音乐播放器也加上这个有趣的功能。

需求分析：

(1) 用户单击睡眠设置菜单项时，弹出对话框用于睡眠设置。

(2) 用户可以选择打开还是取消睡眠模式功能。

(3) 用户可以通过拖动滑动条调节睡眠关闭时间。

思路：对话框加载自定义布局文件，布局中有三个组件，分别是 TextView、Switch、SeekBar。其中 TextView 组件用于显示设置的睡眠时间，Switch 组件用于打开与关闭睡眠模式，SeekBar 组件用于设置睡眠时间。当用户单击"确定"按钮后，调用 Timer 类完成特定时间退出程序。

图 2D-24　对话框布局设计

关键字：AlertDialog 对话框、Switch 组件、getLayoutInflater().inflate 方法。

对话框布局设计(图 2D-24)。

步骤如下：

(1) 建立布局文件 dialog.xml，如图 2D-25 所示。

(2) 布局代码如图 2D-26(a)，图 2D-26(b)所示，注意需要修改 RelativeLayout 布局默认的 android:layout_width 与 android:layout_height 属性。

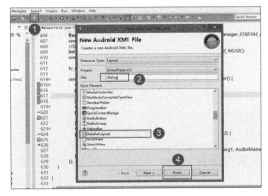

图 2D-25　建立布局文件 dialog.xml 步骤

图 2D-26(a)　添加 TextView 与 Switch 组件

（3）在主界面中添加睡眠模式图标，用于显示是否开启睡眠模式，在这里需要修改 main.xml 文件，代码修改如图 2D-27 所示。

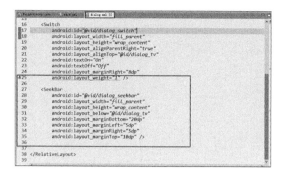

图 2D-26(b) 添加 SeekBar 组件

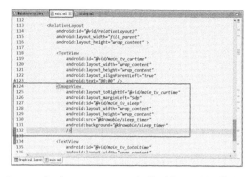

图 2D-27 加入 ImageButton 组件，用于睡眠图标的显示

效果图如图 2D-28 所示。

（4）在 Music.java 中添加 ImageButton 组件，以及相关的标识常量与变量，其中 sleepmode 用于标记用户是否打开了睡眠模式，如图 2D-29 所示。

（5）获取控件，把当前睡眠模式默认设置为关闭，把睡眠模式图标隐藏。

图 2D-28

图 2D-29 添加 ImageButton 组件以及相关变量、常量　　　　图 2D-30 初始化 ImageButton 组件

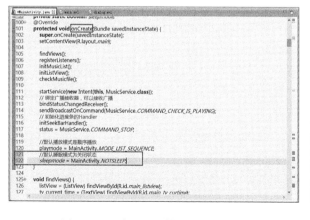

图 2D-31 默认睡眠模式设置为关闭　　　　图 2D-32 睡眠图标属性设置为隐藏

（6）添加字符串常量与菜单项，如图 2D-33 和图 2D-34 所示。

图 2D-33　定义系统资源文件 string.xml

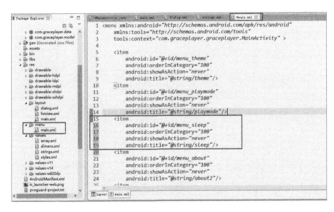

图 2D-34　定义菜单文件 main.xml

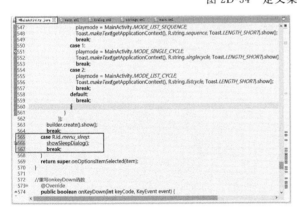

图 2D-35

（7）编写菜单项响应事件，单击睡眠模式菜单项时将调用 showSleepDialog 方法，如图 2D-35 所示。

（8）编写 showSleepDialog 方法。

在这个方法中，有值得一提的地方，该对话框加载的是自己定义的布局文件，那么该如何获取布局中的组件对象呢？像以前那样直接用 findViewById 方法可以吗？

答案是不可以！前面使用的 findViewById 其实是 Activity 类的一个方法，用于获取当前 Activity 中的布局组件对象，如果在这里直接用 findViewById 方法，将会出现空指针异常，因为当前 Activity 布局根本没有该组件！

如果需要获取自定义布局的组件对象，一般采用 View 类的 getLayoutInflater().inflate 方法，通过把布局创建到 View 类实例，再调用 View 类的 findViewById 方法，就能获取到该布局上的组件对象。

代码如图 2D-36(a)~(d)所示。

在图 2D-36(a)中的第 657 行到 662 行代码，定义了 TextView，Switch，SeekBar 等组件，并用 View 类的 findViewById 方法对其进行初始化。

图 2D-36(a)　　　　　　　　　图 2D-36(b)

图 2D-36(c)　　　　　　　　　图 2D-36(d)

在图 2D-36(b)中的 688 行代码中,为 Switch 组件设置了选择响应事件,通过 Switch 的选择状态来确定是否开启睡眠模式。

在图 2D-36(c)的第 719 行到 728 行代码中,为对话框设置了重置按钮,单击"重置"按钮时,把播放模式设置成关闭,重置睡眠时间与图标,以及取消定时器任务。

在图 2D-36(d)中,为对话框设置了确定按钮,单击"确定"按钮时,如果用户选择打开睡眠模式,则根据调节的睡眠时间设置定时器,在达到特定时间时退出程序。如果用户选择关闭睡眠模式,则取消定时器任务。

单击 Menu 菜单按钮时,弹出菜单项,如图 2D-37 所示。

单击"睡眠设置"菜单项,弹出"睡眠设置"对话框,如图 2D-38 所示。

图 2D-37　　　　　　图 2D-38

打开睡眠模式,设置睡眠时间,当到达睡眠时间时,程序将自动退出。

D.3 项目心得

本项目涉及的类比较多,对于这些类的用法可以在 Android 提供的 API 文档中可以找到,建议读者多查看 API 文档进行自学提高。

D.4 参考资料

(1) Android 计时器 Timer 用法。
http://www.cnblogs.com/xzf158/archive/2009/09/04/1560042.html
(2) Timer 定时器简单用法(Android 中示例)。
http://android-study.diandian.com/post/2013-05-04/40050104393
(3) Android AudioManager 类详解。
http://blog.csdn.net/leirenorlei/article/details/7842045
(4) Android-AudioManager 控制音量。
http://www.2cto.com/kf/201302/188125.html
(5) Android 对话框(Dialog)大全建立你自己的对话框。
http://www.cnblogs.com/salam/archive/2010/11/15/1877512.html
(6) Android 之 Inflate()方法用途。
http://blog.csdn.net/andypan1314/article/details/6718298
(7) Android 界面 setContentView 和 inflate 区别。
http://www.eoeandroid.com/thread-77183-1-1.html

D.5 常见问题

D.5.1 命名规范

在编写布局文件时,为控件定义 id 的时候,需要注意控件 id 的命名规范。

在 Eclipse 中,使用 findViewById 方法,可以通过 Alt+/ 快捷键自动补全要输入的 id,但随着项目逐渐复杂,控件的增加,如果随便给 id 命名,常常会出现忘了该控件 id 的情况,为了提高开发的效率,笔者会对控件 id 命名采用以下规则,如图 2D-39 所示。

给出一个例子,如图 2D-40 所示。

`android:id="@+id/布局文件名_组件名缩写_功能描述"`   `android:id="@+id/main_ibtn_play"`

图 2D-39   图 2D-40

在 Eclipse 中,这样的命名可以快速定位到特定 id,如图 2D-41 所示。

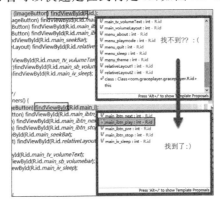

图 2D-41

D.5.2 Android 中像素单位 dp、px、pt、sp 的比较

在 Android 开发过程中,很多时候需要使用到像素单位,例如:字体大小,组件的宽度与高度等,而 Android 也支持不同的单位,常用的用 dp,dip,px,pt,sp 等,那么这些像素单位有什么区别呢?

(1) dp:device independent pixels(设备独立像素)。不同设备有不同的显示效果,这个和设备硬件有关,一般为了支持 WVGA、HVGA 和 QVGA 推荐使用这个,不依赖像素。

(2) dip:与 dp 相同。

(3) px:pixels(像素),不同设备显示效果相同,一般 HVGA 代表 320×480 像素,这个用的比较多。

(4) pt:point,是一个标准的长度单位,1pt=1/72 英寸,用于印刷业,非常简单易用。

(5) sp:scaled pixels(放大像素),主要用于字体显示 best for textsize。

由以上描述可知,使用 px 为像素单位时,不同设备显示效果相同,就是说在不同分辨率的设备上显示的效果是一样的。在进行 Android 开发时,应该考虑在不同设备上的显示效果,尤其是在设置组件或者文字大小时,尽量避免用 px 作为像素单位。

D.5.3 继续完善播放模式功能

细心的读者可能会发现,我们在本章第一节所实现的播放模式功能中,如果在播放模式中选中"列表循环"项,并且当歌曲播放到最后一首时,按下"下一首"按钮,这时显示"已到达列表底部"的提示。实际上在这时候,应当跳转到第一首。

如果要修复这 Bug 也十分简单,读者心中也应该有答案了。代码如图 2D-42 所示。

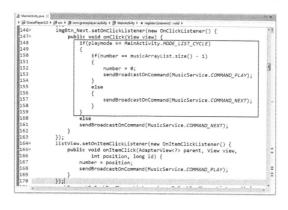

图 2D-42 修复 Bug 后的代码

如图 2D-42 所示,当在"下一首"按钮单击后,先判断当前的播放模式,如果是列表循环模式,将判断当前是否最后一首,如果是则将游标 number 指向第一首,然后发送播放命令。此时,这个 bug 已得到修复。

E 网络功能实现 AsyncTask

搜索关键字

(1) Json

(2) AppWidget

(3) AsynTask

(4) GestureDetector

本章难点

通过前面章节对用户体验的提高,此时应用看起来像模像样了。不过,从一个产品经理的角度来看待目前的产品,还远远不够。

如果想做一款畅销的 App 必须了解同类型的应用各自的优缺点。就拿音乐播放器来说,市场上的产品,有的特点是云音乐、有的突出社区,有的主打年轻人,有的表现情怀。当然功能不一定越多越好,市场上有许多功能精巧播放器下载量也非常高。但是作为一款教学类音乐播放器,应该做到能实现市面上大部分音乐播放器的主要功能。

所以接下来,即将讲解的内容包括:网络歌词的下载、桌面小部件和更能提高用户体验的滑动切屏操作。

E.1 项目简介

本次实训在前一次案例的基础上,进一步为音乐播放器添加两个新功能,分别是歌词下载以及桌面小部件(AppWidget)。本次实训将会向大家介绍 JSON 的使用,Android 的网络编程,AsyncTask 异步工具类的使用,以及如何使用 AppWidgetProvider 发布一个 AppWidget,最后将实现滑动切屏。

本实训新增的功能,如图 2E-1,图 2E-2 所示。

图 2E-1 实现歌词下载

图 2E-2 实现 AppWidget 桌面小部件

E.2 案例分析与实现

E.2.1 歌词下载

歌词下载是现在主流音乐播放器很常见的功能,通过歌曲名在网络寻找歌词文件,然后下载到本地,解析歌词并显示。在这里,将实现这个功能。

1. JSON 简介

JSON(JavaScript Object Notation)是一种轻量级的数据交换格式。易于人阅读和编写,同时也易于机器解析和生成。JSON 采用完全独立于语言的文本格式,但是也使用了类似于 C 语言家族的习惯(包括 C,C++,C♯,Java,JavaScript,Perl,Python 等)。这些特性使 JSON 成为理想的数据交换语言。

1) JSON 的值

数字(整数或浮点数),字符串(在双引号中),逻辑值(true 或 false),数组(在方括号中),

对象(在花括号中),null 等。

2) JSON 的结构

(1) “名:值”对的集合,在不同的语言中被理解为对象,记录,结构等。

按照最简单的形式,可以用下面这样的 JSON 表示“名称:值”对,如图 2E-3 所示。

多个“名称:值”对串在一起时,如图 2E-4 所示。

```
{"firstName":"Brett"}
```

图 2E-3

```
{"firstName":"Brett","lastName":"McLaughlin","email":"aaaa"}
```

图 2E-4

(2) 值的有序列表,被理解为数组,如图 2E-5 所示。

当需要表示一组值时,JSON 不但能够提高可读性,而且可以减少复杂性。

具体形式:对象是一个无序的“‘名称:值’对”集合。

① 一个对象以“{”(左括号)开始,“}”(右括号)结束。

② 每个“名称”后跟一个“ : ”(冒号)。

③ “‘名称:值’ 对”之间使用“,”(逗号)分隔。

【例】表示人的一个对象,如图 2E-6 所示。

数组是值(value)的有序集合。

① 一个数组以“[”(左中括号)开始,“]”(右中括号)结束。

② 值之间使用“,”(逗号)分隔。

【例】一组学生(图 2E-7)。

```
{
"people":[
{"firstName":"Brett","lastName":"McLaughlin","email":"aaaa"},
{"firstName":"Jason","lastName":"Hunter","email":"bbbb"},
{"firstName":"Elliotte","lastName":"Harold","email":"cccc"}
]
}
```

图 2E-5

```
{
"姓名":"大憨",
"年龄":24
}
```

图 2E-6

```
{
"学生":
[
{"姓名":"小明","年龄":23},
{"姓名":"大憨","年龄":24}
]
}
```

图 2E-7

说明:此 JSON 对象包括了一个学生数组,而学生数组中的值又是两个 JSON 对象。

在 Java 中,可以通过 JSONObject 类对 JSON 数据进行操作。

2. AsyncTask 类介绍

1) 简介

在 Android 中实现异步任务机制有两种方式,Handler 和 AsyncTask。

Handler 模式需要为每一个任务创建一个新的线程,任务完成后通过 Handler 实例向 UI 线程发送消息,完成界面的更新,这种方式对于整个过程的控制比较精细,但也是有缺点的,例如代码会相对臃肿,而且在多个任务同时执行时,不易对线程进行精确的控制。

为了简化操作,Android 1.5 提供了工具类 android. os. AsyncTask,它使创建异步任务变得更加简单,不再需要编写任务线程和 Handler 实例即可完成相同的任务。

AsyncTask 的优点是编写代码简单,可读性强。缺点是当有多个异步任务的时候并且需要与 UI 线程交互,就会变得很复杂。在本项目中只需要使用一个异步任务,所以采用 AsyncTask 类是一个很好的选择。

2) 定义的类型

AsyncTask 定义了三种泛型类型:Params、Progress 和 Result。

Params 启动任务执行的输入参数,比如 HTTP 请求的 URL。

Progress 后台任务执行的百分比。

Result 后台执行任务最终返回的结果。

3) 使用方法

使用 AsyncTask 类最少要重写以下这两个方法：

（1）doInBackground(Params…) 方法。后台执行，比较耗时的操作都可以放在这里。注意这里不能直接操作 UI。此方法在后台线程执行，完成任务的主要工作，通常需要较长的时间。在执行过程中可以调用 publicProgress(Progress…)来更新任务的进度。

（2）onPostExecute(Result)方法。相当于 Handler 处理 UI 的方式，在这里面可以使用在 doInBackground 得到的结果处理操作 UI。此方法在主线程执行，任务执行的结果作为此方法的参数返回。

有必要的话还需要重写以下这三个方法，但不是必须的：

（1）onProgressUpdate(Progress…)

可以使用进度条增加用户体验度。此方法在主线程执行，用于显示任务执行的进度。

（2）onPreExecute()

这里是最终用户调用 Execute 时的接口，当任务执行之前开始调用此方法，可以在这里显示进度对话框。

（3）onCancelled()

用户调用取消时，需要做的操作。

4) 使用 AsyncTask 类，以下是几条必须遵守的准则

（1）AsyncTask 的实例必须在 UI thread 中创建。

（2）execute 方法必须在 UI thread 中调用。

（3）不要手动的调用 onPreExecute()、onPostExecute(Result)、doInBackground(Params…)、onProgressUpdate(Progress…)这几个方法。

（4）每个 AsyncTask 对象只能被执行一次，否则多次调用时将会出现异常。

3．需求分析

（1）单击歌词下载菜单项，跳转到歌词显示界面。

（2）根据歌曲名搜索本地歌词文件，若本地没有歌词文件，则根据歌曲名下载歌词并保存，若存在本地歌词文件，则直接显示。

（3）当用户停留在歌词页面，能随歌曲切换而更新歌词。

4．功能设计

在实现歌词下载之前，不妨先考虑几个问题：

（1）如何实现随歌曲切换而切换歌词？

（2）歌词要到哪里下载？如何下载？

（3）下载好的歌词要保存到什么地方？如何保存？

对于这几个问题，大家可以参考笔者的思路，也可以自行思考，下面是笔者给出的方案。

（1）如何实现随歌曲切换而切换歌词？

在过去的项目功能设计中，当歌词开始播放的时候，MusicService 会发送一个带当前为播放状态的广播。可以注册接收该广播，在接收到此广播时，调用相关方法实现歌词下载并显示。

（2）歌词要到哪里下载？如何下载？

笔者采用歌词迷的 API 接口（歌词迷 http://www.geci.me），使用 GET 方法并通过歌曲名来获取歌词。这时，可以获取到一组 JSON 格式的数据，该数据包含了多组歌词下载地

址,通过解析数据得到歌词下载地址,再把歌词下载到本地并保存。

流程图如图 2E-8 所示。

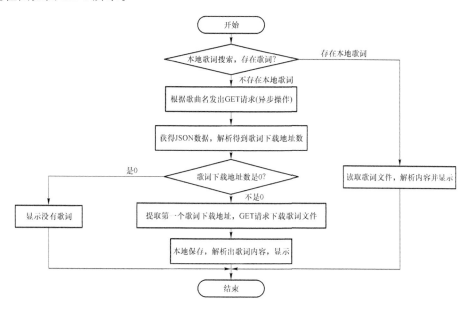

图 2E-8　歌词下载流程图

图 2E-9 是歌词迷的其中一个 API 接口描述。

可以简单地使用浏览器测试一下这个接口,当在浏览器地址栏输入:http://geci.me/api/lyric/海阔天空后,得到一组 JSON 格式数据,如图 2E-10 所示。

图 2E-9

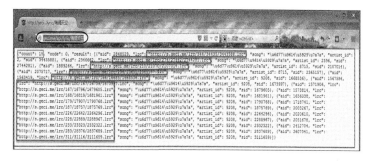

图 2E-10

红色框(上)所示是一组 JSON 数据,绿框(中)所示是歌词的数量,蓝色框(下)所示是歌词的下载地址,可以看出,返回的数据中包含多组歌词下载地址,在这里,采用 JSON 数据中的第一组地址作为歌词下载地址。

(3) 下载好的歌词要保存到什么地方？如何保存？

把歌词文件保存到本地存储空间,使用 歌曲名.lrc 的格式作为文件进行保存。

5. 布局设计

布局结构如图 2E-11 所示。

新建布局文件,命名为 lrc.xml。该布局比较简单,上面有一个 TextView 组件和 ScrollView 组件。因为考虑到歌词内容比较长,不能在一个屏幕上完全显示,因此这里采用 ScrollView 组件,实现滚动显示的效果。

代码如图 2E-12 所示。

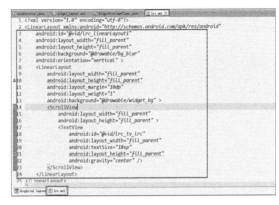

图 2E-11　歌词界面布局图示　　　　图 2E-12　歌词界面布局代码

说明：ScrollView 滚动视图是指当拥有很多内容，屏幕显示不完时，需要通过滚动来显示的视图。

6. 功能实现

1) 编写程序框架，包括添加字符串常量，添加菜单项，新建 LrcActivity.java 文件等。

(1) 添加字符串常量。如图 2E-13 所示。

(2) 添加菜单项，如图 2E-14 所示。

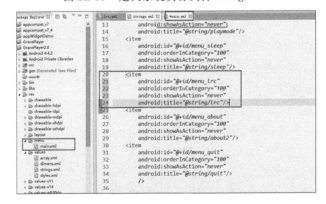

图 2E-13　定义系统资源文件 string.xml

图 2E-14　定义菜单文件 main.xml

(3) 新建 LrcActivity.java 文件(图 2E-15(a)),定义相关变量并初始化(如图 2E-15(b)所示)。最后绑定广播接收器,使它能接受 MusicService 类发送的状态广播(如图 2E-16,图 2E-17 所示)。

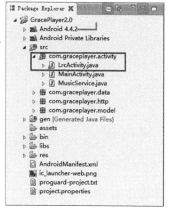

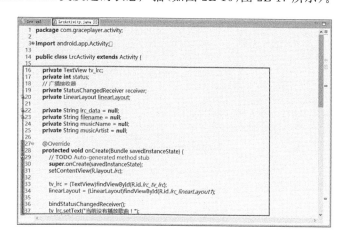

图 2E-15(a)　项目结构图　　　　　　　　　　图 2E-15(b)

在图 2E-15(b)的第 16 行到 25 行代码中,定义了一个 TextView 组件,一个 LinearLayout 组件,一个广播接收器(内部类),以及音乐属性的相关变量。第 33 到 37 行代码,初始化相关组件,并注册广播。

在图 2E-17 的第 55 行到 69 行代码中,定义一个内部类,来处理接收到状态广播时的动作。在这里,当接收到为播放状态的广播时,获取附带的歌曲名与艺术家名等信息,并在标题栏上显示。图 2E-17 中的第 75 行,当销毁当前 Activity 时解除广播注册。

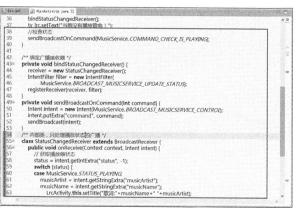

图 2E-16　　　　　　　　　　　图 2E-17

(4) 在 AndroidManifest.xml 文件中注册新建的 Activity,如图 2E-18 所示。

(5) 在 MainActivity.java 的 onOptionsItemSelected 方法中加入歌词下载菜单项响应事件,如图 2E-19 所示。

这个时候,基本的框架已经写好了。单击 Menu 菜单按钮,弹出菜单列表,如图 2E-20 所示。单击"歌词下载"菜单项,进入歌词界面,此时在标题栏上显示当前播放的歌曲名与艺术家名,如图 2E-21 所示。

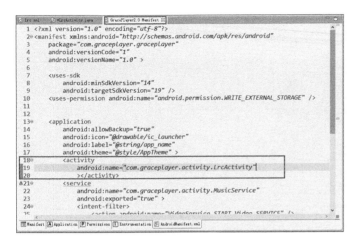

图 2E-18　注册新建的 Activity

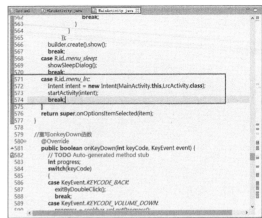

图 2E-19　单击"歌词下载"菜单项时,跳转到歌词界面

2）新建 LrcFileDownLoad.java 文件（图 2E-22a）,实现解析 JSON 数据与网页源码下载等操作。

图 2E-22（b）的 getSongLRCUrl 方法中,在第 21 行定义了歌词下载的 API 接口,第 22 行和 23 行定义整型常量,分别表示请求超时时间与等待数据超时时间,两者都设置为 15 秒。

图 2E-21

图 2E-20

图 2E-22(a)　项目结构图

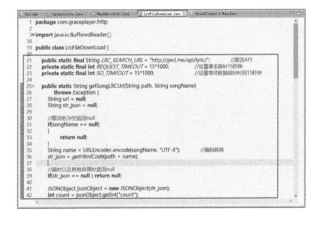

图 2E-22(b)

第 35 行为了避免产生乱码,需要把歌曲名转成 UTF-8 格式。

第 36 行通过 API 接口与歌曲名,调用 getHtmlCode 方法获取 JSON 数据,并保存在 str_json 变量中。

第 41 到 42 行通过 str_json 生成一个 JSONObject 对象,并根据 count 关键字获取 json 中歌词数目,若变量 count 为 0,则返回 NULL,表示没有可供下载的歌词。

在图 2E-23 的第 50 行到 53 行中,通过 result 关键字获取到 JSON 数组,并调用 getJSONObject 获取数组中的 JSON 对象,getJSONObject 方法的参数为 0,表示获取数组中第一个 JSON 对象。

第 53 行,通过 getString 方法与关键字 lrc 获取到歌词的下载地址。

第 59 到 64 行代码,定义了 getHttpClient 方法,用于返回一个设置了超时属性的 HttpClient 实例。

在图 2E-24 的第 68 到 99 行中,定义了 getHtmlCode 方法,用于下载网页源码数据,该方法使用的是 GET 请求。

图 2E-23 图 2E-24

在图 2E-25 中,需要在 AndroidManifest.xml 文件中添加访问网络权限,这一步切记要添加,否则永远访问网络失败。

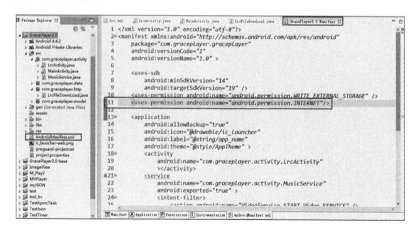

图 2E-25

3)在 LrcActivity.java 文件中创建一个内部类,命名为 AsyncDownLoad,并继承于 AsyncTask 类,用于实现歌词异步下载。重写该类的 doInBackground、onPreExecute、onPostExecute 等三个方法。在 doInBackground 方法中,首先解析获取到的 JSON 数据,得到歌词的下载地址,然后根据歌词地址下载歌词。

(1)创建 AsyncDownLoad 内部类,并重写 doInBackground、onPreExecute、onPostExecute 等

方法。如图 2E-26(a),图 2E-26(b)所示。

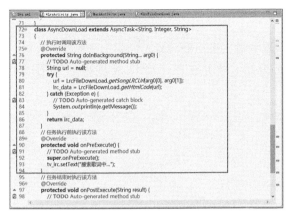 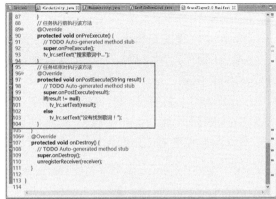

图 2E-26(a)　　　　　　　　　　图 2E-26(b)

（2）定义 AsyncDownLoad 类的实例,如图 2E-27 所示。

（3）当接收到附带状态为正在播放状态的广播时,创建一个 AsyncDownLoad 类实例,并调用 execute 方法,如图 2E-28 所示。

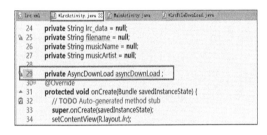 

图 2E-27　　　　　　　　　　图 2E-28

说明:由于 AsyncTask 类的特性,不能多次调用 execute 方法,因此,每次下载歌词的时候,需要重新 new 一个对象。

图 2E-29

这时,打开模拟器,运行程序后,播放一首音乐并进入歌词界面,等待几秒后,就会显示该歌的歌词(图 2E-29)。要注意的是,由于 API 接口自身的原因,部分英文歌曲不一定可以搜索到歌词,相对来说,中文歌曲搜索到歌词的成功率会更高,关于如何把中文名的文件导入 SD 卡,请看本文档后的常见问题章节。

4）编写 get_lrc 方法,实现判断本地歌词文件是否存在,把歌词存储到本地,以及读取本地歌词等功能,如图 2E-30 所示。

在图 2E-30 中,第 140 行代码表示获取程序内部储存空间的文件路径列表。

第 146 到 150 行表示如果存在本地歌词,则打开文件并读出歌词文本,然后显示在 TextView 组件上。

图 2E-30

第 153 和 154 行,通过 ConnectivityManager 与 Networkinfo 实例来获取当前设备的网络状态,如果网络配置正常则可以进行歌词下载,否则提醒用户网络配置异常。

由于要获取网络状态,需要在 AnidroidManifest.xml 文件中添加相应权限,如图 2E-31 所示。

5) 修改 AsyncDownLoad 类的 onPostExecute 方法,当歌词下载完成时,先把歌词文件写入本地,然后再显示,如图 2E-32 所示。

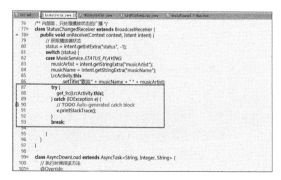

图 2E-31   图 2E-32

6) 修改内部类 StatusChangedReceiver 中的代码,当接收到 MusicService 发送的播放状态广播时,执行 get_lrc 方法,如图 2E-33 所示。

这时,程序会先判断内部存储空间是否存在歌词文件,没有歌词文件就进行下载。歌词文件保存在(/data/data/com.graceplayer.graceplayer/files)目录下。

7) 编写 drawLrcWord 方法,用于解析歌词文件内容。(图 2E-34(a),图 2E-34(b))

图 2E-33   图 2E-34(a)

在这个方法中,使用了正则表达式,去除歌词内容中的标签。

8) 此时,在显示歌词前,需要先调用 drawLrcWord 方法去掉歌曲的标签,然后再显示。有两处地方需要修改,如图 2E-35,图 2E-36 所示。

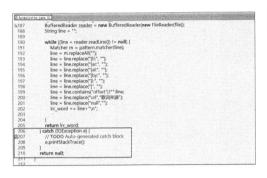

图 2E-34(b)   图 2E-35   get_lrc 方法中的修改

9) 最后一步,退出歌词界面时,先判断获取歌词的异步线程是否在执行,如果是,首先把线程取消,然后再退出。需要在 onDestroy 方法中加入判断,如图 2E-37 所示。

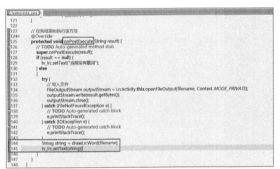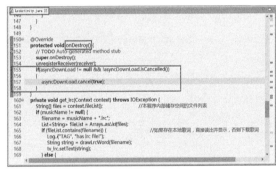

图 2E-36   AsyncDownLoad 类 onPostExecute 方法中的修改   图 2E-37

这时候,歌词下载功能就完成了。

最终效果如图 2E-38 所示。

E.2.2   桌面小部件

1. AppWidget 简介

1) 介绍

什么是 AppWidget? AppWidget 是应用程序窗口小部件,是微型的应用程序视图。它可以嵌入到其他应用程序(比如桌面)并接收周期性的更新。可以通过一个 AppWidgetProvider 来发布一个 Widget。可以容纳其他 AppWidget 的应用程序组件被称为 AppWidget 宿主。图 2E-39 显示了一个音乐 AppWidget。

图 2E-38

2) 开发流程。

AppWidget 是基于 BroadcastReceiver 组件机制再开发而来的，为此它首先需要遵循 BroadcastReceiver 的开发流程进行开发，其次是根据他自身提供的 AppWidgetProvider、AppWidgetProvderInfo、AppWidgetManger 来进行开发。

图 2E-39

（1）创建视图布局。

为这个 AppWidget 定义初始布局。

（2）创建 AppWidgetProviderInfo 对象。

用于描述一个 App Widget 的属性，比如 AppWidget 的布局、更新频率，以及 AppWidgetProvider 类。这应该在该 XML 里定义。

（3）AppWidgetProvider 类的实现。

定义基本方法以允许你编程来和 AppWidget 连接，这基于广播事件。通过它，当这个 AppWidget 被更新、启用、禁用或删除的时候，你都将接收到广播通知。

（4）在 AndroidManifest.xml 文件中声明 AppWidgetProvider 类。

2. 需求分析

（1）添加一个 AppWidget，当音乐播放时可以显示歌曲名。

（2）AppWidget 上有上一首，播放/暂停，下一首等三个按钮，用于控制音乐播放。

（3）单击 AppWidget 可以进入程序主界面。

图 2E-40

3. 布局设计

创建一个线性布局，命名为 widget_layout.xml，上面有一个 TextView，用于显示正在播放的音乐名，还有三个 ImageButton，用于控制音乐的播放。

效果如图 2E-40 所示。

布局代码如图 2E-41(a)，图 2E-41(b)所示。

图 2E-41(a)

图 2E-41(b)

4. 功能实现

（1）创建一个 xml 文件，命名为 widget_provider.xml，用于描述 AppWidget 的初始布局、宽度和高度，刷新频率等属性。如图 2E-42，图 2E-43 所示。

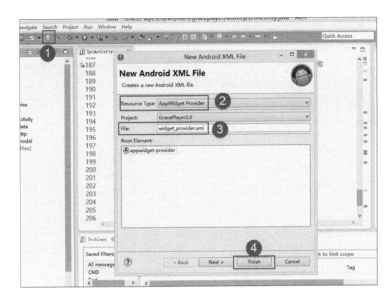

图 2E-42 创建 widget_provider.xml 文件

属性说明：

① minWidth 和 minHeight：

它们指定了 App Widget 布局需要的最小区域。默认的 App Widgets 所在窗口的桌面位置基于有确定高度和宽度的单元网格中。如果 App Widget 的最小长度或宽度和这些网格单元的尺寸不匹配，那么这个 App Widget 将上舍入（上舍入即取比该值大的最接近的整数——笔者注）到最接近的单元尺寸。

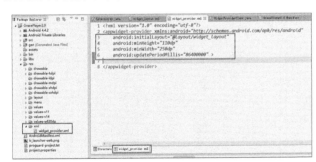

如果需要粗略计算地 minWidth 和 minHeight，可以参考图 2E-44。

图 2E-43 定义相关属性　　　　　　　　　　图 2E-44

注：上面创建的 AppWidget 大小是 4 列 2 行。

② initialLayout：指向 widget 的布局资源文件。

③ updatePeriodMillis：

它定义了 widget 的更新频率。实际的更新时机不一定是精确的按照这个时间发生的。建议更新尽量不要太频繁，最好是低于 1 小时一次。

（2）建立 WidgetProviderClass.java 文件，并编写程序框架。WidgetProviderClass 类继承于 AppWidgetProvider 类，用于处理 AppWidget 的逻辑事务。如图 2E-45(a)，图 2E-45(b)所示。

（3）在 AndroidManifest.xml 文件中声明 AppWidgetProvider 类，如图 2E-46 所示。

说明：

图 2E-45(a)

图 2E-45(b)

图 2E-46

① com. bin. musicwidget. WidgetProviderClass 类继承于 AppWidgetProvider 类,用于响应 widget 的添加、删除、更新等操作。

② android. appwidget. action. APPWIDGET_UPDATE,是必须要显示声明的 action! 因为所有的 widget 的广播都是通过它来发送的;要接收 widget 的添加、删除等广播,就必须包含它。

③ action android:name="MusicService. ACTION_UPDATE"是自己添加的,为了能接收 MusicService 服务发送的状态更新广播,该字符常量在 MusicService 类中定义。

④ <meta-data> 指定了 AppWidgetProviderInfo 对应的资源文件 android:name--指定 metadata 名,通过 android. appwidget. provider 来辨别 data。

android:resource--指定 AppWidgetProviderInfo 对应的资源路径。即 xml/ widget_provider. xml 。

这时,启动模拟器,进入 widget 页面,就可以看到新建的 AppWidget,长按 widget 区域可以把它拖放到桌面上,如图 2E-47,图 2E-48 所示。

(4) 加入逻辑处理。

在 AppWidget 和程序的交互中,有一个非常重要的对象,它就是 RemoteViews。因为 AppWidget 运行的进程和上文创建的应用不在一个进程中,所以也就不能像平常引用控件那样来获得控件的实例。而 RemoteViews 能够获得不在同一进程中的对象,这也就为编写 AppWidget 的处理事件提供了帮助。

图 2E-47　　　　　　　　　　　　　　图 2E-48

PendingIntent 对象：一般的程序中绑定按钮的单击事件是直接在实现了 OnClickListener 接口的类中完成的。但是因为 AppWidget 并不在我们应用的进程中，所以它访问不到在应用中设置的 onclick 代码。而 PendingIntent 可以解决这个问题。把 Intent 看成一封信，那么 PendingIntent 就是一封被信封包裹起来的信。这封信在 remoteViews.setOnClickPendingIntent()中被"邮寄"到了 AppWidget，当 AppWidget 中的按钮单击时它知道将这封信打开，并执行里面的内容。

在本例中，PendingIntent 类中的 getActivity 方法用于启动一个 Activity，getBroadcast 方法用于发送广播。

步骤：

① 添加标识常量，如图 2E-49 所示。

② 重写 onReceive 方法，根据广播附带不同的状态信息做出不同的处理，如图 2E-50(a)，图 2E-50(b)所示。

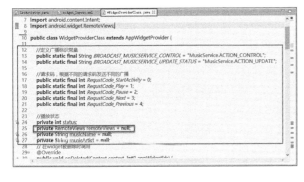 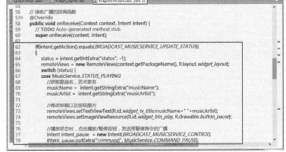

图 2E-49　　　　　　　　　　　　　　图 2E-50(a)

③ 重写 onUpdate 方法，为 TextView 组件，上一首/下一首按钮加入事件响应处理，如图 2E-51 所示。

（5）细节优化。

调试程序时，很容易发现一个问题，当退出程序时，AppWidget 的标题，按钮状态并没有更新。这个问题要怎么解决？我们知道，当程序退出时，MusicService 服务会调用 onDestroy

图 2E-50(b)

图 2E-51

方法,可以在 onDestroy 方法中发送停止播放状态的广播,要求 AppWidget 更新界面。

① 在 MusicService.java 的 onDestroy 方法中发送附带停止状态的广播,如图 2E-52 所示。

② 在 MusicActivity.java 中,实现退出程序的三个地方分别做出相应修改,如图 2E-53,图 2E-54,图 2E-55 所示。

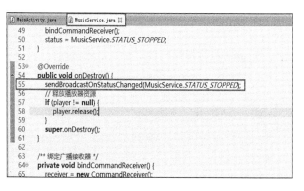

图 2E-52

图 2E-53

图 2E-54

图 2E-55

(6) 最终效果图。

播放音乐时显示歌曲名、艺术家名,按钮根据播放状态切换不同图片,如图 2E-56 所示。

单击"上一首/下一首"切换歌曲,如图 2E-57 所示。

暂停歌曲播放,如图 2E-58 所示。

退出程序时,停止歌曲播放,如图 2E-59 所示。

图 2E-56

图 2E-57

图 2E-58

图 2E-59

E.2.3 滑动切屏

现在,添加一个新的功能,通过在手指在屏幕上滑动,进行 Activity 的切换,简称滑动切屏。

关键字:OnGestureListener 接口、GestureDetector 类、Touch 事件处理机制。

1. 需求分析

通过手指在屏幕上滑动,进行主界面与歌词界面的切换。

(1) 处于主界面时,向右滑动,切换到歌词界面。

(2) 处于歌词界面时,向右滑动,切换到主界面。

(3) 界面切换的时间为 500 毫秒。

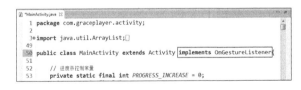
图 2E-60 继承相关接口

2. 功能实现

1) 在 MainActivity.java 文件中,让 MainActivity 类继承 OnGestureListener 接口,如图 2E-60 所示。

2) 添加手势识别类 GestureDetector 的对象,并初始化,如图 2E-61 所示。

3) 在 MainActivity 中重写 onTouchEvent 方法,如图 2E-62 所示。

4) 在 MainActivity 类中重写 onFing 方法,如图 2E-63 所示。

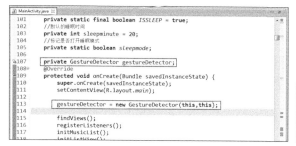

在 onFing 方法中,先判断滑动时,终点与起点的横坐标之差是否大于 50 像素。如果是,就进入歌词界面。

图 2E-61　　　　　　　　　　图 2E-62

图 2E-63

值得一提的是 overridePendingTransition 方法,该方法实现了两个 Activity 切换时的动画,其中该方法第一个参数为:第一个 Activity 进入时的动画。第二个参数为:第二个 Activity 退出时的动画。

5)这一步,我们定义两个动画文件。在 res 目录创建 anim 目录,然后在目录创建动画的 xml 文件:to_right_enter.xml(向右边进入动画)、in_from_right.xml(向右边退出动画),如图 2E-64,图 2E-65 所示。

图 2E-64　向右边进入

图 2E-65　向右边退出

6)这时,运行程序,已经可以在主界面实现滑动切屏的效果了。同时,还需要在歌词界面实现这一效果。在对 LrcActivity.java 文件修改时,其中第一步到第三步均与 MainActivity.java 文件的修改相同,这里不再阐述。需要一提的是复写 onFing 方法时,需要修改部分代码,如图 2E-66 所示。

7)到这里,主界面与歌词界面已经可以用"向右滑动"的手势进行切换。但是,有细心的读者会发现,这个手势切换的体验非常"不友好",只能从没有被子控件覆盖的空白区域使用手势切换(如图 2E-67,图 2E-68 所示)。

```
@Override
public boolean onFling(MotionEvent arg0, MotionEvent arg1, float arg2,
        float arg3) {
    // TODO Auto-generated method stub
    if(arg1.getX()-arg0.getX()>150)
    {
        finish();
        overridePendingTransition(R.anim.to_right_enter, R.anim.to_right_exit);
        Toast.makeText(getApplicationContext(), "歌调", Toast.LENGTH_SHORT).show();
    }
    return false;
}
```

图 2E-66　使用 finish 退出当前 Activity

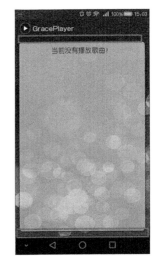

图 2E-67　　　　　　　　　　　　　　图 2E-68

8) 这一步就是为了解决上述的问题。为什么滑动手势只能在没有子控件覆盖的地方才能被识别到呢？首先需要了解 Android 的 Touch 事件处理机制，分为两个过程。

(1) 事件分发：

当用户手指触碰到手机屏幕时，会产生一个"触碰事件"，该事件从首先到达最顶层 view 的 dispatchTouchEvent 方法，该方法负责分发触碰事件。如果该方法返回 false，再由该 view 的 interceptTouchEvent 方法决定是否拦截该事件，如果拦截，则调用 onTouchEvent 方法处理，否则传递给子 view，再由子 view 的 dispatchTouchEvent 方法对该事件进行分发。

(2) 事件处理：

Android 对 Touch 事件的分发逻辑是从顶层 view 开始分发给下层，然后下层 view 优先处理并返回处理情况(boolean 值)，若下层 view 返回 true，则上层不再处理。

所以，产生该现象的原因：在子控件上划过的手势被优先处理掉了，触碰事件不会转发到顶层 view。

解决方法：复写 Activity 中的 dispatchTouchEvent 方法，在分发事件前对手势检测处理，如果检测成功，则取消下层的一切处理过程。这样子，从顶层往下转发的时候就已经完成对手势的检测，因此成功解决上述问题。如图 2E-69，图 2E-70 所示。

这时，就可以在界面任意位置识别滑动手势了。

9) 最终效果图，如图 2E-71 所示。

图 2E-69

图 2E-70

E.2.4 通知栏显示

无论是 Android 设备还是 iphone 设备,从屏幕上方往下拉动,都会出现 notification,即通知栏提醒。方便用户可以不用进入软件内,可以快速、方便的对应用单击进行操作。当然,为了让本音乐播放器更产品化,也需要添加在通知栏对音乐进行操作,如图 2E-72 所示。

图 2E-71

图 2E-72 效果图

1. 需求分析

(1) 通过通知栏,可以看到当前播放音乐的名字和艺术家。

(2) 单击通知栏的按钮,可以对音乐进行下一首,上一首,暂停/播放和关闭。

(3) 单击通知栏,可以进入播放音乐的界面。

2. 功能实现

1) 布局设置

通过自定义布局在通知栏上显示播放信息,并进行音乐的控制。

新建布局文件 statusbar.xml,布局包括一个图片控件显示应用图片,两个文本控件显示音乐的名字和艺术家,五个按钮控件:下一首,上一首,暂停,播放,关闭。详细代码如图 2E-73 ~ 图 2E-75 所示。

图 2E-73

图 2E-74

图 2E-75

2) service 设置

在服务 MusicService 中获取布局文件 statusbar.xml，NotificationManager 是一个重要的系统服务，应用程序可通过 NotificationManager 向系统发送全局通知。Notification 是显示在手机状态栏的通知，程序一般通过 NotificationManager 服务来发送 Notification。

图 2E-76

67 行通过 RemoteViews 获取自定义布局，68~70 行设置图片、音乐名字和艺术家的显示，72~78 行根据播放状态设置显示播放按钮还是暂停按钮，80~84 行为按钮添加监听事件，86~87 行设置单击通知进入界面事件，88~96 行设置通知，发送通知。

图 2E-77　发送的通知

图 2E-78　发送的通知

3) Intent 设置

在为 Notification 设置事件信息时传入一个 PendingIntent 对象，该对象里封装了一个 Intent，这意味着单击该 Notification 时将会启动该 Intent 对应的处理。通过 BroadcastReceiver 接收来自 Notification 的广播并控制音乐播放。

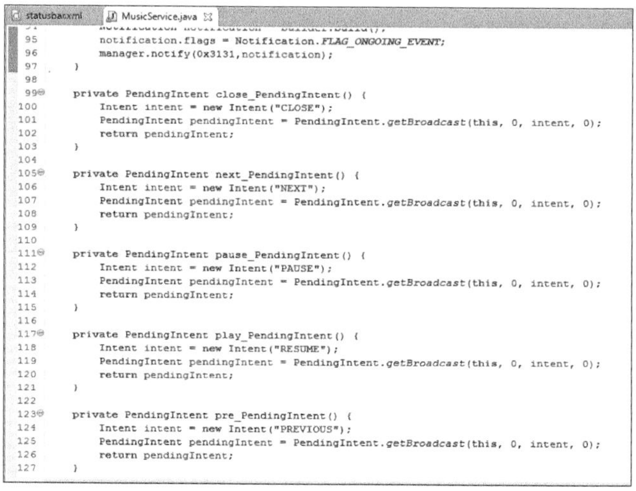

```java
        notification.flags = Notification.FLAG_ONGOING_EVENT;
        manager.notify(0x3131,notification);
    }

    private PendingIntent close_PendingIntent() {
        Intent intent = new Intent("CLOSE");
        PendingIntent pendingIntent = PendingIntent.getBroadcast(this, 0, intent, 0);
        return pendingIntent;
    }

    private PendingIntent next_PendingIntent() {
        Intent intent = new Intent("NEXT");
        PendingIntent pendingIntent = PendingIntent.getBroadcast(this, 0, intent, 0);
        return pendingIntent;
    }

    private PendingIntent pause_PendingIntent() {
        Intent intent = new Intent("PAUSE");
        PendingIntent pendingIntent = PendingIntent.getBroadcast(this, 0, intent, 0);
        return pendingIntent;
    }

    private PendingIntent play_PendingIntent() {
        Intent intent = new Intent("RESUME");
        PendingIntent pendingIntent = PendingIntent.getBroadcast(this, 0, intent, 0);
        return pendingIntent;
    }

    private PendingIntent pre_PendingIntent() {
        Intent intent = new Intent("PREVIOUS");
        PendingIntent pendingIntent = PendingIntent.getBroadcast(this, 0, intent, 0);
        return pendingIntent;
    }
```

图 2E-79　单击按钮事件响应

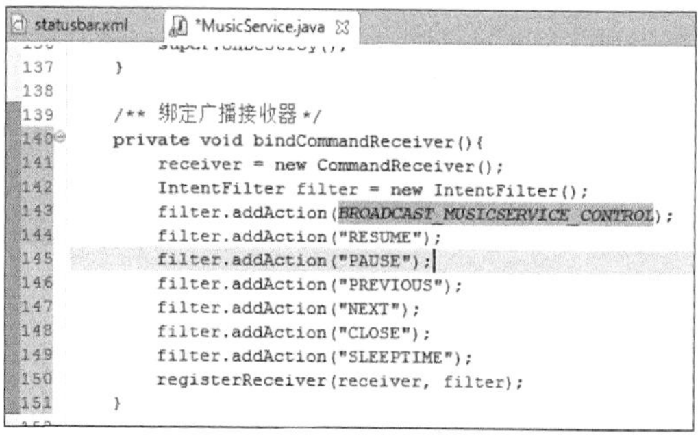

```java
    }

    /** 绑定广播接收器 */
    private void bindCommandReceiver(){
        receiver = new CommandReceiver();
        IntentFilter filter = new IntentFilter();
        filter.addAction(BROADCAST_MUSICSERVICE_CONTROL);
        filter.addAction("RESUME");
        filter.addAction("PAUSE");
        filter.addAction("PREVIOUS");
        filter.addAction("NEXT");
        filter.addAction("CLOSE");
        filter.addAction("SLEEPTIME");
        registerReceiver(receiver, filter);
    }
```

图 2E-80　添加广播

为区分通知栏被单击的是哪个控件，刚开始是想通过在 Intent 中通过 putExtra()方法添加参数，来区分控件，但后来实现发现行不通。之后便转换思路用 action 来区分，成功为不同控件实现了不同的单击响应。

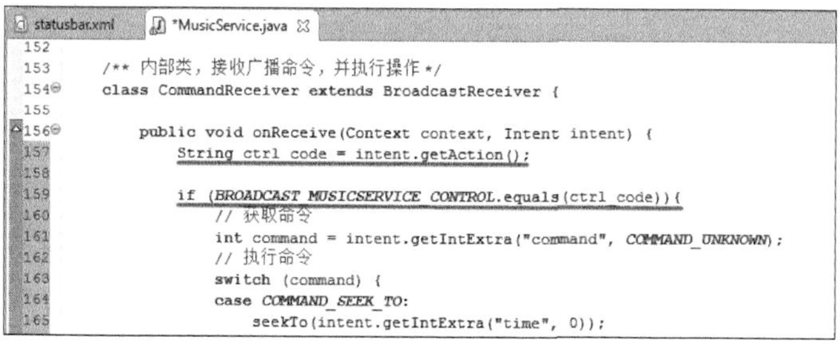

```java

    /** 内部类，接收广播命令，并执行操作 */
    class CommandReceiver extends BroadcastReceiver {

        public void onReceive(Context context, Intent intent) {
            String ctrl_code = intent.getAction();

            if (BROADCAST_MUSICSERVICE_CONTROL.equals(ctrl_code)){
                // 获取命令
                int command = intent.getIntExtra("command", COMMAND_UNKNOWN);
                // 执行命令
                switch (command) {
                case COMMAND_SEEK_TO:
                    seekTo(intent.getIntExtra("time", 0));
```

图 2E-81　接收广播并做出相应的处理

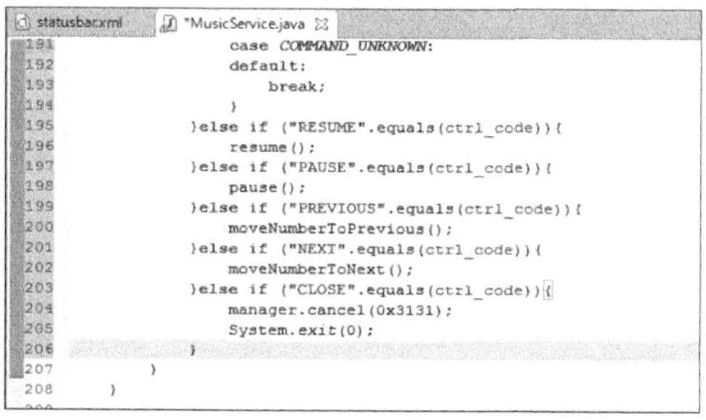

```java
                case COMMAND_UNKNOWN:
                default:
                    break;
                }
            }else if ("RESUME".equals(ctrl_code)){
                resume();
            }else if ("PAUSE".equals(ctrl_code)){
                pause();
            }else if ("PREVIOUS".equals(ctrl_code)){
                moveNumberToPrevious();
            }else if ("NEXT".equals(ctrl_code)){
                moveNumberToNext();
            }else if ("CLOSE".equals(ctrl_code)){
                manager.cancel(0x3131);
                System.exit(0);
            }
        }
    }
```

图 2E-82　接收广播并做出相应的处理

3. 更新与清除

设置在播放状态发生改变时更新通知栏，并在应用退出时清除通知，如图 2E-83～图 2E-85 所示。

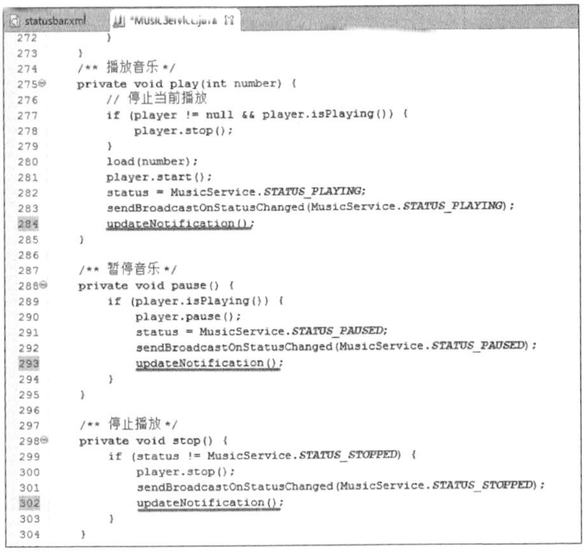

图 2E-83　发送通知

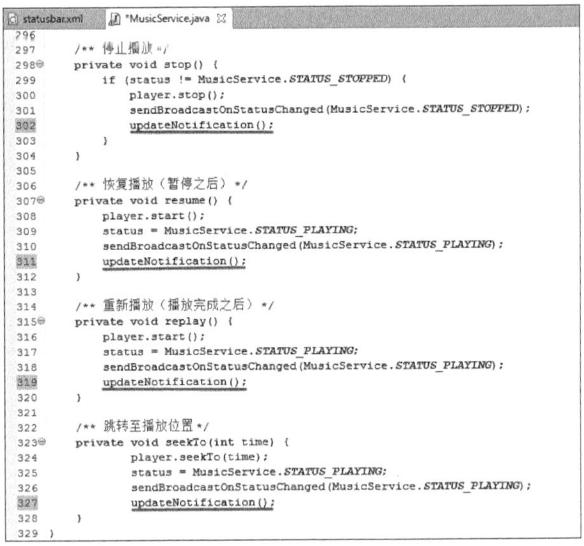

图 2E-84　发送通知

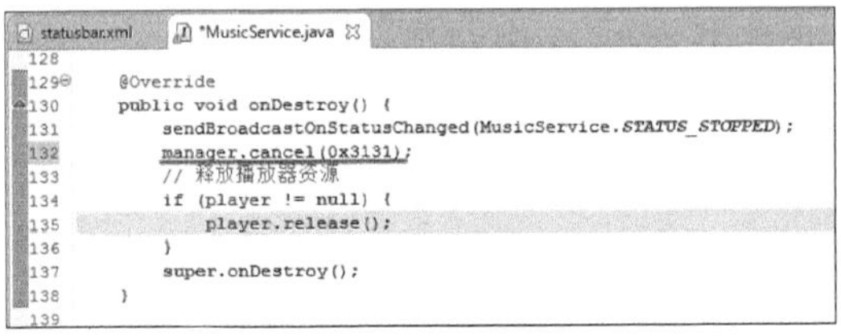

图 2E-85　清除通知

E.3　项目心得

（1）本次实训涉及的知识比较多，希望大家对于不懂地方多查阅 API 文档，或者上网寻找相关的资料。

（2）软件设计模式：在 Android 程序开发中，需要掌握界面与逻辑事务分离的思想，这样有利于降低模块间的耦合度。

E.4　参考资料

（1）JSON 百度百科。

http://baike.baidu.com/view/136475.htm?fr=aladdin

（2）JSON 官网。

http://www.json.org/

（3）JSON 之 Java 解析。

http://blog.sina.com.cn/s/blog_7ffb8dd501013q5c.html

（4）Android 多线程—AsyncTask 详解。

http://www.cnblogs.com/xiaoluo501395377/p/3430542.html

（5）Android 开发实现 HttpClient 工具类。

http://android.tgbus.com/Android/tutorial/201108/364645.shtml

（6）歌词迷 API 文档。

http://api.geci.me/en/latest/

（7）Java 正则表达式入门。

http://blog.csdn.net/kdnuggets/article/details/2526588

（8）Android AppWidget 开发流程。

http://www.cnblogs.com/jfttcjl/archive/2011/11/09/2242015.html

（9）手把手教你做 Android widget。

http://blog.csdn.net/fhy_2008/article/details/6254037

（10）android 学习——overridePendingTransition。

http://blog.csdn.net/liu1164316159/article/details/38979249

（11）Android 的 Activity 屏幕切换动画（一）——左右滑动切换。

http://www.oschina.net/question/97118_34343

（12）android 之 Touch 事件处理机制。

http://blog.csdn.net/fastthinking/article/details/21954245

E.5 常见问题

如何向模拟器导入中文名的文件

在进行 Android 开发的时候，如果需要向 Android 模拟器中导入文件进行测试，通过 DDMS 下手动导入或者在命令行下通过 adb push 命令是无法导入含有中文文件名的文件的。后来发现借用其他工具可以向模拟器中导入中文名称的文件，这个工具就是 UltraISO。因为 UltraISO 工具本身可以用来打开镜像，而 Android 模拟器 SD 卡上的数据实质上也都是保存在一个镜像文件 sdcard.img 中，所以如果通过 UltraISO 向 sdcard.img 中导入文件的话，是不是就可以成功了？

先安装 UltraISO，安装成功后，进入主界面（图 2E-86）。

然后选择"文件"→"打开"，将路径定义到 sdcard.img 所在路径，成功打开了 sdcard.img 镜像文件，显示出 SD 卡中的文件，如图 2E-87 所示。

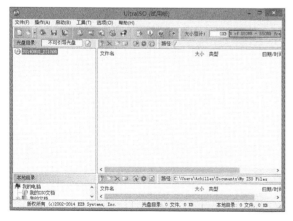

图 2E-86

图 2E-87

将准备好的含中文名称的文件复制并粘贴到该文件夹下，然后选择"文件"→"保存"，可以看到文件已经成功导入到该镜像文件中，如图 2E-88 所示。

启动模拟器，打开 DDMS 视图，看到 SD 卡里已经有了刚才导入的文件，如图 2E-89 所示。

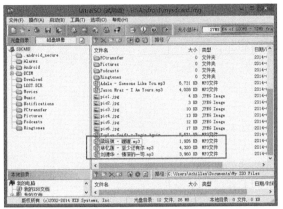

图 2E-88

图 2E-89

F 频谱 Visualizer 与均衡器 Equalizer

搜索关键字

（1）Visualizer

（2）BassBoost

（3）Virtualizer

（4）GestureDetector

本章难点

作为一个互联网软件的开发者和使用者，是否觉得作为一个音乐播放器，如果缺少频谱仪、重低音、环绕立体等设置，总感觉差点什么。

所以本章节的最后，让我们把用户体验做到极致。

F.1 项目简介

在前几章中，一步步地给音乐播放器添加各种功能，现在已经变得完善。但是，我们打算在应用中再添加一个更加高级有趣的功能——均衡器。大部分优秀的音乐播放器都会提供均衡器功能，使用户可以自行调节音频、低音、环绕声等参数，满足自己的喜好。

在本章中，我们先会讲述如何将音频信息可视化，形成频谱，然后获取与设置音乐频率、低音效果、环绕声等参数。本章中还会涉及音乐的相关知识，希望能让大家有所收获。

首先展示一下最终的效果如图 2F-1、图 2F-2 所示。

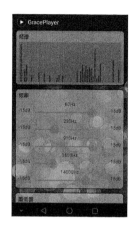

图 2F-1　效果图(1)　　　　图 2F-2　效果图(2)

F.2　案例设计与实现

F.2.1　需求分析

项目添加的功能：
（1）频谱显示，包括块状显示、柱状显示、曲线显示。
（2）均衡器频段调节。
（3）重低音调节。
（4）环绕音（立体声）调节。

F.2.2　界面设计

考虑到目前音乐播放器的功能已经比较完善，首页基本没有地方容纳均衡器这一块功能。因此，可以新建一个 Activity 用于均衡器调节，并将入口放在菜单项中，如图 2F-3 所示。最终，布局界面完成的效果如图 2F-4 所示。

图 2F-3　菜单项　　　　　　　　图 2F-4　均衡器界面

大家可能觉得，这和最终的效果图有点不太一样，其实这只是一个大概的框架。笔者先使用 XML 布局绘制出每个功能模块的布局，至于具体的频谱显示控件、SeekBar 控件等，可以根据系统返回的参数进行动态添加。这样的"混合布局"可以有效解决了某些系统或者某些机型不支持部分频段，不会造成需要单独适配界面的问题。

F.2.3　界面的实现

根据上面效果图可知，功能模块的子布局的样式基本相同，可以利用 style 来减少代码量。

(1) 修改 values 文件夹下的 styles.xml 文件,代码如图 2F-5 所示。

图 2F-5 样式

如图 2F-5 所示,方框 1 表示功能模块标签的 TextVeiw 样式,方框 2 表示功能模块布局 LinearLayout 的样式。

(2) 编写布局文件 activity_equalizer.xml,作为均衡器界面的布局,考虑到内容高度可能超出一个页面,因此使用 ScrollView 作为父控件。代码如图 2F-6、图 2F-7 所示。

图 2F-6 布局文件 activity_equalizer 相关代码(1)　　图 2F-7 布局文件 activity_equalizer 相关代码(2)

F.2.4 功能的实现

1. 准备工作

(1) 新建 EqualizerActivity.java 文件。

如图 2F-8 所示中,新建一个 EqualizerActivity.java 文件,作为均衡器功能的页面。

在图 2F-8 中,对相关的控件进行初始化,并使用 ScrollView 视图作为 Activity 的布局。

(2) 修改 AndroidManifest.xml 文件,添加新增的 Activity,代码如图 2F-9 所示。

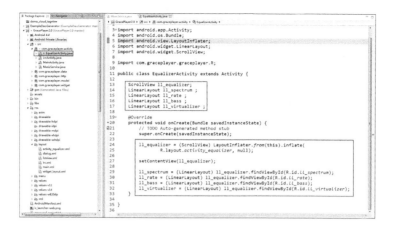

图 2F-8　初始化相关控件

（3）添加设置均衡器所需的权限，如图 2F-10 所示。

（4）添加菜单项，并增加均衡器页面入口。

首先，在 string.xml 文件中添加相关文字，如图 2F-11 所示。

图 2F-9　修改 AndroidManifest.xml 文件　　　　　　　图 2F-10　添加所需权限

然后，在 menu 文件夹中的 main.xml 文件中添加菜单项，如图 2F-12 所示。

图 2F-11　添加相关文字

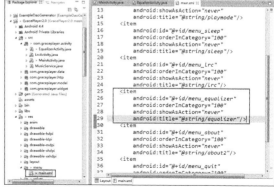

图 2F-12　添加菜单项

最后，在 MainActivity 的 onOptionsItemSelected 方法中给菜单添加菜单项，如图 2F-13 所示。

图 2F-13　给菜单项添加单击响应事件

此时，如果在菜单中单击"均衡器设置"菜单项，将会跳转的 EqualizerActivity 页中。

（5）修改 MusicService.java 文件

在前几章的开发中，我们在 MusicService 类里创建了 MediaPlayer 对象，由于均衡器相关类在初始化时依赖该对象，因此均衡器相关的类也在 MusicService 类中定义，如图 2F-14 所示。

图 2F-14　在 MusicService.java 定义相关的变量

在第 43 行代码中，首先把 MediaPlayer 的对象修饰为静态。

由于我们希望可以在 EqualizerActivity 类中可以方便地调用均衡器相关对象，因此在 MusicService 定义该对象时，均修饰为静态，如图 2F-14 第 46 到 49 行代码所示。同时，通过一系列静态方法提供对象实例，如图 2F-15 所示。

最后，当服务被销毁时，调用 release 方法将相关资源释放，如图 2F-16 所示。

图 2F-15　使用静态方法返回对象实例

```java
59      public void onCreate() {
60          super.onCreate();
61          // 绑定广播接收器，可以接收广播
62          bindCommandReceiver();
63          status = MusicService.STATUS_STOPPED;
64
65          if(player == null) player = new MediaPlayer();
66      }
67
68      @Override
69      public void onDestroy() {
70          sendBroadcastOnStatusChanged(MusicService.STATUS_STOPPED);
71          // 释放播放器资源
72          if (player != null) {
73              player.release();
74          }
75
76          //释放相关的资源
77          if(mBass != null) mBass.release();
78          if(mEqualizer != null) mEqualizer.release();
79          if(mVisualizer != null) mVisualizer.release();
80          if(mVirtualizer != null) mVirtualizer.release();
81
82          super.onDestroy();
83      }
84
85      /** 绑定广播接收器 */
86      private void bindCommandReceiver() {
87          receiver = new CommandReceiver();
88          IntentFilter filter = new IntentFilter(BROADCAST_MUSICSERVICE_CONTROL);
89          registerReceiver(receiver, filter);
90      }
91
92      /** 内部类，接收广播命令，并执行操作 */
```

图 2F-16 及时释放资源

2. 频谱显示的实现

频谱显示的实现主要通过类 Visualizer 来实现。原因是通过 Visualizer 类，可以十分方便地得到音乐的波形数据，利用波形数据，就可以完成频谱显示。

在图 2F-17 中，编写了 setupVisualizer 方法。其中，第 43 行的 VisualizerView 类，需要自己编写，并实现频谱显示的功能，在此先放一旁。在第 45 行中，给 VisualizerView 控件设置了相关布局参数，并通过 addView 方法将其添加到频谱布局中。

```java
37
38          setupVisualizer();
39      }
40
41      /**** 初始化频谱 */
42      private void setupVisualizer() {
43          final VisualizerView mVisualizerView = new VisualizerView(this);
44
45          mVisualizerView.setLayoutParams(new ViewGroup.LayoutParams(ViewGroup.LayoutParams.MATCH_PARENT,
46                  (int) (120.0f * getResources().getDisplayMetrics().density)));
47          // 将频谱控件添加到布局中
48          ll_spectrum.addView(mVisualizerView);
49
50          MusicService.getVisualizer().setCaptureSize(
51                  Visualizer.getCaptureSizeRange()[1]);
52
53          // 为mVisualizer设置监听器
54          MusicService.getVisualizer().setDataCaptureListener(
55                  new Visualizer.OnDataCaptureListener() {
56                      // 这个回调采集的是快速傅里叶变换后(频域)的数据
57                      @Override
58                      public void onFftDataCapture(Visualizer visualizer,
59                              byte[] fft, int samplingRate) {
60                      }
61
62                      // 这个回调采集的是波形数据
63                      @Override
64                      public void onWaveFormDataCapture(Visualizer visualizer,
65                              byte[] waveform, int samplingRate) {
66                          mVisualizerView.updateVisualizer(waveform);// 用波形数据更新频谱显示控件
67                      }
68                  }, Visualizer.getMaxCaptureRate() / 2, true, false);
69          MusicService.getVisualizer().setEnabled(true);
70      }
```

图 2F-17 编写频谱显示方法

在第 50，51 行中，给 Visualizer 对象设置了采集精度，即每次采样的范围或内容长度。实际上，Visualizer. getCaptureSizeRange()方法返回只有两个值，[0]表示最小值(128)，[1]表示最大值(1024)。在这里设置成最大值 1024。

关键在于第 54 到 68 行代码，该段代码给 Visualizer 设置了监听器，用于处理返回的波形数据。setDataCaptureListener 方法的第一个参数为监听者，第二个参数表示采样率，即每秒从连续信号中提取并组成离散信号的采样个数，它用赫兹(Hz)来表示，设置为最大速率的一

半,第三个参数表示是否采集波形数据,如果为 true 则 onWaveFormDataCapture 方法将会得到回调,第四个参数表示是否采集频域数据,如果为 true 则 onFftDataCapture 方法将会得到回调,在此只需得到波形数据即可。

最后,在第 69 行代码中调用 setEnable(true)方法,这个方法调用后才会进行波形数据的采集,因此对 Visualizer 的许多设置必须在 setEnable(true)之前完成。

接下来,该完成频谱可视控件,即 VisualizerView 类。代码如图 2F-18,图 2F-19 所示。

```
83    private static class VisualizerView extends View {
84
85        private byte[] bytes;                // bytes数组保存了波形抽样点的值
86        private float[] points;              // 用于绘制曲线波形
87        private Paint paint = new Paint();
88        private Rect rect = new Rect();
89        private byte type = 0;               //显示效果的类型
90
91        public VisualizerView(Context context) {
92            super(context);
93            bytes = null;
94            // 设置画笔的属性
95            paint.setStrokeWidth(1f);
96            paint.setAntiAlias(true);        // 抗锯齿
97            paint.setColor(Color.BLUE);      // 画笔颜色
98            paint.setStyle(Style.FILL);
99        }
100       public void updateVisualizer(byte[] ftt) {
101           bytes = ftt;
102           invalidate();                    // 通知该组件重绘
103       }
104
105       @Override
106       public boolean onTouchEvent(MotionEvent me) {
107
108           if (me.getAction() != MotionEvent.ACTION_DOWN) {     // 当用户触碰该组件时, 切换波形类型
109               return false;
110           }
111           type++;
112           if (type >= 3) {
113               type = 0;
114           }
115           return true;
116       }
```

图 2F 18　编写频谱显示控件(1)

```
118       @Override
119       protected void onDraw(Canvas canvas) {
120           super.onDraw(canvas);
121           if (bytes == null) {
122               return;
123           }
124
125           canvas.drawColor(Color.parseColor("#22000000"));     // 绘制背景
126
127           rect.set(0, 0, getWidth(), getHeight());             // 使用rect对象记录该组件的宽度和高度
128           switch (type) {
129           // -------绘制块状的波形图-------
130           case 0:
131               for (int i = 0; i < bytes.length - 1; i++) {
132                   float left = getWidth() * i / (bytes.length - 1);
133                   // 根据波形值计算该矩形的高度
134                   float top = rect.height() - (byte) (bytes[i + 1] + 128) * rect.height() / 128;
135                   float right = left + 1;
136                   float bottom = rect.height();
137                   canvas.drawRect(left, top, right, bottom, paint);
138               }
139               break;
140           // -------绘制柱状的波形图（每隔18个抽样点绘制一个矩形）-------
141           case 1:
142               for (int i = 0; i < bytes.length - 1; i += 18) {
143                   float left = rect.width() * i / (bytes.length - 1);
144                   // 根据波形值计算该矩形的高度
145                   float top = rect.height() - (byte) (bytes[i + 1] + 128) * rect.height() / 128;
146                   float right = left + 12;
147                   float bottom = rect.height();
148                   canvas.drawRect(left, top, right, bottom, paint);
149               }
150               break;
151           // -------绘制曲线波形图-------
```

图 2F-19　编写频谱显示控件(2)

在图 2F-18 中,在第 85 到 88 行代码中,定义了一系列对象用于绘制频谱图像。关键看一下如方框所示的代码,重写了 onTouchEvent 方法。先检测到如果用户动作不是按下,则返回 false,表示将该事件继续传递下去。否则将 type 值加 1,修改显示方式,并返回 true,表示该次事件已经被消费,不再需要继续传递。

在图 2F-19 中,重写了 onDraw 方法,该方法主要实现了频谱的绘制。根据 type 的值,判断需要绘制哪一种频谱图形。

无论是哪一种方式,都使用到了 left,top,right,bottom 四个变量,这决定了频谱的矩形的坐标,如图 2F-20 所示,希望可以帮助读者理解上述代码的含义。

其中,块状与柱状的区别在于取值的步长。从第 131,135 行代码可知,块状波形数据的步长取值 1,而柱状波形数据的步长取 18(第 142 行代码),同时柱状的宽度为 12(必须小于波形数据步长,第 146 行代码),因此跳过了部分的波形数据,在频谱上直观看起来每个柱条的间距被拉开,形成柱状。

曲线频谱的产生与柱状、块状比较类似,不同的地方在于取波形数据连续的四个点,作为两个点的横纵坐标,并绘制线条。

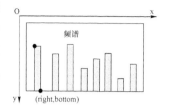

图 2F-20 频谱坐标示意图

值得注意的是,纵坐标的默认初始值是控件高度的一半,保证曲线在控件的中部变化,如图 2F-21 所示。

图 2F-21 编写频谱显示控件(3)

此时,频谱显示的功能已经完成。

3. 均衡器的实现

均衡器可以提供不同频率的频段供我们调节,通过调整不同频率的音量强度(即增益,单位 DB),就可以达到调整音色、调整声场等效果。在 Android 中如果需要使用均衡器,将会用到 Equalizer 类。代码如图 2F-22、图 2F-23 所示。

在图 2F-22 中,编写了 setupEqualizer 方法。首先,先启动均衡器控制效果,如方框 1 所示。在方框 2 中,通过 getNumberOfBands 方法获取 Equalizer 所支持的频段数量,然后使用循环根据频段数动态添加布局。在方框 3 中,创建一个 TextView,用于显示该频段的频率,而在方框 4 中,创建一个布局与两个 TextView,用于显示该频段的增益。

在图 2F-23 中的方框中,使用了 SeekBar 作为调整增益的控件。在第 219 行中,设置 SeekBar 的最大值为 100,而在第 220 行中,按比例设置 SeekBar 的初始值并将原点设置在 SeekBar 中央。在第 223 行代码中,给 SeekBar 设置滑动监听事件,当滑动结束后,根据 SeekBar 的数值并通过 setBandLevel 方法设置该段频率的增益。最后在第 242 行代码中,我们将前面生成布局添加到均衡器功能布局中。

此时,均衡器功能已经完成。

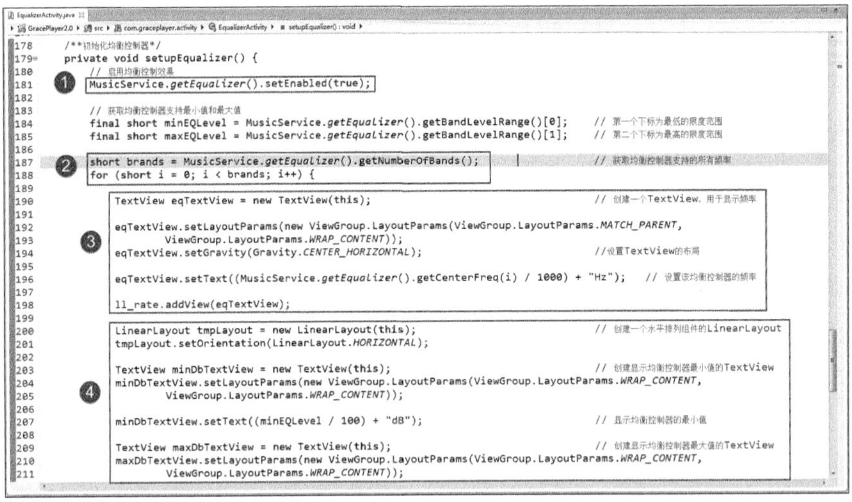

```
/**初始化均衡控制器*/
private void setupEqualizer() {
    // 启用均衡控制效果
    MusicService.getEqualizer().setEnabled(true);

    // 获取均衡控制器支持最小值和最大值
    final short minEQLevel = MusicService.getEqualizer().getBandLevelRange()[0];    // 第一个下标为最低的限度范围
    final short maxEQLevel = MusicService.getEqualizer().getBandLevelRange()[1];    // 第二个下标为最高的限度范围

    short brands = MusicService.getEqualizer().getNumberOfBands();                  // 获取均衡控制器支持的所有频率
    for (short i = 0; i < brands; i++) {
        TextView eqTextView = new TextView(this);                                   // 创建一个TextView, 用于显示频率

        eqTextView.setLayoutParams(new ViewGroup.LayoutParams(ViewGroup.LayoutParams.MATCH_PARENT,
                ViewGroup.LayoutParams.WRAP_CONTENT));
        eqTextView.setGravity(Gravity.CENTER_HORIZONTAL);                           //设置TextView的布局

        eqTextView.setText((MusicService.getEqualizer().getCenterFreq(i) / 1000) + "Hz");    // 设置该均衡控制器的频率

        ll_rate.addView(eqTextView);

        LinearLayout tmpLayout = new LinearLayout(this);                            // 创建一个水平排列组件的LinearLayout
        tmpLayout.setOrientation(LinearLayout.HORIZONTAL);

        TextView minDbTextView = new TextView(this);                                // 创建显示均衡控制器最小值的TextView
        minDbTextView.setLayoutParams(new ViewGroup.LayoutParams(ViewGroup.LayoutParams.WRAP_CONTENT,
                ViewGroup.LayoutParams.WRAP_CONTENT));

        minDbTextView.setText((minEQLevel / 100) + "dB");                           // 显示均衡控制器的最小值

        TextView maxDbTextView = new TextView(this);                                // 创建显示均衡控制器最大值的TextView
        maxDbTextView.setLayoutParams(new ViewGroup.LayoutParams(ViewGroup.LayoutParams.WRAP_CONTENT,
                ViewGroup.LayoutParams.WRAP_CONTENT));
```

图 2F-22　均衡器的实现(1)

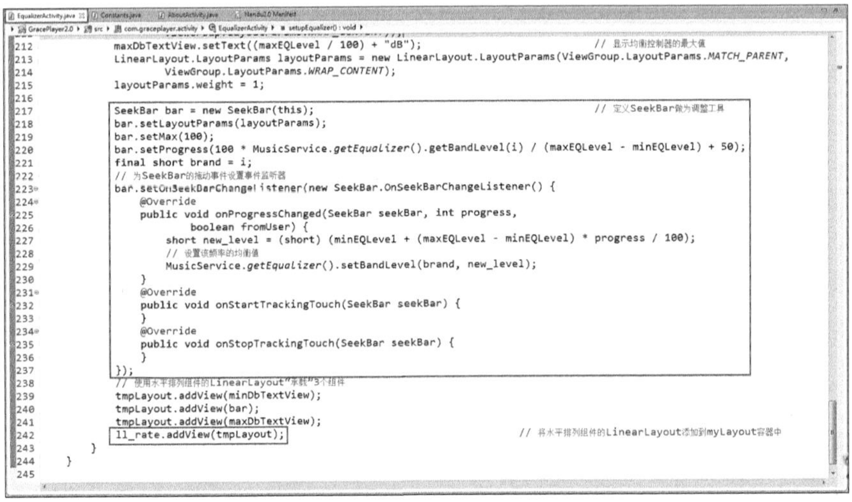

```
        maxDbTextView.setText((maxEQLevel / 100) + "dB");                           // 显示均衡控制器的最大值
        LinearLayout.LayoutParams layoutParams = new LinearLayout.LayoutParams(ViewGroup.LayoutParams.MATCH_PARENT,
                ViewGroup.LayoutParams.WRAP_CONTENT);
        layoutParams.weight = 1;

        SeekBar bar = new SeekBar(this);                                            // 定义SeekBar做为调整工具
        bar.setLayoutParams(layoutParams);
        bar.setMax(100);
        bar.setProgress(100 * MusicService.getEqualizer().getBandLevel(i) / (maxEQLevel - minEQLevel) + 50);
        final short brand = i;
        // 为SeekBar的拖动事件设置事件监听器
        bar.setOnSeekBarChangeListener(new SeekBar.OnSeekBarChangeListener() {
            @Override
            public void onProgressChanged(SeekBar seekBar, int progress,
                    boolean fromUser) {
                short new_level = (short) (minEQLevel + (maxEQLevel - minEQLevel) * progress / 100);
                // 设置该频率的均衡值
                MusicService.getEqualizer().setBandLevel(brand, new_level);
            }
            @Override
            public void onStartTrackingTouch(SeekBar seekBar) {
            }
            @Override
            public void onStopTrackingTouch(SeekBar seekBar) {
            }
        });
        // 使用水平排列组件的LinearLayout"承载"3个组件
        tmpLayout.addView(minDbTextView);
        tmpLayout.addView(bar);
        tmpLayout.addView(maxDbTextView);
        ll_rate.addView(tmpLayout);                                   // 将水平排列组件的LinearLayout添加到myLayout容器中
    }
}
```

图 2F-23　均衡器的实现(2)

4. 重低音的实现

重低音就是提升音频中的低音部分(100Hz 以下,甚至包括次声波,人虽然听不见,但还是有效果)。因为人耳对低音是不敏感的,所以需要较强的低音来产生效果。适当加强重低音,会带来震撼的感觉,听着舒服(因人而异)。

在 Android 开发中,需要调节重低音会用到 BassBoost 类,具体的实现可以参考代码如图 2F-24 所示。

在图中 2F-24 中,在第 256 行代码中,开启重低音效果。通过 getRoundedStrength 方法取得重低音的初始值,并设置 SeekBar。最后监听 SeekBar 的滑动事件,调用 setStrength 方法设置重低音强度。

此时,重低音调节的功能已经完成。

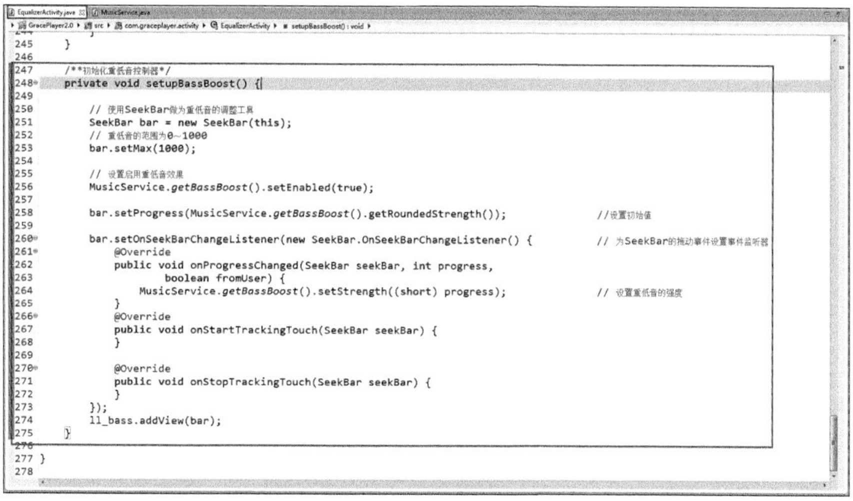

```java
    }

    /**初始化重低音控制器*/
    private void setupBassBoost() {

        // 使用SeekBar做为重低音的调整工具
        SeekBar bar = new SeekBar(this);
        // 重低音的范围为0~1000
        bar.setMax(1000);

        // 设置启用重低音效果
        MusicService.getBassBoost().setEnabled(true);

        bar.setProgress(MusicService.getBassBoost().getRoundedStrength());          //设置初始值

        bar.setOnSeekBarChangeListener(new SeekBar.OnSeekBarChangeListener() {      // 为SeekBar的拖动事件设置事件监听器
            @Override
            public void onProgressChanged(SeekBar seekBar, int progress,
                    boolean fromUser) {
                MusicService.getBassBoost().setStrength((short) progress);          // 设置重低音的强度
            }
            @Override
            public void onStartTrackingTouch(SeekBar seekBar) {
            }

            @Override
            public void onStopTrackingTouch(SeekBar seekBar) {
            }
        });
        ll_bass.addView(bar);
    }

}
```

图 2F-24　重低音的实现

5. 环绕音的实现

环绕声,就是在音乐播放中能把原信号中各声源的方向再现,使欣赏者有一种被来自不同方向的声音包围的感觉,环绕声是立体声的一种。

在 Android 开发中,调节环绕声需要使用 Virtualizer 类。与使用 BassBoost 类十分相似,通过 getRoundedStrength 方法即可获得当前歌曲环绕声的强度,通过 setStrength 方法即可设置歌曲环绕声强度。代码请参考图 2F-25。

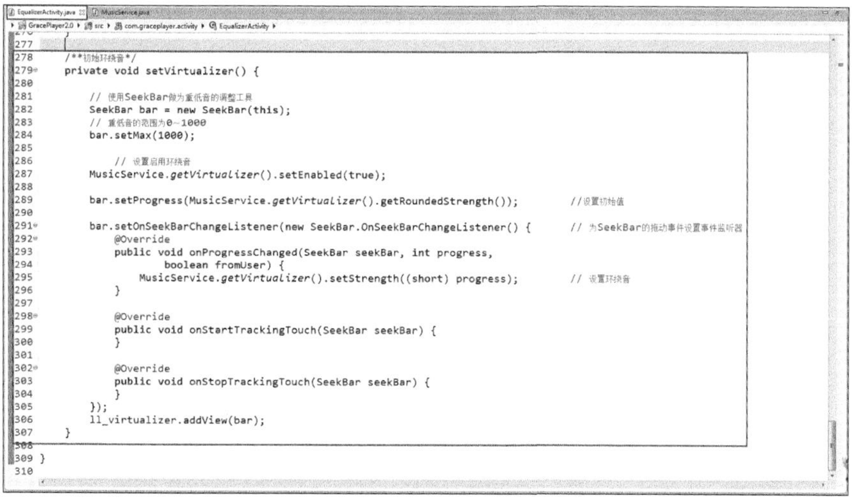

```java
    }

    /**初始环绕音*/
    private void setVirtualizer() {

        // 使用SeekBar做为重低音的调整工具
        SeekBar bar = new SeekBar(this);
        // 重低音的范围为0~1000
        bar.setMax(1000);

            // 设置启用环绕音
        MusicService.getVirtualizer().setEnabled(true);

        bar.setProgress(MusicService.getVirtualizer().getRoundedStrength());        //设置初始值

        bar.setOnSeekBarChangeListener(new SeekBar.OnSeekBarChangeListener() {      // 为SeekBar的拖动事件设置事件监听器
            @Override
            public void onProgressChanged(SeekBar seekBar, int progress,
                    boolean fromUser) {
                MusicService.getVirtualizer().setStrength((short) progress);        // 设置环绕音
            }

            @Override
            public void onStartTrackingTouch(SeekBar seekBar) {
            }

            @Override
            public void onStopTrackingTouch(SeekBar seekBar) {
            }
        });
        ll_virtualizer.addView(bar);
    }

}
```

图 2F-25　环绕声的实现

然后在 onCreate 方法中调用上述的方法,如图 2F-26 所示。最后记得调用 Visualizer 类的 setEnabled(false)方法,否则均衡器、重低音、环绕声等相关修改会被重置,相关代码如图 2F-27 所示。

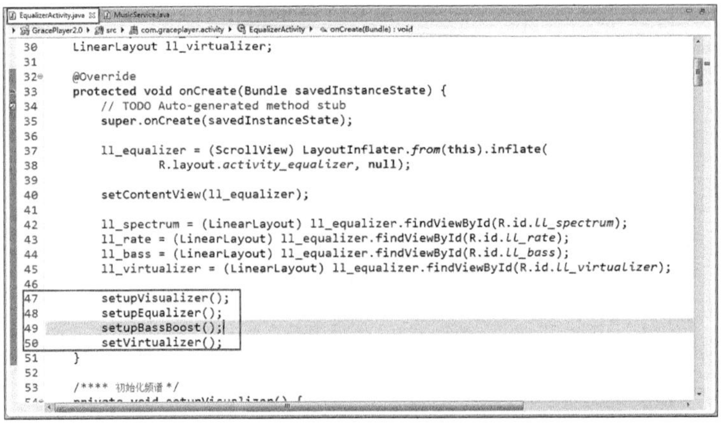

图 2F-26　在 onCreate 调用上述实现的方法

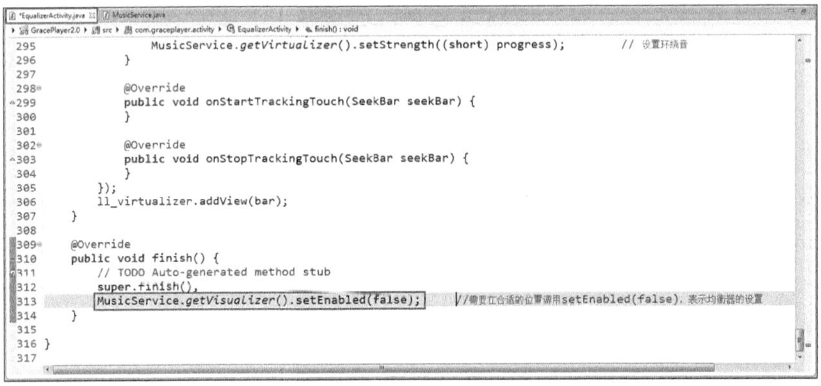

图 2F-27　在 finish 中设置 setEnable(false)，页面退出时保持均衡器调整状态

F.3　常见问题

经过前几节，均衡器功能已经接近完成，但是细心的读者很容易发现，目前的音乐播放器经常崩溃，非常脆弱。笔者列举两个常见问题并提供解决方案，如果读者发现更多问题，可以自行继续完善。

1. 第二次打开音乐播放器时，单击"播放"按钮或歌曲时，闪退

当第二次打开音乐播放器并进行播放时，软件闪退，其中 LogCat 捕捉到错误如图 2F-28 所示。

经过笔者的调试后发现，Android 的 Mediaplayer API 中用到了 JNI，就是 Java 代码实际上是调用 native 的 C++ 方法，而出现异常的原因是，Java 里面 mediaplayer 对象的状态和 native 的对象状态发生了不一致（即 native 的对象为 null，Java 对象非 null，具体原因不明，但是不影响修复）。

知道了原因后，解决问题就变得简单了，可以先捕捉异常，然后重新生成 Mediaplayer 对象，即可修复这个问题。代码如图 2F-29 所示。

2. 第二次进入均衡器页面时，闪退

与第一个问题比较类似，当第二次进入均衡器页面时，软件就会崩溃，LogCat 捕捉到的异

常如图 2F-30 所示。

```
Caused by: java.lang.IllegalStateException
at android.media.MediaPlayer.isPlaying(Native Method)
at com.graceplayer.activity.MusicService.play(MusicService.java:191)
at com.graceplayer.activity.MusicService.access$5(MusicService.java:189)
at com.graceplayer.activity.MusicService$CommandReceiver.onReceive(MusicServ
ice.java:96)
```

图 2F-28　LogCat 捕捉异常

```java
    }
    /** 播放音乐 */
    private void play(int number) {

        boolean isPlaying = false;
        try {
            isPlaying = player.isPlaying();
        }
        catch (IllegalStateException e) {
            player = null;
            player = new MediaPlayer();
        }

        // 停止当前播放
        if (player != null && isPlaying) {
            player.stop();
        }
        load(number);
        player.start();
        status = MusicService.STATUS_PLAYING;
        sendBroadcastOnStatusChanged(MusicService.STATUS_PLAYING);
    }

    /** 暂停音乐 */
    private void pause() {
```

图 2F-29　捕获异常并重新初始化

```
Caused by: java.lang.IllegalStateException: setCaptureSize() called in wrong
state: 0
at android.media.audiofx.Visualizer.setCaptureSize(Visualizer.java:313)
at com.graceplayer.activity.EqualizerActivity.setupVisualizer(EqualizerActiv
ity.java:62)
at com.graceplayer.activity.EqualizerActivity.onCreate(EqualizerActivity.jav
a:47)
```

图 2F-30　LogCat 捕捉异常

笔者通过阅读 Visualizer 类的源码可知，此时 Visualizer 对象正处于一个没有初始化的状态，因此会抛出 state 0 异常。同样地，当出现该异常时，只需将其捕捉，并正确设置它的状态，则可以解决该问题。(切记其他类的对象也需要同样处理)

如图 2F-31 所示，在 MusicService.java 文件中定义了一些类静态方法，方便重新设置各个对象。当异常发生时，重新做一次初始化操作，然后再次执行相关操作。代码如图 2F-32、图 2F-33、图 2F-34、图 2F-35 所示。

```java
    //出异常后可以方便地重置初始化
    public static void initVisualizer()
    {
        mVisualizer = new Visualizer(player.getAudioSessionId());
    }

    public static void initEqualizer()
    {
        mEqualizer = new Equalizer(0, player.getAudioSessionId());
    }

    public static void initBassBoost()
    {
        mBass = new BassBoost(0, player.getAudioSessionId());
    }

    public static void initVirtualizer()
    {
        mVirtualizer = new Virtualizer(0, player.getAudioSessionId());
    }

    //返回对象实例
    public static Visualizer getVisualizer()
    {
```

图 2F-31　编写静态方法用于初始化

```java
    }

    /**** 初始化频谱 */
    private void setupVisualizer() {
        final VisualizerView mVisualizerView = new VisualizerView(this);

        mVisualizerView.setLayoutParams(new ViewGroup.LayoutParams(ViewGroup.LayoutParams.MATCH_PARENT,
                (int) (120.0f * getResources().getDisplayMetrics().density)));
        // 将频谱控件添加到布局中
        ll_spectrum.addView(mVisualizerView);

        try {
            // 设置采样率，取值1024
            MusicService.getVisualizer().setCaptureSize(Visualizer.getCaptureSizeRange()[1]);
        } catch (IllegalStateException e) {
            MusicService.initVisualizer();
            MusicService.getVisualizer().setCaptureSize(Visualizer.getCaptureSizeRange()[1]);
        }

        // 为mVisualizer设置监听器
```

图 2F-32　捕捉异常并重新初始化

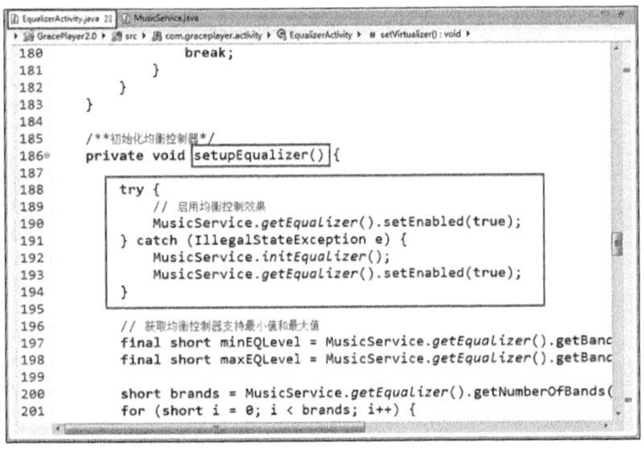

图 2F-33 捕捉异常并重新初始化

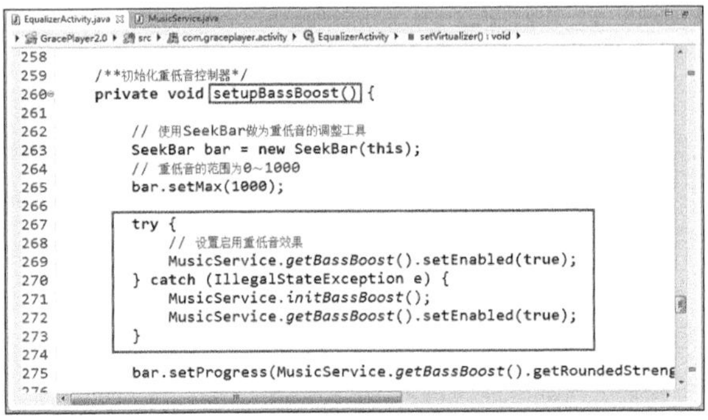

图 2F-34 捕捉异常并重新初始化

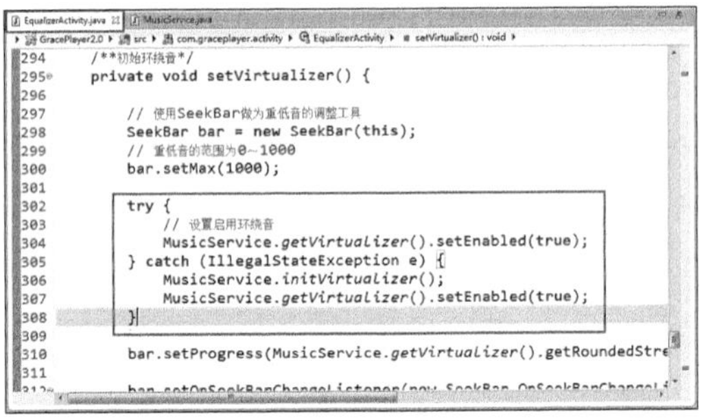

图 2F-35 捕捉异常并重新初始化

F.4 参考资料

（1）Android 使用 MediaPlayer 开发时抛出 IllegalStateException 异常。

http://lovelease.iteye.com/blog/2105616

（2）Android 音乐频谱实现。

http://blog.csdn.net/caryee89/article/details/6935237

F.5 项目心得

Android 均衡器在网上的资料比较少，建议大家学习时进行源码阅读，才能更好地掌握这部分内容。

项目3 创意电话和短信应用程序

A 想怎么打就怎么打

搜索关键字

Intent. ACTION. CALL；
正则表达式；
onActivityResult；
隐式 intent；
Intent. ACTION_PICK；
ContentProvider；
PhotoStateListener；
AudioManager；
TelephonyManager。

本章难点

看懂正则表达式，可能代码量并不多，但是需要搞清楚程序每一步写的目的，而且很多值得学习的模式必须记忆，例如在子模块处理后的数据返回给主界面现实该如何操作。

A.1 项目介绍

到目前所讲解的内容，已经涉及了不少内容，包含有：Android SDK 的架构、常用的 widget、多媒体的服务、网络应用。

不过，这似乎有点"不务正业"的感觉，因为 Android 毕竟是一款手机操作平台，基本功能还是实现通信服务，所以接下来两章，分别讲解电话和短信功能。

可能有的读者会觉得目前 Android 市场上电话和短信的辅助功能的软件都特别的完善了，例如"来电通"或者 360 的"手机安全卫士"等。对于这样的看法，笔者有两点想法：

第一，一款优秀的软件其实就是面对用户的需求将一些很基础的知识点的巧妙融合。如果用户需求的改变了，那就又可以组合成另外的软件。这就好像武术一样，都是拳脚功夫组合，但是可以组合成千变万化的招式。

第二，科技是不断发展的，如果人类在马车之后停滞不前，就不可能有现在的混合油电动

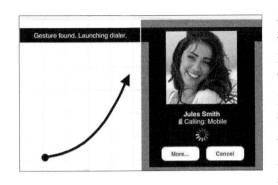

图 3A-1　Gesture Builder

力汽车,可能将来会有更环保的交通工具。同样的,在通信辅助类软件也有很多新的产品,例如利用 Gesture Builder 可以实现手势画个"圈"打电话某个人,画个方框打给另外一个人,如图 3A-1 所示;或者利用数据挖掘将短信、电话联系频率进行排序的软件,这要比普通用字母顺序排序方便得多;又比如后面演示的"手机小秘"程序:如果忘记带电话了,但是工作中每个电话又很重要,可以将错过的电话发到邮箱,通过查阅邮箱知道错过电话等等。而且可以将其他功能组合起来,例如笔者完成的某高校通讯录软件,如图 3A-2 所示,结合一定的算法用 HTTP get/post 提取网络信息,实现同事之间方便的联系。千里之行始于足下,现在先从验证非法电话号码开始。

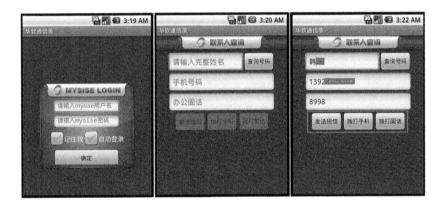

图 3A-2　通讯应用

A.2　案例设计与实现

实现"打电话"的丰富功能,是每个 Android 工程师必修课程。本例就演示三个最重要的例子,分别是验证电话号码的正确性、获取通讯录资源和设置电话黑名单。

A.2.1　Intent.ACTION.CALL

1. 需求分析

实现拨打电话功能并不难,但是手机上输错电话号码是经常发生的事情,所以在本次案例中,设计一个让用户输入电话的 EditText,然后通过单击 Button 来验证输入号码的正确性并实现拨打电话的功能,如图 3A-3 所示。

解决上述的需求,需要使用下面几个方法解决问题:

(1) Manifest 添加 CALL_PHONE 使用权限。

(2) 传入 ACTION_CALL 与 Uri.parse() 的数据。

图 3A-3　案例 1 实现效果

(3) 添加正则表达式处理方法。

2. 界面设计

因为本例不涉及界面跳转,所以非常简单,widget 只包含 EditText 和 Button。实现代码如图 3A-4 所示。

3. 功能实现

首先需要初始化布局 xml 中的控件,如图 3A-5 所示。

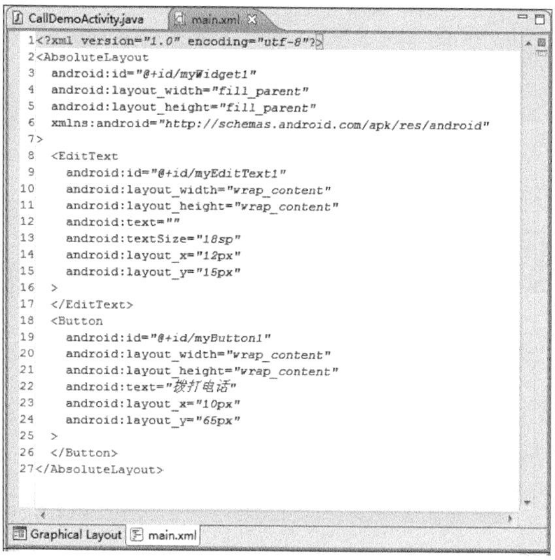

图 3A-4　界面代码实现

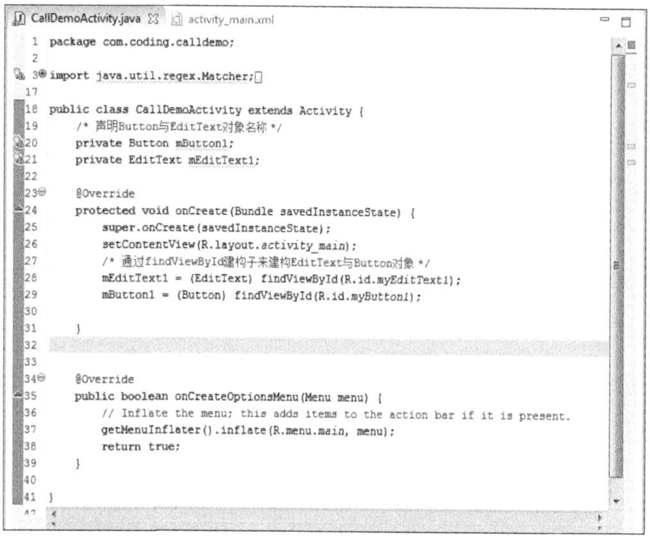

图 3A-5　初始化控件

在添加 Button 监听器之前需要了解一下 Uri.parse() 方法

【知识点】Uri.parse() 方法返回的是一个 URI 类型,通过这个 URI 可以访问一个网络上或者是本地的资源。例如 Android 中指定了 uri 是 tel:114 则表明是:打电话的匹配条件是 114。(如果是 WAP 里则 prefix 是 wtai://)。

然后通过自定义 Intent 对象,带入"ACTION_CALL"这个关键 ACTION,以及通过 Uri.parse() 的方法将用户输入的电话号码带入,最后以 startActivity() 方法(将自定义的 Intent 传入),即可完成通过程序拨打电话的功能,如图 3A-6 所示。

图 3A-6 中报错的地方是自定义了一个判断电话号码的方法 isPhoneNumberValid(),此方法是为了检查用户在文本框中输入是否为正确的电话格式。原理是:分别定义了 expression1、expression2 和 expression3 三种验证电话号码的准则,把准则传给建立的 Pattern 对象(正则表达式),然后将输入的电话号码(本例中是 inputStr 字符串)通过 matcher() 方法和准则相匹配,返回一个布尔值作为判断是否符合规定电话格式的结果,如图 3A-7 所示。

其中 expression3 是匹配手机 13 位电话号码的,这样用真机测试时便不会出错。

程序的最后,需要在 manifest 中需要添加拨打电话的权限,否则单击 Button 会发生运行时错误,实现如图 3A-8 中 27 行所示。

【知识点 1】关于正则表达式无须记忆,因为互联网上有各种各样的表达式,只需要具备搜索关键字即可搜索到需要的过滤结果。本例中除了添加正则表达式的方法以外,还可以在布

121

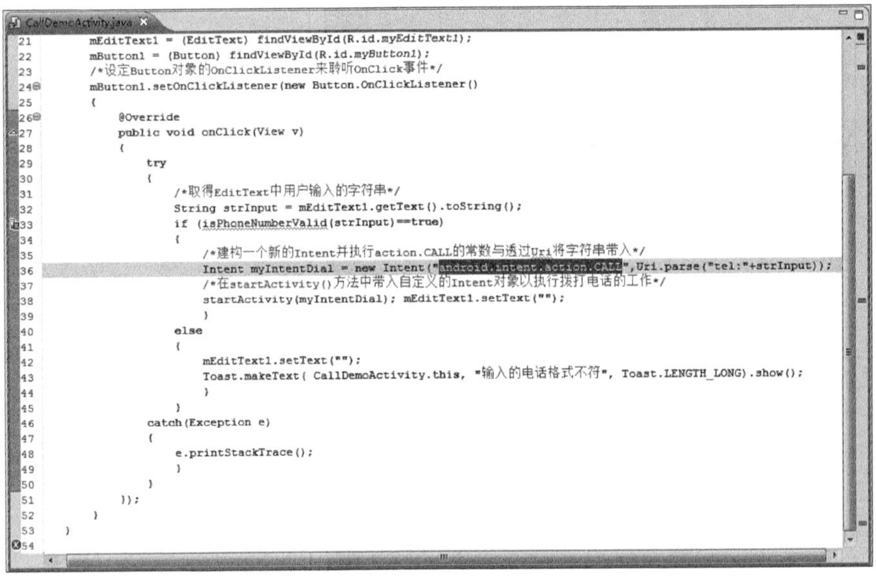

图 3A-6　添加监听器

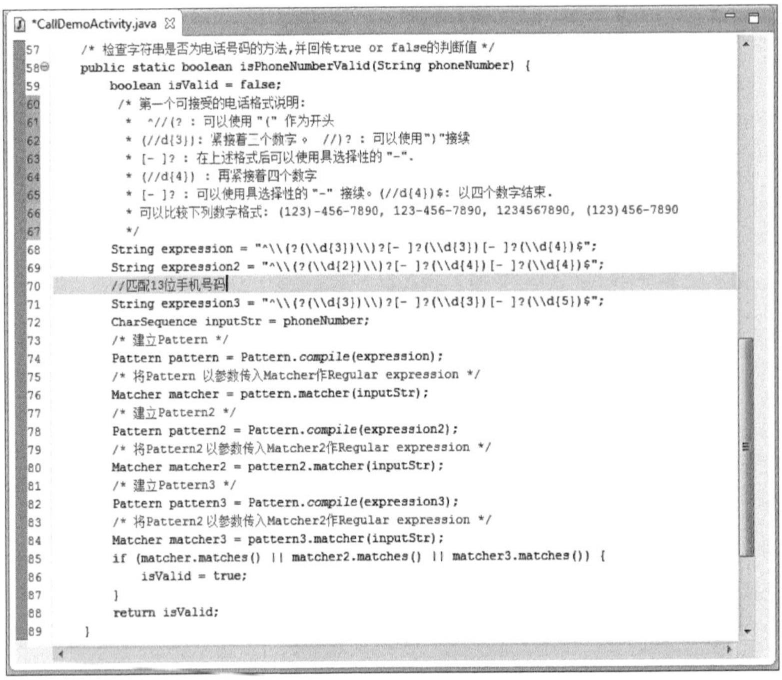

图 3A-7　正则表达式

局代码 main.xml 中 EditText 对象中,添加如图 3A-9 中 13 行所示的属性,也可以简单实现限制用户的输入数据必须为电话号码。

【知识点 2】在主类中将自定义 intent 的"Action.CALL"改为 Action.DIAL 即可调出虚拟键盘来拨打电话。

【注意】如果需要在模拟器当中需要验证拨打和被拨打的效果,请参考课后的常见问题。

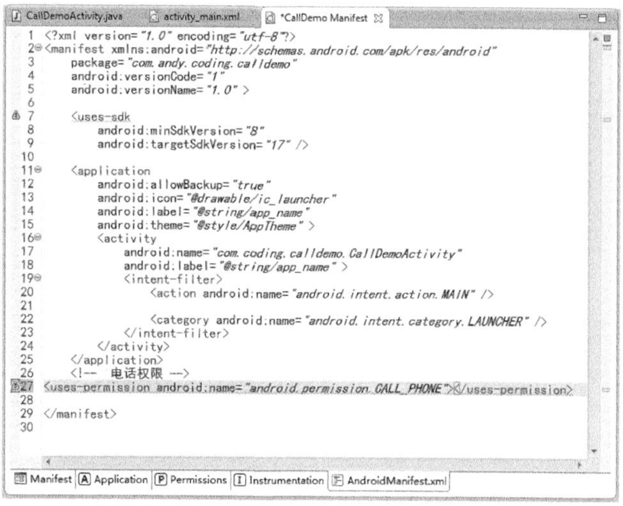

图 3A-8　添加权限

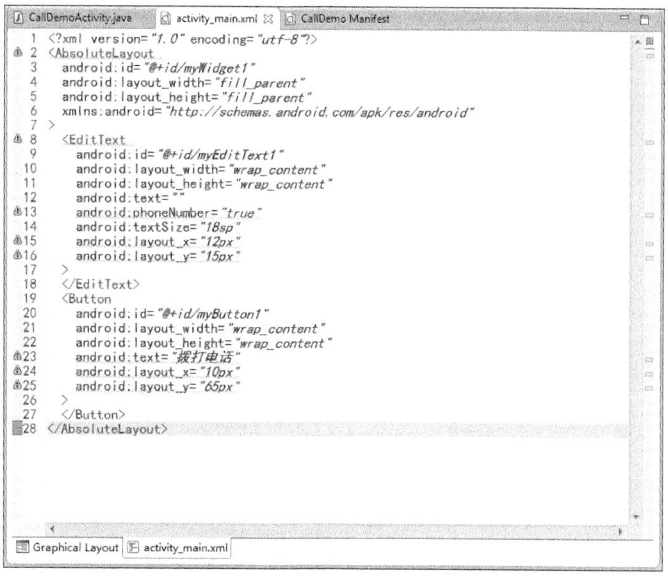

图 3A-9　电话号码限制

A.2.2　Provider、Content

1. 需求分析

很多对通信类软件的操作是基于对联系人的操作。所以如何读取 ContentProvider 里面联系人的电话是 Android 工程师的必修课。如黑名单功能的软件。

所以本例讲解的内容是：系统中的任何一个用户，选中后将其名字和电话，存入 2 个 EditText 内并显示。此案例看似用处不大，其实是完成对手机通讯录的调用，即获取联系人的完整数据，如图 3A-10 所示。

解决上述的需求，需要解决下面几个问题：

（1）在 ContentProvider 的 Contact 中获取数据。

（2）调用 Contact 联系人资料后，返回相关数据到原 activity 当中，并显示所选择的资料。

图 3A-10 案例 2 实现效果

2．界面设计

因为本例不涉及界面跳转，所以布局非常简单，widget 主要包含两个 EditText 和一个 Button，如图 3A-11 所示。

3．功能实现

首先需要初始化控件，如图 3A-12 所示。

图 3A-11 布局 2 代码实现　　　　　　　图 3A-12 初始化控件

程序中首先声明一个静态常数 PICK_CONTACT_SUBACTIVITY＝2 作为判断数据返回给 Activity 使用。

其中 PICK_CONTACT_SUBACTIVITY 常常应用在典型的隐式 intent 中。先看看显式 intent 使用方式如图 3A-13 所示。

当 startActivity（intent）时，新的 Activity（MyOtherActivity. class）会带到目前（MyActivity）的上面，如图 3A-14 所示。

典型的隐式 intent，如图 3A-14 所示。

```
Intent intent = new Intent(MyActivity.this, MyOtherActivity.class);
startActivity(intent);
```

图 3A-13　显式 intent

```
private static final int PICK_CONTACT_SUBACTIVITY = 2;
Uri uri = Uri.parse("content://contacts/people");
Intent intent = new Intent(Intent.ACTION_PICK, uri);
startActivityForResult(intent, PICK_CONTACT_SUBACTIVITY);
```

图 3A-14　隐式 intent

隐式和显式的差别在于 intent 进行辨认的是事件的代码，而不是 Activity 本身。

在自定义 Button 控件的 onClick(View v) 中，使用 Uri.parse() 将联系人的资源位置 content://contact/people 作为参数传入，再通过构造 Intent 将 ACTION_PICK 常数与 Uri 对象传入，通过调用 startActivityForResult() 来打开新的 Activity，并等待该 Activity 的返回值，如图 3A-15 所示。

【注意】图中注释的部分简写的结果就是运行代码。

【小技巧】什么情况下使用 Intent. ACTION_PICK？（46 行）

当希望从弹出的电话本姓名列表中查找到某个人，然后再获取该人的详细信息；又或者从弹出的列表中选择一张图片，然后将其进行进一步的操作的时候可以考虑使用 Intent. ACTION_PICK。

同时必须重写 onActivityResult() 方法，在其中实现联系人数据的访问，在通过 Cursor 对象来访问联系人姓名与电话数据，最后，返回原来的

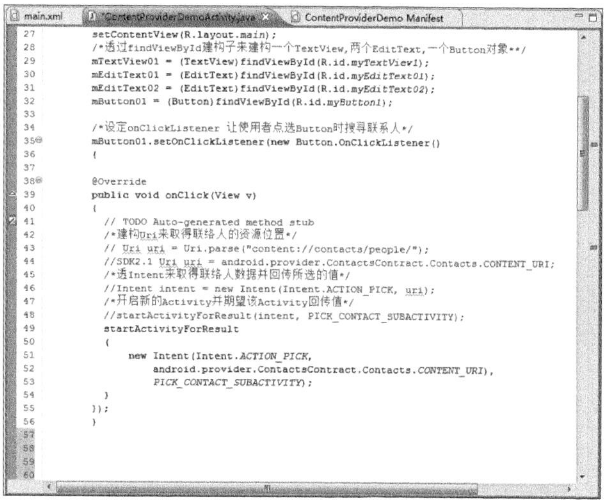

图 3A-15　startActivityForResult

Activity，并写入 EditText 中。简而言之，需要做到 3 个步骤：

① 获取数据；

② 查询数据；

③ 返回数据。

看似需要实现的功能非常简单，其实涉及的知识点非常的广泛，而且希望读者能够不仅理解，最好能记忆！这样才能触类旁通，达到举一反三的效果。下面就分三个部分展开详解。

1）获取数据

从需求分析可以看到，本例是一个单击主界面搜索按钮，然后跳转到通讯录，选择需要的数据之后，在跳回到主界面的一个模式。

图 3A-16　Api 描述

【注意】在一个主界面上连接着很多不同的子功能模块,当子功能模块完成处理返回主界面上,或许还返回一些子功能模块处理后的一些数据交给主 activity 继续处理,这个时候就需要 onActivityResult()回调方法,如图 3A-16 到图 3A-18 定义了 onActivityResult()方法以及其参数。

可以在图 3A-19 中观察到在 59 行中 onActivityResult 回调方法带了 3 个形参数,这 3 个参数分别表示如下的意义:

(1) requestCode:确定数据是由从那里来的(最初提供 startActivityForResult 的类)。

(2) ResultCode 通过其 setResult()返回子模块处理结果。

(3) data:是一个 intent,它可以返回结果数据给调用者(各种数据可以被作为 extras 附送出去)。

图 3A-17　方法描述

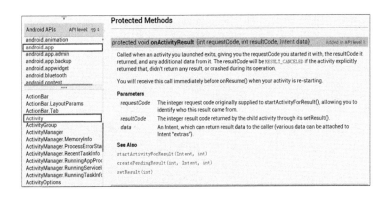

图 3A-18　onActivityResult 参数

因为接下来子模块需要实现查询的功能,但是子模块必须先获取到主功能界面上的数据,

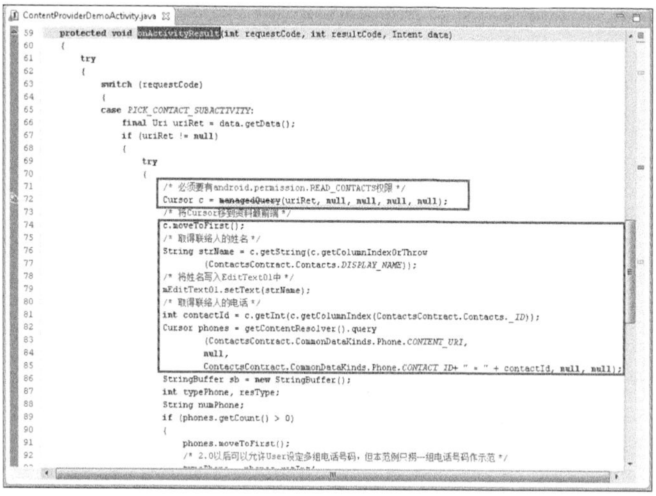

图 3A-19 onActivityResult

图中 requestCode 表明获取源数据。

2）数据查询

要先有存储才能查询，所以数据查询就必须先提到数据存储。这部分内容涉及内容很多，市面上有专门的书籍用于讲解 Android 数据存储，可见涉及面有多么广。所以本书采取的方式是总—分的形式。先介绍总体架构，然后需要到什么功能就讲解什么功能。

储存：

Android 中对数据操作包含有：file，sqlite3，Preferences，ContentResolver 与 ContentProvider。前三种数据操作方式都只是针对本应用内数据，程序不能通过这三种方法去操作别的应用内的数据。Android 中提供 ContentResolver 与 ContentProvider 来操作别的应用程序的数据。ContentProvider 专门提供内容给别的应用来操作，而 ContentResolver 可以来操作别的应用数据，操作自己的数据。

操作：

这里以查询为例。查询 query() 的方法通常有两种：ContentResolver. query() 和 Activity. managedQuery()。本例两种方法都有使用。

相同点：

都带有相同参数，并且都返回 Cursor 对象。

不同点：

Activity. managedQuery()方法导致由 Activity 管理 Cursor 的生命周期，因为本质上这两个 API 是不同的类提供的：一个是 ContentResolver 提供的查询方法，位于 Android. content. ContextWrapper. getContentResolver()，另一个则为 Activity。

【注意】本例图 3A-19 中 72 行使用的是 Activity. managedQuery()而 81 行使用的则是：ContentResolver. query()。

Activity. managedQuery()

用途：根据指定的 URI 路径信息返回包含特定数据的 Cursor 对象，应用这个方法可以使 Activity 接管返回数据对象的生命周期。

参数：

URI：Content Provider 需要返回的资源索引(本例中为 uriRet)
Projection：用于标识有哪些 columns 需要包含在返回数据中。
Selection：作为查询符合条件的过滤参数，类似于 SQL 语句中 Where 之后的条件判断。
SelectionArgs：同上。
SortOrder：用于对返回信息进行排序。
ContentResolver.query()
用途：ContentResolver 是通过 URI 来查询 ContentProvider 中提供的数据。除了 URI 以外，还必须知道需要获取的数据段的名称，以及此数据段的数据类型。如果需要获取一个特定的记录，就必须知道当前记录的 ID，也就是 URI 中 Contacts._ID(81 行)
参数：ContentResolver 常用操作的参数为

```
//查询:(82-85 行)
public final Cursor query(Uriuri, String[] projection,
          String selection, String[] selectionArgs, String sortOrder);
//新增
public final Uri insert(Uri url, ContentValues values)
//更新
public final int update(Uri uri, ContentValues values, String where,
          String[]selectionArgs)
//删除
public final int delete(Uri url, String where, String[] selectionArgs).
```

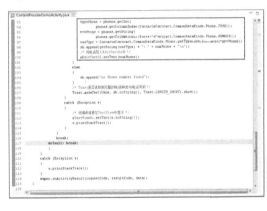

图 3A-20　数据写回

图 3A-20 就是将上面查询后的内容进行判断，如果查询到需要的结果(>0)，就将结果写回到原主界面的控件中，如图 3A-20 方框中所示。

A.2.3　PhoneStateListener

前面讲述了正则表达式在电话里面的使用，其实正则表达式在软件编程中应用很广，很多涉及人工智能的程序都有用到它，例如各大搜索引擎在后台中将自然语言过滤成关键字和后台数据库进行匹配。

同样的，在 Android 智能机中，如果不能实现对来电进行过滤，那么和非智能机就没有什么区别。

1. 需求分析

需求分析十分简单，在电话中设定一个号码，当此号码打电话过来时，自动设置为"静音"模式，如图 3A-21 所示。关键是还需要实现等对方挂掉电话后，就会转换为正常模式，如图 3A-22 所示。

请特别留意，虽然本例只是实现了静音模式，其实可以扩展出很多的人性化的案例，例如既然可以设置为静音模式，那么设置拒接、震动实现方法就类似。

逆向思维，既然可以从正常模式转换为静音模式，那么一定设置为由静音模式转换正常模式。笔者经常会把手机设置为静音模式，但是有时候不知道手机放在什么地方，用其他电话打自己手机，因为是无声状态也没有用。那么，现在可以设置一个固定号码，当该号码打自己的手机，就将静音模式调整为正常有声模式。方便自己找到手机。

图 3A-21 需求分析(1)

图 3A-22 需求分析(2)

【注意】模拟器的名称是 5554 其对应电话应该为 15555215554。

2．界面设计

本例不涉及界面跳转，所以非常简单，widget 只包含 1 个 EditText 和 3 个 TextView，如图 3A-23 所示。

3．功能实现

（1）初始化并添加监听器。

（2）判断目前状态：设置待机状态和通话状态是正常模式；如果是来电状态（正常是怎么样，遇到黑名单是怎么样）。

1）初始化

TelephonyManager 类主要提供了一系列用于访问与手机通信相关的状态和信息的 get 方法。其中包括手机 SIM 的状态和信息、电信网络的状态及手机用户的信息。在应用程序中可以使用这些 get 方法获取相关数据。

TelephonyManager 类的对象可以通过：

Context. getSystemService (Context. TELEPHONY_SERVICE)方法来获得，如图 3A-24 所示。

图 3A-23 界面

2）改变状态

TelephonyManager 有获取了状态的方法还不够，还必须有监听器去监听，一旦有情况发生就必须能够提供状态改变的函数。

onCallStateChanged

就像日常生活中一样，有了规章制度还必须有人去监管，一旦有人违反就必须采取措施。PhoneStateListener 在 API 中的定义是对特定的电话状态的监听，包括服务的状态、信号强度、消息等待指示（语音信箱）、通话转移、呼叫状态、设备单元位置、数据连接状态、数据流量方向。在图 3A-25 中现实提供的众多公开方法中，很明显看到 onCallStateChanged 就是为本例的需求所提供的——监听来电状态改变的函数，如图 3A-25 所示。

图 3A-24　TelephonyManager

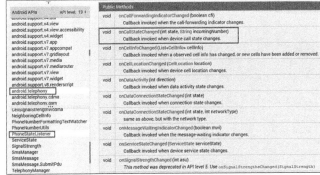

图 3A-25　onCallStateChanged 改变状态方法

接下来的目的就非常明确，在 onCallStateChanged 中利用 switch case 分别实现待机状态、来电状态、通话状态下手机状态设置。那么读者又可能有疑问，为何一定是这 3 个状态呢？依然在 API 中对 onCallStateChanged 有其细节定义，如图 3A-26 所示。

图 3A-26　状态列表

【小技巧】有时候 Android 工程师并不是一看到需求就知道该如何编写程序来实现其功能，特别是在没有涉及过的方面。但是可以利用 Android 提供的 API，有时候是 API 引导工程师一步步往下调试。

audioManager 类

那么待机状态和通话状态响铃模式都设置是正常的响铃，因为涉及黑名单一旦挂了电话就属于正常待机状态，就要恢复成正常模式。关键需要在来电的时候判断是否和设置的电话一致，如果一致就转为静音。

程序的逻辑明白了，那么代码该怎么实现？

依然查阅 API。在 Android 当中提供了 audioManager 这个类，其目的是提供访问控制音量和铃声模式的操作，如图 3A-27 所示。其中能提供的状态非常多，可以根据喜好设置，例如

图 3A-27　API 查询

RINGER_MODE_NORMAL 则为正常状态

RINGER_MODE_SILENT 则为静音状态

RINGER_MODE_VIBRATE 则为震动状态

如图 3A-28 到图 3A-29 所示。

本例是黑名单打来时，设置为静音状态，只需要将 89 行的代码改为如下设置 audioManager.setRingerMode(AudioManager.RINGER_MODE_VIBRATE)；即可将黑名单打来时的状态改为震动。

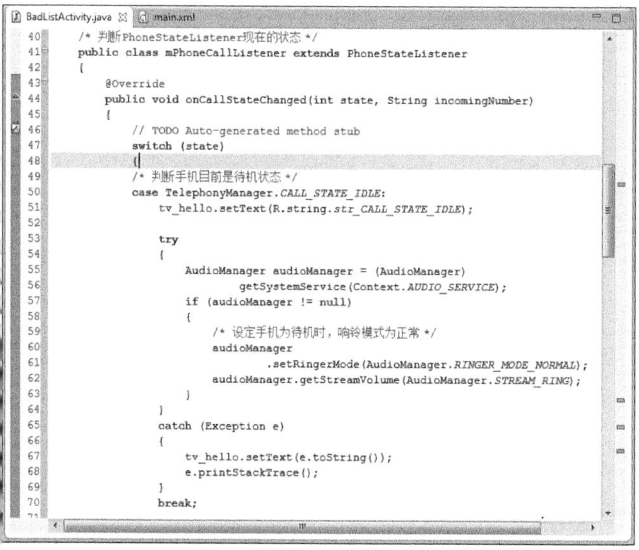

图 3A-28 待机状态

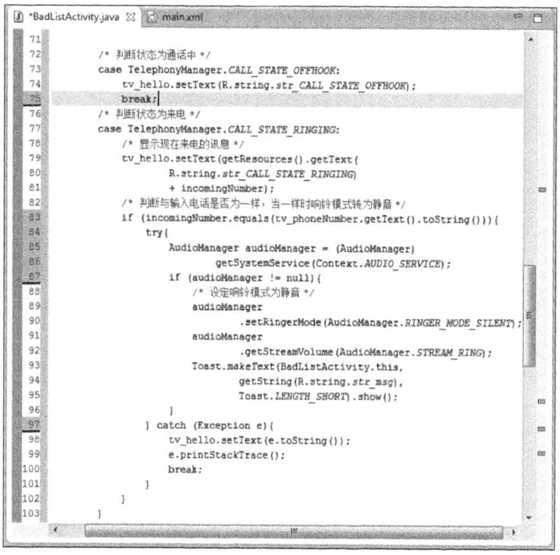

图 3A-29 通话状态和来电状态

【注意】因为从 SDK 2.1 版本后，Android 屏蔽了挂断电话的功能，其包类是 com.Android.internal.telephony.Itelephony 类，所以如果要实现此功能，在 src 中建立 com.Android.internal.telephony 包，包下粘贴 ITelephony.aidl 文件，然后在代码中进行使用。

最后实现在 EditText 中添加号码，下面的 TextView 同步显示，其实现方法是为 EditText 添加文本监听器 addTextChangedListener，在文本改变后为 TextView 设置文本，如图 3A-30 所示。

这里和前面的例子一样在开发的时候需要在 Manifest 中为信息的获取其添加相应的权限，如图 3A-31 所示。

图 3A-30 同步

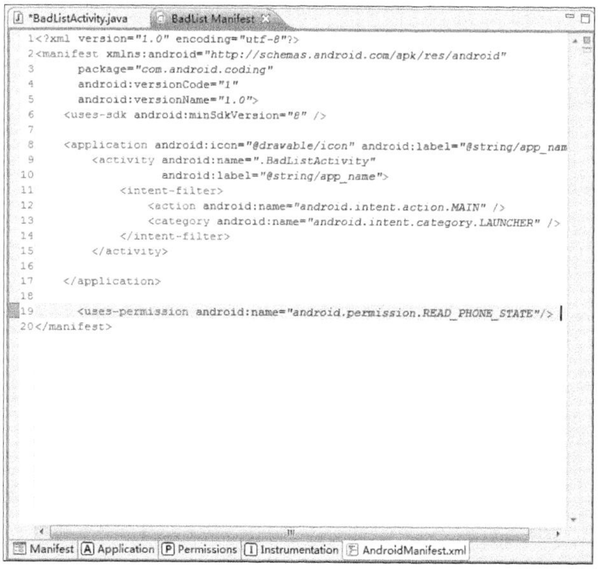

图 3A-31 manifest

A.2.4 Android 传感器初窥

智能手机之所以"智能",是因为能识别出当前手机的状态并做出对应的动作,比如横置手机,Activity 会旋转 90°,这就有赖于手机中的传感器识别手机当前状态了。

在 Android 手机中有着众多传感器硬件,下面讲解利用传感器实现手机来电时翻转手机,达到静音的功能。

图 3A-32　实现效果

1. 需求分析

需求分析比较简单,当手机检测到有电话打进来的时候,这时候如果不想接听这个电话,就翻转手机,手机就会进入静音状态,如图 3A-32 所示。

2. 界面设计

界面设计非常简单,只需要在手机翻转之后用 Toast 显示当前手机是静音还是正常状态即可。

实现效果如图 3A-32 所示,区别主要在右上角,左图为正常状态,反转之后手机切换为静音状态。

3. 功能实现

1) 传感器——Sensor

在 Android 2.3 gingerbread 系统中,Android 开始提供了 11 种传感器接口给开发者使用,该类名为 Sersor 类。

① SENSOR_TYPE_ACCELEROMETER　　　　加速度传感器
② SENSOR_TYPE_MAGNETIC_FIELD　　　　磁力传感器
③ SENSOR_TYPE_ORIENTATION　　　　　　方向传感器
④ SENSOR_TYPE_GYROSCOPE　　　　　　　陀螺仪传感器
⑤ SENSOR_TYPE_LIGHT　　　　　　　　　光线感应传感器
⑥ SENSOR_TYPE_PRESSURE　　　　　　　压力传感器
⑦ SENSOR_TYPE_TEMPERATURE　　　　　温度传感器
⑧ SENSOR_TYPE_PROXIMITY　　　　　　　近程传感器
⑨ SENSOR_TYPE_GRAVITY　　　　　　　　重力传感器
⑩ SENSOR_TYPE_LINEAR_ACCELERATION　线性加速度传感器
⑪ SENSOR_TYPE_ROTATION_VECTOR　　　旋转矢量传感器

常用的有加速度传感器、重力传感器、光线传感器、陀螺仪传感器、方向传感器等。

【注意】虽然 Android SDK 定义了十多种传感器,但并不是所有 Android 手机都有支持这些接口的硬件,如 Google Nexus S 就只支持 9 种传感器。如果应用获取不到相关传感器的数据时,并不会抛出异常,但也无法获取数据,所以在使用传感器之前应该先判断当前手机是否支持应用所使用的传感器。

而本次的项目所使用到的就只有加速度传感器(Accelerometer)。

加速度传感器类型常量为 Sensor.TYPE_ACCELEROMETER,其返回的为 value[3] 数组,其中:

value[0]:手机沿 x 轴方向的加速度。

value[1]:手机沿 y 轴方向的加速度。

value[2]：手机沿 z 轴方向的加速度。

将手机平放在桌面上，x 轴默认为 0，y 轴默认 0，z 轴默认 9.81，为地心引力数值。

将手机朝下放在桌面上，z 轴为 -9.81。

将手机向左倾斜，x 轴为正值。

将手机向右倾斜，x 轴为负值。

将手机向上倾斜，y 轴为负值。

将手机向下倾斜，y 轴为正值。

通过判断 x,y,z 的值，很容易就知道手机当前的状态。而在本项目中只需要判断手机是否翻转状态，则只需要判断 z 的值就足够了，如图 3A-33 所示。

由图 3A-33 中第 209 和 219 行可以看到，在 z 值不同的情况下分别打印出当前状态下的 x,y,z 值。

当手机屏幕朝上的时候，打印出来的 x,y,z 值如图 3A-34 所示。

当手机屏幕朝下的时候，打印出来的 x,y,z 值如图 3A-35 所示。

图 3A-33 获取加速度传感器的值并做出响应

图 3A-34 屏幕朝上时 x,y,z 值

图 3A-35 屏幕朝上时 x,y,z 值

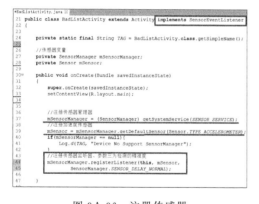

图 3A-36 注册传感器

2）传感器管理器——SensorManager

要获取传感器数值，需要先注册 SensorManager 对象，然后通过 Content.getSystemService(SENSOR_SERVICE)，方法来申请需要传感器服务。然后通过 SensorManager 对象的 getDefaultSensor(Sensor.xxxx)方法声明想要获得哪个传感器的数据，如图 3A-36 第 37、39 行所示。

如图 3A-36 中第 44 行方框所示，要检测传感器的变化需要注册一个传感器监听器，通过对传感器管理器对象的：

regesterListener(SensorEventListener listener, Sensor sensor, int rate);

方法，就可以注册一个传感器监听器，其中参数分别为：

(1) 第一个参数为监听器对象。

(2) 第二个参数为传感器的类型，如图 3A-36 则为 Sensor.TYPE_ACCELEROMETER 加速度传感器。

(3) 第三个参数为延迟时间的精度，要知道检测 Sensor 服务的频率高低是会影响电池消耗、处理器效率方面，为了兼顾传感器检测、电量消耗、处理器效率几个方面，Android 提供了 4 种参数对应不同的场景：

① SENSOR_DELAY_FASTEST   以最快的速度获取传感器数据

② SENSOR_DELAY_NORMAL　　以一般的速度获取传感器数据
③ SENSOR_DELAY_GAME　　适合在游戏中获取传感器数据
④ SENSOR_DELAY_UI　　适合在 UI 中获取传感器数据

如图 3A-36 中 21 行方框所示，继承了 SensorEventListener 需要重写两个方法，分别为：
① 检测到 Sensor 的精密度有变化时被调用
public void onAccuracyChanged(Senso sensor,int accuracy);
② 传感器数值发生变化时调用
public void onSensorChanged(SensorEvent event);

分别重写好 onAccuracyChanged() 和 onSensorChanged() 方法，至此，传感器功能就算大功告成了，在本例中重写的 onSensorChanged() 方法如图 3A-37 所示。

图 3A-37　onSensorChanged 方法重写

A.3　项目心得

很多初学者认为编程很难，笔者认为编程语言和自然语言一样有其共同点。例如初学外语的人也会觉得说一口流利外语非常困难。但是经过一段时间记忆，例如背单词、背句子、背文章之后渐渐的就可以出口成章了，同样的 Android 编程当中记忆也是非常重要的。俗话说"熟能生巧"。想写出巧妙的代码，精巧的程序必须建立在一定的记忆的基础之上。本章有很多设计的模式、方法都是需要记忆的，当熟练掌握了这些知识之后，将来写类似的功能的程序就比较轻松了。

本章是和通信打交道，有些通信信息的获取对应用程序的权限有一定的限制，在开发的时候需要为其添加相应的权限。

A.4　参考资料

（1）Android 之 Itent.ACTION_PICK Intent.ACTION_GET_CONTENT：
http://disanji.net/2011/08/13/Android％e4％b9％8bitent-action_pick-intent-action_get_content％e5％a6％99％e7％94％a8/

（2）Android ContentResolver：
http://hi.baidu.com/guxuetianya/blog/item/426a5c4378dadb0672f05dc2.html

（3）丰富黑名单
http://www.Androidmi.com/Androidkaifa/shili/201005/593.html

（4）Android 之 TelephonyManager 类的方法详解
http://www.cnblogs.com/linjiqin/archive/2011/02/26/1965682.html

A.5　常见问题

A.5.1　如何模拟器当中实现电话互相拨打的功能

在模拟器中实现电话互相拨打得满足条件和步骤：

1. 至少有两个模拟器

因为是实现打电话功能,必须得有两个模拟器。如果没有两个模拟器,便在 AVD Virtual Device Manager(在 eclipse 的 window 菜单下可找到)中创建多一个模拟器。然后运行其中两个模拟器,如图 3A-38 所示,两个分别名为 AVD 2.22 和 AVD2.2 的模拟器。

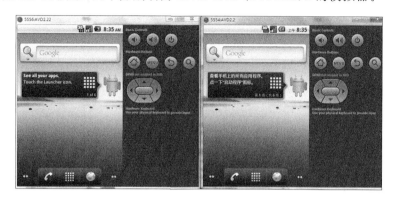

图 3A-38　两个模拟器

2. 用其中一个模拟器拨打另一个模拟器的号码

在这里笔者使用模拟器 AVD2.22 拨打模拟器 AVD2.2,如图 3A-39 所示。

图 3A-39　打电话

A.5.2　如何运行此章的案例

在运行此章的案例时,需要运行 2 个模拟器,然后单击运行代码,会弹出 Android Device Chooser 对话框,如图 3A-40 所示,在此只需要选中想运行代码的模拟器然后单击 OK 按钮即可。

也可以在运行项目前,单击右键,选择 Run As 中的 Run Configuration,如图 3A-41 所示。

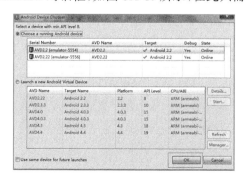

图 3A-40　Android Device Chooser

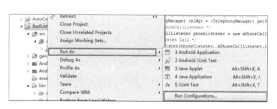

图 3A-41　Run Configuration

在图 3A-42 的调试界面中,选择 Target 标签,这里可以选择任意一个想运行程序的模拟器,对其进行勾选即可,最后单击 Run。

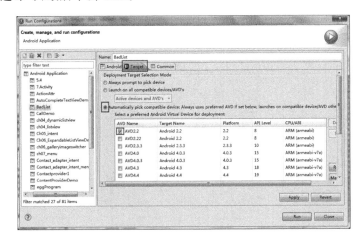

图 3A-42　Run Configuration

【注意】互相发送短信的例子也是同样如此设置。

A.5.3　Eclipse 识别不到运行的模拟器

有时模拟器明明已经运行了,但是在运行项目时却识别不到,总是"Launching a new emulator",这时应该在 eclipse 的 Window 菜单中的 show view 里的 other,如图 3A-43 所示。

然后在打开的 show view 中,打开 Android 文件夹,找到 Devices,单击 OK 按钮。如图 3A-44 所示。

接着在 Devices 栏中,有个倒三角形的按钮,单击它,然后单击 Reset adb 便可,如图 3A-45 所示。

图 3A-43　打开 show view

图 3A-44　打开 Devices

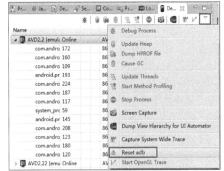

图 3A-45　Devices

A.5.4　界面技巧

案例 3 的界面设计的比较精巧,有细心的读者会发现在主类中,如图 3A-46 所示,从未添加 TextView2,为什么主类中会显示 TextView2 对应的文字呢? 经过笔者测试,使用 AbsoluteLayout 布局,即使没有使用 findViewByid 依然可以在界面中显示该控件。

细心观察案例 3 中的 TextView2 和 TextView3 的 y 轴坐标,它们其实是位于统一水平线上控件,实现的效果如图 3A-47 所示。

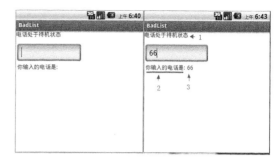

图 3A-46　界面代码　　　　　　　　图 3A-47　显示结果

B　想怎么发就怎么发

搜索关键字

BroadcastReceiver；
SMSmanager；
pdus；
Service 和 Service 生命周期；
handler；
Receiver6。

本章难点

（1）如何向系统注册（Register）一个常驻的 BroadcastReceiver 对象，在后台监听短信事件。
（2）系统监控的设计模式。

B.1　项目介绍

上一章节的电话服务实现的"黑名单"功能，已经初见了智能机的锋芒。但是毕竟打电话所包含的信息量比较少而且实现的功能还不是很丰富。而短信则不一样了，包含的信息量多（短信内容可千变万化），例如笔者之前结合 Google Maps 功能制作一款软件，可以实现：A 用户发送一条特定短信内容给 B 用户，紧接着 B 用户的手机就会发送回一条短信给 A，报告此 B 的地理信息位置，如图 3B-1 所示。当然科技是一把双刃剑，可以用它来查找老人的信息位置以防走失，也可以用类似的原理好像电影情节中一样，打开其他人手机的摄像头、麦克风等功能（前提是对方要安装了定制的软件进行偷听）。

B.2 案例设计与实现

类似上一章节电话服务的学习一样,千里之行始于足下。如果不能将发来的短信中的信息拆解出来,那么所有后续的高级功能都是白搭,所以先从解析短信开始。

B.2.1 BroadcastReceiver

1. 需求分析

有"矢"必须有"的",如果要捕捉到发出的广播信息"矢",就必须利用 BroadcastReceiver 对象"的"来监听短信服务。然后将获取的短信,拆解为可阅读的消息正文,然后为了演示其效果,故使用 toast 将其内容显示到屏幕上,如图 3B-2 所示。

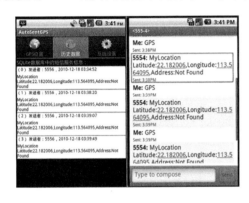

图 3B-1 订制软件　　　　　　图 3B-2 案例 1

关于发短信给模拟器可采取上一章中的电话互相拨打方法,启动 2 个不同名称的模拟器,或者打开 Emulator control 可直接向模拟器发送短信进行测试(在菜单栏中的 Window→show View→other→Android 下可找到),如图 3B-3 所示。

图 3B-3 发送短信

本例的逻辑顺序是:

(1) 注册系统常驻 BroadcastReceiver 对象监听发来的短信。

(2) 短信包含了联系人和短信正文。

(3) 识别短信事件,取出短信内容,将其内容 toast 出来。

2. 界面设计

本章所有的案例界面都非常简单,因为短信的服务通常都是在后台执行,对前台无须特别 UI 要求。所有本例的主界面只需要一个 TextView 作为提醒"等待接收短信,而默认新建的工程都已经设置好了一个 TextView,所以无须添置任何代码,如图 3B-4 所示,唯一修改一下 strings 中显示的内容,如图 3B-5 所示。

既然主界面还未添置任何内容,所以对应的主类不用做出修改,所有的工作交给 BroadcastReceiver 来完成,如图 3B-6 所示。

图 3B-4　main

图 3B-5　stirngs

3. 功能实现

众所周知一个知识全面、基础扎实的 Android 工程师绝对是有非常强的自学能力，因为工作中终归会需要用到某个新技术是以前没学过的。所以，自学能力是非常重要的。所以，在 Android 自学能力的培养除了之前说得多查阅 API 之外，遇到新的知识点多总结、多梳理和对已有的知识点归纳整合是非常重要的。

例如本次案例可能用到广播其中一个方法，如果可以触类旁通的了解广播其他方法的使用，并且比较

图 3B-6　主类

这些方法的用法有什么异同，虽然这样看起来花费的时间和精力会更多一些，但是对知识体系的把握自身扩展有非常大的帮助。

下面就来了解一下 Android 中 BroadcastReceiver 使用概述。

1）广播详解

在之前的学校中已经逐步接触到 Android 的几大组件，例如 Activity，Intent，manifest，Service，Broadcast，BroadcastReceiver 等等。其中：

（1）活动（Activity）：用于表现功能。

（2）服务（Service）：相当于后台运行的 Activity。

（3）广播（Broadcast）：用于发送广播。

（4）广播接收器（BroadcastReceiver）：用于接收广播。

（5）Intent：用于连接以上各个组件，并在它们之间传递消息。

下面就通过本例详细了解一下广播是如何使用的。

在 Android 中，Broadcast 是一种广泛运用的在应用程序之间传输信息的机制。而 BroadcastReceiver 是对发送出来的 Broadcast 进行过滤接受并响应的一类组件。Android 广播组件之所以称之为广播，因为它和生活中的广播是的原理是一样的，每一个电台对应着固定的频率。为什么在手机里面单击"拨号"按钮不会打开浏览器呢？就是因为拨号按钮发出的广播只能被拨号功能接收，它和浏览器发出的广播是不一样的。

下面将详细的阐述如何发送 Broadcast 和使用 BroadcastReceiver 过滤接收的过程。

发送广播：

首先在需要发送信息的地方，把要发送的信息和用于过滤的信息（如 Action、Category）装

入一个 Intent 对象,然后通过调用 Context.sendBroadcast()、sendOrderBroadcast()或 sendStickyBroadcast()方法(后面有介绍它们之间的区别),然后把 Intent 对象以广播方式发送出去。

当 Intent 发送以后,所有已经注册的 BroadcastReceiver 会检查注册时的 IntentFilter 是否与发送的 Intent 相匹配,若匹配则就会调用 BroadcastReceiver 的 onReceive()方法,否则不会做相应的操作。

所以当定义一个 BroadcastReceiver 的时候,都需要实现 onReceive()方法。(同时也因为 Broadcast 的生命周期就只有这一个回调方法)

接收广播:

注册 BroadcastReceiver 有两种方式:

一种方式是,静态的在 AndroidManifest.xml 中用＜receiver＞标签声明注册,并在标签内用＜intent-filter＞标签设置过滤器。

另一种方式是,动态地在 java 代码中先定义并设置好一个 IntentFilter 对象,然后在需要注册的地方调 Context.registerReceiver()方法,如果取消时就调用 Context.unregisterReceiver()方法。如果用动态方式注册的 BroadcastReceiver 的 Context 对象被销毁的时候,BroadcastReceiver 也就会自动取消注册了。

一般我们会在 onStart 中注册,onStop 中调用 unregisterReceiver。

【注意】 若在使用 sendBroadcast()的方法是指定了接收权限,则只有在 AndroidManifest.xml 中用＜uses-permission＞标签声明了拥有此权限的 BroascastReceiver 才会有可能接收到发送来的 Broadcast。

同样,若在注册 BroadcastReceiver 时指定了可接收的 Broadcast 的权限,则只有在包内的 AndroidManifest.xml 中用＜uses-permission＞标签声明了,拥有此权限的 Context 对象所发送的 Broadcast 才能被这个 BroadcastReceiver 所接收。

【小技巧】 这两者(静态和动态)区别在于,用 AndroidManifest 方法进行注册之后,无论应用程序有没有启动,或者已经被关闭,这个 BroadcastReceiver 依然会继续运行(都处于活动状态),这样的运行机制都可以接收到广播。例如无论什么情况下单击"拨号"按钮发出的广播系统一定得收到,又或者监听电池状态的广播。但是这样会带来的是电源和 CPU 资源的消耗(消耗不大)。但是也没有办法,谁也不想使用一部将屏幕关闭之后就打不了电话的电话。

但有些时候,用户希望能够根据自己需要打开或者关闭广播功能,例如当某个程序运行的时候才提示更新,而不运行的时候就不提示更新的广播,又或者蓝牙和 wifi 的广播。对待这样的程序使用动态注册就可以节省电量和 CPU 资源。这也是移动终端的开发和 PC 开发的最大的区别。

2) 功能代码

首先,注册广播,如图 3B-7 和图 3B-8 所示。

类似于日常生活中的例子:交通广播电台(SMSreceiver.java)说:想收听交通信息请将调频设置为 105.8(android.provider.Telephony.SMS_RECEIVED),于是收音机(AndroidManifest)就将调频设置为 105.8 就可以接收到广播,如图 3B-7 和图 3B-8 中所示。

接下来,需要重写 onReceive()方法,才能正确捕捉事件。

首先明确一点的是:在上一章的学习中关于电话的管理在 Android 当中有专门的类 TelephonyManager 进行管理,同样对应在短信中也有 SmsMessage。

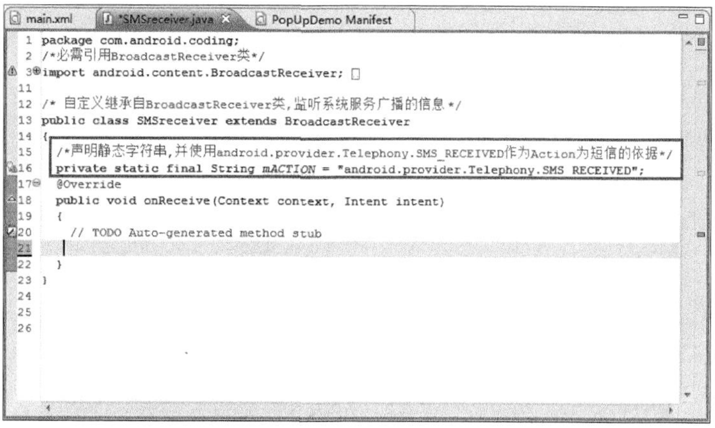

图 3B-7　注册

图 3B-8　manifest 对应注册

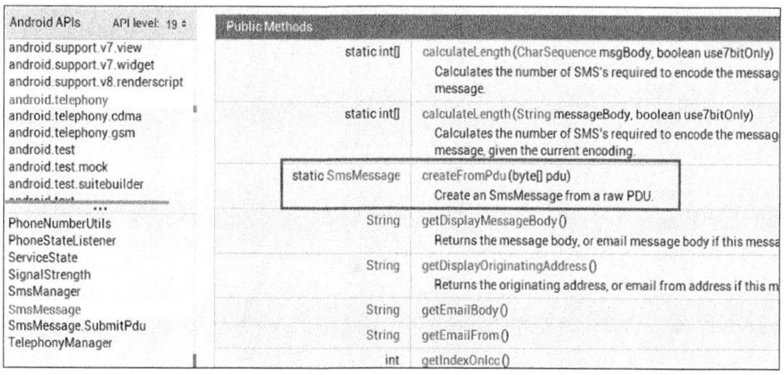

图 3B-9　createFromPdu

　　Android 设备接收到的 SMS 是以 pdu 形式的（protocol description unit）。android. telephony. gsm. SmsMessage 这个类可以储存 SMS 的相关信息，关键是可以从接收到的 pdu 中创建新的 SmsMessage 实例，如图 3B-9 中 API 所示的 createFromPdu 方法，Toast 界面组

件可以以系统通知的形式来显示接收到的 SMS 消息文本。

那么在实现过程中,判断当发来的短信不为空值(Bundle! ＝Null),则调用 Bundle.get() 方法。

为了提取包装在 SMS 广播 Intent 的 Bundle 中的 SmsMessage 对象数组,使用带有 pdus key 特征的对象,来提取 SMS pdus 数组,其中,每个对象表示一个 SMS 消息。将每个 pdu 字节数组转化成 SmsMessage 对象,调用 SmsMessage.createFromPdu 取出短信文字,传入每个字节数组,组合成一个 StringBulider 对象,如图 3B-10 所示。

【知识点】为什么叫 pdus?

这个参数的名字叫 pdus 是因为参数传的是传输过程中的短消息内容,短消息在无线传输过程中一般是以 pdu 格式传输。s 是指短消息可能是长短信,由于协议规定,传输中短消息内容

图 3B-10 取出短信内容

不能超过 140 字节(7 位编码 160 字符,8 位 140 字符,16 位 70 字符),所以长短信必须分拆为多个短的短信,每个短的短信分别打包成 pdu 形式传输,在接收端再根据 pdu 中的 udh 标志字段合并,所以加 s。pdu 格式详情请阅读相关协议。

最后,通过 Toast 的方式现实与主界面,使用 context.startActivity() 目的是为了解析短信之后,将焦点返还给主程序,如图 3B-11 所示。

最后和电话案例一样,本例中也必须允许 android.permission.RECEIVE_SMS 发短信的权限,否则程序运行会发生错误,如图 3B-12 所示。

图 3B-11 Toast

图 3B-12 manifest

B.2.2 Service

许多 Android 程序,activity 可见的部分并不是很复杂,而具有丰富的服务功能。例如检查 SD 卡上数据变化的服务、用户地理位置变化、特别是音乐播放器的 service,出于省电的考虑,在屏幕关闭,即 activity 不可见的情况下 service 都必须运行。

案例 2 通过一个 activity 开始与终止 service,为了验证服务是真的在"后台运行",所以会示范如何在 service 中开启一个 Runable 进程,每秒在 console 里输出运行的秒数,验证系统服务真的是在"运行中",如图 3B-13 所示。试验的目的是为了案例 3 实现短信服务做一个铺垫。

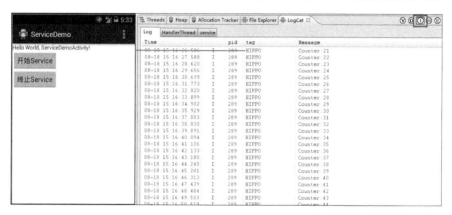

图 3B-13 案例 2

【小技巧】单击图 3B-13 中右上角的 i 图标,就会过滤只剩下 Log.i 的信息。

1. 需求分析

Service 的作用,举个形象的例子:如果 Activity 好比是应用的眼睛,将其内容展示给用户,可以用于交互,而 BroadcastReceiver 就好比是应用的耳朵,接收发生的 intent,service 则好比于应用的手,把事情做完。

Android Service 的生命周期并不像 Activity 那么复杂,它只继承了 onCreate(),onStart(),onDestroy()三个方法,第一次启动 Service 时,先后调用了 onCreate(),onStart()这两个方法,当停止 Service 时,则执行 onDestroy()方法,这里需要注意的是,如果 Service 已经启动了,再次启动 Service 时,不会再次执行 onCreate()方法,而是直接执行 onStart()方法,这好比在计算机中双击一首歌曲,会启动一个音乐播放器,紧接着在双击第二首音乐,音乐播放器不会再启动一次,而是直接播放第二首音乐。

两种创建 service 的方法,startService 或者 bindService,如图 3B-14(a)所示。

(1) startService 是通过调用 Context.startService()启动,调用 Context.stopService()结束,startService()可以传递参数给 Service。

(2) bindService 是通过调用 Context.bindService()启动,调用 Context.unbindservice()结束,还可以通过 ServiceConnection 访问 Service。两者可以混合使用,比如可以先 startService,然后再 bindservice。

【注意】两者的区别就在于,startService 是创建并启动 service,而 bindService 只是创建了一个 service 实例并取得了一个与该 service 关联的 binder 对象,但没有启动它。bindService 后,Service 就和调用 bindService 的进程同生共死了,就是说:当调用 bindService 的进程死了,那么它 bind 的 Service 也要跟着被结束。期间也可以调用 unBindService()结束

Service。

本例只使用了 startService，有关 Android 中 service 详细的剖析，在之前的音乐播放器章节中已经详细讲解演示过了。

2．界面设计

主程序只有 2 个按钮事件，一个负责打开 service，另外一个负责关闭已经打开的 service，如图 3B-14(b)所示。

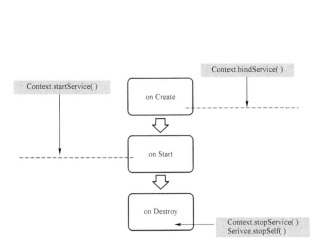

图 3B-14(a)　service 启动方式　　　　　　　　　图 3B 14(b)　土界面

3．功能实现

无论要打开或是关闭服务，所构造的 Intent 对象，第一个传入的参数都是这个 activity 的 Context，第二参数则是服务的类，如图 3B-15 和图 3B-16 所示。

图 3B-15　启动　　　　　　　　　　　　　　　图 3B-16　关闭

【知识点】context 和 this

经常会在代码中看到 context 和 this,从功能上看像是指的同一个内容。那么到底 context 是什么? 什么时候用 context? 什么时候用 this?

在 Android 中 Context 可以做很多操作,但是最主要的功能是加载和访问资源。

Context 提供了关于应用环境全局信息的接口。它是一个抽象类,它的执行被 Android 系统所提供。它允许获取以应用为特征的资源和类型。同时启动应用级的操作,如启动 Activity,broadcasting 和接收 intents。

很多方法需要通过 Context 才能识别调用者的实例: 比如说 Toast 的第一个参数就是 Context, 一般在 Activity 中直接用 this 代替, 代表调用者的实例为 Activity, 而到了一个 button 的 onClick(View view)等方法时,如果用 this 时就会报错,因为实现 Context 的类主要有 Android 特有的几个模型,Activity 以及 Service。所以必须指名道姓,使用 ActivityName. this 来解决,如图 3B-16 标记所示。

1) Handler 对象

接下来需要定义一个类继承来 Service 类,如图 3B-17 所示。比较特别的是,这个类演示了如何在服务中启动进程,一般来说服务一旦被唤醒,经常需要反复运行同样的东西,所以必须通过进程来操作。

在创建 Runable 对象当中,使用 run() 方法来运行进程,但程序并没有结束,在这当中利用 Handler 对象的 objHandler 的 postDelayed() 方法,向操作系统告知要间隔多久再运行特定的 Runnable 对象。

当程序上升到一定的层次就必须涉及多线程,而 Android 与 Java 不同地方在于 Handler 的应用,要弄清楚 Handler 的使用,必须弄清楚 3 个问题:Handler 是干什么的? 为什么非要 Handler 配合? Handler 怎么用?

【知识点】Handler 是干什么的?

Handler 的定义:主要接受子线程发送的数据,并用此数据配合主线程更新 UI。

当应用程序启动时,Android 首先会开启一个主线程(也就是 UI 线程),主线程为管理界面中的 UI 控件,进行事件分发,

图 3B-17 继承 service

比如:单击一个 Button,Android 会分发事件到 Button 上,来响应单击操作。

【知识点】为什么非要 Handler 配合?

如果此时需要一个耗时的操作,不能放在主线程当中。例如:联网读取数据,或者读取本地较大的一个文件的时候,如果放在主线程中的话,界面会出现假死现象,如果 5 秒还没有完成的话,会收到 Android 系统的一个错误提示"强制关闭"。

所以耗时的操作必须放在子线程当中,但是子线程涉及 UI 更新会发生 android. view. ViewRoot $ CalledFromWrongThreadException 异常错误,Android 已经禁止了子线程更新 UI。也就是说,更新 UI 只能在主线程中更新,子线程中操作是非常危险的。

这个时候，Handler 就来解决这个复杂的问题了。Handler 运行在主线程中（UI 线程中），它与子线程可以通过 Message 对象来传递数据，这个时候，Handler 就承担着接受子线程传过来的（子线程用 sedMessage()方法传递）Message 对象（里面包含数据），把这些消息放入主线程队列中，配合主线程进行更新 UI。

所以 Android 中的应用会把：定时触法，异步的循环事件、处理下载、数据处理等高耗时功能放在一个单独的线程 handler 当中。

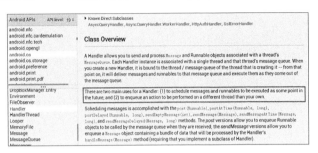

图 3B-18 Handler 的定义

【知识点】Handler 怎么用？

API 定义是这么定义的，如图 3B-18 所示：Handler 有 2 种队列，Thread 队列和 Message 队列，分别分发 Runnable 对象和 Message 对象到主线程中：

（1）按计划发送消息或执行某个 Runnanble（使用 POST 方法）；

（2）从其他线程中发送来的消息放入消息队列中，避免线程冲突（常见于更新 UI 线程）

以下 Handler 中分发消息的一些方法，详细的用法请读者查阅 API，在此解释一下本例中所使用的 postDelayed：

post(Runnable)

postAtTime(Runnable,long)

postDelayed(Runnable,long)：延时 delayMillis 毫秒（参数 2）将 Runnable 插入消息列队（参数 1），即本例中 mTasks 将在 handle 绑定的线程中运行，如图 3B-19 所示。

sendEmptyMessage(int)

sendMessage(Message)

sendMessageAtTime(Message,long)

sendMessageDelayed(Message,long)

图 3B-19 postDelayed

图 3B-20 生命周期

2) 功能代码

【小技巧】可以从图 3B-19 看到,在 Service 中使用 run()方法和 postDelayed()方法不断重复(每隔 1 秒)在后台运行。虽然 Service 启动后,会在后台持续运行,但却没有反复运行的能力,必须依靠类似 timer 的机制来达成。本例中使用的这个服务框架的技巧将来会在很多后面的例子,类似常量的监控、网络验证数据、后台同步数据等。

为了证明在 Runnable 真的在操作中,可以 Log.i()方法做输出。

最后如果在 manifest 添加 Service 部分,程序编译虽然不会出错,但是程序会找不到要打开的服务 Intent 名称。

【注意】在 manifest 中 service 标签所写的位置。

B.2.3 综合案例

1. 需求分析

学习了 Service、BroadcastReceiver、sendBroadcast 和 receiver 等使用方法后,接下来尝试做一个后台服务、系统广播的整合案例。其功能是在 activity 中启动系统后台服务,并在启动服务之后关闭 activity,服务在后台进行监考,如果手机收到短信,包含了设计好的关键字。则回复短信给发信人,如图 3B-22～图 3B-24 所示。

图 3B-21 manifest

图 3B-22 案例 3 启动

图 3B-23 案例 3 DDMS 发送短信

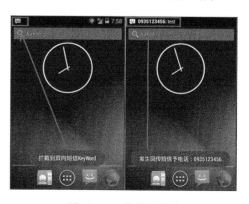

图 3B-24 案例 3 测试

这个案例的模型比较重要,因为运用环境非常广,不只是可以做到回复发信人,还可以做到发现关键字之后像开始时所说的那样,打开录音、报告地理位置等操作。

【注意】因为程序是加入了电话号码合法性验证的功能,如果输入的号码不符合要求可能会影响测试结果。

2. 界面设计

主程序只有 2 个按钮事件,一个负责打开 service,另外一个负责关闭已经打开的 service。如图 3B-25 和图 3B-26 所对应界面和键值对。

图 3B-25　strings　　　　　　　　　　图 3B-26　main

3. 功能实现

本案例需要 3 个类提供服务:分别是主程序、服务器类、广播类。

SMSDemoActivity 主界面需要实现的功能有:单击按钮启动服务,注册 receiver,并实现比较是否包含关键字以及不分大小写和电话正常格式等辅助功能。

(1) Service 服务的类:架构和案例 2 是一样,只不过案例 2 中 service 所做的事情是让 mTasks 在 handle 绑定的线程中运行。只不过案例 2 中的 mTasks 是个无意义的操作(每隔一秒显示一次),而这里就是将这个无意义的操作改为:监听系统短信广播事件。一旦发现有短信传进来,就向系统发出自定义系统 Action 广播信息。

(2) Service:在案例 1 中讲述了将短信拆开,把信息内容用 Toast 显示出来,这里服务的类中,同样也需要识别关键字的短信,并拆解重新发送回去,只不过这里不是 Toast 显示出来,而是包装成完整短信发送。

(3) HippoCustomIntentReceiver:Service 发送回去定义好的信息,需要一个广播接收的类,然后唤醒主程序。

【小技巧】为什么不在 service 中做这一步?捕捉到了系统接收短信事件?之后,直接唤醒主 activity,为什么要多此一举?

因为在 Service 类中没有 context,所以无法执行"唤醒"原 activity 程序:
Intent mRunPackageIntent = new Intent(context, activity.class);

1) 主程序

首先看看主程序的架构,如图 3B-27 所示。

在 activity 的 onCreate()先 try 是否有传入此 activity 的 Bundle 对象,如图 3B-28 所示(关于 Bundle 对象如何使用,请查看常见问题),这是来自 HippoCustomIntentReceiver 送来的参数 STR_PARAM01,如果发现这个参数,就表示收到短信的事件后被唤醒的事件,而 STR_PARAM01 这个参数就是用户传来的短信,其内容格式如下:

<发信人电话号码><delimiter1><短信 BODY>

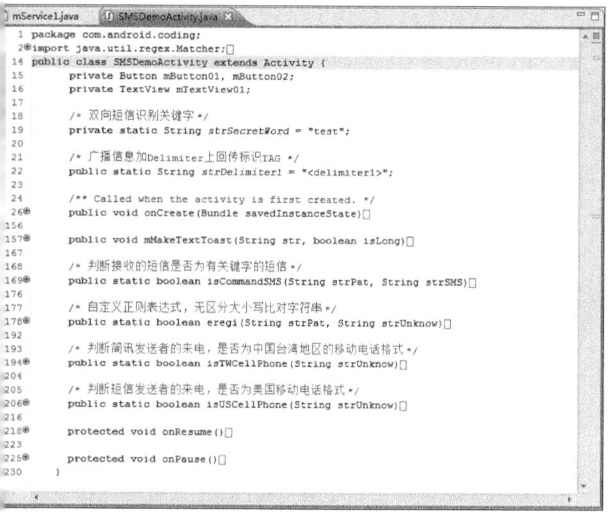

图 3B-27 架构

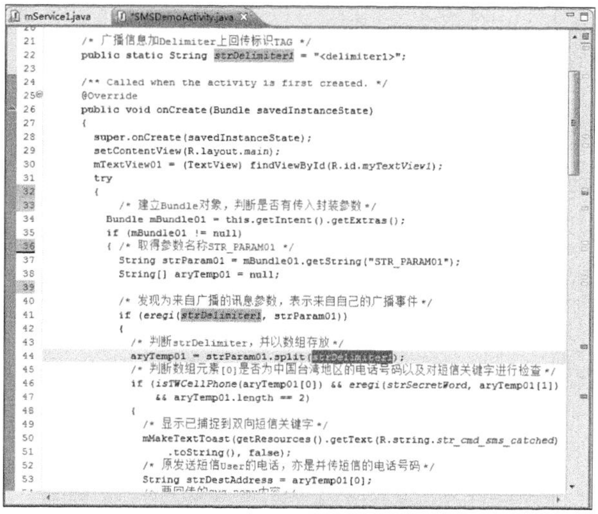

图 3B-28 try1

在程序里必须判断是否有<delimiter1>(即 strDelimiter1)。

若有,则表示是自己广播传来的;

若没有,则可能是系统自己的短信广播。

在拆解<delimiter1>TAG 之后,便判断短信内容(第二个数组元素)里是否有设计好的关键字,当发现关键字之后,这就表示有效的双向短信,随即展看返回信息的操作。如图 3B-29 所示 41 行,调用自定义的 eregi 方法判断关键字,完整代码请参考图 3B-30。

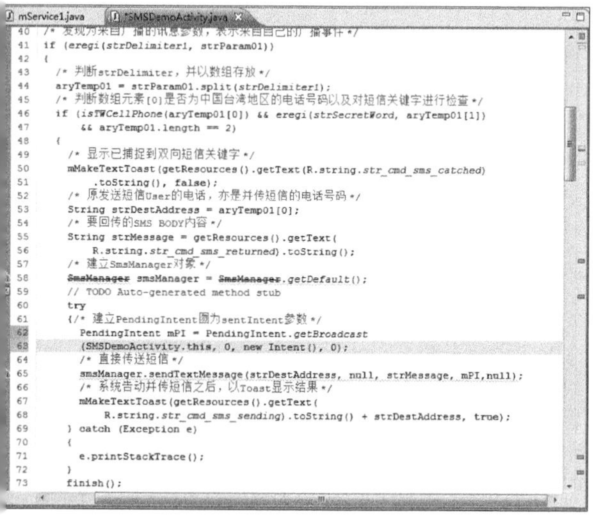

图 3B-29 try2

图 3B-30 try3

为主界面中启动 service 和终止 service 的 2 个按钮添加事件，如图 3B-31 所示。
判断是否有关键字的方法，如图 3B-32 所示。

图 3B-31　button　　　　　　　　　　图 3B-32　判断关键字

辅助功能，如图 3B-33 所示。

2) 服务类

作为系统服务后台运行与肩负判断是否有收到短信的关键类。有关多线程结合 handler 的运行框架这里就不在重述，请参考案例 2，如图 3B-34 所示。

图 3B-33　辅助功能　　　　　　　　　图 3B-34　handler

在 Service 的生命周期中 onCreate( ) 重写方法中，编写 IntentFilter 与注册 BroadcastReceiver 来监听系统送出的短信广播，如图 3B-35 所示。

一旦收到短信，onCreate( )会调用 mSMSReceiver.onReceive( )运行理解与重组短信的工作,如图 3B-35 中 60 行所示。

其中包含 SMS 信息地址 currentMessage.getDisplayOriginatingAddres()和 SMS 信息内容 currentMessage.getDisplayMessageBody(),如图 3B-36 中 101~104 行所示。

图 3B-35 onCreate()

图 3B-36 信息内容和地址

并且在重组的过程中,加入了一个 delimiter TAG,在重组之后,通过 sendBroadcast()对系统广播,并在 intnet 构建时传入自己定义的 ACTION 名称,如图 3B-37 所示。

3) 广播类

HippoCustomIntentReceiver 是继承 BroadcastReceiver 这个基底类,作为接收自定义系统广播 ACTION 信息之用,一旦 mService 服务传来系统广播信息,如图 3B-38 中 15 行所示,就被此类接收其参数,并唤醒原来的 activity。(因为 service 不具备唤醒功能)

图 3B-37 加入 delimiter TAG

图 3B-38 HippoCustomIntentReceiver

151

最后依然是需要向 manifest 中注册信息。需要注意以下几点：

（1）＜receiver＞注册的位置是在＜/activity＞和＜/application＞之间，注册的目的是让 HippoCustomIntentReceiver 去接收，intent-filter 的名称为 HIPPO_ON_SERVICE_001，当操作系统收到这个广播 ACTION 信息名称，就会被 HippoCustomIntentReceiver 所捕获，如图 3B-39 所示。

图 3B-39　manifest

【注意】接收的名字 HIPPO_ON_SERVICE_001 如果太过大众化，那么其他 activity 只要这个名字，就会把这个程序给唤醒了。因为大型的程序 activity、广播都会比较多，容易出错。

（2）＜receiver＞除此之外，同时也定义了＜service＞。

（3）程序最后必须加入接收短信和发送短信的权限，否则程序会出错，请留心标签添加的位置。

【注意】笔者在真机上测试是无误的，而在模拟器中测试不是特别的稳定，例如同一环境下，有时测试成功能捕捉到关键字，有时候测试捕获不到关键字。读者如果在代码无误的情况下，请在模拟器中多测试几次。

B.2.4　完善应用

有细心的读者会发现，使用 SmsManager 类发送短信之后，进入系统的短信应用，却发现根本找不到发送短信的记录，这样的应用会给使用者带来很大的不便。造成该现象的原因是使用 SmsManager 类的 sendTextMessage 方法只负责发送短信，而不会讲发送短信的记录保存在系统的数据库中，在 Android 系统中，MMS 模块总共包含 17 张表：addr、attachments、part、pdu、sms、words、threads 等。但是常用的表只有 threads、sms、pdu 等几张表。

下面就来添加代码实现发送短信后把信息添加到系统数据库中。

短信数据保存在 mmssms.db 数据库文件的 sms 表中，该数据库文件位于/data/data/com.android.providers.telephony/databases 目录。该 sms 表结构如图 3B-40 所示。

可以看到，sms 表的字段比较多，不过常用的字段并不多，下面就通过 ContentProvider 类在发送短信的同时将相关数据插入 sms 表中，代码实现如图 3B-41 第 109～123 行所示。

在向 sms 表插入数据时需要知道短信会话（Thread）这个概念，每一个 Thread 都包含了同一个电话号码下的多条信息，如果要向 sms 表中插入数据，最需要知道的是发送或者接收

sms表

列名	类型	说明
_id	integer	唯一标识，自增，从1开始
thread_id	integer	threads表的id
address	text	接收者手机号码，对于一个会话，有可能含有多个接收者，每个人都将收到一条短信
person	integer	联系人（模块）列表里的序号，陌生人为null
date	integer	时间，以毫秒来表示
protocol	integer	协议，分为：0-SMS_RPOTO，1-MMS_PROTO。成功发送后设置。
read	integer	是否阅读：0-未读，1-已读
status	integer	状态：-1默认值，0-complete，64-pending，128-failed
type	integer	ALL=0;INBOX=1;SENT=2;DRAFT=3;OUTBOX=4;FAILED=5;QUEUED=6;
reply_path_present	integer	TP-Reply-Path位的值 0/1
subject	text	短信的主题，默认为空
body	text	短信内容
service_center	text	短信服务中心号码编号
locked	integer	此条短信是否已由用户锁定，0-未锁定，1-已锁定
error_code	integer	错误代码，有哪些值暂时未知
seen	integer	用于指明该消息是否已被用户看到（非阅读，点开会话列表即可，不用打开会话），仅对收到的消息有用

图 3B-40　sms 表结构

```
HippoCustomIntentReceiver.java   SMSDemoActivity.java
88                              SMSDemoActivity.this, 0, new Intent(), 0);
89
90                      /* 直接传送短信 */
91                      smsManager.sendTextMessage(strDestAddress, null,
92                              strMessage, mPI, null);
93
94                      /*向canonical-addresses数据库查询是否存在会话Id*/
95                      Uri uri = Uri.parse("content://mms-sms/canonical-addresses");
96                      /*在 canonical_addresses 表中查询指定电话号码对应的回话ID*/
97                      Cursor cursor  = getContentResolver().query(uri, null, "addresses=?",
98                              new String[] {strDestAddress}, null);
99                      String threadId = "";
100                     if(cursor.moveToNext()){
101                         /* 如果该会话存在，返回该会话Id */
102                         threadId = cursor.getString(0);
103                     }else{
104                         return ;
105                     }
106
107                     /*向sms表插入发送短信记录*/
108                     // 创建用于保存插入值的ContentValues
109                     ContentValues contentValues = new ContentValues();
110                     //  设置会话Id
111                     contentValues.put("thread_id", threadId);
112                     //  设置短信内容
113                     contentValues.put("body", strMessage);
114                     //  设置发短信的日期(单位：毫秒)
115                     contentValues.put("date", new Date().getTime());
116                     //  设置目标电话号码
117                     contentValues.put("address", strDestAddress);
118                     //  该字段为1表示接收到的短信，2表示发送的短信
119                     contentValues.put("type", 2);
120                     //  该字段为0表示短信已被查看，1表示未读短信
121                     contentValues.put("read", 1);
122                     //  调用insert方法向sms表插入一条记录
123                     getContentResolver().insert(Uri.parse("content://sms"), contentValues);
```

图 3B-41　向 sms 表插入数据

的电话号码所在的会话 id(thread_id)。

这时候就需要到 mmssms. db 数据库中的 canonical_addresses 表保存的电话号和会话 id 记性进行查询，canonical_addresses 表的结构如图 3B-42 所示。

canonical_addresses表

列名	类型	说明
_id	integer	唯一标识，自增，从1开始
address	text	所有曾经使用过的接收者的电话号码，用于threads表标识会话

图 3B-42　canonical_addresses 表结构

在 canonical_addresses 表中查询 thread_id 代码实现如图 4B-43 第 94～105 行所示。

通过以上两个步骤，在使用 sendTextMessage 方法发送短信息的时候就可以在数据库中添加发送的短信息的相关数据了。

B.3　项目心得

在案例 1 中看似简单的例子包含的知识点却不少，例如广播的使用，信息如何拆分。

案例 2 的重点并不在代码实现或者功能实现上，因为案例 2 演示 Service 如何监控系统常

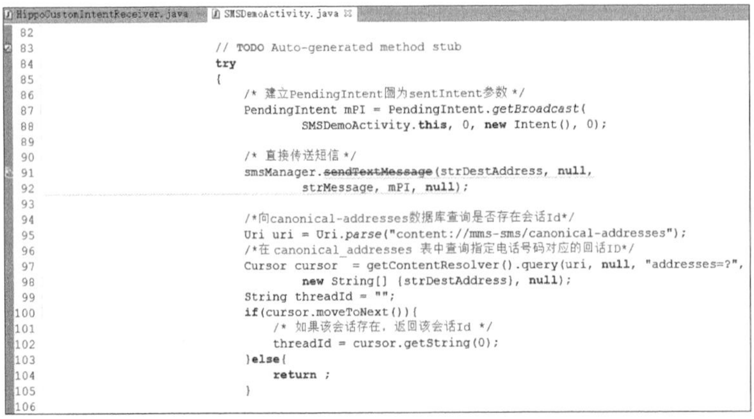


```java
                        // TODO Auto-generated method stub
                        try
                        {
                            /* 建立PendingIntent圆为sentIntent参数 */
                            PendingIntent mPI = PendingIntent.getBroadcast(
                                    SMSDemoActivity.this, 0, new Intent(), 0);

                            /* 直接传送短信 */
                            smsManager.sendTextMessage(strDestAddress, null,
                                    strMessage, mPI, null);

                            /*向canonical-addresses数据库查询是否存在会话Id*/
                            Uri uri = Uri.parse("content://mms-sms/canonical-addresses");
                            /*在 canonical_addresses 表中查询指定电话号码对应的回话ID*/
                            Cursor cursor  = getContentResolver().query(uri, null, "addresses=?",
                                    new String[] {strDestAddress}, null);
                            String threadId = "";
                            if(cursor.moveToNext()){
                                /* 如果该会话存在，返回该会话Id */
                                threadId = cursor.getString(0);
                            }else{
                                return ;
                            }
```

图 3B-43　向 canonical_addresses 表中查询 thread_id

量、验证网络数据、后台数据同步的设计框架以及 handler 的使用。有时候读者学习在互联网上、教材上的案例重点放在为什么他要这么设计，而不仅仅看这个功能怎么实现。

案例 3 中功能操作是其次的，把握很重要的一点是：各个类的安排的理由是什么？通常功能性的、UI 更新的操作放在主程序中，而高耗时的操作，例如监控系统广播的操作，特别是根本不知道什么时候会发生的操作需要放在服务类中，它们之间起承转合通过广播联系起来。

B.4　参考资料

(1) sendBroadcast 和 sendStickyBroadcast 的区别

http://aijiawang-126-com.iteye.com/blog/1021357

(2) Context 详解

http://blog.csdn.net/zhangqijie001/article/details/5891682

(3) Service 生命周期

http://www.cnblogs.com/septembre/archive/2011/03/21/1990161.html

http://www.cnblogs.com/llb988/archive/2011/03/16/1986192.html

(4) Handler(sdk 翻译)

http://hi.baidu.com/boderboder/blog/item/46f9e1353c30623f0b55a96a.html

B.5　常见问题

B.5.1　Bundle 到底是什么

很多初学者不知道 bundle 的作用，例如案例 1 中：bundle.putString("xxxx", xxxx_values)。

其实 bundle 就是建立了一个表，表中有每一个名字字符串和一个值为一组，名字一定是字符串，值可以是任意 bundle 支持的类型，通过字符串为索引来读取对应的值。

例如案例 1 中的名字就是 pdus，值是一个 Object 数组，数组的每个元素又是一个 byte 类型的数组，这些 byte 类型的数组的是到 SmsMessage.createFromPdu((byte[]) messages[n])，对 pdu 解析后才有具体意义。

B.5.2　在线程操作中，Thread.sleep 和 handler.postDelayed 两者有什么区别？

sleep 是等待多少秒后再执行，handler.postDelayed 是在指定的间隔中执行。

项目 4　行程表提醒类应用程序

A　界面设置

前言

《放心行程表》是一款能让帮您快速设置好行程安排的手机软件,不仅会在行程前通知您,而且还可以自动切换情景模式,临时有事还可以快捷地启动电话和短信程序进行请假。

本应用的使用对象主要针对老师和同学,包括了上课行程提醒(特别针对某些单双周的课程)和课堂静音设置,不被铃声打扰！也适合对工作环境中"安静"和"准时"要求比较高的朋友。如图 4A-1 和图 4A-2 所示,指定时间手机设置为震动,过了指定时间手机又调整回初始状态。

图 4A-1　设置 1

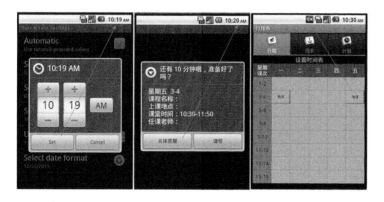

图 4A-2　设置 2

它引入了图形化表格的设置方式。操作简单,方便,设置也一目了然,并且还具有省电的优点。

完成这样一个项目需要解决两方面的问题:

(1) 如何布局?

(2) 到了指定时间如何调整为震动状态?

下面就以分别通过整章的案例讲解,回答上述问题。

本篇是开篇布局的设置。笔者经常留意在某个 Android market 上面排行前几名的程序(并非游戏),功能不是非常强大,代码量可能才几千行,但是赢在非常有创意,而且 UI 设计的非常好,所以下载量非常的高。

UI 设计的好,并不只是简单意味着美观,最重要的是讲求用户体验。market 上类似的软件比较多,被选择下载的主要原因就在 UI 体验上。类似本例的情景模式的切换软件也比较多,但本案例设计的应用针对的用户主要是在校学生和教师,而且课表中每一堂课都是一个 button 可以单击、可以设置,课表非常直观。而很多类似的其他软件都是在 list 列表中显示时间段,所以本程序的做法比较少见(做法没有好坏之分,能实现需求都是好方法)。

因为本节主要是讲解 UI 设计,关于美的定义有的人喜欢简单有的人中意复杂,所以没有一个定论,但是总结一下受人欢迎的 UI 有如下的一些特点:

(1) 人性化:用户可依据自己的习惯定制界面,并能保存设置,即每个人的最后用户名和界面都是不同的,例如每个人 Windows 都是不一样的。

(2) 了解用户:工作总是首先从用户开始。

(3) 安全性:用户能自由的做出选择,且所有选择都是可逆的。在用户做出危险的选择时有信息介入系统的提示,即允许用户犯错。

(4) 记忆负担最小化:人脑不是电脑,在设计界面时必须要考虑人类大脑处理信息的限度。人类的短期记忆极不稳定、有限,24 小时内存在 25% 的遗忘率。所以好的软件是需要比较少的记忆。

(5) 保持简洁。"精于心,简于形"意思是:外形设计感觉很简单,那么内部设计一定是很花工夫、很精巧,反之,如果内部设计的很简单,那么外部一定感觉比较复杂。所以最上乘的设计中,看不到华而不实的 UI 修饰,或是用不到的设计元素。换而是,其必须的元素一定是简洁且有意义的。当想着是否要再界面上加一个心功能或是元素的时候,问问自己,"用户真的需要这些吗?"或者是"为什么用户想要这个小巧的动态图标?"。是否只是因为出于自我喜好而添加这些元素?记住,永远不要在 UI 设计中给自己出风头。

(6) 出注重颜色模型:有没有发现 Facebook,MySpace,Blogger,美国银行,学校/大学,新闻网站颜色比较类似?很多 UI 的搭配已成惯例的 UI 模型,使用户感觉像在你的软件非常熟悉。当然如果一定要标新立异的话,有个不错的解决方案:皮肤 1、皮肤 2、皮肤 3……皮肤 n。

搜索关键字

(1) TabHost

(2) LayoutInflater

本章难点

该系统的主界面用 TabHost 来实现在一个屏幕间进行不同模块切换的效果,这一好处是减少屏幕之间的跳转过于频繁所带来的使用上的不便,要实现这种布局效果,掌握 TabHost 是关键,也是一个难点。

A.1 项目简介

本章主要介绍界面布局的相关知识,练习界面是如何一步步被搭建起来的。

下面就按照 UI 的制作顺序,介绍本章需要写的 UI 界面,首先搭建系统运行的首页界面和单击"Menu"时,弹出的菜单,如图 4A-3 所示。

以下是 Menu 按钮对应的每个界面细节,如图 4A-4 所示。

图 4A-3　主界面和 Menu 按钮

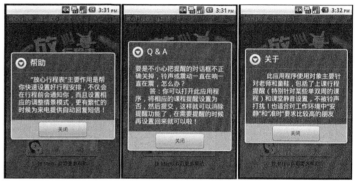

图 4A-4　Menu 按钮细节

紧接着,图 4A-3 中有"进入行程安排"和"设置"2 个按钮,分别对应图 4A-5 所示的界面。

在行程表中有 3 个标签分别是"行程"、"周末"、"计划",分别对应图 4A-6、图 4A-7、图 4A-8 所对应的界面。

图 4A-5　行程设置界面

图 4A-6　行程

图 4A-7 周末

图 4A-8 计划

A.2 案例设计与实现

A.2.1 需求分析

项目的功能：

(1) 首页界面除有"进入行程安排"和"设置"按钮外，单击 menu 跳出"帮助"、"Q & A"、"退出"、"关于"选项。

(2) 主界面实现选项卡效果，有三个模块：星期一～星期五的行程表格、周末行程列表、计划列表，可在这三个模块中进行行程或计划的添加、删除、修改、查看等等。

(3) 行程或者计划前提醒功能。

(4) 闹钟提醒时，如果临时有事，可单击"请假"跳到发短信和拨打电话界面。

需要界面跳转：

(1) 首页界面(显示标题、提供两个按钮"进入行程安排"和"设置"供用户选择，menu)。

(2) 主界面(一个屏幕可切换三个模块：星期一～星期五的行程表格、周末行程列表和计划列表)。

(3) 行程信息界面(提供课程名称、上课地点、时间、提醒时间、启动提醒等编辑)。

(4) 闹钟提醒界面(以对话框形式显示行程或者闹钟的主要信息)。

(5) 发短信和拨打电话界面(一个界面提供发短信和拨打电话的功能选择)。

(6) 设置界面(对应上述三个模块，提供三个全局删除按钮)。

特殊功能：

（1）单双周设置。

（2）TimePicker。

（3）DatePicker。

权限：

在整个系统中，AndroidManifest.xml 需要添加以下的权限：

<!-- 开机自启动:允许一个程序接收到 ACTION_BOOT_COMPLETED 广播在系统完成启动 -->
<uses-permission android:name="android.permission.RECEIVE_BOOT_COMPLETED"/>
<!-- 发送短信:允许程序发送 SMS 短信 -->
<uses-permission android:name="android.permission.SEND_SMS"/>
<!-- 拨打电话 :允许一个程序初始化一个电话拨号不需通过拨号用户界面,需要用户确认 -->
<uses-permission android:name="android.permission.CALL_PHONE"/>
<!-- 关闭应用程序:允许程序重新启动其他程序 -->
<uses-permission android:name="android.permission.RESTART_PACKAGES"/>
<!-- 手机振动 :允许访问震动设备 -->
<uses-permission android:name="android.permission.VIBRATE" />

A.2.2　界面设计与功能实现

1. 准备工作

一个好的 UI 还必须有好的素材，图 4A-9 罗列了本次整个项目界面设计需要的图片素材。

图 4A-9　图片素材

所以一般一个团队美工的工作是非常重要的，其重要性不亚于架构师，作为 Android 的初学者在没有美工的基础上，该怎么办呢？国外很多网站提供了非常丰富的开源素材，支持二次开发，如图 4A-10 所示。

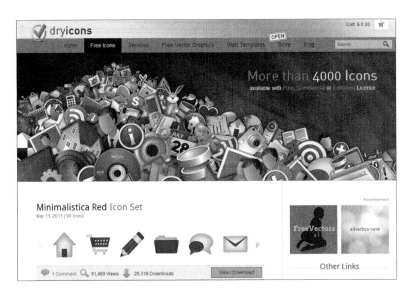

图 4A-10　二次开发网站

有时自己开发一款产品,可能又要做程序员又要做美工,有时候会为一个图片 icon 的设计伤透脑筋,再次推荐一个业界比较出名的 icon 搜索网站,如图 4A-11 所示。

图 4A-11　搜索 icon 的网站

它支持中英文的搜索如图 4A-12 所示,同时也提供支持各种屏幕分辨率的素材,如图 4A-13 所示。

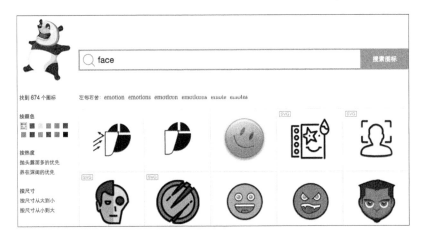

图 4A-12　搜索图片

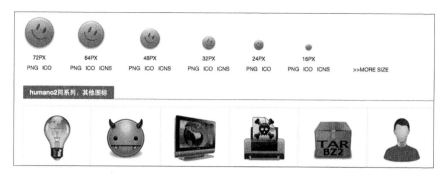

图 4A-13　各种分辨率供选择

项目的语言配置信息 strings.xml，如图 4A-14、图 4A-15 所示。

图 4A-14　stirngs　　　　　　　　　　　图 4A-15　键值对

下面就要开始讲解界面的实现，首先需要掌握 TabHost 的用法，要会熟练使用 LinearLayout、TableLayout、FrameLayout 等来布局，然后需要充分了解 Button、TextView、EditText、DatePicker、TimePicker 等组件的使用。

2．首页界面 main

1）界面设计

首页界面的布局设计并不复杂，下面将一步步介绍界面是如何搭建起来的。

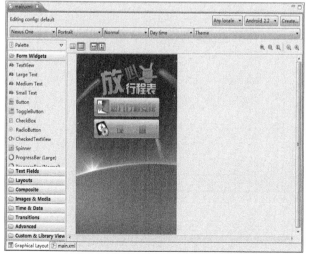

首先，先看看 main.xml 的布局，如图 4A-16、图 4A-17 所示。

然后，在已有的 LinearLayout 里面嵌套多一个 LinearLayout 布局，此布局里面添加组件，如图 4A-18 所示。仔细观察图 4A-16（没有嵌套内布局），和图 4A-18（嵌套布局）有差别，其中"进入行程安排"和"设置"按钮好像放在另外一个层上面。

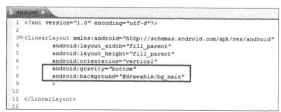

图 4A-16　main.xml 布局效果　　　　　　图 4A-17　main.xml 布局代码

161

下面向嵌套的 LinearLayout 中添加组件，向布局中拖一个 ImageButton 时，会弹出如图 4A-19 所示对话框提供图片资源的选择，此处为添加"设置"按钮。

图 4A-18　嵌套布局

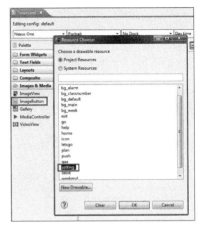

图 4A-19　添加"设置"按钮

还需在"设置"按钮下方添加一个 TextView 组件，同样地，直接拖进布局里，如图 4A-20 所示。

现在，已经把 ImageButton 和 TextView 组件都添加到布局中了。

最后，还需要在布局代码中做一些修改才能达到最终的效果，如图 4A-21 所示。

图 4A-20　添加 TextView

图 4A-21　main.xml 完整代码

2）功能实现

在首页界面里，需要实现 2 个功能，如图 4A-20 所示：单击"进入行程安排"后，会跳转到带有选项卡的 tab 界面,如图 4A-22 所示。单击"设置"按钮后,会跳转到设置的 setting 界面,按 Menu 键会弹出菜单,实现主页界面的功能。

首页功能比较简单,只是简单的页面跳转,但是需要注意以下几个要点:

(1) 定义程序中需要用到的变量。

(2) 定义生成对话框的方法。

(3) 定义内部类 MyButtonOnClickListener,用来处理按钮事件,从而实现界面跳转功能,如图 4A-23 所示。

(4) 添加菜单效果,并实现菜单事件,如图 4A-24 所示。

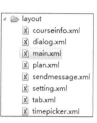

图 4A-22　用到的所有 UI

【小技巧】在 Android 中鼓励开发者使用内部类,这样不但方便,而且开发效率高。

图 4A-23　MyButtonOnClickListener　　　　图 4A-24　菜单功能的代码实现

3. 主控界面 MyTab

1) 引言

先讲解一个简单例子讲解 Tab 的用法,如图 4A-25 所示。

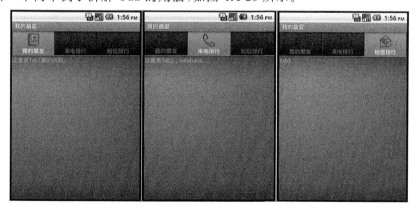

图 4A-25　简单例子演示

首先要定义一个继承 TabActivity 的类，这里名字叫 MyFavorite，并且使其作为应用程序的入口，如图 4A-26 所示。

可以看到在 MyFavorite 中第 13 行使用 getTabHost() 返回一个 TabHost，而 TabHost 正是用来添加 Tabs 的。这里添加了 3 个 Tabs，使用 TabSpec 来描述每个的 Tab，并且可以设置 Intent(因为对应的类并没有完成，这里仅仅对应了 xml 中 id 分别为 view1~3 的控件，如图 4A-27 所示)，完成单击该 Tab 时跳转到相应的 Activity 的功能。

图 4A-26　tabHost　　　　　　　　　　图 4A-27　对应 xml 界面

2) 界面设计

理解了上面 demo 的原理，那么再来看本项目中主界面的最终效果，如图 4A-28 所示，从左至右分别是：星期一～星期五行程表格、周末行程列表和计划列表。

图 4A-28　主界面模块

在本项目中，3 个选项卡需要设计三种不同的布局，而这三种布局统一放到一个布局文件 tab.xml 中，tab.xml 采用的是 FrameLayout 布局方式。

① Tab1

首先，开始设计主界面模块中的星期一～星期五行程表格，要实现表格效果，需要用到 TableLayout 的布局方式，而 TableRow 表示表格中的行，表格里的格是 Button，如图 4A-29 所示。

在 tab.xml 布局可视化窗口中,表格是这样一行行地添加最终实现表格效果的,如图 4A-30、图 4A-31、图 4A-32 所示。

② Tab2

然后,开始设计主界面模块中的周末行程列表,这个模块的布局同样采用 LinearLayout 来布局,此 LinearLayout 中包含了另一个 LinearLayout 和 ListView,并向第二个 LinearLayout 添加组件,布局效果如图 4A-33 所示。

图 4A-29 tab.xml 中表格的代码实现

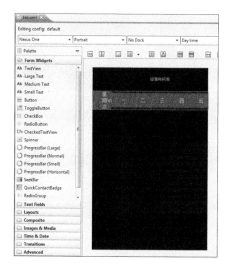

图 4A-30 表格中只有一行

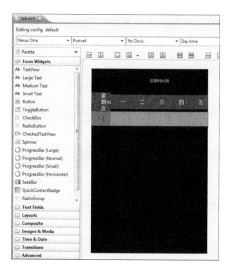

图 4A-31 表格中添加了第二行

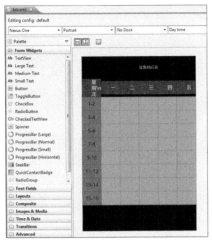
图 4A-32　表格添加完所有的行

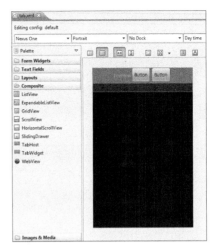
图 4A-33　tab.xml 中周末行程列表的布局效果

在可视化窗口中拖动需要的组件到布局完成后，还需要修改一下布局代码，从而实现最终的效果，如图 4A-34 所示。

③ Tab3

最后，设计主界面的最后一个模块：计划列表，这个模块的布局与周末行程列表的布局类似，就是需要的组件有所不同，如图 4A-35 所示。

向布局中添加了需要的组件后，还需要对布局代码做进一步的修改，从而实现最终的效果，如图 4A-36 所示。

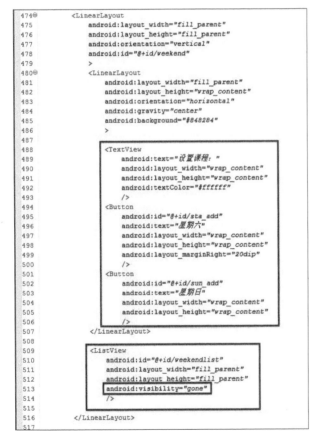
图 4A-34　tab.xml 中周末行程列表的布局代码

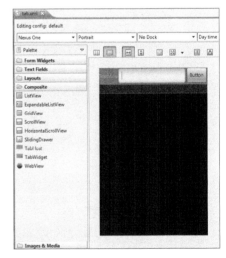
图 4A-35　tab.xml 中计划列表的布局效果

图 4A-36　tab.xml 中计划列表的布局代码

3）功能实现

主界面布局文件 tab.xml 里已经写好了三个模块的布局代码，现在需要在 MyTab 类中实现一个界面拥有三个模块，三个模块可自由切换的效果，并且各模块拥有独立性，各自实现各自的功能。有几个要点需要注意：

（1）MyTab 需要继承 TabActivity，如图 4A-37 所示。

【注意】TabHost 与普通的 Activity 有点区别，主程序继承 TabActivity，而不是 Activity，特别是 setContentView(R.layout.tab);不能有。

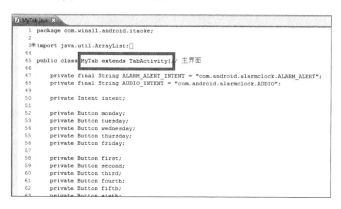

图 4A-37　MyTab

（2）定义程序中需要用到的变量和方法。

（3）定义 TabHost，并通过其 getTabHost 方法获得当前 TabActivity 的 TabHost，利用

LayoutInflater 类的来完成布局文件的引用，再通过 TabHost 的 addTab 方法来为每个模块指定布局，如图 4A-38 所示。

```java
    /** Called when the activity is first created. */
    @Override
    public void onCreate(Bundle savedInstanceState) {
        super.onCreate(savedInstanceState);

        TabHost th = getTabHost();
        LayoutInflater.from(this).inflate(R.layout.tab, th.getTabContentView(), true);

        th.addTab(th.newTabSpec("tab1")
                .setIndicator("行程", getResources().getDrawable(R.drawable.table))
                .setContent(R.id.schooltimetable));
        th.addTab(th.newTabSpec("tab2").
                setIndicator("周末", getResources().getDrawable(R.drawable.weekend))
                .setContent(R.id.weekend));
        th.addTab(th.newTabSpec("tab3")
                .setIndicator("计划", getResources().getDrawable(R.drawable.plan))
                .setContent(R.id.plan));

        /*-----------------------------行程表-----------------------------*/
        monday = (Button) findViewById(R.id.monday);
        tuesday = (Button) findViewById(R.id.tuesday);
        wednesday = (Button) findViewById(R.id.wednesday);
        thursday = (Button) findViewById(R.id.thursday);
        friday = (Button) findViewById(R.id.friday);

        mon_first = (Button) findViewById(R.id.mon_first);
        mon_second = (Button) findViewById(R.id.mon_second);
        mon_third = (Button) findViewById(R.id.mon_third);
        mon_fourth = (Button) findViewById(R.id.mon_fourth);
        mon_fifth = (Button) findViewById(R.id.mon_fifth);
        mon_sixth = (Button) findViewById(R.id.mon_sixth);
```

图 4A-38 TabHost 和 LayoutInflater

(4) 通过 findViewById 找到对应的 View 对象，并通过 setOnClickListener 方法把事件注册到按钮事件内部类 MyButtonListener 中，实现按钮事件监听，如图 4A-39 所示。

```java
        mon_first = (Button) findViewById(R.id.mon_first);
        mon_second = (Button) findViewById(R.id.mon_second);
        mon_third = (Button) findViewById(R.id.mon_third);
        mon_fourth = (Button) findViewById(R.id.mon_fourth);
        mon_fifth = (Button) findViewById(R.id.mon_fifth);
        mon_sixth = (Button) findViewById(R.id.mon_sixth);
        mon_seventh = (Button) findViewById(R.id.mon_seventh);
        mon_eighth = (Button) findViewById(R.id.mon_eighth);

        mon_first.setOnClickListener(new MyButtonListener());
        mon_second.setOnClickListener(new MyButtonListener());
        mon_third.setOnClickListener(new MyButtonListener());
        mon_fourth.setOnClickListener(new MyButtonListener());
        mon_fifth.setOnClickListener(new MyButtonListener());
        mon_sixth.setOnClickListener(new MyButtonListener());
        mon_seventh.setOnClickListener(new MyButtonListener());
        mon_eighth.setOnClickListener(new MyButtonListener());
```

图 4A-39 findViewById 和 setOnClickListener

(5) 初始化界面时与数据库打交道，实现界面的显示根据数据库的变化而变化，如图 4A-40 所示。

4. 行程信息界面 CourseInfo

1) 界面设计

经过了首页界面和主界面的讲解，对行程信息界面的设计可以比较得心应手了。此界面是当单击课表之后弹出的信息设置界面。最终需要实现的效果图，如图 4A-41 所示。

```java
    /*-----------------------------周一~周五行程表-----------------------------*/

    // 初始化课表
    public void initTable() {
        MyDB db = new MyDB(MyTab.this);
        Cursor cursor = db.queryAllCourses();
        Base base = new Base();
        while(cursor.moveToNext()){
            String strWeek = cursor.getString(cursor.getColumnIndex("week"));
            String strWhichLesson = cursor.getString(cursor.getColumnIndex("whichLesson"));
            // 星期一
            if(strWeek.equals("一") && strWhichLesson.equals("1-2")){
                mon_first_cName = cursor.getString(cursor.getColumnIndex("cName"));
                mon_first_id = cursor.getInt(cursor.getColumnIndex("id"));
                mon_first.setText(base.cutCourseName(mon_first_cName));
                mon_first.setBackgroundResource(R.drawable.bg_alarm);
            }
            else if(strWeek.equals("一") && strWhichLesson.equals("3-4")){
                mon_second_cName = cursor.getString(cursor.getColumnIndex("cName"));
                mon_second_id = cursor.getInt(cursor.getColumnIndex("id"));
                mon_second.setText(base.cutCourseName(mon_second_cName));
                mon_second.setBackgroundResource(R.drawable.bg_alarm);
            }
            else if(strWeek.equals("一") && strWhichLesson.equals("5-6")){
```

图 4A-40 初始化界面时与数据库打交道的代码实现

从最终效果图可见,界面的设计与前面讲到几个界面的设计大同小异。行程信息界面的布局引用的是 courseinfo.xml 布局文件,也是用 LinearLayout 来布局,同样,包含了另外一个 LinearLayout 和 ListView,并向第二个 LinearLayout 里添加需要的组件,而这里的 ListView 初始化时是不隐藏的,如图 4A-42 所示。

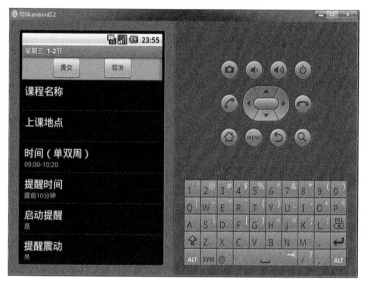

图 4A-41　行程信息界面最终效果图

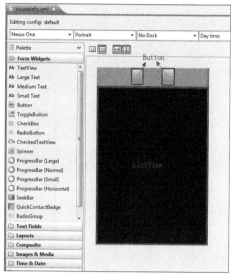

图 4A-42　courseinfo.xml 的布局效果

再在布局文件 courseinfo.xml 中修改下代码,以实现最终想要的效果,如图 4A-43 所示。

【注意】前面图 4A-36 中的 ListView 中有代码 android:visibility="gone",此 ListView 并没有,说明界面初始化时 ListView 是不隐藏的。

2）功能实现

在行程信息界面中,用户可以把行程信息完善,并提交到数据库中,这个界面主要提供用户对行程做最终完善的编辑,提交后将行程信息添加到数据库中。以下是需要注意的几个要点:

（1）初始化行程信息列表,如图 4A-44 所示。

（2）用 LayoutInflater 来引用该 Activity 的 Layout 布局之外的自定义的布局文件,如图 4A-45 所示(有关 LayoutInflater 详细说明在项目 5 做了讲解)。

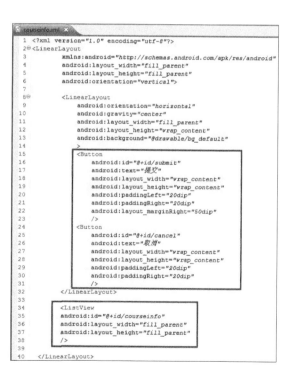

图 4A-43　courseinfo.xml 的布局代码

图 4A-44　初始化行程信息列表

图 4A-45　引用外部布局文件 timepicker.xml

（3）弹出自定义布局的时间选择器对话框，如图 4A-46、图 4A-47 所示。

（4）单双周的设置，当用户设置了单周或双周行程的时候，最后提交时，需要提醒用户选择当前的时间为单周还是双周，然后再进一步用算法实现。

（5）提交时，获取 ListView 中的每个 Item 值，将这些 Item 值封装成持久化实体类对象，

图 4A-46 启动自定义布局的时间选择器对话框的代码实现

并作为数据库添加行程方法中的参数,从而将行程信息添加到数据库中,数据库的知识,在后面会讲到。

5. 闹钟提醒界面 AlarmAlert

1）界面设计

闹钟提醒界面的设计是最简单的了,不用任何布局文件,只在这个无任何布局的界面上实现一个对话框的弹出即可,如图 4A-48 所示为闹钟提醒界面的最终效果图。

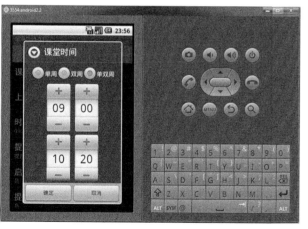

图 4A-47 自定义布局的时间选择器对话框　　　图 4A-48 闹钟提醒界面的最终效果

2）功能实现

闹钟提醒界面的布局很简单,该界面弹出的对话框显示提醒信息,按"关掉提醒"按钮会关闭提醒,并退出此界面,按"请假"按钮在关闭提醒的同时,还会跳转到发短信和拨打电话界面。

需要注意的要点是:AlarmAlert 不通过 setContentView 来引用任何布局文件,只在此 Activity 中创建一个显示提醒信息的对话框,如图 4A-49 所示。

```
new AlertDialog.Builder(AlarmAlert.this)
.setTitle("还有"+aheadTime+" 分钟哦,准备好了吗? ")
.setMessage("星期"+week+" "+whichLesson+"\n"+
            "课程名称: "+cName+"\n"+
            "上课地点: "+address+"\n"+
            "课堂时间: "+startTime+"-"+endTime+"\n"+
            "任课老师: "+teacher)
.setPositiveButton("关掉提醒",
 new DialogInterface.OnClickListener()
 {
    public void onClick(DialogInterface dialog, int whichButton)
    {
//      stopService(i);
        closeRemind(isRemindByVibrato, isRemindByRing);
        AlarmAlert.this.finish();
    }
 })
.setNegativeButton("请假",
 new DialogInterface.OnClickListener() {
    public void onClick(DialogInterface dialog, int which) {
        // TODO Auto-generated method stub
//      stopService(i);
        closeRemind(isRemindByVibrato, isRemindByRing);
        AlarmAlert.this.finish();
        intent.setClass(AlarmAlert.this, SendMassage.class);
        intent.putExtra("SMScontent", teacher);
        AlarmAlert.this.startActivity(intent);
    }
 })
.show();
```

图 4A-49 创建一个显示提醒信息的对话框的代码实现

6. 发短信和拨打电话界面 SendMassage

1) 界面设计

发短信和拨打电话界面的最终效果图,如图 4A-50 所示。

发短信和拨打电话界面的设计,主要目的是实现一个界面完成两种请假方式的选择,界面设计布局同样用 LinearLayout 布局,并且其中嵌套了两个 LinearLayout 布局,并在嵌套的 LinearLayout 布局和被嵌套 LinearLayout 布局中添加组件,如图 4A-51 所示。

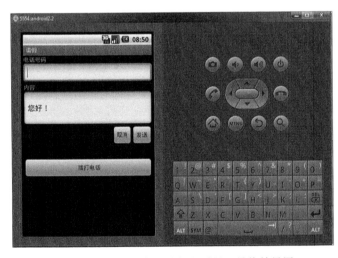
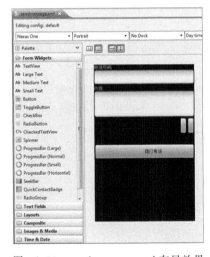

图 4A-50 发送短信和拨打电话界面最终效果图　　图 4A-51 sendmessage.xml 布局效果

同样,需要对布局文件 sendmessage.xml 修改,以达到最终的效果,如图 4A-52 所示。

2) 功能实现

顾名思义,发短信和拨打电话界面的功能就是可以为用户提供发短信和拨打电话的功能,想要实现这些功能,需要注意以下几个要点:

(1) 在 AndroidManifest.xml 中添加发送短信和拨打电话的权限:

<!--发送短信:允许程序发送 SMS 短信 -->

```
<uses-permission android:name = "android.permission.SEND_SMS"/>
<!-- 拨打电话:允许一个程序初始化一个电话拨号不需通过拨号用户界面,需要用户确认 -->
<uses-permission android:name = "android.permission.CALL_PHONE"/>
```

(2) 实现发送短信,如图 4A-53 所示。

(3) 实现拨打电话,如图 4A-54 所示。

```xml
<?xml version="1.0" encoding="utf-8"?>
<LinearLayout xmlns:android="http://schemas.android.com/apk/res/android"
    android:orientation="vertical"
    android:layout_width="fill_parent"
    android:layout_height="fill_parent" >
    <TextView android:layout_width="fill_parent"
        android:layout_height="wrap_content"
        android:text="电话号码"/>
    <!-- text's value define in res/values/strings.xml -->
    <EditText android:layout_width="fill_parent"
        android:layout_height="wrap_content"
        android:id="@+id/edtPhoneNo"/>
    <TextView android:layout_width="fill_parent"
        android:layout_height="wrap_content"
        android:text="内容"/>
    <EditText android:layout_width="fill_parent"
        android:layout_height="wrap_content"
        android:minLines="3"
        android:id="@+id/edtContent"/>
    <LinearLayout
        android:layout_width="fill_parent"
        android:layout_height="wrap_content"
        android:gravity="right">
        <Button android:layout_width="wrap_content"
            android:layout_height="wrap_content"
            android:text="取消"
            android:id="@+id/btnCancle"/>
        <Button android:layout_width="wrap_content"
            android:layout_height="wrap_content"
            android:text="发送"
            android:id="@+id/btnSend"/>

    </LinearLayout>
    <LinearLayout
        android:layout_width="fill_parent"
        android:layout_height="wrap_content"
        android:layout_marginTop="30dip">
        <Button
            android:layout_width="fill_parent"
            android:layout_height="fill_parent"
            android:text="拨打电话"
            android:id="@+id/btnCall"
            />
    </LinearLayout>

</LinearLayout>
```

图 4A-52　sendmessage.xml 布局代码

```java
// 发送短信
public void sentSMS(String phoneNumber, String smsContents) {
    finish();

    SmsManager sms = SmsManager.getDefault();
    PendingIntent pi = PendingIntent.getActivity(this, 0, new Intent(this,
            MyTab.class), 0);
    if (smsContents.length() > 70) {  // 若短信的长度大于70则切割短信内容
        List<String> msgs = sms.divideMessage(smsContents);
        for (String msg : msgs) {
            sms.sendTextMessage(phoneNumber, null, msg, pi, null);
        }
    } else {
        sms.sendTextMessage(phoneNumber, null, smsContents, pi, null);
    }
    Toast.makeText(SendMassage.this, "发送完成", Toast.LENGTH_LONG).show();
}
```

图 4A-53　发送短信的实现代码

```java
if (PhoneNumberUtils.isGlobalPhoneNumber(strPhoneNo)) {
    Intent i = new Intent(Intent.ACTION_CALL, Uri.parse("tel://"+strPhoneNo));
    SendMassage.this.startActivity(i);
    finish();
}else{
    Toast.makeText(SendMassage.this, "电话格式不正确",
            Toast.LENGTH_SHORT).show();
}
```

图 4A-54　拨打电话的实现代码

【小技巧】借助 PhoneNumberUtils.isGlobalPhoneNumber(phoneNumber)方法校验输入的号码是否正确,无须自行写算法校验。

7. 设置界面 Setting

1) 界面设计

设置界面的最终效果图,如图 4A-55 所示。

设置界面引用 setting.xml 布局文件,设计也并不复杂。采用的布局方式也是 LinearLayout 布局,并且又嵌套了两个 LinearLayout 布局,并在嵌套这两个 LinearLayout 布局中添加组件,这里用到了之前没有提过的 ImageView 组件,如图 4A-56 所示。

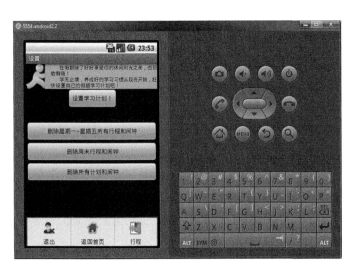
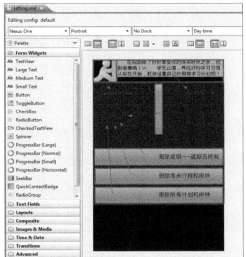

图 4A-55 设置界面最终效果图　　　　图 4A-56 setting.xml 布局效果

可视化布局基本完成,下面进行布局代码的整理和修改,如图 4A-57 所示。

2) 功能实现

设置界面主要为用户提供全局的行程或计划管理,在这个界面里,用户可以删除所有的行程或计划,因此也与数据库打了交道,下面是需要注意的几个要点:

(1)界面与数据库打交道:删除数据库里对应的所有数据,如图 4A-58 所示。

(2) Toast 的应用,如图 4A-58 所示。

【注意】Toast 最后需要用 show 方法才能起效果,很多时候初学者会忘了写。

A.2.3 androidManifest.xml

声明一个 activity(一个 Activity 子类),它实现了应用程序的可视界面的一部分。所有 activity 都必须用 manifest 文件的元素声明。系统将无法看到任何没有被声明的 activity,也就无法运行之。项目所有 Activity 都需要在此声明,如图 4A-59 所示。

A.3 项目心得

本章介绍了《放心行程表》案例中的界面搭建,主要介绍了 Android 界面设计中容器、布局、组件等的使用。纵观下来,需要注意的地方也很多,界面设计方面,需要考虑不同屏幕大小的手机使用此系统可能带来的不同效果,在一些布局比较复杂、文字比较多等这类界面设计时应注意使用滚动条,避免设计的界面在屏幕上显示不完全,如果想把界面设计得更好,还需多构思多动手。

```xml
<?xml version="1.0" encoding="utf-8"?>
<ScrollView
    xmlns:android="http://schemas.android.com/apk/res/android"
    android:id="@+id/scrollPicker"
    android:layout_width="fill_parent"
    android:layout_height="wrap_content">
<LinearLayout
    android:layout_width="fill_parent"
    android:layout_height="fill_parent"
    android:orientation="vertical"
    >

    <LinearLayout
        android:layout_width="fill_parent"
        android:layout_height="wrap_content"
        android:orientation="horizontal"
        android:gravity="center_horizontal"
        >

        <ImageView
            android:id="@+id/iv_title"
            android:background="@drawable/push"
            android:layout_width="wrap_content"
            android:layout_height="wrap_content"
            />
        <TextView
            android:id="@+id/tv_title"
            android:layout_width="fill_parent"
            android:layout_height="wrap_content"
            android:text="        在假期除了好好享受你的休闲时光之余,"
            android:background="#ACD4F9"
            android:textColor="#000000"
            android:textSize="12dip"
            />
    </LinearLayout>
    <LinearLayout
        android:layout_width="fill_parent"
        android:layout_height="wrap_content"
        android:orientation="vertical"
        android:gravity="center_horizontal"
        >
        <Button
            android:id="@+id/addstudyplan"
            android:text="设置学习计划!"
            android:layout_width="wrap_content"
            android:layout_height="wrap_content"
            android:layout_marginBottom="30dip"
            />

        <Button
            android:id="@+id/deleteAllCoursesAndAlarms"
            android:text="删除星期一~星期五所有行程和闹钟"
            android:layout_width="fill_parent"
            android:layout_height="wrap_content"
            />

        <Button
            android:id="@+id/deleteAllWeekendAndAlarms"
            android:text="删除周末行程和闹钟"
            android:layout_width="fill_parent"
            android:layout_height="wrap_content"
            />

        <Button
            android:id="@+id/deleteAllPlanAndAlarms"
            android:text="删除所有计划和闹钟"
            android:layout_width="fill_parent"
            android:layout_height="wrap_content"
            />

    </LinearLayout>
</LinearLayout>
</ScrollView>
```

图 4A-57　setting.xml 布局代码

```java
106
107    new AlertDialog.Builder(this).setTitle(title).setMessage(content)
108    .setPositiveButton("确定", new DialogInterface.OnClickListener() {
109        MyDB db = new MyDB(Setting.this);
110        Base base = new Base();
111        Cursor cursor;
112
113        int id;
114        String week;
115        String whichLesson;
116        int intWeek;
117        int alarmId;
118        int pno;
119        public void onClick(DialogInterface dialog, int which) {
120            // TODO Auto-generated method stub
121            switch (btId) {
122
123            case R.id.deleteAllCoursesAndAlarms:
124                cursor = db.queryWeekCourses();
125                if(cursor.getCount() > 0){
126                    while (cursor.moveToNext()) {
127                        id = cursor.getInt(cursor.getColumnIndex("id"));
128                        week = cursor.getString(cursor.getColumnIndex("week"));
129                        whichLesson = cursor.getString(cursor.getColumnIndex("whichLesson"));
130                        intWeek = base.changeStrWeekToInt(week);
131                        alarmId = base.getAlarmId(intWeek, whichLesson);
132                        cancelAlarm(alarmId);// 取消提醒闹钟
133                        cancelAudio(alarmId);// 取消自动情景模式切换
134                        db.deleteCourse(id);
135                    }
136                    Toast.makeText(Setting.this,
137                        "删除星期一~星期五所有行程和闹钟成功！", Toast.LENGTH_LONG).show();
138                }
139                break;
```

图 4A-58　删除星期一～星期五所有行程和闹钟

```xml
1  <?xml version="1.0" encoding="utf-8"?>
2  <manifest xmlns:android="http://schemas.android.com/apk/res/android"
3      package="com.winall.android.itaoke"
4      android:versionCode="1"
5      android:versionName="1.0">
6      <application android:icon="@drawable/icon" android:label="@string/app_name">
7          <activity android:name=".iTaoke"
8                    android:label="@string/app_name">
9              <intent-filter>
10                 <action android:name="android.intent.action.MAIN" />
11                 <category android:name="android.intent.category.LAUNCHER" />
12             </intent-filter>
13         </activity>
14
15         <activity
16             android:name=".MyTab"
17             android:label="@string/mytab">
18         </activity>
19         <activity
20             android:name=".CourseInfo"
21             android:label="@string/courseInfo">
22         </activity>
23         <activity
24             android:name=".SendMassage"
25             android:label="@string/sendMassage">
26         </activity>
27
28         <activity
29             android:name=".AlarmAlert"
30             android:label="@string/alarmAlert">
31         </activity>
32         <activity
33             android:name=".Setting"
34             android:label="@string/setting">
35         </activity>
```

图 4A-59　androidManifest.xml

B 行程表数据库

搜索关键字

（1）SQLiteDatabase
（2）SQLiteOpenHelper

本章难点

Android 上的数据存储可以采用 SQLite 来完成，SQLite 是集成在 Android 平台上的一个嵌入式关系型数据库。SQLite 最大的特点是无论这列声明的数据类型是什么，它都可以保存任何类型的数据到任何字段中。对一个内嵌的数据库进行操作也是个难点。

B.1 项目简介

本章主要介绍数据库存储的相关知识，体会数据是如何一行行被实现读写的。

B.2 案例设计与实现

B.2.1 需求分析

1. 项目的功能

（1）新建数据库并实现更新功能。如果数据库里面有课程或者计划的数据，主界面初始化时，主界面会在相应地进行改变。
（2）对数据库可以进行增删查改的功能。
（3）全局设置，一键将设置的所有星期一～星期五的行程和闹钟全部删除、一键将设置的所有周末行程和闹钟全部删除、一键将设置的所有计划和闹钟全部删除。

2. 数据存储

（1）SQLiteDatabase。
（2）SQLiteOpenHelper。

3. 权限

在整个系统中，AndroidManifest.xml 需要添加以下的权限：

```
<!-- 开机自启动:允许一个程序接收到 ACTION_BOOT_COMPLETED 广播在系统完成启动 -->
<uses-permission android:name = "android.permission.RECEIVE_BOOT_COMPLETED"/>
<!-- 发送短信:允许程序发送 SMS 短信 -->
<uses-permission android:name = "android.permission.SEND_SMS"/>
<!-- 拨打电话 :允许一个程序初始化一个电话拨号不需通过拨号用户界面,需要用户确认 -->
<uses-permission android:name = "android.permission.CALL_PHONE"/>
<!-- 关闭应用程序:允许程序重新启动其他程序 -->
<uses-permission android:name = "android.permission.RESTART_PACKAGES"/>
<!-- 手机震动 :允许访问振动设备 -->
<uses-permission android:name = "android.permission.VIBRATE" />
```

B.2.2 数据库设计与功能实现

在 Android 开发中，数据库的使用属于高级应用部分，数据的存储方式也有多种，下面将介绍本项目中数据库的设计与实现。

1. 准备知识

Android 平台提供给我们一个数据库辅助类来创建或打开数据库,这个辅助类继承自 SQLiteOpenHelper 类,在该类的构造器中,调用 Context 中的方法创建并打开一个指定名称的数据库对象。继承和扩展 SQLiteOpenHelper 类主要做的工作就是重写以下两个方法。

(1) onCreate(SQLiteDatabase db):当数据库被首次创建时执行该方法,一般将创建表等初始化操作在该方法中执行。

(2) onUpgrade(SQLiteDatabse dv, int oldVersion, int new Version):当打开数据库时传入的版本号与当前的版本号不同时会调用该方法。

除了上述两个必须要实现的方法外,还可以选择性地实现 onOpen 方法,该方法会在每次打开数据库时被调用。

SQLiteOpenHelper 类的基本用法是:当需要创建或打开一个数据库并获得数据库对象时,首先根据指定的文件名创建一个辅助对象,然后调用该对象的 getWritableDatabase 或 getReadableDatabase 方法 获得 SQLiteDatabase 对象。

调用 getReadableDatabase 方法返回的并不总是只读数据库对象,一般来说该方法和 getWriteableDatabase 方法的返回情况相同,只有在数据库仅开放只读权限或磁盘已满时才会返回一个只读的数据库对象。

2. 数据库设计

首先,根据实体类来设计数据库中的表。

总表设计,如图表 4B-1 所示。

表详细设计,如表 4B-2 所示。

表 4B-1 总表

表名	功能说明
Tb_schedule	行程(包括星期一～星期五和周末的行程信息)
Tb_plan	计划(可以是学习计划、运动计划等等)

表 4B-2 详细表

表名 列名	Tb_schedule		
	数据类型(精度范围)	约束条件	其他说明
id	INTEGER	主键,自动填充	行程 ID
week	String		星期
whichLesson	String		课次
cName	String		课程名称
period	日期/时间		周期(单周、双周和单双周)
startTime	文本		行程开始时间
endTime	文本		行程结束时间
address	String		上课地点
remindTime	String		提醒时间
isRemind	boolean		是否需要提醒
isRemindByVibrato	boolean		是否震动提醒
isRemindByRing	boolean		是否铃声提醒
teacher	String		任课老师
submitDate	String		设置、提交时间
补充说明			

续表

列名 \ 表名	Tb_plan		
	数据类型(精度范围)	约束条件	其他说明
id	INTEGER	主键,自动填充	计划 ID
pno	String		计划编号
content	String		计划内容
remindTime	String		提醒时间
isRemind	boolean		是否需要提醒
isRemindByVibrato	boolean		是否震动提醒
isRemindByRing	boolean		是否铃声提醒
补充说明			

然后,定义用于封装行程和计划信息的实体类 Course 和 Plan,分别为 Course 类和 Plan 类定义变量字段。如图 4B-1、图 4B-2 和 4B-3 所示。

3. 功能实现(难点)

在该系统中,数据库功能的实现,需要掌握 SQLiteDatabase 和 SQLiteOpenHelper 这两类的使用。

在另外的包中新建一个类:MyDB。如图 4B-4 所示,在代码前面定义程序中需要的一些变量,构造带 Context 类型参数的构造方法,下面是需要注意的几个要点:

(1) 使用 SQLiteOpenHelper 来创建表,如图 4B-5 所示。

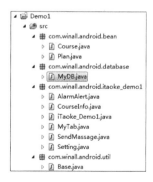

图 4B-1 数据库文件

图 4B-2 Course

(2) 各种对数据库操作的函数。

1) 辅助类 MyDBHelper(数据库管理)

【小技巧】代码中的打印出省略号(293 行所示),目的是在测试的过程中检查是否执行到

179

```
3  public class Plan {
4      private int pno;// 提醒内容
5      private String content;// 提醒内容
6      private String remindTime; //提醒时间
7      private boolean isRemind; // 是否提醒
8      private boolean isRemindByVibrato; //是否震动提醒
9      private boolean isRemindByRing; //是否铃声提醒
10
11     public Plan(int pno, String content, String remindTime, boolean isRemind,
12             boolean isRemindByVibrato, boolean isRemindByRing) {
13         // TODO Auto-generated constructor stub
14         this.pno = pno;
15         this.content = content;
16         this.remindTime = remindTime;
17         this.isRemind = isRemind;
18         this.isRemindByVibrato = isRemindByVibrato;
19         this.isRemindByRing = isRemindByRing;
20     }
21     public String getContent() {
22         return content;
23     }
24     public void setContent(String content) {
25         this.content = content;
26     }
27     public int getPno() {
28         return pno;
29     }
30     public void setPno(int pno) {
31         this.pno = pno;
32     }
33     public String getRemindTime() {
34         return remindTime;
35     }
36     public void setRemindTime(String remindTime) {
37         this.remindTime = remindTime;
38     }
39     public boolean isRemind() {
40         return isRemind;
41     }
42     public void setRemind(boolean isRemind) {
43         this.isRemind = isRemind;
44     }
45     public boolean isRemindByVibrato() {
46         return isRemindByVibrato;
47     }
48     public void setRemindByVibrato(boolean isRemindByVibrato) {
49         this.isRemindByVibrato = isRemindByVibrato;
50     }
51     public boolean isRemindByRing() {
```

图 4B-3 Plan

这一步,比较醒目容易检查。

MyDBHelper 继承 SQLiteOpenHelper 抽象类。SQLiteOpenHelper 是创建数据库和数据库版本管理的辅助类,想要得到 SQLiteDatabase 对象,必须先得到 SQLiteOpenHelper,通过 SQLiteDatabase 实例的一些方法,可以执行 SQL 语句,对数据库进行增删查改的操作。

SQLiteOpenHelper 有 3 个函数 onCreate、onUpgrade、onOpen(一般不用),关键是重写 onCreate 方法,一般在 onUpgrade 方法中边删除数据表并建立新的数据表,当然也可以不做任何操作,如图 4B-5 所示。

【知识点】onCreate 只是在程序第一次运行,数据库还没有建立时运行一次。当系统要更新升级的时候,同时新版本中数据库表结构或内容有变化,这时 onUpgrade 方法会根据目前数据库版本号来判断数据库是否升级。

【小技巧】开发时,如果项目需要复制到另外一台计算机的虚拟机上测试,应先把数据库删除,再复制项目,这样可以避免项目在另一台计算机的虚拟机上运行出错。

2) 辅助类 SQLiteDatabase(增删查改)

经过上面命令操作,系统中已经新建了对应的数据库。数据库文件位于/data/data/你的程序的包名/databases/中,图 4B-6 是一个例子。

【注意】程序必须运行起来才可以看到相对应的数据库,否则 File Explorer 内容为空。

SQLiteDatabase 中提供的对数据库操作的方法有:insert、delete、query、update 等。因

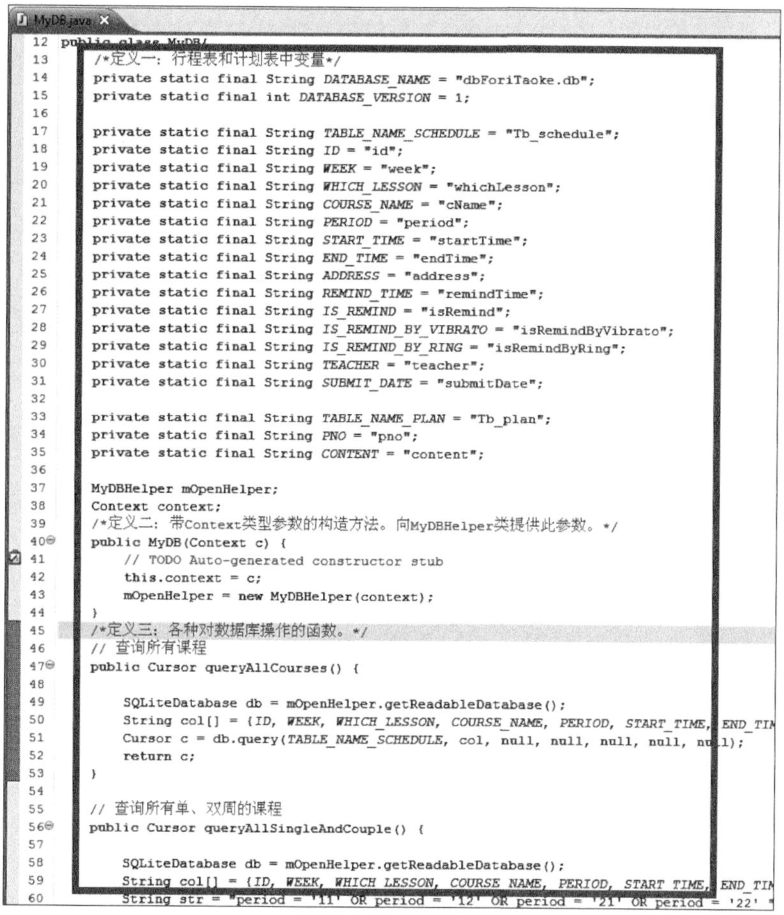

```
MyDB.java
public class MyDB{
    /*定义一：行程表和计划表中变量*/
    private static final String DATABASE_NAME = "dbForiTaoke.db";
    private static final int DATABASE_VERSION = 1;

    private static final String TABLE_NAME_SCHEDULE = "Tb_schedule";
    private static final String ID = "id";
    private static final String WEEK = "week";
    private static final String WHICH_LESSON = "whichLesson";
    private static final String COURSE_NAME = "cName";
    private static final String PERIOD = "period";
    private static final String START_TIME = "startTime";
    private static final String END_TIME = "endTime";
    private static final String ADDRESS = "address";
    private static final String REMIND_TIME = "remindTime";
    private static final String IS_REMIND = "isRemind";
    private static final String IS_REMIND_BY_VIBRATO = "isRemindByVibrato";
    private static final String IS_REMIND_BY_RING = "isRemindByRing";
    private static final String TEACHER = "teacher";
    private static final String SUBMIT_DATE = "submitDate";

    private static final String TABLE_NAME_PLAN = "Tb_plan";
    private static final String PNO = "pno";
    private static final String CONTENT = "content";

    MyDBHelper mOpenHelper;
    Context context;
    /*定义二：带Context类型参数的构造方法。向MyDBHelper类提供此参数。*/
    public MyDB(Context c) {
        // TODO Auto-generated constructor stub
        this.context = c;
        mOpenHelper = new MyDBHelper(context);
    }
    /*定义三：各种对数据库操作的函数。*/
    // 查询所有课程
    public Cursor queryAllCourses() {

        SQLiteDatabase db = mOpenHelper.getReadableDatabase();
        String col[] = {ID, WEEK, WHICH_LESSON, COURSE_NAME, PERIOD, START_TIME, END_TIM
        Cursor c = db.query(TABLE_NAME_SCHEDULE, col, null, null, null, null, null);
        return c;
    }

    // 查询所有单、双周的课程
    public Cursor queryAllSingleAndCouple() {

        SQLiteDatabase db = mOpenHelper.getReadableDatabase();
        String col[] = {ID, WEEK, WHICH_LESSON, COURSE_NAME, PERIOD, START_TIME, END_TIM
        String str = "period = '11' OR period = '12' OR period = '21' OR period = '22' "
```

图 4B-4　MyDB

此，利用 SQLiteDatabase 的对象实例，可以对数据库进行一系列的操作：增、删、查、改。

（1）insert：向数据库表插入数据，方法的使用如图 4B-7 所示。

（2）delete：删除数据库表中的数据，方法的使用如图 4B-8 所示。

（3）query：查找数据库表中的数据，方法的使用如图 4B-9 所示。

（4）update：更新数据库表中的数据，方法的使用如图 4B-10 所示。

【注意】不管用什么方法打开了数据库，对数据库操作完之后要用 close 方法关闭数据库，如果不关闭会抛出异常，但一般不妨碍程序的正常运行。

B.2.3　ADB 访问数据库

SQLite 是用 C 语言编写的开源嵌入式数据库引擎，可以支持多达十几万次点击率。完全独立、不具有外部依赖性，并非 Android 所独有的。

如图前面 4B-6 所示，找到 File Explorer 中/data/data/然后找到程序包的文件夹，打开 databases，就能看到 SQLite 数据库文件了。选择将其导出。这样就把 SQLite 数据库文件以文件的方式导出来了，然后使用 SQLite 界面管理工具如 SQLite administrator、SQLite man 或者 firefox 插件 SQLite manager 等打开就可以了。

除了上述方式以外，还可以使用 adb 工具访问 SQLite 数据库

Android Debug Bridge（ADB）是 Android 的一个通用调试工具，它可以更新设备或模拟

图 4B-5　使用 SQLiteOpenHelper 创建表

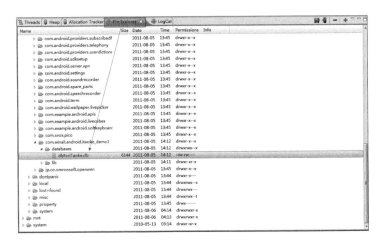

图 4B-6　数据库文件

器中的代码,可以管理预定端口,可以在设备上运行 shell 命令,众所周知 Android 是基于 Linux 内核,它的内部文件结构也是采用 linux 文件组织方式,因此访问它的文件结构需要使用 shell。下面就会用 shell 来访问 Android 应用中的 SQLite 数据库文件。

图 4B-7　添加计划

图 4B-8　根据计划编号来删除计划

图 4B-9　根据计划编号来查询计划

(1) 运行 cmd,切换到 Android-sdk 目录,运行 adb.exe,加上参数 shell,出现♯号就代表进入了 shell 命令模式,注意 adb 要在 Android 模拟器运行时才能进入 shell,如图 4B-11 所示。

(2) shell 命令记住两个基本命令 ls 和 cd,类似 Windows 命令提示行中的 dir 和 cd,代表列出当前目录下文件列表和进入到指定目录。了解这两个命令之后,就可以找到 data/data/项目包名/databases,如图 4B-12 所示。

图 4B-10　根据计划编号来更新计划

(3) 找到数据库文件,本例中是 dbForiTaoke.db,如图 4B-13 所示。

(4) 启动 SQLite3 程序,仅仅需要输入带有 SQLite 数据库名字的"SQLite3"命令即可。如图 4B-14 所示。

图 4B-11　进入 shell

图 4B-12　进入目录

【注意】需要特别留心的是当数据库中没有任何数据的时候，例如图 4B-15 左图,利用 select 语句,会发现图 4B-14 标记 1 的地方会将 select 语句返回。当在项目中添加数据库之后,如图 4B-15 右图,便会发现 4B-14 标记 2 处有数据返回。

图 4B-13　找到数据库

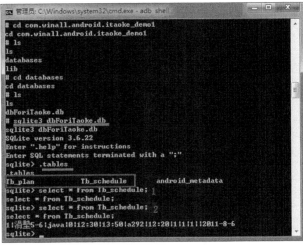

图 4B-14　启动 SQLite3 程序

可以根据需要对数据库进行增删改查,有关详细的命令建议读者查阅各大搜索引擎或者 SQLite 官方网站(在章节后有列出地址)。当然,类似其他的软件一样,SQLite 支持帮助查询,输入.help 调出帮助信息,如图 5B-16 所示。

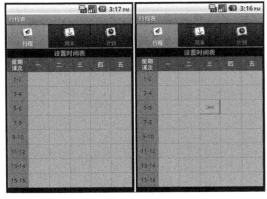

图 4B-15　增加内容

图 4B-16　帮助

【注意】
(1) data/data 这个目录是需要 root 权限的;
(2) adb shell 进入手机后,不是每个手机都能找到 SQLite3 这个命令的。
最后,建议读者认识并掌握 SQLite3 命令行操作的命令,因为在开发过程中一定会遇到没有 UI 的情况下进行调试,这个时候没有 widget 参与操作数据库就必须手动操作数据库,例如下一章。

B.3　项目心得

本章介绍了《放心行程表》案例中的 Android 的数据的存储方式,最终达到界面根据数据库里面数据的变化而发生变化的效果。纵观下来,需要注意的地方也很多:在数据库实现方面,其实 Android 存储还有很多种方式,可根据系统本身的需要或自身对数据库存储的熟练程度来选择哪种存储方式,本章是只讲解了其中的一种。如果想把数据库运用得更灵活,还需多构思多动手。

B.4 参考资料

(1) SQLite3 类:

http://blog.csdn.net/wonderful19891024/article/details/6042222

(2) SQLite 命令:

http://www.sqlite.org/sqlite.html

http://blog.csdn.net/wonderful19891024/article/details/6042222(中文)

(3) 数据库实例1:

http://dev.10086.cn/cmdn/wiki/index.php?doc-view-6525.html

(4) 数据库实例2:

http://trygood.iteye.com/blog/974855

版本问题,因为 sdk2.3 以上的在 tools 目录里找不到 adb 了。

解决方法:在 sdk 中 platform-tools 目录里有三个文件,adb.exe AdbWinApi.dll AdbWinUsbApi.dll 把它们复制到 sdk 的 tools 目录里(与 platform-tools 位于同一层)

C 闹钟与情景模式

搜索关键字

(1) PendingIntent

(2) AlarmManager

(3) AudioManager

(4) MediaPlayer

(5) Vibrator

(6) BroadcastReceiver

(7) Service

(8) 开机自启动服务

本章难点

有了 UI 的界面跳转以及操作存储的数据库已经万事俱备,现在只欠功能代码。

闹钟提醒功能和自动切换情景模式是该系统的核心功能。这两个功能的实现都涉及 AlarmManager、Service 和 BroadcastReceiver 等的使用,且实现方式大同小异。当然,闹钟的提醒还涉及铃声的播放和手机的震动,而情景模式的自动切换也需要通过 AudioManager 来管理情景模式。实现这两个功能,涉及的知识点也不少,可见,这是本章的难点。

C.1 项目简介

本章主要介绍闹钟提醒和情景模式自动切换的功能实现。

如图 4C-1 所示,为已经添加了星期一～星期五行程的主界面。

此时,再次单击设置好的行程,会弹出如图 4C-2 所示的对话框。

图 4C-1　已经添加了星期一～
星期五行程的主界面

图 4C-2　行程信息列表对话框

当行程提醒时间到达时,闹钟提醒发生,会弹出如图 4C-3 所示的对话框,并伴随着铃声或震动。

当行程开始时间到达时,自动切换为静音模式,如图 4C-4 所示。

当行程结束时间到达时,自动切换为行程开始前的模式,如图 4C-5 所示。

图 4C-3　闹钟提醒对话框　　　图 4C-4　自动切换为静音模式　　　图 4C-5　自动切换为行程
　　　　　　　　　　　　　　　　　　　　　　　　　　　　　　　　　　　　开始前的模式

C.2 案例设计与实现

C.2.1 需求分析

1. 项目的功能

(1) 闹钟提醒时,如果临时有事,可单击"请假"按钮跳转到发短信和拨打电话界面。

(2) 行程表开始时自动切换到静音模式,在开始到结束期间保持静音模式,结束后自动切换到开始前的模式。

(3) 全局设置,一键将设置的所有星期一~星期五的行程和闹钟全部删除、一键将设置的所有周末行程和闹钟全部删除、一键将设置的所有计划和闹钟全部删除。

2. 需要界面跳转

(1) 由于上次试验 UI 试验特别烦琐,所以本次演示的试验就不涉及任何 UI 设计,如图所示。固定了星期三的第一二节课的时间。

(2) 本项目一共就两个界面,登录主界面之后就进入时间设置界面,提交之后就保存到数据库当中。效果图如图 4C-6 所示。

图 4C-6　效果图 1

图 4C-7　效果图 2

3. 数据存储

(1) SQLiteDatabase。

(2) SQLiteOpenHelper。

4. 特殊功能

(1) 单双周设置。

(2) TimePicker。

(3) DatePicker。

权限：

在整个系统中，AndroidManifest.xml 需要添加以下的权限：

<!-- 开机自启动:允许一个程序接收到 ACTION_BOOT_COMPLETED 广播在系统完成启动 -->
<uses-permission android:name = "android.permission.RECEIVE_BOOT_COMPLETED"/>
<!-- 发送短信:允许程序发送 SMS 短信 -->
<uses-permission android:name = "android.permission.SEND_SMS"/>
<!-- 拨打电话:允许一个程序初始化一个电话拨号不需通过拨号用户界面,需要用户确认 -->
<uses-permission android:name = "android.permission.CALL_PHONE"/>
<!-- 关闭应用程序:允许程序重新启动其他程序 -->
<uses-permission android:name = "android.permission.RESTART_PACKAGES"/>
<!-- 手机震动 :允许访问振动设备 -->
<uses-permission android:name = "android.permission.VIBRATE"/>

C.2.2 闹钟提醒

闹钟的提醒，涉及了 AlarmManager、PendingIntent、MediaPlayer、Vibrator 等方面的知识，下面将讲解主要的相关知识，并介绍功能是如何实现的。

在 Android 系统中闹铃服务功能不仅仅对闹钟应用程序服务，最重要的是可以利用闹铃服务功能提供的唤醒能力来做定时器。这样即便应用程序没有运行或者是没有启动的情况下，只要其注册过闹铃，那么该闹铃到设定的时间后，Android 系统可以自动将该应用程序启动，这就是所谓的闹铃"唤醒"功能。

1. 准备知识 AlarmManager

实现本次试验的最核心的功能是定时提醒和指定时间转换情景模式，实现这两个功能主要是解决两个问题：

(1) 到了设定时间闹钟要发出提醒，其实转换模式和闹钟类似，无非多了一个 AudioManager 而已。闹钟的原理弄通之后，情景模式也就一通百通。要实现闹钟的提醒功能，需要熟练掌握 AlarmManager 的用法。

(2) 其次，闹钟定点工作可以简单的形容为："打电话叫救护车。"救护车（即闹钟）一直是被动在等待的，而打电话之后就类似于触发了闹钟事件，而且触发的时间由用户设定的。这里救护车就是闹钟要做的事件（闹铃提醒，toast 提醒等等），而救护车是不止一辆，一定要给每辆救护车编上号码，否则就会乱套，通知一来就不知道该调用哪一个救护车（闹钟）。

下面就用实际的程序来说明上述的两个问题。首先，了解一下 Android 的闹钟机制。

1) 闹钟机制

Android 有其自身的一套闹钟机制，在 Android 闹钟与广播机制中，对应 AlarmManager 有一个 AlarmManagerService 服务程序，该服务程序才是真正提供闹铃服务的，它主要维护应用程序注册下来的各类闹铃并适时的设置即将触发的闹铃设备，并且一直监听闹铃设备，一旦有闹铃触发或者是闹铃事件发生，AlarmManagerServie 服务程序就会遍历闹铃列表找到相应的注册闹铃并发出广播。该服务程序在系统启动时被系统服务程序 system_service 启动并初始化闹铃设备。

【特别注意】设置的闹钟只保存在内存中，关机之后闹钟会被清除，再次开机时，之前设置的闹钟会不复存在,因此,需要自定义 Service 来管理闹钟。(之前发布的版本没有留意到这一点,因为在模拟器上调试没有问题。但真实环境下用户重启,例如换电池的时候,软件中的闹钟提醒就不起作用)。

设置完闹钟,再来学习比较烦琐的 AlarmManager 的使用。

2) AlarmManager 的作用

AlarmManager 将应用与服务分割开来后,使得应用程序开发者不用关心具体的服务,而是直接通过 AlarmManager 来使用这种服务。AlarmManager 与 AlarmManagerServie 之间是通过 Binder 来通信的,他们之间是多对一的关系。

最后,掌握 AlarmManager 的使用。

在 Android 中,AlarmManager 提供了 4 个 API 调用接口和 5 种类型的闹铃服务:

4 个 API 调用接口:

(1) 取消已经注册的与参数匹配的闹铃

void cancel(PendingIntent operation)

(2) 注册一个新的闹铃

void set(int type, long triggerAtTime, PendingIntent operation)

(3) 注册一个重复类型的闹铃

void setRepeating (int type, long triggerAtTime, long interval, PendingIntent operation)

(4) 设置时区

void setTimeZone(String timeZone)

5 种闹铃服务:

(1) public static final int ELAPSED_REALTIME

当系统进入睡眠状态时,这种类型的闹铃不会唤醒系统。直到系统下次被唤醒才传递它,该闹铃所用的时间是相对时间,是从系统启动后开始计时的,包括睡眠时间,可以通过调用 SystemClock.elapsedRealtime()获得。系统值是 3(0x00000003)。

(2) public static final int ELAPSED_REALTIME_WAKEUP

能唤醒系统,用法同 ELAPSED_REALTIME 类似,系统值是 2(0x00000002)。

(3) public static final int RTC

当系统进入睡眠状态时,这种类型的闹铃不会唤醒系统。直到系统下次被唤醒才传递它,该闹铃所用的时间是绝对时间,所用时间是 RTC 时间,可以通过调用 System.currentTimeMillis()获得。系统值是 1(0x00000001)。

(4) public static final int RTC_WAKEUP

能唤醒系统,用法同 RTC 类型,系统值为 0(0x00000000)。

(5) public static final int POWER_OFF_WAKEUP

能唤醒系统,它是一种关机闹铃,就是说设备在关机状态下也可以唤醒系统,所以我们把它称之为关机闹铃。使用方法同 RTC 类型,系统值为 4(0x00000004)。

【注意】在 Android 系统中,底层系统提供了两种类型的时钟,软时钟与硬时钟,软时钟就是我们常说的 Timer,硬时钟就是 RTC(Real-Time Clock 实时时钟芯片)。系统在正常运行的情况下,Timer 工作提供时间服务和闹铃提醒,而在系统进入睡眠状态后,时间服务和闹铃提醒由 RTC 来负责。最大的差别就是前者可以通过修改时间触发闹钟事件,后者要通过真实时间的流逝，即使在休眠状态，时间也会被计算。

对于上层应用来说，开发者并不需要关心是 timer 还是 RTC 为我们提供服务，因为 Android 系统的 Framework 层把底层细节做了封装并统一提供 API。这个 API 就是 AlarmManager。

2. 功能实现

对 Android 的闹钟与广播机制有所了解之后，闹钟提醒功能的实现，需要熟练掌握 AlarmManager 的用法。

1）设置闹钟 AlarmManager

闹钟的设置，是用 AlarmManager 来设置的。

（1）首先，获取 AlarmManager 对象

```
AlarmManager am;
am = (AlarmManager) getSystemService(ALARM_SERVICE);
```

（2）然后，生成一个 PendingIntent

```
Intent intent = n ew Intent(ALARM_ALERT_ACTION);
PendingIntent pendingIntent = PendingIntent. getBroadcast ( context, req,  intent,  PendingIntent.
FLAG_UPDATE_CURRENT);
```

```
Base.java
public int getAlarmId(int week, String whichLesson) {
    int alarmId = 0;
    // 星期一
    if(week==2 && whichLesson.equals("1-2")){
        alarmId = 11;
    }
    else if(week==2 && whichLesson.equals("3-4")){
        alarmId = 12;
    }
    else if(week==2 && whichLesson.equals("5-6")){
        alarmId = 13;
    }
    else if(week==2 && whichLesson.equals("7-8")){
        alarmId = 14;
    }
    else if(week==2 && whichLesson.equals("9-10")){
        alarmId = 15;
    }
    else if(week==2 && whichLesson.equals("11-12")){
        alarmId = 16;
    }
    else if(week==2 && whichLesson.equals("13-14")){
        alarmId = 17;
    }
    else if(week==2 && whichLesson.equals("15-16")){
        alarmId = 18;
    }
    // 星期二
    if(week==3 && whichLesson.equals("1-2")){
        alarmId = 21;
    }
    else if(week==3 && whichLesson.equals("3-4")){
        alarmId = 22;
    }
    else if(week==3 && whichLesson.equals("5-6")){
        alarmId = 23;
```

图 4C-8　获取闹钟 ID

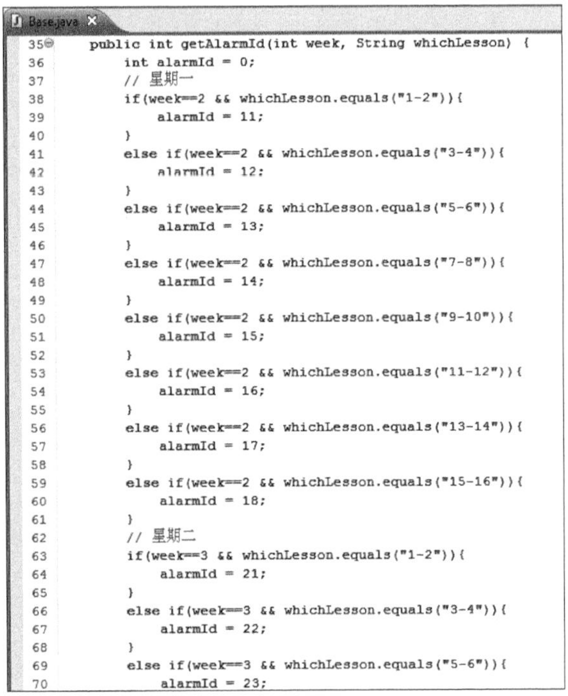

【知识点】 pendingIntent 的第二参数 req 可以看成是闹钟 ID，如果想同时设置多个闹钟，这个参数的值是不能重复的，如果重复，则会覆盖之前设置的那个闹钟，这样的话，多个闹钟就不会起到作用。其实在日常手机中人们也会设置多个闹钟，分别在不同的时刻提醒，这些闹钟也都有各自的不同的 ID。

针对该系统需要实现同时设置多个闹钟，可以先为每个行程指定唯一的闹钟 ID，如图 4C-8 所示。

（3）之后，通过 AlarmManager 设置提醒闹钟

设置单次闹钟（详情请见上述 AlarmManager 调用的 API 接口）

```
alarmManager. set ( AlarmManager. RTC _
WAKEUP, startTime, pendingIntent);
```

设置重复发生的闹钟，比如每天一次的。

```
alarmManager.setRepeating(AlarmManager.RTC, startTime, interval,pendingIntent);
```

（4）最后，可通过 AlarmManager 删除提醒闹钟

```
alarmManager.cancel(pendingIntent);
```

2）接收广播 BroadcastReceiver

AlarmManagerServie 服务程序一直监听闹铃设备，一旦有闹铃触发或者是闹铃事件发生，AlarmManagerServie 服务程序就会遍历闹铃列表找到相应的注册闹铃并发出广播。因此，需要定义接受广播的 BroadcastReceiver。

(1) 首先,创建一个类 AlarmReceiver 继承 BroadcastReceiver,在回调方法 onReceive 中,用 Intent 实现向闹钟提醒界面的跳转,如图 4C-9 所示。

【注意】只有当 AlarmReceiver 接收到从 AlarmManagerServie 服务程序发来的广播时,这里的 onReceive 方法才被执行。

(2) 然后,需要在 AndroidManifest.xml 中声明广播

```
<receiver android:name = ".AlarmReceiver" android:process = ":remote">
    <intent-filter>
        <action android:name = "com.android.alarmclock.ALARM_ALERT" />
    </intent-filter>
</receiver>
```

3) 铃声提醒 AlarmAlert

在闹钟提醒界面 AlarmAlert 中,实现弹出行程信息对话框提醒的同时,还可能伴随着铃声的播放。

实现铃声提醒,本系统采用 MediaPlayer 来播放铃声,需要通过调用 MediaPlayer 类中的方法来达到铃声的播放。

首先,可以准备自带的铃声文件,并放在 res 下的 raw 文件夹中,如图 4C-10 所示。

图 4C-9   AlarmReceiver

图 4C-10   res 下 raw 文件夹中的铃声文件

然后,设置铃声资源,如图 4C-11 所示。

之后,实现铃声的播放,如图 4C-12 所示。

图 4C-11   设置铃声资源

图 4C-12   播放铃声的代码实现

最后,关闭铃声的播放,如图 4C-13 所示。

4) 震动提醒 VIBRATE

在闹钟提醒界面 AlarmAlert 中,实现弹出行程信息对话框提醒的同时,还可能伴随着震动的效果。

图 4C-13 关闭铃声的代码实现

实现震动提醒,需要通过调用 Vibrator 类中的方法来达到震动的效果。

首先,在 AndroidManifest.xml 中添加震动权限

<!-- 手机震动:允许访问震动设备 -->
<uses-permission android:name="android.permission.VIBRATE" />

【小技巧】 在 Android 的开发中,很多时候需要在 AndroidManifest.xml 添加相应权限,建议开发者在项目开发中,需要添加权限的,先就把权限设置好再编写其他实现代码,以免忘记权限的设置。

然后,获取 Vibrator 对象

Vibrator mVibrator;
mVibrator = (Vibrator)getApplication().getSystemService(VIBRATOR_SERVICE);

然后,实现震动的效果,如图 4C-14 所示。

【知识点】震动的实现直接调用 vibrate(long[] pattern, int repeat)这个方法即可,第一个参数 long[] pattern 是一个节奏数组,比如{1,200},而第二个参数是重复次数,-1 为不重复,非-1 为从 pattern 的指定下标开始重复。

最后,取消震动的效果,如图 4C-15 所示。

图 4C-14 开启震动效果的代码实现　　　图 4C-15 取消震动效果的代码实现

C.2.3 情景模式自动切换

情景模式的自动切换,涉及了 AlarmManager、Intent、PendingIntent、AudioManager 等方面的知识,下面将讲解主要的相关知识,并介绍功能是如何实现的。

1. 准备知识

要是实现情景模式的自动切换,除了需要掌握 AlarmManager 的用法之外,还需要掌握 AudioManager 的使用。

情景模式分为多种,即可以使用系统自带的,也可以使用自定义的。声音、静音、震动、震动和声音兼备,甚至声音大小的管理,都可以通过 AudioManager 来进行管理。

1) AudioManager

AudioManager 类位于 android.Media 包中,该类提供访问控制音量和铃声模式的操作,由于 AudioManager 类方法过多,这里只讲述几个比较常用的主要方法:

(1) adjustVolume(int direction, int flags):这个方法用来控制手机音量大小。当传入的第一个参数为 AudioManager.ADJUST_LOWER 时,可将音量调小一个单位,传入 AudioManager.ADJUST_RAISE 时,则可以将音量调大一个单位。

(2) getMode():返回当前音频模式。

(3) getRingerMode():返回当前的铃声模式。

(4) getStreamVolume(int streamType):取得当前手机的音量,最大值为 7,最小值为 0,当为 0 时,手机自动将情景模式调整为"震动模式"。

(5) setRingerMode(int ringerMode):改变铃声模式。

2）情景模式的设置方式

（1）声音模式

`AudioManager.setRingerMode(AudioManager.RINGER_MODE_NORMAL);`

（2）静音模式

`AudioManager.setRingerMode(AudioManager.RINGER_MODE_SILENT);`

（3）震动模式

`AudioManager.setRingerMode(AudioManager. RINGER_MODE_VIBRATE);`

（4）调整声音大小

减少声音音量：

`AudioManager.adjustVolume(AudioManager.ADJUST_LOWER, 0);`

调大声音音量：

`AudioManager.adjustVolume(AudioManager.ADJUST_RAISE, 0);`

2. 功能实现

情景模式自动切换的功能实现，与闹钟提醒的功能实现是大同小异的，和闹钟到点提醒的实现一样，情景模式的自动切换也需要用 AlarmManager 来使用 AlarmManagerService 服务程序提供的此闹铃服务来设置闹钟，从而实现情景切换的自动。而情景模式的切换需要用 AudioManager 来实现。

1）设置闹钟

前面已经讲到闹钟的设置，这里就不再重复介绍。

2）接收广播

与前面讲到的闹钟提醒功能的实现需要定义一个接受广播的类一样，这里，也需要定义接受广播的 BroadcastReceiver。

首先，创建一个类 AudioReceiver 继承 BroadcastReceiver，在回调方法 onReceive 中，实现情景模式的切换，如图 4C-16 所示。

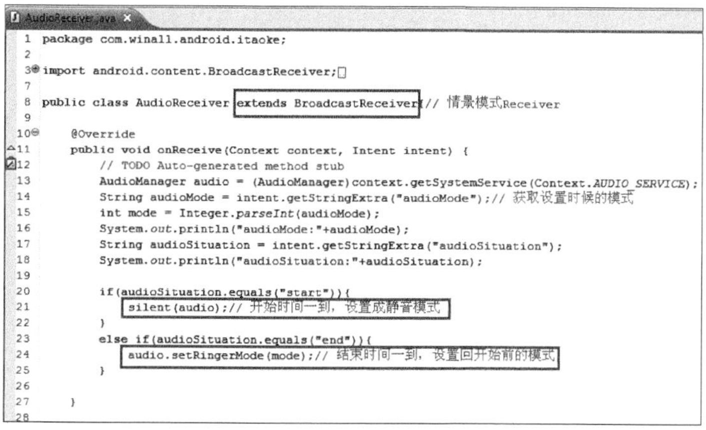

图 4C-16　AudioReceiver

【注意】只有当 AlarmReceiver 接受到从 AlarmManagerServie 服务程序发来的广播时，这里的 onReceive 方法才被执行

然后，需要在 AndroidManifest.xml 中声明广播。

```
<receiver android:name=".AudioReceiver" android:process=":remote">
    <intent-filter>
```

```xml
        <action android:name = "com.android.alarmclock.AUDIO" />
    </intent-filter>
</receiver>
```

3）情景模式切换

利用闹钟的机制，情景模式的切换实现了自动。情景模式的切换需要运用 AudioManager 来实现。

首先，获取 AudioManager 对象

```
AudioManager audioMgr;
audioMgr = (AudioManager)context.getSystemService(AUDIO_SERVICE);
```

然后，切换情景模式。

本系统的设想是：实现行程开始时切换为静音模式，行程结束后切换为行程前的模式（用户原来是什么状态就还原为什么状态），实现主要代码如下：

```
int mode = audio.getRingerMode();     // 获取当前的情景模式
audio.setRingerMode(mode);             // 设置情景模式
```

下面提供各种情景模式的代码实现，本程序实现了其方法并没有调用。

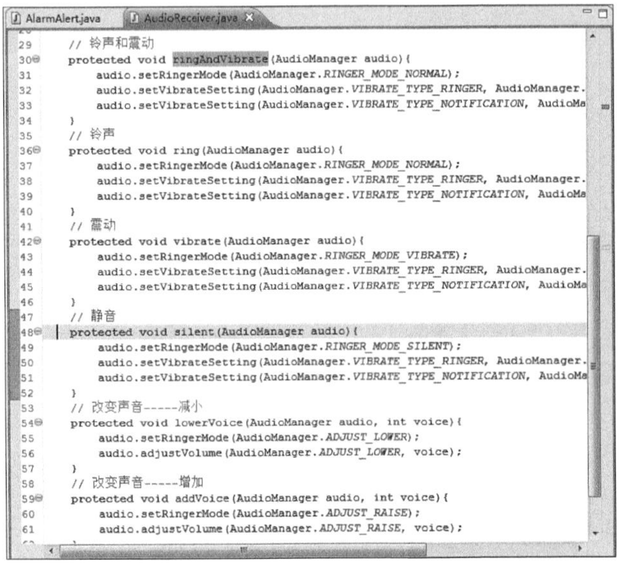

因为是直接恢复了用户原本状态，例如原来是震动加铃声的，到了上课时间调整为无声，到了下课又恢复原本震动加铃声而没有修改为只铃声或者其他状态。如果读者有兴趣可以进行修改，如图 4C-17 所示。

图 4C-17 各种情景模式的代码实现

C.2.4　开机自动启动

到这里程序最主要的功能已经完成，但是现在的程序越来越讲究用户体验。因为程序在 Android 市场稍有不如人意的地方，马上就会被大量其他相似的软件所替代。例如，本项目如果不实现开机启动，用户开机每次开机都需要重新设置一次，产品自然就会被淘汰了。

开机自启动服务，涉及了 BroadcastReceiver 和 Service 方面的知识，以及在 Android 中，开机启动后系统的一些机制，相对于闹钟和情景模式而言简单一些。下面将讲解主要的相关知识，并介绍功能是如何实现的。

1．相关知识

在 Android 中，开机启动后系统会发出一个 Standard Broadcast Action，名字为 Android.intent.action.BOOT_COMPLETED，其次广播的内容为 ACTION_BOOT_COMPLETED，这个 Action 只会发出一次。只要在程序中"捕捉"到这个消息，再启动相关的服务即可。

2．功能实现

Android 已经自带了一个 AlarmManagerService 服务程序，开发者只需要用 AlarmManager 来使用此服务设置闹钟，不必关心具体的服务。因此，许多初学者会认为开发

时不需要有自定义的服务。其实,AlarmManagerService 服务程序提供的服务会一直监听用户设置的闹钟,但用户设置的闹钟只存储在内存中,只要用户关机了,设置的闹钟也会全部没了,再开机的时候,以前设置的闹钟是不复存在的,所以 AlarmManagerService 服务程序根本监听不到之前设置的闹钟。

为了解决这个问题,可以自定义一个继承 BroadcastReceiver 的类来接受系统发出的 ACTION_BOOT_COMPLETED 广播,再自定义一个服务,此服务开机自启动,目的是在每次开机时,自定义的服务中把之前设置的所有闹钟重新设置了一遍。

1) BroadcastReceiver

(1) 首先,在 AndroidManifest.xml 中添加开机自启动权限。

<uses-permission android:name = "android.permission.RECEIVE_BOOT_COMPLETED"/>

(2) 然后,在 AndroidManifest.xml 中声明广播。

为了能捕捉系统所广播的开机的 ACTION 信息,必须对应<receiver>标记,并指定 intent-filter 为 android.intent.action.BOOT_COMPLETED。如此一来,在每次系统开机的同时,就会收到 BOOT_COMPLETED 的 Action 名称,最用由<receiver android:name = ".AlarmInitReceiver">这个 BroadcastReceiver 来接手,进而达到了开机程序的目的,如图 4C-18 所示。

图 4C-18　自动启动加载

(3) 之后,创建一个 AlarmInitReceiver 类继承 BroadcastReceiver,用于接受开机启动后系统发出的 ACTION_BOOT_COMPLETED 广播,接受到此广播后开启一个服务,如图 4C-19 所示。

2) Service

如果需要在断电后将内存中的闹钟设置保存起来,就需要涉及 service 的操作。当开机启动系统时,AlarmInitReceiver 会接受到系统发出的一个广播,接收到 ACTION_BOOT_COMPLETED 广播之后,会开启一个服务图中所示 SystemService,从而实现开机自启动服务。

(1) 首先,在 AndroidManifest.xml 中声明服务

<service android:name = ".SystemService"/>

(2) 然后,创建一个类 SystemService 继承 Service,并定义一些常量如图 4C-20 所示。

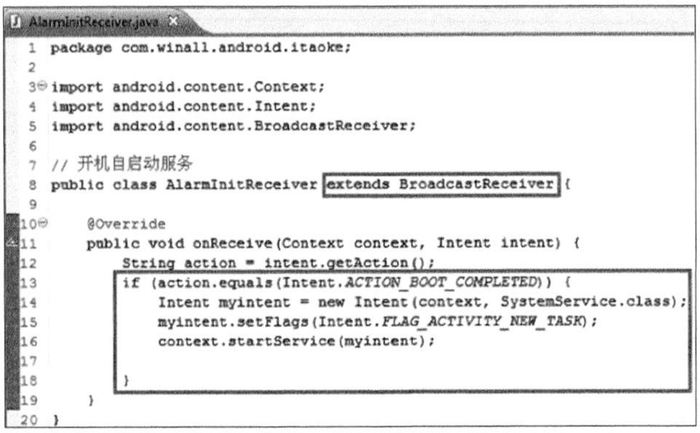

```java
package com.winall.android.itaoke;

import android.content.Context;
import android.content.Intent;
import android.content.BroadcastReceiver;

// 开机自启动服务
public class AlarmInitReceiver extends BroadcastReceiver {

    @Override
    public void onReceive(Context context, Intent intent) {
        String action = intent.getAction();
        if (action.equals(Intent.ACTION_BOOT_COMPLETED)) {
            Intent myintent = new Intent(context, SystemService.class);
            myintent.setFlags(Intent.FLAG_ACTIVITY_NEW_TASK);
            context.startService(myintent);

        }
    }
}
```

图 4C-19　AlarmInitReceiver

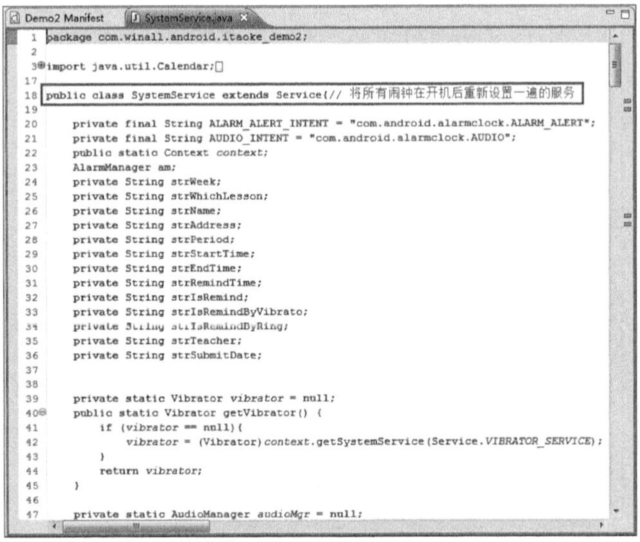

```java
package com.winall.android.itaoke_demo2;

import java.util.Calendar;

public class SystemService extends Service{// 将所有闹钟在开机后重新设置一遍的服务

    private final String ALARM_ALERT_INTENT = "com.android.alarmclock.ALARM_ALERT";
    private final String AUDIO_INTENT = "com.android.alarmclock.AUDIO";
    public static Context context;
    AlarmManager am;
    private String strWeek;
    private String strWhichLesson;
    private String strName;
    private String strAddress;
    private String strPeriod;
    private String strStartTime;
    private String strEndTime;
    private String strRemindTime;
    private String strIsRemind;
    private String strIsRemindByVibrato;
    private String strIsRemindByRing;
    private String strTeacher;
    private String strSubmitDate;


    private static Vibrator vibrator = null;
    public static Vibrator getVibrator() {
        if (vibrator == null){
            vibrator = (Vibrator)context.getSystemService(Service.VIBRATOR_SERVICE);
        }
        return vibrator;
    }

    private static AudioManager audioMgr = null;
```

图 4C-20　SystemService

(3) 之后，在 SystemService 类中的 onCreate()里进行提醒闹钟和情景模式闹钟的设置。

① 查询数据库里面的数据，每一行数据即是一个闹钟，如图 4C-21 所示。

② 如果有数据存在，则需要将所有的闹钟设置一遍，如图 4C-22 所示。

图 4C-22 中只测试了星期三，是因为本次试验只是一个 demo，主要是为了说明知识点该如何用，真实环境下需要对每天的闹钟设置一遍，如图 4C-23 所示。

【注意】设置多个提醒闹钟的时，提醒闹钟 ID 也不能有重复，设置多个情景模式闹钟的时，情景模式闹钟 ID 也不能有重复，而且，提醒闹钟的闹钟 ID 和情景模式闹钟的闹钟 ID 也相互不能有重复。

最终，完成了开机自启动服务，并在服务中把所有之前设置的闹钟重新设置了一遍，实现了设置一次闹钟，只要不删除，闹钟就一直生效，并到点提醒或者到点切换相应的情景模式。

C.2.5　辅助功能

辅助功能依然是考虑到用户体验，因为很多学校是会有单双周的情况出现的(单周和双周上的课不同，自然提醒闹钟也不能一样)，而在 Android 市场中还没有一个可以根据单双周设

图 4C-21 遍历数据库

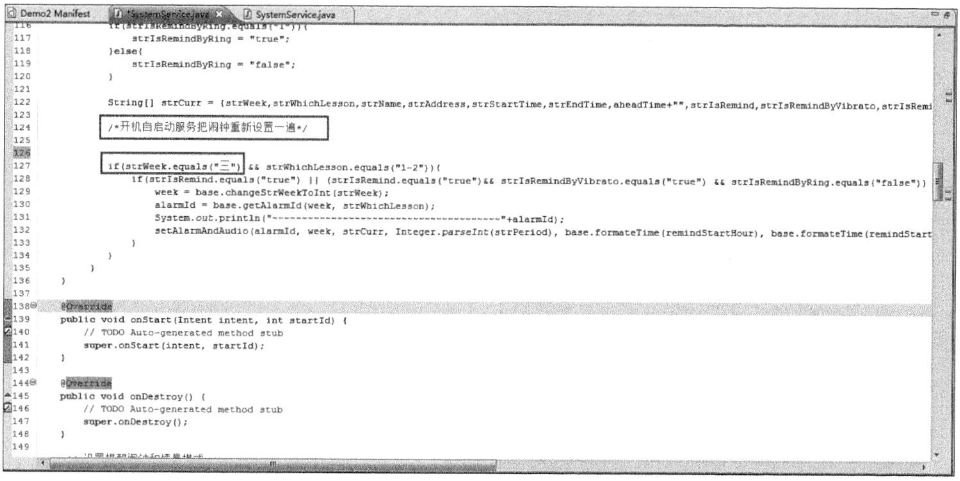

图 4C-22 重新设置闹钟

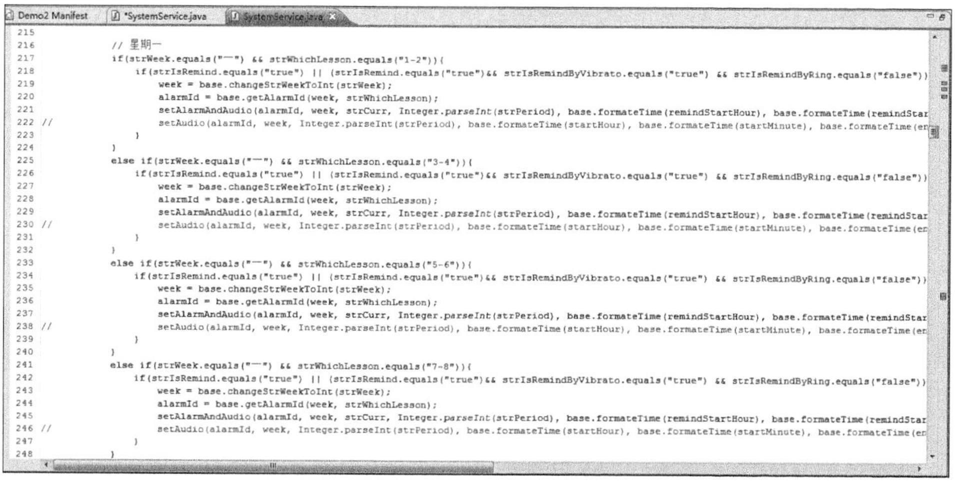

图 4C-23 完整操作

置情景模式的软件。

本系统可以为用户设置单周或双周行程提供了方便,当用户设置了单周或双周行程,提交时会提醒用户确定当前是单周还是双周,进而在把相关信息存储到数据库中。可对于开发者来说,这个功能的实现涉及的算法比较多。

这里介绍一种算法思路:

(1)首先,将用户设置的提醒周期和成功提交闹钟设置的时间的数据有意义地存储到数据库中,如图 4C-24 所示(需要记录当前提交的时间,这很重要):

单双周:0。单周:1。双周 2。

存储到数据库中"提醒周期"这一列的数值有这几种可能:0、11、12、21、22。

图 4C-24 单双周设置

0:用户设置了单双周同时提醒(默认)。

11:用户设置了单周提醒,且用户确定当前为单周。

12:用户设置了单周提醒,且用户确定当前为双周。

21:用户设置了双周提醒,且用户确定当前为单周。

22:用户设置了双周提醒,且用户确定当前为双周。

把成功提交闹钟设置的时间也存储到数据库中"提交时间"这一列里。

(2)然后,编写算法:根据数据库中的"提交时间"这一列的值与当前时间进行某种计算,从而让手机也知道当前是单周还是双周,如图 4C-25 所示。

```
// 表示手机开机时的当前周是不是提醒的那个周
public boolean isSetAlarm(int period, String submitDate) {
    boolean flag = false;

    int year = Integer.parseInt(submitDate.split("-")[0]);
    int month = Integer.parseInt(submitDate.split("-")[1]);
    int day = Integer.parseInt(submitDate.split("-")[2]);

    Calendar c = Calendar.getInstance();
    c.set(year, month-1, day);
    Calendar now = Calendar.getInstance();
    // interval为当前日期与提交日期相隔的天数
    long interval = Math.abs((now.getTimeInMillis()-c.getTimeInMillis())/(1000*3600*24));
    System.out.println("--------------------------" + interval);
    System.out.println(now.get(Calendar.YEAR));
    System.out.println(now.get(Calendar.MARCH)+1);
    System.out.println(now.get(Calendar.DAY_OF_MONTH));

    // 用户当初在单周设置了单周行程,或者在双周设置了双周行程的情况
    if(period == 11 || period == 22){
        // 设置的是单周行程,手机开机的这个周也是单周,或者设置的是双周行程,手机开机的这个周也是双周。
        if((interval/7)%2 == 0){
            flag = true;// 表示当前周正是提醒的那个周
            System.out.println("11"+"&&22"+flag);// 输出测试
        }
        // 设置的是单周行程,手机开机的这个周是双周,或者设置的是双周行程,手机开机的这个周是单周。
        else if((interval/7)%2 == 1){
            flag = false;// 表示当前周不是提醒的那个周
            System.out.println("11"+"&&22"+flag);// 输出测试
        }
    }
    // 用户当初在单周设置了双周行程,或者在双周设置了单周行程的情况
    else if(period == 12 || period == 21){
        // 设置的是单周行程,手机开机的这个周也是双周,或者设置的是双周行程,手机开机的这个周也是单周。
        if((interval/7)%2 == 0){
            flag = false;// 表示当前周不是提醒的那个周
            System.out.println("12"+"&&21"+flag);// 输出测试
        }
        // 设置的是单周行程,手机开机的这个周是单周,或者设置的是双周行程,手机开机的这个周是双周。
        else if((interval/7)%2 == 1){
            flag = true;// 表示当前周正是提醒的那个周
            System.out.println("12"+"&&21"+flag);// 输出测试
        }
    }
    return flag;
}
```

图 4C-25 判断单周还是双周的算法

算法分析：

先计算当前时间与"提交时间"相隔的天数(上述的 interval)，这个天数除以 7 得到一个数，此数为一个等差数列：0,1,2,3,4,5…，再将这个数除以 2 去模，得到的数不是 0 就是 1。

当 11(单周提醒)的情况时，如果上述计算的结果为 0，说明当前为单周，结果为 1 时，说明当前为双周。

当 12(单周提醒)的情况时，如果上述计算的结果为 1，说明当前为单周，结果为 0 时，说明当前为双周。

当 21(双周提醒)的情况时，如果上述计算的结果为 0，说明当前为单周，结果为 1 时，说明当前为双周。

当 22(双周提醒)的情况时，如果上述计算的结果为 1，说明当前为单周，结果为 0 时，说明当前为双周。

这时，手机就可以知道当前是单周还是双周，从而可以根据不同的情况，设置不同提醒时间的闹钟。

C.3 项目心得

本章介绍了《放心行程表》案例中的闹钟提醒和情景模式自动切换的功能实现，两者的实现思路是相同的，只是在细节上处理不同，只要会实现闹钟提醒就应该会实现情景模式的自动切换。纵观下来，需要注意的地方也很多，闹钟的设置，需要清楚地知道设置的是硬时钟还是软时钟，从而避免设置的提醒时间在当前时间之前时，一旦设置闹钟就立刻响铃的情况发生。而且，由于每个行程有各自提醒时间、开始时间和结束时间，这时的提醒闹钟和情景模式闹钟应当尽量做到统一设置，确保每个行程有其整体性，即行程开始前 10、20 或 30 分钟有闹钟提醒，到了行程开始时间就自动切换为静音模式，行程结束时间一到就切换为行程开始前的模式，每个行程都是如此。

本章涉及的知识点比较多，需要慢慢消化，要是想了解更深，运用更熟练，还需要多学习多练习。

项目 5 基于推送服务的新闻类系统平台开发

A Tab 界面框架搭建

本例是一款校园类的移动信息平台 App,通过此应用可以浏览校园新闻,使用校园留言板,查询个人信息等。

该应用程序以 C/S 结构搭建,包含一个移动客户端程序(Android)与一个 Windows 平台下的服务器程序,客户端通过 HTTP 协议与服务器端进行交互。在本项目中,只介绍 Android 端的开发,服务器端程序将使用现成的程序。

以下是本应用主要功能图片,如图 5A-1~图 5A-4。

图 5A-1 系统运行图片　　图 5A-2 系统运行图片　　图 5A-3 系统运行图片　　图 5A-4 系统运行图片

完成此项目需要解决的是如下两点:
(1) Android 客户端如何从服务器获取数据?
(2) Android 客户端如何将数据的展示出来?
完成了以上两点,便能完成一个信息类应用的主要功能。

搜索关键字

(1) ViewPager
(2) Fragment

本章难点

本章主要介绍如何实现选项卡式的界面(Tab 界面)。

Tab 界面在当下十分流行,目前微博、微信、QQ、美团等应用几乎都使用这种形式来搭建,Tab 界面主要是可以通过"点按"或者"左右滑动"来切换当前的 View,高效地利用了屏幕资源。

A.1 项目简介

本实训的目标是完成 TabUI 框架的搭建。有关 Tab 界面的实现方法有很多种,此实训中主要介绍使用 ViewPager+Fragment 来实现。ViewPager 用于实现多页面的切换效果,该类存在于 Google 的兼容包里面,所以在引用时记得引入"android-support-v4.jar"。从官方对这个类的表述中得知以下几点:

(1) ViewPager 类直接继承了 ViewGroup 类,所有它是一个容器类,可以在其中添加其他的 View 类。

(2) ViewPager 类需要一个 PagerAdapter 适配器类给它提供数据。

(3) ViewPager 经常和 Fragment 一起使用,并且提供了专门的 FragmentPagerAdapter 和 FragmentStatePagerAdapter 类供 Fragment 中的 ViewPager 使用。

ViewPager 作为容器,而 Fragment 就是填入的内容,每个 Fragment 都对应一个布局,当点按或左右滑屏就切换对应的 Fragment。

A.2 案例设计与实现

A.2.1 需求分析

本次项目功能需求:

(1) 适配 ViewPager 实现滑动切换页面。

(2) 实现顶部标题及底部图标的变化。

(3) 实现单击切换页面。

A.2.2 界面设计

1. 运行界面

本项目的主布局较易,因为主布局只是一个容器,具体的每个模块的布局是在对应的 Fragment 中设计的。主界面效果如图 5A-5 所示。

2. 布局控件

根据设计,主布局主要分为三个部分:顶部栏、中间内容显示区域、底部导航栏。其中需要注意的是中间部分使用的是 ViewPager 控件,用来实现页面的切换,所以它不是用来显示内容的,而是一个容器,需要把内容填充进去。而 ViewPager 前面的 Android.support.v4,指的是 Google 推出的 Android 附加兼容包的包名,当需要使用这个控件时,必须引入这个包。

图 5A-5 主布局界面

如果谈起兼容包,除了 v4 包(适合 1.6 及以上版本)之外还有 v7 包(适合 2.1 及以上版

201

本)、v13 包(适合 3.2 及以上版本)等。之所以要推出这些包则是因为 Android 的碎片化问题严重,市面上的 Android 机系统版本跨度很大,所以为了开发出来的应用能够向下兼容低版本的 Android 系统就推出了兼容包。

相应布局如图 5A-6 所示。

为了使主布局结构更加简单,便于日后修改维护,顶部栏和底部导航栏都使用独立的布局文件,然后在主布局文件中使用<include>标签将顶部栏和底部导航栏的布局文件嵌套到主布局文件中,如图 5A-7 所示。

图 5A-6 布局

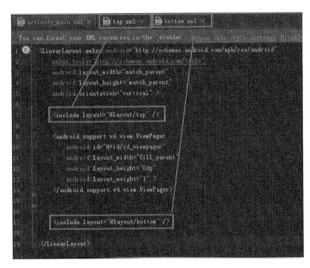

图 5A-7 主布局代码

顶部栏的布局也很简单,主要是 TextView 用来显示当前页面名称,以及功能按钮,如图 5A-8 所示。

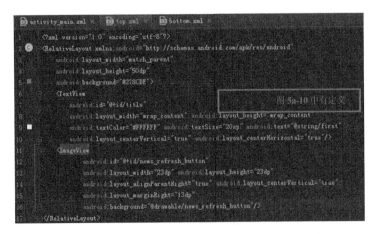

图 5A-8 顶部布局代码

底部导航栏的布局稍微复杂点,使用了嵌套的结构,横向线性父布局里又分成四个包含图标的子布局,四个布局的主要代码一致,只有控件 id 及背景文件不同,如图 5A-9、图 5A-10所示。

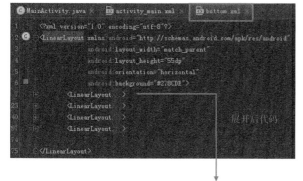

图 5A-9　底部导航栏总体布局代码　　　　　图 5A-10　图标子布局代码

3. 注意事项

首先需要注意的是此应用是不需要原生的顶部栏，所以要将原生的顶部栏"隐藏"或者使用"没有顶部栏"的主题，这里使用的方法是通过设置无顶部栏主题来实现这个效果。需要在 AndroidManifest.xml 中将 theme 属性设置为 NoTitleBar 或者 NoActionBar 的主题，如图 5A-11 所示。

另外需要注意的是四个图标的子布局属性设置。

其中"layout:width＝0"并不是将宽度设为 0，是因为其中还有个 layout 属性，"layout:weigth＝1"这个属性代表的是当前布局的分布权重，当将四个子布局的 weight 都设为 1，四个子布局的宽度就会自动以 1：1：1：1 的比例排列，如果这时候还去设置单个子布局的 width 属性就会导致布局混乱（切记）。

同时 Weight 属性只在 LinearLayout 中有效。另外要将子布局中的 ImageButton 设为不可单击，因为之后将整个子布局区域作为单击监听对象，这里 ImageButon 只用做展示图片，如果不设为不可单击，将会抢走子布局的焦点，如图 5A-12 所示。

 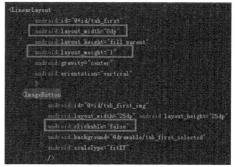

图 5A-11　设置无顶部栏主题属性　　　　　图 5A-12　图标子布局代码

A.2.3　功能实现

完成布局之后，就开始实现左右滑动切换页面及单击 tab 切换页面的功能。项目的逻辑结构图如图 5A-13 所示。

其中，系统资源文件 strings.xml 的定义如图 5A-14 所示。

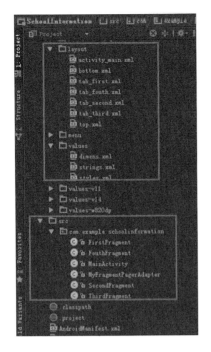

图 5A-13　项目文件图　　　　　　　图 5A-14　strings.xml 的定义

1. Fragment 载布加局及获取控件对象

前面提到了 ViewPager 只是容器,还需要将内容填充进去。在通常情况下 ViewPager 都会和 Fragment 搭配使用,并且提供了专门的适配器 FragmentPagerAdapter 来适配。当然 ViewPager 除了可以适配 Fragment 外,还可以适配 View 类,View 类可以通过在 MainActivity 中使用 inflate 来加载布局,但这样就会造成四个页面的控件获取及逻辑操作都写在同一个 Java 文件中,显然这样写不利于代码阅读而且会造成项目结构冗长。

如图 5A-1 至图 5A-4 所示,项目有四个页面,所以需要创建四个 Fragment 类与之对应,每个 Fragment 都有自己的独立布局,故要使每个 Fragment 类和其对应布局进行一一绑定加载。本章只是 UI 的搭建,所以 Fragment 布局"暂时"只用 TextView 显示一句提示语即可,下面用第一个页面对应的 FirstFragment 来说明如何加载对应布局。首先创建 FirstFragment 文件使其继承 Fragment 类,然后复写 onCreateView 方法即可加载相对应的布局,如图 5A-15、图 5A-16 所示。

将每个 Fragment 都加载完对应布局后,就要在 MainActivity 中获取控件对象,需要注意的是最好将所有需要获取的对象放在一个函数里,这样可以方便之后的修改,也使代码结构清晰,如图 5A-17、图 5A-18 所示。

2. 左右滑动切换及标题和图片的改变

当 Fragment 创建好后,紧接着需要把四个 Fragment 适配到 ViewPager 容器中,就能实现左右滑动切换页面的功能。实现的方法与 ListView 的数据适配实现方法相近,只不过 ListView 加载的可能是文本,而 ViewPager 加载的则是整个 Fragment。所以只要把 ViewPager 理解为一个自定义 ListView 就能很好的理解实现方法。首先要创建适配器类,其中最主要的是创建 ArryList<Fragment>类型的数组作为适配数组,如图 5A-19 所示。

然后就要将四个 Fragment 加载到适配器中,实现方法是将四个 Fragment 对象添加到一

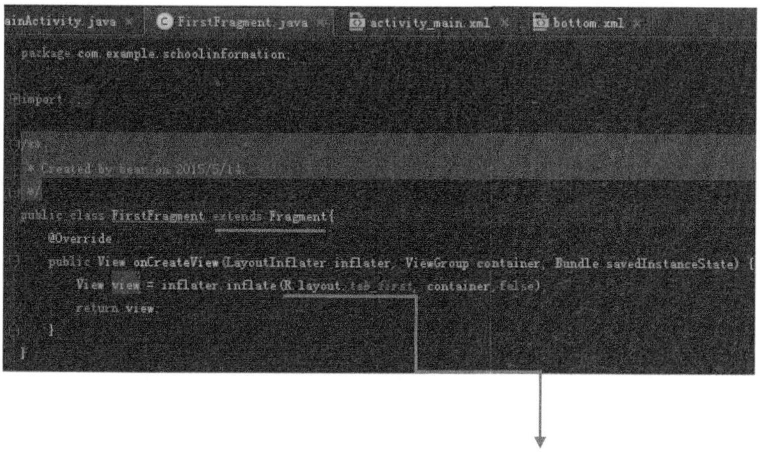

图 5A-15　Fragment 加载布局代码

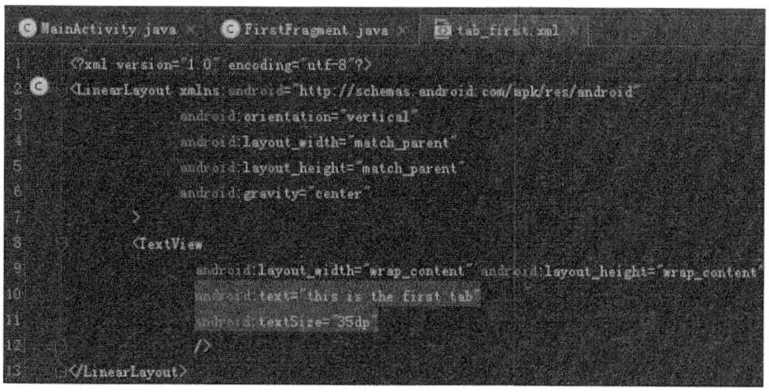

图 5A-16　Fragment 布局代码

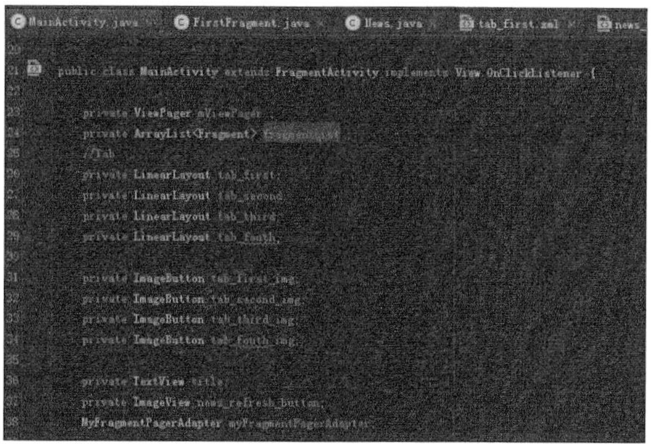

图 5A-17　对象

个 ArrayList＜Fragment＞中数组中，然后设置适配器即可。需要注意的是要实现适配，MainActivity 需要继承 FragmentActivity，否则 73 行中的，getSupportFragmentManager( )会报错，如图 5A-20、图 5A-21 所示。

图 5A-18　获取 View 对象代码

图 5A-19　fragment 的适配器类

图 5A-20　MainActivity 继承 FragmentActivity 代码

适配完成后，就可以实现左右滑屏切换 Fragment 了，如图 5A-22 所示。

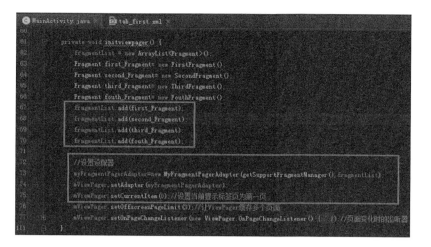

图 5A-21 ViewPager 适配代码

图 5A-22 左右滑动切换界面

除了实现可以切换页面之外,还需要设置页面切换后的顶部 title 切换以及底部图标的选中切换,所以要对 ViewPager 设置监听,在其中的 onPageSelected 方法中对选中的页面做出相应的变化,需要注意的是在变化之前调用 resetimg() 方法对之前选中的图标初始化以及隐藏刷新按钮,否则切换后图标会显示错乱,如图 5A-23、图 5A-24 所示。

3. 点击切换

左右滑屏切换的功能实现后,就要实现点击切换功能,点击切换的实现较易,只要进行监听后,调用 ViewPager 的 setCurrentItem 方法即可实现切换。需要注意的是本应用中监听写法需要 MainAcitvity 实现 View.OnClickListener 接口,这种写法也有助于代码结构清晰,易维护,如图 5A-25、图 5A-26 所示。

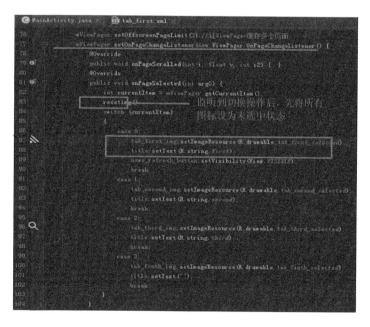

图 5A-23 监听 ViewPager 切换

图 5A-24 将所有图标设为未选中状态　　　图 5A-25 实现 View.OnClickListener 接口

A.2.4 软件测试

运行应用,对内容区域进行左右滑屏以及点击底部图标操作。内容区域能够进行切换,顶部标题、底部图标能够随左右滑动切换内容。如图 5A-27,图 5A-28 所示。

图 5A-26 单击切换代码

图 5A-27 测试界面　　　图 5A-28 测试界面

A.3 项目心得

本实训讲解了怎么搭建 Tab UI 框架来实现界面的左右滑动切换及点击切换,最主要是理解 Fragment 与 ViewPager 的关系,同时以 ListView 作为参考,就能很快的了解其实现方法。搭建完 UI 框架后,整个项目算是完成了一大步,剩下我们只要把内容填入到对应的页面即可。

A.4 参考资料

(1) 多种多样的 App 主界面 Tab 实现方法。
http://www.imooc.com/learn/264
(2) Android 实习札记(5)——Fragment 之底部导航栏的实现。
http://blog.csdn.net/coder_pig/article/details/41219537

B 自定义 ListView 数据填充

搜索关键字

(1) ListView
(2) LinkedList

（3）BaseAdapter

（4）Picasso

（5）WebView

（6）Animation

本章难点

本章主要介绍如何实现自定义 Item 的 ListView。ListView 是一个十分重要的组件，几乎所有的应用都离不开 ListView。但是每个应用的需求不同，所以需要通过自定义的数据适配器来实现不同布局的 Item。

B.1 项目介绍

本次的目标是完成自定义的 ListView 并且加载网络图片，单击 Item 可以打开相应的网页，以及单击按钮带有旋转效果。

其中自定义 ListView 是通过定义一个继承自 BaseAdapter 的适配器类，并重写其中方法来实现。BaseAdapter 顾名思义是适配器基础类，平时使用的 SimpleAdapter 也是其子类之一。而网络图片的加载则是通过开源库 Picasso 来实现。

网页的打开是使用 WebView 组件实现，WebView（网络视图）能加载 URL 并将其网页内容显示出来，可以将其视之为一个浏览器（本书之前的案例也采用过类似方式，如二维码显示，在线词典都可以在 WebView 内呈现等）。按钮动画效果则使用 Animation 类来实现。

本章的数据来源正常情况下是从服务器获取，但本章重点不在网络编程，所以使用本地测试数据来实现效果。

B.2 案例设计与实现

B.2.1 需求分析

项目功能：

（1）自定义 ListView 的实现。

（2）列表更新功能及按钮旋转效果。

（3）单击 Item，应用内打开网页。

B.2.2 界面设计

1. 运行界面

上一章讲解了 UI 框架的搭建，其具体的界面是通过四个 Fragment 来实现，这章实现的是第一个 Fragment 即新闻公告模块。界面运行如图 5B-1、图 5B-2 所示。

单击 Item 后弹出的网页 Activity 运行界面如图 5B-3 所示。

2. 布局控件

FirstFragment 界面主要是通过嵌套 LinearLayout 实现标签栏，以及一个 ListView 组件组成。图 5B-4、图 5B-5、图 5B-6 所示。

图 5B-1 要闻界面

图 5B-2 公告界面

图 5B-3 网页界面

图 5B-4 界面布局

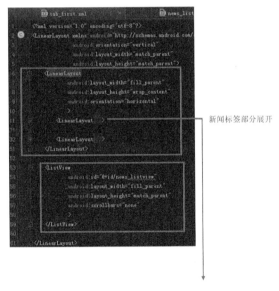
图 5B-5 主布局代码

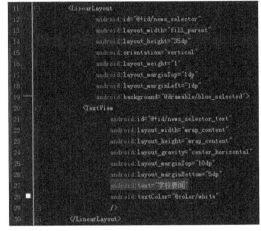
图 5B-6 新闻标签代码

图 5B-7 新闻列表布局

除了 Fragment 界面之外，还需要编写新闻 Item 和公告 Item 的布局，主要是用关系布局来组建，新闻列表有新闻标题、新闻时间、新闻图片三个控件。自定义 Item 布局是 ListView 的重要部分，之后数据适配就是将数据映射到 Item 布局中的各个控件上，如图 5B-7、图 5B-8 所示。

当 Item 用到自定义背景时，需要在资源文件夹下新建 drawable 文件夹，然后新建并编写背景配置文件，如图 5B-9 所示。

公告列表与新闻列表不同之处就是少了 ImageView 来显示图片，所以用两个 TextView 即可，如图 5B-10、图 5B-11 所示。

最后需要一个单击打开后网页界面布局，结构为垂直线性结构，由一个顶部栏和一个 ProgressBar 组件以及 WebView 组件排列组成，如图 5B-12、图 5B-13、图 5B-14 所示。

图 5B-8 新闻列表布局代码

图 5B-9 item 自定义背景代码

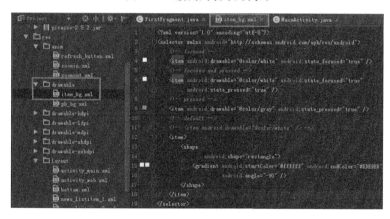

图 5B-10 公告列表布局

图 5B-11 公告列表布局代码

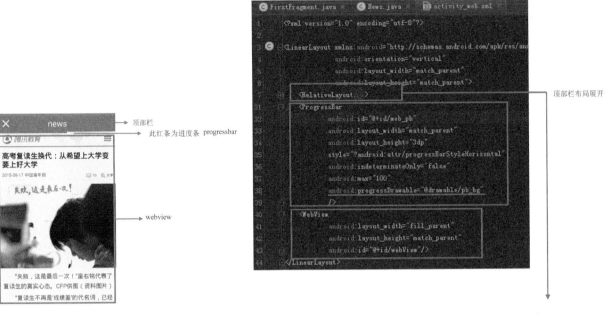

图 5B-12 网页界面布局　　　　　　　　图 5B-13 网页界面布局代码

图 5B-14 网页界面顶部栏布局代码

3. 注意事项

需要注意的是网页界面的 ProgressBars 使用了自定义样式,所以还需要去编写编写其自定义配置文件,和之前的 Item 自定义背景配置文件一样放在资源文件夹下的 drawable 子文件夹中,如图 5B-15 所示。

B.2.3 功能实现

设计完界面,开始实现功能,与上一章相比项目的逻辑结构图如图 5B-16、图 5B-17 所示。

1. Android 基础类之 BaseAdapter

BaseAdapter 类是 Android 应用程序中经常用到的基础数据适配器,它的主要用途是将一组数据传到像 ListView、Spinner、Gallery 及 GridView 等 UI 显示组件,它是继承自接口类 Adapter。

自定义 Adapter 子类,需要实现下面几个方法,其中最重要的是 getView()方法,它是将

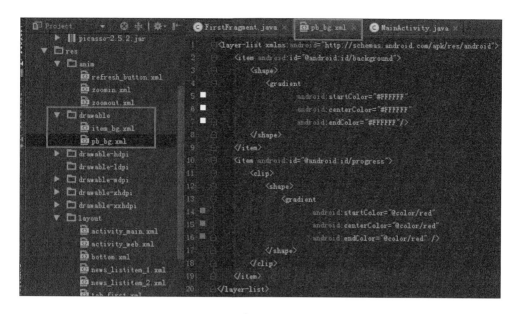

图 5B-15　progressbar 样式代码

获取数据后的 View 组件返回,如 ListView 中每一行里的 TextView、Gallery 中的每个 ImageView。

Adapter 相关类结构如图 5B-18 所示。

图 5B-16　项目文件图　　图 5B-17　项目文件图　　图 5B-18　Adapter 相关类结构

Adapter 在 Android 应用程序中起着非常重要的作用,应用也非常广泛,它可看作是数据源和 UI 组件之间的桥梁,其中 Adapter、数据和 UI 之间的关系,可以用图 5B-19 表示。

其常用子类总结如图 5B-20 所示。

本次实训中将演示通过内部类继承抽象 BaseAdapter 类来实现自定义的 Adapter,从而实现自定义 ListView。

图 5B-19　Adapter 关系图　　　　　　　　　　　图 5B-20　Adapter 常用子类

2. 自定义 ListView 的实现

【知识点】一般来说实现自定义 ListView 有三个步骤：

第一步：准备主布局文件，自定义 Item 布局文件等。

第二步：获取并整理数据。

第三步：通过编写自定义 Adapter 类来实现数据与视图绑定。

第一步已经在"界面设计"部分讲解了，接下来就讲解后面两步。

1）定义及获取组件

首先是准备工作，与之前在 Activity 中获取组件不同，这次是在 Fragment 中获取组件，所以需要使用"view. findViewById"来获取，需要注意的是"return view;"这句要写在整个"onCreateView"方法的最后。同时因为需求，本例分为两个列表，图 5B-20 中 type 属性就是用来区分新闻列表和公告列表，之后得到适配数据和视图与组件绑定都要通过 type 来区分。一般只有一个列表则不用这么麻烦，如图 5B-21 所示。

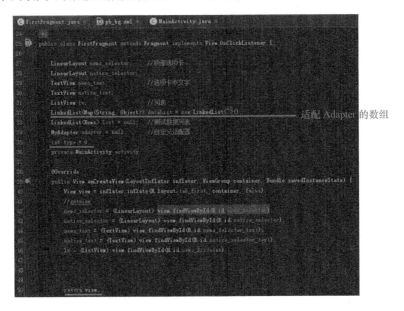

图 5B-21　FirstFragment 定义

2）获取及整理数据

这里开始第二步，获取并整理数据。数据源一般从网络获取，但本例的重点是 ListView 讲解，所以先用自定义测试数据来说明。

在定义测试数据之前，先要定义新闻公告的实体类，实体类中一般只要定义其属性及

GET 和 SET 方法。其中的属性定义是与之后从服务器中的新闻表属性一一对应的，如图 5B-22 所示。

接下来要获取数据方法，本例则通过定义测试数据来说明。测试数据用两条新闻对象及两个公告对象做演示，定义好每个对象的内容后，添加到 Testlist 数组中即可。

需要注意的是测试数据的类型是 LinkedList＜News＞，之所以用 LinkedList 是因为相比 ArrayList 而言，LinkedList 可以看作一个链表形式的容器，插入、删除数据更加方便。如在本例中更新数据后需要在链表的头部插入数据，用 LinkedList 的 addFirst 方法即可实现。具体如图 5B-23(a)、图 5B-23(b)所示。

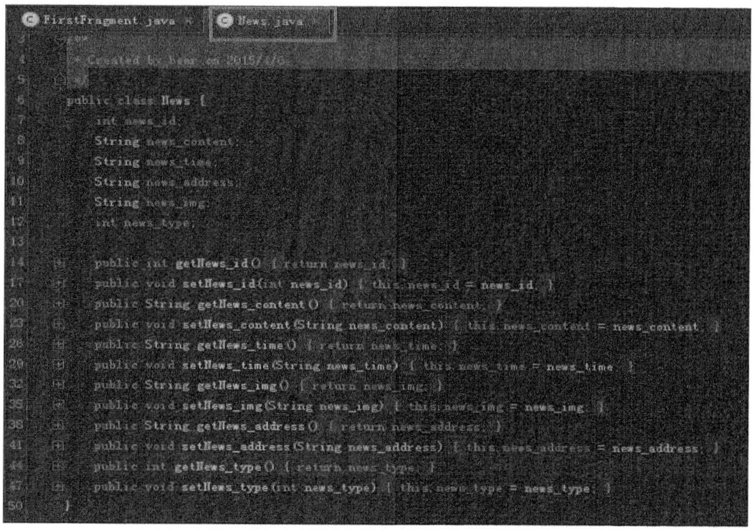

图 5B-22　news 实体类

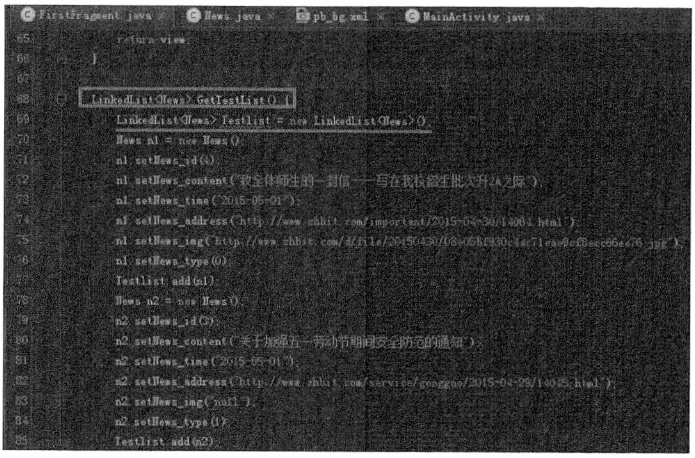

图 5B-23(a)　测试数据 a

获取到数据后，还需要"整理"数据。一般来从服务器得到的数据格式是 JSON，而适配 Adapter 的数据类型一般是 HashMap 构成的 List，所以系统中还需要一个功能函数来将数据进行转换。这里讲解的是将 LinkedList＜News＞转换成 LinkedList＜Map＜String，Object＞＞，转换 JSON 也是类似的方法。需要注意的是，根据需求本例需要根据不同的 type

适配出不同的 LinkedList 对象,具体代码如图 5B-24 所示。

图 5B-23(b)　测试数据 b

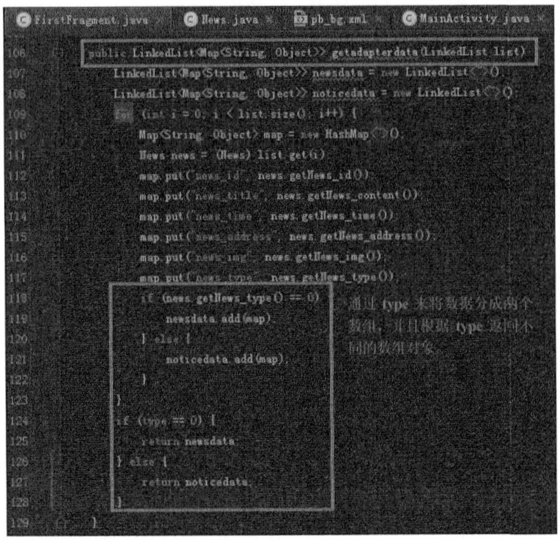

图 5B-24　类型转换功能函数

3) 数据与视图的绑定

数据与视图的绑定是自定义 ListView 的关键,主要通过编写自定义 Adapter 类来实现,自定义 Adapter 类的实现主要是通过继承抽象 BaseAdapter 类,并重写其中方法即可。其中最需要注意的是 getView()方法。

自定义 ListView 显示的大致流程为:当系统显示列表时,首先会实例化一个适配器(这里将实例化自定义的适配器 MyAdapter)。

当手动完成适配时,必须手动映射数据,这时需要重写 getView()方法。

系统在绘制列表的每一行的时候将调用此方法。

getView()有三个参数,分别是:int poisiton、View covertView、ViewGroup parent:
(1) position 表示将显示的是第几行。
(2) covertView 是从布局文件中 inflate 来的布局。
(3) parent 是指上层 View 的实例。

这里使用 LayoutInflater 的方法将定义好的"news_listitem_1.xml"、"news_listitem_2.xml"文件提取成 View 实例用来显示。然后将 xml 文件中的各个组件实例化(简单的 findViewById()方法)。这样便可以将数据对应到各个组件上了。

如果 Item 中需要按钮,需要为它添加单击监听器,这样就能捕获单击事件。至此一个自定义的 listView 就完成了。

【知识点】现在再回顾一次,重新梳理一次这个过程:系统要绘制 ListView 了,首先获得要绘制的这个列表的长度,然后开始绘制第一行,如何绘制呢？调用 getView()函数。在这个函数里,首先获得一个 View(实际上是一个 ViewGroup),然后再实例化并设置各个组件,最后渲染到屏幕上。

然后,绘制完这一行了。紧接着再绘制下一行,直到绘完为止。

在编写自定义 Adapter 之前,第一步定义一个 final 类来存放 Item 布局的控件,如图 5B-25 所示。

接下来实现编写自定义 Adapter 类,第一部分主要是编写构造函数以及几个与数据集相关函数如图 5B-26 所示。

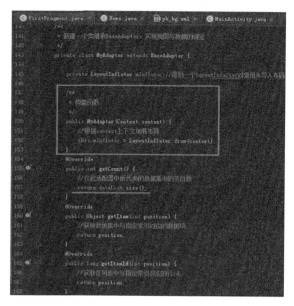

图 5B-25　存放 Item 控件对象类

图 5B-26　自定义 Adapter（a）

第二部分的 getView 函数(图 5B-27)主要是绑定布局及获取 Item 布局控件,本例中首先根据 type 来区分要绑定的是哪个 Item 布局,然后再根据不同的布局来获取控件,方法也是通过 findViewById()。

图 5B-27　自定义 Adapter（b）

【注意】判断 convertView 是否为空的目的是(图 5B-27,第 175 行),如果为空,就会根据设计好的 List 的 Item 布局(XML),来为 convertView 赋值,并生成一个 viewHolder 来绑定 converView 里面的各个 View 控件(XML 布局里面的那些控件)。再用 convertView 的

setTag 将 viewHolder 设置到 Tag 中,以便系统第二次绘制 ListView 时从 Tag 中取出(看下面代码中间部分)。

如果 convertView 不为空的时候,就会直接用 convertView 的 getTag(),来获得一个 ViewHolder。这样做的好处是通过 convertView + ViewHolder 加快了 UI 的响应速度,ViewHolder 就是一个静态类,使用 ViewHolder 的好处是缓存了显示数据的视图(View),如图 5B-27 所示。

最后,需要设置控件显示适配数据集 dataList 中与当前 position 对应的数据即可,这时控件与数据就实现了绑定。

【注意】当加载的是新闻 Item 时,是需要加载网络图片的,所以这里使用第三方开源库 Picasso 来实现异步加载网络图片。实现的方法是:在项目中引入 Picasso 的 jar 包,获得 position 对应的图片 url,然后调用 Picasso 对象的方法即可。因为涉及网络图片的下载,所以一定记得在 AndroidManifest 中加入网络权限,如图 5B-28、图 5B-29 所示。

图 5B-28　网络权限

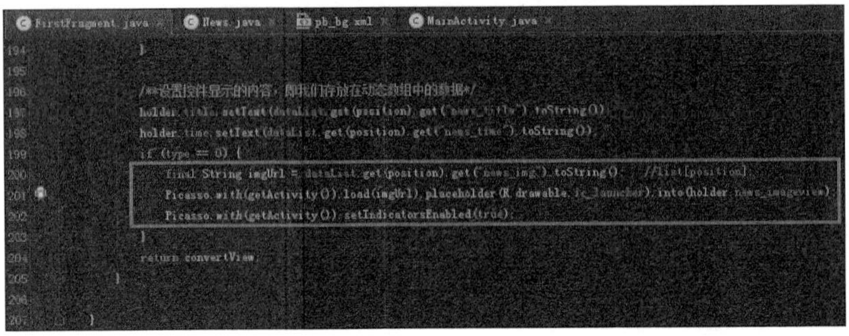

图 5B-29　自定义 Adapter (c)

4) 小结

在完成了第二步及第三步后,最后还需要在"onCreateView"方法中调用获取数据方法、转换数据方法,以及实例化适配器、设置适配器。

至此,自定义 ListView 就能显示了,如图 5B-30、图 5B-31 所示。

3. 单击顶部标签列表内容切换

本实例在单击顶部标签后,可以显示不同的列表。实现方法较易,只要监听单击后,改变顶部标签背景资源。改变 type 变量的值并重新调用 getadapterdata 方法,其根据 type 得到新的数据集,将数据集适配到 Adapter 后,调用 notifyDataSetChanged() 方法通知 Adapter 数据集改变即可,如图 5B-32 所示。

4. 刷新功能实现及按钮动画实现

1) 刷新功能实现

当单击顶部栏刷新按钮后,有一个刷新操作,这个功能的实现通过一个 refreshlist 功能函数即可。但是,这个刷新按钮是在主布局中的,所以其监听函数是写在 MainActivity.java 中,而刷新功能函数是需要写在 FirstFragment.java 中的,所以要怎么实现单击 MainActivity 中的按钮能够调用 Fragment 中的函数是这里的重点。

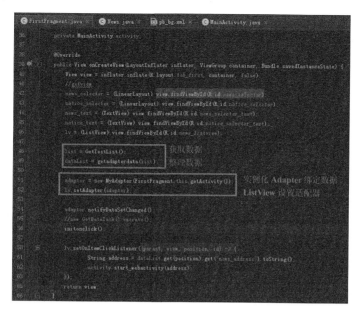

图 5B-30　适配 MyAdapter

图 5B-31　ListView 显示

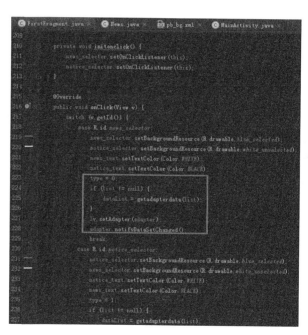

图 5B-32　顶部 tab 实现

实现的方法是，在 MainActivity 中先获得 FirstFragment 的实例对象，然后通过这个实例就可以调用 FirstFragment 中的方法。如图 5B-33、图 5B-34 所示。

Refreshlist 的功能函数实现一般是需要请求服务器的，本实例中只模拟在 List 中增加一条数据的效果，如图 5B-35、图 5B-36 所示。

至此，单击刷新按钮就能模拟刷新出一条数据，如图 5B-36 所示。

图 5B-33　FirstFragment 声明

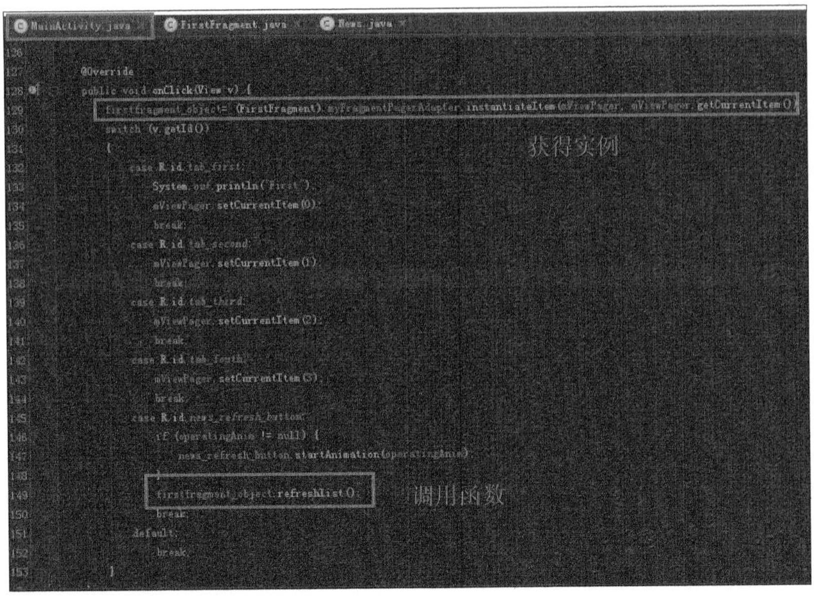

图 5B-34　MainActivity 调用

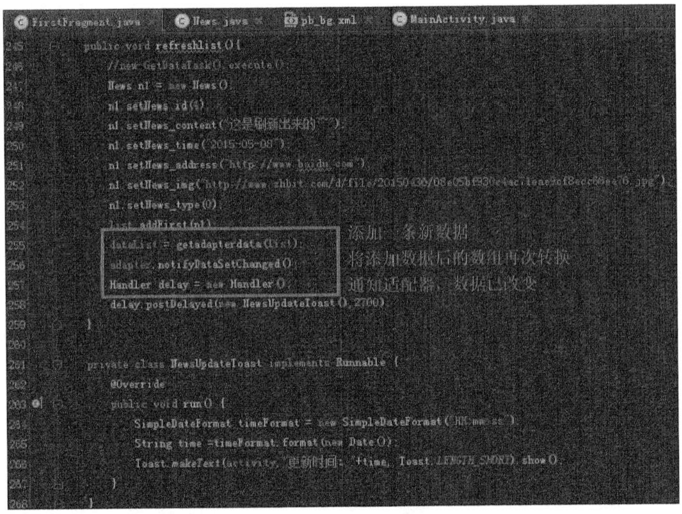

图 5B-35　refresh 功能函数

2）动画实现

在本例中单击刷新按钮后，按钮有个旋转的效果，是通过 Animation 类实现的。

首先编写旋转的配置文件，在 res 文件夹，新建 anim 文件并新建 refresh_button.xml，其内容主要是旋转的几个参数，分别为起始角度、终止角度、持续时间、重复次数、以哪个点为圆心旋转，如图 5B-37 所示。

接下来进行 Animation 对象的声明及初始化，以及设置旋转的速率，如图 5B-38，图 5B-39 所示。

最后在单击按钮时调用启动动画的方法即可，同样如果需要动画停止则通过调用 news_refresh_button.clearAnimation(); 方法，如图 5B-40 所示。

图 5B-37 动画配置文件

图 5B-36 刷新功能实现　　　　　　　　　图 5B-38 Animation 初始化

图 5B-39 动画对象初始化　　　　　　　　图 5B-40 启动动画

【注意】 在按钮动画运行时,设置按钮为不可见 setVisibility(View. INVISIBLE)是不能立即生效的,需等按钮动画完成后按钮才会隐藏,这会造成:当按钮旋转时,去切换页面,此按钮不能正常隐藏造成顶部栏布局重叠,如图 5B-41 所示。简单的说:即切换页面后,刷新按钮和留言模块的发布留言按钮重叠。

"所以"在切换页面时,要"先"将调用 news_refresh_button.clearAnimation();动画清除,"再"去设置隐藏,如图 5B-42 所示。

图 5B-41 顶部栏图标重叠　　　　　　　　图 5B-42 停止动画

5. 单击 Item 加载网页实现

此功能是在单击任一 Item 后,能够弹出并加载相应网页,效果如图 5B-3 所示。实现的方法是单击 Item 后,获取这个 Item 的 address 并调用父 Activity 中的方法来打开 activity_web,

221

activity_web 打开并接受到 address 后通过 WebView 组件将网页加载出来。

其中重要的地方还是和之前刷新按钮的情况类似,因为 Fragment 是无法 StarActivity() 的,所以要通过调用 MainActivity 中的方法来实现,和之前的情况刚好相反。但是解决方法是一样的,只要在 Fragment 中得到 MainActivity 的实例,再调用其方法即可。

1) 定义 activity_web

首先定义 activity_web,获取控件对象,监听关闭按钮等初始化操作,其中最重要的是,此 Activity 被打开时,通过 bundle 获取到传过来的网址字符串,如图 5B-43 所示。

接下来是对 webView 的一些配置如:启用支持 javascript、优先使用缓存、支持缩放等,具体根据自身需求来配置。然后调用加载网页的主方法 loadUrl(),webview 就能加载出相应网页,如图 5B-44 所示。

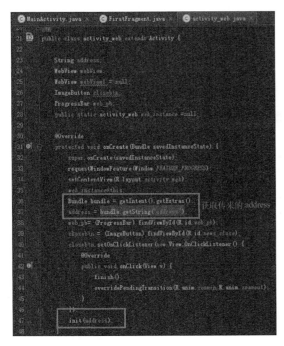

图 5B-43　activity_web 定义

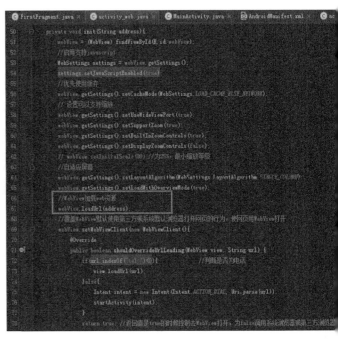

图 5B-44　activity 主要方法

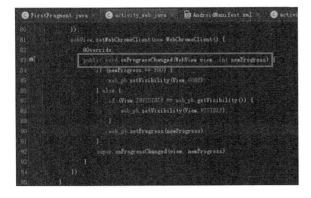

图 5B-45　progressbar 功能实现

最后就是要实现 ProgressBar 进度条与 webView 的加载进度对应设置,webview 有专门的回调方法"onProgressChanged"来实现这个功能。还有就是返回键的逻辑改写,当前网页可以后退则后退到前一页,无法后退则结束此 activity,如图 5B-45、图 5B-46 所示。

还有记得将新建的 Activity 在 AndroidManifest 中声明,否则会出错,如图 5B-47 所示。

2）功能实现

因为要调用 MainActivity 中的方法，所以首先要在 FirstFragment 中获取 MainActivity 实例，方法是在 FirstFragment 中重写 onAttach()方法来获得 MainActivity 实例，如图 5B-48、图 5B-49 所示。

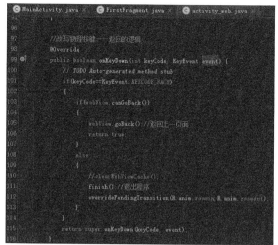

然后对 ListView 设置监听，通过获取到单击的 Item 的 position，得到适配数据集 datalist 中所对应的 Item 数组，将这个数组中的 news_address 对象的值提取出来，并通过 MainActivity 实例调用方法，如图 5B-50 所示。

图 5B-46　返回键逻辑改写

图 5B-47　Activity 声明

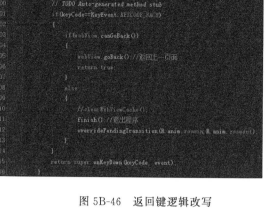

最后是 MainActivity 中的 start_webactivity 方法，就是把得到的网址再传给 acitvity_web，其得到网址后就能就能加载出网页，如图 5B-51 所示。

图 5B-48　声明对象

图 5B-49　onAttach 方法获得实例

图 5B-51 中的 overridePendingTransition(R. anim. zoom, R. anim. zoomout)是用来设置 Activity 打开和关闭的效果，android 中也自带了几种效果，如淡入淡出、左进右出等，本例中使用的是自定义效果，需要编写配置文件，如图 5B-52 所示。

至此，单击 Item 就能打开相应网页了，如图 5B-3 所示。

最后，运行应用，测试数据能够正常显示在列表中。单击刷新按钮，能够向列表中增加数据。单击任一 Item，能够打开相应网页，如图 5B-1、图 5B-35、图 5B-3 所示，即表示编码成功。

B.3　项目心得

本实训讲解了如何利用 Adapter 来实现自定义 Listview，其中最主要要理解 getView 的原理，这能帮助将来实现更复杂的 ListView 问题。

同时对常用动画类 Animation 及 WebView 的使用做了抛砖引玉的讲解，为提高用户体验提供了基础。

图 5B-50 监听函数

图 5B-51 startactivity 方法

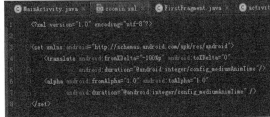

图 5B-52 打开关闭效果配置代码

B.4 参考资料

（1）Android 基础类之 BaseAdapter

http://www.cnblogs.com/mandroid/archive/2011/04/05/2005525.html

（2）List 控件使用——SimpleAdapter 使用详解（一）

http://blog.csdn.net/harvic880925/article/details/17258789

（3）Android:控件 WebView 显示网页

http://www.cnblogs.com/tinyphp/p/3858997.html

（4）Android Tween 动画之 RotateAnimation 实现图片不停旋转

http://blog.csdn.net/lamp_zy/article/details/7898107

（5）Android 的 Activity 屏幕切换动画（一）—左右滑动切换

http://www.oschina.net/question/97118_34343

C 基于 HTTP 协议的网络编程

搜索关键字

（1）HTTP
（2）ASYNCTASK
（3）HttpClient
（4）JSON

本章难点

本章主要介绍基本的 HTTP 网络编程，使客户端可以从服务器上获取 JSON 数据，并在上一章搭建的 ListView 基础上显示出来。

C.1 项目介绍

通过上一次的实训，实现了自定义 ListView 的显示，但其数据源只是本地的测试数据，所以本次实训的目标：在上一次的基础上，使客户端能通过网络，能从服务器获取新闻公告数据，并结合自定义 ListView 显示。

其中网络编程是使用支持 HTTP 协议的客户端编程工具包 HttpClient 来实现，而服务器返回内容使用的是 JSON 字符串形式。

C.2 案例设计与实现

C.2.1 需求分析

项目功能：
（1）客户端从服务器获取数据并整理显示。
（2）数据缓存。

C.2.2 服务器的部署

如果要实现本次实训是需要"客户端"和"服务器"相互配合方可（单机版的实现，之前实训已经讲授完毕），但本书主要讲 Android 客户端开发，所以只简单介绍提供服务器如何调用。但同时提供服务器端源代码。

服务器的运行环境为 MyEclipse＋Tomcat＋MySql。一般来说 MyEclipse 中已集成 Tomcat，如果没有，需要自行添加。另外建议使用管理工具来使用 MySQL，推荐业界常用的 navicat for MySQL 等数据库管理软件。

本实训提供的服务器代码分别为：服务器程序、服务器程序需要用到的 JAR 包、SQL 脚本，如图 5C-1 所示。

图 5C-1 服务器端文件目录

1. 项目部署

环境搭建好后,首先在 MyEclipse 中 File－>Import 选择服务器项目文件。具体如图 5C-2、图 5C-3 所示。

图 5C-2　Import 项目(a)　　　　图 5C-3　Import 项目(b)

图 5C-4　服务器项目结构图

项目导入完成后,项目结构如图 5C-4 所示。

服务器端程序如需正常运行还需要导入所需要的外部 JAR 包,JAR 包需要放在 JAR 文件夹中。具体操作如图 5C-5、图 5C-6 所示。

操作到此,如果项目文件包没有显示红色的错误(图标上没有叉的标识),即表示项目导入成功。

2. 数据库部署

接下来还需要配置 MySQL 数据库,配置数据库有两种方法:一是用记事本打开 SQL 脚本文件,自己参照脚本文件自己手动添加到自己的本地数据库;二是通过数据库管理工具运行 SQL 脚本来添加;脚本文件内容如图 5C-7 所示。

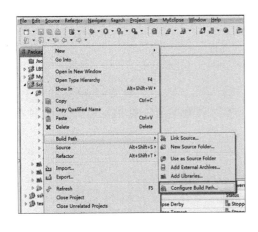
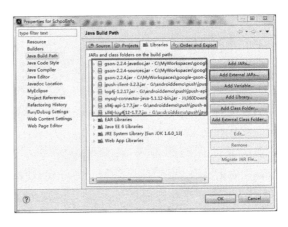

图 5C-5　导入 JAR 包(a)　　　　图 5C-6　导入 JAR 包(b)

3. 服务器运行

配置好项目及数据库后程序暂时还不能正常运行,还需要修改项目与数据库的连接文件,如图 5C-8 所示。

图 5C-7　SQL 脚本文件内容　　　　图 5C-8　服务器与数据库连接文件

至此服务器端就算部署完成了,最后运行即可,如图 5C-9 所示。

当见到如图 5C-10 所示的提示语句之后,表示服务器端的配置已经运行成功。

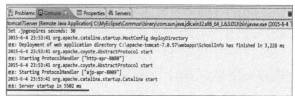

图 5C-9　服务器运行　　　　图 5C-10　服务器运行成功

C.2.3　界面设计

运行界面

本章不涉及界面的设计只涉及功能开发,所以依然使用上一章的界面设计,如图 5C-11、图 5C-12 所示。

C.2.4　功能实现

和上一章相比,项目的逻辑结构略有变化,需要新建如图 5C-13 所示的几个文件。

1. 工具类介绍

在本实训中使用到的工具类有三个分别是:GsonUtil、InternalFielUtil、IPaddressUtil。

【知识点】在编程中,编写工具类将非常有助于简化代码及代码结构,比如在 GsonUtil 工具类中封装了数据获取及数据类型转换功能,而在项目中多处都需要使用到数据获取和数据类型转换功能,这时我们只需要调用这个工具类使用即可,而无须在多处都重复编写相同的代码。

图 5C-11　要闻界面　　　　图 5C-12　公告界面　　　　图 5C-13　项目文件图

1) JSON 工具类 GsonUtil

GsonUtil 是本次实训中最重要的工具类,此工具类的功能为通过 HTTPClient 来获取网络上的 JSON 数据以及将 JSON 数据转换为 LinkedList 类型数据,填充到 ListView。

首先要了解如何通过网络获取数据,Android 的网络编程一般分为 2 种:基于 HTTP 协议和基于 Socket 的。而实现基于 HTTP 协议的网络编程,在 Android 中主要提供了两种方式来进行 HTTP 操作,HttpURLConnection 和 HttpClient。这两种方式都支持 HTTPS 协议、以流的形式进行上传和下载、配置超时时间、IPv6、以及连接池等功能。

HttpClient 是个很不错的开源框架,其优点在于:封装了访问 HTTP 的请求头、参数、内容体、响应等等,它拥有众多的 API,用起来快速便捷。缺点在于:由于 HttpClient 的 API 数量过多,使得我们很难在不破坏兼容性的情况下对它进行升级和扩展。而 HttpURLConnection 是 Java 的标准类,优点在于:提供的 API 比较简单,可以让开发者更加容易地去使用和扩展它。但缺点在于:HttpURLConnection 什么都没封装,用起来太原始,不太顺手。所以本项目使用的是 HttpClient。

在本项目工具类 GsonUtil 中获取网络数据使用的是 HttpClient 来实现。HttpClient 是 Apache Jakarta Common 下的开源子项目,它提供了对 HTTP 协议的全面支持,可以使用 HttpClient 的对象来执行 HTTP GET 和 HTTP POST 调用,并且其已经集成到了 Android SDK 中。

【知识点】HttpClient 的一般使用步骤:

(1) 使用 DefaultHttpClient 类实例化 HttpClient 对象。

(2) 创建 HttpGet 或 HttpPost 对象,将要请求的 URL 通过构造方法传入 HttpGet 或 HttpPost 对象,设置参数,使用 POST 方法进行参数传递时,需要使用"NameValuePair"键值对来保存要传递的参数。另外,还需要设置所使用的字符集。

(3) 调用 execute 方法发送 HTTP GET 或 HTTP POST 请求,并返回 HttpResponse 对象。

(4) 通过 HttpResponse 接口的 getEntity 方法返回响应信息,并进行相应的处理。

在本应用中也上按照上述步骤来实现 HTTP 请求操作,但是在其基础上还做了超时设置及异常处理。同样涉及网络的操作记得要在 AndroidManifest.xml 文件添加网络权限＜uses-permission android:name="android.permission.INTERNET" /＞

【注意】设置参数时,BasicNameValuePair("参数名","参数值")中的参数名及参数值都要使用与服务器约定好的参数名及值,否则服务器无法通过参数名从请求中获得值,或者获得的值无效,这将会导致服务器不返回数据。同时携带的参数类型必须是 String 类型,服务器返回值也都会转成 String 类型字符串来处理。

不同的功能需要请求不同的 URL 及携带不同的键值对来传递参数,详细的服务器请求 URL 及需携带的键值对参数和其含义都会在本章结尾以表的形式给出。

具体代码如图 5C-14、图 5C-15 所示。

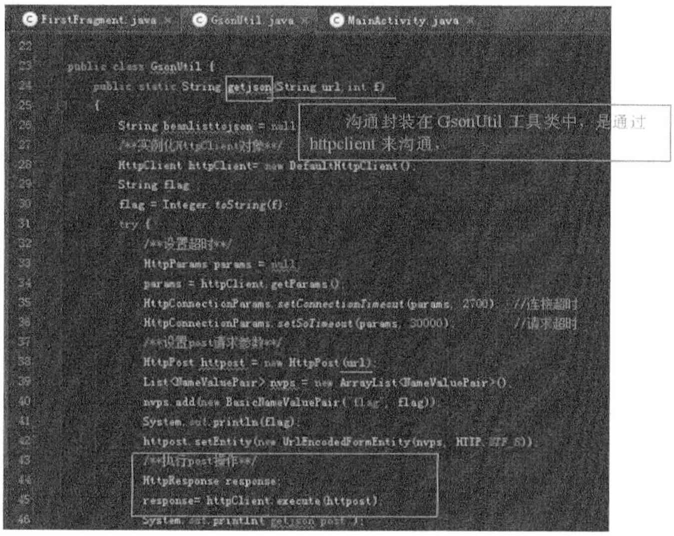

图 5C-14　GsonUtil 工具类(a)

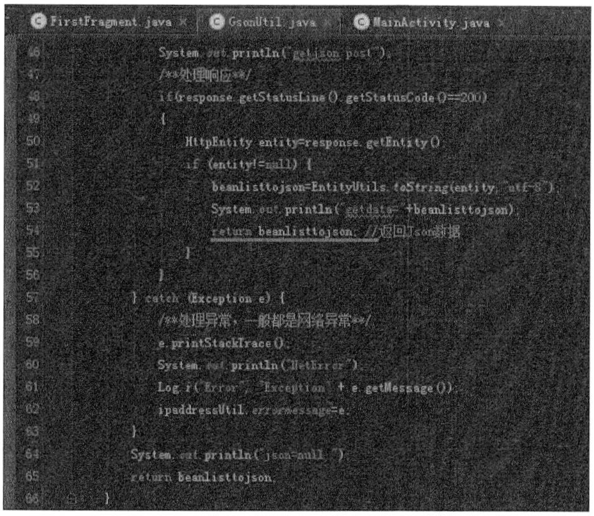

图 5C-15　GsonUtil 工具类(b)

当获取到了服务器的 JSON 字符串数据后,还不能直接使用,因为 JSON 数据并不能直接适配到 ListView 中，所以还需要将其转换成实训所需的 LinkedList＜News＞类型数组。在本工具类中也有此功能函数，其实现方法是通过 Gson 解析包将数据进行类型转换。

Gson 是 Google 提供的用来在 Java 对象和 Json 数据之间进行快速映射的 Java 类库。它可以将一个 Json 字符串转成一个 Java 对象，或者反过来操作亦可。

首先通过 gson.reflect.typetoken 取得 LinkedList＜News＞的类型，然后通过 gson.fromJson 方法将 json 字符串转换成 LinkedList＜News＞对象，具体使用方法如图 5C-16 所示。

图 5C-16　GsonUtil 工具类(c)

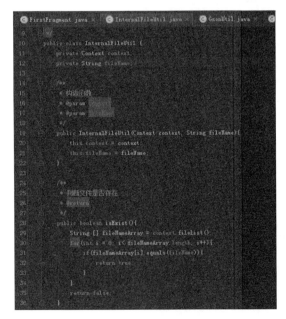

图 5C-17　文件操作工具类

2）内部文件操作工具类 InternalFileUtil

此工具类的功能顾名思义是用于操作程序内部文件的，其具体功能包括，创建文件、读写文件、删除文件等。

本项目用这个工具类的目的是，当客户端每次从服务器获取到数据后，都将其保存在程序内部文件中，下次打开程序首先会加载存储在内部文件的数据，再去访问服务器获取数据。这样可以实现简单的本地数据缓存的效果，即使在网络不可用的情况下，客户端依然可以加载显示之前从服务器获取的数据，这对用户体验有很大的改善。

这里只截出此工具类的一部分如图 5C-17 所示，完整的工具类代码请查看项目完整代码或访问有关 Android 程序私有文件(TXT)操作类的说明文档：

http://www.eoeandroid.com/thread-70490-1-1.html

3）IP 地址存放工具类

此工具类顾名思义是存放 IP 地址的，因为服务器运行在 PC 端，服务器的 IP 会变动，且项目中多个模块均需使用 IP 地址，所以将 IP 地址存放在单一工具类中便于修改使用。此工具类中还有一个 exception 对象，便于之后提示的使用。如图 5C-18 所示。

2．获取数据

1）获取数据并整理显示

介绍完工具类的功能后,下面讲解具体的使用过程,首先看下 OnCreate() 的内容与上一章有什么改变,如图 5C-19 所示。

由图 5C-19,可知最大的不同是将数据获取、数据整理都由 GetDataTask() 来完成。那么 GetDataTask 这个类有着什么

图 5C-18　IP 存放工具类

作用呢? 为什么数据获取和数据整理都要放在这里面呢? 这就是接下来需要重点讲解的内容。

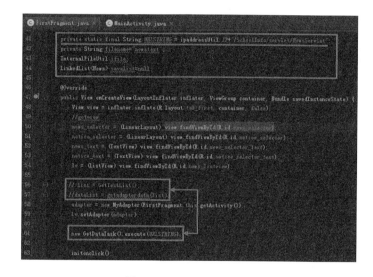

图 5C-19　FirstFragment

【知识点】GetDataTask() 是一个继承于 AsyncTask 的异步任务执行类。

使用这个类的原因是:在开发 Android 移动客户端的时候往往要使用多线程来进行操作,通常会将耗时的操作放在单独的线程执行,避免其占用主线程而给用户带来不好的用户体验。但是在子线程中无法去操作主线程(UI 线程),在子线程中操作 UI 线程会出现错误。

因此 Android 提供了一个类 Handler 来在子线程中来更新 UI 线程,用发消息的机制更新 UI 界面,呈现给用户。这样就解决了子线程更新 UI 的问题。

但是费时的任务操作总会启动一些"匿名的子线程",太多的子线程会给系统带来巨大的负担,随之带来一些性能上的问题。因此 Android 提供了一个工具类 AsyncTask,顾名思义异步执行任务。

这个 AsyncTask 生来就是处理一些后台的比较耗时的任务,给用户带来良好用户体验的,从编程的语法上显得优雅了许多,不再需要子线程和 Handler 就可以完成异步操作并且刷新用户界面。

很明显本次实训所涉及网络通信就是一个比较耗时操作,所以将获取数据的操作放在 AsyncTask 类中,否则会出现报错,从而影响用户体验。

先来看看 AsyncTask 的定义:

public abstract class AsyncTask<Params, Progress, Result>

【知识点】三种泛型类型分别代表"启动任务执行的输入参数"、"后台任务执行的进度"、

"后台计算结果的类型"。在特定场合下,并不是所有类型都被使用,如果没有被使用,可以用 java.lang.Void 类型代替。

一个异步任务的执行一般包括以下几个步骤:

(1) execute(Params… params),执行一个异步任务,需要在代码中调用此方法,触发异步任务的执行。

(2) onPreExecute(),在 execute(Params… params)被调用后立即执行,一般用来在执行后台任务前对 UI 做一些标记。

(3) doInBackground(Params… params),在 onPreExecute()完成后立即执行,用于执行较为费时的操作,此方法将接收输入参数和返回计算结果。在执行过程中可以调用 publishProgress(Progress… values)来更新进度信息。

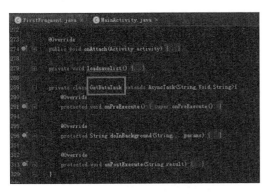

(4) onPostExecute(Result result),当后台操作结束时,此方法将会被调用,计算结果将作为参数传递到此方法中,直接将结果显示到 UI 组件上。

至此,AsyncTask 类的使用方法了解得差不多了,接下来就来结合实训内容来讲解。GetDataTask 结构如上面所讲,由三部分组成,如图 5C-20 所示。

图 5C-20　GetDataTask 结构

如上所说,获取数据的耗时操作,会放在 doInBackground 中,数据获取只需调用 GsonUtil 工具类的 getjson 方法传入相应的 URL 及需要携带的参数即可,根据需求在 onPreExecute 中不做任何操作,如图 5C-21 所示。

在获取完数据之后,还需要整理数据,一般放在 onPostExecute 中处理,处理的过程为,判断获取的数据是否为 NULL,如是,则表示没有获取到数据,提示网络错误。否则将获取到的数据转换成目标类型并赋值给适配到 Adapter 中的数组 datalist,最后通知适配器数据集更改,刷新列表,如图 5C-22 所示。

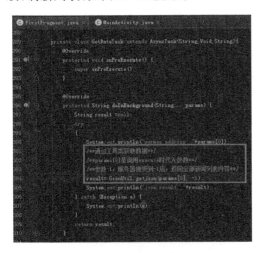

图 5C-21　doInBackground 方法

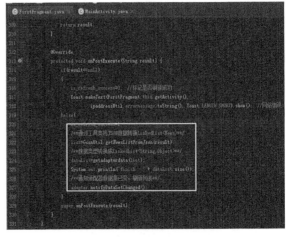

图 5C-22　onPostExecute 方法

最后记得在 OnCreate()中执行 GetDataTask:

new GetDataTask().execute(URLSTRING)

至此,在网络畅通的情况下打开应用就可以从服务器获取数据,并显示出来。效果如图5C-11所示。

2) 刷新功能函数

相较上一章,因为获取数据的方式改变了,所以刷新功能按钮也要做响应的改变。在上一章中,单击刷新按钮模拟在 ListView 中增加一条数据,而在这一章反而更加方便,只需在方法中再次执行异步操作类 GetDataTask 即可,同时用 Handler 来延时提示刷新成功时的时间,需要注意的是延时的长度需要与按钮旋转时间一致,如图5C-23所示。

3. 数据缓存

完成了数据获取功能后,在网络畅通的状况下就能获取数据并显示。但是在网络出现问题时,打开应用新闻列表显示为空白。很明显这种用户体验是不好的,所以还要完成一个数据缓存功能,将数据存放在内部文件中,使得在网络错误的情况下,读取文件中的数据,使得打开应用依然可以看到上一次加载的数据。

要完成这个功能,首先要创建文件,使用文件操作工具类可以很方便的创建文件,如图5C-24所示。

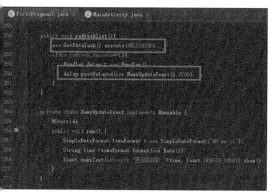

图 5C-23 刷新方法

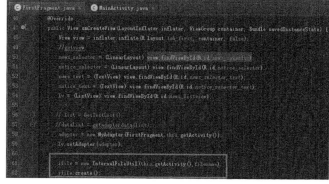

图 5C-24 创建文件

文件创建好后,就需要将获取到的数据写入到文件中,同样使用工具类来操作,此操作放在异步类的 onPostExecute 方法中,在判断收到数据后执行。在写入数据之前,先要将文件里之前的内容 clean,如图5C-25所示。

有了有数据的文件后,就要在打开应用时将数据读取并显示出来,所以还需要一个函数来执行这个操作。具体流程为,当从文件读取到的数据不为空时,将读取到的 JSON 数据经工具类及功能函数转换后赋给适配到 Adapter 的数组 datalist,然后通知适配器,数据集改变,刷新列表,如图5C-26所示。

最后在 OnCreate()中调用 loadsavelist()方法,这样每次打开应用都能先加载保存在文件中的数据,如图5C-27所示。

至此在网络不畅通的情况下,打开应用也能显示上次加载的数据,如图5C-28所示。

综上所述,在网络畅通情况下,运行应用,便可以成功从服务器获取数据并显示。在网络不畅通的情况下,应用依然可以显示上次加载的数据列表,并弹出网络异常提示,如图5C-11、图5C-28所示。

图 5C-25　写入文件

图 5C-26　加载保存数据

图 5C-27　调用加载保存数据方法　　　　图 5C-28　网络错误情况下打开应用

C.2.5　POST 请求 URL 及参数表

本应用的网络数据获取部分,都是通过客户端携带相应参数 POST 请求服务器,服务器返回数据的方式。获取数据的方法都是通过调用 GsonUtil 工具类的 getjson(URL,Value)方法,不同的就是需要传入相应的 URL 及需要携带的参数,所以以下将需要用到的 URL 及需携带的相应参数以表的形式给出,在后续开发中使用,如表 5C-1～表 5C-7 所示。

表 5C-1

URL 功能描述	获取新闻公告列表		
URL	ipaddressUtil.IP+"/SchoolInfo/servlet/NewsServlet"		
携带参数	参数名称	参数值	说明
	"flag"	−1	返回全部新闻公告数据
返回值	返回值说明		
	JSON 字符串		

表 5C-2

URL 功能描述	获取留言列表		
URL	ipaddressUtil.IP + "/SchoolInfo/servlet/MessageServlet"		
携带参数	参数名称	参数值	说明
	"flag"&"flag2"	flag=x flag2=0	返回数据库中倒序,第 x 到第 x+5,五条留言数据。如 x=0 时,返回数据库倒序的 0~5 条数据,即最新入库的 5 条留言数据。
		flag=x flag2=1	无论 x 为多少,皆返回点赞数最多的十条留言数据
返回值	返回值说明		
	JSON 字符串		

表 5C-3

URL 功能描述	对留言点赞及发布留言		
URL	ipaddressUtil.IP+"/SchoolInfo/servlet/MessageUpdateServlet"		
	参数名称	参数值	说明
点赞功能携带参数	"goodtimes_message_id"	程序获取	被点赞留言 ID
	"goodtimes_user_id"	默认为 1	用户 ID
	"flag"	1	点赞标识
发布留言功能携带参数	"user_id"	默认为 1	用户 ID
	"new_message_content"	用户编辑	新留言内容
	"flag"	2	发布留言标识
返回值	返回值说明		
	(String) true or false		

表 5C-4

URL 功能描述	获取商铺列表		
URL	ipaddressUtil.IP + "/SchoolInfo/servlet/ShopServlet"		
携带参数	参数名称	参数值	说明
	"flag"	0	返回全部商铺列表数据
		1	返回商场超市类列表数据
		2	返回美食类列表数据
		3	返回服务类列表数据
		4	返回购物类列表数据
返回值	返回值说明		
	JSON 字符串		

表 5C-5

URL 功能描述	收藏商铺；取消收藏		
URL	ipaddressUtil.IP+"/SchoolInfo/servlet/CollectionServlet"		
携带参数	参数名称	参数值	说明
	"user_id"	默认为 1	用户 ID
	"shop_id"	程序获取	被收藏商铺 ID
	"flag"	0	收藏标识
		1	取消收藏标识
返回值	返回值说明		
	(String) true or false		

表 5C-6

URL 功能描述	获取我的收藏列表		
URL	ipaddressUtil.IP+"/SchoolInfo/servlet/CollectionServlet"		
携带参数	参数名称	参数值	说明
	"flag"	3	我的收藏标识
	"flag2"	默认为 1	用户 ID
返回值	返回值说明		
	JSON 字符串		

表 5C-7

URL 功能描述	获取学院部及职能处室列表		
URL	ipaddressUtil.IP + "/SchoolInfo/servlet/SchoolInfoServlet"		
携带参数	参数名称	参数值	说明
	"flag"	0	返回所有列表数据
返回值	返回值说明		
	JSON 字符串		

C.3 项目心得

本次实训讲解了使用 HttpClient 与服务器进行通信，并且对 AsyncTask()异步操作类进行了讲解，以及使用文件操作工具类对数据进行文件读写。

经过前两次实训的学习，本项目的重要内容，自定义 ListView 及网络编程就完成了，之后的留言板模块、信息查询模块也都由自定义 ListView 及网络编程构成，希望学习完这两部分后能举一反三。

之后我们将学习第三方类库及第三方平台的使用。

C.4 参考资料

（1）Android 网络编程（一）：
http://blog.csdn.net/kieven2008/article/details/8210737
（2）Android 操作 HTTP 实现与服务器通信：
http://www.cnblogs.com/hanyonglu/archive/2012/02/19/2357842.html
（3）《Android 进阶学习》Http 编程之 HttpClient：
http://liangruijun.blog.51cto.com/3061169/803097/
（4）HttpClient 使用详解：
http://blog.csdn.net/wangpeng047/article/details/19624529
（5）Android 中 AsyncTask 的简单用法：
http://blog.csdn.net/cjjky/article/details/6684959
（6）详解 Android 中 AsyncTask 的使用：
http://blog.csdn.net/liuhe688/article/details/6532519
（7）Android——数据持久化之内部存储、Sdcard 存储：
http://www.cnblogs.com/weixing/p/3243115.html
（8）Android—文件读写操作总结：
http://blog.csdn.net/ztp800201/article/details/7322110
（9）Android 程序私有文件（TXT）操作类：
1. http://www.eoeandroid.com/thread-70490-1-1.html

D 利用开源库及第三方平台实现 LBS 和推送服务

搜索关键字

（1）PullToRefresh
（2）Picasso
（3）Volley
（4）Jpush 极光推送
（5）高德云图
（6）高德地图 SDK

本章难点

本章主要介绍在本项目中使用到的几个第三方开源库及第三方平台，及如何使用它们与项目中的功能模块相结合。

D.1 项目介绍 I

本项目的各个模块大都以 ListView 的方式来呈现，但是 ListView 的构成及操作方式却不一样,如新闻公告模块及信息查询模块的商铺查询所呈现的 ListView 是带有网络图片的,留言模块的 ListView 是可以下拉刷新,上拉加载的,这些都使用到了开源库来实现。所以本实训会结合项目的功能模块对使用到的开源库来讲解。

除了开源库之外,本项目中还使用了两个比较重要的外部功能,在本章会详细介绍:
(1) 高德 Android SDK、高德 Android 定位 SDK、高德云图来实现简单的 LBS 功能。
(2) 使用第三方推送平台"极光推送"来实现推送新闻的功能。

D.2 案例设计与实现

D.2.1 需求分析

项目功能:
(1) 下拉刷新、上拉加载及留言模块重要功能实现。
(2) 网络图片加载。
(3) 我的位置在地图中显示的。
(4) 商铺位置显示。
(5) 通知推送。

D.2.2 核心功能实现

核心功能包括:下拉刷新、上拉加载及留言模块功能。

众所周知,"下拉刷新"的操作在各种主流应用都有使用,而在本应用的留言模块也用到了这个功能。实现这个功能大都使用开源下拉刷新库来实现,而本应用就使用的就是 GitHub 上非常有名的开源库 PullToRefresh 库。

PullToRefresh 库是一套非常好用的下拉刷新库,其支持 ListView、ExpandableListView、GridView、WebView 等多种常用的需要刷新的 View 类型。在网上还有很多下拉刷新的开源库,如 XListView 等,而且还有许多在 PullToRefresh 基础上进行改良的第三方库,有需要的可以上网查找相关资料。

PullToRefresh 的使用方法十分方便,先在布局文件中按需求加入 PullToRefresh 库自定义的 ListView 类型控件,如本应用中使用的是:<com.handmark.pulltorefresh.library.PullToRefreshListView>。

这个 PullToRefreshListView 除了可以下拉上拉之外,其使用方法和普通 ListView 差不多,所以其加载数据的方法和普通 ListView 一样。接下来在在 Java 文件中实例化组件,初始化配置。最后将刷新时需要运行的代码写入下拉监听方法中即可。

接下来就对其使用方法及留言模块的几个重要功能进行讲解。

1. 依赖工程引入

与一般的开源库不同,PullToRefresh 不是导入 Jar 包来使用,而是导入整个 Library 工程来作为库文件使用。

下载源码后(https://github.com/chrisbanes/Android-PullToRefresh),解压里面有个 Library 工程,将其 Import 添加工程到 Eclipse 中,如图 5D-1、图 5D-2 所示。

另外 extras 文件夹还有两个工程:

PullToRefreshListFragment 和 PullToRefreshViewPager,由于本项目用不到这两个库文件,所以不必导入了。

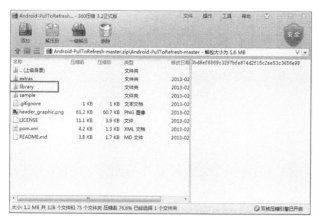
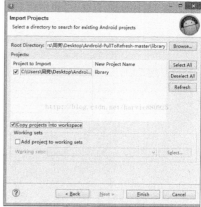

图 5D-1　库文件　　　　　　　　　　　图 5D-2　import library

Import library 后还需要将其与整个工程进行关联,工程→右键→Properties→Android→Add 选择上面的 Library,然后如图 5D-3 所示即表示关联成功。

2．界面设计

1) 运行界面

留言模块的 UI 设计和新闻公告相似,主要就是由一个可下拉上拉的 ListView 控件,以及在顶部栏添加的两个功能按钮组成。运行界面如图 5D-4、图 5D-5、图 5D-6、图 5D-7 所示。

图 5D-3　将 library 作为本项目依赖

图 5D-4　运行界面 1　　图 5D-5　运行界面 2　　图 5D-6　top10 功能运行界面　　图 5D-7　发布留言运行界面

2) 布局控件

首先是顶部栏两个功能按钮,一个是用于获取点赞数最多的十条留言的按钮,一个是发布留言的按钮。同样是放在 MainActivity 的顶部栏布局中,如图 5D-8 所示。

图 5D-8　留言模块顶部栏

不过按钮默认要设置为隐藏状态,因为应用打开时默认为新闻公告界面,所以这两个按钮初始时是不显示的,同时发布留言按钮与新闻模块的刷新按钮位置一致,不设置隐藏的话,会照成重叠（效果见 B 章图 6B-41），如图 5D-9 所示。

图 5D-9　顶部按钮代码

当左划切换到留言模块时这两个按钮才会显示，这需要到 MainActivity 中的 ViewPager 的监听函数中进行设置，如图 5D-10 所示。

图 5D-10　切换后设置按钮显示

而整个留言模块所对应的 Fragment 的 UI 就是一个支持下拉上拉的 ListView，而这个 ListView 不是 Android 的原生控件，而是下拉刷新开源库中的下拉刷新 ListView 控件，所以在布局文件中控件名为：

＜com.handmark.pulltorefresh.library.PullToRefreshListView＞，当然它还是在普通 ListView 的基础上发展而来，所以其在参数设置方面和普通 ListView 一样，如图 5D-11、图 5D-12 所示。

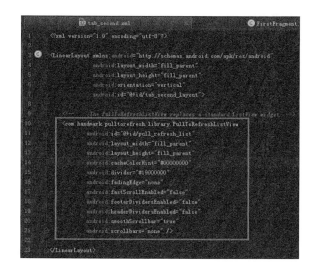

图 5D-11　留言模块 UI 代码　　　　图 5D-12　留言模块 FragmentUI

从上面的图 5D-11 和图 5D-12 图中，很明显可以看出 ListView 的 Item 布局是需要自定义的，所以我们还需要编写 Item 的布局文件。其主要有几个部分：

一是 RelativeLayout 中嵌套一个 TextView 用来显示留言，这样做的目的是，RelativeLayout 可以将 TextView 控件保持居中，这样显示出来的留言也是居中显示。

二是由两个 TextView 来显示留言时间和点赞数，还有一个 imageButton 来作为点赞按钮，这三个同样放在一个 RelativeLayout 中方便调整，如图 5D-13、图 5D-14、图 5D-15 所示。

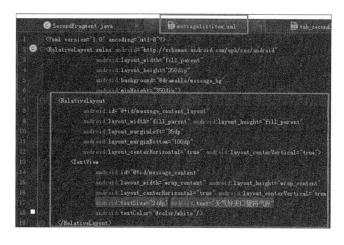

图 5D-13　Item 布局　　　　图 5D-14　Item 布局代码 1

最后还有一个发布留言的界面，组成也是有嵌套结构组成，顶部栏由一个 RelativeLayout 包裹两个 Button 及一个 TextView 组成，然后由这个 RelativeLayout 以及一个作为分界线的 imageView 还有一个作为编辑框的 EditText 组成线性布局，如图 5D-16、图 5D-17、图 5D-18 所示。

3）注意事项

Item 背景文件，需放在 drawable-xxhdpi 文件夹中，这样可以达到最好的效果，如图 5D-19 所示。

241

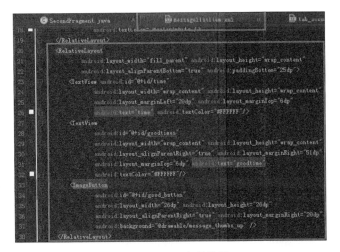

图 5D-15 Item 布局代码 2

图 5D-16 发布留言 UI 结构

图 5D-17 发布留言 UI 代码 1

图 5D-18 发布留言 UI 代码 2

3. 功能实现

功能实现部分将不讲解留言模块数据获取及加载的具体实现,因为其与新闻模块的实现方法大致一样,同样是从服务器中获取数据并整理,然后适配到自定义 ListView 中。

这里只讲解 PullToRefresh 的使用以及留言模块的几个重要功能的实现。

首先看下与上一章相比项目的逻辑结构图的变化,如图 5D-20、图 5D-21 所示。

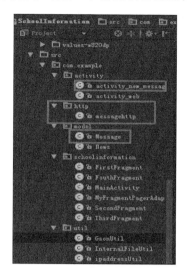

图 5D-19　Item 背景文件存放位置

图 5D-20　逻辑结构图 1　　　　　　　图 5D-21　逻辑结构图 2

其中 Messages 实体类定义如图 5D-22 所示。

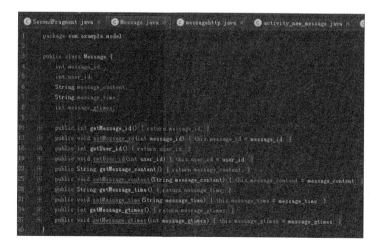

图 5D-22　Message 实体类

1) 下拉刷新

实现方法主要分为两步,首先在 Java 文件中实例化 PullToRefreshListView 组件,初始化配置,配置一般只要设置是只能下拉刷新,还是只能上拉刷新,或者是两端都可刷新,在本应用中根据需求设置为两端都能拉动刷新,如图 5D-23 所示。

然后对 PullToRefreshListView 组件设置监听器,将刷新时需要运行的代码写入监听器中的方法即可,除此之外其和普通 ListView 使用方式一样,如图 5D-24 所示。

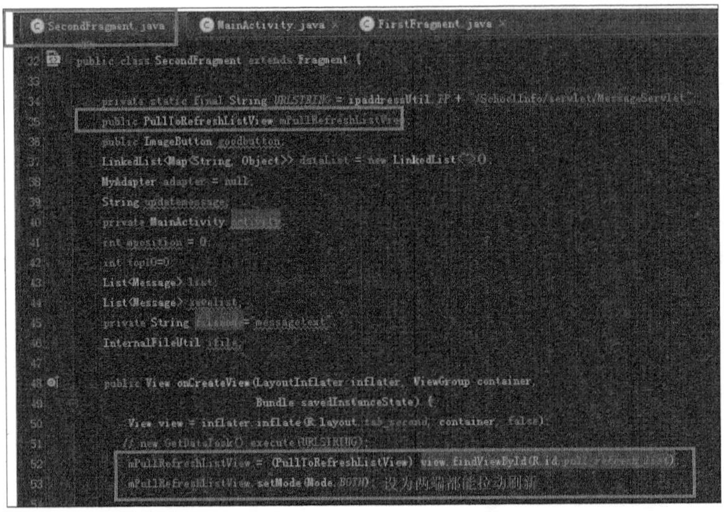

图 5D-23　PullToRefreshListView 组件初始化配置

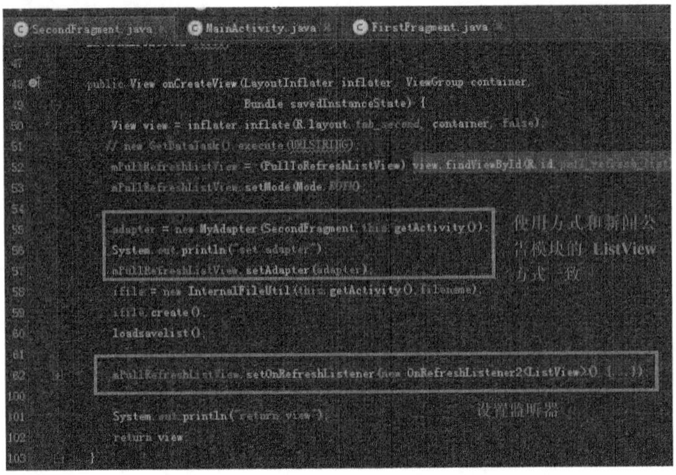

图 5D-24　PullToRefreshListView 设置监听器

根据需求，ListView 既可上拉也可以下拉，所以在监听器里的方法也分为上拉和下拉两个分别为：onPullDownToRefresh( ) 和 onPullUpToRefresh( )。在方法里先对拉动后所显示的时间 Lable 和提示 Lable 进行设置，然后再执行获取网络数据的异步类 GetDataTask()，具体的获取方法请参考 C 章。

GetDataTask( ) 这个异步类在新闻模块中是单击刷新按钮后调用的，所以单击按钮刷新和下拉刷新，两者的操作方式虽不一样，但是实现方法和效果是一样的，都是在监听函数中去调用获取数据的函数，再加载到 ListView 中，如图 5D-25、图 5D-26、图 5D-27 所示。

至此，下拉 PullToRefreshListView 就能从服务器获取数据并加载，具体的数据获取及 ListView 数据加载请参考 B、C 章及源代码。

2）上拉加载

相比新闻公告模块，留言模块不仅需要刷新功能，还需要上拉加载更多功能。在刷新后，留言模块只从服务器获取 5 条最新的留言显示，需要查看更多则需要上拉 ListView 来加载接下来的 5 条留言。

图 5D-25　下拉刷新监听函数代码

图 5D-26　上拉函数代码

图 5D-27　下拉出现的 Lable

　　实现的方法为通过 mposition 作为标记，将这个标记发送给服务器，服务器则会返回 mposition 之后的 5 条数据给客户端，如当 mpositon 为 0 时，则服务器返回最新的 1~5 条留言给客户端。通过上拉后，将 mposition 设为 5，再去请求服务器时，则会返回第五条之后的 6~10 条留言给客户端，以此类推。

　　在下拉刷新监听函数，将 mposition 设为 0。在上拉加载监听函数，将 mposition+5。在这之后都通过异步类中请求服务器，如图 5D-28 所示。

　　在异步类 GetDataTask() 中通过工具类 GsonUtil.getjson(params[0], mposition, top10) 来获取数据。这其中有三个参数，第一个是服务器 URL，第二个就是 mposition，以及 top10 标记。mposition 作为参数发送给服务器后，服务器就会根据 mposition 的值来返回相应的数据，如图 5D-29 所示。

　　需要注意的是，在 GsonUtil 工具类中，只有带两个参数的 getjson() 方法，所以还要按需求写一个带有三个参数的 getjson() 方法，同样发给服务器的参数也增加为两个，从而实现 getjson() 的重载，如图 5D-30 所示。

　　得到加载的数据后，还需要将其与之前的数据连接起来。这里使用一个 loadmoredata() 函数来实现数据类型转换及数据集的增加操作，因为适配数据集 datalist 使用的是 LinkedList<>，所以只需调用 addLast() 方法即可将数据添加到数据集的尾部。

　　得到数据后，通过 mposition 来判断是刷新还是加载更多操作，从而来调用不同的功能函数。调用完功能函数后，除了要通知适配器数据集改变之外，还要调用 PullToRefreshListView.onRefreshComplete() 函数来通知 PullToRefreshListView 刷新或者加载完成，如图 5D-31、图 5D-32 所示。

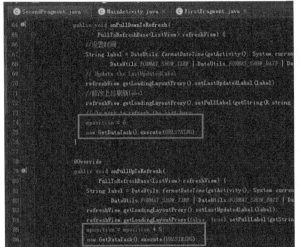

图 5D-28 mposition 标记设置

图 5D-29 mposition 作为参数访问服务器代码

图 5D-30 getjson 方法的重载

图 5D-31 得到数据后处理代码

Loadmoredata(),整理得到的数据,并添加到数据集尾部。

至此,上拉 ListView 就可加载更多数据了。

3) 点赞功能

点赞功能的设计思路是:是对点赞按钮设置监听,单击按钮后将按钮图片资源更改为已单击的状态图片资源,并将表示点赞数的 TextView 加 1,然后通知服务器对这条留言的点赞数进行修改。

图 5D-32 loadmoredata()功能函数

但是需要"特别注意"的是,因为留言模块使用了自定义 Item 的 ListView 来实现,这其中实现数据与视图的绑定是通过"getview()"来实现,而 getview()的回收机制会导致"Item 的图片和文字错乱"。getview()的详解请查看:"Adapter 的 getview 方法详解"http://blog.csdn.net/yelbosh/article/details/7831812"

而解决这种情况的方法就是:做数据修改时要从适配数据集处修改,比如,单击点赞按钮后,点赞数需要增加 1,这时除了要设置 TextView 的值加 1 外,还需要将适配数据集 datalist 中此条留言所对应的点赞数对象加 1。否则如只改变 TextView 而不改变数据集中的数据,那么当这条 Item 滑出屏幕后,其视图将会被回收,当这条 Item 再次滑入屏幕内时,getview()将对其重新绘制,而重绘后的 Item 的 TextView 显示的数字仍是数据集中未加 1 的数字。

由上述可知,点赞后即使更改了点赞按钮图片资源,但是其状态无法得到保存,重绘后图片一样会错乱,所以在数据类型转换 getadapterdata 方法中增加一个用于保存图片状态的对象"button_image"而这个对象是 message 实体类中没有的,如图 5D-33 所示。

图 5D-33 数据集增加图片状态标记

然后在 getview()中设置点赞按钮图片资源时,每次绘制都会先通过判断这个标记位来选择需要绘制的图片是未单击状态的还是已单击状态的,如图 5D-34 所示。

图 5D-34 判断点赞按钮图片状态代码

点赞按钮是在 Item 中的,所以点赞按钮的监听器也要写在 getview 方法中,需要注意的地方就是如上说的改变点赞数及点赞按钮图片资源的同时还要修改数据源 datalist 中相对应的数据及标识,如图 5D-35 所示。

图 5D-35　点赞按钮监听器代码

点赞后通知服务器修改数据的网络编程部分也与第三部分所讲的网络编程方法类似。这里通过异步类 UpDataTask() 来执行，而网络通信部分不再使用 GsonUitl 工具类，而是另外编写的一个 messagehttp 类来实现，如图 5D-36 所示。

其主要方法依然是通过 Httpclient 工具携带参数 Post 请求服务器，服务器通过约定好参数名得到的参数来执行相关操作。不同的是 URL 及携带的参数的名称需要改变，返回的结果也不是 JSON 数据，而是 true 或 false，返回值可用于调试，如图 5D-37、图 5D-38 所示。

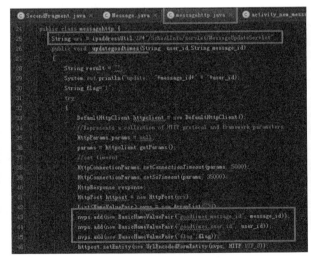

图 5D-36　UpDataTas 异步类代码　　　　　　图 5D-37　messagehttp 通信类

需要注意的是，"new UpDateTask().execute("1", m_id);" 中第一个参数在通常情况下是登录用户 ID，但本应用不引入用户登录功能，所以以 1 代替用户 ID，第二个参数是 message_id。另外因为不引入用户登录功能，所以服务器设置为可以接受同一用户 ID 对同一条留言数据的多次点赞，有兴趣的同学可以查看服务器代码进行更改。

至此，单击就可以实现点赞的功能，如图 5D-39 所示。

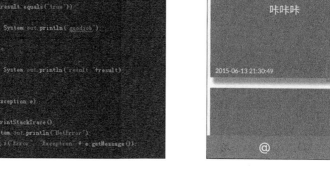

图 5D-38　返回值处理　　　　　图 5D-39　点赞功能

4）发布留言

发布留言的设计思路为：

（1）单击发布留言按钮。

（2）MainAcitvity 通过 startActivityForResult()打开发布留言的编辑 Acitivity：activity_new_message。

（3）在 activity_new_message 中如取消发布则直接 finish() Activity，如编辑留言并发送成功，则调用 setResult(RESULT_OK)然后 finish() Activity。

（4）如留言发布成功，MainActivity 的 onActivityResult 方法会收到 activity_new_message 返回来的 RESULT_OK 标识，则 MainActivity 通过 SecondFragemt 实例，调用 SecondFragment 中的 ListView 刷新功能函数。

通过以上流程，可知其中最主要的是打开"activity_new_message"的时候，不是使用常用的 startActivity()来进行 Activity 间的跳转，而是使用 startActivityForResult()。这个方法顾名思义其作用就是"FroResult"，如果通过 startActivityForResult()来打开的下一级 nextActivity，而 nextActivity 在 finish()之前可以通过 setResult()方法来设置参数及标识，则在 nextActivity finish()之后可以将参数及标识传回给打开它的上一级 Acitvity。上一级 Acitvity 则可以通过得到的参数及标识来做出相应的操作。

接下来就以这个流程来讲解，发布留言功能。

首先通过监听来打开发布留言 Activity，其中 startActivityForResult(intent,1)中的参数 1 是作为当有多个下级 Activity 都会返回数据时的标识，本应用中只有一个下级 Activity 需返回数据，所以这个参数可以随意填，大于等于 0 即可，如图 5D-40 所示。

图 5D-40　发布留言按钮监听器代码

接下来是 activity_new_message 的定义，主要是获取按钮及编辑框组件，如图 5D-41 所示。

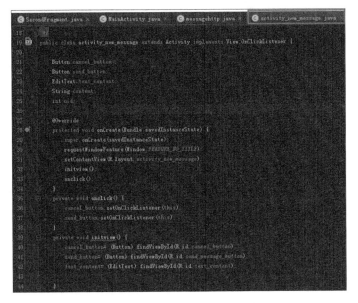

图 5D-41　activity_new_message 定义

发布留言最主要的是单击发送按钮后将获取的字符串发送给服务器，服务器将其插入数据库中。这部分的网络编程依然使用异步类及 messagehttp 类中的方法实现，如图 5D-42、图 5D-43 所示。

图 5D-42　按钮监听函数代码

异步类中通过请求服务器后的返回的值判断是否发送成功。如成功，则调用 setResutl(RESULT_OK)设置标识后，finish()。

网络编程使用 messagehttp 类中的方法 insert_new_message()，实现方法和点赞功能相同，只不过点赞发送给服务器的是用户 ID、留言 ID 以及标识为 1，而发布留言发送给服务器的则是用户 ID、留言内容以及标识为 2，同样的用户 ID 以 1 来代表，如图 5D-44 所示。

activity_new_message 返回标识给上一级 Activity，那上级 Activity 中就需要有一个方法来接受并处理，所以在 MainActivity 中，还需要重写 onActivityResult()方法来实现这个功能，其中的参数 resultCode 就是从 activity_new_message 中返回的标识，参数 data 就是返回的参数，本应用无须返回参数则无须理会。其中的 secondfragment_object 实例，在 viewpager 切换时已获取，如图 5D-45 所示。

图 5D-43 异步类代码

图 5D-44 发布留言网络编程代码

留言模块的列表刷新方法与新闻模块的刷新方法略有不同,PullToRefreshListView 可以直接调用 setRefreshing() 方法即可将列表自动下拉,并触发下拉监听器,所以不用再去单独调用异步类来获取数据,因为监听器中已经调用了,如图 5D-46 所示。

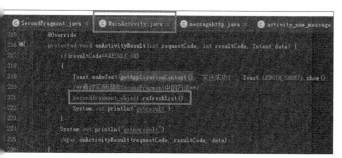

图 5D-45 接受返回数据方法代码

图 5D-46 下拉列表刷新方法代码

图 5D-47　发布留言功能

至此就可以实现发布留言的功能了，如图 5D-47 所示。

5）TOP10

TOP10 功能就是获取点赞数最多的 10 条留言的功能，其设计思路为：单击按钮后，通过设置 TOP10 标志为 1，再去请求服务器，服务器接收到标志位为 1 后就会返回点赞数最多的 10 条留言。同样需要 MainActivity 获取 SecondFragment 实例来调用方法。如图 5D-48、图 5D-49 所示。

至此就能实现单击 TOP10 按钮，列表刷新出的是点赞数最多的 10 条留言，如图 5D-6 所示。

图 5D-48　MainActivity 监听器代码

D.2.3　网络图片加载

1. 界面设计

网络图片的加载界面设计都包含在 Item 整个设计中，有兴趣读者可以重新回顾上述项目展示图片。

2. 功能实现

目前所有应用都避免不了使用到网络图片，怎么将应用中网络图片能快速加载且加载的过程中不会阻塞 UI 主线程导致卡顿，是每个程序员都要面临的问题。如果你不能自己写出一个好的框架来实现，使用"第三方开源类库"是个很好的解决办法。

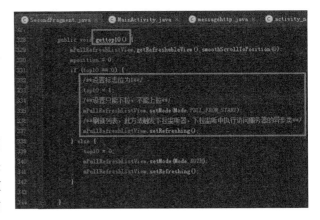

图 5D-49　getTOP10 方法代码

目前 Andriod 平台有几个比较流行的网络图片异步加载类库有三个：Picasso、Volley、Universal-Image-Loader。通过使用这几个类库你不用关心网络通信、异步加载及缓存，简单的说你只要填图片的 URL 即可。当然这几个类库还是有些差异的，在本应用中就使用了"Picasso"及"Volley"来分别加载新闻模块图片和商铺图标。

这两个开源库的 jar 包如图 5D-50 所示。

下载地址：

图 5D-50　图片加载开源库 jar 包

Picasso:http://square.github.io/picasso/
Volley:http://download.csdn.net/detail/nobcdz/6482641（非最新）

1) picasso

首先说说 Picasso，Picasso 是 Square 开源的一个用于 Android 系统下载和缓存图片的项目。其特点有：处理 Adapter 中的 ImageView 回收和取消已经回收 ImageView 的下载进程，使用最少的内存完成复杂的图片转换，比如把下载的图片转换为圆角，自动添加磁盘和内存缓存。而且 Picasso 的使用极其简单，如果不修改配置，一句代码即可，如：Picasso.with(context).load("图片 URL"))。

在本应用中的使用方法是，加入 jar 包后，在 getview() 方法中通过 position 来获取当前 Item 所对应的图片 URL。然后调用 Picasso.with() 方法即可。需要注意的是 with 方法中.placeholder() 是用于占位符的显示，如过当前图片不能及时加载出来时，会先显示这个占位符来代替，一般会显示 Loading 图片，本应用中以 ic_Launcher 来代替。另外 with() 还有一个.error(R.drawable.XXX) 的占位符方法，这个方法是当图片加载失败时显示的占位符，这两个方法可以同时使用，如图 5D-51 所示。

图 5D-51　piacsso 的使用

另外，本应用中还使用了，Picasso.with(getActivity()).setIndicatorsEnabled(true) 语句。而这句代码是用于对 Picasso 的调试之用，当用了这句代码后，每张图片的"左上角"都会有个带颜色的三角形，每个颜色代表不同的"加载来源"，红、黄、绿分别对应 network（网络）、Disk（本地磁盘）、Memory（内存），这样就可以知道图片是从哪里加载出来的，如图 5D-52、图 5D-53 所示。

图 5D-52　picasso 调试标识 1

最后还需要注意的是 Picasso 的磁盘缓存，其存的是图片的下载流而不是图片文件，类似浏览器的网页缓存，所以其图片缓存也具备类似页面缓存的属性。具有"有效期"属性，如果其有效期过了，而又连接不上服务器去验证缓存是否还有效，就会导致就算有本地磁盘缓存也会加载失败，但一般图片资源的有效期都很长久。还有 Picasso 不仅可以加载网络数据，对于内部存储、外部存储的图片亦可以用它加载。

图 5D-53　picasso 调试标识 2

2) volley

【注意】相比 Picasso 作为一个纯粹的图片加载类，Volley 则是 Android 开发团队与 2013 年 Google I/O 大会上推出了一个新的网络通信框架，它既可以进行 HTTP 通信，也可以轻松加载网络图片,它的设计目标就是非常适合:"进行数据量不大",但"通信频繁"的网络操作,而对于大数据量的网络操作,比如说下载文件等,Volley 的表现就会比较糟糕。

在这里就不讲解商铺列表的实现,因为其实现方法与新闻列表及留言列表实现方法一致,区别只是在于商铺列表是个可展开的 ExpandableListView,自定义 Adapter 也需要继承与 BaseExpandableListAdapte,但其实现方法与普通 ListView 一样,具体实现方法请参考前两章或源代码。这里只讲解 Volley 加载图片的方法。

Volley 加载图片方法虽没有 Picasso 那么简洁但也很少,首先也要引入 volley 的 jar 包,然后需要编写 BitmapCache 类来对缓存进行配置,一般来说这个类只需直接 copy 使用即可,无须修改,如图 5D-54 所示。

图 5D-54 BitmapCache 类代码

因为同样是在 ListView 中使用,所以关键代码也写在 getview() 中,在此之前,首先要在自定义 Adapter 的构造函数中,初始化 volley 的请求队列对象及 imageLoader 对象并获得实例,如图 5D-55 所示。

在使用其加载图片之前,有一个地方特别需要注意的,就是其相对于 picasso 加载图片使用普通组件 ImageView,Volley 加载图片需要使用特殊的图片组件＜com.android.volley.toolbox.NetworkImageView＞,所以在 Item 的布局文件中需要使用这个组件来代替 ImageView 组件,如图 5D-56 所示。

图 5D-55 Volley 队列及 imageLoaderc 初始化代码

图 5D-56 NetworkImageView 代码

同样存放控件的 ViewHolder 类也需要使用对应的 NetworkImageView 控件，如图 5D-57 所示。

接下来的使用方法与 Picasso 类似，通过调用方法来设置加载及错误的占位符，以及通过图片 url 来加载图片，如图 5D-58 所示。

图 5D-57　ViewHoledr 存放控件代码

在本应用中没有用到得一个库是 Universal-ImageLoader，其相对其他两个库的优势是可以高度配置，非常灵活，如自定义缓存路径、缓存大小、缓存过期时间等等，使用方法请通过网络查阅。

图 5D-58　Volley 图片加载代码

D.2.4　LBS 位置显示

"我的位置"功能模块顾名思义就是现实显示地图以及自己当前的位置，这个功能的实现是借助高德 Android SDK 和高德 Android 定位 SDK 完成，在国内有几家地图公司都有自家的 SDK 供开发者使用，借助他们的 SDK 我们可以很方便快捷的在自己的应用中加入 LBS 的功能。在本应用中，就借助高德的 SDK 我的位置功能可以实现地图的显示，混合网络定位即 WIFI、移动网络、GPS 三种网络定位，另外还有根据面向方向旋转功能即根据手机的方向来实时调整定位图标方向。

在商铺查询中可以查看"商铺位置"，这里使用的是"高德云图"来实现，简单来说就是用"高德云图"在线制作自己的地图后生成一个网页地址，在应用中只需用 WebView 来打开此网页就能实现需要的效果。

1. 界面设计

我的位置功能是在信息查询模块中的，所以本部分界面设计就以信息查询模块整体来讲解。

1）运行界面

运行界面分为一个 Fragment 及四个 Aactivity，其中学院（部）及职能处室查询共用一个 Activity，其对应关系如图 5D-59、图 5D-60、图 5D-61、图 5D-62、图 5D-63、图 5D-64 所示。

2）布局控件

首先讲解信息查询模块 Fragment 的布局，其结构由多层嵌套结构组成，将四个功能块平均分布在屏幕上，这个布局效果也可以使用 GridView 来实现。具体结构如图 5D-65 所示。

注意在使用 LinearLayout 时的"layout_weight=1"，这个属性在第一章讲过过，是用来平均分配位置的，四个功能模块能平均分布在上下左右，也是通过这个属性来实现的，如图 5D-66 所示。

相比信息查询界面，我的位置子模块的界面搭建则十分简易，只需要使用高德地图 jar 包提供的＜com.amap.api.maps.MapView＞组件即可，如图 5D-67 所示。

本节开头提到商铺位置的显示是通过 WebView 组件来打开网页显示，所以其布局也很简易，由一个 ProgressBar 进度条及 WebView 组成，如图 5D-68 所示。

本节重点在"我的位置"及"商铺位置"，所以查询商铺、学院（部）、职能处室的功能以及布局就不详细介绍了,它们都是由一个顶部栏及一个 ListView 控件组成,需要注意的是其中商铺查询子模块的 ListView 是可扩展的 ExpandableListView,因为其是可扩展的列表,所以在编写 Item 布局的时候,也要分为父 Item 布局和子 Item 布局,具体实现请查看源代码。

图5d-59 信息查询模块主界面

图5d-60 我的位置界面

图5d-61 商铺界面

图5d-62 商铺位置界面

图5d-63 学院部界面

图5d-64 职能处室界面

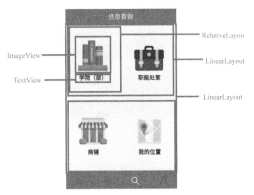

图 5D-65 信息查询模块布局结构

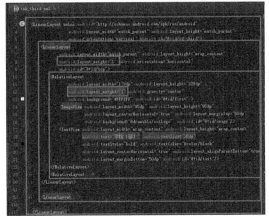

图 5D-66 信息查询模块布局代码

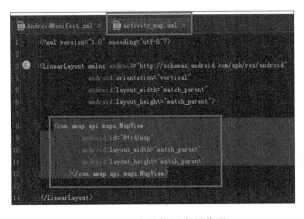

图 5D-67 我的位置布局代码

图 5D-68 商铺位置 Activity 布局代码

3）注意事项

商铺查询的顶部栏有个下拉菜单的控件 spinner，其显示的选项需要通过另外的配置文件来保存，如图 5D-69、图 5D-70 所示。

2. 功能实现

本节主要讲解第三方平台的使用，所以商铺列表、学院（部）列表、职能处室列表的实现则不详细分析，其实现方法与之前新闻公告列表的实现方法大同小异，主要还是通过网络获取数据并加载到自定义 ListView 中，具体的实现过程请参考前两章及源代码。

在使用第三方平台的 SDK 时，通常在它的官方网站都会有这个 SDK 的开发文档来对其使用方法进行详解，所以本节不会对代码一步步讲解，只会对需要注意的地方进行提示。

与上一节相比，项目逻辑结构的变化，如图 5D-71、图 5D-72、图 5D-73 所示。

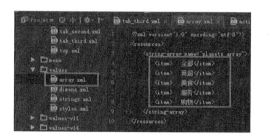
图 5D-69　spinner 配置文件

图 5D-70　下拉菜单选项显示

图 5D-71　逻辑结构图 1

1）我的位置显示

我的位置的显示是通过"高德的 Android SDK"和"Android 定位"SDK 来实现，其中 Android SDK 是用于地图的显示，而 Android 定位 SDK 则是用于定位。两者合一才能实现在地图上显示我目前的位置，如图 5D-74 所示。

图 5D-72　逻辑结构图 2

图 5D-73　逻辑结构图 3

图 5D-74　我的位置用的 SDK

Android SDK 开发文档：

http://lbs.amap.com/api/android-sdk/summary/

Android 定位 SDK 开发文档：

http://lbs.amap.com/api/android-location-sdk/summary/

注意事项：

（1）单击查询模块 Fragment 可以打开"我的位置"的 Activity，这功能依然是需要通过 MainActivity 实例来打开，此问题在之前也多次提及。通过 onAttach() 获得 MainActivity 实例，如图 5D-75 所示。

（2）在使用第三方的平台的 SDK 时，通常需要申请 KEY，就需要用到证书 SHA1 码及项目的包名。

SHA1 的获取通常可以通过 Eclipse 获取，但有个别情况 Eclipse 也无法获取或者使用的不是 Eclipse 来开发的可以参考以下方法来获取：

获取 Android 签名证书的 sha1 值：

http://blog.csdn.net/harvic880925/article/details/17618743

项目包名则需要与 AndroidManifest 中的包名一致，如图 5D-76 所示。

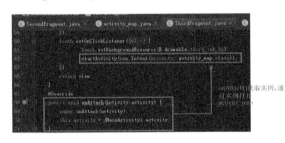

图 5D-75　Fragment 获取实例打开 Activity 代码　　　　图 5D-76　项目包名

2）商铺位置显示

【知识点】"商铺位置"显示是通过"高德云图"在线编辑地图，生成地图网址后，通过 webview 加载网页实现，而不是使用"高德 Android SDK"，使用这两者的区别是：

高德云图：用户将自有数据直接存储在云端，不占用服务器资源，同时，数据与地图底图融合，渲染效果更好，加载更快，并覆盖 Web、H5、Android、iOS 等平台，而其中 HTML5 网页的显示效果好、开发成本低，所以本项目也是通过 WebView 组件来打开 H5 的网页实现效果；

高德 Android SDK\API：使用 Android SDK 及 API，开发原理则是取出服务器中自有数据，将 POI 以打点的形式标注在地图上。相对云图，开发成本较高，且渲染效果及加载速度稍慢。

所以用云图来开发带有自定义 POI 的应用成本低，速度快，显示效果好，更简单。需要注意的是创建云图数据的方法有三种：

（1）PC 云图数据管理台，在线编辑；

（2）通过服务端云存储 API 接口导入数据；

（3）通过移动端数据采集 APP 进行采集。

而本项目中采用的是第一种方法，如图 5D-77 所示。

在数据管理后台编辑完成后通过分享，就能获得云图网址，如图 5D-78 所示。

http://yuntu.amap.com/share/V3aUb2 此网址是已经编辑好的包含校园商铺 POI 的云

图 5D-77　数据管理台入口

图 5D-78　云图发布

图，读者可以试试用浏览器打开此网址查看效果，通过 WebView 控件打开此网址会自动适配手机屏幕，效果如图 5D-79、图 5D-80 所示。

云图开发文档：

http://lbs.amap.com/yuntu/summary/

　　图 5D-79　云图效果 1　　　　　　图 5D-80　云图效果 2

D.2.5　通知推送

本应用的通知推送功能，使用的是第三方推送平台服务商"极光推送"（官网 https://www.jpush.cn/common/products）的 SDK 来实现。极光推送是国内领先的第三方推送平台，其推送服务具有免费向所有的开发者开放使用，SDK 流量电量消耗很少，集成简单，很快就能够集成等优点。

因为推送服务是根据每个开发者自己申请的 APPKEY 来实现的,本实训也不去讲解服务器端代码,所以本项目在服务器端集成的推送功能则不能使用,因此推送功能的测试通过极光推送的 web 端 protal 控制台来模拟推送通知即可。

1. 界面设计

通知推送功能运行在后台,所以没有界面,所以这部分以第四模块界面来讲解。

1) 运行界面

第四模块功能比较少,界面也比较简易,因为没有引入登录用户功能,所以"个人资料"功能是不可用的,所以只有"我的收藏"功能是可用的,可以查看之前在商铺查询中收藏的商铺。因此运行界面只有第四模块的主界面及"我的收藏"界面,如图 5D-81、图 5D-82 所示。

2) 布局控件

主界面的布局控件,主要由多层嵌套的结构来实现上面的用户头像界面及下面的两个条形 Button,如图 5D-83、图 5D-84 所示。

图 5D-81　第四模块界面　　　图 5D-82　我的收藏界面　　　图 5D-83　第四模块控件结构图

"我的收藏"界面和之前的多个页面类似,依然使用顶部标题栏加 ExpandableListView 的结构,如图 5D-85 所示。

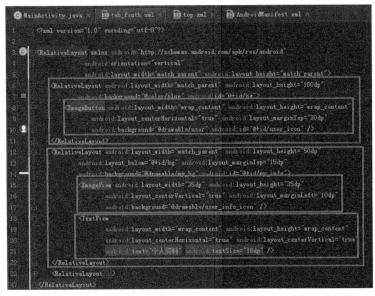

图 5D-84　第四模块布局代码　　　图 5D-85　"我的收藏"界面

3) 注意事项

"我的收藏"功能的实现与之前的新闻模块、留言模块、商铺查询功能实现方法一样,这里不做讲解,这节的功能讲解只讲解推送的实现。

2. 功能实现

因为极光推送的官方文档已经十分详尽的讲解了如何在自己的 App 中集成极光推送 SDK,所以本节功能实现依然不会一步步讲解实现过程,只对需要注意的地方进行提示。

相比上一节,项目逻辑结构图的变化如图 5D-87、图 5D-88 所示。

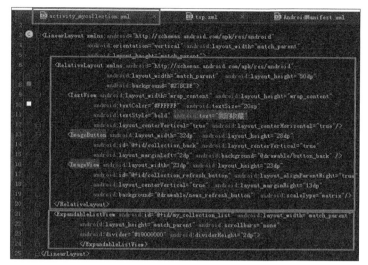

图 5D-86 "我的收藏"布局代码

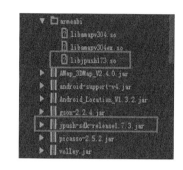

图 5D-87 所需依赖包

1) 基本推送功能集成

推送功能的集成较易,根据开发文档复制粘贴修改参数即可(官网的帮助文档极为详细),但是还是有一系列需要注意的地方,所以建议先阅读官方的"3 分钟快速集成 JPush Android SDK"(http://docs.jpush.io/guideline/android_3m/),先把官方的 Demo 跑起来后,看到了效果,熟悉了整个流程之后,再去集成到自己 App 中,这样就可以轻松很多。

官方集成指南:

Android SDK 集成指南:http://docs.jpush.io/guideline/android_guide/。

注意事项:

在集成过程中需要有几个小地方需要注意,首先是 AndroidManifest 的配置中除了要替换 Appkey 之外,有几个地方默认显示为"Your Package"需要替换成自己的 App 的包名,否则推送服务会启动失败或出现不知名错误,修改的地方如图 5D-89、图 5D-90 所示。

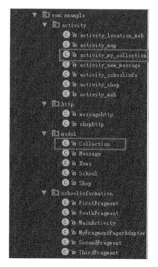

图 5D-88 逻辑结构

图 5D-89 包名替换 1

261

```
<!-- Required -->
<receiver
    android:name="cn.jpush.android.service.PushReceiver"
    android:enabled="true" >
    <intent-filter android:priority="1000">
        <action android:name="cn.jpush.android.intent.NOTIFICATION_RECEIVED_PROXY" />
        <category android:name="Your Package"/>
    </intent-filter>
    <intent-filter>
        <action android:name="android.intent.action.USER_PRESENT" />
        <action android:name="android.net.conn.CONNECTIVITY_CHANGE" />
    </intent-filter>
    <!-- Optional -->
    <intent-filter>
        <action android:name="android.intent.action.PACKAGE_ADDED" />
        <action android:name="android.intent.action.PACKAGE_REMOVED" />
        <data android:scheme="package" />
    </intent-filter>
</receiver>
<!-- Required SDK核心功能-->
<activity
    android:name="cn.jpush.android.ui.PushActivity"
    android:theme="@android:style/Theme.Translucent.NoTitleBar"
    android:configChanges="orientation|keyboardHidden" >
    <intent-filter>
        <action android:name="cn.jpush.android.ui.PushActivity" />
        <category android:name="android.intent.category.DEFAULT" />
        <category android:name="Your Package" >
    </intent-filter>
```

图 5D-90　包名替换 2

配置完 AndroidManifest 后，在需要调用一次 API 来初始化服务，本应用放在 MainActivity 中的 onCeate() 中，每次打开应用就调用一次，如图 5D-91 所示。

至此，如配置无误后，在极光推送的 protal 控制台推送信息，则能正常接收，单击通知，可打开应用，效果如图 5D-92、图 5D-93 所示。

图 5D-91　调用 API init();　　　　图 5D-92　推送控制台

图 5D-93　App 接收到通知

2）高级功能

集成了基本的推送功能，显然还不够完善。比如，没有自定义通知栏样式、单击通知只能打开应用而无法自定义其他操作、停止回复推送等功能。所以极光推送提供了非常全面的 API 供开发者使用，读者可以通过阅读开发文档以及结合之前下载的 Demo 源代码来学习如何使用，通过 API 的使用可以定制出不一样的通知样式及灵活的处理通知。

Android API：

http://docs.jpush.io/client/android_api/

D.3 项目心得

本实训讲解了三个开源库的使用和两个第三方 SDK 的使用,通常这些优秀的库及第三方平台在网上都有详细使用方法甚至代码的详解,如果想对它们有更深的了解,可以到网上查阅资料。

在实际的开发中,要善于利用优秀的开源库来实现需要的功能,有时候我们不必重复发明"轮子",而是学习如何更好的使用"轮子",改善"轮子",为我们所用。

D.4 参考资料

(1) PullToRefresh 使用详解(一)——构建下拉刷新的 listView

http://blog.csdn.net/harvic880925/article/details/17680305

(2) PullToRefresh 使用详解(二)——重写 BaseAdapter 实现复杂 XML 下拉刷新

http://blog.csdn.net/harvic880925/article/details/17708409

(3) startActivityForResult 和 setResult 详解

http://www.cnblogs.com/lijunamneg/archive/2013/02/05/2892616.html

(4) Picasso ——针对 Android 的一个强大的图像下载和缓存库

http://www.eoeandroid.com/thread-556334-1-1.html

(5) Android Volley 完全解析(一),初识 Volley 的基本用法

http://www.kwstu.com/ArticleView/kwstu_20144118313429

(6) android 一些图片加载库的使用感悟

http://www.eoeandroid.com/thread-541569-1-1.html

(7) Spinners——Android 基本下拉框

http://blog.csdn.net/yang786654260/article/details/44456965

(8) Android 关于自定义 ExpandableListView 样式

http://blog.csdn.net/wwj_748/article/details/7866584

(9) Android 自定义 ExpandableListView

http://blog.163.com/feng_yun_ju/blog/static/1781903932013326303980/

项目 6 Android 体感类系统平台开发

A 搭建程序框架

体感游戏是一种通过肢体动作变化来进行(操作)的新型电子游戏类型。Android 移动体感包含体感游戏功能但并不只局限于游戏,而是将体感应用到大部分的应用程序中,对 PC 上的普通程序也能进行体感控制。

该应用程序包含一个移动端(Android)程序与一个 Windows 平台下的应用程序,它以 Android 平台的设备作为输入设备,利用各种传感器采集数据,经 WiFi 发送到 PC 端应用程序,由 PC 端程序接收并进行操作映射,遥控电脑的移动应用软件。在本项目中,只介绍 Android 端的开发,PC 端程序使用现成的程序。

以下是 Android 移动体感的部分应用场景,如图 6A-1 和图 6A-2 所示。

图 6A-1 Android 移动体感遥控《极品飞车 14》　　图 6A-2 Android 移动体感控制 PPT

完成这样一个项目需要掌握三个方面知识点:
(1) Android 手机跟电脑之间如何进行通信?
(2) 如何获取手机的运动信息?
(3) 如何利用手机的运动信息?
下面就以 4 篇文档分别解决上述的问题,本篇是开篇——搭建程序框架。

搜索关键字

（1）Activity 生命周期
（2）JavaBean
（3）Android 文件存储
（4）盒子模型

本章难点

本应用程序介绍了如何使用图形化工具开发 Activity 布局文件、使用 xml 文件配置 ImageButton 图片资源、Activity 的生命周期应用和文件存储的方法。

A.1 项目简介

本章案例和前面的项目一样，兵马未动粮草先行，以 UI 设计开始，然后实现部分简单功能，例如存储用户设置 PC 端的 IP 地址和操作跳转功能。

因为本章项目比较庞大，涉及 C/S 模式，既有 Android 的客户端又有 PC 的服务器端，而且涉及控制游戏，屏幕经常是常亮的，所以开始设计 UI 必须缜密，既要美观，又要省电（通过生命周期来控制）。所以本章的 UI 设计中，理解为什么比怎么做更重要。

A.2 案例设计与实现

A.2.1 需求分析

根据需要，程序需实现以下功能：
（1）单击按钮，跳转到下级界面；
（2）单击按钮操作，要有操作反馈；
（3）设置连接的 IP 地址，退出程序后，依然保留设置。

A.2.2 界面设计

以下是即将完成的程序的界面，如图 6A-3～图 6A-6 所示。

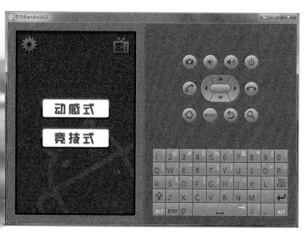

图 6A-3　运行初始界面

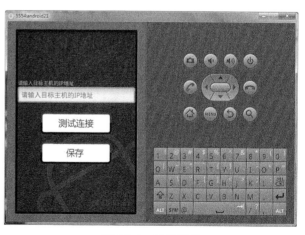

图 6A-4　设置界面

265

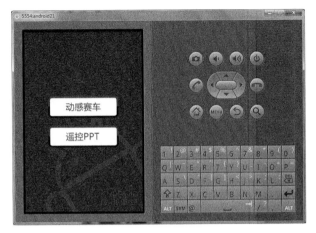

图 6A-5　动感式界面

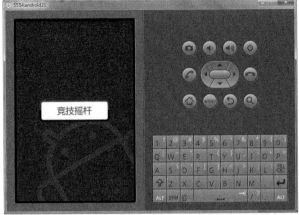

图 6A-6　竞技式界面

1. 新建项目

新建项目,项目名称为 Somatic。按照图 6A-7 指示输入内容,单击 finish,项目就新建好了,如图 6A-8 所示。

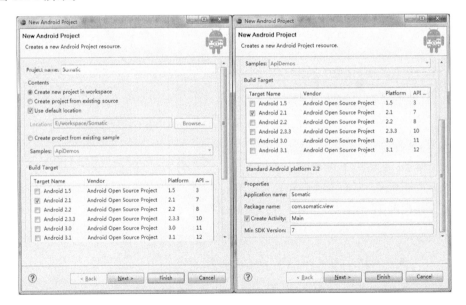

图 6A-7　新建项目

2. 界面布局

程序界面布局并不复杂,包括一些 ImageButton 配合上页面跳转。首先看一下根据功能而设计的 Activity 层次图 6A-9 所示。

1) 主界面

仔细查看主界面 Activity,一共有四个 ImageButton,首先在 main.xml 里边编写布局文件,把框架搭起来,稍后再设置图片。

以下是主界面的示意图 6A-10 和参考代码 6A-11 所示。

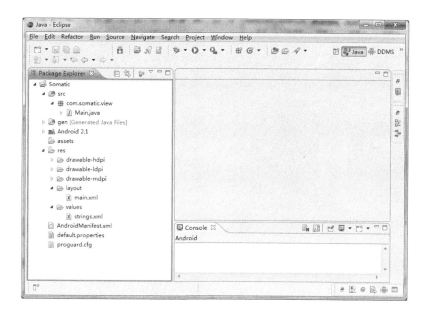

图 6A-8 项目文件图

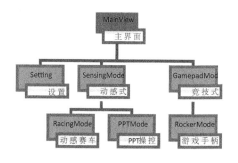

图 6A-9 Activity 层次图

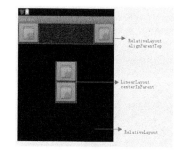

图 6A-10 主界面示意图

图 6A-11 主界面布局文件 main.xml

【小技巧】ADT10.0 更新了布局文件的可视化开发组件，新的可视化组件非常强大，利用可视化组件结合代码，可以极大提高界面的开发效率，如图 6A-12 所示。

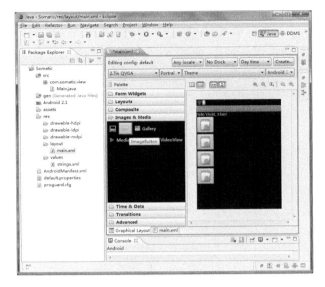

图 6A-12　可视化布局开发组件

2）程序"设置界面"

设置 Activity 包括的显示组件有：一个 TextView、一个 EditText 和两个 ImageButton。首先新建一个 setting.xml 文件。同样，在 setting.xml 里边编写布局文件，稍后再设置图片。

以下是设置界面的示意图 6A-13 到参考代码图 6A-16 所示。

【注意】读者可能会有疑问："为什么一个 LinearLayout 可以完成的效果，还要独立出一个位于最外层的 RelativeLayout 呢？"因为作为一个合格的 Android 工程师，设计的界面是兼容各种手机分辨率的。首先，可以以后方便添加背景图片；其次，将具有实际用途的显示组件独立出来，使界面更加规范，便于维护。

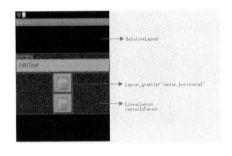

图 6A-13　设置界面示意图

图 6A-14　设置界面示意图（调整后）

图 6A-15　盒子模型

图 6A-16　设置界面布局文件 setting.xml

【小技巧】上面的示意图中，EditText 和 ImageButton 等是紧凑布局的，这样做既不美观，也容易让用户产生误操作。在不破坏界面的兼容性的情况下，避免将显示组件挤在一堆，可以为 EditText、ImageButton 等添加 android:layout_marginBottom="20dip"（建议使用 dip 为单位,而不是 px)属性来产生间隔。效果如图 6A-14 所示。

另外,初学者可能弄不清楚 margin 和 padding 的区别。只要将图 6A-15 的盒子模型理解了,就明白了。

3）程序"动感式界面"

动感式 Activity 一共有两个 ImageButton,首先新建一个 sensing_mode.xml 文件,并在 sensing_mode.xml 里边编写布局文件,稍后再设置图片。一些细节问题前面已经提过,这里就不再赘述了。

以下是动感式界面的示意图 6A-17 和参考代码图 6A-18 所示。

参考代码 sensing_mode.xml,如图 6A-18 所示。

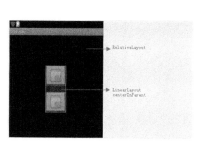

图 6A-17　动感式界面示意图　　　图 6A-18　动感式界面布局文件 sensing_mode.xml

4）程序"竞技式界面"

竞技式 Activity 只有一个 ImageButton,首先新建一个 gamepad_mode.xml 文件,并在 gamepad_mode.xml 里边编写布局文件,稍后再设置图片。

以下是竞技式界面的示意图 6A-19 和参考代码图 6A-20 所示。

参考代码 gamepad_mode.xml,如图 6A-19 所示。

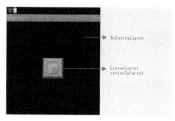

图 6A-19　竞技式界面示意图　　　图 6A-20　竞技式界面布局文件 gamepad_mode.xml

3. 界面美化

首先准备一些图片资源,其中包括圆角的按钮、背景图片等,如图 6A-21 所示。存放到 "/res/drawable-hdpi"资源文件夹中。

1）主界面

首先看看主界面完成的效果图 6A-22 所示。

在上一节,已经把主界面的显示组件都放置好了。现在只需要为这些显示组件设置图片

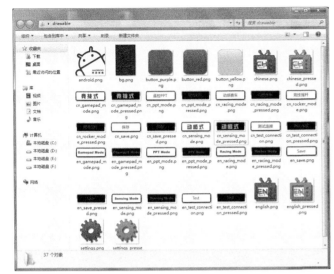

图 6A-21 图片资源

资源,另外,再添加一张背景图片就完成了主界面的美化。主界面的显示组件如图 6A-23 所示。

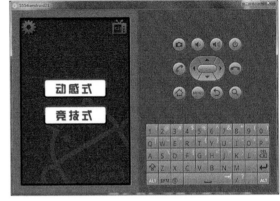

图 6A-22 主界面(完成)

(1) 设置背景

首先为底层的 RelativeLayout 添加属性 android:background="@drawable/bg",这张背景图片是纯色的,没有任何图案。然后添加一个 ImageView,并设置其图片资源,位于底层 RelativeLayout 的右下角,如图 6A-24 所示。

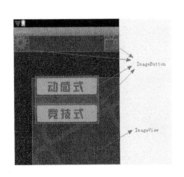

图 6A-23 主界面的显示组件

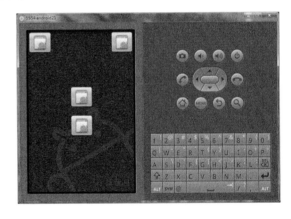

图 6A-24 主界面(添加背景)

参考代码 main.xml,如图 6A-25 所示。

(2) 美化按钮

为了提供更好的用户体验,应用程序应该根据用户的操作提供相应的反馈。实际上,ImageButton 具有两种状态:被按下以及松开,如图 6A-26 所示。下面分别设置这两种状态下的图片资源,来达到反馈的效果。

也许用户第一反映可能是:为 ImageButton 注册 OnClickListener 或者添加 OnTouchListener,根据不同事件去修改它的图片资源。这么做当然可以实现以上效果,但是,还有更好的办法——利用一个 XML 文件作为按钮的图片资源。

图 6A-25　主界面布局文件(添加背景)main.xml

(a)按钮松开

(b)按钮被放下

图 6A-26　美化按钮

第一步,在 res 下新建一个目录"drawable",用于存放这些 xml 文件。然后新建一个 xml 文件,命名任意(在具有语意的前提下)。这里起名为"cn_sensing_mode_on_clicked.xml",如图 6A-27 所示。

图 6A-27　新建 xml 文件

第二步,打开 xml 文档,输入以下代码并保存:

```xml
<?xml version = "1.0" encoding = "utf-8"?>
<selector xmlns:android = "http://schemas.android.com/apk/res/android">
    <item android:state_pressed = "true"
        android:drawable = "@drawable/cn_sensing_mode_pressed" />
    <item android:state_pressed = "false"
        android:drawable = "@drawable/cn_sensing_mode" />
</selector>
```

在以上代码中,＜item＞标签的"android:state_pressed"属性指定了按钮的状态,"android:drawable"属性指定了当前状态的图片资源。

第三步,进入 main.xml 文件,找到 ID 为 imageButton3 的按钮,将:

android:src = "@drawable/icon"

改成

android:background = "@drawable/cn_sensing_mode_on_clicked"

在虚拟机里面运行测试一下,完成预期的效果,如图 6A-28 和图 6A-29 所示。

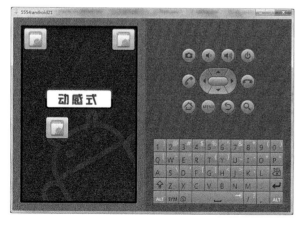

图 6A-28　主界面(无按钮按下)　　　　　图 6A-29　主界面(按下动感式按钮)

【知识点】这么做优势在于能简化 Activity 的代码，让 Listener 更加专注于功能的实现上。

【小技巧】用 PhotoShop 打开按钮的图片文件可以看到，图片的轮廓是一个圆角矩形，且背景是透明的（灰白相间的方格状，如图 6A-30 所示）。

如果 ImageButton 用"android:src"来设置图片资源，将出现以下图 6A-31 的效果。

图 6A-30　圆角矩形　　　　　图 6A-31　"android:src"
　　　　　　　　　　　　　　　　　　　设置图片资源

解决方法很简单，只需要将"android:src"改成"android:background"就可以了，如图 6A-32 所示。

src 跟 background 有什么区别？这种情况从垂直方向上来拆分 ImageButton 组件，问题便清晰了，如图 6A-33 所示。

接下来参照下面的图片，用同样的方法，继续完善主界面，如图 6A-34 和图 6A-35 所示。

图 6A-32　"android:background"
设置图片资源

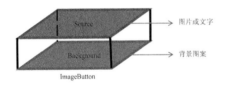

图 6A-33　垂直拆分 ImageButton

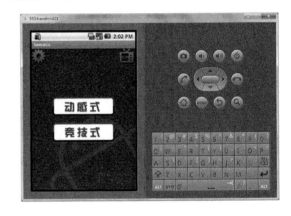

图 6A-34　主界面

图 6A-35　参考代码 main.xml

现在,主界面的布局已经基本上完成了。仔细对比当前界面和完成的界面,发现最终完成的主界面是占满整个屏幕的(即没有 TextView 的显示)。要达到手机全屏的显示效果,只需要在 Main.java 的 onCreate()方法添加以下两行代码就可以了:

```
public void onCreate(Bundle savedInstanceState){
    super.onCreate(savedInstanceState);
    // 设置为全屏显示
    this.getWindow().setFlags(WindowManager.LayoutParams.FLAG_FULLSCREEN,
            WindowManager.LayoutParams.FLAG_FULLSCREEN);
    this.requestWindowFeature(Window.FEATURE_NO_TITLE);
      setContentView(R.layout.main);
}
```

全屏幕效果图,如图 6A-36 所示。

【注意】设置全屏的语句必须写在"setContentView(R.layout.main);"之前。如果以上代码写成:

```
public void onCreate(Bundle savedInstanceState){
    super.onCreate(savedInstanceState);
    setContentView(R.layout.main);
    // 设置为全屏显示
    this.getWindow().setFlags(WindowManager.LayoutParams.FLAG_FULLSCREEN,
            WindowManager.LayoutParams.FLAG_FULLSCREEN);
    this.requestWindowFeature(Window.FEATURE_NO_TITLE);
}
```

否则程序会抛出异常,如图 6A-37 所示。

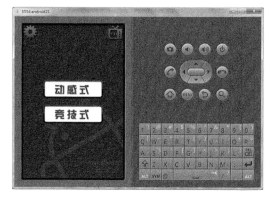

图 6A-36 主界面

图 6A-37 程序抛出异常

在 DDMS→LogCat 中查看消息,如图 6A-38 所示,可以发现 requestFeature()方法只能在还没有为界面添加任何内容之前调用。

图 6A-38 问题出现在 requestFeature()方法

2) 动感式界面、竞技式界面、设置界面

美化动感式界面和竞技式界面跟主界面的方法完全一致。以下是界面完成图 6A-39 至参考代码图 6A-42 所示(利用 xml 编写 ImageButton 的资源文件,请查看界面美化→主界面):

参考代码 sensing_mode.xml,如图 6A-40 所示。

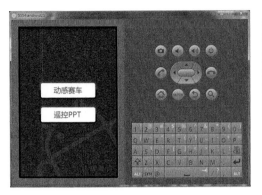

图 6A-39 动感式界面

图 6A-40 动感式界面参考代码 sensing_mode.xml

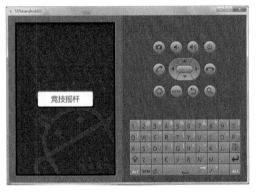

图 6A-41 竞技式界面

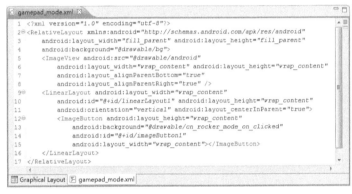

图 6A-42 竞技式界面参考代码 gamepad_mode.xml

设置界面的完成图 6A-43 所示。

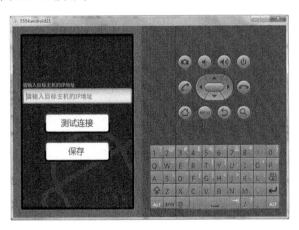

图 6A-43 设置界面(完成)

为了方便程序实现不同的语言,将 TextView 的文本内容写在/res/values/string.xml 里面。

参考代码 string.xml

```
<?xml version = "1.0" encoding = "utf-8"?>
<resources>
    <string name = "app_name">Somatic</string>
    <string name = "tip_input_ip">请输入目标主机的 IP 地址</string>
</resources>
```

然后在布局文件 setting. xml 中编辑 TextView 的 android:text 属性，以及 EditText 的 android:hint 属性。参考代码如图 6A-44 所示。

```xml
<?xml version="1.0" encoding="utf-8"?>
<RelativeLayout xmlns:android="http://schemas.android.com/apk/res/android"
    android:layout_width="fill_parent" android:layout_height="fill_parent"
    android:background="@drawable/bg">
    <ImageView android:src="@drawable/android"
        android:layout_width="wrap_content" android:layout_height="wrap_content"
        android:layout_alignParentBottom="true"
        android:layout_alignParentRight="true" />
    <LinearLayout android:orientation="vertical"
        android:layout_width="fill_parent" android:id="@+id/linearLayout1"
        android:layout_height="wrap_content" android:layout_centerInParent="true">
        <TextView android:text="@string/tip_input_ip" android:id="@+id/textView1"
            android:layout_width="wrap_content" android:layout_height="wrap_content"></TextView>
        <EditText android:id="@+id/editText1" android:hint="@string/tip_input_ip"
            android:layout_width="fill_parent" android:layout_height="wrap_content"
            android:layout_marginBottom="20dip"></EditText>
        <ImageButton android:layout_height="wrap_content"
            android:background="@drawable/cn_test_connection_on_clicked"
            android:id="@+id/imageButton1" android:layout_width="wrap_content"
            android:layout_gravity="center_horizontal"
            android:layout_marginBottom="20dip"></ImageButton>
        <ImageButton android:layout_height="wrap_content"
            android:background="@drawable/cn_save_on_clicked" android:id="@+id/imageButton2"
            android:layout_width="wrap_content" android:layout_gravity="center_horizontal">
            </ImageButton>
    </LinearLayout>
</RelativeLayout>
```

图 6A-44　设置界面(完成)参考代码 setting. xml

A. 2. 3　功能实现

1. 编写 Activity 类

1) 新建 Activity 类

完成布局之后就可以创建 Activit 的 java 类了。首先分别给这三个界面新建 Activity 类：SensingMode、GamepadMode 和 Setting，同样继承 Activity 类，并重写 onCreate()方法。存放在 com. somatic. view 包中，如图 6A-45～图 6A-47 所示。

```java
package com.somatic.view;
import android.app.Activity;
public class SensingMode extends Activity {
    /** Called when the activity is first created. */
    @Override
public void onCreate(Bundle savedInstanceState) {
        super.onCreate(savedInstanceState);
    // 设置为全屏显示
    this.getWindow().setFlags(WindowManager.LayoutParams.FLAG_FULLSCREEN,
            WindowManager.LayoutParams.FLAG_FULLSCREEN);
    this.requestWindowFeature(Window.FEATURE_NO_TITLE);
        setContentView(R.layout.sensing_mode);
    }
}
```

图 6A-45　参考代码 SensingMode. java

```java
package com.somatic.view;
import android.app.Activity;
public class GamepadMode extends Activity {
    /** Called when the activity is first created. */
    @Override
    public void onCreate(Bundle savedInstanceState) {
        super.onCreate(savedInstanceState);
    // 设置为全屏显示
    this.getWindow().setFlags(WindowManager.LayoutParams.FLAG_FULLSCREEN,
            WindowManager.LayoutParams.FLAG_FULLSCREEN);
    this.requestWindowFeature(Window.FEATURE_NO_TITLE);
        setContentView(R.layout.gamepad_mode);
    }
}
```

图 6A-46　参考代码 GamepadMode. java

参考代码 Setting. java，如图 6A-47 所示。

最后不要忘记在 AndroidManifest. xml 中声明新的 Activity，参考代码 AndroidManifest. xml 如图 6A-48 所示。

```java
package com.somatic.view;
import android.app.Activity;
public class Setting extends Activity {
    /** Called when the activity is first created. */
    @Override
    public void onCreate(Bundle savedInstanceState) {
        super.onCreate(savedInstanceState);
    // 设置为全屏显示
    this.getWindow().setFlags(WindowManager.LayoutParams.FLAG_FULLSCREEN,
            WindowManager.LayoutParams.FLAG_FULLSCREEN);
    this.requestWindowFeature(Window.FEATURE_NO_TITLE);
        setContentView(R.layout.setting);
    }
}
```

图 6A-47　参考代码 Setting. java

2) 完善 Activity

(1) 配置文件管理

目标主机 IP 地址和程序语言都需要保存在文件当中，因此，新建一个设置类，来进行配

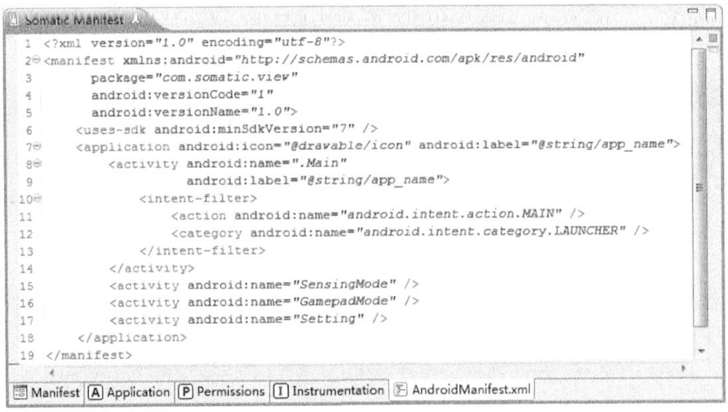

```
<?xml version="1.0" encoding="utf-8"?>
<manifest xmlns:android="http://schemas.android.com/apk/res/android"
      package="com.somatic.view"
      android:versionCode="1"
      android:versionName="1.0">
    <uses-sdk android:minSdkVersion="7" />
    <application android:icon="@drawable/icon" android:label="@string/app_name">
        <activity android:name=".Main"
                  android:label="@string/app_name">
            <intent-filter>
                <action android:name="android.intent.action.MAIN" />
                <category android:name="android.intent.category.LAUNCHER" />
            </intent-filter>
        </activity>
        <activity android:name="SensingMode" />
        <activity android:name="GamepadMode" />
        <activity android:name="Setting" />
    </application>
</manifest>
```

图 6A-48　参考代码 AndroidManifest. java

置管理，向外提供读取和存储配置信息的方法。

① 新建包 com. somatic. model;

② 新建配置类 PropertyBean。

参考代码 PropertyBean. java，如图 6A-49 所示。

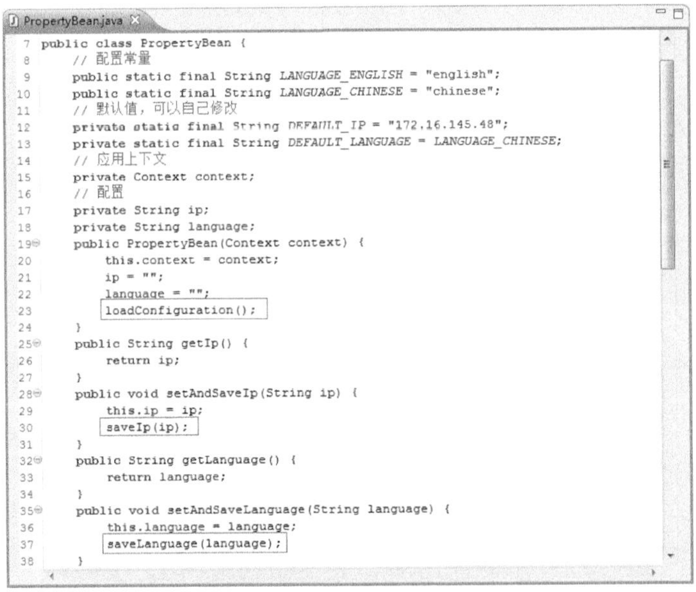

```
7  public class PropertyBean {
8      // 配置常量
9      public static final String LANGUAGE_ENGLISH = "english";
10     public static final String LANGUAGE_CHINESE = "chinese";
11     // 默认值，可以自己修改
12     private static final String DEFAULT_IP = "172.16.145.48";
13     private static final String DEFAULT_LANGUAGE = LANGUAGE_CHINESE;
14     // 应用上下文
15     private Context context;
16     // 配置
17     private String ip;
18     private String language;
19     public PropertyBean(Context context) {
20         this.context = context;
21         ip = "";
22         language = "";
23         loadConfiguration();
24     }
25     public String getIp() {
26         return ip;
27     }
28     public void setAndSaveIp(String ip) {
29         this.ip = ip;
30         saveIp(ip);
31     }
32     public String getLanguage() {
33         return language;
34     }
35     public void setAndSaveLanguage(String language) {
36         this.language = language;
37         saveLanguage(language);
38     }
```

图 6A-49　配置文件的 JavaBean

图 6A-49 中，第 23 行、第 30 行、第 37 行代码是自定义的方法。第 23 行的作用是读取配置文件中的配置信息。第 30 行和第 37 行的作用是将参数里的配置永久存储到文件当中。这两个方法的定义如图 6A-50 和图6A-51 所示。

(2) Activity 生命周期

在 Acitivity 生命周期中，运行状态紧跟在 onResume()状态之后，如图 6A-52 所示。因此，在 onResume()方法中读取配置文件、注册传感器、启动相应组件(如背景音乐)等最合适不过了。

在 onResume()方法中读取配置的代码如下：

图 6A-50　读取配置的方法

```
protected void onResume() {
    super.onResume();
    // 获取配置信息,如 IP,语言等
    property = new PropertyBean(this);
}
```

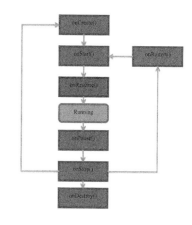

图 6A-51　保存配置的方法　　　　图 6A-52　Activity 生命周期

【小技巧】每进入一个 Activity 都读取一次配置文件,会降低程序的执行效率。解决办法是,只在主界面 Activity 读取配置文件,并使用 Intent 传递配置信息给下级 Activity。

主界面 Activity 封装消息：

```
Intent intent = new Intent(Main.this, MovingMode.class);
intent.putExtra("ip", property.getIp());
intent.putExtra("language", property.getLanguage());
startActivity(intent);
```

下级 Activity 获取消息：

```
// 获取 intent 内容
Intent intent = getIntent();
ip = intent.getStringExtra("ip");
language = intent.getStringExtra("language");
```

（3）主界面 Activity

首先主界面 Activity 中实现读取配置信息,然后给主界面的 ImageButton 注册监听器,作用是跳转到相应的界面。参考代码如图 6A-53～图 6A-56 所示。

```java
public class Main extends Activity {
    // 显示组件
    private ImageButton imgBtn_Setting;
    private ImageButton imgBtn_LanguageChange;
    private ImageButton imgBtn_SensingMode;
    private ImageButton imgBtn_GamepadMode;
    // 配置信息
    private PropertyBean property;

    /** Called when the activity is first created. */
    @Override
    public void onCreate(Bundle savedInstanceState) {
        super.onCreate(savedInstanceState);
        // 设置为全屏显示
        this.getWindow().setFlags(WindowManager.LayoutParams.FLAG_FULLSCREEN,
                WindowManager.LayoutParams.FLAG_FULLSCREEN);
        this.requestWindowFeature(Window.FEATURE_NO_TITLE);
        setContentView(R.layout.main);

        findViews();
        registerListeners();
    }
```

图 6A-53　参考代码 Main. java

```java
    private void registerListeners() {
        imgBtn_Setting.setOnClickListener(new OnClickListener() {
            public void onClick(View view) {
                // 跳转到设置界面
                Intent intent = new Intent(Main.this, Setting.class);
                startActivity(intent);
            }
        });
        imgBtn_LanguageChange.setOnClickListener(new OnClickListener() {
            public void onClick(View view) {
                // TODO
            }
        });
        imgBtn_SensingMode.setOnClickListener(new OnClickListener() {
            public void onClick(View view) {
                // 跳转到动感式界面
                Intent intent = new Intent(Main.this, SensingMode.class);
                intent.putExtra("ip", property.getIp());
                intent.putExtra("language", property.getLanguage());
                startActivity(intent);
            }
        });
        imgBtn_GamepadMode.setOnClickListener(new OnClickListener() {
            public void onClick(View view) {
                // 跳转到竞技式界面
                Intent intent = new Intent(Main.this, GamepadMode.class);
                intent.putExtra("ip", property.getIp());
                intent.putExtra("language", property.getLanguage());
                startActivity(intent);
            }
        });
    }
```

图 6A-55　注册事件监听器

```java
    /** 获取显示组件 */
    private void findViews() {
        imgBtn_Setting = (ImageButton) findViewById(R.id.imageButton1);
        imgBtn_LanguageChange = (ImageButton) findViewById(R.id.imageButton2);
        imgBtn_SensingMode = (ImageButton) findViewById(R.id.imageButton3);
        imgBtn_GamepadMode = (ImageButton) findViewById(R.id.imageButton4);
    }
```

图 6A-54　获取显示组件

```java
    protected void onResume() {
        super.onResume();
        // 获取配置信息，如IP，语言等
        property = new PropertyBean(this);
    }
}
```

图 6A-56　Activity 工作前读取配置信息

(4) 动感式 Activity

因为具体的应用 Activity 还没有实现,因此动感式 Activity 暂时不实现新的内容,只是先写好一个监听器,以后再来填充 Activity 跳转操作。

参考代码 SensingMode. java 如图 6A-57 和图 6A-58 所示。

```java
public class SensingMode extends Activity {
    // 通过intent接收IP和language值，用于发送状态消息和控制语言
    private String ip;
    private String language;
    // 显示组件
    private ImageButton imgBtn_RacingMode;
    private ImageButton imgBtn_PPTMode;
    /** Called when the activity is first created. */
    @Override
    public void onCreate(Bundle savedInstanceState) {
        super.onCreate(savedInstanceState);
        // 设置为全屏显示
        this.getWindow().setFlags(WindowManager.LayoutParams.FLAG_FULLSCREEN,
                WindowManager.LayoutParams.FLAG_FULLSCREEN);
        this.requestWindowFeature(Window.FEATURE_NO_TITLE);
        setContentView(R.layout.sensing_mode);
        // 获取intent内容
        Intent intent = getIntent();
        ip = intent.getStringExtra("ip");
        language = intent.getStringExtra("language");

        findView();
        registerListeners();
    }
```

图 6A-57　参考代码 SensingMode. java

(5) 竞技式 Activity

竞技式 Activity 同动感式 Activity 一样,先写好注册监听器部分,以后再来填充跳转功能。

```java
    private void findView() {
        imgBtn_RacingMode = (ImageButton) findViewById(R.id.imageButton1);
        imgBtn_PPTMode = (ImageButton) findViewById(R.id.imageButton2);
    }

    /** 为显示组件注册监听器 */
    private void registerListeners() {
        imgBtn_RacingMode.setOnClickListener(new OnClickListener() {
            @Override
            public void onClick(View view) {
                // TODO
            }
        });
        imgBtn_PPTMode.setOnClickListener(new OnClickListener() {
            @Override
            public void onClick(View view) {
                // TODO
            }
        });
    }
}
```

图 6A-58　获取显示组件，注册监听器

参考代码 GamepadMode. java，如图 6A-59 所示。

```java
public class GamepadMode extends Activity {
    // 通过intent接收IP和language值，用于发送状态消息和控制语言
    private String ip;
    private String language;
    // 显示组件
    private ImageButton imgBtn_RockerMode;
    public void onCreate(Bundle savedInstanceState) {
        super.onCreate(savedInstanceState);
        // 设置为全屏显示
        this.getWindow().setFlags(WindowManager.LayoutParams.FLAG_FULLSCREEN,
                WindowManager.LayoutParams.FLAG_FULLSCREEN);
        this.requestWindowFeature(Window.FEATURE_NO_TITLE);
        setContentView(R.layout.gamepad_mode);
        // 获取intent内容
        Intent intent = getIntent();
        ip = intent.getStringExtra("ip");
        language = intent.getStringExtra("language");

        findView();
        registerListeners();
    }
    /** 获取显示组件 */
    private void findView() {
        imgBtn_RockerMode = (ImageButton) findViewById(R.id.imageButton1);
    }
    /** 为显示组件注册监听器 */
    private void registerListeners() {
        imgBtn_RockerMode.setOnClickListener(new OnClickListener() {
            public void onClick(View view) {
            }
        });
    }
}
```

图 6A-59　参考代码 GamepadMode. java

（6）设置 Activity

设置 Activity 的功能有：

① 进入时，读取存储的 IP 地址，写入 EditText 文本；

② 测试连接；

③ 单击“保存”按钮之后，将 IP 地址保存起来，并用 Toast 提示保存成功。

测试连接功能留在下一节中实现。有了配置类 PropertyBean，功能 1 和功能 3 实现起来非常简单。首先，让设置 Activity 在进入的时候读取配置信息，想要达到这个效果，需要利用上 Activity 生命周期的 onResume 方法。

参考代码 Setting. java，如图 6A-60～图 6A-62 所示。

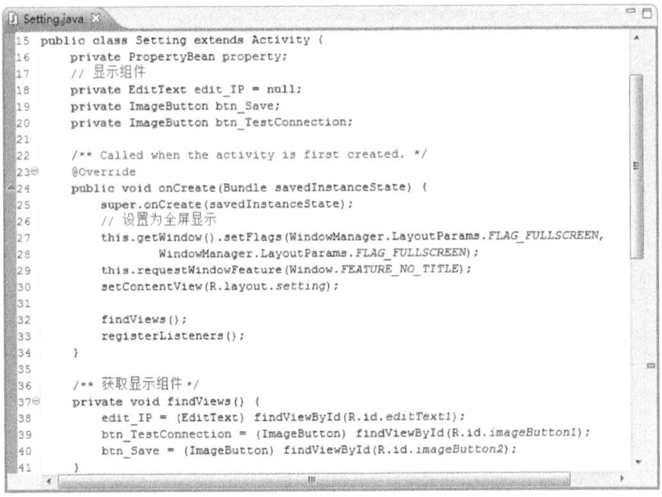

```java
public class Setting extends Activity {
    private PropertyBean property;
    // 显示组件
    private EditText edit_IP = null;
    private ImageButton btn_Save;
    private ImageButton btn_TestConnection;

    /** Called when the activity is first created. */
    @Override
    public void onCreate(Bundle savedInstanceState) {
        super.onCreate(savedInstanceState);
        // 设置为全屏显示
        this.getWindow().setFlags(WindowManager.LayoutParams.FLAG_FULLSCREEN,
                WindowManager.LayoutParams.FLAG_FULLSCREEN);
        this.requestWindowFeature(Window.FEATURE_NO_TITLE);
        setContentView(R.layout.setting);

        findViews();
        registerListeners();
    }

    /** 获取显示组件 */
    private void findViews() {
        edit_IP = (EditText) findViewById(R.id.editText1);
        btn_TestConnection = (ImageButton) findViewById(R.id.imageButton1);
        btn_Save = (ImageButton) findViewById(R.id.imageButton2);
    }
```

图 6A-60　参考代码 Setting.java

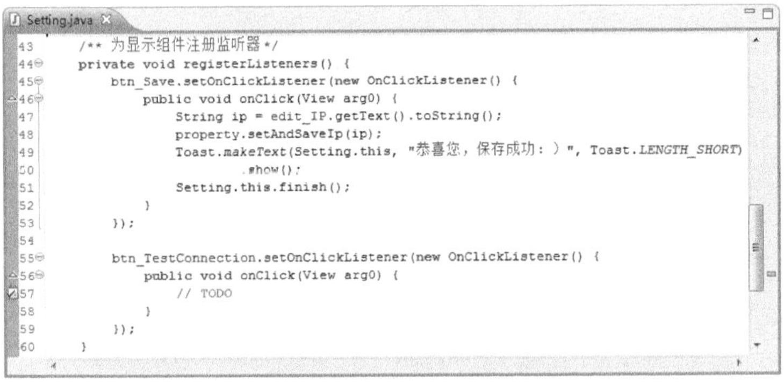

```java
    /** 为显示组件注册监听器 */
    private void registerListeners() {
        btn_Save.setOnClickListener(new OnClickListener() {
            public void onClick(View arg0) {
                String ip = edit_IP.getText().toString();
                property.setAndSaveIp(ip);
                Toast.makeText(Setting.this, "恭喜您，保存成功：）", Toast.LENGTH_SHORT)
                        .show();
                Setting.this.finish();
            }
        });

        btn_TestConnection.setOnClickListener(new OnClickListener() {
            public void onClick(View arg0) {
                // TODO
            }
        });
    }
```

图 6A-61　注册监听器

A.2.4　软件测试

首先输入 IP 地址，单击“保存”按钮，如图 6A-63 所示。

```java
    protected void onResume() {
        super.onResume();
        // 获取配置信息，如IP，语言等
        property = new PropertyBean(this);
        // 初始化EditText的值
        edit_IP.setText(property.getIp());
    }
}
```

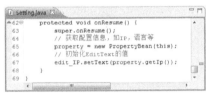

图 6A-62　进入 Activity 时读取配置，同时修改 EditText 的文本

接下来退出程序，回到手机待机界面。再次进入程序，单击“设置”按钮，查看 IP 地址的内容，结果如图 6A-64 所示。

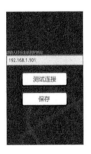

图 6A-63　输入 IP 地址，单击“保存”按钮

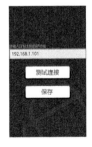

图 6A-64　再次进入程序，IP 地址仍然保留

A.3 项目心得

本实训介绍了一些 Android 界面开发的实用的技巧,以及 Android 的文件存储。由于硬件厂商众多,产品定位的不同,不同的 Android 手机很可能屏幕分辨率也不同。合理利用不同的布局,可以使得所开发的界面具有适用性强的特点,适用于不同分辨率的 Android 手机,提高程序的可用性。利用文件来存储配置信息,使得配置信息永久存储,省去了下次进入程序时重新输入的麻烦。正是一个个细微的对用户操作习惯的思考,才能够令程序具有良好的用户体验。

A.4 参考资料

(1) Android Activity 生命周期:
http://blog.csdn.net/Android_Tutor/article/details/5772285
(2) Android 数据存储之文件存储:
http://www.cnblogs.com/feisky/archive/2011/01/05/1926177.html

B 实现控制和通信

搜索关键字

(1) Android 网络编程
(2) UDP

本章难点

Android 平台有 3 种网络接口可以使用,分别是:java.net.*(标准 Java 接口)、org.apache(Apache 接口)和 android.net.*(Android 网络接口)。本应用程序将使用 java.net.*接口,实现 Android 平台和 PC 平台间的通信。

Android 移动体感是一款遥控软件,对网络速度有一定的要求,所以在选取通信协议的时候需要考虑网络速度的问题。除此之外,程序本身的设计对通信效率也有很大的关系。

B.1 项目介绍

Android 移动体感是运行在 Android 端和 PC 端的应用程序,两端之间利用 WiFi 进行通信。本实训在实训 A 项目实现了 UI 搭建的基础上,再增加通信功能,通过对 Android 上的 UDP 编程的学习进一步理解 Android 网络编程。

如图 6B-1 所示,为本实训将完成的通信类。

B.2 案例设计与实现

B.2.1 需求分析

项目的功能:

(1) 测试连接是否成功。
(2) 通知 PC 端程序应用状态改变。
(3) 完成手柄模式,使其可以控制 PC 端。
(4) 完成 PPT 模式和赛车模式的通信模块,为后续的实训课程做好铺垫。

B.2.2 界面设计

项目在实训 A 的基础上,新增加了一个界面,如图 6B-2 所示。

图 6B-1 通信类文件　　　　　图 6B-2 项目界面列表

新增的界面布局 rocker_mode.xml 如图 6B-3 到图 6B-4 所示。

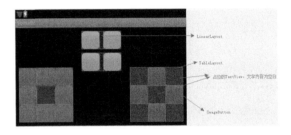

图 6B-3 手柄界面布局　　　　　图 6B-4 手柄界面布局

B.2.3 功能实现

1. UDP 传输数据

UDP 协议是一种无连接的协议,它以**数据报**作为数据传输的载体。因为 UDP 是一种不可靠的传输,所以数据报的传输次序、到达时间以及内容本身等都不能得到保证,数据报的大小最多为 64KB,但是相比于可靠传输,其特点是:快速传输,这也是为什么我们使用 UDP 作为本项目的传输载体。

在 Java 中有两个数据报类:DatagramSocket(进行端到端通信的类)和 DatagramPacket(表示通信数据的数据报类),程序可通过 DatagramSocket 收发 DatagramPacket,如图 6B-5 所示。

UDP 在 android 中的使用和在 Java 里是完全一样的,发送数据的步骤如下:

```
byte[] data = "some message".getBytes();
InetAddress ipAddress = InetAddress.getByName(ip);        // IP 地址
DatagramSocket socket = new DatagramSocket();             // 开启套接字
//定义数据报,参数依次为:数据、数据长度、IP 地址信息、端口号
DatagramPacket packet = new DatagramPacket(data, data.length, IP Address, 8987);
socket.send(packet);
```

【小技巧】读者可能会产生疑问,写好了 UDP 之后,怎么样使用 WiFi 进行传输呢? 实际上,Android 已经将网络接口连通了,只要手机开启了 WiFi,UDP 就可以正常工作了。至于是用 GPRS 还是 WiFi 进行传输,由手机的网络状态决定。

1) 通信基类 Transmission

无论是测试连接、通知程序状态改变、还是发送操作信息,它们都具有共同功能点:发送消息。为此,首先编写一个与 PC 端通信的接口类,以上具体的功能再扩展这个接口类就可以了。所有通信相关的类都放在 com.somatic.transmission 包中。接口类 Transmission 参考代码如图 6B-6 所示。

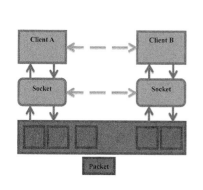

图 6B-5　UDP 通信

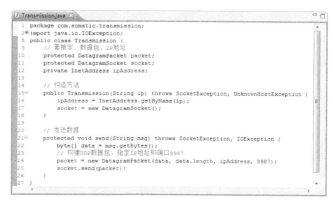

图 6B-6　通信基类 Transmission 代码

【注意】通信基类 Transmission 的构造方法可能抛出 SocketException 和 UnknownHostException 异常。所以在这里将异常抛出,而不是捕获(catch)的有两个原因:

第一,保持精简基类代码,满足高内聚的"一个方法只做一件事情"的设计思想,尽量拆分模块,以多个小的模块代替一个大的模块;第二,Java 的异常处理机制中有一条很重要设计原则:"不要捕获不进行处理的异常",也就是说,不应该在捕获(catch)异常之后,只是将异常信息输出(Exception.printStackTrace)。通信基类与 Activity 无关,无法弹出任何警告提示。

2) 测试连接 CheckConnection

UDP 是无连接的通信协议,那到底如何测试连接呢?问题的解决办法是:测试连接是手机与 PC 的一次消息交换过程,当手机向 PC 端发送一条消息,PC 端接收之后会返回另一条消息,表示连接成功。如果在这个过程中出现了任意问题(找不到 IP 等),则没有返回值。为此,UDP 连接必须设置等待超时时间,如图 6B-7 所示。

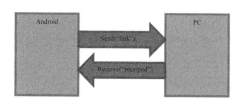

图 6B-7　测试连接流程

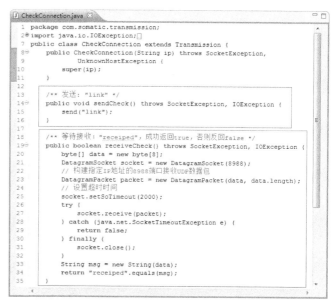

图 6B-8　发送和接收代码

编写一个测试连接的类 CheckConnection,继承于通信类 Transmission。

第一步:写一个发送方法,这个方法调用父类 Transmission 的 send 方法,发送字符串"link"。

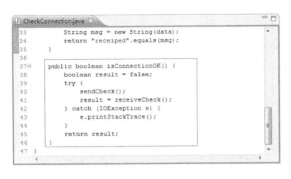

图 6B-9　测试连接代码

第二步:写一个接收方法,这个方法等待接收数据,如果接收数据为字符串"receiped"则返回布尔值 true,否则,出现超时、返回值不为字符串"receiped"等情况,则返回 false。

第三步:写一个方法,较之前的方法提高一个抽象层次,这个方法调刚才写的发送方法,然后调用接收方法。等待接收方法的返回值,最后返回接收方法返回的布尔值,这个布尔值就是测试连接的结果了。

【注意】到这里,Android 客户端已经可以和 PC 端进行通信了。读者可以编写一个测试类来试试。因为涉及网络功能,切记在 AndroidManifest.xml 中声明网络访问权限。

`<uses-permission android:name = "android.permission.INTERNET" />`

2. 模式识别

其实本项目的作用是建立了移动设备端和 PC 端之间的沟通,和真实生活中的交通运输设计思路是一样的。当选用了 UDP 协议作为传输媒介之后,就类似规定了传输线路。那么接下来需要做的就是需要定义行为准则,类似定义交通规则,例如定义遇到红灯该怎么样操作一样,这里就需要在项目中定义当单击了 UI 界面中按钮时,向服务器,即 PC 端发送了什么指令、做什么样的操作。

1) 状态改变 StateChangedInformer

Android 移动体感在状态改变时,应该通知 PC 客户端,这样才能进行正确的操作映射。通知状态改变发送的消息格式是:""state"+n"。其中,state 是固定的字符串,n 是约定意义的数字。具体约定如表 6B-1 所示。

表 6B-1

状态	整型值	状态	整型值
初始态	0	手柄模式	3
PPT 模式	1	赛车模式	4
操控模式	2		

状态改变类 StateChangedInformer 继承自基类 Transmission,发送状态消息给 PC 端。参考代码如图 6B-10 所示。

2) 手柄模式 RockerTransmission

手柄模式是 Android 移动体感的第一个实际应用。手柄模式一共有 16 个按钮,布局如图 6B-11 所示。

一般情况,左边区域表示上下左右操作,右边区域表示最常用的按钮,上方区域表示某些功能键。之所以说是一般情况,是因为所有按钮对应的键盘按钮都应该可以自行设置。在 PC 端设置界面如图 6B-12 所示。

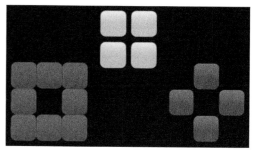

图 6B-10　状态改变代码

图 6B-11　手柄模式的按钮分布

【注意】Android 的左边区域有 8 个按钮,而 PC 端只有 4 个,他们之间对应关系是:Android 端四个角落的按钮表示左上、右上、右下、左下。左上按钮在 PC 端的实现是先按下左,然后按下上。右上、右下、左下按钮的实现与左上按钮相似。

手柄的按钮有按下和弹起两种状态,对应传输的数据是"D"+n 和"U"+n。其中,D 和 U 是固定的字符串,n 是约定意义的数字。具体约定如表 6B-2 所示。

图 6B-12　手柄模式设置界面

表 6B-2　键盘

	含义	整型值		含义	整型值
左侧	弹起全部左侧按钮	-1	上方	左上	8
	左上	0		右上	9
	上	1		左下	14
	右上	2		右下	15
	右	3	右侧	上	10
	右下	4		下	11
	下	5		左	12
	左下	6		右	13
	左	7			

参考代码如图 6B-13 所示。

3) PPT 模式 PPTTransmission

PPT 模式和赛车模式虽然是第四部分的内容,但其通信模块跟手柄模式大同小异,所以在这里顺带将通信模块完成,为后续实训作好铺垫。PPT 模式是 Android 移动体感的第一个体感控制应用。它的通信内容很简单,发送字符串"0"表示 PPT 向下翻页;发送字符串"1"表示 PPT 向上翻页,如图 6B-14 所示。

4) 赛车模式 RacingTransmission

赛车模式可以通过左右和前后倾斜手机来控制赛车,另外还有四个自定义按钮,分别是氮

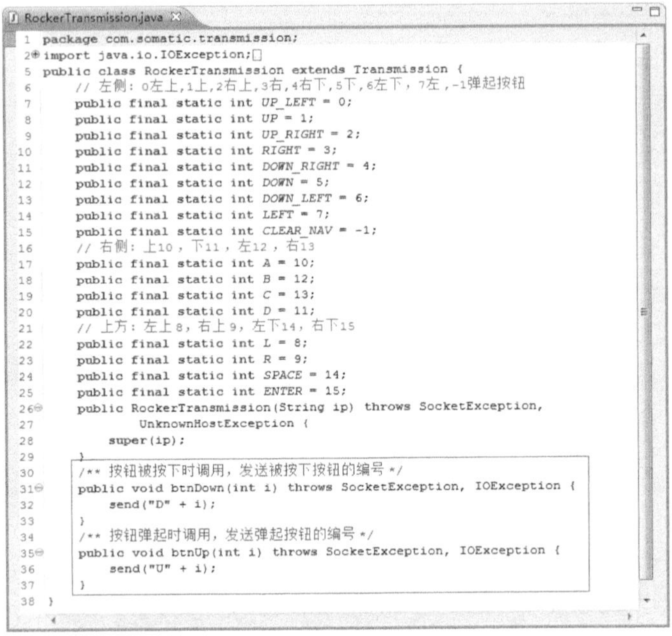

RockerTransmission.java

```java
package com.somatic.transmission;
import java.io.IOException;
public class RockerTransmission extends Transmission {
    // 左侧: 0左上,1上,2右上,3右,4右下,5下,6左下，7左，-1弹起按钮
    public final static int UP_LEFT = 0;
    public final static int UP = 1;
    public final static int UP_RIGHT = 2;
    public final static int RIGHT = 3;
    public final static int DOWN_RIGHT = 4;
    public final static int DOWN = 5;
    public final static int DOWN_LEFT = 6;
    public final static int LEFT = 7;
    public final static int CLEAR_NAV = -1;
    // 右侧: 上10，下11，左12，右13
    public final static int A = 10;
    public final static int B = 12;
    public final static int C = 13;
    public final static int D = 11;
    // 上方: 左上8，右上9，左下14，右下15
    public final static int L = 8;
    public final static int R = 9;
    public final static int SPACE = 14;
    public final static int ENTER = 15;
    public RockerTransmission(String ip) throws SocketException,
            UnknownHostException {
        super(ip);
    }
    /** 按钮被按下时调用，发送被按下按钮的编号 */
    public void btnDown(int i) throws SocketException, IOException {
        send("D" + i);
    }
    /** 按钮弹起时调用，发送弹起按钮的编号 */
    public void btnUp(int i) throws SocketException, IOException {
        send("U" + i);
    }
}
```

图 6B-13　手柄模式代码

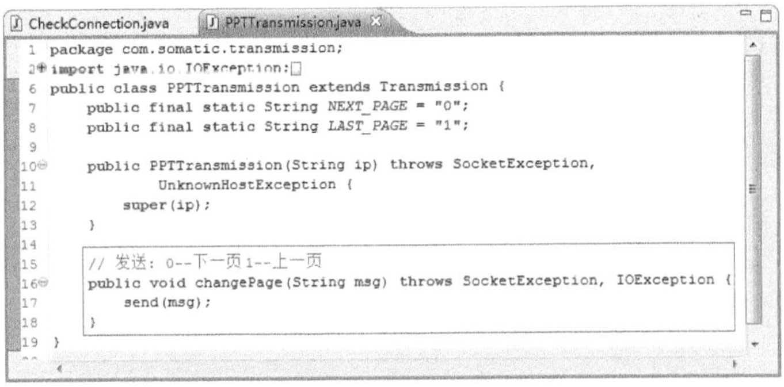

CheckConnection.java　PPTTransmission.java

```java
package com.somatic.transmission;
import java.io.IOException;
public class PPTTransmission extends Transmission {
    public final static String NEXT_PAGE = "0";
    public final static String LAST_PAGE = "1";

    public PPTTransmission(String ip) throws SocketException,
            UnknownHostException {
        super(ip);
    }

    // 发送: 0--下一页1--上一页
    public void changePage(String msg) throws SocketException, IOException {
        send(msg);
    }
}
```

图 6B-14　PPT 模式通信类代码

气、刹车、按钮 A 和按钮 B。体感控制发送的数据格式是“z,y”,z 表示手机在 z 方向上的加速度,y 表示手机在 y 方向上的加速度,关于体感控制的内容,将在实训 3 和实训 4 中说明,这里只需要将数据发送出去,如图 6B-15 所示。

3. Activity 结合通信模块

通信模块完成后,接下来就可以在 Activity 中增加通信功能了。结合的方法主要是在显示组件的事件监听以及 Activity 生命周期,利用这些回调方法来控制通信。

1) 状态改变

状态改变的实现思路是:在 Activity 进入之初,调用通信模块的状态改变类,向 PC 端发送状态信息。发送状态的方法如下:

```java
/** 发送当前状态:就绪   */
private void sendStateToPC(String ip) {
    try {
        StateChangedInformer informer = new StateChangedInformer(ip);
        informer.sendState(StateChangedInformer.INIT_STATE);
```

```
        } catch (Exception e) {
            e.printStackTrace();
        }
    }
```

图 6B-15　赛车模式通信类代码

然后在 Activity 的 onResume 方法中调用 sendStateToPC 方法,就可以通知 PC 端状态改变了:

```
protected void onResume() {
    super.onResume();
    // 获取配置信息,如 IP,语言等
    property = new PropertyBean(this);
    sendStateToPC(property.getIp());
}
```

这一部分在各个 Activity 中大同小异,区别只在于只有主 Activity 的 IP 等配置信息读取自文件,而其他 Activity 中的配置信息来自 Intent。参考代码请看本章的示例代码。

2) 测试连接

利用写好的测试连接类,如果测试连接成功,则提示连接成功,否则,提示连接失败。参考代码如图 6B-16 所示。

图 6B-16　测试连接 Activity 代码

测试连接 Activity 最终代码请看本章附带完整例子。

3) 手柄模式

新建一个手柄模式的布局文件,名字为 rocker_mode.xml,根据图 6B-17 提示进行布局。

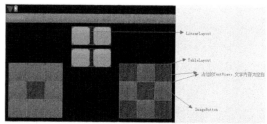

图 6B-17　RockerMode 布局

接下来,新建手柄模式的 java 文件 Activity:RockerMode.java。在 onCreate 方法中初始化一个 RockerTransmission 对象。然后一步一步为其补充功能。

第一步,实现通知状态改变。基于主 Activity 发送状态消息的方法,稍作修改。参考代码如图 6B-18 所示。

第二步,封装发送方法。参考代码如图 6B-19 所示。

第三步,获取显示组件,注册监听器。注意,左侧区域与右侧区域的弹起事件有区别。参考代码如图 6B-20 所示。

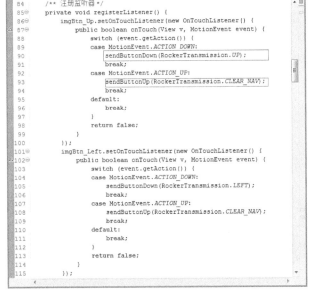

图 6B-18　通知 PC 状态改变代码

图 6B-19　发送按钮代码

图 6B-20　处理按钮事件代码

最后,切记要在 AndroidManifest.xml 中声明新的 Activity。到这里,Android 移动体感第一个应用已经介绍完毕了,赶快打开超级马里奥试一试吧。最终参考代码,请看本章示例代码。

B.2.4　软件测试

程序运行起来之后,单击 Android 移动设备中的按钮。分别测试在 Word 文档中查看输入的文本和普通手柄控制类游戏,结果如图 6B-21 和图 6B-22 所示。数据传输正常并且无误!

B.3　项目心得

在本章 Android 移动体感软件开发之初,曾使用过可靠的 TCP 协议作为通信协议。但是发现使用 TCP 协议来传输时延迟非常大。这正是因为 TCP 协议采用了三次握手,对每一个数据报都验证其正确性;并且为了保证每一个数据报不被丢失,采用了停止等待协议,所以项目测试效果不太理想。例如控制汽车向左转弯,但是前面向右转弯的数据包还没有传完,这个向左转弯的数据包就必须等待。

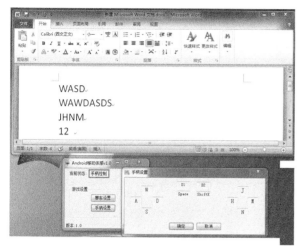

图 6B-21　在 Word 中测试

图 6B-22　测试游戏-超级马里奥

基于此原因,我们改用了 UDP 协议,传输效率大大地提高了。虽然 UDP 协议有着数据报容易丢失、不能保证每个数据包确认无误地传到等问题,但是作为运动体感的操作,用户的动作必定是连续的,所以丢掉的数据包也并无大碍。例如控制赛车向左转弯,用户动作一定有一个幅度,在这个幅度当中,其实已经发送了很多个向左的数据报出去了,丢失一两个数据报,其实根本影响不大。简单来说,好比要通知某个人明天早上 8 点开会,发了 100 条短信出去,其中一两个短信没有收到,并不影响通知的效果。

在开发的过程中往往没有完美的解决方案,综合考虑实际情况,选择最合适的解决方案,才是明智之举。在后续的实训中将结合实际情况,讲解如何屏蔽这些不可靠因素对程序控制的影响。

B.4　参考资料

（1）Android 网络开发详解:

http://kuikui.iteye.com/blog/418498

（2）Android 开发中实现多点触摸的方法:

http://mobile.51cto.com/hot-235078.htm

B.5　本节附录

Android 移动体感传输规则

状态要求	字符串（String 类型）	含义
无要求	state0	初始状态
	state1	PPT 模式
	state2	操控模式
	state3	手柄模式
	state4	赛车模式
初始状态	link	请求测试连接
	receiped	返回连接成功

续表

状态要求	字符串（String 类型）	含义
手柄模式	D0	按下按钮 0
	D1	按下按钮 1
	D2	按下按钮 2
	D3	按下按钮 3
	D4	按下按钮 4
	D5	按下按钮 5
手柄模式	D6	按下按钮 6
	D7	按下按钮 7
	D8	按下按钮 8
	D9	按下按钮 9
	D10	按下按钮 10
	D11	按下按钮 11
	D12	按下按钮 12
	D13	按下按钮 13
	D14	按下按钮 14
	D15	按下按钮 15
	U-1	弹起左侧区域全部按钮
	U4	弹起按钮 4
	U5	弹起按钮 5
	U6	弹起按钮 6
	U7	弹起按钮 7
	U8	弹起按钮 8
	U9	弹起按钮 9
	U10	弹起按钮 10
	U11	弹起按钮 11
赛车模式	z,y	z 和 y 为整数，表示 z、y 方向的加速度
	D0	按下氮气按钮
	D1	按下刹车按钮
	D2	按下自定义按钮 A
	D3	按下自定义按钮 B
	U0	弹起氮气按钮
	U1	弹起刹车按钮
	U2	弹起自定义按钮 A
	U3	弹起自定义按钮 B
PPT 模式	0	PPT 下一页
	1	PPT 上一页
操控模式	x,y,z	x、y、z 为整数，表示 x、y、z 方向的加速度。玩贪食鱼用

C 传感器开发

搜索关键字

（1）Android 传感器
（2）SensorManager
（3）Sensor
（4）SensorEvent
（5）SensorEventListener

本章难点

本章的难点在于理解加速度与手机受到的合力的关系，以及加速度在 Android 上的表现形式。

C.1 项目介绍

本实训通过一个案例讲解 Android 传感器（Sensor）中最常用的加速度传感器的开发方法，通过本例将读者引入传感器开发的世界，同时为后续的 Android 控制 PPT、Android 遥控赛车游戏作铺垫。

通过讲述了如何利用 SensorManager 对传感器进行初始化、启动和关闭，以及如何利用 SensorEventListener 配合 SensorEvent 获取传感器收集的数据，了解 Android 传感器开发的流程。

因为本次实训是讲解如何使用加速度传感器的原理，为了更好的让读者能够理解其原理，避免前面负责的界面带来理解上的误区，所以单独设计了演示界面，如图 6C-1 所示。

x、y、z 表示了立体坐标系内的加速度，单位是（m/s²）。当手机静止平放在桌面时，$x=0, y=0, z=-10$。当摇摆手机时，x、y、z 的数值会随着动作发生变化。

图 6C-1 程序界面

C.2 案例设计与实现

C.2.1 需求分析

项目的功能：
（1）获取加速度传感器的数据；
（2）将传感器的数据通过 TextView 显示出来；
（3）传感器在进入 Activity 时开启，离开 Activity 时关闭。

图 6C-2　项目界面列表

C.2.2　界面设计

项目所对应的界面，如图 6C-2 所示。

主界面：main.xml，如图 6C-3(a)和图 6C-3(b)所示。

图 6C-3(a)　主界面　　　　　　　　　图 6C-3(b)　主界面代码

C.2.3　功能实现

1. 理解"重力感应"

加速度传感器控制被大多数用户称为"重力感应"，这一称法并不准确。因为在 Android 中并不存在重力感应器。那么应该如何理解"重力感应"呢？首先请看图 6C-4(a)和图 6C-4(b)所示。

图 6C-4(a)所示，Android 以立体坐标系为基础，将所受到的所有合力分解为这三个方向上的分力，用数字来表示这三个方向的加速度。其中平行于手机上、下边的方向为 x 轴的方向；平行于手机左、右边的方向为 y 轴的方向；垂直于手机屏幕的方向为 z 轴方向。

图 6C-4(b)所示，地球万物皆受到重力 G 的影响，产生加速度 g，大小约等于 $10\ \text{m/s}^2$。Android 的加速度传感器的数值会屏蔽重力的影响，只保留除重力之外的数据。

当手机静止放在水平的桌面时，虽然手机没有任何运动的趋势，但传感器的值将是桌面给手机的支持力造成的加速度值，$x=0, y=0, z=10$。如果将手机沿 x 轴竖起，加速度传感器的数值将会变成 $x=0, y=10, z=0$。

图 6C-4(a)　立体坐标系加速度

图 6C-4(b)　手机受重力影响

2. 传感器编程接口

传感器开发涉及的类有 SensorManager、Sensor、SensorEvent 和 SensorEventListener。

1) 传感器管理者 SensorManager

SensorManager 类的作用是管理传感器的实例化、注册与注销，它还封装了一些获取传感器数据(SensorEvent.values)的下标常量。它就像进入传感器世界的桥梁一样，控制着传感器。SensorManager 的实例化方法如下：Context.getSystemService(SENSOR_SERVICE)。

2) 传感器 Sensor

Sensor 代表了所有传感器，它通过 SensorManager 的 getDefaultSensor(int type)方法实例化。参数 type 标识了不同的传感器，参数常量都封装在 Sensor 类中，具体如表 6C-1 所示。

表 6C-1　Sensor 类

常量名	说明	数值
TYPE_ACCELEROMETER	加速度传感器	1
TYPE_GYROSCOPE	陀螺仪传感器	4
TYPE_LIGHT	光照传感器	5
TYPE_MAGNETIC_FIELD	磁力计传感器	2
TYPE_ORIENTATION	方位传感器	3
TYPE_PRESSURE	压力传感器	6
TYPE_PROXIMITY	距离传感器	8
TYPE_TEMPERATURE	温度传感器	7
TYPE_ALL	所有传感器	−1

3）传感器事件 SensorEvent

SensorEvent 类表示一个传感器事件，它包含了传感器类型、时间戳、精度以及传感器获取的数据等信息。SensorEvent 的成员变量 values 是 float 类型的数组变量，它的作用是存储传感器获取的数据。不同的传感器类型，values 有着不一样的意义。比方说，在加速度传感器（TYPE_ACCELEROMETER）中，values[0]表示 x 方向的加速度，values[1]表示 y 方向的加速度；在光线传感器（TYPE_LIGHT）中，values[0]表示光线的强度等级。

4）传感器事件监听器 SensorEventListener

SensorEventListener 用于监听传感器事件，一旦传感器的数值改变了，或者精度发生了变化时，便会执行相应的方法。onSensorChanged（SensorEvent event）用于响应传感器数值变化，利用 SensorEvent 的数值进行编程。onAccuracyChanged（Sensor sensor，int accuracy）用于传感器精度改变时执行相应的操作。

3. 事件机制

事件机制是一种处理事件的方式和方法，它由事件源（Source）、事件（Event）和监听器（Listener）组成。传统的顺序程序设计总是按照流程来安排所做的工作，而事件机制的特点在于：等待，如果有事情发生则处理之，这和计算机的中断处理机制的道理是一样的。Java 的 GUI 是事件机制的典型应用。

Android 传感器的工作机制属于事件机制，但是与显示组件（Button 等）的事件机制有所区别。第一，显示组件可以自己注册监听器，而传感器与监听器之间必须通过 SensorManager 来注册。第二，当程序不可见时，显示组件自然就失效了，但传感器会继续工作，直到手动关闭传感器。结合 Activity 生命周期的特点作为传感器的开启和关闭的时机，传感器开发的思路如图 6C-5 所示。

在 Android 中，事件源（Source）对应的类是 Sensor，事件（Event）对应的类是 SensorEvent，监听器（Listener）对应的类是 SensorEventListener。使用的方法如图 6C-6 所示。

图 6C-6 的代码中，通过 Activity 的

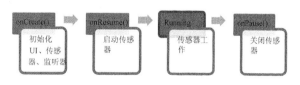

图 6C-5　传感器开发思路

getSystemService(SENSOR_SERVICE)返回一个 SensorManager 对象,而 SensorManager 对象的 getDefaultSensor(Sensor.TYPE_ACCELEROMETER)可以获取加速度传感器的实例。其中参数 Sensor.TYPE_ACCELEROMETER 表示加速度传感器。SensorManager 的 registerListener()方法令传感器开始工作,unregisterListener()方法注销传感器。

4. 获取加速度 SensorEvent.values[]

所有传感器的数值都保存在 SensorEvent.values[]中。values 的长度和意义取决于当前的传感器类型。获取数据时,利用 SensorManager 定义的下标常量可以提高程序的可读性。

接下来,在图 6C-6 代码的基础上,继续完善本例程序。

图 6C-7 代码声明了传感器和传感器事件监听器。监听器 SensorEventListener 的 onSensorChanged()方法用来处理传感器获取的数据。SensorEvent 的 values 数组下标为 SensorManager.DATA_X、SensorManager.DATA_Y、SensorManager.DATA_Z 的值表示加速度在立体坐标系内 x、y、z 三个方向上的分力。监听器获得这些值之后,修改主界面 TextView 的值。

图 6C-6　使用加速度传感器　　　图 11C-7　传感器初始化部分

有了这部分代码之后,传感器还没有开始工作。传感器的启动和关闭是由程序的 SensorManager 管理的。接下来利用 Activity 生命周期中的 onResume()方法启动传感器,利用 onPause()方法关闭传感器。这样,传感器的工作时间就与 Activity 同步了,如图 6C-8 所示。

C.3　软件测试

手机平放在桌面时传感器数值,如图 6C-9 所示。

图 6C-8　传感器启动和关闭　　　图 6C-9　手机平放在桌面时传感器数值

C.4 项目心得

本实训介绍了 Android 传感器编程,重点讲解了加速度传感器的基本用法。传感器的编程本身并不困难,但是想要让程序趋于完美,必须考虑更多的方面。通过本实训,不仅掌握了 Android 中传感器开发的方法,还学习了使用 Activity 生命周期的方法来控制程序组件的生命周期,侧面阐述了将所学知识融会贯通的重要性。

C.5 参考资料

Android 传感器(Sensor)API 教程:
http://www.androidegg.com/portal.php?mod=view&aid=578

D 远程控制

搜索关键字

(1) Handler 制造延迟
(2) AlertDialog

本章难点

本实训的重点是掌握加速度传感器的应用的设计方法。其难点在于,怎么样将复杂的手机运动信息抽象为实实在在的数字信息?如何在一组看似毫无规律的加速度数据中,找出变化规律?

本章将引导读者一步一步地学习传感器应用的设计方法。通过完成本实训,加深对加速度传感器原理的理解,同时巩固 Android 的基础知识。此外,文中提到了 Android 移动体感的部分用户体验设计思路。

本次案例目的是实现操控极品飞车游戏和遥控 PPT 讲稿。

D.1 项目介绍

Android 内置了很多传感器,如加速度传感器、亮度传感器等,这些传感器相关的操作已经封装在 Sensor 类中,作为 Android 工程师只需要调用这些封装好的方法,就可以很方便地得到手机的运动等方面的信息了。

本次是项目中实训 A~C 知识的综合应用,实现了利用 Android 手机遥控 PC 端的 PPT、极品飞车游戏。

D.2 案例设计与实现

D.2.1 需求分析

项目的功能:

(1) 模拟赛车转盘,遥控赛车游戏;

(2) 在用户正面左右甩动手机,遥控 PPT 翻页;

(3) 使用音量键遥控 PPT 翻页;

(4) 处理程序异常,给出友善的提示。

D.2.2 界面设计

项目在实训 2 的基础上增加赛车模式界面和 PPT 模式界面,赛车模式界面如图 6D-1 和图 6D-2 所示。

【注意】关于 ImageButton 的背景资源用法,请看实训 1 中的讲解。

PPT 模式的界面如图 6D-3 和图 6D-4 所示。

图 6D-1 赛车模式界面

图 6D-2 赛车模式界面代码

图 6D-3 PPT 模式界面

D.2.3 功能实现

1. 遥控 PPT 原理

加速度传感器可以捕获 x、y、z 方向的加速度,那怎么利用这些数据,来遥控 PPT 呢？遥控 PPT 的操作有两个:向上翻页和向下翻页。解决这个问题需要考虑几点:

第一,一个挥动手势,会产生怎么样的加速度数据？

第二,如何利用这些数据？

第三,如何屏蔽误操作？

一次挥动中,手机的运动状态是:静止—加速—减速—静止。在理想的情况下,手机的速度和加速度变化情况如图 6D-5 所示。

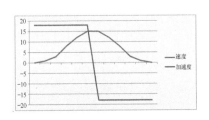

图 6D-4 PPT 模式界面代码　　　　图 6D-5 理想情况下加速度和速度

【注意】挥动过程绝不是匀加速，否则，手机不可能静止下来。挥动时，手先施加力给手机，让手机运动，然后开始施加反方向的力，让手机静止下来。一次挥动，产生两个相反方向的加速度，再加上 UDP 数据包传输的无序性，这增加了开发的难度。因此，仅仅使用一个坐标轴方向的加速度作为判断依据，是不够的。

一般情况下，用户挥动手机时，会将手机屏幕朝上，置于胸前，左右挥动。根据加速度坐标系，x 轴平行于用户，因此选择 x 轴上的数据来判断手机运动，重力约等于 10 m/s^2，设置一个略大于重力的数值：15 m/s^2 作为判断操作的临界值。

为了屏蔽同一条轴上正负两个加速度的影响，可以给程序添加约束：当手机屏幕朝上时（$z>0$），表示向下翻页；当手机屏幕朝下（$z<0$）时，表示向上翻页。由此得出结论如下：

当 $x>15$ 且 $z>0$ 时：发送通知，遥控 PPT 向下翻页；

当 $x<-15$ 且 $z>0$ 时：发送通知，遥控 PPT 向下翻页；

当 $x>15$ 且 $z<0$ 时：发送通知，遥控 PPT 向上翻页；

当 $x<-15$ 且 $z<0$ 时：发送通知，遥控 PPT 向上翻页，参考如图 6D-6 所示。

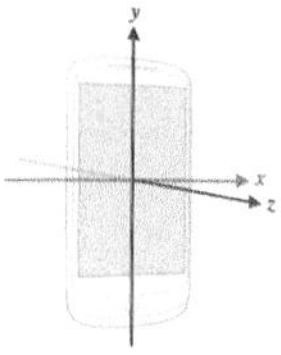

图 6D-6　加速度坐标系

2. 遥控 PPT 实现

1）搭建 Activity 框架

参考第二次案例和第三次案例，新建一个 Activity，起名为 PPTMode，封装在 com. somatic. view 包当中。建好之后，首先声明必要的成员变量，初始化显示组件和传感器、并写好生命周期方法，如图 6D-7 所示。

```
PPTMode.java    PPTTransmission.java
package com.somatic.view;
import android.app.Activity;□
public class PPTMode extends Activity {
    // 通过intent接收IP和language值，用于发送状态消息和控制语言
    private String ip;
    private String language;
    // 消息发送器
    private PPTTransmission transmission;
    // 传感器
    private SensorManager manager;
    private Sensor sensor;
    private SensorEventListener listener;

    public void onCreate(Bundle savedInstanceState) {
        super.onCreate(savedInstanceState);
        this.getWindow().setFlags(WindowManager.LayoutParams.FLAG_FULLSCREEN,
                WindowManager.LayoutParams.FLAG_FULLSCREEN);
        this.requestWindowFeature(Window.FEATURE_NO_TITLE);
        setContentView(R.layout.ppt_mode);
        // 获取intent内容
        Intent intent = getIntent();
        ip = intent.getStringExtra("ip");
        language = intent.getStringExtra("language");
        // 初始化事件发送器
        try {
            transmission = new PPTTransmission(ip);
        } catch (Exception e) {
            e.printStackTrace();
            showConnectFailDialog();
        }
        // 设置传感器监听器
        registerListener();
    }
```

图 6D-7　搭建 Activity 框架 a

2）处理数据

体感控制 PPT 的操作有三个过程，分别是：收集数据→判断操作→发送通知。加速度数据从 SensorEvent 的 values 变量获得，接着判断这一些数据是否构成一次遥控操作。如果构成操作，则发送通知给 PC 端，完成一次控制操作。以下是传感器的监听器的部分代码，如图 6D-9 所示。

```java
    // 读取目标主机IP，发送当前状态：就绪
    private void sendStateToPC(String ip) {
        try {
            StateChangedInformer informer = new StateChangedInformer(ip);
            informer.sendState(StateChangedInformer.PPT_STATE);
        } catch (Exception e) {
            e.printStackTrace();
        }
    }

    protected void onResume() {
        super.onResume();
        sendStateToPC(ip);
        // 获取加速度传感器
        manager = (SensorManager) getSystemService(SENSOR_SERVICE);
        sensor = manager.getDefaultSensor(Sensor.TYPE_ACCELEROMETER);
        // 注册加速度传感器，第三个参数是检测的灵敏度
        manager.registerListener(listener, sensor,
                SensorManager.SENSOR_DELAY_GAME);
    }

    protected void onPause() {
        // 注销加速度传感器
        manager.unregisterListener(listener);
        super.onPause();
    }
}
```

图 6D-8　搭建 Activity 框架 b

图 6D-9 中 69 行和 70 行分别获取 x 轴和 y 轴的加速度的值。72 行和 74 行构成判断条件，75 行和 77 行是向 PC 端发送通知的方法，这两个方法稍后就会提到。MakeSensorDelay()方法也是自定义方法，一次挥动手机可能产生数十个加速度数据，方法的作用是制造延迟，只判断为一次操作。

3）制造延迟

一次挥动手机可能产生数十个加速度数据。制造延迟的目的就是屏蔽在一次甩动中，传感器上获取的多余，且满足判断条件的数据。

怎么样制造控制延迟呢？

有两种思路：第一种方法是不理会一次挥动中多余的数据，忽略若干个数据之后重新监听。但是每次挥动的手势、路径、手机朝向都不一样，产生的数据个数也不确定，因此这种方法很快就被否定了。

第二种方法是从数据的源头抓起：传感器事件监听器 SensorEventListener，一旦出现了满足条件的数据时，马上注销传感器，停止获取数据。在设定的时间之后，重新注册传感器，等待下一次操作。

制造延迟的代码如图 6D-10 所示。

```java
65      /** 注册监听器 */
66      private void registerListener() {
67          listener = new SensorEventListener() {
68              public void onSensorChanged(SensorEvent event) {
69                  float x = event.values[SensorManager.DATA_X];
70                  float z = event.values[SensorManager.DATA_Z];
71                  // 加速度大于15，判断为手机被甩动了
72                  if (x > 15 || x < -15) {
73                      // 屏幕朝上：下一页；屏幕朝下：上一页
74                      if (z > 0)
75                          nextPage();
76                      else
77                          lastPage();
78                      makeSensorDelay();
79                  }
80              }
81              public void onAccuracyChanged(Sensor s, int accuracy) {
82              }
```

图 6D-9　传感器的监听器代码

```java
    /** 自定义方法。传感器停止工作，一秒后恢复 */
    private void makeSensorDelay() {
        // 加速度传感器休眠1000毫秒，方法是先注销监听器，再注册监听器
        manager.unregisterListener(listener);// 注销监听器
        Handler handler = new Handler() {
            public void handleMessage(Message msg) {
                if (msg.what == 1) {
                    manager.registerListener(listener, sensor,
                            SensorManager.SENSOR_DELAY_GAME);// 注册监听器
                }
            }
        };
        Message message = Message.obtain();
        message.what = 1;
        handler.sendMessageDelayed(message, 1000);
}
```

图 6D-10　制造延迟代码

图 6D-10 中第 84 行代码注销了传感器事件监听器。第 85 行至 92 行声明了一个 Handler 对象，第 95 行调用 Handler 的 sendMessageDelayed()方法，该方法在 1000ms 后将信息(Message)交给 Handler 的 handleMessage()方法处理，在这个方法中注册监听器，传感器就可以恢复工作了(91 行和 92 行)。

【注意】Message 类的成员变量 Message.what 的作用是标识操作。Handler 可能同时完成多种任务处理，而这些任务具有相同的数据。举个例子：假设 Message.obj 保存了一个整型数据 100，那么这个 100 代表的是什么意思呢？可能是考试成绩，也可能是歌曲数量呢。handlerMessage()方法无从得知 obj 的含义。因此必须使用 Message.what 来辨别消息的含义。

另外，鼓励使用 Message.obtain()来获取 Message 实例，而不是使用 new 关键字来获取。原因是：Message.obtain()方法从一个可回收对象池中获取 Message 对象，便于管理手机资源。

下面给出代码，说明 Message.what 和 Message.obtain()的用法，如图 6D-11 所示(非本章项目)。

4) 传感器监听器完整定义

传感器监听器完整定义代码如图 6D-12 所示。

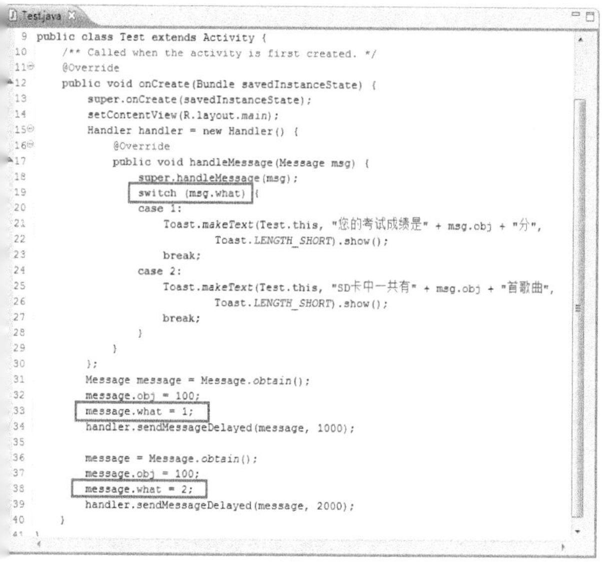

图 6D-11　Message.what 的作用

图 6D-12　传感器监听器定义

5) 发送消息

分析得到操作信息之后，接下来利用实例 B 中编写的通信类 PPTTransmission 发送通知，控制 PPT。控制 PPT 的代码如下：

```
try {
    PPTTransmission transmission = new PPTTransmission(ip);
    transmission.changePage(PPTTransmission.NEXT_PAGE);
    transmission.changePage(PPTTransmission.LAST_PAGE);
} catch (Exception e) {
    e.printStackTrace();
}
```

现在正在完成的是显示层的开发,必须对程序异常进行恰当的处理,避免程序不友善地终止运行。如果网络连接出现了任何问题,这段程序必须处理异常,让程序继续运行下去。如果发生网络问题的原因是:WiFi 没有开启,那么就会利用弹出对话框的形式提醒用户检查这两项内容。

弹出对话框的代码如图 6D-13 所示。

以上代码中,设置了一个只有一个确定按钮的对话框,如果希望对话框包含取消按钮,只需要添加调用 setNegativeButton()方法的代码就可以了。弹出的对话框如图 6D-14 所示。

图 6D-13 弹出连接失败对话框代码

图 6D-14 弹出对话框

【小技巧】细心的读者会发现,如果 WiFi 处于开启状态,即使 IP 地址设置错误,程序也不会出现异常。这是因为程序使用的传输协议是 UDP 协议,正是因为 UDP 协议的不可靠性(不能保证将数据包送达目标 IP)这个特点,所以即使 IP 地址设置错误,程序也不会出现异常。

结合捕获异常和弹出对话框,通知翻页的代码如图 6D-15 所示。

图 6D-15 通知翻页代码

6) 音量键控制 PPT 上下翻页

如果始终使用甩动动作来控制 PPT,用户难免会感到疲倦。怎么样才能使 Android 移动体感更加人性化些呢?新的操作方法需要考虑两个问题:

(1) 必须适合大部分机型;

(2) 必须操作简便。

结合这两个问题来思考,使用音量键来控制 PPT 翻页最合适不过了(即使主面板没有任何物理按键的手机也会有音量键,如 Moto ME525)。

onKeyDown()方法处理除显示组件的按键被按下的事件。处理音量键事件的方法就是重写 onKeyDown()方法,如图 6D-16 所示。

第 54 行判断被按下的按键是否为音量向下键,57 行判断被按下的按键是否为音量向上键。55 行控制 PPT 下翻页,58 行控制 PPT 上翻页。

【注意】onKeyDown()将捕获手机的所有按钮信息,包括常用的"←"回退键。方法的返回值是布尔类型,如果返回 true,表明"确定已经完成了按钮事件处理";如

图 6D-16 音量键控制代码

果没有处理好,那么应该调用下一级的 onKeyDown()方法,表明"还有没有处理的按钮,希望下一级监听器帮我处理",只所以说"下一级",是因为 onKeyDown()方法的处理是有层次的,如图 6D-17 所示。

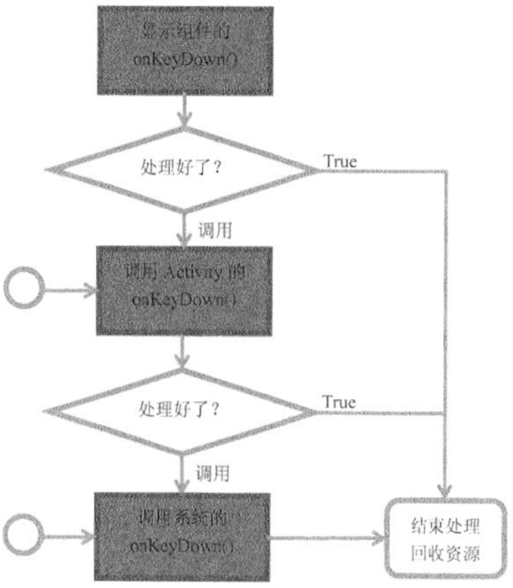

显示组件指的是 EditText、Button 等组件,它们在获得焦点时处理 KeyEvent;Activity 在可见时会处理 KeyEvent;系统的 onKeyDown()处理"←"回退键返回 Activity 栈上一个 Activity 等事件。音量键控制代码是 Activity 层次的代码,如果将最后一行代码改成"return true",或者"false",都会导致"←"回退键失效,无法返回上一层 Activity。

3. 遥控赛车原理

当手机平放在桌面时,受到两个作用力的影响:重力

图 6D-17 按键事件处理层次

和桌面对手机的支持力。Android 中的加速度传感器会屏蔽重力,也就是说,当手机静止放在桌面时,传感器的数值不为零,而是桌面对手机的支持力,如图 6D-18 所示。

体感控制赛车的原理是,当手机静止时,通过手动倾斜手机,来改变支持力对传感器的向量值。接下来利用实训 C 完成的项目,进行一组简单的实验,观察数值的规律,以制定遥控赛车的规则。

首先确定正常持握时,传感器的数值。横握手机,令手机与水平面的夹角约为 30°,以此作为判断赛车静止的数值,此时加速度传感器的数值如图 6D-19 所示。

记录刚刚收集的数据。接下来尝试前倾和后倾手机。将手机向前倾至水平状态,以此时的数值作为赛车前进的数值,加速度的变化如图 6D-20 所示。

图 6D-18　手机平放在桌面时传感器数值

图 6D-19　正常手持手机时

图 6D-20　手机前倾时

稍微向后倾斜手机,以此时的数值作为赛车后退的数值,加速度的变化如图 6D-21 所示。

记录上面三组数据之后,开始尝试左、右倾斜手机。平衡手机,将手机向左倾斜,以此时的数值作为赛车向左的数值,加速度的变化如图 6D-22 所示。

平衡手机,将手机向右倾斜,以此时的数值作为赛车向左的数值,加速度的变化如图 6D-23 所示。

图 6D-21　手机后倾时

图 6D-22　手机左倾时

图 6D-23　手机右倾时

通过这组小实验,得到以下一组数据,如表 6D-1 所示。

表 6D-1 坐标和朝向

坐标轴 / 手机朝向	x 轴	y 轴	z 轴	坐标轴 / 手机朝向	x 轴	y 轴	z 轴
正常持握	6	0	7	左倾	5	3	7
前倾	0	0	9	右倾	5	−3	7
后倾	8	0	5				

得出数据之后,接下来的工作是分析数据。观察表格中的数据。将正常持握的数据和前倾、后倾的数据做比较,z 轴的数据改变最为规律。同理,将正常持握的数据和左倾、右倾做比较,y 轴的数据改变最为规律。由此得出结论:以 z 轴的数据作为判断赛车运动的依据;以 y 轴的数据作为判断遥控赛车拐弯的依据。

为了提供更好的用户体验,应该让用户可以自由确定手机的原始角度。这样做的好处是,用户在调整角度之后,既可以躺在床上也能遥控赛车,也可以趴着遥控赛车。

用户进行游戏时,始终面对着屏幕,而用户躺、坐或趴时,手机的朝向是绕着 y 轴转动的,因此 y 轴的判断规则不需要改变,改变原始角度,实质上改变的是 z 轴的基准值。Android 移动体感 PC 端程序实现了,可以自由设置 z 轴的基准值数值大小,如图 6D-24 所示。

除了原始角度的问题,还存在着另外一个问题。假设 $z=7$ 作为基准值。当 $z>7$,也就是一旦 $z=8$ 时,赛车前进;当 $z<7$,也就是一旦 $z=6$ 时,赛车后退,赛车的停止不动状态($z=7$)会变得很难掌握。赛车的前倾、静止和后退三个操作的判断临界值差距必须足够大,以减少误操作发生的概率。Android 移动体感 PC 端程序实现了,可以自由设置距离基准值的失效范围数值大小,如图 6D-24 所示。

4. 遥控赛车实现

1) 搭建 Activity 框架

参考实训 B 和实训 C 的搭建方法,首先新建一个 Activity,起名为 RacingMode,封装在 com.somatic.view 包当中。建好之后,首先声明必要的成员变量,初始化显示组件和传感器、并写好生命周期方法,如图 6D-25 到图 6D-27 所示。

图 6D-24 PC 端的设置界面

图 6D-25 搭建 Activity 框架 a

```java
    /** Called when the activity is first created. */
    @Override
    public void onCreate(Bundle savedInstanceState) {
        super.onCreate(savedInstanceState);
        // 设置为全屏显示
        this.getWindow().setFlags(WindowManager.LayoutParams.FLAG_FULLSCREEN,
                WindowManager.LayoutParams.FLAG_FULLSCREEN);
        this.requestWindowFeature(Window.FEATURE_NO_TITLE);
        setContentView(R.layout.racing_mode);
        // 获取intent内容
        Intent intent = getIntent();
        ip = intent.getStringExtra("ip");
        language = intent.getStringExtra("language");
        // 初始化事件发送器
        try {
            transmission = new RacingTransmission(ip);
        } catch (Exception e) {
            e.printStackTrace();
            showConnectFailDialog();
        }

        findView();
        registerListeners();
    }

    /** 获取显示组件 */
    private void findView() {
        imgBtn_A = (ImageButton) findViewById(R.id.imageButton1);
        imgBtn_B = (ImageButton) findViewById(R.id.imageButton2);
        imgBtn_SKID = (ImageButton) findViewById(R.id.imageButton3);
        imgBtn_N = (ImageButton) findViewById(R.id.imageButton4);
    }
```

图 6D-26　搭建 Activity 框架 b

```java
    /** 发送当前状态：赛车 */
    private void sendStateToPC(String ip) {
        try {
            StateChangedInformer informer = new StateChangedInformer(ip);
            informer.sendState(StateChangedInformer.RACING_STATE);
        } catch (Exception e) {
            e.printStackTrace();
            showConnectFailDialog();
        }
    }
    private void showConnectFailDialog() {
        String message = "通信失败，请检查WIFI状态";
        new AlertDialog.Builder(this).setTitle("确认框").setMessage(message)
                .setPositiveButton("确定", null).show();
    }
    @Override
    protected void onResume() {
        super.onResume();
        sendStateToPC(ip);
        // 获取加速度传感器
        manager = (SensorManager) getSystemService(SENSOR_SERVICE);
        sensor = manager.getDefaultSensor(Sensor.TYPE_ACCELEROMETER);
        // 注册加速度传感器，第三个参数是检测的灵敏度
        manager.registerListener(listener, sensor,
                SensorManager.SENSOR_DELAY_GAME);
    }
    @Override
    protected void onPause() {
        // 注销加速度传感器
        manager.unregisterListener(listener);
        super.onPause();
    }
}
```

图 6D-27　搭建 Activity 框架 c

2）保持屏幕常亮

进行赛车游戏时，大部分时间都是在控制方向盘，用户有可能超过 15 秒甚至 30 秒都不需要点击屏幕。为了在游戏时传感器和屏幕按钮不会停止工作，影响游戏体验，可以设置屏幕常亮。这样，Activity 就会一直处于运行状态，而不会进入暂停状态了。保持屏幕常亮只需要在 Activity 的 onCreate()中添加一条语句就能够实现。实现的方法如图 6D-28 所示。

3）处理数据

赛车模式的数据处理规则相对于 PPT 控制来说比较复杂，为了减轻手机的运算负担，赛车遥控原理的实现都在 PC 端完成。而 Android 端只要将传感器的数据发送给 PC 端就可以

图6D-28 保持屏幕常亮代码

了。获取传感器数据的代码如图6D-29所示。

4) 发送消息

按钮的操作消息的发送方法如下：

```
try {
    Transmissiontransmission = new RacingTransmission(ip);
    transmission.btnDown(id);      // 发送按钮按下消息
    transmission.btnUp(id);        // 发送按钮弹起消息
} catch (Exception e) {
    e.printStackTrace();
}
```

这两个方法可能会抛出 IOException 等异常。结合异常处理，参考代码如图6D-30所示。

图6D-29 获取传感器数据代码   图6D-30 发送操作按钮的代码

按钮在被按下之后，应该弹起，才能再次被按下。在以上两个发送方法 sendButtonDown()和 sendButtonUp()的基础上，编写 sendButtonPressed()方法，在按钮被按下时，一段时间之后自动弹起按钮。参考代码如图6D-31所示。

有了 sendButtonPressed()方法，按钮的监听器功能就可以实现了。参考代码如图6D-32所示。

根据 RacingTransmission 类的定义，发送传感器数据的使用方法如下：

```
try {
    Transmission transmission = new RacingTransmission(ip);
    transmission.zyChanged(z, y);
```

```
    } catch (Exception e) {
        e.printStackTrace();
    }
```

结合异常处理,发送传感器数值的参考代码如图 6D-33 所示。

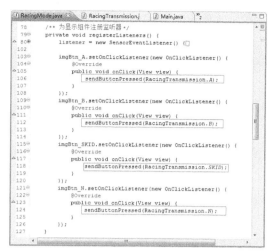

图 6D-31　自动弹起按钮

图 6D-32　设置按钮的事件监听器

5) 处理重复数据

遥控赛车时,向 PC 端发送的加速度是经过四舍五入后的整数值。但是,传感器的灵敏度远不止如此。即使将手机平放在桌面,加速度的小数部分依然在不断地发生微小的变化,因此 SensorEvent 被不停触发。如果每一次浮点值变化都向 PC 端发送一次消息,那么传输的数据量不堪设想。为了避免这种情况发生,降低传输数据的频率,应该只在整数部分改变时,才向 PC 端发送消息,如图 6D-34 所示。

在程序中设置两个变量:last_z 和 last_y,分别存储 z 轴和 y 轴的加速度"旧值"。在每一次 SensorEvent 触发时,将新的加速度值与上一次传输的加速度值相比较,如果不相等,则向 PC 端发送加速度值,并修改 last_z 和 last_y 的值。参考代码如图 6D-35 所示。

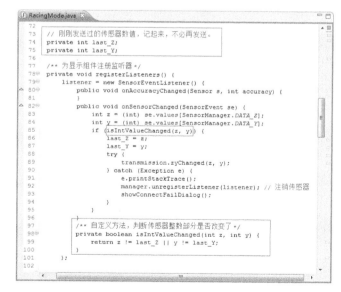

图 6D-33　发送传感器数值的代码

图 6D-34　传感器数据是浮点值

图 6D-35　处理重复数据代码

【注意】即使只是使用传感器 values 的整数部分,values 的浮点数部分改变依然会触发

SensorEvent。第 92 行代码的作用是注销传感器。如果没有这句代码,一旦出现了网络问题,在短短的几秒内,传感器触发的成百上千个 SensorEvent 将弹出不计其数的警告窗口,导致手机内存耗尽而死机。

D.2.4 软件测试

请查看本实训文件夹中的视频文件《软件测试.wmv》,或者可以查看本项目的在线宣传视频:
http://v.youku.com/v_show/id_XMjcyOTUxMTAw.html

D.3 项目心得

本项目讲述了加速度传感器的实际应用,结合实训 B 的案例完成的通信模块,实现体感控制应用。通过对本实训的学习,加深理解传感器的工作方式。同时,本项目是前面三次实训的综合运用,整合知识时出现了很多设计问题。通过本项目的练习,积累整合项目的经验,培养良好的编程习惯。

D.4 参考资料

(1) 对话框 AlertDialog:
http://blog.csdn.net/feng88724/article/details/6171450
(2) Handler 的应用:
http://weizhulin.blog.51cto.com/1556324/323922

E 服务器设置

【注意】本次实训与 Android 没有任何关联,所有内容是有关 C♯ 的编程,本章的目的是提供给有兴趣学习接收端 C♯ 编程和愿意了解 Android 和 PC 交互的原理的读者。

搜索关键字

(1) 跨平台连接。
(2) 跨语言通信。
(3) 系统按键映射。
(4) UDP 连接。
(5) C♯ 多线程处理 Socket。
(6) 通信数据分析。
(7) 态模式、单例模式、工厂模式。
(8) 多线程下使用委托改变控件属性。
(9) 程序设置数据序列化。

本章难点

本章包括 UDP 协议、Windows 动态链接库、多线程、委托、设计模式等知识,涉及的知识面较广,需要有牢固 C♯语言的基础。

不同平台之间如何进行连接,不同语言之间如何进行通信?很多初学者一接触到类似的问题无从下手。倘若稍微了解 Socket 的工作原理,要实现这样的功能并不困难。

PC 端与 Android 端的状态如何切换,又如何保持一致,是程序功能实现的难点,同时又是一个重点。

本章实现的功能比较复杂,需要有清晰的思路。所以先理清思路,再进行学习方能事半功倍。本章不仅仅是对 Android 移动体感的解析,更是对读者思路的扩展,通过多个知识点之间的基础进行融会贯通达到 1+1>2 的效果。

E.1 项目简介

随着面向服务开发时代的到来,C/S 架构的程序早已脱离了平台与语言的限制。本章通过对 Andorid 移动体感的解析讲解如何实现不同平台、语言之间的通信。

目前很多 Android 端程序与 PC 端程序的连接主要通过蓝牙或者 WiFi 进行连接,Andorid 移动体感则多数选择使用 WiFi 通信,通过 Socket 建立连接。本章主要分析 Android 移动体感 PC 端程序,使用 C♯语言开发,该程序主要功能是使用 Socket 接收 Android 端发送的数据,进而解析、处理相应动作。

程序分三个主要功能模块,如图 6E-1 所示。

(1) 监听端口,接收数据。
(2) 数据解析,将接收到的数据解析为相应的指令。
(3) 操作映射,将动作发送到系统消息队列,映射为鼠标、键盘动作。

本章主要阐述 PC 端通过 UDP 接收 Andorid 端的数据与程序如何将按键消息添加到系统消息队列,而对于其他知识点,不在此处做详细说明,但提供参考资料,读者可自行学习。

图 6E-1 系统模块

E.2 案例设计与实现

E.2.1 需求分析

虽然许多 Android 平台上的游戏已经支持传感器控制,但是受到设备的硬件资源约束,游戏效果差强人意。而 PC 平台中的游戏可以享受优质的视觉效果,却摆脱不了枯燥的键盘加鼠标的约束。专用的体感游戏设备适用范围小、价格昂贵、占用空间,性价比非常低。

总结三者利弊,如果出现一款可以使得手机终端成为体感设备的廉价软件,则既摆脱了PC 游戏的枯燥乏味,又不损失其精美画面,必定能抢占市场。

技术上需要熟练掌握 C♯语言,除了这样要完成这样的一个项目,要需要准备以下知识:

【知识点 1】不同语言之间可以进行通讯吗?如何实现不同平台间的通信?

答:本案例使用 Socket,不同语言之间可以通过端口使用 UDP 协议进行通信,从而达到不同平台、语言之间的通信。协议的实现 Android 端由 Java 封装,PC 端由.net Framework 封装,有兴趣的读者可以查阅网络工程的相关资料了解 UDP 协议,当然 TCP 也是可以实现的。

【知识点 2】Andorid 端与 PC 端是两个不同的程序,如何保持它们的状态是同步的?

答:通过信息同步。从下面的代码中,可以看到如果是以 state 开头的字符串则认为是状态的改变,但 Andorid 状态被改变的时候发送 state+状态代码到 PC 端,PC 端再通过解析状态代码切换状态,从而实现了状态的同步。

【知识点3】如何将配置信息保存起来？

答：数据序列化，众所周知，程序运行的时候是将信息读取到内存中的，在程序关闭之后将会被系统回收，想要将配置信息保存起来就必须将信息保存到硬盘中，通常是使用数据库或序列化，像这样的小程序一般是使用序列化。本程序中就使用 BinaryFormatter 将对象序列化。

E.2.2 界面设计

图 6E-2 程序主界面

主界面如图 6E-2 所示。

界面功能：

(1) 生成 Socket 监听端口。

(2) 显示程序状态。

(3) 进入设置界面。

控件序号 1：

(1) 控件类型：Button。

(2) 功能：显示手柄设置界面。

(3) 监听事件：Click。

(4) 功能代码如图 6E-3 所示。

控件序号 2：

(1) 控件类型：Button。

(2) 功能：显示赛车设置界面。

(3) 监听事件：Click。

(4) 功能代码如图 6E-4 所示。

图 6E-3 控件 1 Click 事件代码　　　图 6E-4 控件 2 Click 事件代码

控件序号 3：

(1) 控件类型：Label。

(2) 功能：显示程序状态。

(3) 说明：因为在子线程里面无法直接修改控件属性，所以要改变 Label 的 Text 属性必须使用委托。

(4) 功能代码如图 6E-5 所示。

图 6E-5 设置控件 3 Text 属性

【注意】也许读者会想 HandleConfig、Racing 类起什么作用？在什么地方调用委托改变 state_label 的 Text 属性，暂时由用户 UI 开始设计，如图 6E-6 和图 6E-7 所示，在功能实现环境就自然会理解了。

 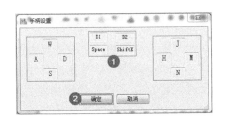

图 6E-6 赛程游戏设置界面　　　图 6E-7 游戏手柄设置界面

界面功能:

如图 6E-6、图 6E-7 这两个设置界面的功能是监听 TextBox 上的 KeyDown 事件,并将对应的键值保存到设置实体中。

控件序号 1:

控件类型:TextBox。

属性:ReadOnly:true。

功能:接收按键的设置信息,并保存到 RacingConfigPoco 类的实例 rcp 中。

监听事件:KeyDown

功能代码如图 6E-8 所示。

控件序号 2:

控件类型:Button。

功能:确认修改,将 rcp 对象序列化,保存到硬盘,并关闭改窗口。

监听事件:Click。

功能代码如图 6E-9 所示。

```
private void textBox_S_KeyDown(object sender, KeyEventArgs e)
{
    TextBox tb = (TextBox)sender;
    if (tb == textBox_N)
    {
        rcp.N = "N [" + e.KeyData + "]";
        rcp.b_N = (byte)e.KeyCode;
        textBox_N.Text = "N [" + e.KeyData + "]";
    }
    if (tb == textBox_S)
    {
        rcp.S = "S [" + e.KeyData + "]";
        rcp.b_S = (byte)e.KeyCode;
        textBox_S.Text = "S [" + e.KeyData + "]";
    }
}
```

图 6E-8 KeyDown 事件代码

```
private void button_OK_Click(object sender, EventArgs e)
{
    rcp.save();
    this.Close();
}
```

图 6E-9 游戏手柄设置界面

E.2.3 功能实现

程序设计思想:程序通过使用 UDP 接收 Android 端发送过来的数据,将数据解析后由 DataHandler 进行处理。DataHandler 构造的时候实例化所有的状态,因为状态过多,且为确保程序的扩展性,所以使用 StateFactory 工厂进行实例化,DataHandler 接收到数据,识别数据,如果接收到以 state 开头的信息的时候则表示 Andorid 端的状态发生改变,从而设置 AppState 变量为被改变的状态,当接收到非 state 开通的数据时,表示信息为普通信息,将信息交由当前状态处理。

图 6E-10 为程序类图,位于类图右上角 5 个类的 Program 是程序的入口函数,由 VS 自动生成,不用去修改它。MainForm 是主窗体类,而 HandleConfig、Racing 分别为图 6E-3,图 6E-4 所示的窗体类,用于配置控制参数。位于左上角的两个 XXPoco 类是用于存储对应界面类的设置参数,并提供序列化的方法,更具体的说明在下面的 Poco 与 HandleConfigPoco、RacingConfigPoco 类中阐述。

实际的类图关系比较复杂,难以理解。下面将其简化,如图 6E-11 所示,说明状态类与 DataHandler 之间的关系。

正如开篇所讲的,程序使用 UDP 接收数据,而 UDP 需要对数据进行封装与解封,于是使用自定义类 UDPListener 对数据进行处理。DataHandler 是这个程序主控制类,它依赖 UDPListener 接收数据,再将数据传递给当前状态类,由状态实体做出相应操作。所以,DataHandler 同时又拥有 PPTState、WaitingState 等 6 个状态的实例化(在简图中未表示出来)。因为 PPTState 等 4 个状态均需要调用 Massager,于是,将它们抽取出来,抽象为 GameState。参考状态模式进行设计,DataHandler 对象的行为取决于它的状态,并且它必须在运行时刻根据状态改变它的行为。

1. 状态工厂类:StateFactory

StateFactory 使用工厂模式,用来创建 SleepState、WaitingState 等类的同时确保了程序的扩展性。功能代码如图 6E-12 所示。

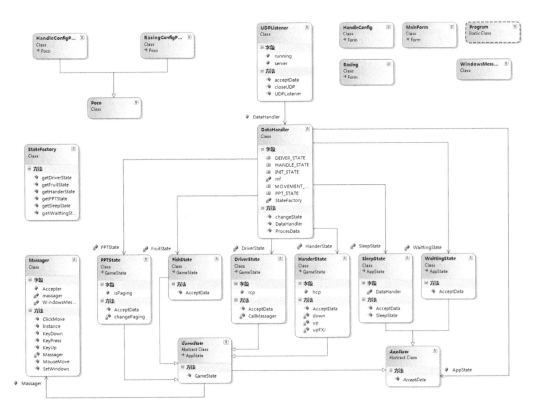

图 6E-10　类图 1

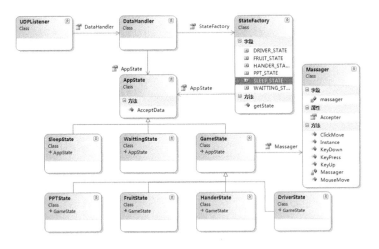

图 6E-11　类图 2

2. 状态基类：AppState

功能：由所有状态抽象出来的基类，功能代码如图 6E-13 所示。

3. 游戏状态基类：GameState

功能：由所有游戏状态抽象出来的基类，GameState 依赖于 Massager 类，游戏状态类通过继承 GameState 即可调用 Massager 对象的方法，实现模拟按键等功能。功能代码如图 6E-14 所示。

4. 动感式状态类:DriverState

功能:极品飞车等赛车游戏的状态类,主要是对数据的处理,调用相应的 Massager 的方法进行动作。

DriverState 类依赖于 RacingConfigPoco 类,RacingConfigPoco 是动感式状态的设置类,里面存储了按钮与对应键值的 Map,通过调用 RacingConfigPoco 类的属性,获得用户自定义设置的键值。使用 Massager 将键值传入系统消息队列,实现模拟按键。功能代码如图 6E-15 所示。

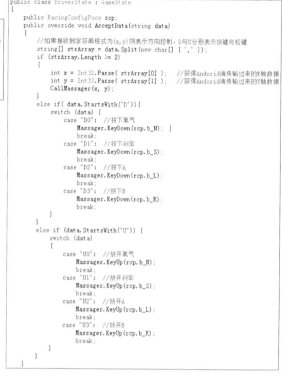

```
public class StateFactory
{
    public SleepState getSleepState(DataHandler dh) { return new SleepState(dh); }
    public WaittingState getWaittingState() { return new WaittingState(); }
    public PPTState getPPTState() { return new PPTState(); }
    public FruitState getFruitState() { return new FruitState(); }
    public HanderState getHanderState() { return new HanderState(); }
    public DriverState getDriverState() { return new DriverState(); }
}
```

图 6E-12　StateFactory.cs

```
public abstract class AppState
{
    public abstract void AcceptData(string data);
}
```

图 6E-13　AppState.cs

```
public abstract class GameState : AppState
{
    public GameState() {
        Massager = Massager.Instance();
    }
    public Massager Massager;
}
```

图 6E-14　GameState.cs

图 6E-15　DriverState.cs

5. 传感控制状态类:FishState

功能:贪食鱼游戏状态类,由于继承了 GameState 类,所以调用父类的 Massager 变量中的 MouseMove(x,y)方法就可以移动鼠标了。(y>3||y<-3)是为了过滤 Andorid 端手机因为振动发送过来的无效数据。x 之所以乘以 10 是为了增加鼠标移动的距离,提高灵敏度,增加游戏可玩性。功能代码如图 6E-16 所示。

6. 竞技式状态类:HanderState

功能:操控式状态的控制类。

说明:该类依赖于 HandleConfigPoco 类,HandleConfigPoco 是一个存储按钮设置的类,实现自定义竞技式模式下的按钮映射。详细说明请参考 HandleConfigPoco 类说明,功能代码如图 6E-17 所示。

7. 操控式状态类:PPTState

功能:PPT 模式状态下的控制类,操作控制与之前的动感式状态类 DriverState 相似,在每次按下按键之后设置 isPaging=true,并同时开启一个子线程在一秒之后将 isPaging 设置为 false,这样,在这一秒里 if(!isPaging)条件为真,即可防止了重复条页。功能代码如图 6E-18 所示。

311

8. 睡眠状态类：SleepState

功能：进入程序时的初始状态以及退出主界面时的状态,该状态只接收以 state 开头的字符串,并且解析第 6 个字符将 DataHandler 切换到对应状态,功能代码如图 6E-19 所示。

9. 数据操控类：DataHandler

功能：DataHandler 拥有所有状态类的实例化对象,分析接收到的数据,如果 state 开头,表示状态转换,否则交由当前状态的实例去处理数据在,功能代码如图 6E-20 所示。

```csharp
public class HanderState : GameState
{
    public HandleConfigPoco hcp;
    public override void AcceptData(string data)
    {
        if (data.StartsWith("D"))
        {
            down(Int32.Parse(data.Substring(1)));
        }
        else if (data.StartsWith("U")) {
            up(Int32.Parse(data.Substring(1)));
        }
    }
    private void down(int i) {
        //,0左上,1上,2右上,3右,4右下,5下,6左下,7左,,-1弹起按钮
        if( i <= 7 && i >= -1)
            upFKJ();
        switch (i)
        {
            case -1:
                break;
            case 0:
                Massager.KeyDown(hcp.i_up);
                Massager.KeyDown(hcp.i_left);
                break;
            case 1:
                Massager.KeyDown(hcp.i_up);
                break;
            case 2:
                Massager.KeyDown(hcp.i_up);
                Massager.KeyDown(hcp.i_right);
                break;
            case 3:
                Massager.KeyDown(hcp.i_right);
                break;
            case 4:
                Massager.KeyDown(hcp.i_right);
                Massager.KeyDown(hcp.i_down);
                break;
            case 5:
                Massager.KeyDown(hcp.i_down);
                break;
            case 6:
                Massager.KeyDown(hcp.i_left);
                Massager.KeyDown(hcp.i_down);
                break;
            case 7:
                Massager.KeyDown(hcp.i_left);
                break;
            //大L:8,上R  9,上10, 下11, 左12, 右13   下左14,下右15
            case 8:
                Massager.KeyDown(hcp.i_UL);
                break;
            case 9:
                Massager.KeyDown(hcp.i_UR);
                break;
            case 10:
                Massager.KeyDown(hcp.i_B);
                break;
            case 11:
                Massager.KeyDown(hcp.i_D);
                break;
            case 12:
                Massager.KeyDown(hcp.i_A);
                break;
            case 13:
                Massager.KeyDown(hcp.i_C);
                break;
            case 14:
                Massager.KeyDown(hcp.i_DL);
                break;
            case 15:
                Massager.KeyDown(hcp.i_DR);
                break;
        }
    }
    private void upFKJ() {
        Massager.KeyUp(hcp.i_left);
        Massager.KeyUp(hcp.i_right);
        Massager.KeyUp(hcp.i_up);
        Massager.KeyUp(hcp.i_down);
    }
    private void up(int i)
    {
        switch (i)
        {
            //大L:8,上R  9,上10, 下11, 左12, 右13   下左14,下右15
            case 8:
                Massager.KeyUp(hcp.i_UL);
                break;
            case 9:
                Massager.KeyUp(hcp.i_UR);
                break;
            case 10:
                Massager.KeyUp(hcp.i_B);
                break;
            case 11:
                Massager.KeyUp(hcp.i_D);
                break;
            case 12:
                Massager.KeyUp(hcp.i_A);
                break;
            case 13:
                Massager.KeyUp(hcp.i_C);
                break;
            case 14:
                Massager.KeyUp(hcp.i_DL);
                break;
            case 15:
                Massager.KeyUp(hcp.i_DR);
                break;
        }
    }
}
```

图 6E-17　HanderState.cs

```csharp
public class FishState : GameState
{
    public override void AcceptData(string data)
    {
        //数据解析,同DirverState
        string[] str = data.Split( new char[] { ',' } );
        float x, y, z;
        if (str.Length >= 3)
        {
            x = float.Parse(str[0]);
            y = float.Parse(str[1]);
            z = float.Parse(str[2]);
        }
        else {
            return;
        }
        if( y > 3 || y < -3 ){
            if ( x > -2 && x < 2 )
                x = 0;
            if ( y > -2 && y < 2 )
                y = 0;
            Massager.MouseMove(x * 10, z * 10);
        }
    }
}
```

图 6E-16　FishState.cs

```csharp
public class PPTState : GameState
{
    public bool isPaging = false;
    public override void AcceptData(string data)
    {
        if (!isPaging)
            switch (data)
            {
                case "0":
                    Massager.KeyPress((byte)Keys.PageDown);  //下一页
                    isPaging = true;
                    new Thread(new ThreadStart(changePaging)).Start();
                    break;
                case "1":
                    Massager.KeyPress((byte)Keys.PageUp);  //上一页
                    isPaging = true;
                    new Thread(new ThreadStart(changePaging)).Start();
                    break;
            }
    }
    private void changePaging() {
        Thread.Sleep(1000);
        isPaging = false;
    }
}
```

图 6E-18　PPTState.cs

```csharp
public class SleepState : AppState
{
    DataHandler DataHander;
    public SleepState(DataHandler dh) {
        DataHander = dh;
    }
    public override void AcceptData(string data)
    {
        if (data.StartsWith("state")) {
            int i = int.Parse(data.Substring(5));
            DataHander.changeState(i);
        }
    }
}
```

图 6E-19　SleepState.cs

```csharp
public class DataHandler
{
    public AppState AppState;
    private PPTState PPTState;
    private SleepState SleepState;
    private WaittingState WaittingState;
    private FishState FruitState;
    private HanderState HanderState;
    private DriverState DriverState;
    private StateFactory StateFactory;
    private MainForm mf;
    public DataHandler(MainForm mf) {
        this.mf = mf;
        StateFactory = new StateFactory();
        PPTState = StateFactory.getPPTState();
        WaittingState = StateFactory.getWaittingState();
        FruitState = StateFactory.getFruitState();
        HanderState = StateFactory.getHanderState();
        DriverState = StateFactory.getDriverState();
        SleepState = StateFactory.getSleepState(this);
        AppState = SleepState;   //初始状态为睡眠状态
    }
    public void ProcesData(byte[] data) {
        string strData = Encoding.ASCII.GetString(data);   //将字节数组转换为字符串
        if( strData.StartsWith("state") )
            AppState = SleepState;
        AppState.AcceptData(strData);
    }
    public void changeState(int str) {
        Android移动体感.MainForm.SetStateLabel ssl;
        ssl = new Android移动体感.MainForm.SetStateLabel(mf.SetState);
        switch (str) {
            case INIT_STATE:
                AppState = SleepState;
                ssl("等待连接");
                break;
            case PPT_STATE:
                AppState = PPTState;
                ssl("PPT控制");
                break;
            case MOVEMENT_STATE:
                AppState = FruitState;
                ssl("体感控制");
                break;
            case HANDLE_STATE:
                AppState = HanderState;
                ssl("手柄控制");
                HanderState.hcp = HandleConfigPoco.getConfig();
                break;
            case DEIVER_STATE :
                AppState = DriverState;
                ssl("赛车控制");
                DriverState.rcp = RacingConfigPoco.getConfig();
                break;
        }
    }
    public const int INIT_STATE = 0;       //初始化状态,注意：返回到主界面的时候必须调用这个状态
    public const int PPT_STATE = 1;        // PPT
    public const int MOVEMENT_STATE = 2;   //动作类游戏
    public const int HANDLE_STATE = 3;     //手柄
    public const int DEIVER_STATE = 4;     //赛车*/
}
```

图 6E-20　DataHandler.cs

10. 数据 Windows 信息类：WindowsMessage

功能：调用 User32.dll 向系统发送按键等消息，实现按键映射，功能代码如图 6E-21 所示。

11. Messenger 类：Messenger

功能：简化对 WindowsMessage 对象的调用，功能代码如图 6E-22 所示。

12. UDP 监听器类：UDPListener

功能：接收 UDP 数据包，并解包，将数据转化为字符串供 DataHandler 调用，功能代码如图 6E-23 所示。

【注意】使用 UdpClient 监听 8987 端口，并设置发送方地址为 Any(任何地址)，当然，如果程序需要可以替换 IPEndPoint 变量中的 Any 参数过滤数据包的发送地址。详细请查看 MSDN。

将字节数组转化为字符串，因为 UDP 包的一切数据都以字节传输的，所以在接收到字节数组的时候，必须将其转换为字符串，以方便处理。相关代码：

string strData = Encoding.ASCII.GetString(receiveBytes);

使用字符串传递消息，发送方与接收方按特定的字符串传递不同信息。

13. Poco 与 HandleConfigPoco、RacingConfigPoco 类

功能：Poco 类提供将对象序列化到硬盘中，以保存对象的信息，子类通过继承 Poco 类，将对象记录的竞技式模式下的配置信息保存到硬盘中。功能代码如图 6E-24 所示。

```csharp
class WindowsMessage
{
    public WindowsMessage() {
    }
    //查找窗口
    [DllImport("User32.dll", EntryPoint="FindWindow")]
    public static extern IntPtr FindWindow(string lpClassName, string lpWindowName);
    //发送信息
    [DllImport("User32.dll", EntryPoint = "PostMessage")]
    public static extern int PostMessage(
    IntPtr hWnd,   //   handle   to   destination   window
    int Msg,    //   message
    uint wParam,   //   first   message   parameter
    uint lParam    //   second   message   parameter
    );
    // 设置进程窗口到最前面
    [DllImport("User32.dll")]
    public static extern bool SetForegroundWindow(IntPtr hwnd);
    //模拟键盘事件
    [DllImport("User32.dll")]
    public static extern void keybd_event(Byte bVk, Byte bScan, Int32 dwFlags, Int32 dwExtraInfo);
    //简单的鼠标移动
    [DllImport("user32.dll")]
    public static extern bool SetCursorPos(int X, int Y);
    //鼠标各种事件
    [DllImport("user32.dll")]
    public static extern void mouse_event(MouseEventFlag flags, int dx, int dy, uint data, UIntPtr extraInfo);
    [DllImport("user32.dll")]
    // GetCursorPos() makes everything possible
    public static extern bool GetCursorPos(ref Point lpPoint);
    [Flags]
    public enum MouseEventFlag : uint
    {
        Move = 0x0001,
        LeftDown = 0x0002,
        LeftUp = 0x0004,
        RightDown = 0x0008,
        RightUp = 0x0010,
        MiddleDown = 0x0020,
        MiddleUp = 0x0040,
        XDown = 0x0080,
        XUp = 0x0100,
        Wheel = 0x0800,
        VirtualDesk = 0x4000,
        Absolute = 0x8000
    }
}
```

图 6E-21 WindowsMessage.cs

```csharp
public class Massager
{
    private static Massager massager;
    private WindowsMessage WindowsMessage;
    private Massager() {
        WindowsMessage = new WindowsMessage();
    }
    public static Massager Instance() {
        if (massager == null)
            return new Massager();
        return massager;
    }
    public static int Accepter;
    public void SetWindows(string WindowsName)
    {
        IntPtr handle = WindowsMessage.FindWindow(null, WindowsName);
        WindowsMessage.SetForegroundWindow(handle);
    }
    public void KeyDown(byte key)
    {
        WindowsMessage.keybd_event(key, 0, 0, 0);
    }
    public void KeyUp(byte key)
    {
        WindowsMessage.keybd_event(key, 0, 2, 0);
    }
    public void KeyPress(byte key)
    {
        WindowsMessage.keybd_event(key, 0, 0, 0);
        WindowsMessage.keybd_event(key, 0, 2, 0);
    }
    public void MouseMove(float x, float y)
    {
        Point point = new Point();
        WindowsMessage.GetCursorPos(ref point);
        WindowsMessage.SetCursorPos((point.X) + (int)(x * 100), point.Y + (int)(y * 100));
    }
    public void ClickMove()
    {
        throw new System.NotImplementedException();
    }
}
```

图 6E-22 Messenger.cs

```csharp
public class UDPListener
{
    public DataHandler DataHandler;
    public bool running;
    public UdpClient server;
    public UDPListener(MainForm mf) {
        running = true;
        DataHandler = new DataHandler(mf);
    }
    public void acceptData() {
        server = new UdpClient(8987);
        while (running)
        {
            IPEndPoint receivePoint = new IPEndPoint(IPAddress.Any, 8987);
            byte[] receiveBytes = server.Receive(ref receivePoint);    //接收远程发送的UDP数据报
            string strData = Encoding.ASCII.GetString(receiveBytes);   //将字节数组转换为字符串
            if (strData.StartsWith("link"))
            {
                UdpClient myUdpClient = new UdpClient();
                try
                {
                    IPEndPoint iep = new IPEndPoint(receivePoint.Address, 8988);
                    byte[] bytes = System.Text.ASCII.GetBytes("receiped");
                    myUdpClient.Send(bytes, bytes.Length, iep);
                }
                catch (Exception err)
                {
                    MessageBox.Show(err.Message, "发送失败");
                }
                continue;
            }
            DataHandler.ProcesData(receiveBytes);
        }
    }
    public void closeUDP(){
        server.Close();
    }
}
```

图 6E-23 UDPListener.cs

```
[Serializable]
public class Poco
{
    public void save(string fileName)
    {
        BinaryFormatter binFormat = new BinaryFormatter();
        using (Stream fStream = new FileStream(fileName, FileMode.Create, FileAccess.Write, FileShare.None))
        {
            binFormat.Serialize(fStream, this);
        }
    }
    public static Object getConfig(string fileName)
    {
        BinaryFormatter binFormat = new BinaryFormatter();
        using (Stream fStream = File.OpenRead(fileName))
        {
            return binFormat.Deserialize(fStream);
        }
    }
}
[Serializable]
public class HandleConfigPoco : Poco
{
    public string up, down, left, right, A, B, C, D, UL, UR, DL, DR;
    public byte i_up, i_down, i_left, i_right, i_A, i_B, i_C, i_D, i_UL, i_UR, i_DL, i_DR;
    private static string fileName = "Handle.dat";
    public void save()
    {
        save(fileName);
    }
    public static HandleConfigPoco getConfig()
    {
        return (HandleConfigPoco)getConfig(fileName);
    }
}
[Serializable]
public class RacingConfigPoco : Poco
{
    public string init, lost, S, N, L, R;
    public byte b_S, b_N, b_L, b_R;
    public int b_init, b_lost;
    private static string fileName = "Racing.dat";
    public void save()
    {
        save(fileName);
    }
    public static RacingConfigPoco getConfig()
    {
        return (RacingConfigPoco)getConfig(fileName);
    }
}
```

图 6E-24　Poco.cs

14. 主程序界面类：MainForm

事件监听功能请参考 2.2 界面设计章节。功能代码如图 6E-25 所示。

15. 操控式模式界面类：HandleConfig

HandleConfig 类继承于 Form 类，用于提供手柄设置窗体，并依赖于 HandleConfigPoco 类，获取用户自定义的按键，并将按键设置到 hcp 对象中，再调用其 save() 方法，将 hcp 对象序列化。功能代码如图 6E-26 所示。

16. 赛车游戏设置界面类：Racing

Racing，与 HandleConfig 类相似，这里不做重复性的解释。功能代码如图 6E-27 所示。

E.3　项目心得

本章介绍了 Android 移动体感 PC 端（服务器端）程序的案例。主要阐述服务器端通过 UDP 协议接收 Andorid 端的数据，并且介绍服务器端程序如何将按键消息添加到系统消息队列。

```
public partial class MainForm : Form
{
    private Thread linking_therad;
    private UDPListener udp;
    public MainForm()
    {
        InitializeComponent();
        linking_therad = new Thread(new ThreadStart(LinkListener));
        linking_therad.Start();
        CheckForIllegalCrossThreadCalls = false;
    }
    //声明委托,供Socket调用
    public delegate void SetStateLabel(string str);
    //委托实例
    public void SetState(string str)
    {
        this.state_label.Text = str;
    }
    private void racingConf_button_Click(object sender, EventArgs e)
    {
        new Racing().ShowDialog();
    }
    private void LinkListener() {
        udp = new UDPListener(this);
        udp.acceptData();
    }
    private void MainForm_FormClosing(object sender, FormClosingEventArgs e)
    {
        udp.running = false;
        udp.closeUDP();
        if (linking_therad.IsAlive)
        {
            linking_therad.Abort();
        }
    }
    private void handleConf_button_Click(object sender, EventArgs e)
    {
        new HandleConfig().ShowDialog();
    }
}
```

图 6E-25　MainForm.cs

```csharp
public partial class HandleConfig : Form
{
    private HandleConfigPoco hcp;
    public HandleConfig()
    {
        InitializeComponent();
    }
    private void HandleConfig_Load(object sender, EventArgs e)
    {
        hcp = HandleConfigPoco.getConfig();
        tb_a.Text = hcp.A;
        tb_b.Text = hcp.B;
        tb_c.Text = hcp.C;
        tb_d.Text = hcp.D;
        tb_ul.Text = hcp.UL;
        tb_ur.Text = hcp.UR;
        tb_dl.Text = hcp.DL;
        tb_dr.Text = hcp.DR;
        tb_up.Text = hcp.up;
        tb_down.Text = hcp.down;
        tb_left.Text = hcp.left;
        tb_right.Text = hcp.right;
    }

    private void tb_right_KeyDown(object sender, KeyEventArgs e)
    {
        TextBox tb = (TextBox)sender;
        tb.Text = getDownButton(e);
        if (tb == tb_a)
        {
            hcp.A = getDownButton(e);
            hcp.i_A = (byte)e.KeyData;
        }
        if (tb == tb_b)
        {
            hcp.B = getDownButton(e);
            hcp.i_B = (byte)e.KeyData;
        }
        if (tb == tb_c)
        {
            hcp.C = getDownButton(e);
            hcp.i_C = (byte)e.KeyData;
        }
        if (tb == tb_d)
        {
            hcp.D = getDownButton(e);
            hcp.i_D = (byte)e.KeyData;
        }
        if (tb == tb_ul)
        {
            hcp.UL = getDownButton(e);
            hcp.i_UL = (byte)e.KeyData;
        }
        if (tb == tb_ur)
        {
            hcp.UR = getDownButton(e);
            hcp.i_UR = (byte)e.KeyData;
        }
        if (tb == tb_dl)
        {
            hcp.DL = getDownButton(e);
            hcp.i_DL = (byte)e.KeyData;
        }
        if (tb == tb_dr)
        {
            hcp.DR = getDownButton(e);
            hcp.i_DR = (byte)e.KeyData;
        }
        if (tb == tb_up)
        {
            hcp.up = getDownButton(e);
            hcp.i_up = (byte)e.KeyData;
        }
        if (tb == tb_down)
        {
            hcp.down = getDownButton(e);
            hcp.i_down = (byte)e.KeyData;
        }
        if (tb == tb_left)
        {
            hcp.left = getDownButton(e);
            hcp.i_left = (byte)e.KeyData;
        }
        if (tb == tb_right)
        {
            hcp.right = getDownButton(e);
            hcp.i_right = (byte)e.KeyData;
        }
    }

    private string getDownButton(KeyEventArgs key)
    {
        string str = "";
        switch (key.KeyValue)
        {
            case 37:
                str = "←";
                break;
            case 38:
                str = "↑";
                break;
            case 39:
                str = "→";
                break;
            case 40:
                str = "↓";
                break;
            default:
                str = key.KeyCode + "";
                break;
        }
        return str;
    }

    private void button_ok_Click(object sender, EventArgs e)
    {
        hcp.save();
        this.Close();
    }
}
```

图 6E-26　HandleConfig.cs

```csharp
public partial class Racing : Form
{
    private RacingConfigPoco rcp;
    public Racing()
    {
        InitializeComponent();
        rcp = RacingConfigPoco.getConfig();
        initPosition_textBox.Text = rcp.init;
        textBox_L.Text = rcp.L;
        textBox_lost.Text = rcp.lost;
        textBox_R.Text = rcp.R;
        textBox_N.Text = rcp.N;
        textBox_S.Text = rcp.S;
    }
    private void initPosition_textBox_KeyDown(object sender, KeyEventArgs e)
    {
        TextBox tb = (TextBox)sender;
        int i = 0;
        if (e.KeyValue >= 48 && e.KeyValue <= 57)
            i = e.KeyValue - 48;
        if (e.KeyValue >= 96 && e.KeyValue <= 105)
            i = e.KeyValue - 96;
        tb.Text = i + "";
        if (tb == initPosition_textBox)
        {
            rcp.init = tb.Text;
            rcp.b_init = i;
        }
        if (tb == textBox_lost)
        {
            rcp.lost = tb.Text;
            rcp.b_lost = i;
        }
    }
    private void button_OK_Click(object sender, EventArgs e)
    {
        rcp.save();
        this.Close();
    }
    private void textBox_S_KeyDown(object sender, KeyEventArgs e)
    {
        TextBox tb = (TextBox)sender;
        if (tb == textBox_N)
        {
            rcp.N = "N [" + e.KeyData + "]";
            rcp.b_N = (byte)e.KeyCode;
            textBox_N.Text = "N [" + e.KeyData + "]";
        }
        if (tb == textBox_S)
        {
            rcp.S = "S [" + e.KeyData + "]";
            rcp.b_S = (byte)e.KeyCode;
            textBox_S.Text = "S [" + e.KeyData + "]";
        }
    }
    private void textBox_R_KeyDown(object sender, KeyEventArgs e)
    {
        TextBox tb = (TextBox)sender;
        tb.Text = e.KeyData + "";
        if (tb == textBox_R)
        {
            rcp.R = e.KeyData + "";
            rcp.b_R = (byte)e.KeyCode;
        }
        if (tb == textBox_L)
        {
            rcp.L = e.KeyData + "";
            rcp.b_L = (byte)e.KeyCode;
        }
    }
}
```

图 6E-27　Racing.cs

例如本案例就是将 Socket、DLL 调用等知识糅合在一起再通过设计模式,确保了程序的扩展性,虽然都是对基础知识的使用,但是通过不同的组合,实现了理想的功能,再强大的软件也不过如此。

笔者在制作此程序的过程中并非一步到位的,像这种功能复杂的程序,建议将功能与项目分离,对每个功能建立一个简单的 Demo 程序,测试成功后再将程序合并到一起。例如要实现 Android 与 PC 的通信,可以先为 Android 端制作一个发送器,向指定的 PC 端发送信息,而 PC 端接收到信息之后打印出来或给出提示,待 Demo 测试成功后,再将代码迁移到项目中,这样即可节省大量调试的时间。

E.4　参考资料

（1）PostMessage：http://baike.baidu.com/view/1080179.htm

（2）UDP：http://baike.baidu.com/view/30509.htm

（3）Socket：http://baike.baidu.com/view/13870.htm

项目 7 手机管家类应用平台开发

A 交互设计

前言

《手机小秘》是一款结合日程管理、防火防盗和追踪定位于一体的生活辅助类和安全类的手机软件,区别于目前主流的防火墙,手机小秘是根据日程的安排来进行事件驱动的,具有基本的闹钟提醒功能、和拦截监听功能,能在事前进行日程的提醒,更能在重要事件中通过短信的拦截以及来电时情境模式的即时转换,避免在重要场合中被打扰的情况,而在拦截监听的基础上,小秘还添加了短信智能回复功能,能把事前叮嘱给"小秘"的话转达给被拦截或被监听的对象,而在手机没带在身边的情况下,机主更可以通过小秘的邮件通知功能,知道没带手机的这段时间里所有的短信和来电情况。

手机小秘功能示意图,如图 7A-1～图 7A-4 所示。

图 7A-1 拦截监听、短信回复、邮件通知功能示意图　　图 7A-2 防盗追踪功能示意图

图 7A-3 Google 日历同步功能示意图　　图 7A-4 闹钟提醒功能示意图

相关的软件功能界面,如图 7A-5～图 7A-9 所示。

图 7A-5 手机小秘各功能界面

图 7A-6 闹钟提醒功能

图 7A-7 拦截监听功能

图 7A-8 短信回复功能
(注:由于模拟器不支持中文短信,所以接收到的回复短信会显示乱码)

图 7A-9　邮件通知功能

搜索关键字

（1）布局
（2）BaseAdapter
（3）LinearLayout

本章难点

《手机小秘》的整个程序代码量不小,有过软件开发经验的读者会知道,其实一个大型的优秀程序涉及的细节非常多,需要长时间慢慢消化。如何在短时间内剥茧抽丝提炼软件的精髓是笔者在设计该实训需要考虑的重要问题,不仅要让读者把握软件的设计思想,但又不会被一些非核心的技术难点(非常多)所困扰,所以设计了三次实训,分别是讲解交互 UI、系统架构和功能实现。

本次实训是讲解 UI 设计,和以往的 UI 设计不同,本次界面设计非常讲究用户交互,主要重点是设计方法和思路;系统架构是最重要的,是本次项目和之前项目的区别,之前所有的项目没有提及"架构"这个词。好比建房子一样,如何把房子设计的又牢固又专业,而且不多一块砖也不少一片瓦。同样是房子,实现的功能是一样,但是有的可以盖 50 层,有的是只能盖 5 层;同样是软件,实现的功能是一样的,但是有的设计完了可以方便的添加新功能,但是有的在添加新功能就必须重新设计一样。所以本次实训的安排先讲解交互设计,然后浅谈架构,在打好框架的基础之上再讲解功能设计。

交互设计上有个简单原则称为 Don't make me think,这要求程序员利用有限的屏幕空间,尽可能地展示该页面的功能,使得用户能够更全面地去了解程序所提供服务,为符合这项原则,要求做到精简文字,并且推荐使用常用图标(如播放键用三角形,暂停键用两竖线,这样用户重新的学习成本不会加大),让用户更直观的去了解每个功能的用处和状态。

A.1　项目简介

本章将会对手机小秘的日程列表的布局进行展开,主要给大家介绍在交互设计上,笔者是如何采用多文件的布局方式去实现友好的交互。

A.2 案例设计与实现

A.2.1 需求分析

项目功能：

(1) 启动程序后，通过单击"添加日程"的按钮，添加以当前系统时间为标识的日程，每项日程显示的内容包括：日程的执行时间、内容概要、运行状态、重复执行该项日程的剩余次数，以及四个功能图标。

(2) 默认新添加的日程以及所有功能图标下的横条(作为功能开关指示灯)色彩为黑白，以表示相应功能为关闭状态，其中，短信回复功能和邮件通知功能为不可用状态，并用黑白图标表示。

(3) 当按压在可用的功能块上时，相应功能以反向图标显示，放开后，恢复正常的彩色图标，并亮起其下的指示灯；而按压在不可用的功能块上时，无任何改变。

(4) 当拦截监听功能开启后，短信回复和邮件通知功能改为可用状态，并以正常的彩色图标表示，反过来，当拦截监听功能关闭后，不管短信回复和邮件通知功能开启与否，其图标都改为黑白显示，而相应的指示灯不改变，表示即使功能开启，但也不可用。

A.2.2 界面设计与实现

1. XML 部分

本章内容所涉及的布局文件，如图 7A-10 和图 7A-11 所示。

图 7A-10　XML 布局文件

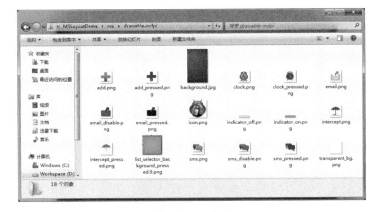

图 7A-11　素材

所谓麻雀虽小，但五脏俱全，小小的四个功能模块，针对不同的状态，都有其相对应的素材(图 7A-11)。那么接下来，就利用这些素材，去一步步实现本章实训最终的效果，如图 7A-12 所示。

1) 使用 ListView

首先一步步来实现主界面的布局 schedule.xml，如图 7A-13 和图 7A-14 所示。

【知识点】在 Android 中，ListView 是比较常用的一个控件，在做 UI 设计的时候，人们都喜欢给整体的布局设置一个图片背景，不过问题可能就会来了——当你拖动 ListView 中任意一个 Item 的时候就会发现整个 ListView 都变成黑色的块，破坏了整体效果，如图 7A-15 所示。

图 7A-12　最终效果图

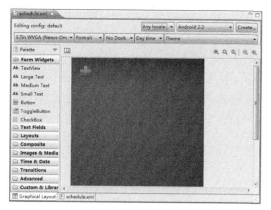

图 7A-13　schedule.xml 布局效果　　　　　图 7A-14　schedule.xml 布局代码

这是为什么呢？

【知识点】这个要从 Listview 的效果说起，默认的 ListItem 背景是透明的，而 ListView 的背景是固定不变的，所以在拖曳的过程中 ListView 会实时地去将当前每个 Item 的显示内容跟背景进行混合运算，所以 Android 为了优化这个过程，就使用了一个称为 Android:cacheColorHint 的属性，它在黑色主题下默认的颜色值是＃191919，所以就出现了图 7A-15 所示的画面。

如果只是换背景的颜色的话，可以直接指定 Android:cacheColorHint 为所要的颜色，如果是用图片做背景的话，那也只要将 Android:cacheColorHint 指定为透明（＃00000000）就可以了，当然，在效率上会打些折扣，不过，随着 Android 设备的硬件条件的发展情况来看，这可以是忽略不计的。

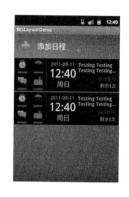

图 7A-15　ListView 的背景色变成了一个黑块

【注意】Android:divider 属性用于指定每个 ListItem 之间的分隔线，但是如果不指定 Android:Layout_weight 这个属性的值的话，会出现如图 7A-16 的效果，这可能会显得最后一个 ListItem 有点突兀。

2）自定义 ListItem

那么接下来，自定义每一个 ListItem 的样式，布局效果如图 7A-17 所示。

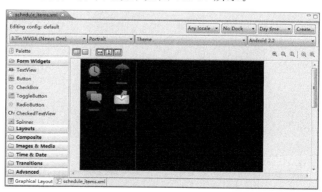

图 7A-16　最后一个 ListItem　　　　　　　图 7A-17　schedule_item.xml 布局效果
　　　　的底部缺少了分隔线

为了让大家更好的去理解,下面分解一下这个布局,如图 7A-18 所示。

通过分解,一目了然:每项功能的图标其实就是一个 CheckBox,不过为了更好的节省屏幕空间和让用户直观的去了解其功能,笔者通过结合其下面的 ImageView,共同地去改造 CheckBox 的样式。

3) LinearLayout 的特殊应用

在 CheckBox 和 ImageView 的元素之外,被一层特殊的 LinearLayout 所包含,它们三者之间,共同组合成了一个功能块,至于这一层元素如何特殊,先来看看它在 schedule_item.xml 这个布局文件中的书写形式:

```
<com.sise.Widget.Indicator>
</com.sise.Widget.Indicator>
```

其实,它的用法跟我们平常所用的 LinearLayout 是一样的,也就是说它的属性依然跟惯常的 LinearLayout 没有任何差别,而它特殊的地方在于:这标签是指向项目中的一个 Java 文件,它对应着自定义 com.sise.Widget 包下的 Indicator.java 文件,它继承了 LinearLayout,并重写了 setPressed() 方法,从而改变了它在用户按压每个 ListItem 的表现形式,从代码(图 7A-19)上看,可以很容易地理解到,当用户按压在每个 ListItem 中除功能块以外的地方时,程序会进行返回,而不去改变功能块原来所处的状态。

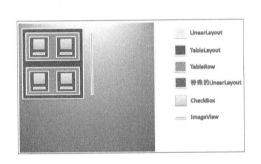

图 7A-18　schedule_item.xml 布局分解

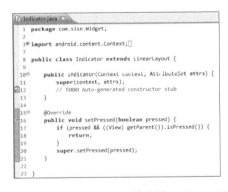

图 7A-19　继承 LinearLayout 并重写 setPressed() 方式

让我们比较一下使用特殊的标签(图 7A-20 左)与改为惯常的 LinearLayout 标签(图 7A-20 右)在表现形式上(按下效果)的区别:

图 7A-20　标签对比

接下来,仔细观察一下图 7A-21 所示 schedule_items.xml 的布局代码,请留意方框部分。

4) 认识 Style 属性

在 schedule_items.xml 的布局代码中,使用了一个属性:style(如图 7A-21 第 16 行),style 是一个包含一种或者多种格式化属性的集合,可以将其用作一个单位用在布局 XML 单个或多个元素当中,类似于 Web 开发中的 CSS 层叠样式表。

那么这个 style 属性集体是如何定义的呢?

右击项目,新建一个 Android XML File 文件,操作如图 7A-22 所示。

输入文件名称,在选择资源文件类型的时候选择 Values,然后单击 Finish 按钮,如图 7A-23 所示。

【注意】资源存放在 res/values 文件夹下

打开刚刚新建的 styles.xml 文件,在 <resources></resources> 标签对下添加所需要的属性集合,每个集合以 <style></style> 为单位,并给予一个全局唯一的命名,也可以通过指定 parent 属性的值来复用其它的 style。在 <style> 元素内部,可以申明一个或者多个 <item>,每一个 <item> 定义了一个名字属性,并且在元素内部定义了这个属性的值,如图 7A-24 所示。

图 7A-22 新建 Android XML File 文件

图 7A-21 schedule_items.xml 的布局代码

图 7A-23 新建 Values 资源文件

图 7A-24 styles.xml

【注意】之前的实训中曾提及过一个词："功能块",此处 style 表现的内容是由 3 个具有父子元素关系的控件组成的一块空间,在这空间内,子元素应该共同享有同一父元素的状态,也就是说父元素状态的改变,子元素也应该跟着去改变,这样做的好处在于扩大了子元素的作用范围,同时使得这空间看起来就像是一个整体,也可以看作是一个的控件。为使子元素控件融合在父元素之内,就必须得指定子元素控件的 Android:focusable 和 Android:clickable 属性的值为 false,使得子元素不能抢夺父元素的焦点,同时也要指定 Android:duplicateParentState 属性值为 true,以复制父元素的状态。

【小技巧】如果直接复制上面的布局代码,或许会发现 Android:textColor 中的属性值并不存在。

其实,本次是通过上面介绍的方法去新建一个名为 color 的 xml 文件,并为每一个颜色元素设定相对应的十六进制数值,如图 7A-25 所示,因为这些元素的内容文本并不具备可读性,所以需要在 name 属性中以常人能够理解的方式去设定属性值,这样做的好处不单单可以便于理解,更多的是可以做到统一风格。

图 7A-25 color.xml 文件

那么接下来的问题是,单击每一个功能块的时候,功能图标应该如何去根据不同的状态去改变它的样式?

通用的做法是通过 XML 和 Java 代码共同去实现会显得更为灵活,先来看看 XML 的部分,通过观察图 7A-21 显示的 schedule_items.xml 文件,是否发现,每一个 CheckBox 的背景图片并非指向一个素材文件,而是指向了 res/drawable 文件夹下的 xml 文件(图 7A-10),那么展开每一个 xml 文件,如图 7A-26～图 7A-30 所示。

图 7A-26 indicator_clock_onoff.xml 定义
闹钟提醒功能在不同状态的表现形式

图 7A-27 indicator_intercept_onoff.xml 定义
拦截监听功能在不同状态的表现形式

从 XML 代码中可以知道利用 XML 是可以实现不同的控件在不同的情况下指向了不同的素材,但是 XML 是不可能改变功能图标(CheckBox)的值,也不能通过该值去改变指示灯(ImageView)的状态,所以还必须得编写 Java 功能代码。

```xml
<?xml version="1.0" encoding="utf-8"?>


<selector xmlns:android="http://schemas.android.com/apk/res/android">
    <item android:state_pressed="true"
        android:drawable="@drawable/sms_pressed" />
    <item android:state_enabled="false"
        android:drawable="@drawable/sms_disable" />
    <item android:state_enabled="true"
        android:drawable="@drawable/sms" />
</selector>
```

图 7A-28　indicator_sms_onoff. xml 定义短信回复功能在不同状态的表现形式

```xml
<?xml version="1.0" encoding="utf-8"?>

<selector xmlns:android="http://schemas.android.com/apk/res/android">
    <item android:state_pressed="true"
        android:drawable="@drawable/email_pressed" />
    <item android:state_enabled="false"
        android:drawable="@drawable/email_disable" />
    <item android:state_enabled="true"
        android:drawable="@drawable/email" />
</selector>
```

图 7A-29　indicator_email_onoff. xml 定义邮件回复功能在不同状态的表现形式

2. Java 部分

本章所涉及的 Java 文件的文件结构如图 7A-31 所示。

1) 定义实体类

为了快速实现需求并让读者们更容易去理解，案例将采用简单的数组列表作为数据源，以显示日程列表的内容。

先设计一个数据实体 ScheduleEntity，并把代码文件放到 com. sise. Entity 的包下，其具体属性如图 7A-32 和表 7A-1 所示。

```xml
<?xml version="1.0" encoding="utf-8"?>

<selector xmlns:android="http://schemas.android.com/apk/res/android">
  <item android:state_pressed="false"
      android:drawable="@drawable/transparent_bg" />
  <item android:state_pressed="true"
      android:drawable="@drawable/list_selector_background_pressed" />
</selector>
```

图 7A-30　indicator_selector. xml 定义功能块在被按压过程中的背景图

```
src
  com.sise.Activity
    Schedule.java
  com.sise.Common
    DateFormat.java
  com.sise.Entity
    ScheduleEntity.java
  com.sise.Widget
    Indicator.java
    ScheduleAdapter.java
```

图 7A-31　java 文件结构

```java
package com.sise.Entity;

public class ScheduleEntity implements Comparable<ScheduleEntity> {

    private int id;
    private boolean remind;
    private boolean intercept;
    private boolean SMSReply;
    private boolean EmailNotice;
    private int executions;
    private int actualExecutions;
    private int executionsResidue;
    private long startTime;
    private long recentTime;
    private long endTime;
    private long advanceTime;
    private long intervalTime;
    private long durationTime;
    private String content;
    private String remarks;
    private boolean working;

    public static final int MAXEXECUTIONS = 101;
```

图 7A-32　ScheduleEntity 部分代码

表 7A-1　ScheduleEntity 属性的作用解释

字段	类型	备　注
id	int	日程 ID
remind	boolean	判别是否开启闹钟提醒功能
intercept	boolean	判别是否开启短信及来电拦截功能
SMSReply	boolean	判别是否开启短信自动回复功能
EmailNotice	boolean	判别是否开启邮件通知功能
executions	int	设定日程的执行次数(最大值为 101，当执行次数＞＝101 时表示无限次执行)
actualExecutions	int	日程实际执行的有效次数
executionsResidue	int	执行日程的剩余次数(当执行次数＞＝101 时，每次日程执行完毕后该值不自减)
startTime	long	日程原始执行的起始时间

续表

字段	类型	备注
recentTime	long	最近的日程执行时间
endTime	long	执行日程的结束时间
advanceTime	long	闹钟提醒的提前时间
intervalTime	long	执行日程的时间间隔
durationTime	long	日程的执行时长
content	String	日程内容提要
remarks	String	短信自动回复的回复内容
working	boolean	判别当前日程的工作状态

对于实体类，还需要为每一个属性编写 get/set 方法，此时我们可以利用编译器友好的代码生成器去自动为我们去生成。而对于 setStartTime() 方法，如图 7A-33 所示。

因为我们在设置日程执行时间的时候，一般先通过 System.currentTimeMillis() 方法获取系统当前时间，并以此作为基点进行对执行时间的修改，但是，System.currentTimeMillis() 获取到的时间精确到毫秒，这并不是我们想要的结果，举个例子，如果当前的系统时间是 2011 年 9 月 1 日 12 时 30 分 30.123 秒，用户想设置 10 分钟之后的一个日程，也就是说，用户想在 12 时 40 分 00 秒执行该日程，但是由于我们是基于 2011 年 9 月 1 日 12 时 30 分 30.123 秒这个时间再加上 10 分钟进行设定的，也就是说，只有达 2011 年 9 月 1 日 12 时 40 分 30.123 秒这个时间点，手机小秘才会执行该日程（一般来讲，系统开始广播到相关应用接收到这个广播会造成执行时间出现一点点的偏差，不过这个时间差只是毫秒级别的，可以忽略），根据一般的用户需求，到了 40 分后还要等待 30 秒，显然让人感觉怪异，所以笔者针对长整形的特性，先把 startTime 除以 1 分钟的时间（60×1000 毫秒），然后再乘以 1 分钟的时间，就可以把时间精确到分钟了。

一般情况下，日程都会根据最近的执行时间来进行排序，把距离当前时间最近的日程显示在日程列表的最前面，所以可以让 ScheduleEntity 类实现 Comparable＜ScheduleEntity＞接口，并重写 compareTo 方法来判断时间字符串的大小，如图 7A-34 所示。

```
103  public void setStartTime(long startTime) {
104      this.startTime = startTime/60000*60000;
105  }
```

```
171  @Override
172  public int compareTo(ScheduleEntity scheduleEntity) {
173      return ((this.recentTime - scheduleEntity.getRecentTime()) > 0) ? 0: -1;
174  }
```

图 7A-33 对 setStartTime() 方法的修改　　图 7A-34 重写 compareTo() 方法

2) 自定义适配器

ListView 数据的装载，必然少不了一个连接 ListView 视图的数据适配器，因此需要写一个类继承 BaseAdapter，并重写它的方法，如图 7A-35 所示。

在 SchduleAdapter 类的内部，需要定义一个构造函数，以及声明一些需要用到的变量，见图 7A-35 代码第 23~31 行。

在重写的方法中：getConunt，getItem，getItemId 等方法的实现如图 7A-36 所示。

ScheduleAdapter.java

```java
package com.sise.Widget;

import java.util.List;

public class ScheduleAdapter extends BaseAdapter {

    private List<ScheduleEntity> schedule;
    private Context context;

    public ScheduleAdapter(
            Context _context,
            List<ScheduleEntity> schedule) {
        this.context = _context;
        this.schedule = schedule;
    }
```

图 7A-35　ScheduleAdapter 继承 BaseAdapter

```java
    @Override
    public int getCount() {
        return schedule.size();
    }

    @Override
    public Object getItem(int position) {
        return schedule.get(position);
    }

    @Override
    public long getItemId(int position) {
        return position;
    }
```

图 7A-36　重写 getConunt，getItem，getItemId 方法

要说明一下的是，ListView 在开始绘制的时候，它会首先调用跟其绑定的 Adapter 的 getCount 函数，并根据它的返回值得到 ListView 的长度，这样就可以知道有多少个 Item 需要展示了，然后循环调用 getView(int position, View convertView, ViewGroup parent)知道第 position 个 Item 该怎么绘制，并绘制出来直到把当前的 ListView 的空间填满。

【注意】如果在 ListItem 中使用了诸如 Button 这类的控件，会发现在实际的运行过程中，ListView 的每一行没有了焦点，这是因为 Button 抢夺了 listView 的焦点，解决的方法是：在布局文件中将 Button 设置为没有焦点就可以了。

getView()中的实现代码具体如图 7A-37 所示。

```java
    @Override
    public View getView(
             int position,
            View convertView,
            ViewGroup parent) {


        if (null == convertView) {
            LayoutInflater layoutInflater = LayoutInflater.from(context);
            convertView = layoutInflater.inflate(R.layout.schedule_items, null);
            findView(convertView);
        }
        setText(schedule.get(position));
        setClickable(schedule.get(position));
        setChecked(schedule.get(position));
        setBarImageResource(schedule.get(position));
        setListener(schedule.get(position));
        return convertView;
    }
```

图 7A-37　重写 getView 方法

getView()中主要做了以下几件事，如表 7A-2 所示。

表 7A-2　getView()说明

方法	说　明
findView	创建 View
setText	显示日程的基本信息
setClickable	根据拦截功能的开关情况设定短信回复和邮件通知功能是否可用
setChecked	设定四个功能按钮的开关
setBarImageResource	设定 ImageView 的资源文件作为功能开关的指示灯
setListener	对相关控件设置监听器

【小技巧】[美]MartinFowler 曾在《重构》中提及过一个代码坏味道的概念，叫做"Long Method"，方法如果过长其实极有可能是有坏味道的。在[美]Robert C. Martin 的《代码整洁之道》中也建议：函数应该做一件事。做好这件事。只做这一件事。其次，为确保函数只做一个事，函数中的语句都要在同一抽象层级上，如果函数中混杂不同抽象层级，往往让人迷惑。

【知识点】ListView 存在的最根本的原因在于它的高效。ListView 通过对象的复用（重复引用传递过来的 convertView 参数）从而减少内存的消耗，也减少了对象的创建从而也减少的 cpu 的消耗（在 Androidk 中创建 View 对象经常伴随着解析 xml）。ListView 的本质是一

张 bitmap(当然所有的控件文字等在屏幕上看到的最终都会变成 bitmap),ListView 会按照需求,根据 Adapter 提供的信息把需要的 Item 画出来显示在屏幕上,当屏幕滚动的时候会重新计算 Item 的位置并绘制出新的 bitmap 显示在屏幕上。这样听起来感觉可能不是很高效,但这样带的好处就是,每次为一个 Item 创建一个 View 对象时,样式一样的对象可以共用一个 View 对象,减少了内存的消耗。

在编写各方法之前,必先在 getView 方法的外部声明以下变量属性,如图 7A-38 所示。

接下来,来看看每一个方法具体的内容,如图 7A-39 所示。

注意 setText 方法,当中使用了 com. sise. Common. DataFormt 中的关于格式转换的一些方法,部分代码如图 7A-40 所示。

数据适配器已经定义完毕,最后只要简单地去装载数据也就完成了本章的实训内容,代码实现如图 7A-41 所示。

```
    private View clockIndicator;
    private View interceptIndicator;
    private View smsIndicator;
    private View emailIndicator;

    private ImageView clockBarOnOff;
    private ImageView interceptBarOnOff;
    private ImageView smsBarOnOff;
    private ImageView emailBarOnOff;

    private CheckBox clockCheckBox;
    private CheckBox interceptCheckBox;
    private CheckBox smsCheckBox;
    private CheckBox emailCheckBox;

    private TextView content;
    private TextView residue;
    private TextView workState;
    private TextView date;
    private TextView time;
    private TextView week;
```

图 7A-38 getView 方法外部的变量属性

```
    private void findView(View view) {
        clockIndicator = view.findViewById(R.id.clockIndicator);
        interceptIndicator = view.findViewById(R.id.interceptIndicator);
        smsIndicator = view.findViewById(R.id.smsIndicator);
        emailIndicator = view.findViewById(R.id.emailIndicator);

        clockBarOnOff = (ImageView) clockIndicator.findViewById(R.id.clockBar_onoff);
        interceptBarOnOff = (ImageView) interceptIndicator.findViewById(R.id.interceptBar_onoff);
        smsBarOnOff = (ImageView) smsIndicator.findViewById(R.id.smsBar_onoff);
        emailBarOnOff = (ImageView) emailIndicator.findViewById(R.id.emailBar_onoff);

        clockCheckBox = (CheckBox) clockIndicator.findViewById(R.id.clock_onoff);
        interceptCheckBox = (CheckBox) interceptIndicator.findViewById(R.id.intercept_onoff);
        smsCheckBox = (CheckBox) smsIndicator.findViewById(R.id.sms_onoff);
        emailCheckBox = (CheckBox) emailIndicator.findViewById(R.id.email_onoff);

        content = (TextView)view.findViewById(R.id.content);
        residue = (TextView)view.findViewById(R.id.residue);
        workState = (TextView)view.findViewById(R.id.workState);
        date = (TextView) view.findViewById(R.id.date);
        time = (TextView) view.findViewById(R.id.time);
        week = (TextView) view.findViewById(R.id.week);
    }
    private void setText(ScheduleEntity scheduleEntity) {

        String[] dateTime = DateFormat.formatMillisInDateTime(scheduleEntity.getRecentTime());
        content.setText(scheduleEntity.getContent());
        residue.setText(
                (scheduleEntity.getExecutionsResidue() >= ScheduleEntity.MAXEXECUTIONS)
                ? "无限次"
                : "剩余" + scheduleEntity.getExecutionsResidue() + "次"
                );
        workState.setText(
                (scheduleEntity.isWorking() == true)
                ? "正在执行"
                : "等待执行"
                );
        date.setText(dateTime[DateFormat.GetDateTime.date.ordinal()]);
        time.setText(dateTime[DateFormat.GetDateTime.time.ordinal()]);
        week.setText(dateTime[DateFormat.GetDateTime.week.ordinal()]);

    }
    private void setClickable(ScheduleEntity scheduleEntity) {
        if (scheduleEntity.isIntercept() == false) {
            smsIndicator.setEnabled(false);
            emailIndicator.setEnabled(false);
        }
    }

    private void setChecked(ScheduleEntity scheduleEntity) {
        clockCheckBox.setChecked(scheduleEntity.isRemind());
        interceptCheckBox.setChecked(scheduleEntity.isIntercept());
        smsCheckBox.setChecked(scheduleEntity.isSMSReply());
        emailCheckBox.setChecked(scheduleEntity.isEmailNotice());
    }

    private void setBarImageResource(ScheduleEntity scheduleEntity) {
        setImageResource(clockBarOnOff, scheduleEntity.isRemind());
        setImageResource(interceptBarOnOff, scheduleEntity.isIntercept());
        setImageResource(smsBarOnOff, scheduleEntity.isSMSReply());
        setImageResource(emailBarOnOff, scheduleEntity.isEmailNotice());
    }
    private void setImageResource(ImageView bar, boolean isChecked) {
        bar.setImageResource(isChecked
                ? R.drawable.indicator_on
                : R.drawable.indicator_off);
    }
    private void setListener(ScheduleEntity scheduleEntity) {

        clockIndicator.setOnClickListener(ViewListener(
                scheduleEntity,
                clockCheckBox,
                clockBarOnOff));
        interceptIndicator.setOnClickListener(ViewListener(
                scheduleEntity,
                interceptCheckBox,
                interceptBarOnOff));
        smsIndicator.setOnClickListener(ViewListener(
                scheduleEntity,
                smsCheckBox,
                smsBarOnOff));
        emailIndicator.setOnClickListener(ViewListener(
                scheduleEntity,
                emailCheckBox,
                emailBarOnOff));

        interceptCheckBox.setOnCheckedChangeListener(interceptCheckBoxListener(
                smsIndicator,
                emailIndicator));
    }
    private OnCheckedChangeListener interceptCheckBoxListener(
            final View smsIndicator,
            final View emailIndicator) {

        return new OnCheckedChangeListener() {
            @Override
            public void onCheckedChanged(CompoundButton buttonView,
                    boolean isChecked) {
                smsIndicator.setEnabled(isChecked);
                emailIndicator.setEnabled(isChecked);
            }
        };
    }
    private OnClickListener ViewListener(
            final ScheduleEntity scheduleEntity,
            final CheckBox checkBox,
            final ImageView bar) {

        return new OnClickListener() {
            public void onClick(View v) {
                checkBox.toggle();
                setImageResource(bar, checkBox.isChecked());
                updateScheduleIndicator(scheduleEntity, checkBox);
            }
        };
    }
    private void updateScheduleIndicator(ScheduleEntity scheduleEntity, CheckBox checkBox) {

        switch(checkBox.getId()) {
        case R.id.clock_onoff:
            scheduleEntity.setRemind(checkBox.isChecked());
            break;
        case R.id.intercept_onoff:
            scheduleEntity.setIntercept(checkBox.isChecked());
            break;
        case R.id.sms_onoff:
            scheduleEntity.setSMSReply(checkBox.isChecked());
            break;
        case R.id.email_onoff:
            scheduleEntity.setEmailNotice(checkBox.isChecked());
            break;
        }
    }
}
```

图 7A-39 ScheduleAdapter 类的代码实现部分

```
DateFormat.java
package com.sise.Common;

import java.text.SimpleDateFormat;□

public class DateFormat {

    private DateFormat() {}

    public static enum GetDateTime {
        date,
        time,
        week
    };

    public static String[] formatMillisInDateTime(long millis) {
        SimpleDateFormat dateFormat = new SimpleDateFormat("yyyy-MM-dd HH:mm E ");
        Date date= new Date(millis);
        String[] dateTime = dateFormat.format(date).split(" ");
        return dateTime;
    }
```

图 7A-40 DateFormat 的 formatCalendarToString 方法的实现

注意，在 addSchedule 控件中，设置了一个监听器，通过每一次的单击事件，会触发 scheduleList 通过 getTestData 方法添加新的测试数据，测试数据的作用在这里不作详细解释，要到后面的章节才展开介绍。

Schedule.java

```java
package com.sise.Activity;

import java.util.ArrayList;

public class Schedule extends Activity {

    private ListView listView;
    private ScheduleAdapter scheduleAdapter;
    private View addSchedule;
    private List<ScheduleEntity> scheduleList = new ArrayList<ScheduleEntity>();
    private Context context;

    @Override
    public void onCreate(Bundle savedInstanceState) {
        super.onCreate(savedInstanceState);
        this.context = this;
        setView();
        setListener();
        setAdapter();
    }
    private void setView() {
        setContentView(R.layout.schedule);
        listView = (ListView)findViewById(R.id.schedules_list);
        addSchedule = (View)findViewById(R.id.addSchedule);
    }

    private void setListener() {
        addSchedule.setOnClickListener(new OnClickListener() {
            @Override
            public void onClick(View v) {
                ScheduleEntity scheduleEntity = getTestData();
                scheduleList.add(scheduleEntity);
                setAdapter();
            }
        });
    }
    private ScheduleEntity getTestData() {
        ScheduleEntity scheduleEntity = new ScheduleEntity();
        scheduleEntity.setRemind(false);
        scheduleEntity.setIntercept(false);
        scheduleEntity.setSMSReply(false);
        scheduleEntity.setEmailNotice(false);
        scheduleEntity.setExecutions(1);
        scheduleEntity.setActualExecutions(1);
        scheduleEntity.setExecutionsResidue(1);

        long currentTimeMillis = System.currentTimeMillis();
        long oneMinute = DateFormat.formatTimeInMillis(0, 0, 1);

        scheduleEntity.setStartTime(currentTimeMillis + oneMinute*2);
        scheduleEntity.setRecentTime(scheduleEntity.getStartTime());
        scheduleEntity.setAdvanceTime(oneMinute);
        scheduleEntity.setIntervalTime(oneMinute*2);
        scheduleEntity.setDurationTime(oneMinute);
        scheduleEntity.setEndTime(scheduleEntity.getRecentTime()
                + scheduleEntity.getDurationTime());

        scheduleEntity.setContent("Testing Testing Testing Testing");
        scheduleEntity.setRemarks("testing testing testing testing");
        scheduleEntity.setWorking(false);
        return scheduleEntity;
    }
    private void setAdapter() {
        scheduleAdapter = new ScheduleAdapter(context, scheduleList);
        listView.setAdapter(scheduleAdapter);
    }
}
```

图 7A-41　Schedule 的代码实现

A.3　项目心得

在重点部分强调了 LinearLayout 布局，是否当时感觉毫不起眼呢？学习完本次实训之后，是否对 LinearLayout 另眼相看？Android 中作为最简单的布局 LinearLayout，用的精巧也可以做出令人叹为观止的界面。就像展现厨艺一样，最基本的菜式其实最考验技术。

本章介绍了一个简单而不简易的布局案例，小小的四个功能按钮所花的功夫也不可谓少，其中也涉及代码的整洁之道。可以说，UI 设计是一个苦力活，讲求的不仅仅是对技术的掌握，更多的，是对交互原则理解，要考虑到如何减少用户的视觉压力，思考压力，记忆压力，移动压力等等的问题。

案例中需要注意的地方还是挺多的，这要求我们要有对问题的发现能力，不能仅仅在表面上实现需求，对于那些隐含的问题如果没有及时处理，会有更多不可预知的损失，这需要程序员耐心地去发现。

A.4　参考资料

(1) listview android:cacheColorHint，android:listSelector 属性作用：

http://blog.csdn.net/stonecao/article/details/6216449

(2) Android 笔记-ListView 总结：

http://www.th7.cn/Program/Android/2011-07-06/17800.shtml

B 架构设计

搜索关键字

（1）架构。
（2）设计模式。

本章难点

所谓架构，其实是一种软件抽象的层次结构，是对复杂软件的一种纵向切分，每一层次中完成同一类型的操作，以便将各种代码根据其完成的使命作为依据来分割，以降低软件的复杂度，提高其可维护性，不过其缺点也是显而易见点，比如说代码会更多、工作量更大、系统更加复杂等等，这需要工程师精通设计思想，利用适当的设计模式，让拍档、程序阅读者找到"封装变化"、"对象间松散耦合"、"接口驱动编程"的感觉，从而设计出易维护、易扩展、易利用、灵活性良好的程序。

B.1 项目简介

本章将对手机小秘的项目架构进行展开，在上一章的基础上再进行拓展，对数据访问、业务逻辑、用户接口进行分离，其实也就是典型的三层架构，最终实现后的文件结构如图 7B-1 所示。

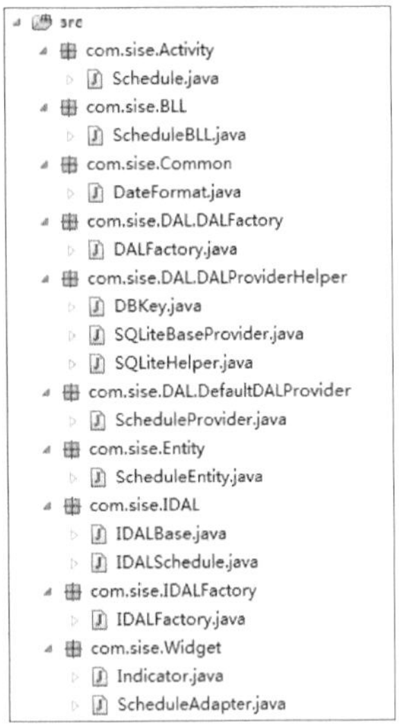

B.2 案例设计与实现

B.2.1 需求分析

项目功能：

（1）基于上一章的项目功能需求，对所添加的日程要存储在数据库中，包括其功能的开关情况也要及时更新。

（2）单击日程非功能块的区域时删除该项日程。

（3）退出程序后再重新打开，日程数据要从数据库中重新读取，然后把数据填充到 ListView 中。

图 7B-1 Java 文件结构

B.2.2 架构设计

先来看看下面的层次结构图，如图 7B-2 所示。

结构图的最顶层，一般统称为表现层，或者 UI 层，用于直接跟用户打交道，为用户提供一种交互操作的界面，通常情况下，UI 层不直接与数据库进行交互，而是通过业务逻辑层进行，不过在这里，笔者使用了抽象工厂模式，把创建数据、访问实例（封装对数据库操作的类，位于数据访问层）的过程与业务层进行了分离，业务层只能通过抽象接口的实现对象进行对数据的操作，使得业务层与数据访问层进行了分离，至于数据访问层是通过 SQLite 数据访问实现还是 SharedPreferences 就不需要知道了。而该接口的实现类对象由工厂对象来生成，使得层与层之间不依赖于具体的类型,实现了层与层之间的解耦。

【知识点】抽象工厂模式:提供一个创建一系列相关或相互依赖对象的接口,而无须指定它们具体的类,如图7B-3所示。

B.2.3 架构实现

从上面的架构设计中可以了解到,层与层之间是向下依赖的,底层对于上层而言是"无知"的,改变上层的设计对于其调用的底层而言没有任何影响。如果在分层设计时,遵循了接口驱动的设计思想,那么这种向下的依赖也应该是一种弱依赖关系。

为遵循面向接口设计的思想,一般来讲,应该先从底层的接口设计开始。不过从结构图中可以了解到,IDAL层依赖于数据实体层,所以还是先得设计好必要的Entity,这点已经在上一章中实现了ScheduleEntity的定义,下面可以直接在上一章内容的基础上设计一个IDAL层的接口模板,如图7B-4所示。

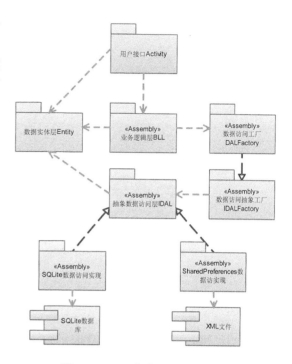

图7B-2 三层架构层次结构图

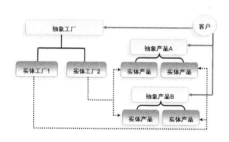

图7B-3 抽象工厂模式结构图

```
IDALBase.java
1  package com.sise.IDAL;
2
3  import java.util.List;
4
5  public interface IDALBase <T> {
6
7      public List<T> selectAll();
8
9      public void insert(T obj);
10
11     public void update(T obj);
12
13     public void delete(T obj);
14
15 }
```

图7B-4 IDAL层的接口模板

模板为声明了最基本的增、删、改、查功能,接下来再来设计IDALSchedule接口,在IDALSchedule接口中,暂时并不需要声明其他的方法,仅仅继承IDALBase接口就可以了,如图7B-5所示。

接着,再编写一个抽象工厂接口,如图7B-6所示,因为本章内容中只需要用到一个数据访问提供程序,所以在接口中,只声明一个创建ScheduleProvider实例的方法:

```
IDALSchedule.java
1  package com.sise.IDAL;
2
3  import com.sise.Entity.ScheduleEntity;
4
5  public interface IDALSchedule extends IDALBase<ScheduleEntity> {
6
7  }
```

图7B-5 IDALSchedule继承IDALBase接口

```
IDALFactory.java
1  package com.sise.IDALFactory;
2
3  import android.content.Context;
4
5  public interface IDALFactory {
6
7      public IDALSchedule createScheduleProvider(Context context);
8
9  }
```

图7B-6 抽象工厂接口的实现

IDAL 层的接口定义的工作也就完成，接下来就是 DAL 层的具体实现，也就是我们的数据访问提供程序，为了更大程度地让代码可以复用，笔者把提供程序一般都会共有的部分抽离出来进行封装。

1. 定义数据库字段及创建数据库表

定义数据库字段以及数据库表的创建语句，如图 7B-7 所示。

DBKey.java
```java
package com.sise.DAL.DALProviderHelper;

public class DBKey {

    public class Schedule {

        public static final String TABLE_SCHEDULE = "schedule";
        public static final String ID = "id";
        public static final String EXECUTIONS = "executions";
        public static final String ACTUALEXECUTIONS = "actualExecutions";
        public static final String EXECUTIONSRESIDUE = "executionResidue";
        public static final String CONTENT = "content";
        public static final String REMARKS = "remarks";
        public static final String STARTTIME = "startTime";
        public static final String RECENTTIME = "recentTime";
        public static final String ENDTIME = "endTime";
        public static final String ADVANCETIME = "advanceTime";
        public static final String DURATIONTIME = "durationTime";
        public static final String INTERVALTIME = "intervalTime";
        public static final String REMIND = "remind";
        public static final String INTERCEPT = "intercept";
        public static final String SMSREPLY = "SMSReply";
        public static final String EMAILNOTICE = "EmailNotice";
        public static final String WORKING = "wroking";

        public static final String CREATETABLE_SCHEDULE = "create table "
                + TABLE_SCHEDULE + " ("
                + ID + " integer primary key autoincrement, "
                + EXECUTIONS + " text, "
                + ACTUALEXECUTIONS + " text, "
                + EXECUTIONSRESIDUE + " text, "
                + CONTENT + " text, "
                + REMARKS + " text, "
                + STARTTIME + " text, "
                + RECENTTIME + " text, "
                + ENDTIME + " text, "
                + ADVANCETIME + " text, "
                + DURATIONTIME + " text, "
                + INTERVALTIME + " text, "
                + REMIND + " integer, "
                + INTERCEPT + " integer, "
                + SMSREPLY + " integer, "
                + EMAILNOTICE + " integer, "
                + WORKING + " integer"
                + ");";
    }
}
```

图 7B-7　定义数据库字段以及表的创建语句

2. SQLiteHelper 辅助类

SQLiteHelper 辅助类的定义，如图 7B-8 所示。

3. 定义基础提供程序

基础提供程序的定义主要是为了把数据访问提供程序共有的部分抽象出来，让子类继承，以便复用，具体实现如图 7B-9 所示。

SQLiteHelper.java
```java
package com.sise.DAL.DALProviderHelper;

import android.content.Context;

public class SQLiteHelper extends SQLiteOpenHelper {

    private static final String DB_NAME = "MobileSecretary_app.db";
    private static final int DB_VERSION = 1;

    public SQLiteHelper(Context context, String name, CursorFactory factory,
            int version) {
        super(context, name, factory, version);
    }

    public SQLiteHelper(Context context) {
        this(context,DB_NAME,null,DB_VERSION);
    }
    @Override
    public void onCreate(SQLiteDatabase db) {
        db.execSQL(DBKey.Schedule.CREATETABLE_SCHEDULE);
    }

    @Override
    public void onUpgrade(SQLiteDatabase db, int oldVersion, int newVersion) {
        db.execSQL("DROP TABLE IF EXISTS " + DBKey.Schedule.CREATETABLE_SCHEDULE);
        onCreate(db);
    }
}
```

图 7B-8　SQLiteHelper 辅导类的定义

SQLiteBaseProvider.java
```java
package com.sise.DAL.DALProviderHelper;

import android.content.Context;

public abstract class SQLiteBaseProvider {

    protected Context context;
    protected SQLiteDatabase sqliteDB;
    protected SQLiteHelper sqliteHelper;

    protected SQLiteBaseProvider(Context context) {
        this.context = context;
    }
    protected void getReadableDatabase() {
        sqliteHelper = new SQLiteHelper(context);
        sqliteDB = sqliteHelper.getReadableDatabase();
    }

    protected void getWritableDatabase() {
        sqliteHelper = new SQLiteHelper(context);
        sqliteDB = sqliteHelper.getWritableDatabase();
    }

    protected void closeDatabase() {
        sqliteDB.close();
        sqliteHelper.close();
    }

}
```

图 7B-9　基础提供程序的定义

4. 数据访问提供程序的具体实现

既然前面部分已经定义好了 SQLiteBaseProvider 抽象类和 IDALSchedule 接口，那么下一步就添加一个类，让其继承 SQLiteBaseProvider 并实现 IDALSchedule，以实现数据访问中基本的增、删、改、查操作，如图 7B-10 所示。

5. 具体工厂的实现

虽然封装好了对数据库进行访问的操作，但它的实例化不应该在业务逻辑层中进行，而应该通过具体工厂提供 SchduleProvider 的实例，不需要让业务逻辑层知道 SchduleProvider 具体类名的存在，而仅仅需要知道 IDALSchedule 接口即可。通过这种方式，就实现了面对接口的编程，也实现了业务层和数据层之间的“解耦”。

具体工厂的具体实现如图 7B-11 所示。

6. 业务逻辑层

至此,本章内容关于数据访问层的实现工作也就全部完成了,接下来是业务逻辑层的实现,如图 7B-12 所示。

图 7B-12 中使用到了单例模式,通过 private 关键字修饰 ScheduleBLL 类的构造函数,使得外部程序不能通过 new 关键字来实例化它,而只能通过静态方法 getInstance()来获得全局唯一的一个实例,从而使得数据更易于维护。

【知识点】单例模式

单例模式的意思就是只有一个实例。单例模式确保某一个类只有一个实例,而且自行实例化并向整个系统提供这个实例。这个类称为单例类。

图 7B-10　数据提供程序的具体实现

```
 87            scheduleEntity.setEmailNotice(
 88                (cursor.getInt(
 89                    cursor.getColumnIndex(DBKey.Schedule.EMAILNOTICE)
 90                )==1)?true:false);
 91            scheduleEntity.setWorking(
 92                (cursor.getInt(
 93                    cursor.getColumnIndex(DBKey.Schedule.WORKING)
 94                )==1)?true:false);
 95
 96            scheduleList.add(scheduleEntity);
 97        } while(cursor.moveToNext());
 98    }
 99    return scheduleList;
100 }
102 @Override
103 public void insert(ScheduleEntity scheduleEntity) {
104    getWritableDatabase();
105    ContentValues insertValues = setContentValues(scheduleEntity);
106    sqliteDB.insert(DBKey.Schedule.TABLE_SCHEDULE, null, insertValues);
107    closeDatabase();
108 }
110 private ContentValues setContentValues(ScheduleEntity scheduleEntity) {
111    ContentValues contentValues = new ContentValues();
112    contentValues.put(DBKey.Schedule.EXECUTIONS,
113        scheduleEntity.getExecutions());
114    contentValues.put(DBKey.Schedule.ACTUALEXECUTIONS,
115        scheduleEntity.getActualExecutions());
116    contentValues.put(DBKey.Schedule.EXECUTIONSRESIDUE,
117        scheduleEntity.getExecutionsResidue());
118    contentValues.put(DBKey.Schedule.STARTTIME,
119        scheduleEntity.getStartTime());
120    contentValues.put(DBKey.Schedule.RECENTTIME,
121        scheduleEntity.getRecentTime());
122    contentValues.put(DBKey.Schedule.ENDTIME,
123        scheduleEntity.getEndTime());
124    contentValues.put(DBKey.Schedule.ADVANCETIME,
125        scheduleEntity.getAdvanceTime());
126    contentValues.put(DBKey.Schedule.INTERVALTIME,
127        scheduleEntity.getIntervalTime());
128    contentValues.put(DBKey.Schedule.DURATIONTIME,
129        scheduleEntity.getDurationTime());
130    contentValues.put(DBKey.Schedule.CONTENT,
131        scheduleEntity.getContent());
132    contentValues.put(DBKey.Schedule.REMARKS,
133        scheduleEntity.getRemarks());
134    contentValues.put(DBKey.Schedule.REMIND,
135        scheduleEntity.isRemind());
136    contentValues.put(DBKey.Schedule.INTERCEPT,
137        scheduleEntity.isIntercept());
138    contentValues.put(DBKey.Schedule.SMSREPLY,
139        scheduleEntity.isSMSReply());
140    contentValues.put(DBKey.Schedule.EMAILNOTICE,
141        scheduleEntity.isEmailNotice());
142    contentValues.put(DBKey.Schedule.WORKING,
143        scheduleEntity.isWorking());
144    return contentValues;
145 }
147 @Override
148 public void delete(ScheduleEntity scheduleEntity) {
149    getWritableDatabase();
150    sqliteDB.delete(DBKey.Schedule.TABLE_SCHEDULE,
151        DBKey.Schedule.ID + "=" + scheduleEntity.getId(),
152        null);
153    closeDatabase();
154 }
156 @Override
157 public void update(ScheduleEntity scheduleEntity) {
158    getWritableDatabase();
159    ContentValues updateValues = setContentValues(scheduleEntity);
160    sqliteDB.update(DBKey.Schedule.TABLE_SCHEDULE,
161        updateValues,
162        DBKey.Schedule.ID + "=" + scheduleEntity.getId(), null);
163    closeDatabase();
164 }
165
166
167 }
```

图 7B-10 数据提供程序的具体实现(续图)

单例类中也有饿汉式单例类和懒汉式单例类之分,主要区别在于实例化的处理方式,前者通过静态初始化的方式在自己被加载时就将自己实例化,而后者则只会在第一次被引用时才会将自己实例化,显而易见,ScheduleBLL 类就是懒汉式单例类了。

业务逻辑层的编码也就完成了,通过具体工厂获得数据访问提供程序的实例,并赋值给 iDALSchedule 接口,从而使得对数据的操作都通过这个抽象接口来进行,如:iDALSchedule.selectAll()。

7. 表现层

最后需要实现的是表现层,直接来看看代码,如图 7B-14 所示。

对比上一章的 Schedule 类，不难发现，本章的 Schedule 类实现了 OnItemClickListener 接口，并实现了对 ListView 的 Item 单击事件的监听，如图 7B-15 所示。

ScheduleBLL.java

```java
package com.sise.BLL;

import java.util.List;

public class ScheduleBLL {

    private Context context;
    private IDALSchedule iDALSchedule;

    private List<ScheduleEntity> scheduleList;

    private ScheduleBLL(Context context) {
        this.context = context;
        iDALSchedule = new DALFactory().createScheduleProvider(this.context);
    }

    private static ScheduleBLL scheduleBLL;
    public static ScheduleBLL getInstance(Context context) {
        if (null == scheduleBLL) {
            scheduleBLL = new ScheduleBLL(context);
        }
        return scheduleBLL;
    }
    public List<ScheduleEntity> getScheduleList() {
        if (null == scheduleList) {
            scheduleList = getScheduleListFromDataBase();
        }
        return scheduleList;
    }

    public List<ScheduleEntity> getScheduleListFromDataBase() {
        List<ScheduleEntity> scheduleList = iDALSchedule.selectAll();
        return scheduleList;
    }

    public void addSchedule(ScheduleEntity scheduleEntity) {
        addScheduleToDataBase(scheduleEntity);
        scheduleList = iDALSchedule.selectAll();
    }

    public void addScheduleToDataBase(ScheduleEntity scheduleEntity) {
        iDALSchedule.insert(scheduleEntity);
    }

    public void updateSchedule(ScheduleEntity scheduleEntity) {
        updateScheduleToDataBase(scheduleEntity);
    }

    public void updateScheduleToDataBase(ScheduleEntity scheduleEntity) {
        iDALSchedule.update(scheduleEntity);
    }
    public List<ScheduleEntity> getScheduleList() {
        if (null == scheduleList) {
            scheduleList = getScheduleListFromDataBase();
        }
        return scheduleList;
    }

    public List<ScheduleEntity> getScheduleListFromDataBase() {
        List<ScheduleEntity> scheduleList = iDALSchedule.selectAll();
        return scheduleList;
    }

    public void addSchedule(ScheduleEntity scheduleEntity) {
        addScheduleToDataBase(scheduleEntity);
        scheduleList = iDALSchedule.selectAll();
    }

    public void addScheduleToDataBase(ScheduleEntity scheduleEntity) {
        iDALSchedule.insert(scheduleEntity);
    }

    public void updateSchedule(ScheduleEntity scheduleEntity) {
        updateScheduleToDataBase(scheduleEntity);
    }

    public void updateScheduleToDataBase(ScheduleEntity scheduleEntity) {
        iDALSchedule.update(scheduleEntity);
    }
    public void removeSchedule(ScheduleEntity scheduleEntity) {
        scheduleList.remove(scheduleEntity);
        removeScheduleFromDataBase(scheduleEntity);
    }

    public void removeScheduleFromDataBase(ScheduleEntity scheduleEntity) {
        iDALSchedule.delete(scheduleEntity);
    }

}
```

图 7B-12　业务逻辑层的简单实现

DALFactory.java

```java
package com.sise.DAL.DALFactory;

import android.content.Context;

public final class DALFactory implements IDALFactory {

    public DALFactory() {}

    @Override
    public IDALSchedule createScheduleProvider(Context context) {
        return new ScheduleProvider(context);
    }

}
```

图 7B-11　DALFactory 的实现

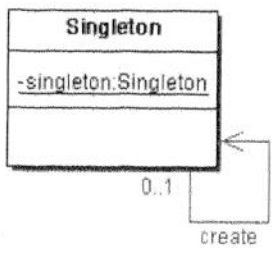

图 7B-13　单例模式结构图

Schedule.java

```java
package com.sise.Activity;

import java.util.List;

public class Schedule extends Activity implements OnItemClickListener {

    private ListView listView;
    private ScheduleAdapter scheduleAdapter;
    private View addSchedule;
    private List<ScheduleEntity> scheduleList;
    private Context context;

    @Override
    public void onCreate(Bundle savedInstanceState) {
        super.onCreate(savedInstanceState);
        this.context = this;
        setView();
        setListener();
        setAdapter();
    }
```

图 7B-14　Schedule 实现了 OnItemClickListener 接口

```java
    private void setListener() {

        listView.setOnItemClickListener(this);

        addSchedule.setOnClickListener(new OnClickListener() {
            @Override
            public void onClick(View v) {

                ScheduleEntity scheduleEntity = getTestData();
                ScheduleBLL.getInstance(context).addSchedule(scheduleEntity);
                setAdapter();

            }
        });
    }
    @Override
    public void onItemClick(
            AdapterView<?> arg0,
            View arg1,
            int arg2,
            long arg3) {

        ScheduleBLL.getInstance(context)
            .removeSchedule(scheduleList.get(arg2));
        setAdapter();
    }
```

图 7B-15　实现对 ListView 的 Item 单击事件的监听

当触发 onItemClick 事件时，通过参数 arg2，获取当前 scheduleList 中所选 Item 的位置，并进行了日程的删除操作。

那么 scheduleList 从何而来？通过观察 Schedule 类中被修改过的部分也就知道了，见图 7B-15 代码第 52 行。

setAdapter()中被修改的部分，如图 7B-16 所示。

通过 scheduleBLL 实例，把测试数据添加到数据库中，然后再从实例中获取日程列表，并赋值给 scheduleList，再让适配器重新适配。

当然，适配器对日程的变化也相应的做了修改，如图 8B-17 所示。

```
    private void setAdapter() {
        scheduleList = ScheduleBLL.getInstance(context).getScheduleList();
        scheduleAdapter = new ScheduleAdapter(this, scheduleList);
        listView.setAdapter(scheduleAdapter);
    }
```

图 7B-16　setAdapter 方法的实现

```
    private void updateScheduleIndicator(
            ScheduleEntity scheduleEntity,
            CheckBox checkBox) {

        switch(checkBox.getId()) {
        case R.id.clock_onoff:
            scheduleEntity.setRemind(checkBox.isChecked());
            break;
        case R.id.intercept_onoff:
            scheduleEntity.setIntercept(checkBox.isChecked());
            break;
        case R.id.sms_onoff:
            scheduleEntity.setSMSReply(checkBox.isChecked());
            break;
        case R.id.email_onoff:
            scheduleEntity.setEmailNotice(checkBox.isChecked());
            break;
        }
        ScheduleBLL.getInstance(context).updateSchedule(scheduleEntity);
    }
}
```

图 7B-17　ScheduleAdater 中的代码新增部分

ScheduleAdapter 的改动其实也非常的少，就是在上一章代码中添加框中的部分，目的就是为了更新功能的开关情况并记录到数据库中。

至此，本章的功能需求也就全部完成了。

B.3　项目总结

三层架构是在一个应用程序中把数据(数据层)，业务逻辑(业务层)，和用户接口(表示层)分离的一种思想。可能初学者比较喜欢把业务逻辑直接写在表现层中，这样虽然可能在运行效率上有所提高，但是不方便后期代码的维护以及复用，所以利用三次架构的思想，将业务逻辑，表现逻辑以及数据访问逻辑抽离出来位于不同的层次，但是想要将三者完全分开是一件困难的事，有时候可能不注意就在表现层中带有一点业务逻辑的代码，或者是在数据访问层中带有业务逻辑的代码，所以想明确层次的分工是需要一定的开发经验，需要读者们在学习和实践过程中去加深了解。

当了解完三层架构之后，也可以适当将三层架构进行细化，实现 N 层架构。本章中使用了抽象工厂模式，单例模式，而常用设计模式有二十几种，设计模式有助于工程师对代码进行优化，方便后期的维护，而设计模式对于不同项目是不可以随意套用，适当运用才能体会设计模式的好处。所以希望读者好好实践，学习设计模式，慢慢将其思想融入到开发中。

B.4　参考资料

(1) 三层架构：

http://baike.baidu.com/view/687468.htm

(2) 单例模式：

http://baike.baidu.com/view/1859857.htm

(3) 抽象工厂模式：

http://baike.baidu.com/view/1580269.htm

C 功能实现

搜索关键字

(1) BroadcastReceiver
(2) PhoneStateListener
(3) AlarmManager
(4) AudioManager
(5) SmsManager
(6) PendingIntent

本章难点

一说到"增删改查",可能很多人会认为这理所当然是数据访问层的职责。笔者觉得这个理解是对的,但是只对了一半。可能有的人又会想到了业务逻辑层,读者是否也会同时产生疑问:这个所谓的业务逻辑层是干什么的?就简单封装一下数据访问层的操作?这有存在的必要吗?

在本章中,笔者将进一步对上一章的业务逻辑层进行拓展,让读者们了解到业务逻辑的组成结构,了解手机小秘在实现中有哪些业务对象、有什么样的业务规则以及相关的业务流程。

C.1 项目简介

本章内容在前两章的基础上做了进一步的拓展,主要针对业务逻辑层进行展开,改变原有的不带有任何业务成分和业务知觉的局面,让"增删改查"对业务中的业务对象产生一系列相关的反应及变化。最终实现后的文件结构如图 7C-1 所示。

图 7C-1 文件结构

C.2 案例设计与实现

C.2.1 需求分析

项目功能:

(1) 每当添加一个日程后,小秘会对所有日程的时间进行排序,离当前时间最近的日程将显示在列表最前面,并只会执行列表中的第一个日程,其后的日程即使到了相应的执行时间仍会处于等待执行状态。

（2）每当第一个日程执行完毕后，小秘会根据日程的执行次数、执行时间、时间间隔、持续时间等信息更新所有日程：计算过期未执行的日期的下一次执行时间，如果执行次数少于1时，将对该日程进行删除，最后对所有日程进行排序，当到了第一个日程的执行时间后执行该项日程，如此反复。

（3）闹钟提醒功能是根据第一项日程的闹铃提前时间进行计算并执行的，到点后弹出对话框并显示该日程的内容信息（content属性的内容）。

（4）拦截监听功能主要针对来电及短信进行监听，当该项功能开启后，在该项日程的执行时间内，当接收短信时小秘会进行拦截（拦截到的短信将记录到拦截记录中，但本章中不实现这部分功能），而当有来电时小秘会将手机调为静音状态，如果不进行接听，小秘会根据短信回复及邮件通知的开启情况进行相应操作。

（5）短信回复功能将对所有被拦截的来电或短信进行回复，回复内容为日程的备注内容（remarks属性的内容）。

（6）邮件通知功能将对所有被拦截的来电或短信以邮件的形式对机主所设定好的邮箱进行相关信息的发送。如果拦截到的是来电，则邮件内容格式如图7C-2所示，如果拦截到的是短信，则邮件内容格式如图7C-3所示。

（7）开机自启动

C.2.2 功能实现

1. 业务对象

从外部来看，业务逻辑层可以看作是一个操作业务对象的机制，一般来说，业务对象不过是某个领域实体（即封装了数据和行为的类）的实现，或者是某类的辅助类型，用于执行一些特别的计算。

下面先给大家介绍一下手机小秘功能实现中有关的业务对象，如图7C-4所示。

图7C-2   图7C-3

图7C-4 Alarm的代码实现

不难看出，Alarm 类封装的主要是对 AlarmManager 的一些操作，它对于小秘的正常运行至关重要，通过 AlarmManager，用户可以预定自定义程序的运行时间，比如说，我们对闹钟提醒设置了一个一次性的警报（见图 7C-4 中代码第 77~82 行）。

参数 1 确定了警报的计时和报警方式，表 7C-1 列出了该参数定义类型的说明。

表 7C-1　AlarmManager 参数类型说明

属　　性	说　　明
AlarmManager.RTC_WAKEUP	表示闹钟在睡眠状态下会唤醒系统并执行提示功能，该状态下闹钟使用绝对时间，状态值为 0
AlarmManager.RTC	表示闹钟在睡眠状态下不可用，该状态下闹钟使用绝对时间，即当前系统时间，状态值为 1
AlarmManager.ELAPSED_REALTIME_WAKEUP	表示闹钟在睡眠状态下会唤醒系统并执行提示功能，该状态下闹钟也使用相对时间，状态值为 2
AlarmManager.ELAPSED_REALTIME	表示闹钟在手机睡眠状态下不可用，该状态下闹钟使用相对时间（相对于系统启动开始），状态值为 3

参数 2 是警报的触发时间，这里的设定值为日程的执行时间与提前提醒的时间的差值；而参数三是一个将要执行的一个动作，比如发送一个广播、给出提示等等，在这里，笔者通过 getAlarmOperation 方法的返回值获得将要执行的动作（见图 7C-4 中代码第 92~96 行）。

PendingIntent 是 Intent 的封装类。需要注意的是，如果是通过启动服务来实现闹钟提示的话，PendingIntent 对象的获取就应该采用 getService 方法；如果是采用 Activity 的方式来实现闹钟提示的话，PendingIntent 对象的获取就应该采用 getActivity 方法。但这里笔者是通过广播来实现的，所以采用了 getBroadcast 方法；如果这三种方法错用了的话，虽然不会报错，但是看不到闹钟提示效果。

接下来是设定日程的执行时间（见图 7C-4 中代码第 84 行到 90 行），很明显，日程的执行时间的设定是一个周期性警报，通 setRepeating 方法来实现，有 4 个参数，与 set 方法相比较而言，其多了一个警报时间的触发间隔参数（第三个参数）。

或许读者已经留意到了，从图 7C-4 第 88 行代码来看，笔者给 setRepeating 方法传递的第三个参数是日程的持续时间，而非日程的时间间隔，用意何在？

试想一下，当小秘接收到第一次广播通知的时候，正是日程执行的开始时间，而如果周期性警报的执行周期正好是日程执行的持续时间的话，那么就是说，当小秘接收到第二次广播通知的时候，就刚好是日程执行的结束时间了，而在这两个时间点上，可以做两个操作，一是更新当前日程的工作状态，二是当日程执行时间过期了以后，安排下一个日程，具体实现如图 7C-5 所示。

图 7C-5　ScheduleReceiver 的具体实现

当 ScheduleReceiver 第一次接收到广播以后，它会通过 Alarm 获取到当前的日程，然后把它的工作状态设定 true，而在第二次接收到广播的时候，正是日程的结束时间，这时候通过判断当前日程是否是真的过期了，如果过期了就把工作状态设定为 false，最后通过 scheduleBLL.updateSchedule 方法更新日程信息，而这里业务逻辑层的 updateSchedule 方法不仅仅只是对数据库进行操作，它将会触发相关的业务流程，并设定下一个该执行的日程。

那么原来的日程一直在重复运行，何时取消呢？

答案是：当设定下一个日程时，取消掉上一个日程的周期性警报，这里请读者慢慢细读图 7C-4 代码 41～68 行部分。

2．闹钟提醒

Alarm 实例是一个辅助业务流转的业务对象，借助 Alarm 类的实例，有助于闹钟提醒功能的实现，如图 7C-6 所示。

当 ClockReceiver 接收到广播后，会判断当前日程是否开启了闹钟提醒功能，同时为了以防有正在执行的日程受到闹钟的干扰，还增加了一个判定条件，当条件都能满足后，启动一个 Activity，弹出对话框并提示当前日程的内容信息，具体实现如图 7C-7 所示。

图 7C-6 ClockReceiver 的具体实现　　　　图 7C-7 ClockAlert 的具体实现

当然，读者还可以进行拓展，让闹钟可以同时伴随着音乐、振动，不过要注意，如果不是通过正常单击对话框中确定按钮来结束音乐的播放和振动的关闭的话，例如：返回按钮，那么这个闹钟就只能通过关机或者管理应用程序来关闭了，所以需要重写 onKeyDown 方法，以防万一，其实现如图 7C-8 所示。

除了闹钟提醒功能以外，小秘还有另外三个功能：分别是拦截监听、短信回复和邮件通知功能，而拦截监听功能具体是指对短信的拦截还有对来电的监听，基于这两个功能的实现，就可以对被拦截的短信、未接或拒接的来电进行自动回复，更能通过邮件通知功能的实现，了解短信及来电的情况。

下面，笔者对上述功能进行展开。

3．短信拦截

第一步需要要做的，就是在 AndroidManifest.xml 中添加相应的权限，这里笔者就把本章所有涉及的权限都列举出来，如图 7C-9 所示。

```
@Override
public boolean onKeyDown(int keyCode, KeyEvent event) {
    if(keyCode == KeyEvent.KEYCODE_BACK) {
        finish();
    }
    return true;
}
```

图 7C-8　重写 onKeyDown 方法

```
<uses-permission android:name="android.permission.RECEIVE_BOOT_COMPLETED"/>
<uses-permission android:name="android.permission.RECEIVE_SMS"/>
<uses-permission android:name="android.permission.SEND_SMS"/>
<uses-permission android:name="android.permission.READ_PHONE_STATE" />
<uses-permission android:name="android.permission.INTERNET" />
```

图 7C-9　本章内容所要用到的权限

在编写 SMSReceiver 之前，还需要在 AndroidManifest.xml 中给 SMSReceiver 添加一个过滤器以及设定优先权，如图 7C-10 所示。

下面开始编写 SMSReceiver，如图 7C-11 所示。

```
<receiver android:name=".Receiver.SMSReceiver">
    <intent-filter android:priority="20">
        <action android:name="android.provider.Telephony.SMS_RECEIVED"/>
    </intent-filter>
</receiver>
```

图 7C-10　AndroidManifest.xml 的部分代码

当 SMSReceiver 接收到短信的广播后，因为优先权比较高（Android:priority="20"），所以可以优先对短信信息进行处理，当然，还可以把优先值设得更高。

SMSReceiver 主要做四件事：

（1）getMessageInfo：获取短信的内容以及发信人的手机号码。

（2）abortBroadcast：取消广播，注意，因为 SMSReceiver 拥有较高的优先权，所以这时候取消掉广播，其他的程序也就再也接收不到广播了，也就是说，手机不会有任何的短信提醒，而且也不会有相关信息写入到数据库中，所以这时候要注意自己要写一个拦截记录的功能，把拦截到的短信的有关信息都记录在里面，方便用户及时查看。

（3）replyMessage：短信回复。

（4）sendEmail：邮件通知。

4．短信回复

下面了解短信回复功能是如何实现的，如图 7C-12 所示。

```
package com.sise.Receiver;

import android.content.BroadcastReceiver;

public class SMSReceiver extends BroadcastReceiver {

    private String incomingNumber;
    private String message;

    @Override
    public void onReceive(Context context, Intent intent) {
        getMessageInfo(intent);

        ScheduleEntity currentSchedule = Alarm.getInstance().getCurrentSchedule();
        if (null != currentSchedule) {
            if (currentSchedule.isWorking()
                    && currentSchedule.isIntercept()) {
                abortBroadcast();
                replyMessage(context, currentSchedule);
                sendEmail(currentSchedule);
            }
        }
    }

    private void getMessageInfo(Intent intent) {
        Bundle bundle = intent.getExtras();
        if (bundle != null) {
            Object[] obj = (Object[])bundle.get("pdus");
            SmsMessage[] msgs = new SmsMessage[obj.length];
            for (int i=0;i<obj.length;i++) {
                msgs[i] = SmsMessage.createFromPdu((byte[])obj[i]);
            }
            incomingNumber = msgs[0].getDisplayOriginatingAddress();

            StringBuilder stringBuilder = new StringBuilder();;
            for (SmsMessage msg : msgs) {
                stringBuilder.append(msg.getDisplayMessageBody());
            }
            message = stringBuilder.toString();
        }
    }

    private void replyMessage(Context context, ScheduleEntity currentSchedule) {
        if (currentSchedule.isSMSReply()) {
            new SMS(context).sendMessage(incomingNumber, currentSchedule);
        }
    }

    private void sendEmail(ScheduleEntity currentSchedule) {
        if (currentSchedule.isEmailNotice()) {
            try {
                new GMailSender().sendMail("短信",incomingNumber, message);
            } catch (Exception e) {
                e.printStackTrace();
            }
        }
    }
}
```

图 7C-11　SMSReceiver 的具体实现

```
package com.sise.Common;

import android.app.PendingIntent;

public class SMS {

    private Context context;

    public SMS(Context context) {
        this.context = context;
    }

    public void sendMessage(String number, ScheduleEntity scheduleEntity) {
        sendMessage(number, scheduleEntity.getRemarks());
    }

    public void sendMessage(String number, String content) {
        SmsManager smsManager = SmsManager.getDefault();
        PendingIntent pi = PendingIntent.getBroadcast(context, 0, new Intent(), 0);
        smsManager.sendTextMessage(number, null, content, pi, null);
    }
}
```

图 7C-12　SMS 的具体实现

发送短信的关键是通过 SmsManager 对象的 sendTextMessage 方法来完,参数中只需要传入收信人(参数一)、短信内容(参数三)、以及一个 PendingIntent 对象(参数四)即可。

5．邮件通知

而对于邮件的发送功能,使用的开源的程序包,就不解释其原理了,有兴趣的读者可以查阅搜索引擎和章节后提供的参考资料。

下面就介绍一下如何在自己的程序中使用自动发送邮件的功能。

步骤1:添加必要的包和 java 文件到项目中,相关文件如图 7C-13 所示。

步骤2:对 GMailSender.java 文件进行简单的修改,如图 7C-14 所示。

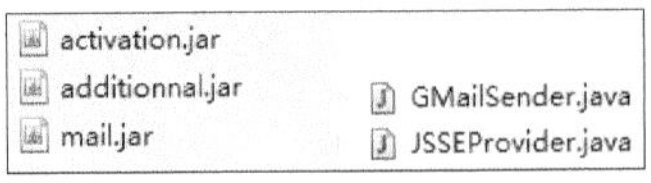

图 7C-13

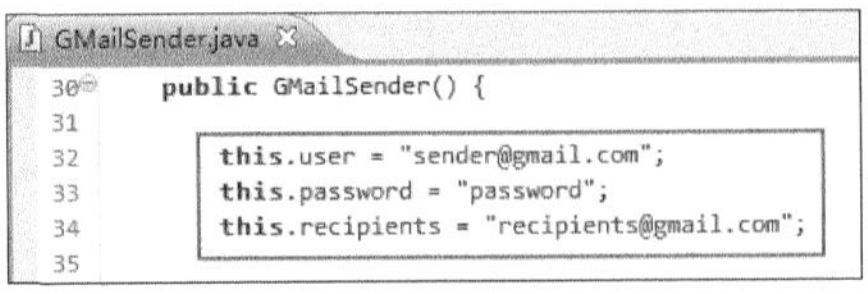

图 7C-14 GMailSender 中需要修改的部分

在 GMailSender.java 中,需要根据实际情况对 user、password 还有 recipients 的属性值进行修改,这里笔者只是通过硬编码的方式实现。

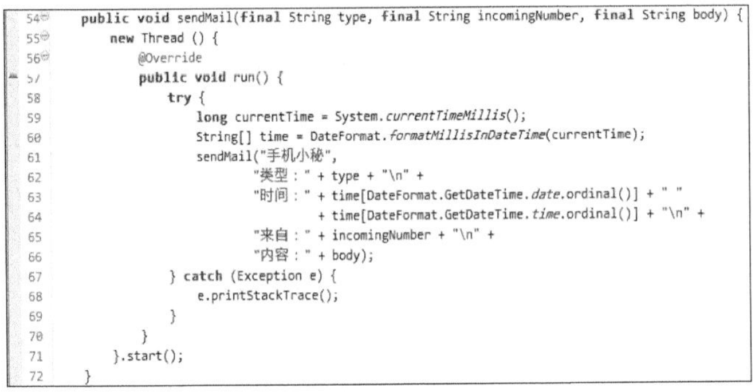

紧接着,还添加了一个发送邮件的方法,如图 7C-15 所示。

这个方法通过线程来实现邮件的发送,并对格式进行了调整,到这里就实现完毕邮件通知的方法。

6．电话监听

现在回到拦截监听部分,因为"手机小秘"除了短信拦截的功能以外,还有一个电话监听的功能,如图 7C-16 所示。

图 7C-15 在 GMailSender 中添加 sendMail 方法

PhoneCallListener 类继承了 PhoneStateListener,重写 onCallStateChanged 方法即可监听呼叫状态。而在 TelephonyManager 中定义了三种状态,分别是振铃(RINGING),通话中(OFFHOOK)和空闲(IDLE),通过 state 的值就知道现在的电话状态了。获得了 TelephonyManager 接口之后,调用 listen 方法即可实现 Android 监听通话。

假设小秘进行来电监听的时候,首先进入的是 IDLE 状态,这时通过 noAnswered 方法中的 flag 的属性值来判断机主是否接了电话,由于 flag 的状态值默认是 0,尚未改变,所以只会执行 restoreState,还原默认状态。

当手机振铃的时,笔者调用了 stateChanged 方法,把 flag 的值设为 NOANSWERED (−1),并记录振铃的开始时间以及振铃前的情境模式(调用 AudioManager 中的 getRingerMode( ) 方法),然后把当前的情境模式调为静音模式:audioManager.setRingerMode(AudioManager.RINGER_MODE_SILENT);如果需要,还可以把情景模式调为 RINGER_MODE_NORMAL(正常状态)、(RINGER_MODE_VIBRATE 振动状态)。

这时候，如果机主接通了电话，flag 的值会改为 ANSWERED（1），所以当机主挂掉电话以后，仍然不会执行判断语句下的方法。

而如果机主拒绝接听、或者对方首先挂掉电话，这时候我们再来判断振铃时间是否超过了 3 秒，如果是，刚进行短信回复以及邮件通知的相关操作。

最后再还原默认情景模式状态。

7. 业务逻辑的再实现

做好了前面功能的实现，那么接下来了解一下这些功能遵循什么样的业务规则进行运作，如图 7C-17 所示。

对比上一章的业务逻辑层的实现，可以明显发现，图 7C-17 的代码明显不再仅仅是对数据访问层的简单封装。

对于项目需求分析中第二项的实现，先了解一下算法流程图，如图 7C-18 所示。

rectifyScheduleList 方法把过期的日程进行更新，对于更新后无效的日程将从数据库中移除，最后通过排序，将正确的、有效的日程更新到 scheduleList 的集合中。而日程下一次执行时间的更新通过以下公式进行计算：

日程的（下次）执行时间＝日程的（本次）执行时间＋日程的时间间隔

日程的（下次）结束时间＝日程的（下次）执行时间＋日程的持续时间

对应方法的实现见图 7C-17 代码第 82～87 行。

另外，相比上一章的 ScheduleBLL 的实现，本章中对数据库进行操作的方法都增加了相关的业务流程，关键在于 setAlarm 方法中的业务规则，所谓业务规则，就是某个领域内运作的规则，构成了整个业务逻辑的灵魂和动态模型。业务规则作用于业务对象，业务对象遵从业务规则进行运作。

图 7C-16　来电监听的具体实现

图 7C-17 业务逻辑层的实现

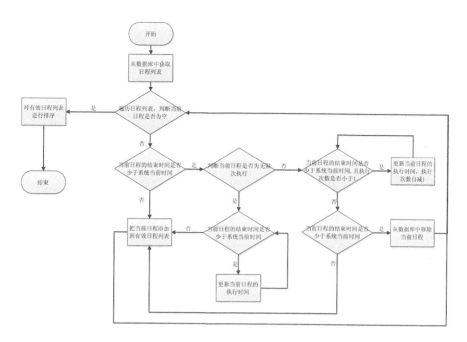

图 7C-18　rectifyScheduleList 方法的算法流程

8. 通知表现层更新日程信息

当日程通过相关的业务规则及流程进行信息的更新后,最终都会调用 updateAdapter 方法通知表现层重新绑定数据,显示更新后的日程信息,见图 7C-17 中第 147~150 行代码,updateAdapter 方法主要是通过广播的形式通知表现层更新日程信息的显示,既然是通过广播通知,那么必然要对原来的 Schedule 类进行更改,以接收广播通知,如图 7C-19 所示。

在 onCreate 方法中,通过 registerReceiver 方法注册了一个接收广播的接收器,相应地,如果当前 Activity 窗口被销毁后,则注销注册,具体实现如图 7C-20 所示。

既然 Schedule 是接收到通知以后才更新列表信息,那么就应该在之前的 setListener,还有 onItemClick 方法中把 setAdapter 方法的调用部分去掉。

最后,来实现开机启动的功能:

图 7C-19　Schedule 更新部分

图 7C-20　Schedule 更新部分

通过 AndroidManifest.xml 文件中设定的过滤器,如图 7C-21 所示,小秘可以接收到 Android 的开机广播,当 BootReceiver 接到到广播后,调用 ScheduleBLL.setAlarm 方法即可,如图 7C-22 所示。

图 7C-21　添加过滤器

```
1  package com.sise.Receiver;
3  import android.content.BroadcastReceiver;
9  public class BootReceiver extends BroadcastReceiver {
11     @Override
12     public void onReceive(Context context, Intent intent) {
13         ScheduleBLL scheduleBLL = ScheduleBLL.getInstance(context);
14         scheduleBLL.setAlarm();
15     }
17 }
```

图 7C-22　开机启动的具体实现

至此，手机小秘的基本功能也就完成了。

C.3　项目总结

在三层架构中，业务层是所有分层系统的核心，包含了系统的核心逻辑。业务层通过对数据访问层的调用，根据结合业务规则以及对软件的需求的了解，包含了系统所需要的所有功能上的算法和计算过程，封装一连串的业务逻辑操作为表现层来提供服务，则这一个层是最能体现出业务功能需求的一个层次，所以业务层是三个层次中最为重要的一个层次。一个成功的业务层需要观察力和建模，也需要一种能够化繁为简的做事能力，因此希望读者能够好好的把握企业级应用架构的设计，不仅仅局限于 Android 程序，同时在其他的开发如 ASP.NET，Java Web 开发都一样。

C.4　参考资料

（1）业务逻辑：

http://wenku.baidu.com/view/35be930b763231126edb1176.html

（2）自动邮件回复：

http://blog.csdn.net/lixuelong/article/details/6542151

项目 8 基于可穿戴系统健康类的平台开发

A 项目配置与说明

A.1 项目简介

在本系列将给大家讲述 Android 开发中,更加有趣的编程技巧及高级的控件的用法。同时,需要读者已经有一定的服务器开发基础。

在"本系列"中,将会完成以下任务。

(1) 学习 ViewPager 控件的使用。
(2) 学习如何"创造"一个自定义控件。
(3) 学习 ListView 的性能优化。
(4) 实现基于百度云的推送功能。
(5) 学习 Android 开源项目的使用。

本系列内容的部分效果,如图 8A-1～图 8A-6 所示。

图 8A-1 ViewPager 的使用案例效果图　　图 8A-2 Health 首页　　图 8A-3 自定义控件　　图 8A-4 Health 自定义控件

本章节每部分单独都是一个案例,读者可以选择自己感兴趣的章节进行阅读。同时,本系列的知识点的安排来自本文作者编写的一个名为"Health"的教学项目,目前已在 Android App 市场中上架的健康类项目。

图 8A-5　推送效果图 1　　　　图 8A-6　推送效果图 2

"Health"是一个利用手环采集身体的锻炼数据,进行二次处理(如根据采集后的数据,再利用云端数据进行减肥预测、合理的推送使用者的饮食规划等功能)的系统。整个项目包括:移动端程序、本地 Web 端程序及本地数据库等三个部分。(该项目用到 bong 的智能手环进行采集的数据,但项目学习并不要求读者购买 bong 手环,可以用虚拟数据代替。但如果需要实时数据采集则需要使用真实硬件辅助)。

由于"Health"项目代码量比较庞大(十万行代码量),因此不适合整个作为案例讲解。所以本系列的行文安排,是将"Health"项目里面"移动端"(android 部分)所用到的知识点拆分、抽离出来进行讲解。即"来源于项目,而又优于项目"。

在本系列某些章节,如《页面切换神器-ViewPager》和《必不可少的推送功能》会使用到和服务器交互的知识,故本系列开篇便讲述 Health 项目的介绍及如何搭建运行。

另外,由于部分案例会使用到本地服务器 Tomcat,关于如何导入 Tomcat 项目并运行,后文将会在使用的时候"边用边讲"。

图 8A-1 是本案例的效果图,模仿 Health 项目首页(图 8A-2)的滑动切换效果。

图 8A-3 是本系列案例的自定义控件的效果图,模仿 Health 项目(图 8A-4)中的自定义控件(减肥预测控件)。

图 8A-5 是本案例百度云推送的效果图,模仿 Health 项目(图 8A-6)推送功能。

A.2　Health 项目配置

虽然本部分是讲解服务器搭建和 Android 知识点关系不大,但对于想了解本项目,或者想了解移动端和服务器端交互的读者来说,是不容错过的。

A.2.1　Health 服务端程序配置

运行服务端程序 myweb 的前提是已经安装并配置好了以下程序:eclipse、Tomcat、SQL Server。

(1) 确定 eclipse 中,已安装 tomcat 插件,如果不清楚如何安装并配置 Tomcat 插件的读者,可参考本章末尾的相关资料部分。

(2) 导入 myweb 项目到 eclipse 中。

Tomcat 项目需要放置在 Tomcat 安装的根目录下的 webapps 文件夹中,才可以运行。因此,首先把 myweb 项目放到 webapps 文件夹下。如笔者的 webapps 路径为:

D:\Program Files (x86)\Apache Software Foundation\Tomcat 6.0\webapps

接着,使用 eclipse 的 import 选项将项目导入,如图 8A-7 所示。

【注】不要选上方框 1 所示的选项。

导入工程后,单击 eclipse 中的 Tomcat 启动按钮,并打开计算机的浏览器,地址栏中输入 URL http://localhost:8080/myweb/myweb。如果网页中显示 success,则说明服务端配置成功,如图 8A-8 所示。

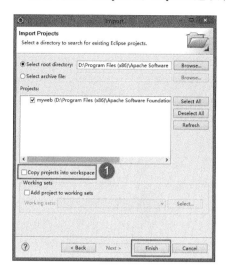

图 8A-7　导入项目到 eclipse 中

图 8A-8　网页中显示 success,
说明服务端配置实现成功

A.2.2　Health Android 端配置

将 Android 端代码导入 eclipse 中。之前已经叙述过,在此就不做详解。

A.2.3　数据库配置

附加数据库文件,如图 8A-9 所示。

打开 Mircosoft SQL Server Management Studio 工具,进入首页,右键数据库文件→附加,单击"添加"按钮,并选择 DataBase 文件,最后单击"确定"按钮。就可以看到已经添加后的数据库,如图 8A-10 所示。

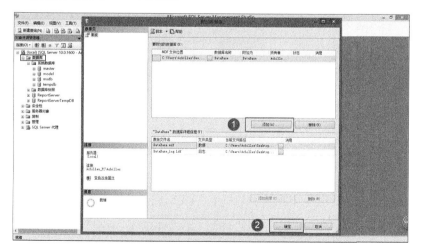

图 8A-9　附加数据库文件

图 8A-10　附加 DataBase 数据库

A.2.4　运行 Health 项目

打开 eclipse 并启动 tomcat 服务器,运行 myweb 工程。

在 Android 端中,如果你使用模拟器,则确认 Android 工程中 Send2Server 类中的 base_

url 常量必须要如图 8A-11 方框所示。如果使用真机测试,则将 base_url 中的 10.0.2.2 配置成当前计算机的 IP,并将真机和计算机连接到同一局域网内。

编译 Health 项目,运行程序。进入主界面,单击底部登录按钮,并进入登录页面,如图 8A-12 所示。

图 8A-11 Send2Server 类中 base_url 的配置

图 8A-12 登录页面

在登录页面中,在手机输入框中输入手机号码:13631272963,输入密码:123456(该账号是 Health 软件的用户账号,该用户登录前需要在 Health 上注册过)。单击"登录"按钮后,进入了 bong 授权页面。由于是用户运动数据是通过 bong 账号获得,因此需要获得该授权,如图 8A-13 所示。

在 bong 授权页面中,输入账号:13631272963,输入密码:123456(笔者的 bong 账号,通过该账号可以让读者获得运动信息)。单击"确定"按钮,这时将进入 Health 应用首页,该用户(笔者)的运动数据可以通过下拉刷新加载。如图 8A-14 所示。Health 项目的配置到此为止,大家可以对感兴趣的部分进行学习。

图 8A-13 bong 授权页面

图 8A-14 Health 应用首页

A.3 Health 项目说明

Health 项目包括 3 部分,分别是:Android 端程序、本地 Web 端程序及本地数据库。

Android 端程序主要负责整个系统与用户间的交互,包括实现了用户注册/登录、提供了运动/睡眠数据显示、减肥预测信息显示、交友 PK、个性化设置等功能。

本地 Web 端程序主要负责处理 Android 端的数据请求、实现减肥预测天数的核心算法及与本地数据库交互的任务。

本地服务器主要负责保存每天用户的信息。包括运动时长、消耗热量、睡眠时长、好友列表、减肥剩余天数等。

A.3.1 流程图

通过图 8A-15 可以让大家更清楚地了解本系统运行的流程，以及各个模块的相互关系。

A.3.2 Android 端需求

项目需要实现的功能如图 8A-16 所示。

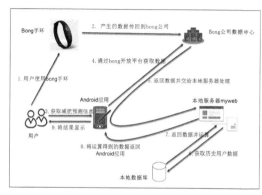

图 8A-15　流程图

图 8A-16　项目功能描述

A.3.3 服务端接口描述

本小节供有兴趣了解 Health 项目的本地服务端程序如何实现的读者参考查阅。

根据项目需求，服务器搭建了本地服务器并实现了一系列的接口。使用这些接口时，需要遵循以下的原则：

（1）所有请求均使用 POST 方法。

（2）需要传递两个参数（参数 type：值为数字，用于区分客户端要做哪个请求。参数 json：用于传递接口所需的 json 数据）。

作者实现的接口如表 8A-1 所示，由于服务端程序并非本系列讨论的主要内容，若读者需要深入研究，可自行查阅源码。

表 8A-1　服务端接口列表

TYPE 值	方法名	功能描述
0	client_login	用户登录
1	client_updata_password	修改密码
2	client_isPhoneNumberExist	判断手机号是否存在
3	client_getFeduceFatInfo	查看减肥预测信息
4	client_update_themeColor	修改应用主题
5	client_userAdviseInfo	意见反馈
6	client_getPhoneNumberList	上传联系人

续表

TYPE 值	方法名	功能描述
7	client_getUserInfo	接收用户信息并储存
8	client_getApplicationInfo	接收应用配置数据并储存
9	client_getSleepInfo	接收用户睡眠数据并储存
10	client_getTotalInfo	接收汇总数据并储存
11	client_getUserDailyDetails	接受日常数据并存储
12	client_deleteFriends	删除好友
13	client_UserSign	用户注册
14	client_addFriend	添加好友
15	client_updateFriendName	修改好用名称
16	client_getAllFriendInfo	获取所有好友的信息
17	client_writeFeduceFatInfo2DB	把减肥预测信息写入到数据库中
18	client_updateWeight2DB	更新用户体重数据
19	client_getFeduceFatInfoFromDB	从数据库读取减肥预测的数据
20	client_deleteFeduceFatInfo	从数据库删除减肥预测数据

A.3.4 数据库表描述

本小节提供给有兴趣了解 Health 本地数据库实现的读者参考查阅。

Health 服务端及 Android 端中均设计了 7 张表用于存储用户的信息，具体如表 8A-2 所示。

表 8A-2 数据库表

表名	表的含义	表名	表的含义
UserInfo	用户信息表	UserAccessInfo	授权信息表
SleepInfo	睡眠信息表	ApplicationInfo	应用配置信息表
UserDailyDetailsInfo	运动信息表	MyFriends	联系人信息表
TotalInfo	汇总信息表	Forecast	减肥预测信息表

下面分别设计每个表的字段，如表 8A-3～表 8A-8 所示。

（1）UserInfo 表，用于存放用户的个人信息，包含 14 个字段，如表 8A-3 所示。

表 8A-3 用户个人信息表

字段名	数据类型	主键/允许空	字段含义
id	INTEGER	PRIMARY KEY	自动增长
PhoneNumber	TEXT	NOT Null	用户手机号码
PassWord	TEXT	NOT NULL	用户密码
BongUserID	TEXT	NOT NULL	用户 UID
UserName	INTEGER	NOT NULL	用户昵称
UserBirthday	TEXT	NOT NULL	生日年份

续表

字段名	数据类型	主键/允许空	字段含义
UserGender	TEXT	NOT NULL	性别
UserWeight	TEXT	NULL	体重(来自bong)
UserHeight	TEXT	NULL	身高(来自bong)
UserTargetSleepTime	TEXT	NOT NULL	目标睡眠时间
UserTargetCalorie	TEXT	NOT NULL	目标热量消耗
Image	binary	NULL	头像
DataDate	TEXT	NULL	该组数据的产生日期
IsUpLoad	bit	NULL	是否已同步到服务器

(2) SleepInfo 表,用于存放用户的睡眠信息,包含 12 个字段,如表 8A-4 所示。

表 8A-4　睡眠信息表

字段名	数据类型	主键/允许空	字段含义
id	INTEGER	PRIMARY KEY	自动增长
BongUserID	TEXT	NOT Null	用户 UID
StartTime	TEXT	NOT NULL	睡眠开始时间
EndTime	TEXT	NOT NULL	睡眠结束时间
DataType	TEXT	NULL	数据类型
DsNum	TEXT	NULL	深睡时长
LsNum	TEXT	NOT NULL	浅睡时长
WakeNum	TEXT	NOT NULL	清醒时长
WakeTimes	TEXT	NULL	清醒次数
Score	TEXT	NULL	睡眠质量评分
DataDate	TEXT	NOT NULL	该组数据的产生日期
IsUpLoad	bit	NOT NULL	是否已同步到服务器

(3) UserDailyDetailsInfo 表,用于存放用户的运动信息,包含 19 个字段,如表 8A-5 所示。

表 8A-5　运动数据表

字段名	数据类型	主键/允许空	字段含义
id	INTEGER	PRIMARY KEY	自动增长
BongUserID	TEXT	NOT Null	用户 UID
startTime	TEXT	NOT NULL	睡眠开始时间
endTime	TEXT	NOT NULL	睡眠结束时间
type	TEXT	NULL	数据类型
distance	TEXT	NULL	距离
speed	TEXT	NULL	速度
calories	TEXT	NULL	热量
steps	TEXT	NULL	步数

续表

字段名	数据类型	主键/允许空	字段含义
actTime	TEXT	NULL	活跃时长
nonActTime	TEXT	NULL	非活跃时长
dsNum	TEXT	NULL	深睡时长
lsNum	TEXT	NULL	浅睡时长
wakeNum	TEXT	NULL	清醒时长
wakeTimes	TEXT	NULL	清醒次数
score	TEXT	NULL	睡眠质量评分
sportType	TEXT	NULL	运动类型
DataDate	TEXT	NULL	该组数据的产生日期
isUpLoad	bit	NULL	是否已同步到服务器

（4）ToatalInfo 表，存放当天内用户的汇总信息，包含 12 个字段，如表 8A-6 所示。

表 8A-6　汇总数据表

字段名	数据类型	主键/允许空	字段含义
id	INTEGER	PRIMARY KEY	自动增长
BongUserID	TEXT	NOT NULL	用户 UID
Calorie	TEXT	NOT NULL	消耗的热量
Steps	TEXT	NOT NULL	步数
Distance	TEXT	NOT NULL	距离
StillTime	TEXT	NOT NULL	静坐时长
SleepTime	TEXT	NOT NULL	睡眠总时长
SleepTimes	TEXT	NOT NULL	睡眠次数
DsNum	TEXT	NOT NULL	深睡时长
Complete	TEXT	NOT NULL	该数据的完整程度
DataDate	TEXT	NOT NULL	该组数据的产生日期
IsUpLoad	bit	NOT NULL	是否已同步到服务器

（5）UserAccessInfo 表，存放用户的 bong 授权信息，包含 9 个字段，如表 8A-7 所示。

表 8A-7　授权信息表

字段名	数字类型	主键/允许空	字段含义
id	INTEGER	PRIMARY KEY	自动增长
BongUserID	TEXT	NULL	用户 UID
AccessToken	TEXT	NOT NULL	AccessToken
TokenDataType	TEXT	NOT NULL	Token 数据类型
Expires_in	TEXT	NOT NULL	过期秒数
Scope	TEXT	NOT NULL	权限
RefreshToken	TEXT	NOT NULL	RefreshToken
RefreshTokenExpiration	TEXT	NOT NULL	RefreshTokenExpiration 的过期秒数
DataDate	TEXT	NOT NULL	该组数据的产生日期

（6）ApplicationInfo 表,存放用户应用程序的配置信息,包含 5 个字段,如表 8A-8 所示。

表 8A-8 应用配置信息表

字段名	数据类型	主键/允许空	字段含义
id	INTEGER	PRIMARY KEY	自动增长
UserUID	TEXT	NOT NULL	用户 UID
ThemeColor	INTEGER	NULL	应用的主题颜色
forecastType	INTEGER	NULL	预测类型(0:减肥、1:疾病预测、2:减肥与疾病预测,目前项目只考虑第一个)
isUpLoad	TEXT	NULL	过期秒数

（7）MyFriends 表,存放用户的联系人信息,包含 9 个字段,如表 8A-9 所示。

表 8A-9 好友信息表

字段名	数据类型	主键/允许空	字段含义
id	INTEGER	PRIMARY KEY	自动增长
UserUID	TEXT	NOT NULL	用户 UID
FriendsPhoneNumber	TEXT	NULL	好友的手机号码
FriendsUID	TEXT	NULL	好友的 UID
FriendsName	TEXT	NULL	好友的昵称
FriendsCalories	TEXT	NULL	好友消耗的热量
FriendsForecastType	TEXT	NULL	好友进行的预测项目
FriendsImageURL	TEXT	NULL	好友的头像地址
FriendsImage	TEXT	NULL	好友的头像数据

（8）FeduceFatTable 表,存放用户的预测减肥信息,包含 14 个字段,如表 8A-10 所示。

表 8A-10 减肥预测信息表

字段名	数据类型	主键/允许空	字段含义
id	INTEGER	PRIMARY KEY	自动增长
PhoneNumber	varchar(50)	NOT NULL	用户的手机号码
sex	INTEGER	NULL	性别(0:男,1:女)
height	INTEGER	NULL	用户的身高
birthdayYear	INTEGER	NULL	用户的出生年份
originalWeight	INTEGER	NULL	初始体重
weight	INTEGER	NULL	当前体重
targetWeight	INTEGER	NULL	目标
baseCalories	INTEGER	NULL	基础代谢热量
foodCalories	INTEGER	NULL	摄入食物的热量
sportCalories	INTEGER	NULL	运动热量
forecastDayNum	INTEGER	NULL	预测到达减肥的天数

字段名	数据类型	主键/允许空	字段含义
FeducingDayNum	INTEGER	NULL	使用预测功能的天数
remainCalories	INTEGER	NULL	需要消耗的热量

A.4 相关资料

Eclipse 的 Tomcat 插件安装

http://blog.chinaunix.net/uid-25434387-id-167705.html

A.5 常见问题

（1）导入 myweb 项目后，报出错误如图 8A-17 所示。

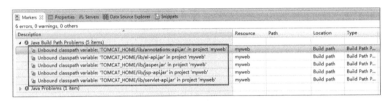

图 8A-17　Unbound classpath 错误

原因：表示你的 eclipse 中，tomcat 插件安装后没有配置成功。

解决方法如下：在 eclipse 的菜单栏中，选中 Window→preferences→弹出对话框如图 8A-18 所示，并按图中步骤进行配置。

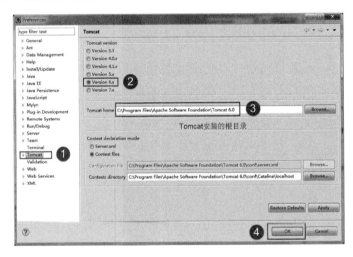

图 8A-18　配置 Tomcat 选项

（2）导入 myweb 服务端项目后，jar 包显示不正常，如图 8A-19 所示。

原因：这是由于在 Project Explorer 视图中浏览项目，而非习惯的 Package Explorer 视图。

解决问题如下：单击 eclipse 菜单栏中的 Window→show View→Other，显示对话框如下图 8A-20 所示，然后选择 java 中的 Package Explorer 项。

这时，回到熟悉的工程浏览界面。

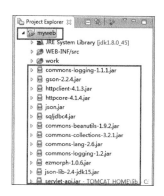

图 8A-19　jar 包显示不正常

图 8A-20　选中 Package Explorer 项

B　页面切换神器-ViewPager

搜索关键字

（1）ViewPager
（2）Fragment
（3）PagerAdapter
（4）instanceof 运算符
（5）继承机制
（6）底部导航栏

本章难点

在很多应用中，常常可以看到有滑动切换的效果，包括图片左右滑动切换、页面切换等，这种效果在 Android 中使用 ViewPager 控件可以很容易地实现。本章将介绍 ViewPager 控件的用法，并实现两个小案例，包括图片的滑动切换和 Fragment 页面的滑动切换。

B.1　项目简介

本章，将会学习 ViewPager 控件的用法。使用 ViewPager 控件，可以很方便地实现一些滑动切换的操作。例如用户可以滑动屏幕、切换查看不同的图片等。而且目前大部分应用的广告切换、开屏页的切换都是使用 ViewPager 控件来实现。

本章，将完成以下任务：
（1）使用 ViewPager 控件实现图片切换。
（2）使用 ViewPager 控件实现 fragment 页面的切换。
（3）解析 Health 应用中，ViewPager 控件的使用。
案例最终的效果如图 8B-1、图 8B-2 所示。

图 8B-1 效果图 1　　　　　图 8B-2 效果图 2

B.2 案例分析与实现

B.2.1 使用 ViewPager 控件实现图片切换

本案例需要实现以下功能：

(1) 使用 ViewPager 控件实现滑动屏幕时，切换显示图片。

(2) 显示图片时，使用 Toast 显示当前图片属于第几张图片。

关键字：ViewPager、PagerAdapter、OnPageChangeListener

1. 工程结构

创建一个 Android 项目，命名为 DemoViewPager。项目结构如图 8B-3 所示。

如图 8B-3 所示，向 drawable-xxhdpi 文件夹下导入 pic1.jpg、pic2.jpg、pic3.jpg 等三张图片，用于切换时显示。

本文为了把重点放在讲解上，所以选取的图片只使用了 xxhdpi 尺寸。读者在进行正式开发时，建议生成 hdpi、xhdpi、xxhdpi 三种尺寸的图片并导入 drawable-hdpi、drawable-xhdpi、drawable-xxhdpi 文件夹中，方便 Android 程序适应不同尺寸的屏幕。

2. 在 xml 布局中创建 ViewPager

使用 xml 布局创建 ViewPager，代码详情如图 8B-4 所示。

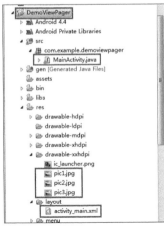
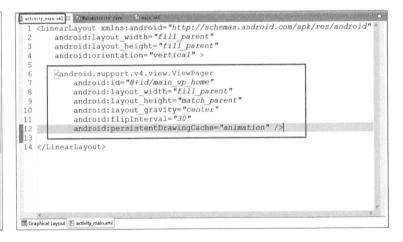

图 8B-3　项目结构　　　　　图 8B-4　在 xml 文件中定义一个 ViewPager

ViewPager 控件存在于 Android v4 支持库。因此，在使用 ViewPager 控件的时候，需要在主类中添加上以下包名：Android. support. v4. view。

3. 准备工作，设置相关变量与参数

在本案例的首页中(MainActivity. java)，定义并设置相关的变量参数，用于定义图片资源、初始化图片列表等，代码如图 8B-5 所示。

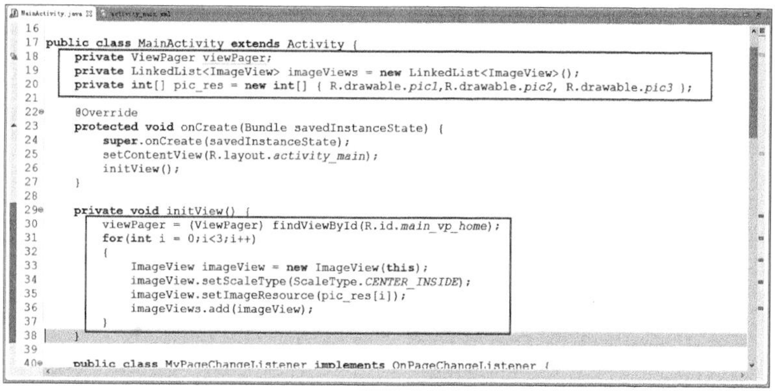

```
16
17 public class MainActivity extends Activity {
18     private ViewPager viewPager;
19     private LinkedList<ImageView> imageViews = new LinkedList<ImageView>();
20     private int[] pic_res = new int[] { R.drawable.pic1,R.drawable.pic2, R.drawable.pic3 };
21
22     @Override
23     protected void onCreate(Bundle savedInstanceState) {
24         super.onCreate(savedInstanceState);
25         setContentView(R.layout.activity_main);
26         initView();
27     }
28
29     private void initView() {
30         viewPager = (ViewPager) findViewById(R.id.main_vp_home);
31         for(int i = 0;i<3;i++)
32         {
33             ImageView imageView = new ImageView(this);
34             imageView.setScaleType(ScaleType.CENTER_INSIDE);
35             imageView.setImageResource(pic_res[i]);
36             imageViews.add(imageView);
37         }
38     }
39
40     public class MyPageChangeListener implements OnPageChangeListener {
```

图 8B-5　定义并初始化相关的变量

首先，在第 18 行中创建了一个 ViewPager 对象，并在第 30 行进行初始化。在第 19 行中，定义并初始化了一个其内容为 ImageView 的 LinkedList 数组。在第 33～36 行，使用了一个 for 循环，将 3 张照片加载到 ImageView 对象中，并将该对象添加到 LinkedList 数组。完成这一步后，就得到了一个拥有 3 张图片的 ImageView 数组对象 imageViews。

4. 适配器 PagerAdapter

ViewPager 在某种程度上类似 ListView。ListView 需要借助 Adapter 才能将数据源适配到视图上。同样地，ViewPager 控件也需要 PagerAdapter 的支持。

下面讲解实现 PagerAdapter 的过程，详细如图 8B-6 所示。

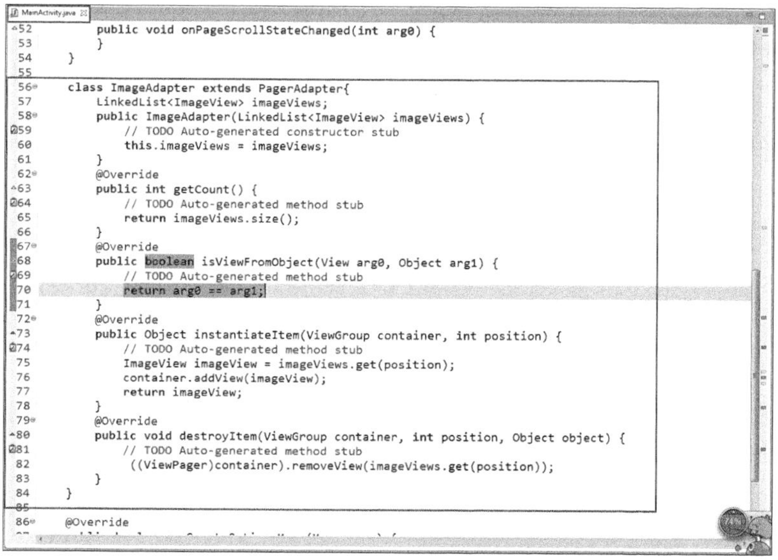

```
52         public void onPageScrollStateChanged(int arg0) {
53         }
54     }
55
56     class ImageAdapter extends PagerAdapter{
57         LinkedList<ImageView> imageViews;
58         public ImageAdapter(LinkedList<ImageView> imageViews) {
59             // TODO Auto-generated constructor stub
60             this.imageViews = imageViews;
61         }
62         @Override
63         public int getCount() {
64             // TODO Auto-generated method stub
65             return imageViews.size();
66         }
67         @Override
68         public boolean isViewFromObject(View arg0, Object arg1) {
69             // TODO Auto-generated method stub
70             return arg0 == arg1;
71         }
72         @Override
73         public Object instantiateItem(ViewGroup container, int position) {
74             // TODO Auto-generated method stub
75             ImageView imageView = imageViews.get(position);
76             container.addView(imageView);
77             return imageView;
78         }
79         @Override
80         public void destroyItem(ViewGroup container, int position, Object object) {
81             // TODO Auto-generated method stub
82              ((ViewPager)container).removeView(imageViews.get(position));
83         }
84     }
85
86     @Override
```

图 8B-6　新建 ImageAdapter 类并继承 PagerAdapter

接下来逐行解读图 8B-6 中所示的代码。

首先,第 56 行新建了一个 ImageAdapter 内部类,并继承自 PagerAdapter 父类,因此,需要实现该父类的抽象方法。在第 57~60 行代码中,定义一个内容为 ImageView 类型的数组,并实现了一个构造器,用于传递 imageViews 参数。

第 63~67 行中,重写了 getCount 方法,用于告诉 Adapter 需要显示的视图总数量。第 68 行的 isViewFromObject 方法,用于判断 ViewPager 当前显示的 view 是否和 instantiateItem 方法返回的 object 有关联,该方法一般情况下只需判断传入的两个参数是否相等,并将结果返回即可,这里不做细究。

需要注意的是,第 73 行的 instantiateItem 方法和第 80 行的 destroyItem 方法,这两个方法都与 ViewPager 的缓存相关。我们要知道,初始化 ViewPager 的时候,可以通过 setOffscreenPageLimit 方法预先加载还未需要显示的页面,此时将会调用 instantiateItem 方法对未显示的图片进行初始化。在该方法中,将要显示的 ImageView 加入到 ViewGroup 中,然后作为返回值返回。

同样地,如果需要缓存少数几张图片(节省内存)时,此时如果滑动的图片超出了缓存范围,将会调用 destroyItem 方法。

5. OnPageChangeListener 接口

OnPageChangeListener 接口可以帮助我们处理滑动 ViewPager 时的事件响应。新建一个类名为 MyPageChangeListener,并实现 OnPageChangeListener 接口。代码如图 8B-7 所示。

如图 8B-7 所示,在类 MyPageChangeListener 中,需要重写 onPageSelected、onPageScrolled、onPageScrollStateChanged 等三个方法。在 ViewPager 滑动的过程中,onPageScrollStateChanged 方法以及 onPageScrolled 方法将会被触发。

```
40  public class MyPageChangeListener implements OnPageChangeListener {
41
42      @Override
43      public void onPageSelected(int arg0) {
44          Toast.makeText(MainActivity.this, "第"+(arg0+1)+"张图片", 1000).show();
45      }
46
47      @Override
48      public void onPageScrolled(int arg0, float arg1, int arg2) {
49      }
50
51      @Override
52      public void onPageScrollStateChanged(int arg0) {
53      }
54
55
```

图 8B-7 新建一个类 MyPageChangeListener

其中,onPageScrollStateChanged 方法的 arg0 参数代表当前的滑动状态,共有三种状态(对应三个值:0,1,2)。arg0==1 的时候表示正在滑动,arg0==2 的时候表示滑动完毕了,arg0==0 的时候表示什么都没做。

当页面在滑动的时候也会调用 onPageScrolled 方法,并且 ViewPager 滑动停止前,此方法会持续得到调用。其中三个参数的含义分别为:

arg0:当前页面,以及你点击滑动的页面。

arg1:当前页面偏移的百分比。

arg2:当前页面偏移的像素位置。

当 ViewPager 滑动结束后,onPageSelected 方法将会被回调,其中 arg0 参数表示当前显示视图的序号。

了解以上方法后,程序员只需要在 onPageSelected 方法中使用 Toast,则可以在页面滑动结束时显示当前页的序号。

6. 设置 ViewPager

通过上述设置,基本功能已经初步完成,最后我们给 ViewPager 设置 PagerAdapter 和

OnPageChangeListener,分别用于数据源与视图的配对以及处理滑动 ViewPager 时的响应事件,代码详情如图 8B-8 所示。

图 8B-8 设置 ViewPager

7. 效果图

运行程序,当在屏幕上左右滑动的时候,图片也会依次切换。效果图如图 8B-9 所示。

B.2.2 使用 ViewPager 控件实现 fragment 的切换

通过上个案例的学习,可以用 ViewPager 控件来实现图片切换了。在本案例中,需要使用 ViewPager 实现 fragment 页面的切换。ViewPager + fragment 的模式在 Android 编程中被广泛使用,该模式可以实现软件开屏页、广告页切换等功能。

案例需求:用户可以通过左右滑动屏幕,进行页面切换。其中,页面包括图片与文字简介。用户也可以通过单击按钮的方式左右切换图片,效果如图 8B-10 所示。

关键字:Fragment、FragmentPagerAdapter、继承机制、instanceof 运算符。

本案例涉及到的内容有:

(1) 页面布局技巧——重用机制。

(2) FragmentPagerAdapter 的使用。

1. 准备工作

在本案例中,新建一个项目,名为 Altas,结构如图 8B-11 所示。

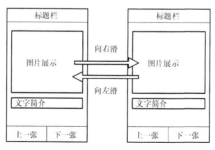
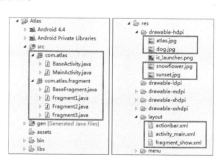

图 8B-9 效果图　　　　图 8B-10 页面展示　　　　图 8B-11 Altas 的工程结构

在 com.atlas 包中,有两个类:BaseActivity 与 MainActivity。BaseActivity 作为 MainActivity

的父类。

在 com.atlas.fragment 包中,有四个类:BaseFragment、Fragment1、Fragment2、Fragment3。其中,BaseFragment 作为另外 3 个类的父类,而 Fragment1、Fragment2、Fragment3 这些类作为展示图片与文字简介。

在 drawabel-hdpi 文件夹中,放置了 atlas.jpg,dog.jpg,snowflower.jpg,sunset.jpg 等四张图片。图片 atlas.jpg 作为本应用的 logo。

在布局文件夹 layout 中,actionbar 文件作为标题布局,activity_main 文件作为首页的布局,fragment_show 文件作为 Fragment1、Fragment2、Fragment3 页面的布局。

由于要把图片 atlas.jpg 作为本应用的 icon,因此需要在 AndroidManifest.xml 文件中重新设置 icon 图片,代码详情如图 8B-12 方框处所示。

图 8B-12　修改应用的 logo

这一步,把三张图片对应的文字简介在 string.xml 文件中声明,如图 8B-13 所示。

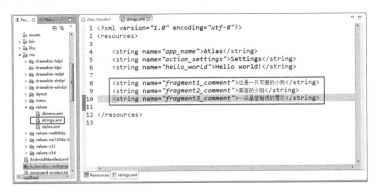

图 8B-13　文字介绍的声明

2. 布局的创建

在本案例中,把首页标题布局抽离出来,作为一个单独的布局文件 actionbar。代码详情如图 8B-14 所示。

在标题布局中,使用 LinerLayout 作为父控件,TextView 作为子控件,用于显示标题。将标题布局分离出一个文件,体现出良好的重用性。如果页面比较多并且都带有标题,这时候可以直接在页面布局文件中用 include 标签将标题布局导入,避免的代码重复编写。

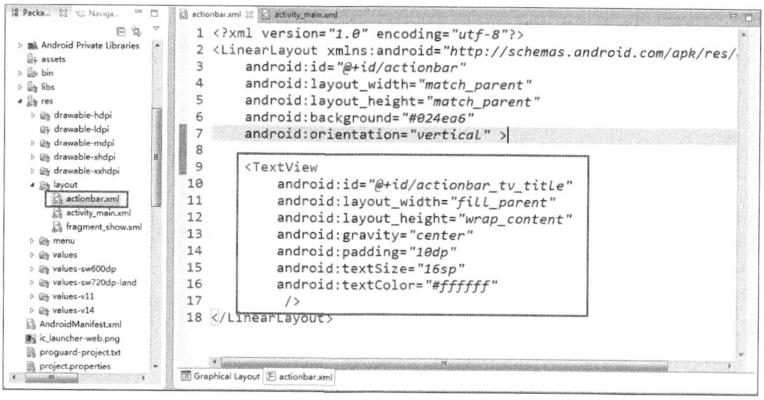

图 8B-14　标题布局的创建

在首页布局 activity_main. xml 文件中，首先使用 include 标签导入标题布局，并创建上一张和下一张的按钮布局，最后添加一个 ViewPager 控件，如图 8B-15 所示。

【注】由于使用的相对布局，因此代码中各个控件的排列顺序不一定对应结构图。

接着，在 fragment_show. xml 布局文件中，定义了两个控件。其中 ImageView 用于显示图片，TextView 用于显示文字简介。详细代码如图 8B-16 所示。

3. BaseActivity 的编写

在 Android 编程中，习惯将一些最常用的操作编写到一个基类中，并将其声明为抽象类，并包含各种抽象方法。

在此，新建一个 BaseActivity 类，并声明为抽象类型，提供一些抽象方法，如图 8B-17 所示。

```
<RelativeLayout xmlns:android="http://schemas.android.com/apk/res/android"
    android:layout_width="fill_parent"
    android:layout_height="fill_parent"
    android:orientation="vertical" >

    <include
        android:id="@+id/actionbar"
        android:layout_width="match_parent" android:layout_height="wrap_content"
        layout="@layout/actionbar"        引用标题布局
        />

    <LinearLayout
        android:id="@+id/main_ll_btn"
        android:layout_alignParentBottom="true"
        android:layout_width="fill_parent"
        android:layout_height="wrap_content"
        android:orientation="horizontal"
        >
        <Button
            android:id="@+id/main_btn_last"
            android:layout_width="fill_parent"
            android:layout_height="wrap_content"
            android:text="上一张"
            android:layout_weight="1"
            />
        <Button
            android:id="@+id/main_btn_next"
            android:layout_weight="1"
            android:layout_width="fill_parent"
            android:layout_height="wrap_content"
            android:text="下一张"
            />
    </LinearLayout>

    <android.support.v4.view.ViewPager
        android:id="@+id/main_vp"
        android:layout_above="@id/main_ll_btn"
        android:layout_below="@id/actionbar"
        android:layout_centerInParent="true"
        android:layout_width="match_parent"
        android:layout_height="wrap_content"
        />
</RelativeLayout>
```

图 8B-15　首页布局

本案例使用自定义的标题栏，因此需要把系统默认标题栏隐藏。其中，第 18 行的代码 requestWindowFeature(Window. FEATURE_NO_TITLE)可以实现这一功能，注意必须要在 setContentView 方法前调用。

在这里，与普通 Activity 不一样的是，setContentView 方法中，传入的参数并非一个具体值，而是抽象方法 getLayoutId 的返回值，该方法将会返回需要渲染的布局。

【知识点】通过 Java 编程知识点可知：当一个非抽象类继承一个抽象类，那么这个类必须要实现这个抽象类所有的抽象方法。

因此，当子类继承 BaseActivity 时，必须实现 getLayoutId 方法来返回一个具体值，用于在父类中通过 setContentView 方法设置布局。同样地，第 29 行与第 37 行代码也是类似的作用。

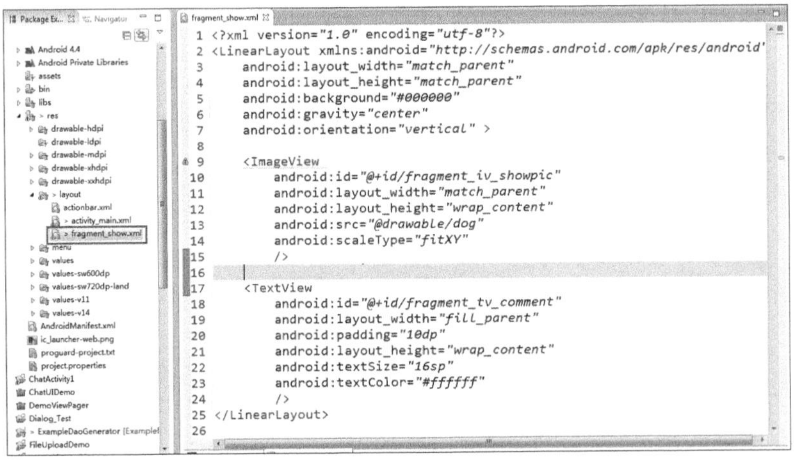

图 8B-16 展示页面的布局

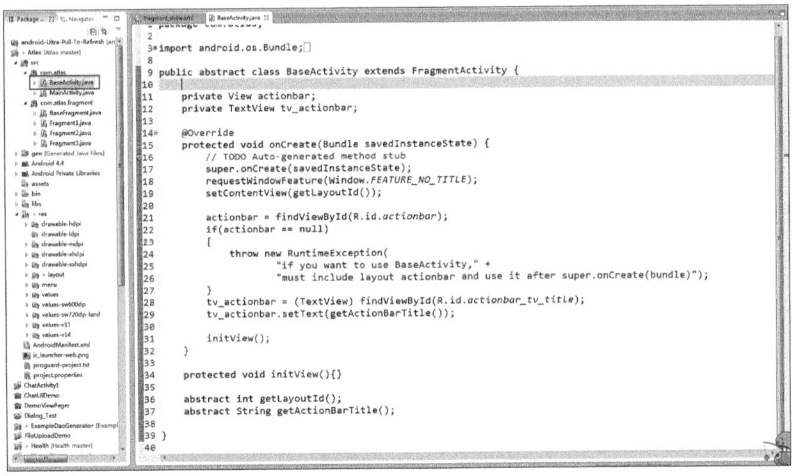

图 8B-17 BaseActivity 类的编写

在第 21~26 行代码中,定义了一个 View 对象 actionbar,表示标题栏视图。如果通过 findViewById 方法获取的 actionbar 对象得到空值,则表示当前布局并没有导入标题栏布局。这时,程序将通过第 24 行将会抛出异常。

最后,第 34 行的 initView 方法提供给子类进行重写,实现子类布局上的控件初始化,该方法将会在第 31 行处得到调用。

4. BaseFragment 的编写

同样地,可以参考上一小节 BaseActivity 的代码实现,创建一个抽象类 BaseFragment,让子 Fragment 去实现相关的抽象方法,如图 8B-18 所示。

比较相似地,BaseFragment 同样地使用抽象方法 getLayoutId 取得子类的布局文件,再将其初始化。

下面看一下 BaseActivity 不一样的地方,比如第 27~36 行代码,此处有两个方法: findImageViewById 和 findTextViewById。这两个方法可以通过传入的父控件对象,以及子控件 id,然后返回特定类型的子控件。这里的 instanceof 运算符大家可能比较少见,但此运算符在高级编程中使用到的频率十分高。Instanceof 运算符可以在运行时判断对象是否特定类

图 8B-18　BaseFragment 的编写

的实例,结果用布尔值返回。

【知识点】Instanceof 运算符可以在运行时判断一个实例是否属于特定类型,结果用布尔值返回。

最后,我们看一下 getImageViewLayout 方法。在第 42 和 43 行代码中,得到了当前手机屏幕的宽度。然后将此宽度作为布局属性的宽度,将屏幕宽度的一半作为布局属性的高度,这样就实现了展示图片宽高比例为 2∶1。该方法的作用也是比较好理解的,由于无法在布局文件中事先获得手机屏幕的宽高,也就无法根据屏幕宽高来设置图片的宽高,因此在代码使用 LayoutParams 类动态设置图片的宽高。

注意,由于在 fragment_show.xml 布局文件中,ImageView 的父控件是 LinearLayout,因此,导入 LayoutParams 类时,对应的包名应该是 android.widget.LinearLayout,如图 8B-19 和图 8B-20 所示。

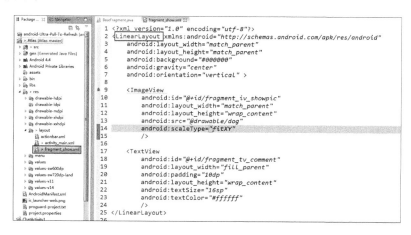

图 8B-19　展示页面布局中,ImageView 的父控件是 LinearLayout

5. 展示页面 Fragment 的编写

为了简化工作量,在本章中的 Fragment1、Fragment2、Framgnet3 共用 fragment_show 布局(实际开发中,可以基于下面所讲的基本功,让效果变化的更"美轮美奂")。首先编写 Fragment1 的代码,详情如图 8B-21 所示。

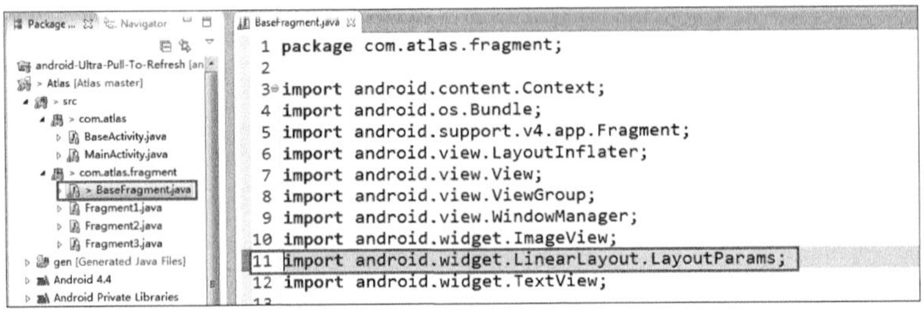

图 8B-20　对应的包名是 android.widget.LinearLayout

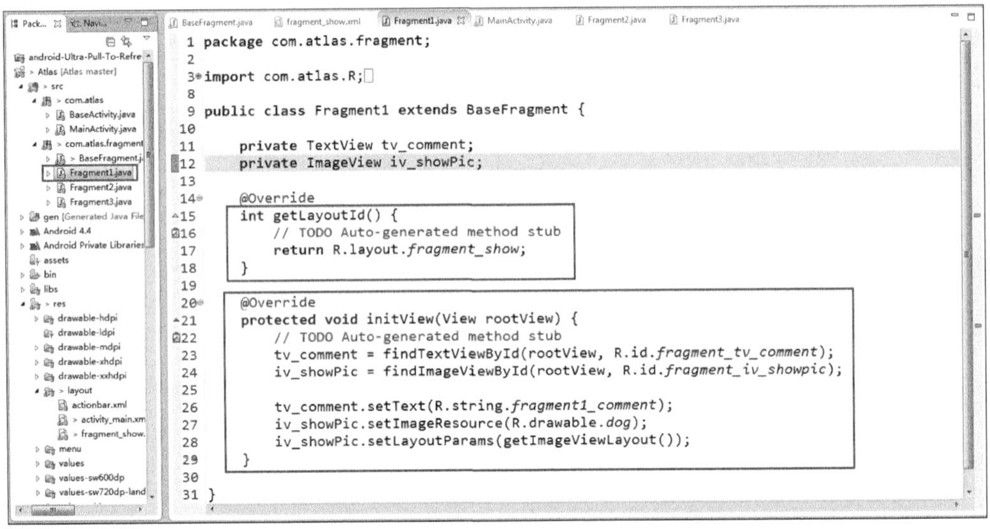

图 8B-21　Fragment1 代码的编写

首先，Fragment1 继承与 BaseFragment，那就就应该实现 BaseFragment 的抽象方法 getLayoutId，在这个方法里返回 fragment_show 布局。如第 17 行代码所示。

同样地，也重写了 BaseFragment 的 initView 方法，根据传入的 rootView 参数调用 findTextViewById、findImageViewById 对 TextView、ImageView 控件进行初始化。

特别要注意在第 28 行代码中，调用了父类的 getImageViewLayout 方法设置了 ImageView 的宽高比，这也是一种动态设置控件布局的方法。

很直观地，使用了继承重用机制后，Framgnet1 类的代码变得更加清晰、简洁。

对于 Fragment2、Fragment3 的实现，其实大部分的代码相同，因此只看不一样的部分，如图 8B-22 和图 8B-23 所示。

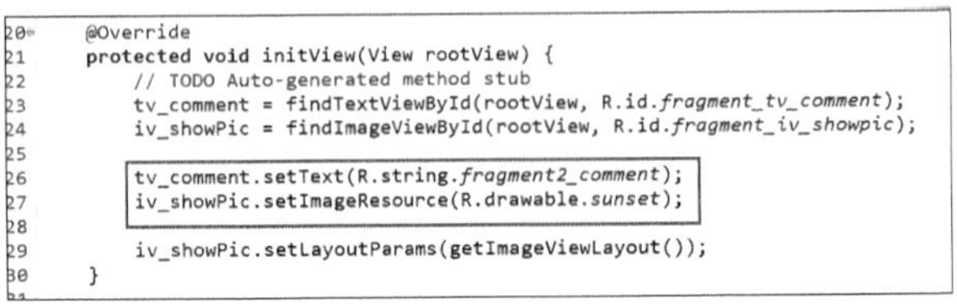

图 8B-22　Fragment2 设置文字简介与图片 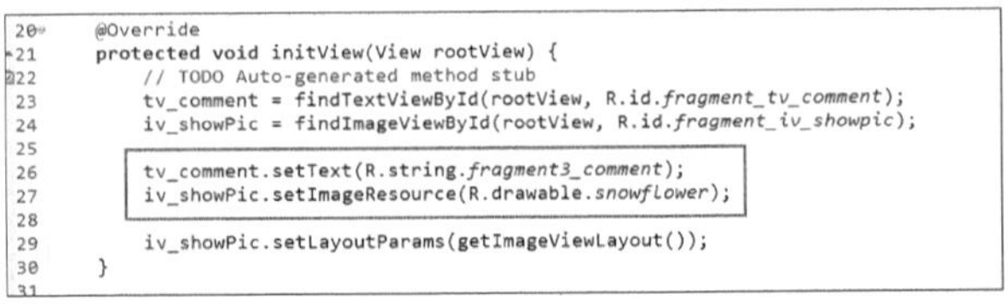　　　　图 8B-23　Fragment3 设置文字简介与图片

6. MainActivity 的编写

在 MainActivity 中，我们需要处理 ViewPager 滑动与按钮点击事件响应。MainActivity

类继承于 BaseActivity，并实现与重写 getLayoutId、getActionBarTitle、initView 等方法。
代码详情如图 8B-24 所示。

图 8B-24　重写抽象类中方法

再看 initViewPager 方法里面的代码，如图 8B-25 所示。

图 8B-25　initViewPager 方法

第 61 行代码中，创建一个数组容器，用于存放 Fragment 页面，并在 62～64 行中将 Framgne1、Fragment2、Fragment3 页面添加。第 68 行的 setOffscreenPageLimit 方法，用于设置 ViewPager 预先加载页面的个数，由于页面较少，设置预加载全部 fragment。

在第 69 行代码中，给 ViewPager 设置一个适配器 ViewPagerFragmentPagerAdapter，我们看一下它是如何实现的。代码如图 8B-26 所示。

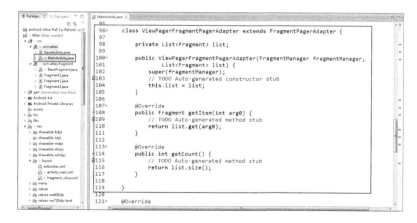

图 8B-26　ViewPagerFragmentPagerAdapter 的实现

由第 96 行代码可知，ViewPagerFragmentPagerAdapter 类继承了适配器 FragmentPagerAdapter 类，而 FragmentPagerAdapter 实际上继承于 PagerAdapter。

【知识点】相对于比较通用的适配器 PagerAdapter，适配器 FragmentPagerAdapter 更专注于每一页均为 Fragment 的情况。

FragmentPagerAdapter 适用于处理页面数量小、静态的 Fragment。如果需要处理有很多页，并且数据动态性较大、占用内存较多的情况，这时应该使用 FragmentStatePagerAdapter 作为适配器。

在类 ViewPagerFragmentPagerAdapter 中，重写了 getItem 与 getCount 方法，即返回 Fragment 对象，以及返回需要滑动的 Fragment 的个数。

下面再看一下 ViewPagerOnPageChangeListener 类，此类实现了 OnPageChangeListener 接口。从上一节可知，这个接口是处理 ViewPager 滑动事件的，具体的作用在此不再重复。在 onPageSelected 方法里，监听当前的页数，并使用 Toast 提示。代码如图 8B-27 所示。

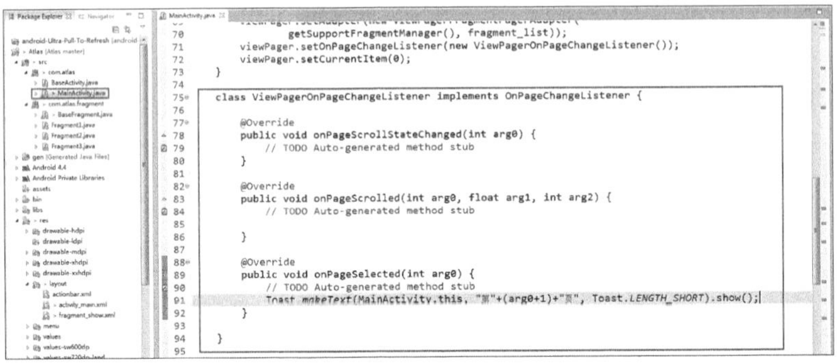

图 8B-27　ViewPagerOnPageChangeListener 的实现

最后，编写回调方法 onClick，处理上一张、下一张按钮的单击事件。代码如图 8B-28 所示。

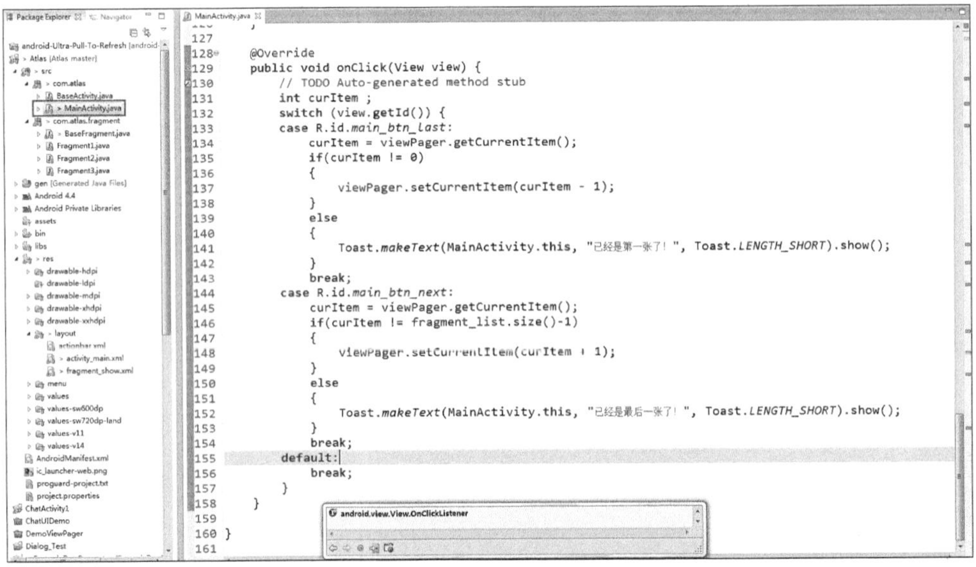

图 8B-28　处理控件的单击事件

当单击按钮时，可以通过 ViewPager 的 setCurrentItem 方法进行切换图片。

7. 效果图

运行程序,可以看到如图 8B-29 所示的效果。当左右滑动屏幕时,将会切换页面。同样地,单击上一张、下一张按钮时,也会进行页面的切换。

【注意】在本案例中由于简化开发量,因此每个 fragment 的布局是相同的,在实际开发中,每个 fragment 的布局很大可能是各不相同的,但这种情况并不影响 ViewPager 的使用。

B.2.3 使用 ViewPager 实现 Health 项目页面切换

经过前两节的训练,相信大家已经掌握了 ViewPager 的使用。接下来,将看下 Health 项目(即本章开头所说的健康类项目)中是如何使用 ViewPager 控件。

关键字:ViewPager 底部导航栏。

1. 相关介绍与页面布局

在 Health 应用的首页中,可以看到页面底部具有导航栏。可以通过单击导航栏按钮或者直接左右滑动进行页面的切换,并且这些页面是基于 Framgnet 来实现。界面如图 8B-30 所示,该布局对应的 xml 文件为:activity_main.xml。

由布局可知,共有四个页面,分别是"日常"、"预测"、"交互"、"我"。"日常"页面可以浏览每天的运动时长、热量消耗等信息。"预测"页面可以浏览自己的减肥天数预测信息。"交互"页面可以浏览好友信息。"我"页面可以浏览个人信息。这些功能不再讲述,读者可以自行查阅相关功能的代码。

四个页面对应的 Fragment 文件如图 8B-31 所示。在首页中,只需要把这四个页面添加到 Fragment 数组中即可。

图 8B-29　效果图　　　　图 8B-30　Health 首页布局　　　　图 8B-31　四个 Fragment 页面

2. 首页 MainActivity 关键代码介绍

Health 项目的 ViewPager 使用和上一小节的案例二类似,因此重复的部分不再详细阐述,主要的差异是:当 ViewPager 滑动时,底部导航栏的 UI 变化。

接下来,进入正题。首先是控件初始化相关的代码,如图 8B-32 所示。

方框所示的代码是实现底部导航栏的相关控件,使用 LinearLayout 横向放置四个 RelativeLayout,每个 RelativeLayout 中包含 ImageView 以及 TextView 等两个控件。

第 56 行和第 57 行代码,定义了一个 ViewPager 以及一个存放 Fragment 的数组 list_fragments。

在图 8B-33 中,定义了一个 InitViewPager 方法,该方法设置 ViewPager 的一些属性。

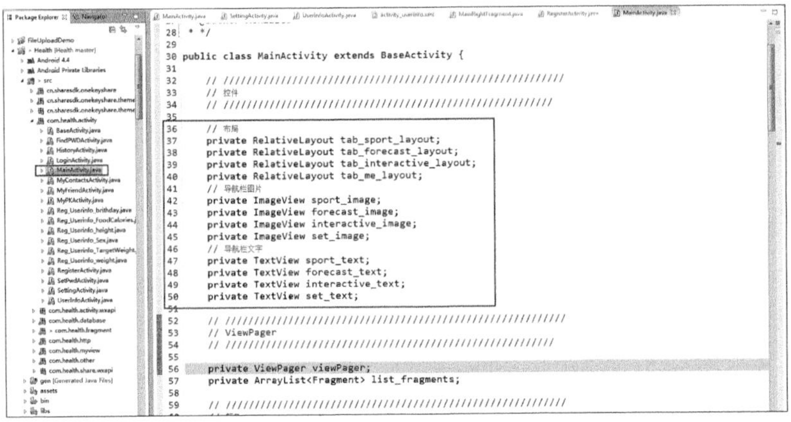

图 8B-32　相关控件的定义

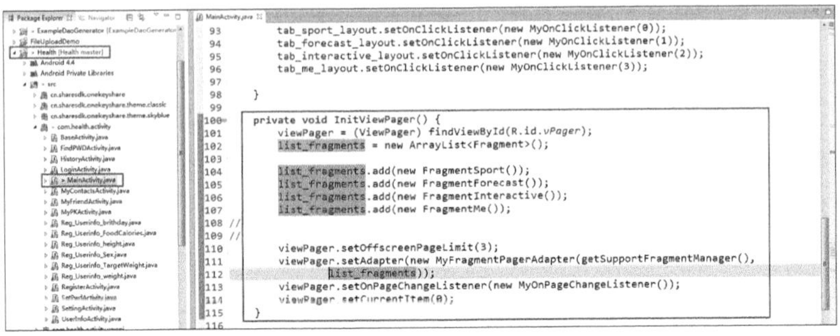

图 8B-33　ViewPager 的属性设置

对于 ViewPager 的属性，比较关心的是适配器以及 setOnPageChangeListener 的方法的实现。

适配器的实现如图 8B-34 所示，需要传入 Fragment 数组并重写 getItem 与 getCount 方法即可。

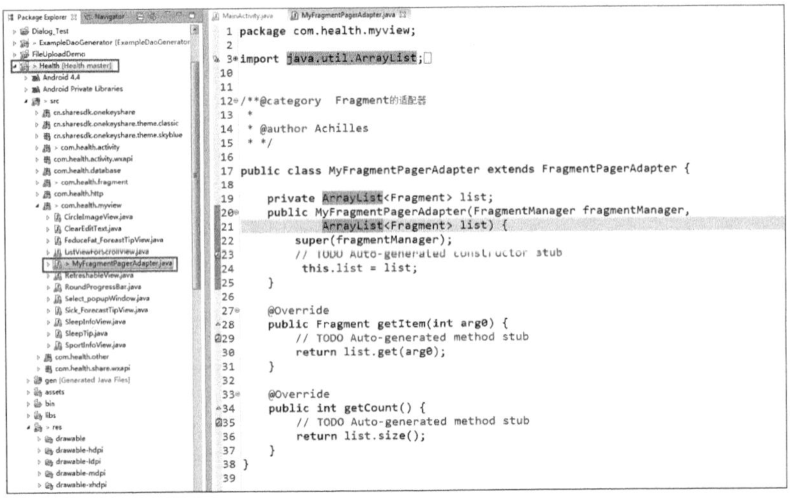

图 8B-34　实现适配器

接下来,看一下 OnPageChangeListener 接口的实现,如图 8B-35 所示。新建了一个 MyOnPageChangeListener 类并实现了 OnPageChangeListener 接口。当页面切换时,将会触发 onPageSelected 方法。

图 8B-35　实现 OnPageChangeListener 接口,监听滑动事件

当 ViewPager 切换时,首先调用 clearChioce 方法,将底部标题栏图标和文字颜色设置成默认值,然后根据当前页面的序号,设置相对应的标题栏图标和文字颜色。

3. 效果图

运行程序可得到效果如图 8B-36 和图 8B-37 所示。当在屏幕左右滑动时,将会进行页面的切换,并且底部导航栏的颜色也会对应的变化。

图 8B-36　效果图 1

图 8B-37　效果图 2

B.3　项目心得

ViewPager 是一个很常用也重要的控件,认真学习掌握它的用法可以变化出各种效果。

B.4　相关资料

(1) ViewPager 的基本使用:

http://my.oschina.net/summerpxy/blog/210026

······371

(2) Android 的 PagerAdapter 用法详解:
http://www.cheerfulstudy.com/Article?newsid=66
(3) ViewPager 的 onPageChangeListener 总结:
http://blog.csdn.net/xipiaoyouzi/article/details/12121131
(4) ViewPager 的使用(二)配合 FragmentPagerAdapter:
http://blog.sina.com.cn/s/blog_881875e70101m648.html

C 控件的多样性-自定义控件

搜索关键字

(1) Android 自定义控件
(2) LayoutInflater
(3) Invalidate 方法
(4) onDraw 方法
(5) setWillNotDraw 方法
(6) PopupWindow 控件
(7) showAtLocation 方法

本章难点

自定义控件项目开发中常常用到,在本章中,学习如何通过"组合"的方式实现自定义控件,并给控件自定义属性。最后,将会介绍 popupWindow 的用法。

C.1 项目简介

Andriod 提供了很多标准控件,如 Button、TextView 等,但是如果需要功能更加强大,界面更加美观的控件,这时 Android 提供的标准控件将无法满足。因此,需要自己"创造"一个控件。对于自定义控件,有一套实现的步骤。在本章中,将教会大家如何一步步创建自定义控件。

本章的任务:
(1) 实现一个带删除按钮的文本输入框。
(2) 掌握如何给自定义控件添加属性。
(3) 熟悉 OnDraw 方法。
(4) 掌握 PopupWindow 的使用。

C.2 案例分析与实现

C.2.1 实现带删除按钮的文本输入框

熟悉 Android 应用的读者都知道,普通的文本输入框只有文本输入功能,但是很多主流应用,例如 QQ 等,通常它们输入框的最右边带有删除按钮,当用户单击删除按钮的时候可以快速清除输入框中所有的文字,如图 8C-1 所示。

这种输入框显然不是标准控件,但是实现起来也不困难。对于这种控件,可以使用"多个子控件组合"的方式来实现。接下来,讲述如何实现类似这样的控件。

图 8C-1 带删除按钮的文本输入框

关键字:Android 自定义控件、LayoutInflater

1. 创建项目工程

新建一个工程,命名为 EditTextWithClear。在工程下新建一个类,命名为 EditTextWithClear,并继承 LinearLayout 类,如图 8C-2 所示。

2. 实现构造方法

上一步单击"确定"按钮后,eclipse 给了一个错误提示,如图 8C-3 所示。其实这是在提醒需要添加一个构造方法。选择第二项,它与其余两项的区别会稍后告诉大家。完成该步骤后结果如图 8C-4 所示。

图 8C-2 新建一个类 EditTextWithClear,继承 LinearLayout

图 8C-3 选择构造方法

3. 创建布局文件

新建布局文件,命名为 edittext_layout.xml,并作为自定义控件 EditTextWithClear 控件的布局。显然地,需要在布局中添加一个 EditText 控件,用于接受文本输入。此外,还需要添加一个 ImageButton 控件,用于文本删除按钮。最后还需要一个 View 控件,实现底部的线条。布局代码如图 8C-5 所示。

图 8C-4 添加构造方法   图 8C-5 自定义控件的布局

4．加载布局文件

完成了布局的创建后，继续回到 EditTextWithClear 类中。如何才能将刚创建的布局加载到 EditTextWithClear 控件中呢？其实很简单，添加如图 8C-6 所示的两行代码就完成了。

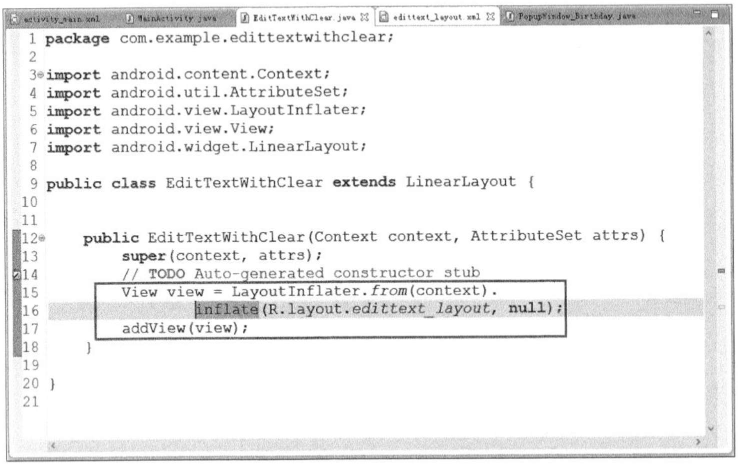

图 8C-6　加载布局到自定义控件中

在图 8A-6 中的第 15 和 16 行代码中，使用 LayoutInflater 类中的静态 from 方法得到一个视图实例，并调用 inflate 方法将 edittext_layout 布局实例化。LayoutInflater 类的作用与 findViewById 类似。不同的是，LayoutInflater 可以将布局文件实例化，而 findViewById 则是找到视图中具体 widget 控件。

最后通过 LinearLayout 的 addView 方法，将该视图添加到该控件上。

5．实现删除按钮的监听事件

在这一步中，实现单击按钮删除文本的操作。代码如图 8C-7 所示。

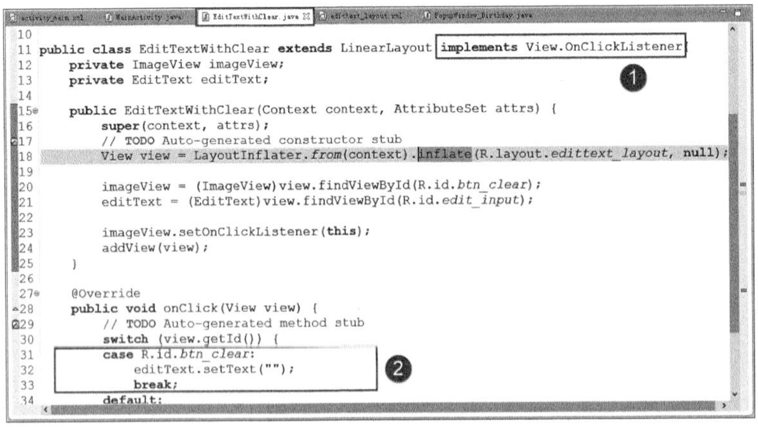

图 8C-7　编写右侧按钮的单击响应事件

在上一步，通过"组合"的方式实现了一个带删除按钮的文本输入控件，那么，如何使用它呢？

首先，在 activity_main.xml 布局中定义是必须的。使用自定义控件，定义时必须遵循此原则"控件所在包的包名＋控件名"，如图 8C-8 所示。红圈 1 所示为控件的所在的包名，红圈 2 所示则是控件名。

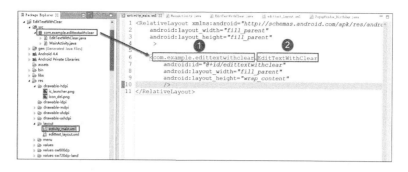

图 8C-8　在 activity_main 中定义 EditTextWithClear 控件

第二步，在 MainActivity 文件中，像使用普通控件该控件定义、初始化 EditTextWithClear，如图 8C-9 所示。

图 8C-9　EditTextWithClear 的定义及初始化

编译工程，可以看到效果如图 8C-10 和图 8C-11 所示。单击按钮时，文本框的内容被清除了。

图 8C-10　效果图 1，输入文字信息　　　图 8C-11　效果图 2，单击右侧按钮时，
　　　　　　　　　　　　　　　　　　　　　　　　　文本信息被清空

也许读者会有疑问，同样的效果完全可以直接在 Activity 的主布局中定义 EditText、ImageView 等控件，然后处理它们之间的逻辑也可以实现上述功能，何必多此一举需要自定义控件呢？

善于封装是一种良好的编程习惯。在本例中，"单击按钮删除文本"这一功能，更希望是透明的(即不需要去了解其中的细节,应该是"自带的")、可重复利用的,尤其是实现的功能更多更复杂的时候,封装显得更加重要与便捷。

【附】自定义控件时的三种构造方法的区别。

在创建自定义控件的时候,通常都需要编写构造方法,构造方法有以下三种:

(1) public View (Context context) 是在 java 代码创建视图的时候被调用,如果是从 xml 填充的视图,就不会调用这个。

(2) public View (Context context,AttributeSet attrs) 这个是在 xml 创建但是没有指定 style 的时候被调用。

(3) public View (Context context, AttributeSet attrs, int defStyle) 在 xml 创建并指定 style 的时候被调用。

C.2.2 给 EditTextWithClear 加入自定义属性

在布局文件定义控件时,常常会定义控件的属性,如图 8C-12 所示。那么,是否可以为本例中定义自己的自定义属性呢?当然可以!

关键字:attrs 文件、onDraw()、invalidate()、setWillNotDraw()

图 8C-12　Android 自带的属性

1. 定义控件需要的属性

定义自己的属性前,思考一下利用这些属性实现什么功能?笔者自拟了两个属性的作用,如下:

(1) 某属性可以控制删除按钮,在输入框中没有文字输入的状态下隐藏或者显示删除按钮。

(2) 某属性可以控制输入框的样式,其中样式包括经典模式与简约模式,样式如图 8C-13 和图 8C-14 所示。

图 8C-13　经典样式,外面有边框　　　图 8C 14　简约样式,只有底部有边框

根据需求,自定义两个属性:

(1) 属性名:isClearBtnInvisible。

可选值(布尔型):true|false。

作用:在没有文本输入的状态下,用户可以通过该属性选择是否需要把删除按钮隐藏。

(2) 属性名:myStyle。

可选值(字符串):classicality(经典样式)|simple(简约样式)

作用:通过该属性选择文本框的样式。

接下来，正式开始编写程序。

首先，在工程的 values 目录下添加 attrs.xml 文件，一般自定义的参数都在该文件中定义。代码内容如图 8C-15 所示。

图 8C-15　添加并编写 attrs 文件

在 attrs.xml 文件第 4 行代码中，使用 declare-styleable 标签声明了各个属性。其中，isClearBtnInvisible 属性的值属于布尔类型，myStyle 属性的值是枚举类型。在 myStyle 属性中，参数 classicality、simple 分别对应的值是 0 和 1。因此，将 myStyle 属性设置成 classicality 或 simple 时，实际上设置的是一个 0 或 1 的数字。

2. 在布局文件中调用自定义属性

此时，将使用自定义的属性。在 activity_main.xml 文件中，对 EditTextWithClear 控件进行配置，如图 8C-16 方框 2 所示。但需要注意是，使用自定义参数时，必须要先对参数命名空间进行声明才可以使用，如方框 1 所示。参数命名空间声明格式如式 8C-17 所示。

图 8C-16　在 activity_main 文件中使用自定义的属性

图 8C-17　查看程序包名

xmlns:参数命名空间 ="http://schemas.android.com/apk/res/程序包名(图 8C-17)
对于包名的查看,大家应该很熟悉了。包名就是 AndroidManifest.xml 文件中的 package 属性,如图 8C-17 所示。

3. 获取自定义属性的值

在 xml 文件中配置了相关的属性后,还必须在 EditTextWithClear 类中将该属性获得并实现相应的逻辑,才能达到需要的效果,如图 8C-18 所示。

```
17 public class EditTextWithClear extends LinearLayout implements
18         View.OnClickListener {
19     private ImageView imageView;
20     private EditText editText;
21
22     private boolean isClearBtnInvisible;
23     private int style;
24
25     public static final int CLASSICALITY = 0;
26     public static final int SIMPLE = 1;
27
28     public EditTextWithClear(Context context, AttributeSet attrs) {
29         super(context, attrs);
30         // TODO Auto-generated constructor stub
31
32         TypedArray a = context.obtainStyledAttributes(attrs,
33                 R.styleable.clear_edit);
34
35         isClearBtnInvisible = a.getBoolean(
36                 R.styleable.clear_edit_isClearBtnInvisible, false);
37         style = a.getInt(R.styleable.clear_edit_myStyle, CLASSICALITY);
38
39         a.recycle();
40
```

图 8C-18 在 EditTextWithClear 类中获得自定义属性

在图 8C-18 的第 22、23 行,定义了两个变量,用于存放两个参数的值。在第 32 行中,使用 TypedArray 类,这实际上是个属性的容器,各种属性都可以通过 context.obtainStyledAttributes 方法获得,其中第 33 行的 R.styleable.clear_edit 指向了 declare-styleable 标签,对应着 attrs.xml 文件第 4 行的参数空间名称。

接下来,可能对于第 36、37 行里面的值 R.styleable.clear_edit_isClearBtnInvisible 和值 R.styleable.clear_edit_myStyle 比较好奇,因为前文中,并没有定义该属性。其实,该值是 Android 的 ADT 根据参数空间名称和参数名自动生成的,规则为:

declare-styleable 的参数空间名称 + "_" + 对应 attr 的名称(即属性名)这样就可以获得参数传入的值。

最后,记得必须调用 recycle 方法,否则这一次的参数配置将会对下一次的使用造成影响,代码如第 39 行所示。

4. 实现删除按钮的隐藏

下面进行功能的实现。根据是否有文本输入,决定是否隐藏删除按钮这功能比较简单。可以给 EditText 控件加上 addTextChangedListener 监听器,当参数 isClearBtnInvisible 为 true,并且文本长度为零时,隐藏按钮,反之,则显示。代码如图 8C-19 所示。

5. 重写 onDraw 方法进行边框绘制

最后,绘制控件的边框。这一步可以通过复写 onDraw 方法来实现,该方法会在控件生成的时候得到调用。onDraw 方法中,传进了一个 Canvas 实例作为参数,Canvas 类本质上表示一块画布,可以在上面画需要的图形。

重写 onDraw 方法时,首先需要设置画笔的属性,例如是否填充、画笔颜色、画笔宽度等。然后,调用 Canvas 类的 drawRect 方法绘制矩形,即需要的边框。代码如图 8C-20 所示。

编译并执行项目,这时却看到,并没有如我们所愿,绘制出边框。如果读者在 onDraw 中

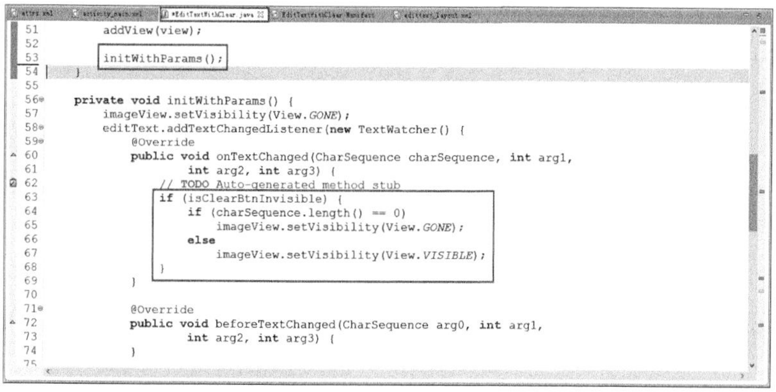

图 8C-19　根据 isClearBtnInvisible 属性决定是否隐藏删除按钮

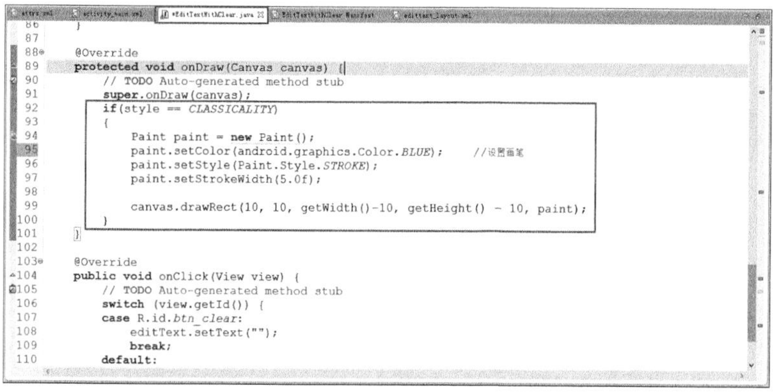

图 8C-20　复写 OnDraw 方法

调用 Log 调试,甚至发现 onDraw 方法根本没有执行,为何?!

其原因在于,自定义控件是继承于 LinearLayout,属于 ViewGroup(即容器)而并非 View。作为一个容器,它本身并没有任何可画的东西,它是一个透明的控件,因此它不会主动地执行 onDraw 方法。因此,需要让它主动地执行 onDraw 方法,请见代码如图 8C-21 所示。

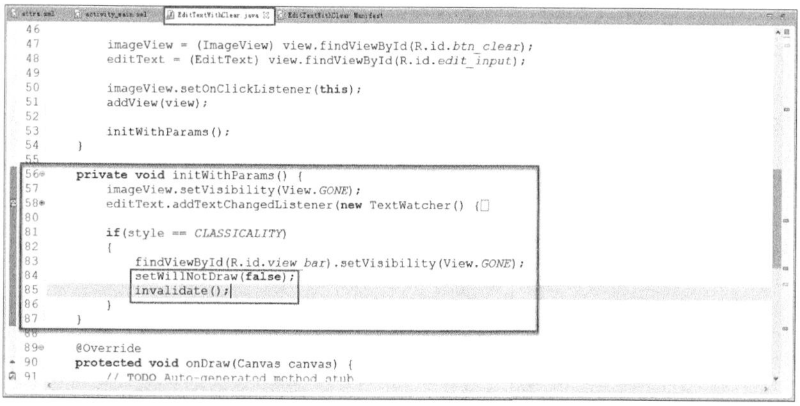

图 8C-21　使用 setWillNotDraw 与 invalidate 方法进行重绘

如图 8C-21 第 84 行代码所示,调用了 setWillNotDraw 方法,该方法可以令容器类主动执行 OnDraw() 方法,而 invalidate() 方法的主要作用是请求进行重绘。通过这两个方法,我们就可以绘制控件边框了。效果如图 8C-22、图 8C-23 所示。

C.2.3 PopupWindow 控件

本部分介绍 Health 项目中 PopupWindow 控件的使用。大家可能对 PopupWindow 这个名字有点陌生，但实际上它经常被应用到很多 APP 中。如图 8C-24 所示，方框所示就是 Android 应用——随手记弹出的一个选择窗口，这就是一个 PopupWindow。本项目 Health 中也有类似的使用，下面给大家一步步讲解。

关键字：PopupWindow、showAtLocation 方法

图 8C-22　简约样式，并且删除按钮
　　　　在无文字时自动隐藏

图 8C-23　经典样式，并且删除按钮
　　　　在有文字输入时显示

图 8C-24　随手记中的 PopupWindow

实现一个 PopupWindow，通常步骤是：

（1）创建一个类，并继承 PopupWindow 类。

（2）实现其构造方法，并给 popupWindow 指定要显示的 View。

（3）实现相关业务逻辑，如 PopupWindow 控件内 View 的初始化及事件监听、Activity 是否变暗等。

1. 继承 PopupWindow 类

在 Health 项目中，com.health.myview 包下有一个 Select_PopupWindow 类，如图 8C-25 所示。该类继承 Android 的 PopupWindow 类，可以实现弹窗界面，效果如图 8C-26 所示。

图 8C-25　项目结构　　　　　　　　　　图 8C-26　效果图

下面讲解一下该类的代码,请见如图 8C-27 所示的代码。

```java
package com.health.myview;

import android.app.Activity;

public class Select_popupWindow extends PopupWindow {

    /**@category  减肥预测时,体重,身高等信息的弹窗控件
     *
     * @author Achilles
     */
    private View view;
    private NumberPicker numberPicker;
    private Button btn_cancel;
    private Button btn_ok;

    public final static int PICKER_YEAR = 0;
    public final static int PICKER_HEIGHT = 1;
    public final static int PICKER_WEIGHT = 2;
    private int value;
```

图 8C-27　定义了相关的变量

在图 8C-27 中,第 26 行代码定义了一个 View 对象,用于设置当前 PopupWindow 的视图。第 27 行代码定义了一个 NumberPicker 对象,NumberPicker 是一个数字拾取器。第 28 和第 29 行代码定义了两个 Button 用于取消和确定选择。

由于可以通过 Select_PopupWindow 类,进行年龄、身高、体重等属性的选择。因此在第 31 行到 33 行代码中,定义了三个常量标识当前弹窗的选择类型。第 34 行的 value 值作用是记录用于选择的数值。

2. 实现其构造方法

在构造方法中,一般进行给 popupWindow 加载 View 视图、设置宽高、背景等操作。代码如图 8C-28 所示。

```java
    public final static int PICKER_WEIGHT = 2;
    private int value;

    public Select_popupWindow(Activity context,OnClickListener itemsOnClick) {
        // TODO Auto-generated constructor stub
        super(context);
        LayoutInflater inflater = (LayoutInflater) context.
                getSystemService(Context.LAYOUT_INFLATER_SERVICE);
        view = inflater.inflate(R.layout.popwindow, null);
        //设置SelectPicPopupWindow的View
        this.setContentView(view);
        //设置SelectPicPopupWindow弹出窗体的宽
        this.setWidth(LayoutParams.FILL_PARENT);
        //设置SelectPicPopupWindow弹出窗体的高
        this.setHeight(LayoutParams.WRAP_CONTENT);
        //设置SelectPicPopupWindow弹出窗体可点击
        this.setFocusable(true);
        //实例化一个ColorDrawable颜色为半透明
        ColorDrawable dw = new ColorDrawable(0xffffffff);
        //设置SelectPicPopupWindow弹出窗体的背景
        this.setBackgroundDrawable(dw);

        btn_cancel = (Button)view.findViewById(R.id.pop_btn_cancel);
        btn_ok = (Button)view.findViewById(R.id.pop_btn_ok);

        btn_cancel.setOnClickListener(new OnClickListener() {

            public void onClick(View v) {
                //销毁弹出框
                dismiss();
            }
        });
        btn_ok.setOnClickListener(itemsOnClick);
    }
```

图 8C-28　构造方法

在构造方法 Select_PopupWindow 中,如方框 1 所示,传入了两个参数。其中,Activity 对象表示生成该弹窗的 Activity,OnClickListener 对象是一个 Button 的监听器,用于设置确定按钮的监听事件。

在图 8C-28 中方框 2 所示,则是使用 LayoutInflater 类根据布局生成一个 View,并在第

43行代码中将此 View 设置成 Select_PopupWindow 的显示界面。在方框3所示中,是对 Select_PopupWindow 的一些设置,详细作用可见注释。在方框4中,给取消按钮和确定按钮设置了单击事件。当取消按钮被单击时,将 Select_PopupWindow 销毁,当确定按钮被单击时,将传入的参数2事件触发。

接着,看一下 setMode 方法,该方法用于选择自定义 popupWindow 的类型。代码如图 8C-29 所示。

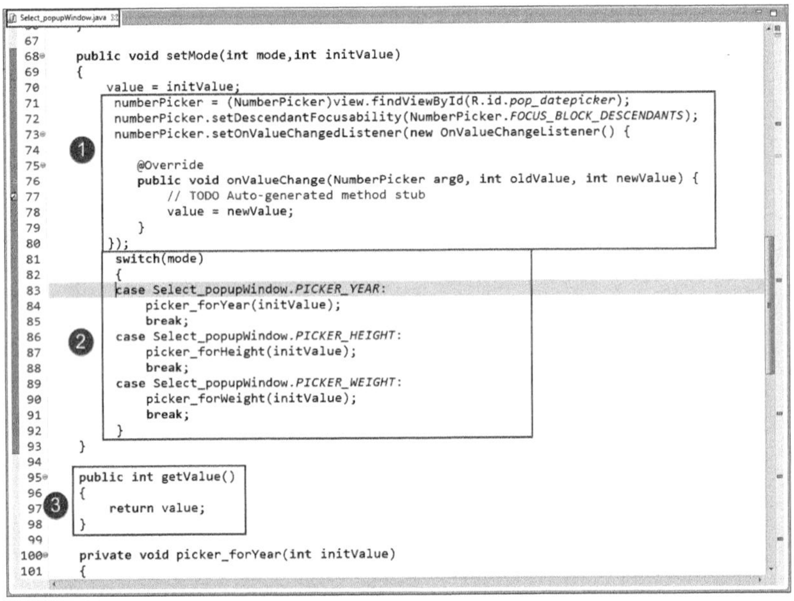

图 8C-29 setMode 方法的实现

如方框1的代码中,对数字拾取器进行了初始化,并监听数字的变化。在方框2的代码中,看到了 picker_forYear、picker_forHeight、picker_forWeight 这几个方法,由于 Select_PopupWindow 拥有多种选择类型,因此需要根据判断传入的参数 mode,调用不同的方法。最后,调用方框3所示的 getValue 方法,可以获取用户选取的数值。

3. popupWindow 的使用

接下来,看一下 Select_PopupWindow 的使用,如图 8C-30 所示。

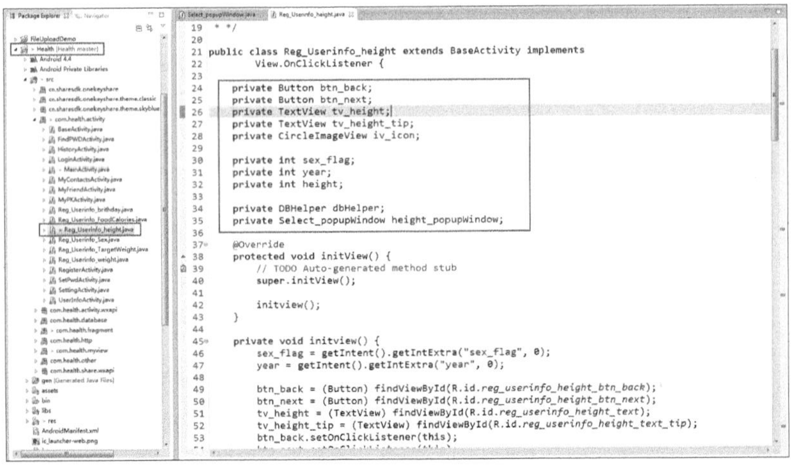

图 8C-30 定义相关的变量

在 Reg_Userinfo_height 类中，就使用到弹出窗口 Select_PopupWindow，该类主要处理预测减肥天数时，用户输入身高信息的逻辑。在图 8C-30 方框中，定义了两个 Button，用于处理返回与下一步。CircleImageView 是圆形的 ImageView，用于显示图标。两个 TextView 用于显示用户选择的身高以及提示信息。

当单击显示用户身高的 TextView 时，将会调用 generatePopupWindow 方法弹出 popupWindow。关键代码如图 8C-31 所示。

下面看一下 generatePopupWindow 方法的实现。代码如图 8C-32 所示。

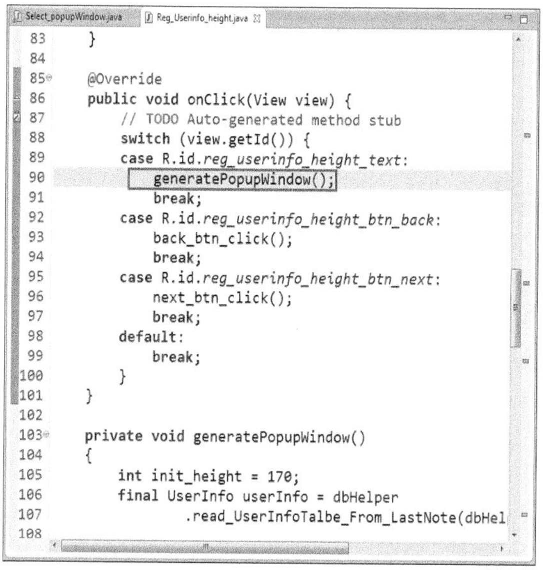

图 8C-31　单击事件

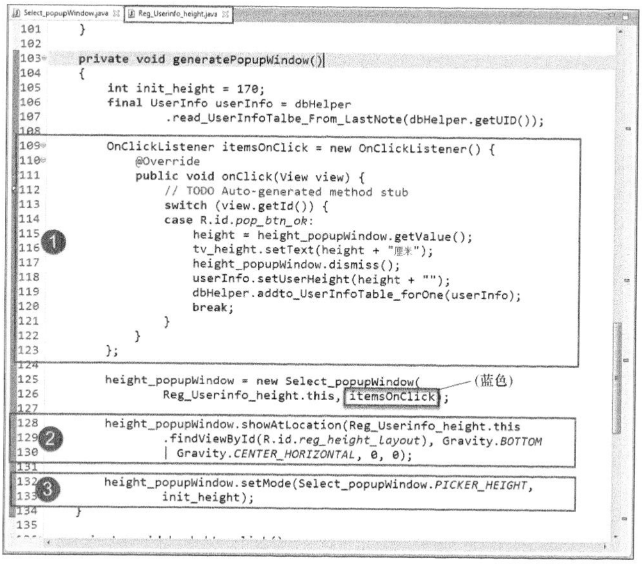

图 8C-32　generatePopupWindow 方法的实现

如图 8C-32 中红框 1 所示，这里定义了一个单击事件的监听器对象，当弹出窗口上的确定按钮被单击时，将弹出窗口上数字拾取器的值取出，并设置 TextView 显示、执行销毁弹出窗口以及保存数据到数据库等一系列操作。最后在 Select_popupWindow 创建的时候，把监听器对象传入，如蓝色框所示。

因此，弹出窗口上的确定按钮的单击响应事件，是在"PopupWindow 外部"定义完毕，然后在 Select_popupWindow 创建时传入的。这样做的好处不言而喻，因为如果在 Select_popupWindow 类里生成监听器，则无法执行显示身高、保存数据等操作。

请注意第二个方框的代码，调用了 popupWindow 的 showAtLocation 方法，该方法决定了弹出窗口在父控件上显示的位置。该方法的原型：

　　　　　　　　showAtLocation(View parent, int gravity, int x, int y)

第一个参数表示父控件，第二个参数表示相对父控件的位置，第三、四个参数表示在 x 轴、y 轴上的偏移值。

方框 2 中，设置第一个参数表示以 reg_useinfo_height 页面为父控件，本例 popupWindow 的父控件为 LinearLayout，如图 8C-33 所示。第二个参数表示 popupWindow 与父控件的相对位置，本案例使用的 Gravity.BOTTOM 参数表示在父控件的底部显示，第三、四个参数表示与父控件的 xy 轴的偏移值为 0。

最后,在方框 3 的代码中,设置了 Select_popupWindow 的选择模式为身高选择,并传入了数字拾取器的初始值。

编译运行程序,进入预测界面→添加预测→输入身高页面中,可以看到效果如图 8C-34 所示。

图 8C-33　父控件布局,红框所示即时参数一中设置的 Id　　图 8C-34　身高选择窗口

C.3　项目心得

自定义控件常常在很多场合中会被使用到,尤其是要成为一个优秀的程序员更要重视封装的重要性,大家应该对此重视。另外,在自定义控件属性时,应该按逻辑步骤进行编码,否则容易出错。

C.4　相关资料

(1) [Android 自定义控件] Android 自定义控件:

http://www.cnblogs.com/0616—ataozhijia/p/4003380.html

(2) Android 中自定义属性的使用:

http://www.cnblogs.com/ufocdy/archive/2011/05/27/2060221.html

(3) Android 通过 onDraw 实现在 View 中绘图操作:

http://blog.csdn.net/ameyume/article/details/6031024

(4) Android 中 View 绘制流程以及 invalidate 等相关方法分析:

http://blog.csdn.net/qinjuning/article/details/7110211

(5) 关于 onDraw 方法不被执行的解决方法(setWillNotDraw):

http://www.xuebuyuan.com/1489027.html

(6) Android 之 popupWindow 在指定位置上的显示:

http://blog.csdn.net/dxj007/article/details/8026691

D　ListView 性能的优化

搜索关键字

(1) ListView 优化

(2) convertView 重用

(3) 静态 ViewHolder

本章难点

ListView 滚动更流畅,渲染得更快,可以大大提高用户体验。通过本章,可以学习 Android 系统在 ListView 滑动时是如何处理的、如何复用 convertView 进行提升效率以及如何通过 ViewHolder 技巧省略 findViewById 操作。

D.1 项目简介

ListView 是 Android 中最常用的控件,使用时需要通过适配器实现数据与界面的适配,再显示数据,但是仅仅实现加载并显示就完成了?并非如此,如果 ListView 显示的数据过多,过于复杂,将很有可能出现卡顿情况,极大影响用户体验,这该如何解决?这些问题在本章中将得到解答。

在本章中,将完成以下任务:
(1) 实现一个没有优化的 ListView。
(2) 实现一个重用 convertView 参数进行优化的 ListView。
(3) 实现一个使用静态 ViewHolder 类进行优化的 ListView。

D.2 案例分析及实现

本案例首页中,放置了一个 ListView,使用 BaseAdapter 作为 ListView 的适配器,然后给 ListView 生成 50 个子项,通过检测 ListView 从顶部滑动到底部的耗时,得到不同编程技巧下的运行效率。界面结构如图 8D-1 所示。

D.2.1 没有优化的 ListView

在本小节中,先使用 ListView 来展示一组图片,并不做任何的性能优化,并令其显示数据。

(1) 新建一个工程,命名为 ListViewDemo。其中项目结构如图 8D-2 所示。

图 8D-1 界面结构　　　　　　　　图 8D-2 项目结构

在项目中,drawable-xhdpi 文件夹所示的 city.jpg 图片用于 ImageView 的图片显示,layout 文件夹下的 listview_item.xml 文件为 ListView 的 Item 布局。

(2) 编写 ListView 的 Item 布局。代码如图 8D-3 所示。

在布局中可见,ImageView 用于图片实现,TextView 用于显示 Item 序号。在此讲述一

385

```
1  <?xml version="1.0" encoding="utf-8"?>
2  <RelativeLayout xmlns:android="http://schemas.android.com/apk/res/android"
3      android:layout_width="match_parent"
4      android:layout_height="wrap_content"
5      android:padding="10dp"
6      android:orientation="vertical" >
7
8      <ImageView
9          android:id="@+id/list_item_iv_pic"
10         android:layout_width="match_parent"
11         android:layout_height="wrap_content"
12         android:scaleType="centerCrop"
13         />
14     <TextView
15         android:id="@+id/list_item_tv_no"
16         android:layout_width="match_parent"
17         android:layout_height="30dp"
18         android:background="#55000000"
19         android:gravity="center"
20         android:layout_alignParentBottom="true"
21         android:textColor="#ffffff"
22         />
23 </RelativeLayout>
24
```

图 8D-3　ListView 的 Item 布局

个小技巧，见第 5 行的代码，使用 padding 设置布局的内边距，而不是使用 layout_margin 来设置布局的外边距。这样的好处是，可以达到相同的边距显示效果，而单击的范围却没有缩小。

(3) 编写首页布局。代码如图 8D-4 所示。

在首页布局中，定义了一个 TextView，一个 ListView，其中 TextView 用于显示 ListView 从顶部滑动到底部的耗时。

(4)编写 MainActivity.java 文件，定义并初始化相关控件。代码如图 8D-5 所示。

```
<LinearLayout xmlns:android="http://schemas.android.com/apk/res/android"
    android:layout_width="fill_parent"
    android:layout_height="fill_parent"
    android:orientation="vertical" >

    <TextView
        android:id="@+id/main_tv_showtime"
        android:background="#aa000000"
        android:textColor="#ffffff"
        android:textSize="18sp"
        android:padding="10dp"
        android:text="time:"
        android:gravity="center"
        android:layout_width="match_parent"
        android:layout_height="wrap_content"
        />

    <ListView
        android:id="@+id/main_listview"
        android:layout_width="match_parent"
        android:layout_height="match_parent"
        />

</LinearLayout>
```

图 8D-4　首页布局

```
package com.listviewdemo;

import android.os.Bundle;

public class MainActivity extends Activity {

    private ListView listView;
    private TextView tv_showtime;
    private int count = 0;
    private long consum_time_sum = 0L;

    @Override
    protected void onCreate(Bundle savedInstanceState) {
        super.onCreate(savedInstanceState);
        setContentView(R.layout.activity_main);

        listView = (ListView) findViewById(R.id.main_listview);
        tv_showtime = (TextView) findViewById(R.id.main_tv_showtime);
        listView.setAdapter(new ListViewAdapter(this));
    }

    class ListViewAdapter extends BaseAdapter {
        LayoutInflater inflater;

        public ListViewAdapter(Context context) {
            // TODO Auto-generated constructor stub
```

图 8D-5　定义相关的变量及初始化

第18、19行分别定义了一个 ListView 控件及 TextView 控件,第20行的 count 变量用于统计 ListView 生成（即显示过）的 Item 的个数,consum_time_sum 变量用于记录滑动时的总耗时。第30行中,给 ListView 设置了一个适配器。下一步,看一下适配器的实现。

（5）编写适配器 ListViewAdapter。代码如图 8D-6 所示。

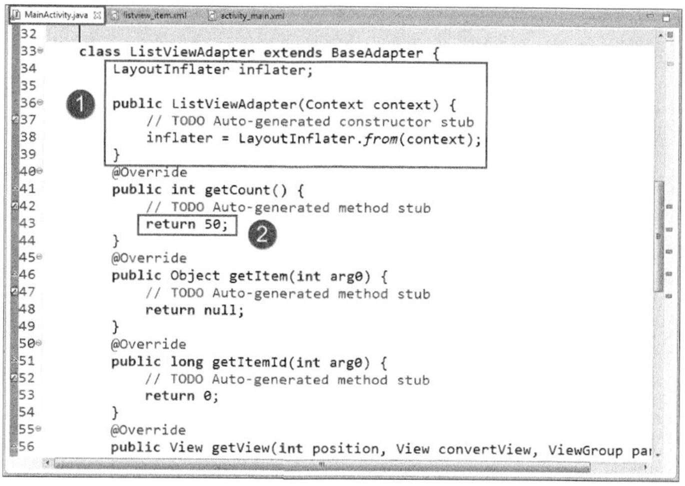

图 8D-6　适配器的实现部分实现

图 8D-6 方框 1 所示的代码中,定义了一个 LayoutInflater 对象,用于载入 Item 布局,并通过构造器传入的上下文 Context 对其进行初始化。在方框 2 中,复写了 getCount 方法,并返回一个数值 50,表示 ListView 总共有 50 个 Item。

下面,仔细看一下 getView 方法的复写。代码如图 8D-7 所示。

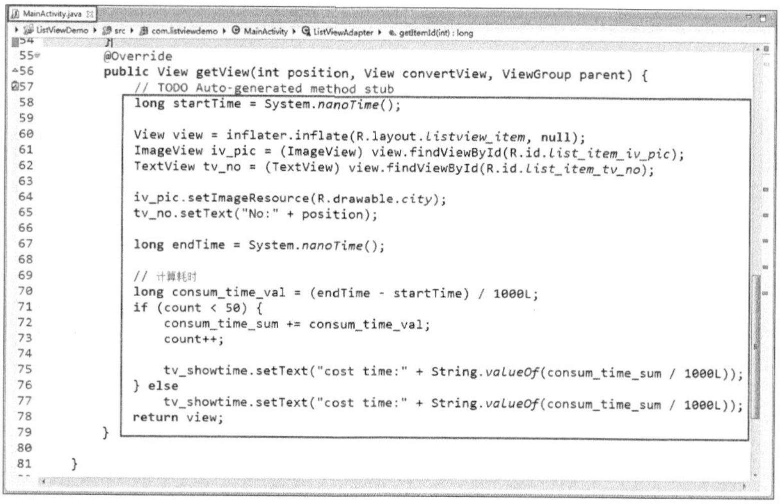

图 8D-7　getView 方法的实现

在第 58 行代码中,通过调用系统方法 nanoTime() 得到一个纳秒级的时间值,并作为开始时间,并对应着在 67 行代码,再次得到一个时间值,作为结束时间。结束时间与开始时间的差即时第 60 到 65 行代码执行的耗时。

第 60 行代码中,通过载入 listview_item 布局并得到视图对象,然后初始化 ImageView 和

图 8D-8 在没有优化下 ListView
生成所有子项的耗时

TextView。在第 64 和 65 行代码中，给 ImageView 和 TextView 设置了图片和文字。

再看第 71 到 77 行代码，在 ListView 滑动的过程中，不断累积每个 Item 生成时的所需时间，并将总耗时显示在 TextView 控件上，因此可以直观地看到 ListView 从顶部滑动到底部时，即生成 50 个子项所需的时间。

此时，编译程序，运行，并将 ListView 从顶部滑到底部。此时发现，没有经过优化处理的 ListView，从顶部滑动到底部共耗时 282 毫秒，如图 8D-8 所示，大家可以多次试验取平均值进行观察。注意，该值的大小与机器的性能有关。

总结：在没有优化的情况下，ListView 从顶部滑动到底部共耗时 282 毫秒。

D.2.2 重用 convertView 的 ListView

在上一个小节中，不经过优化，让 ListView 生成所有子项，最终总共花了约 280 毫秒，看起来时间很短，实际上，效率非常低，尤其在 Item 布局比较复杂的时候，很有可能出现卡顿的情况。那么如何优化呢？先了解一下 ListView 是如何运作的。

【知识点】当 ListView 加载了 BaseAdapter 适配器时，首先会调用适配器中的 getCount 方法，得到要绘制的这个列表的长度，当 ListView 滚动，然后根据这个长度，使用 getView 方法返回的视图，一行一行地绘制 ListView 的每一项。注意：只有某个 Item 显示在屏幕上的时候，才会调用 getView 方法进行绘制，然而已经滑出屏幕的 Item，将被存放在一个称为 Recycler 的地方。整个流程如图 8D-9 所示。

如图 8D-9 所示，在初始条件下，ListView 共有七个 item，其中 Item1 到 Item7 的视图都是需要从布局中加载的，当第一个 Item 滑出窗口后（注意是完全消失后），该 Item 的布局 View 对象并没有销毁，而是存放到了 Recycler 这个地方，如果第八个 Item 的视图与 Recycler 存放的视图相同（即与第一个 Item 视图相同），系统将会把 Recycler 中的视图赋给 getView（int position, View convertView, ViewGroup parent）方法里面的第二个参数：convertView。

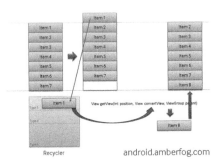

图 8D-9 ListView 绘制流程

回顾一下第一个实验，每个 Item 的视图都是通过 LayoutInflater 对象生成的，如果可以直接将 convertView 复用到其余 Item 的视图上，理论上就省去了通过布局重新生成 View 对象这个耗时的操作，ListView 从顶部滑到底部的耗时应该会减少。接下来进行第二个实验验证这个想法：

代码请见图 8D-10。

如图 8D-10 所示，在第 60 行代码中，首先判断了 convertView 对象是否为 null，如果为 null，表示当前还不存在可以复用的视图，则调用 inflate 方法创建布局视图。如果不为 null，表示当前已经存在可以复用的视图。同时，ImageView 和 TextView 等控件从该视图中获得。设置图片以及文字，最后返回 convertView 对象作为当前 Item 的视图，如第 82 行代码所示。

图 8D-10　重用了 convertView

经过这样的优化后,除了第一屏幕视图的创建时,convertView 才需要从布局中生成视图外,其余情况可以直接从 getView 的 convertView 参数中取得(由于 convertView 还有缓存时间等因素,事实上的情况会更复杂,有兴趣的读者可以自行了解)。

编译,运行程序,果然不出所料,这一次 ListView 生成 50 个 Item 的耗时,减少到了 92 毫秒,效率几乎提升了两倍!如图 8D-11 所示。

图 8D-11 展示是重用 convertView 后的效果,图 8D-12 展示是没有重用 convertView 的效果,可看到优化后的效果是非常明显的。

图 8D-11　重用 convertView 后的效果

图 8D-12　没有重用 convertView 的效果

总结:不必每个 Item 的视图都要从布局重新生成,使用 convertView 复用后,大大缩小 ListView 滑动时的耗时。

D.2.3　进一步优化,使用静态 ViewHolder 的 ListView

在上一小节中,重用了 convertView 后,效率上得到大大的提升。那么,有没有更加高效的方法呢？答案是有的，在上一节中，虽然不必每一次生成 item 时都新建视图，但是有个细节需要注意，就是无论是否复用 convertView，都需要使用 findViewById 方法从视图中获取控件，而 findViewById 方法实际上是一个树查找的过程，也是比较耗时的操作，可否将 findViewById 也省去呢？答案是可以的。请看如图 8D-13 所示的代码。

```java
    private int count = 0;
    private long consum_time_sum = 0L;

    @Override
    protected void onCreate(Bundle savedInstanceState) {
        super.onCreate(savedInstanceState);
        setContentView(R.layout.activity_main);

        listView = (ListView) findViewById(R.id.main_listview);
        tv_showtime = (TextView) findViewById(R.id.main_tv_showtime);
        listView.setAdapter(new ListViewAdapter(this));
    }

    static class ViewHolder
    {
        ImageView iv_pic;
        TextView tv_no;
    }

    class ListViewAdapter extends BaseAdapter {
        LayoutInflater inflater;

        public ListViewAdapter(Context context) {
            // TODO Auto-generated constructor stub
```

图 8D-13　定义了一个类 ViewHolder

如图方框所示的代码中，定义了一个 ViewHolder 类，里面有两个成员变量：ImageView 和 TextView。接下来，看一下如何使用这个类，请见 getView 方法，如图 8D-14 所示。

```java
60          }
61          @Override
62          public View getView(int position, View convertView, ViewGroup parent) {
63              // TODO Auto-generated method stub
64              long startTime = System.nanoTime();
65              ViewHolder viewHolder = null;
66              if(convertView == null)
67              {
68                  viewHolder = new ViewHolder();
69                  convertView = inflater.inflate(R.layout.listview_item, null);
70                  viewHolder.iv_pic = (ImageView)convertView.findViewById(R.id.list_item_iv_pic);
71                  viewHolder.tv_no = (TextView)convertView.findViewById(R.id.list_item_tv_no);
72                  convertView.setTag(viewHolder);
73              }
74              else
75              {
76                  viewHolder = (ViewHolder)convertView.getTag();
77              }
78              viewHolder.iv_pic.setImageResource(R.drawable.city);
79              viewHolder.tv_no.setText("No:" + position);
80
81              long endTime = System.nanoTime();
82
83              // 计算耗时
84              long consum_time_val = (endTime - startTime) / 1000L;
85              if (count < 50) {
86                  consum_time_sum += consum_time_val;
87                  count++;
88
89                  tv_showtime.setText("cost time:" + String.valueOf(consum_time_sum / 1000L));
90              } else
91                  tv_showtime.setText("cost time:" + String.valueOf(consum_time_sum / 1000L));
92              return convertView;
93          }
```

图 8D-14　在 getView 方法里 ViewHolder 的使用

在 getView 方法里，当第一次创建 convertView 的时候，通过 findViewById 把视图中的子控件找到，如图 8D-14 第 70、71 行代码所示。然后用 convertView 的 setTag 将 viewHolder 设置到 Tag 中。当第二次重用 convertView 时，只需使用 convertView 的 getTag 方法就可以将 ViewHolder 对象得到。这样，就可以避免重复使用 findViewById 方法。

下面编译运行,可以看到效果如图 8D-15 所示。ListView 生成 50 项 Item 总共耗时大概 84 毫秒。在子控件比较多的项目中,这种方法的效率提升将会更加明显。

总结:使用 ViewHolder 类省去了大量的 findViewById 操作,比仅复用 convertView 进一步提升了效率。实际上,使用 ViewHolder 属于利用空间换时间的算法。

 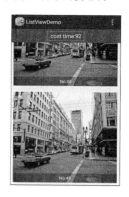

图 8D-15　使用静态 ViewHolder 后的效果　　　　图 8D-16　仅复用 convertView 的效果

D.2.4　其他技巧

如果一个窗口包含很多视图,绘制时间长,很容易导致用户界面反应速度过慢。

解决方法:

(1) 使用 Textview 的复合 drawable 减少层次。例如有时候需要在 TextView、Button 的左边显示图片,可以使用 android:drawableLeft 等方法。

如图 8D-17 所示。

(2) 使用 ViewStuf 延迟展开视图。有些情况下,需要在布局中隐藏某些控件,等需要时再显示,最常见的做法是在布局中设置该属性: android:visibility="gone",但是在加载布局的时候该 View 仍然会被创建,导致资源的浪费。一般推荐的做法时,使用 android.view.ViewStub。只有在当 ViewStub 被设置为可见的时候,或是调用了 ViewStub.inflate() 的时候,ViewStub 所向的布局才会被 Inflate 和实例化。

```
<TextView
    android:id="@+id/List_item_tv_no"
    android:layout_width="match_parent"
    android:layout_height="30dp"
    android:background="#55000000"
    android:gravity="center"
    android:layout_alignParentBottom="true"
    android:textColor="#ffffff"
    android:drawableLeft="@drawable/icon"
/>
```

图 8D-17　使用 android:drawableLeft 设置图片

(3) 使用相对布局 RelativeLayout 减少布局层次。由于 RelativeLayout 的灵活性,很多初学者喜欢使用 LinearLayout 的嵌套来实现一些复杂的界面。从前文也知道,当通过 findViewById 获取 View 中的控件,是一个查找的过程。因此,使用 RelativeLayout 来减少布局层次,可以缩短 findViewById 的时长,更能提高效率。尤其在编写 ListView 的 Item 布局时,这个问题更需要注意。

D.3　项目心得

性能优化在 Android 编程中是十分重要的,尤其在配置较低的手机上,做好性能优化能够给用户带来良好的用户体验。

D.4 相关资料

（1）提高 Android 应用的效率——主要讲解 listview 的优化：
http://www.cnblogs.com/error404/archive/2011/08/03/2126682.html
（2）Android 研究院之 ListView 原理学习与优化总结：
http://www.xuanyusong.com/archives/1252
（3）Android 实战技巧：ViewStub 的应用：
http://blog.csdn.net/hitlion2008/article/details/6737537/

E 必不可少的推送功能

搜索关键字

（1）消息推送
（2）百度云推送（本例）
（3）极光推送（在第 5 章 D 部分进行了讲解）

本章难点

服务端向客户端推送一组消息，包括标题和一组 json 数据（附加有 url）。当通知到达，显示到 Android 通知栏中，当用户单击打开该通知时，将打开一个新的界面并跳转到特定的页面，加载该 url 的内容。

E.1 项目简介

推送，是当今移动端产品运营最重要的手段之一。App 推送具有几个好处：
（1）提高产品的活跃度。
（2）增加用户忠诚度。
（3）唤醒沉睡的用户，提高留存率。

在之前的案例中也介绍过推送的方法，在本章中，使用百度云推送，为了保持讲解的完整性，故本次实训讲解如何在 Health 应用添加这个功能。

预期效果，如图 8E-1、图 8E-2 所示。

图 8E-1　效果图 1

图 8E-2　效果图 2

【知识点】推送的原理

使用第三方推送服务时，需要先在自己的服务端和客户端中集成第三方推送 SDK。当需要推送通知到客户端时，先由自己服务端发出推送请求，请求达到第三方推送服务器时，由推送服务器通过 TCP 长链接向客户端推送通知，如图 8E-3 所示。

TCP 长链接由推送服务器与客户端间进行维护，当服务器存在数据时，可以实时地推送到客户端。

图 8E-3　推送原理

E.2　案例设计与实现

E.2.1　客户端的实现

使用百度云推送服务，首先要到百度云推送网站中注册成为百度开发者并注册应用信息（地址：http://push.baidu.com/console/app/list），如图 8E-4 所示。在输入应用名、程序包名后，可以获得提供的 API Key 与 Sercret Key，如图 8E-5 所示。

图 8E-4　在百度开发者-推送服务平台创建应用　　图 8E-5　获得 API Key 与 Secret Key

【知识点】Api Key 和 Secret Key 的作用。百度云推送服务可以集成到其他很多的 App 中，这时就需要用 Api Key 来区分开每个 App。同时，当这个 App 调用推送服务时，需要通过一个密钥告诉百度云推送，本 App 是正式申请注册过推送服务的，是可以合法使用推送服务的，而这个密钥则是 Secret Key。当这两者都匹配后，才能调用百度云服务。

由于客户端是 Android 系统，因此要下载 Android 端推送 SDK。而 Health 应用的服务端是基于 Java 语言，因此需要下载 Java 服务端推送 SDK，如图 8E-6 所示。

1. 环境配置

详细步骤可以参考（http://push.baidu.com/doc/android/api）

第一步：将解压后，将 libs 文件夹下所有文件复制到 Health 工程的 libs 文件夹中，其中包括 jar 文件与 so 文件，如图 8E-7 所示。

第二步：在 AndroidManifest.xml 文件中，添加权限和声明信息（如图 8E-8 与图 8E-9 所示）。

第三步：右键单击选择 new→Class，创建一个类名为 PushTestReceiver 的类，并继承自 PushMessageReceiver 父类。PushMessageReceiver 是百度推送 sdk 的一个广播接收器，有一系列的回调方法用于处理相关事件（如单击通知栏事件、推送信息达到事件等）。PushTestReceiver 的代码如图 8E-10 所示。

393

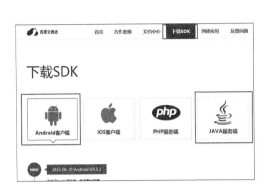

图 8E-6　下载 Android SDK 与 JAVA SDK　　　　图 8E-7　导入 jar 包

图 8E-8　设置百度云相关的配置信息

图 8E-9　加入相关权限

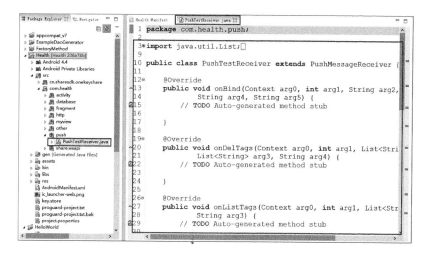

图 8E-10　建立 PushTestReceiver 类

第四步:重写 onNotificationClicked 方法,当产生用户单击通知栏事件时,该方法将会得到回调。下面尝试在这里打印一个提示信息,用于测试接收推送信息是否成功。代码如图 8E-11 所示。

图 8E-11　重写 onNotificationClicked 方法

第五步:在 AndroidManifest.xml 文件中,注册刚才定义的广播接收器 PushTestReceiver,代码如图 8E-12 所示。

第六步:最后,在 MainActivity(Health 应用的主界面)的 onCreate 方法中,通过 SDK 提供的 PushManager.startWork 方法启动百度云推送服务,其中该方法的第三个参数则是我们前面申请的 AppKey,如图 8E-13 所示。

此时,Android 端的配置已经完成了。此时我们不确定 Android 端是否配置成功,因此可以在百度开发者平台→推送服务→"我的控制台"中测试 Android 端是否可以成功接收推送信息,如图 8E-14 所示。

如图 8E-14 中,单击方框所示的发送按钮并等待一两秒后。手机将会收到推送通知,此时表明 Android 端的推送服务配置成功。效果如图 8E-15 所示。

图 8E-12　在 AndroidManifest 中定义广播接收器

图 8E-13　在 MainActivity 的 onCreate 方法中启动百度云推送服务

图 8E-14　在"我的控制台"中发送推送信息

图 8E-15　在通知栏上显示推送信息

配置 Android 端成功后,正式进入本章的项目开发,请见下一节。

2. 根据推送的 URL 显示网页

在这一步，让 Health 应用实现以下功能：

当用户单击标题栏的推送信息时，将解析 JSON 获取文章的 URL，接着跳转到 WebViewActivity 页面并显示该 URL 的网页。

第一步：创建 WebViewActivity 的布局文件 webview_activity.xml。该布局文件比较简单，添加一个 WebView 控件即可。代码如图 8E-16 所示。

```xml
<?xml version="1.0" encoding="utf-8"?>
<LinearLayout xmlns:android="http://schemas.android.com/apk/res/android"
    android:layout_width="match_parent"
    android:layout_height="match_parent"
    android:orientation="vertical" >

    <WebView
        android:id="@+id/webview"
        android:layout_width="match_parent"
        android:layout_height="match_parent"
        />

</LinearLayout>
```

图 8E-16　布局文件 webview_activity

第二步：创建 WebViewActivity 类，继承 BaseActivity，并对 WebView 控件进行一些设置，作用详情请见注释。最后记得在 AndroidManifest 中声明该 Activity。

如图 8E-17 与图 8E-18 所示。

在图 8E-17 中，实现了一个 WebViewActivity，该 Activity 以 web_activity 为页面布局。在 initView 方法中，通过 getIntent 方法接受传递过来的 url 参数，以及对 webView 进行初始化与配置。最后，通过调用 webView 的 loadUrl 方法加载显示传入的 url。

第三步：重写 PushTestReceiver 类中的 onNotificationClicked 方法，单击通知栏中的通知时，将会回调该方法。该方法中，通过 JSONObject 类解析 Json 后得到了 url 的值，通过 startActivity 方法跳转到 WebViewActivity 页面，并传入 url 值，如图 8E-19 所示。

此时，客户端的程序编写已经完成。

E.2.2　服务端的实现

图 8E-17　WebViewActivity 的实现

在实现服务端程序之前，必须知道，推送到客户端的信息，是需要由编写程序来控制的（因为这样，才需要实现服务端编写）。当需要推送信息时，首先在服务端程序中调用百度推送 SDK（java 服务端）的 API，然后 SDK 将指令发送到百度推送服务器，再由推送服务器将推送下发到客户端中。

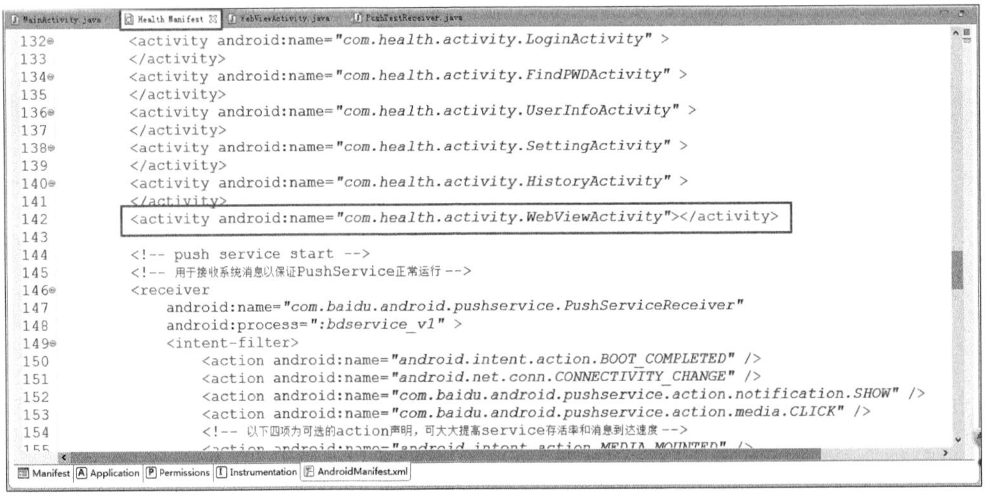

图 8E-18　在 AndroidManifest 中声明 WebViewAcitivty

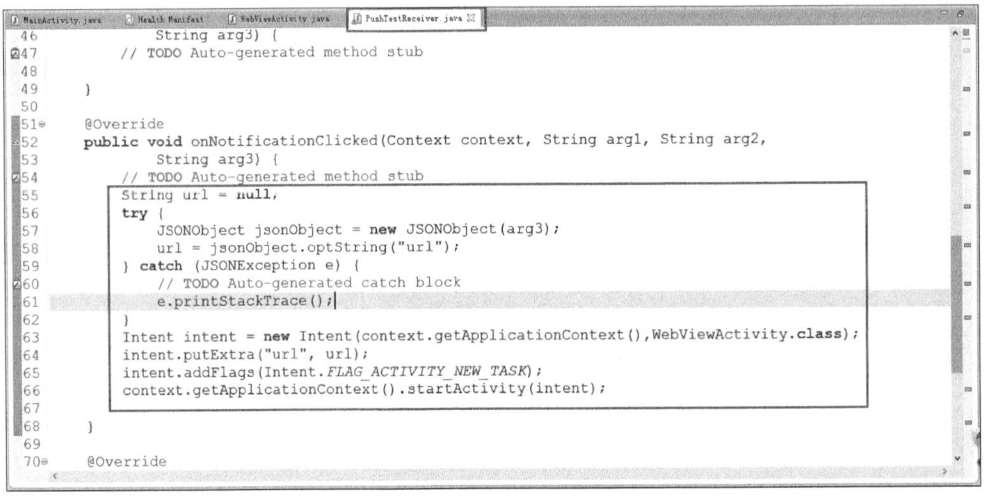

图 8E-19　json 解析并跳转到 WebViewActivity

在这一步，准备在 Health 项目的 myweb 服务端中调用百度推送 SDK（Java 服务端），实现推送服务。

1. 环境配置

此部分请详细参考官方文档（http://push.baidu.com/doc/java/quick_start）。

第一步：将 libs 文件下的所有文件复制到 WEB-INF/lib 目录下，将 dist 文件下的 bccs-api-3.0.1.jar 复制 myweb 项目的 WEB-INF/lib 文件夹中，如图 8E-20 所示。

第二步：将 libs 下的 jar 文件添加到 classpath 下，如图 8E-21 和图 8E-22 所示。

第三步：将 sdk 中 src 下所有的 com 文件夹复制到 WEB-INF/src 目录中，这些文件其实是百度推送服务 Java 实现的封装，直接拿来用即可，结构如图 8E-23 所示。

第四步，在 WEB-INF/src 文件夹中新建 mypush 包，以及加入 PushTest 类，实现 main 方法。这个 PushTest 类，将主要实现推送服务，代码如图 8E-24 所示。

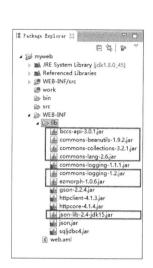

图 8E-20 导入 jar 包　　　　图 8E-21 将 libs 下的 jar 文件添加到 classpath 下

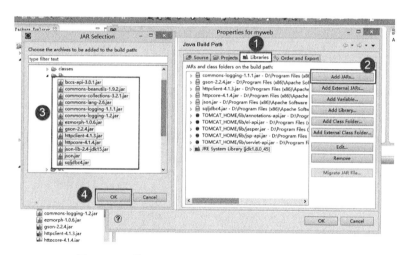

图 8E-22 将 libs 下的 jar 文件添加到 classpath 下

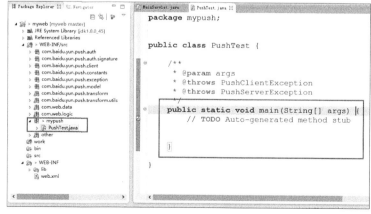

图 8E-23 导入需要的文件　　　　图 8E-24 创建 PushTest 类

2. 代码编写

第一步：在 PushTest.java（后台：服务器端））文件中，创建 PushKeyPair 对象，其中需要的参数 AppKey 和 SecretKey，这两个参数在百度开发者平台→推送服务→"我的应用"中可以看到，PushKeyPair 对象封装了 AppKey 和 SecretKey，标识了 App 的类型及该 App 使用推送服务的密钥。代码如图 8E-25 所示。

```
import com.baidu.yun.push.auth.PushKeyPair;
import com.baidu.yun.push.exception.PushClientException;
import com.baidu.yun.push.exception.PushServerException;

public class PushTest {
    /**
     * @param args
     * @throws PushClientException
     * @throws PushServerException
     */
    public static void main(String[] args) {
        // TODO Auto-generated method stub
        String apiKey = "7zXMP0v9i1O7RjhGRAkVeuRP";
        String secretKey = "c0tbyYHjPwL8ZvzThpA1h4X9WhbXfBhI";

        PushKeyPair pair = new PushKeyPair(apiKey, secretKey);
    }
}
```

图 8E-25　创建 PushKeyPair

第二步：创建 BaiduPushClient 对象，用于访问推送 SDK 接口，需要向其传入 PushKeyPair 对象，如图 8E-26 所示。

```
public class PushTest {
    /**
     * @param args
     * @throws PushClientException
     * @throws PushServerException
     */
    public static void main(String[] args) {
        // TODO Auto-generated method stub
        String apiKey = "7zXMP0v9i1O7RjhGRAkVeuRP";
        String secretKey = "c0tbyYHjPwL8ZvzThpA1h4X9WhbXfBhI";

        PushKeyPair pair = new PushKeyPair(apiKey, secretKey);

        BaiduPushClient pushClient = new BaiduPushClient(pair,
                BaiduPushConstants.CHANNEL_REST_URL);
    }
}
```

图 8E-26　创建 BaiduPushClient

第三步：注册 YunLogHandler 类，该类主要获取本次请求的交互信息，复写回调方法 onHandle，在日志信息生成的时候将其打印，代码如图 8E-27 所示。

第四步：查看官方的文档，确定需要添加那些参数信息。如图 8E-28 与图 8E-29 所示。（http://push.baidu.com/doc/java/api）

图 8E-27 注册 YunLogHandler,获取本次请求的交互信息

在图 8E-28 中,可知使用推送时,需要操作 PushMsgToAllRequest 类,若需要使用通知,则设置 msgType 的值为 1。如果 deviceType 的值为 3,表示该通知只推送到 Android 设备。

在图 8E-29 中可知,在发送通知格式时,需要添加 title、descrption 等参数,由于 URL 放置在自定义数据中,因此还需要加入 custom_content 参数。

图 8E-28 PushMsgToAllRequest 的相关属性   图 8E-29 Message 的相关属性

因此,需要添加 title、description、custom_content 这三个参数。

第五步:根据上述官方文档,编写 JSON,并实现接口调用,如图 8E-30 所示。

图 8E-30 中,在第 44 和 45 行代码,将需要推送的 Url 存放到 web_url 的 json 对象中,并在 50 行代码处作为 custom_content 关键字的值存放到 notification 对象中,并给 notification 对象设置 title(标题)、description(描述)信息。

在第 52 行代码中,创建了 PushMsgToRequest 对象,用于配置推送信息。在第 53 到 55 行中,分别设置了推送信息的类型(addMessageType 方法,值 1 表示通知类型)、推送的内容(addMessage 方法,放入 json 字符串)以及设备类型(addDeviceType 方法,其中值 3 表示推送到 Android 设备)。

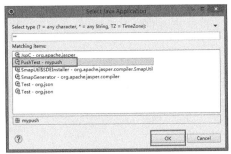

图 8E-30　编写接送、调用实现接口

当调用 pushClient 的 pushMsgToAll 方法时，将会执行推送服务。该方法的返回值是 PushMsgToAllResPonse 类型，即推送执行的结果信息，可以调用该对象的 get 方法查看相关信息。如图 8E-29 中第 57 到 61 行代码所示。

此时，服务端的程序编写已完成。

E.2.3　测试

（1）右键项目，Run as→Java Application，选择 PushTest，单击 OK 按钮，如图 8E-31 所示。此时，控制台打印出相关的信息。

（2）此时在 Android 客户端，可以看到通知栏上显示推送信息，如图 8E-32 所示。单击通知栏的信息后，跳转到 WebViewActivity 页面，此时可见显示的网页信息，如图 8E-33 所示。

图 8E-31　运行程序

图 8E-32　通知栏显示推送信息　　图 8E-33　显示网页

E.3　项目心得

通过借助第三方的推送平台，可以快速地实现推送功能。本章实现一个简单的例子，仅作抛砖引玉之用，读者可以自行实现更多的功能。例如定时地推送减肥知识、根据不同用户的身体状况推送不同的信息、静默更新等。

E.4 参考资料

（1）百度推送 Java 服务端 API：

http://push.baidu.com/doc/java/api

（2）百度推送 Android 端 API：

http://push.baidu.com/doc/android/api

（3）极光推送：

https://www.jpush.cn/

F 利用开源项目进行优化

搜索关键字

（1）Gson

（2）android-async-http

（3）Android-PullToRefresh

（4）Android 常用开源项目

本章难点

使用开源项目，可以给编程带来很多便利之处，可以使编程的重心放在处理业务逻辑上，而不必过多关注某些技术实现的细节，避免重复造轮子。本章中，会介绍 Gson、android-async-http 的用法，以及介绍如何导入第三方框架库文件实现下拉刷新，上拉加载功能。

F.1 项目简介

开源项目，即是源码公开，并完成特定功能的一个项目。对于开发者而言，了解当下比较流行的开源项目很有必要。利用这些项目，能够让你达到事半功倍的效果。同时，开源项目也是一个很好的学习材料，可以通过阅读资深程序员的源码，理解他们的解决问题思路以及学习编程技巧。

在本章中，将学习几个开源项目的用法。对于想进一步提升的读者，建议平时多阅读开源项目的源码，对编程能力会有一定的提高。在本章的最后，也提供了一些常用的开源项目网址，供大家参考学习。

在本章中，计划完成以下任务：

（1）使用 Gson，实现 json 与对象的相互转换。

（2）使用 AsyncHttpClient，实现网络请求流程。

（3）使用 Android-PullToRefresh，实现下拉刷新和上拉加载。

F.2 案例设计与实现

在本章中,提供了一个简单的学生信息浏览系统,它包括两部分:一是服务端程序,使用 Tomcat+servlet 的方式实现。二是 Android 端应用程序,用列表形式显示学生信息。该系统的实现流程如下:当 Android 应用启动后,首先向服务端请求获取学生信息,服务端程序收到请求后将学生信息以 json 的格式返回,Android 程序通过解析 json 并把数据显示在 ListView 上。

这是一个十分简单的小案例,先给大家讲解其中的关键代码。然后使用开源项目对其"不和谐"的部分进行优化。最后,使用开源项目 Android-PullToRefresh 实现下拉刷新、上拉加载等功能。

【注意】本章会使用到 Tomcat,对于如何导入 Tomcat 项目以及配置插件等,本章不再讲述,有需要读者可以参考本章的第一篇 A:项目配置与说明。

F.2.1 项目配置与效果图

服务端配置:

打开 eclipse,将 Tomcat 工程 StudentServer 导入。

启动 Tomcat,打开浏览器并在浏览器中输入以下 URL:(http://localhost:8080/StudentServer/StudentServer?type=getstudentdata),如果出现如图 8F-1 所示的界面。表示项目配置成功。

Android 配置:

将 StudentInfoDemo 工程导入 eclipse 中,编译,运行。看到效果如图 8F-2 所示,则表明项目配置成功。

F.2.2 案例关键代码解析

在这一节中,先讲述服务端程序的实现,再讲述 Android 端应用程序的实现。并且只挑重点的代码来讲述,让读者快速了解案例的实现原理,希望读者能认真阅读。

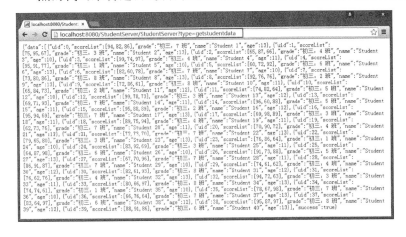

图 8F-1 浏览器显示 json 数据时,配置项目成功

图 8F-2 Android 程序运行后的效果

1. Java 服务端关键代码

如图 8F-3 所示,方框所示的 StudentBean 类定义学生的相关属性,而 MainServlet 类则是

程序的入口,负责返回学生信息到客户端。其中 lib 文件夹下有个 json.jar 文件,用于实现 json 数据的解析。

在 StudentBean 类中,定义了一系列的属性,包括学生 id、姓名、年龄、年级、语数英三科成绩等,并且定义了一系列的 getter、setter 方法,用于获取和设置相关属性。代码如图 8F-4 所示。

在类 MainServlet 中,定义了一系列常量用于标识操作类型,和一个 List<StudentBean> 实例,用于存放学生信息。代码如图 8F-5 所示。

图 8F-3　服务端程序结构

图 8F-4　StudentBean 类的实现

图 8F-5　定义了相关的属性

然后,在 doGet 方法中执行了 doPost 方法,这样做可以方便我们使用浏览器调试工作。

接下来,看一下 doPost 方法。代码如图 8F-6 所示。

如图 8F-6 所示。在方框 1 的代码中使用 getParameter 方法获取 URL 传进来的参数 type 的值。然后在方框 2 所示中,通过判断 type 的值,决定调用哪个方法生成 json 数据。最后,通过 out 对象将数据返回。

在 doPost 方法中,实际上就是调用了 returnStudentData 和 returnErrorInfo 这两个方法,接下来看一下这两个方法的实现。代码如图 8F-7 所示。

在图 8F-7 所示的代码中,在 json 中加入 jsonKey_stauts 关键字声明这次的

图 8F-6　doPost 方法的实现

数据获取请求是有效还是无效的。如果 jsonKey_stauts 为 truc,则请求有效,为 false 则表示请求错误,因此 Android 客户端可以根据该字段来显示学生数据或者错误提示。

在第 63 行代码中,调用蓝框的 getStudentList 方法,并将返回值作为 JsonKey_data 字段的值,即学生信息的 json 值。该方法本质是将 studentBeans 数组的内容遍历,利用 for 循环生成 jsonArray 及 jsonObject 对象。该方法具体的代码如图 8F-8 所示。

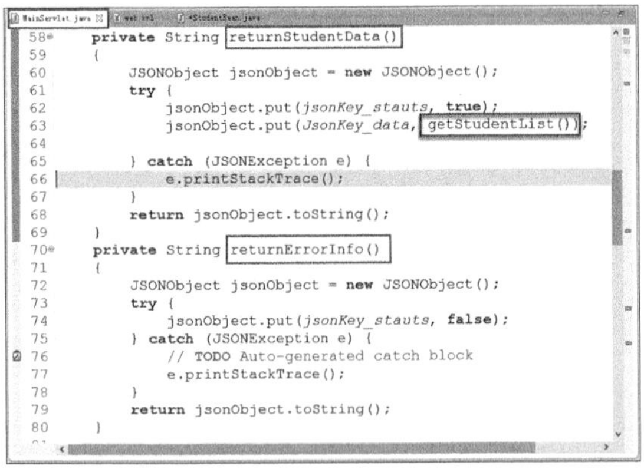

图 8F-7 returnStudentData 和 returnErrorInfo 方法的实现

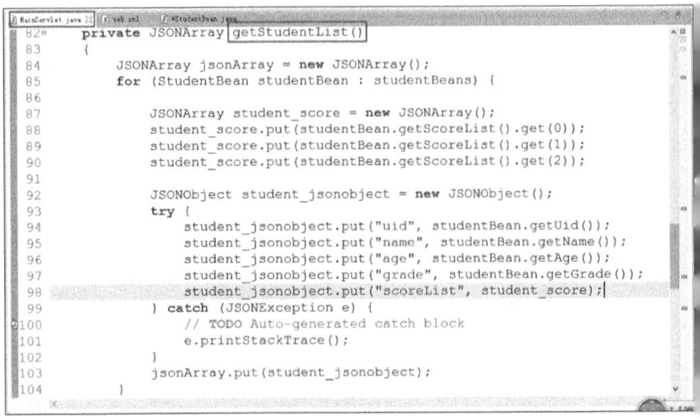

图 8F-8 getStudentList 方法的实现

可见这一步过程十分烦琐并容易出错,笔者在编程到这一步的时候内心也是有点崩溃的。最后,再看一下 init() 这个方法,如图 8F-9 所示。

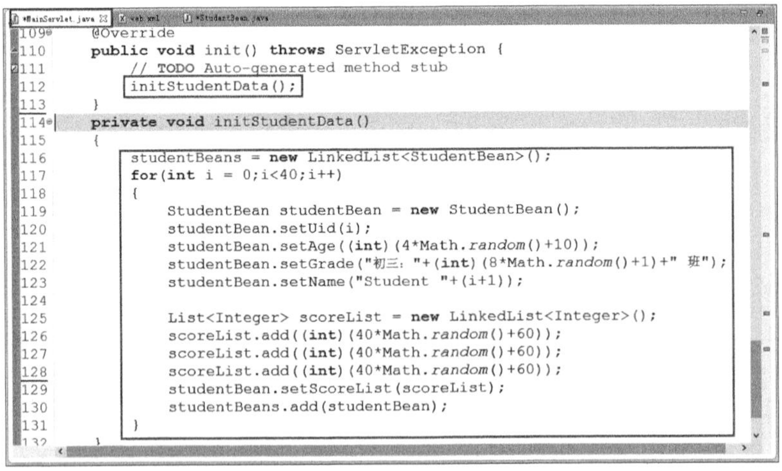

图 8F-9 servlet 项目时,对学生信息的初始化

下面重写了 MainServlet 类的 init() 方法,当 servlet 第一次启动的时候,将调用 initStudentData 方法随机生成了 40 个学生信息对象,并存放在 StudentBeans 对象中,供测试使用。

在这里,服务端程序的讲述到此结束。

2. Android 客户端关键代码

在这一节,给大家讲述 Android 客户端的关键代码。首先,Android 项目结构如图 8F-10 所示。

其中，StudentBean 类是学生信息类，定义了学生类的各个属性，内容于服务端的 StudentBean 类一致。而 GetStudentDataFromInternet 类，则实现了通过 http 协议请求并下载网络数据。

在 layout 文件夹下，activity_main.xml 布局文件作为程序的首页，listview_item.xml 布局文件则是 listview 的 item 布局。

1) GetStudentDataFromInternet 类的实现

在 GetStudentDataFromInternet 类中，给静态常量 BaseUrl，定义了上一节服务端程序的 URL。代码如图 8F-11 所示。

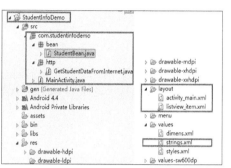
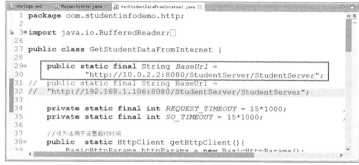

图 8F-10　Android 端程序结构　　　　　图 8F-11　定义了 BaseUrl

【注意】如果我们使用 Android 模拟器访问 Tomcat 项目，使用的域名是 10.0.2.2（在此案例中使用模拟器测试）。如果使用真机访问 Tomcat 项目，域名应该是主机电脑的 IP 地址，当然手机和电脑也必须在同一个局域网内。

继续往下看，如图 8F-12 中方框所示的代码。使用了 httpPost 对象，表示当前使用 post 方式访问服务器，并通过使用 List＜NameValuePair＞类，加入参数 type，并且该值为"getstudentdata"，该组参数表示需要获取学生的信息。

图 8F-12　getData()方法

2) MainActivity 类的实现

下面接着看一下类 MainActivity，即程序的主界面实现。关键代码如图 8F-13 所示。

407

```
26
27  public class MainActivity extends Activity {
28
29      private ListView listView;
30      private List<StudentBean> studentBeans;
31      private ProgressDialog progressDialog;
32      private ListViewBaseAdapter listViewBaseAdapter;
33
34      @Override
35      protected void onCreate(Bundle savedInstanceState) {
36          super.onCreate(savedInstanceState);
37          setContentView(R.layout.activity_main);
38
39          progressDialog = new ProgressDialog(this);
40          studentBeans = new LinkedList<StudentBean>();
41          listViewBaseAdapter = new ListViewBaseAdapter(this);
42
43          listView = (ListView) findViewById(R.id.main_listview);
44          listView.setAdapter(listViewBaseAdapter);
45
46          new DownLoadStudentData().execute();
47      }
48
49      private void showProgressDialog(String msg) {
50          progressDialog.setMessage(msg);
```

图 8F-13　MainActivity 关键代码

如图 8F-13 所示，我们首先定义了一些需要的变量，包括 ListView、StudentBean 数组、进度框 ProgressDialog、适配器等，如方框 1 所示。在 onCreate 方法的最后，先调用 setAdapter 方法给 listView 设置适配器，并在第 46 行代码执行 DownLoadStudentData 类的 execute 方法下载服务端的数据。

下面重点查看方框所示的 DownLoadStudentData 类，该类继承于 AsyncTask，因此可以实现网络数据的异步加载。代码如图 8F-14 所示。

```
130     class DownLoadStudentData extends AsyncTask<String, String, String> {
131         @Override
132         protected String doInBackground(String... arg0) {
133             // TODO Auto-generated method stub
134             String jsonString = GetStudentDataFromInternet.getData();
135             return jsonString;
136         }
137         @Override
138         protected void onPostExecute(String result) {
139             // TODO Auto-generated method stub
140             super.onPostExecute(result);
141             hideProgressDialog();
142             try {
143                 JSONObject jsonObject = new JSONObject(result);
144                 boolean success = jsonObject.optBoolean("success");
145
146                 if (success == true) {
147                     studentBeans.clear();
148                     studentBeans = getStudentBeansFromJson(jsonObject
149                             .optJSONArray("data"));
150                     listViewBaseAdapter.notifyDataSetChanged();
151                 } else {
152                     Toast.makeText(MainActivity.this, "加载数据失败",
153                             Toast.LENGTH_SHORT).show();
154
```

图 8F-14　DownLoadStudentData 类的实现

DownLoadStudentData 类的 doInBackground 方法中，调用了 GetStudentDataFromInternet 类中的 getData 方法，用于异步获得学生信息 json 数据。

在 onPostExecute 方法中，使用 getStudentBeansFromJson 方法对 json 数据进行解析，最后将得到的到学生信息存放到数组 studentBeans 中，然后更新 ListView。

其中，getStudentBeansFromJson 方法的实现如图 8F-15 所示。

在 getStudentBeansFromJson 方法里，先确定数据的长度，再循环调用 getStudentBean 方法生成 StudentBean 对象，并存放到 studentBeans 对象中，这两个方法实现了由 json 转化到

图 8F-15　解析 json 并得到学生信息列表对象

StudentBean 对象的过程。

在这里,案例两个部分的关键代码已介绍完成。代码量相对较多,使到所占边幅较长。接下来,对这个案例进行优化。

F.2.3　使用 Gson 解析 json 数据

记得上一节中的两个工程吗,最让人纠结的哪个部分? 大部分程序员认为,最容易出错且烦琐的莫过于 json 数据与对象的转换了。无论是服务端还是 Android 端,都需要使用了大量的代码来实现 json 与对象的相互转化,不但工作量大而且烦琐复杂容易出错,而 Gson 框架则可以很好地解决这个问题。接下来,学习 gson 的用法。

【知识点】Gson 是一个用于实现 Json 与对象之间转化的一个开源项目。它继承了谷歌的优良传统,具有效率高、简单易用的特点。

图 8F-16　gson-2.2.4 jar 包

1. Android 端代码修改

将如图 8F-16 所示的 jar 包复制到 StudentInfoDemo 工程的 libs 目录下,完成后如图 8F-17 所示。

修改 MainActivity 类中的 getStudentBeansFromJson 的方法。代码如图 8F-18 所示。

对比之前的案例,很惊喜地,发现只需要两行代码,就完成了 json 转对象的功能。

图 8F-17　将 jar 复制到 libs 目录下

图 8F-18　修改后的 getStudentBeansFromJson 方法

如图 8F-18 所示,在 188 行代码中的行代码中创建了一个 Gson 对象。第 189 行的方法中,调用了 fromJson 方法,通过 fromJson 方法可以将 json 转换成对应的对象。该方法第一个参数传入 json 的字符串,第二个参数传入 Class 对象。

第一个参数很容易理解,而第二个参数则是通过 json 转换后,希望得到的对象的类型。对于第二个参数,在本案例中很不巧地,通过 json 转换得到的对象类型,是一个泛型 List<StudentBean>。由于 Java 泛型的实现机制,使用了泛型的代码在运行期间相关的泛型参数的类型会被擦除,无法在运行期间获知泛型参数的具体类型(所有的泛型类型在运行时都是 Object 类型)。因此,我们需要借助 TypeToken 这个类,来得到参数类型。正如图 8F-18 的代码所示。

当然,如果转换后的对象类型只是普通类型,那么代码将更加简单,如图 8F-19 所示。

```
Gson gson = new Gson();
gson.fromJson(json, StudentBean.class);
```

图 8F-19　json 转 StudentBean 对象示例

【知识点】所有的泛型类型在运行时都是 Object 类型,无法在运行期间获知泛型参数的具体类型。

2. 服务端代码修改

首先在工程中导入 gson 的 jar 包,流程和 Android 端的一样,不再重复讲述。接着修改 getStudentList 方法,代码如图 8F-20 所示。

如图 8F-20 所示,在第 88 行代码中,使用 Gson 的 toJson 方法,将对象转化成 json 字符串,由于 studentBeans 是 List 类型,因此使用 jsonArray 来构建。同样地,使用了很少的代码就完成了 json 与对象之间的转化。

```
private JSONArray getStudentList()
{
    JSONArray jsonArray = null;
    Gson gson = new Gson();
    try {
        jsonArray = new JSONArray(gson.toJson(studentBeans));
    } catch (JSONException e) {
        // TODO Auto-generated catch block
        e.printStackTrace();
    }
    return jsonArray;
}
```

图 8F-20　修改后的 getStudentList 方法

总结:使用 Gson 框架,可以通过少量代码就完成了 json 数据与对象间的转化,给开发带来很大的便利。使用 Gson 时,需要清楚转换后的类型是泛型还是普通类型。若是泛型,则需要使用 TypeToken 类的 getType 方法来确定运行时的类型。

F.2.4　使用 android-async-http 获取网络数据

在项目介绍中可知,本案例的 Android 端的请求基于 http 协议,并用 GetStudentDataFromInternet 类封装了学生数据请求的过程。该做法的缺点也是明显的:

(1) GetStudentDataFromInternet 类必须与 AsyncTask 或 Thread 结合才能实现异步加载,这样增加了项目的耦合度。

(2) 有可能出现几个请求同时产生,此时的健壮性比较差,容易造成程序的崩溃。

这种情况,如果使用 android-async-http 框架即可以解决这些问题。

首先,导入 android-async-http-1.4.5.jar 包,如图 8F-21、图 8F-22 所示。

图 8F-21　android-async-http-1.4.5.jar 包

接下来,编写一个类 StudentInfoDownLoad,

用于定义或实现 android-async-http 框架的一些操作。代码如图 8F-23 所示。

图 8F-22　添加 android-async-http-1.4.5.jar 包　　　　图 8F-23　StudentInfoDownLoad 类的实现

在 StudentInfoDownLoad 类中,定义了一个静态 AsyncHttpClient 对象,初始化、下载等操作主要该类来实现。第 14 行代码中,定义了一个静态 get 方法,该方法要求传入 url、请求参数、响应操作对象等参数。

下一步,将在 MainActivity 类中创建一个 loadData 方法,用于实现网络请求。代码实现如图 8F-24 所示。

如方框所示,定义了一个 RequestParams 对象,通过 RequestParams 对象的 add 方法可以添加网络请求时的参数。本例中,添加了一个名为 type,值为 getstudentdata 的参数。

在第 220 行代码中,创建一个 AsyncHttpResponseHandler 对象,通过该对象可以处理网络请求后的回调事件。本例中,重写了 onSuccess、onFailure、onStart 这些方法,当网络请求在请求成功、请求失败、请求前时,这些方法分别得到回调。

当网络请求成功时,onSuccess 方法将会得到回调,并将返回的数据存放到参数 byte[] arg2 中。在本例中,将该参数的数据转成 String 类型,然后通过 updataListView 方法来解析 json 并更新列表。

此时,执行程序,可以见到效果如图 8F-25 所示。

图 8F-24　loadData 方法的实现　　　　图 8F-25　显示数据正常

通过使用 android-async-http 框架,可以十分轻松地完成了网络数据请求的功能。使用

android-async-http 框架,在本案例中表现为减少了代码的耦合度,让程序更加稳健。当然它的便利远不止于此,如果读者需要更高级的用法,请阅读官方的说明文档,本章仅作抛砖引玉之用。

F.2.5 使用 Android-PullToRefresh 框架实现"下拉刷新"和"加载更多"

下拉刷新和加载更多常常与 ListView 结合起来使用,当用户在 ListView 滚动到顶部并继续往下拉时,可触发数据刷新。当用户在 ListView 滚动到底部并继续往上拉时,可以触发加载更多。这种功能在主流应用中十分常见。

下拉刷新,上拉加载更多,这是一种数据分页结构,在数据较多时达到分段显示的效果,提高了用户体验。在本小节中,给案例加上这个功能。

1. 服务端代码修改

服务端代码修改,包括加入 page 参数(标记客户端请求的页数)、加入分页处理逻辑等。

在图 8F-26 中,创建常量 PAGE_ITEM_COUNT,并且值为 7,标志着每页总共最多包含 7 条数据,创建变量 page_sum 表示总页数。总页数 page_sum 的值在 initStudentData 方法中计算得到。如图 8F-27 所示。

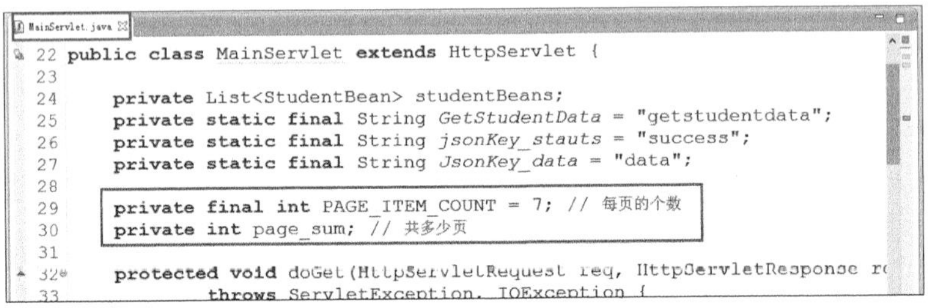

图 8F-26 添加每页最大 Item 常量及页数变量

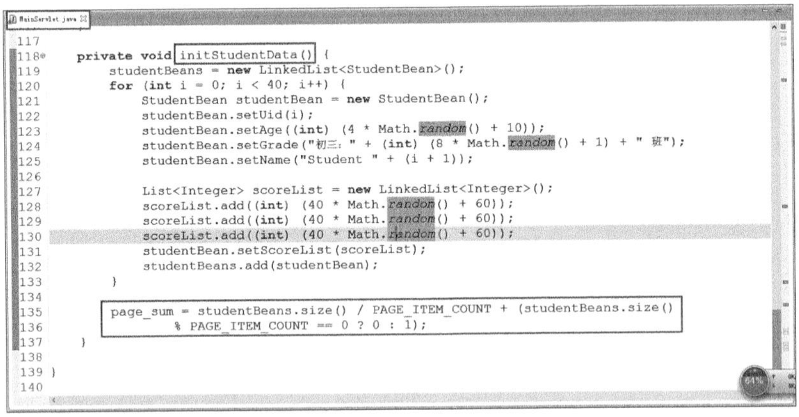

图 8F-27 通过列表总数、每页最多数据条数的关系得到总页数

在图 8F-28 中,修改了 getStudentList 方法,实现分页返回学生信息数据。

如图 8F-28 所示,给 getStudentList 方法添加了 cur_page 参数,表示当前请求获取哪一页的数据。

分页返回数据的处理逻辑如下:

(1) 如果 cur_page 为 0 或者超出总页数,将返回一个空的 JSONArray 对象。

(2) 如果 cur_page 小于总页数,则从列表中读取序号为 (cur_page−1) * 每页个数到

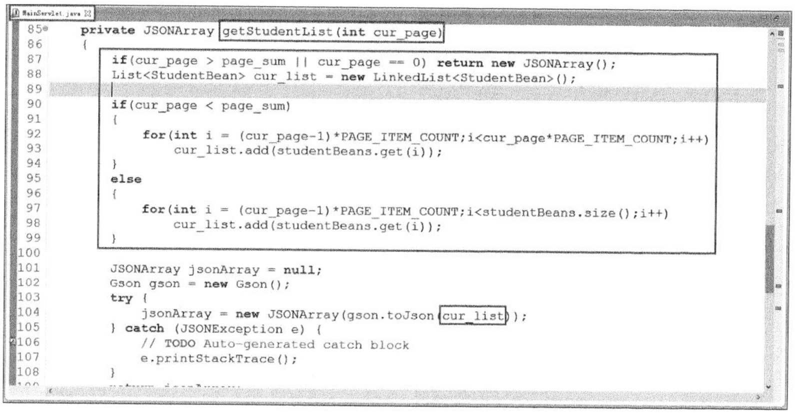

图 8F-28　getStudentList 方法的修改

cur_page * 每页个数之间的数据,并生成 json 数据返回。

(3) 如果 cur_page 等于总页数,即最后一页时,我们将返回(cur_page－1)* 每页个数 到 列表末尾的数据。对于这些公式,读者可以自行推导。

最后,在 doPost 方法中实现获取客户端传入 page 参数的值,将其转换成 int 型后传入 returnStudentData 方法中,代码如图 8F-29 所示。

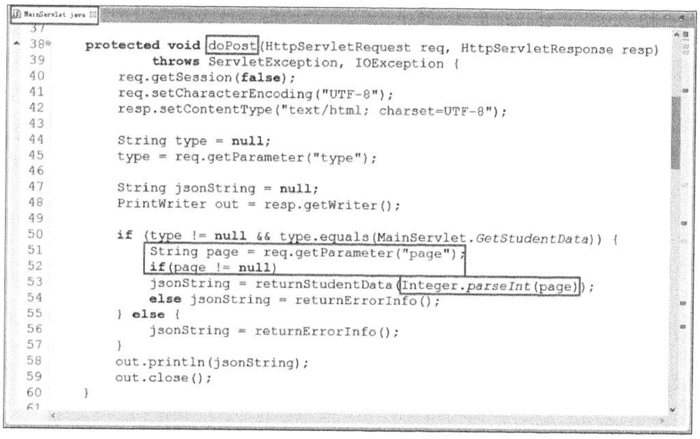

此时,服务端代码修改完毕。可以先测试一下是否编写正确,在浏览器原来的 URL 中加入 page 参数并获取第一页的学生信息数据。效果如图 8F-30 所示。

图 8F-29　在 doPost 方法中实现获取 page 参数的操作

图 8F-30　当 page＝1 时得到的数据结果

在图 8F-30 中,看到最后一条数据返回的 uid 值为 6,表示第一页返回了 7 条数据,符合我们的需求,服务端的代码修改成功。

下一步,对 Android 端程序的进行修改。

2. Android 端代码修改

我们知道,本案例实现的分页功能,包括下拉刷新数据和上拉加载更多数据两个功能。这两个功能实现起来其实并不简单,包括考虑程序健壮性的问题,可能导致耗费相当长的时间。因此,下面决定使用别人已经实现好的下拉刷新框架 Android-PullToRefresh。

需要在 Android 端的原基础上添加 Android-PullToRefresh 框架。该框架开源在著名代码托管网站 GitHub 上（https://github.com/chrisbanes/Android-PullToRefresh），可以得到它的相关资料。直接单击网页右边的 DownLoad ZIP 按钮，可以将整个开源项目下载，如图 8F-31 所示。

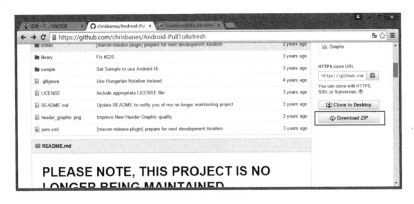

图 8F-31　下载该项目源码

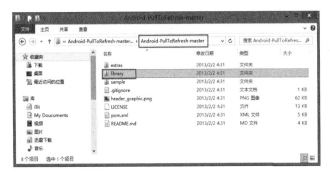

图 8F-32　项目目录

下载完成后，解压文件，可以看到目录下有很多文件夹，比如 example、library、extras 等，如图 8F-32 所示。

一般来说，sample 文件夹会存放着该项目使用例子，extras 文件夹存放一些额外的资料。从前面两个小节可以知道，使用开源项目时，都是通过导入 jar 包的形式导入开源项目。但是在这个文件夹中，好像没有找到该框架的 jar 包？

是的，这个开源项目中确实没有 jar 包。这是因为，当一个开源项目比较复杂，并拥有各种资源（如刷新时显示的图片）及包的依赖关系，打包成 jar 文件变得十分困难，这时候，作者更希望将整个开源框架作为一个库文件夹，再将这个库添加到项目中，这时候就可以使用作者实现好的控件。本例中的图 8F-32 方框所示的 library 文件夹就是这样的一个库文件夹。

在 eclipse 将 library 文件夹导入，导入后如图 8F-33 所示。

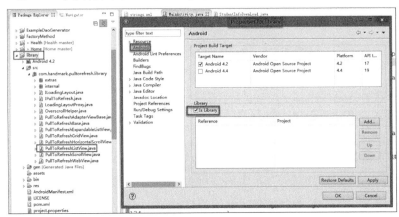

图 8F-33　库文件

可以看到，在 library 项目中，作者不仅仅实现了 ListView 的下拉刷新，其他如 ScrollView、WebView 控件的下拉刷新也实现了。

这时鼠标右键 library 工程，在 Properties 选项→Android 视图中，可以看到 is Library 这个项默认是被选中的(图 8F-33)，表示该工程是一个 Library。声明为 Library 的项目，不能单独运行，必须被引用到其他项目中才可以运行。

那么，该如何将它引用到自己的项目当中呢？答案很简单，鼠标右键自己的工程，在 Properties→Android 视图中，右侧点击 Add 按钮，然后添加刚才导入的 library 项目，最后单击"确定"按钮就完成 lib 的添加，步骤如图 8F-34 所示。

添加成功后，显示如图 8F-35 所示。

【注】library 项目必须和自己项目处于同一目录下，才能成功添加。因此，在导入 library 项目的时候注意是否导入到自己项目所处的同一个目录下。在同一目录下是，图 8F-35 所示的路径为相对路径。

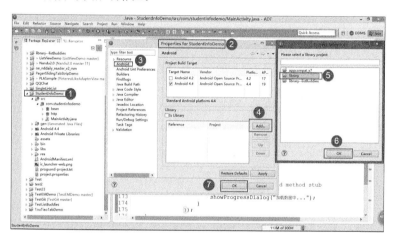 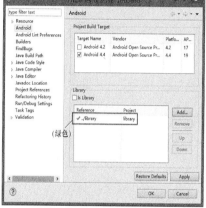

图 8F-34　在自己的项目中，引用下拉刷新的 library　　　　图 8F-35　添加成功后，显示相对路径与绿色的对钩

这时，就可以使用作者提供的下拉刷新控件了。首先，我们将原来的 ListView 替换成作者实现的 PullToRefreshListView 控件，即修改 activity_main 布局代码如图 8F-36 所示。

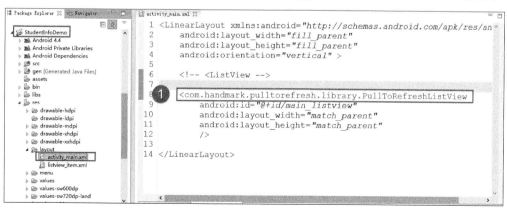

图 8F-36　在 xml 文件中声明下拉刷新 ListView

接下来,修改 MainActivity 文件,代码如图 8F-37 所示。

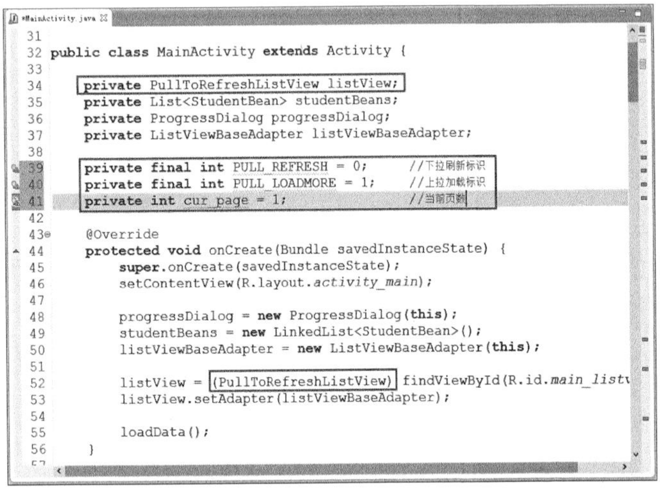

如图 8F-37 所示,把原来的 ListView 修改成 PullToRefreshListView,并定义了一些需要的常量标识 PULL_REFRESH、PULL_LOADMORE、页数变量 cur_page。

接下来,新建一个 initListView 方法,用于实现 PullToRefreshListView 控件在上拉刷新和下拉加载时的回调方法,代码如图 8F-38 所示。

在第 63 行代码中,设置 PullToRefreshListView 的模式为 Mode.BOTH,表示同时支持上拉和下拉,如果不设置则默认仅支持下拉。

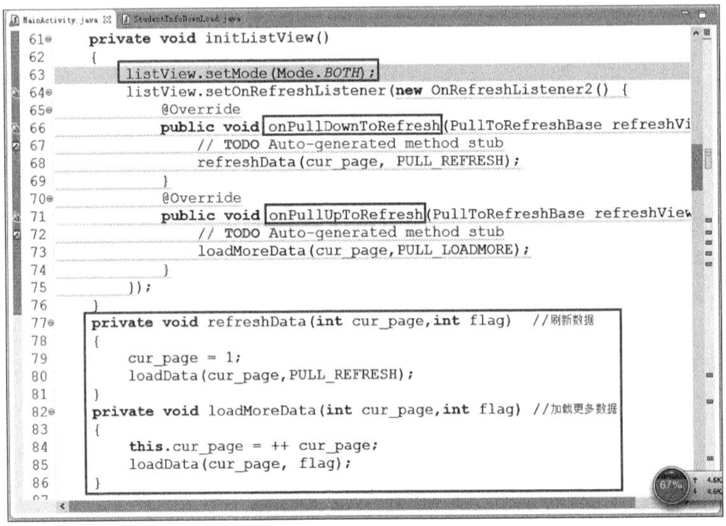

图 8F-37　修改 ListView 的定义,及定义相关的变量

图 8F-38　listView 的上下拉事件的响应

第 66 行的 onPullDownToRefresh 是下拉事件的回调方法,新建一个 refreshData 方法进行数据刷新。第 71 行的 onPullUpToRefresh 是上拉事件的回调方法,新建一个 loadMoreData 方法进行更多数据的加载。

同时,也需要修改 loadData 方法,修改如图 8F-39 所示。

在第 188 行中,发送请求时添加了 page 参数,表示页数。在 onSuccess 和 onFailure 方法中,都调用了 PullToRefreshListView 的 onRefreshComplete 方法,该方法用于结束 PullToRefreshListView 正在刷新的状态,如果不调用该方法,PullToRefreshListView 将会一直会显示正在刷新。

最后,由于下拉刷新时,需要将 studentBeans 数组清空,再添加得到的数据,若是加载更多,只需要把得到的数据直接放到 studentBeans 数组即可。因此 updataListView 方法也需要做出相应的修改,如图 8F-40 所示。

最后,将 initListView 方法在 onCreate 方法里调用,并用 refreshData 方法替换原来的 loadData 方法,如图 8F-41 所示。

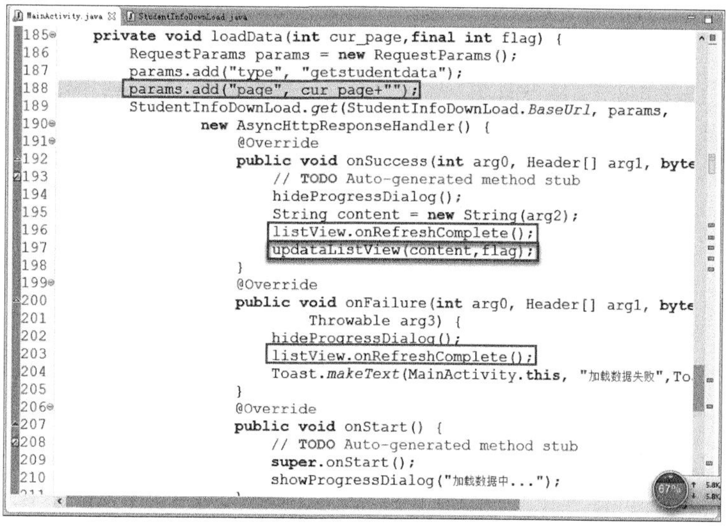

```
    private void loadData(int cur_page,final int flag) {
        RequestParams params = new RequestParams();
        params.add("type", "getstudentdata");
        params.add("page", cur_page+"");
        StudentInfoDownLoad.get(StudentInfoDownLoad.BaseUrl, params,
                new AsyncHttpResponseHandler() {
                    @Override
                    public void onSuccess(int arg0, Header[] arg1, byte
                        // TODO Auto-generated method stub
                        hideProgressDialog();
                        String content = new String(arg2);
                        listView.onRefreshComplete();
                        updataListView(content,flag);
                    }
                    @Override
                    public void onFailure(int arg0, Header[] arg1, byte
                            Throwable arg3) {
                        hideProgressDialog();
                        listView.onRefreshComplete();
                        Toast.makeText(MainActivity.this, "加载数据失败",To
                    }
                    @Override
                    public void onStart() {
                        // TODO Auto-generated method stub
                        super.onStart();
                        showProgressDialog("加载数据中...");
```

图 8F-39　修改后的 loadData 方法

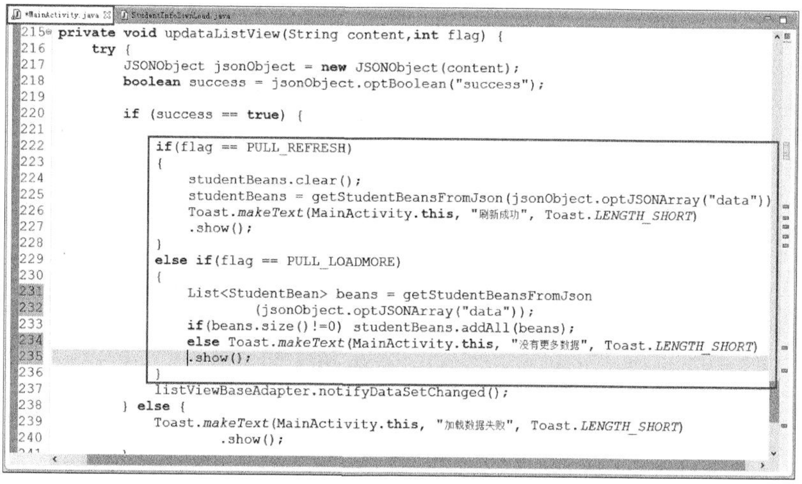

```
private void updataListView(String content,int flag) {
    try {
        JSONObject jsonObject = new JSONObject(content);
        boolean success = jsonObject.optBoolean("success");

        if (success == true) {

            if(flag == PULL_REFRESH)
            {
                studentBeans.clear();
                studentBeans = getStudentBeansFromJson(jsonObject.optJSONArray("data"))
                Toast.makeText(MainActivity.this, "刷新成功", Toast.LENGTH_SHORT)
                .show();
            }
            else if(flag == PULL_LOADMORE)
            {
                List<StudentBean> beans = getStudentBeansFromJson
                        (jsonObject.optJSONArray("data"));
                if(beans.size()!=0) studentBeans.addAll(beans);
                else Toast.makeText(MainActivity.this, "没有更多数据", Toast.LENGTH_SHORT)
                .show();
            }
            listViewBaseAdapter.notifyDataSetChanged();
        } else {
            Toast.makeText(MainActivity.this, "加载数据失败", Toast.LENGTH_SHORT)
                    .show();
```

图 8F-40　修改后的 updateListView 方法

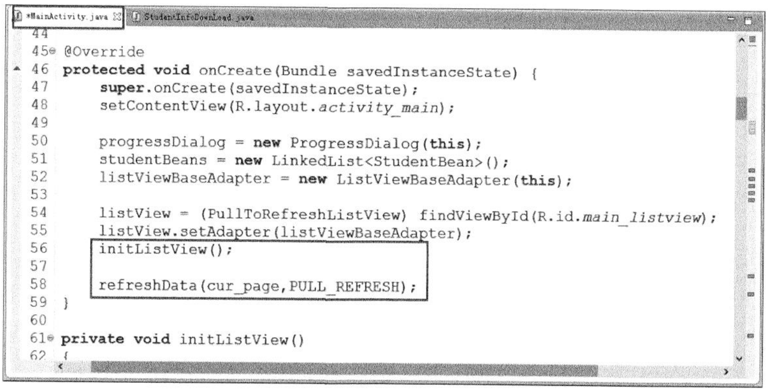

```
@Override
protected void onCreate(Bundle savedInstanceState) {
    super.onCreate(savedInstanceState);
    setContentView(R.layout.activity_main);

    progressDialog = new ProgressDialog(this);
    studentBeans = new LinkedList<StudentBean>();
    listViewBaseAdapter = new ListViewBaseAdapter(this);

    listView = (PullToRefreshListView) findViewById(R.id.main_listview);
    listView.setAdapter(listViewBaseAdapter);
    initListView();

    refreshData(cur_page,PULL_REFRESH);
}

private void initListView()
{
```

图 8F-41　在 onCreate 方法中调用 initListView、refreshData 方法

编译工程,运行。可以看到效果如图 8F-42、图 8F-43 所示。

类似下拉刷新这些比较常用,但是自己实现起来很费时间的功能,可以借助第三方框架,避免重复造轮子,提升编程的效率。

图 8F-42　效果 1:下拉刷新

图 8F-43 效果 2:上拉加载

F.3　项目心得

对于有一定 Android 开发基础的读者,应该多阅读其他高手的开源项目,平时多阅读源码,也可以学到很多编程技巧。

F.4　参考资料

(1) Android 开源项目分类汇总:

https://github.com/Trinea/android-open-project

(2) 最火的 Android 开源项目(完结篇):

http://www.csdn.net/article/2013-05-21/2815370-Android-open-source-projects-finale

(3) Android 应用中使用 AsyncHttpClient 来异步网络数据:

http://bbs.9ria.com/thread-228712-1-1.html

(4) 使用 Google 的 Gson 实现对象和 json 字符串之间的转换:

http://penghuaiyi.iteye.com/blog/1922632

(5) 如何一个 android 工程作为另外一个 android 工程的 lib:

http://blog.csdn.net/ljb_blog/article/details/10513081

项目 9　公交路线查询系统
——非原生态应用比较

A　公交路线查询移动应用系统-App 版本

搜索关键字

（1）公交线路查询 API
（2）C/S 结构

本章难点

公交查询系统最重要的是其查询数据的时效性，所以 App 采用调用公交线路查询 API 的方式，获取数据。

因此，如何处理 HTTP 请求成为公交路线查询 App 的重难点。而且还需要对服务器端返回的数据转换为实体类的对象，最后呈现到 View 上供用户查看。

不仅如此，软件的界面设计也尤为重要，公交路线查询 App 的控件是 Android 4.0 后支持的 HOLO 风格，既保证的美观性也保证了兼容性。

【注意】本章设置的目的是为了实现，用"不同"的方法来实现"同一个"案例。分别采取原生态 App 开发、Web App 开发以及 Qpython 第三方框架开发 App 的方法。所以重点是讲解代码的逻辑，所以布局就略讲，请读者自行查看界面布局的源代码。

A.1　项目简介

出行坐公车成为各大城市的人们日常生活中不可缺少的一部分。而前往目的地的线路需要随时掌握，随着人们生活水平的提高，于是手机公交线路查询软件，将成为人们生活出行的好帮手。

本系统是基于 Android 平台公交路线查询应用系统的设计与实现。其达到的要求包括：能为出行人们随时随地提供公交信息，选择或是推荐合适得乘车方案出行，以节约乘车时间，缩短乘坐距离为目的。

查询部分，通过调用 API 的方式获得实时的公交线路信息，公交线路数据不在本地，日后无须频繁更新 App 也能获得最新的数据。其中 API 部分通过请求"爱帮公交查询"的 API 获得公交信息数据。实现公交线路查询和公交换乘查询功能。

本程序初始运行时会自动获取用户所在城市,并有布局下方提示信息。并且默认会为用户填充当前城市名到输入框,如图 9A-1 所示。

在"线路查询"模式或在"换乘查询"模式下的输入框中输入需要查询的关键信息,然后单击"查询"按钮即可获取到相关信息,如图 9A-2 所示。

单击线路名称可展开该线路的详细信息,如图 9A-3 所示。

图 9A-1　启动后的界面　　　　图 9A-2　公交信息查询　　　　图 9A-3　展开详细信息

A.2　需求分析

A.2.1　系统目标

本公交路线信息查询系统具有以下功能:

(1) 系统应该可以进行线路查询,为用户提供某一路公交车的信息包括公交车名、起始时间、通车路线等。

(2) 系统应该能够进行站点查询,显示出经过某个站点的所有公交车信息。

(3) 可以进行换乘查询,当两个地点之间没有直达车时,给出换乘方案。

(4) 可以在不同城市的数据库中切换。

(5) 用户界面尽量友好,让用户能够方便的操作得到想要的查询结果,使系统能够快速查询出想要的结果,减少让用户等待的时间。

图 9A-4　启动后加载完成界面

A.2.2　系统功能描述

1. 启动加载功能

本功能在程序启动时会被调用,它会向百度定位 API 发送 HTTP 请求,API 根据当前用户的 IP 地址返回用户当前所在的城市的 Json 数据。程序在解析 Json 数据后,将用户所在的城市名填充到输入框,免去用户手动输入城市名的麻烦,并且还会在主界面下方有相关的提示信息,如图 9A-4 所示。

2. 线路查询功能

本功能在"线路查询"模式下,用户单击"查询"按钮时被调用,首先判断城市名输入框和公交线路输入框内容是否为空,如果是则弹出 Toast 错误提示并结束查询。如果输入框中有内容,会将输入框中的内容打包,然后跳转到查询结果的 Activity 中,检查联网状态后,执行 HTTP 请求发送输入框中的内容到"爱帮"API。最后将请求返回的数据处理后,显示到界面上。如果没有找到结果,或者无网络连接,则会结束掉当前的 Activity。并弹出 Toast 错误提示,如图 9A-5 所示。

3. 换乘查询功能

本功能在"换乘查询"模式下,实现的效果与"线路查询"一样,用户单击"查询"按钮时调用,首先判断城市名输入框、起始地输入框和目的地输入框是否为空,如果是则弹出 Toast 错误提示并结束查询。然后跳转到新的 Activity 中,检查联网状态后,执行 HTTP 请求"爱帮"API。最后将请求返回的数据处理后,显示到界面上。如果没有找到结果,或者无网络连接,则会结束掉当前 Activity。并弹出 Toast 错误提示,如图 9A-6 所示。

图 9A-5　线路查询

图 9A-6　换乘查询

A.3　系统设计与实现

应用的工程结构图如图 9A-7 所示,其中包括了系统所有的类、布局界面等等内容。有关应用的界面在上述系统功能描述中已经初步介绍过了,介于之前的课程对布局已经有很详细的讲解,并且本系统的重点主要是在 HTTP 请求和数据处理,所以布局的细节就不再讲解了,本篇更注重功能代码逻辑。有兴趣的读者可以自行查阅源代码中布局部分,相信有了前面学习的基础应该很快能理解。

A.3.1　创建实体类

由于请求 API 返回的是 json 数据,所以需要将 json 数据格式化为 Java 类的对象,便于后续对数据的处理。故需要根据 json 数据的内容创建实体类。

1. 根据百度 IP 定位 API 返回的 Json 数据创建实体类 Location

参考百度 IP 定位的 API 文档

(http://developer.baidu.com/map/index.php?title=webapi/ip-api),如图 9A-8 所示。

作为发送请求的参数,需要的信息为城市名,和 x,y 经纬度度坐标。故创建实体类 Location,用于存储上述信息。并放到 struct 包中,便于管理,如图 9A-9 所示。

2. 根据爱帮公交线路查询 API 返回的 Json 数据创建实体类 Line

参考爱帮公交线路查询 API 文档:

(http://www.aibang.com/api/usage#bus_lines),如图 9A-10 所示。

图 9A-7　系统工程结构图　　图 9A-8　百度 IP 请求返回 Json 数据示例

图 9A-9　Location 实体类　　图 9A-10　爱帮 API 请求参数

根据 API 返回信息，创建实体类 Line，如图 9A-11 所示。

3. 根据爱帮公交换乘查询 API 返回的 Json 数据创建实体类 Line

参考爱帮公交换乘查询 API 文档：(http://www.aibang.com/api/usage#bus_transfer)，如图 9A-12(a)、图 9A-12(b) 所示。

图 9A-11　Line 实体类

图 9A-12(a)　公交换乘查询 API 文档 1　　图 9A-12(b)　公交换乘查询 API 文档 2

根据 API 返回信息，创建实体类 Transfer 和 Segment，如图 9A-13、图 9A-14 所示。

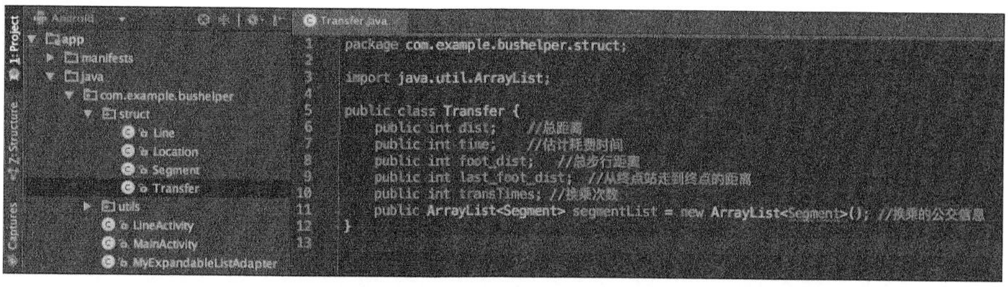

图 9A-13 Transfer 类

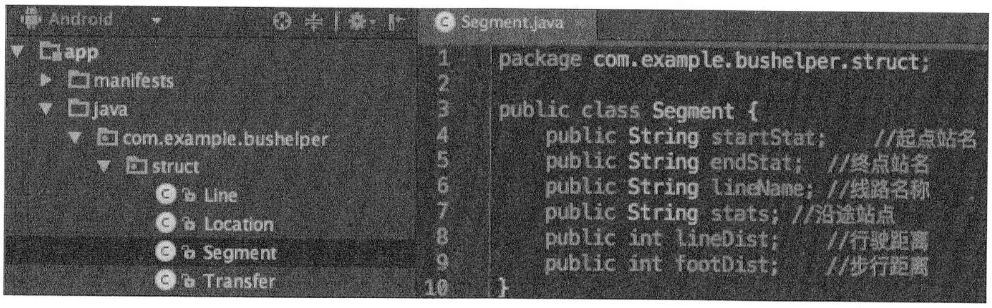

图 9A-14 Segment 类

A.3.2 导入 HTTP 请求和网络状态检查工具类

1. HTTP 请求工具类 NetUtils.class

前文提过,公交路线查询 APP 的"公交信息数据"来源为对"爱帮公交"相应 API 所做 HTTP 请求获得的数据。

这里是通过使用 NetUtils 工具类中的方法,该方法能对指定的 URL 发送请求,还可以快速地设置请求参数。NetUtils.class 的源码如图 9A-15、图 9A-16 所示,将它放到 Utils 包中。

ConnectivityManager 主要管理网络连接的相关类,它主要负责的是:监视网络连接状态,包括(Wi-Fi、GPRS、UMTS、etc);当网络状态改变时发送广播通知;当网络连接失败尝试连接其他网络;提供 API,允许应用程序获取可用的网络状态。此处通过 ConnectivityManager 判断是否有网络。

1) 发起一个带参数的 GET 请求方法

使用 HashMap 封装需要发送的键值对参数,调用 NetUtils 类中的静态方法 getRequest 传入 API

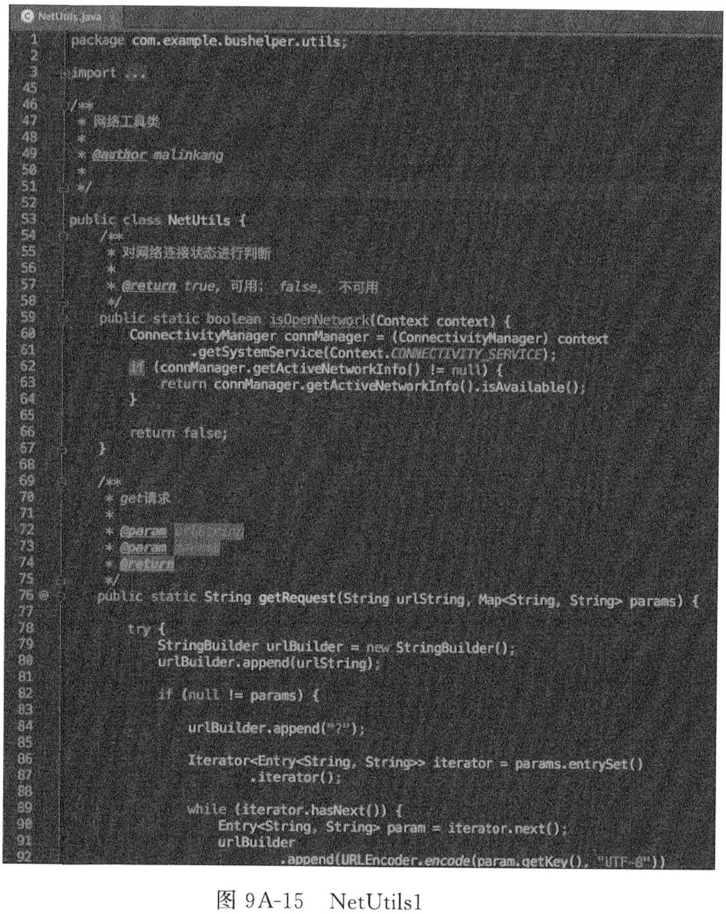

图 9A-15 NetUtils1

```java
    */
public static String getRequest(String urlString, Map<String, String> params) {
    try {
        StringBuilder urlBuilder = new StringBuilder();
        urlBuilder.append(urlString);

        if (null != params) {

            urlBuilder.append("?");

            Iterator<Entry<String, String>> iterator = params.entrySet()
                    .iterator();

            while (iterator.hasNext()) {
                Entry<String, String> param = iterator.next();
                urlBuilder
                        .append(URLEncoder.encode(param.getKey(), "UTF-8"))
                        .append('=')
                        .append(URLEncoder.encode(param.getValue(), "UTF-8"));
                if (iterator.hasNext()) {
                    urlBuilder.append('&');
                }
            }
        }
        // 创建HttpClient对象
        HttpClient client = getNewHttpClient();
        // 发送get请求创建HttpGet对象
        HttpGet getMethod = new HttpGet(urlBuilder.toString());
        HttpResponse response = client.execute(getMethod);
        // 获取状态码
        int res = response.getStatusLine().getStatusCode();
        if (res == 200) {

            StringBuilder builder = new StringBuilder();
            // 获取响应内容
            BufferedReader reader = new BufferedReader(
                    new InputStreamReader(response.getEntity().getContent()));

            for (String s = reader.readLine(); s != null; s = reader
                    .readLine()) {
                builder.append(s);
            }
            return builder.toString();
        }
    } catch (Exception e) {
    }

    return null;
}
```

图 9A-16　NetUtils2

的 URL 和 HashMap 对象即可。使用字符串对象接受方法返回值，返回值为 API 返回的数据。示例代码如图 9A-17、图 9A-18 所示。

```
//封装请求参数，发送请求
Map<String, String> params2 = new HashMap<String, String>();
params2.put("city", cityName);
String jsonString = NetUtils.getRequest(params[0], params2);
```

图 9A-17　示例代码

2）发起一个带参数的 POST 请求方法

使用 LinkedList＜BasicNameValuePair＞封装需要发送的键值对参数，调用 NetUtils 类中的静态方法 postRequest 传入 API 的 URL 和 LinkedList 对象即可。使用字符串对象接受方法的返回值，返回值为 API 返回的数据。示例代码如图 9A-19、图 9A-20 所示。

第 163 到 188 行代码，定义了 getNewHttpClient 方法，用于返回一个 HttpClient 实例。

由图 9A-20、图 9A-22 中，第 163 到 235 行，EasySSLSocketFactory 类的主要目的就是让 httpclient 接受所有的服务器证书，能够正常的进行 https 数据读取。

2. 网络状态检查工具类

NetworkStateUtils.class，源码如图 9A-23 所示。

此类封装的两个方法用来检测网络状态，并返回 Boolean 类型的值。

checkNetworkState 用于检测当前设备的网络状态，传入当前 Activity 的 Context 对象作为参数，当检测到设备网络可用时返回 True，不可用时返回 False。

checkNetworkStateAndShowAlert 用于检测当前设备的网络状态，传入当前 Activity 的

```
                            builder.append(s);
                    }
                    return builder.toString();
            } catch (Exception e) {

            }
            return null;
    }
    /**
     * post请求
     *
     * @param urlString
     * @param params
     * @return
     */
    public static String postRequest(String urlString,
            List<BasicNameValuePair> params) {
        try {
            // 1. 创建HttpClient对象
            HttpClient client = getNewHttpClient();
            // 2. 发get请求创建HttpGet对象
            HttpPost postMethod = new HttpPost(urlString);
            postMethod.setEntity(new UrlEncodedFormEntity(params, HTTP.UTF_8));
            HttpResponse response = client.execute(postMethod);
            int statueCode = response.getStatusLine().getStatusCode();
            if (statueCode == 200) {
                System.out.println(statueCode);
                return EntityUtils.toString(response.getEntity());
            }
        } catch (Exception e) {

        }
        return null;
    }
```

图 9A-18 NetUtils3

```
List<BasicNameValuePair> params = new LinkedList<BasicNameValuePair>();
params.add(new BasicNameValuePair("id", "1"));
String json = NetUtils.postRequest(BAIDU_URL, params);
```

图 9A-19 示例代码

```
        return null;
    }

    // 保存时+当时的秒数
    public static long expires(String second) {
        Long l = Long.valueOf(second);

        return l * 1000L + System.currentTimeMillis();
    }

    private static HttpClient getNewHttpClient() {
        try {
            KeyStore trustStore = KeyStore.getInstance(KeyStore
                    .getDefaultType());
            trustStore.load(null, null);

            SSLSocketFactory sf = new SSLSocketFactoryEx(trustStore);
            sf.setHostnameVerifier(SSLSocketFactory.ALLOW_ALL_HOSTNAME_VERIFIER);

            HttpParams params = new BasicHttpParams();
            HttpProtocolParams.setVersion(params, HttpVersion.HTTP_1_1);
            HttpProtocolParams.setContentCharset(params, HTTP.UTF_8);

            SchemeRegistry registry = new SchemeRegistry();
            registry.register(new Scheme("http", PlainSocketFactory
                    .getSocketFactory(), 80));
            registry.register(new Scheme("https", sf, 443));

            ClientConnectionManager ccm = new ThreadSafeClientConnManager(
                    params, registry);

            return new DefaultHttpClient(ccm, params);
        } catch (Exception e) {
            return new DefaultHttpClient();
        }
    }

    public static class SSLSocketFactoryEx extends SSLSocketFactory {
```

图 9A-20 NetUtils4

图 9A-21 NetUtils5

Context 对象作为参数,设备网络可用返回 True,不可用时返回 False 并且以 Toast 的方式弹出提示网络不可用的提示性信息。

【注意】使用此类的方法需要在 AndroidManifest.xml 声明联网权限 android.permission.INTERNET 和 android.permission.ACCESS_NETWORK_STATE。

A.3.3 后台模块的设计与实现

有关后台模块的实现代码名称和结构如图 9A-24 所示。

图 9A-22 NetUtils6

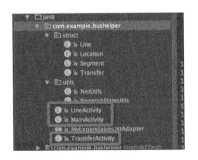

图 9A-24 后台类名

图 9A-23 NetworkStateUtils

1. 启动加载模块 MainActivity

1) 算法分析

启动加载模块是用户在启动时,首先将主布局的控件实例化。接着,由于 APP 有"线路查询"和"换乘查询"两个模块,而两个模块通过主布局上的两个按钮进行切换,相互切换时会改变布局上的按钮、输入框的风格,还有查询按钮单击事件的处理逻辑,所以定义 lineMode 和 transferMode 两个方法分别改变控件样式和改变单击事件的处理逻辑,并且使得"线路查询"或"换乘查询"按钮被单击时分别执行。最后会检查网络状态,如果网络状态良好,则使用自定义的 AsyncTask 类请求百度定位 API 获得用户所在位置数据,位置数据通过解析后会将城市名填充到城市名输入框中,免去用户输入的麻烦。当用户单击查询时,会进行输入合法性检查,只有输入框不为空时,才会跳转到下一个 Activity 中进行查询操作。

2) 交互界面

MainActivity.class 是用户交互主界面,用来获取一些必要的信息。在设置交互界面的时候,使用 LinearLayout 布局来嵌套 Button,EditText 等控件的方式来模拟一个选项卡界面,使得用户可以方便地切换"线路查询"和"换乘查询"。所以需要在主布局文件上编写好"线路查询"和"换乘查询"的界面,然后将其中其中一个查询界面的 visibility 参数设置为 gone 即是隐藏掉这个界面。最后在 MainActivity 类中通过用户的交互事件,动态地改变这两个界面的隐藏和显示效果,从而模拟实现选项卡界面的功能。具体实现代码,如图 9A-25~图 9A-29 所示。

onCreate 方法主要实例化主界面的 Button、EditText 等控件,调用初始化函数,并为路线查询按钮绑定单击事件。最后检查网络状态,当设备网络状态可用时发送 HTTP 请求调用百度位置查询 API,并将用户当前所在的城市名更新到 UI,以便用户作后续的公交线路查询操作。

第 102、103 行代码设置隐藏换乘查询,显示线路查询,进入线路查询模式。

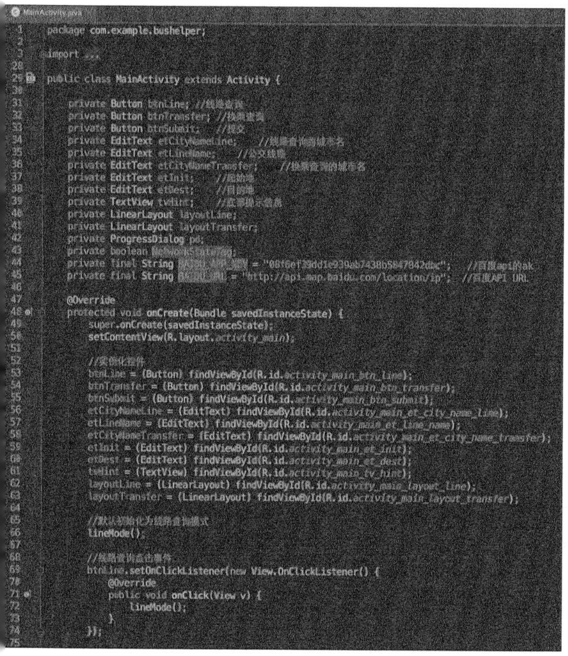

图 9A-25　MainActivity1 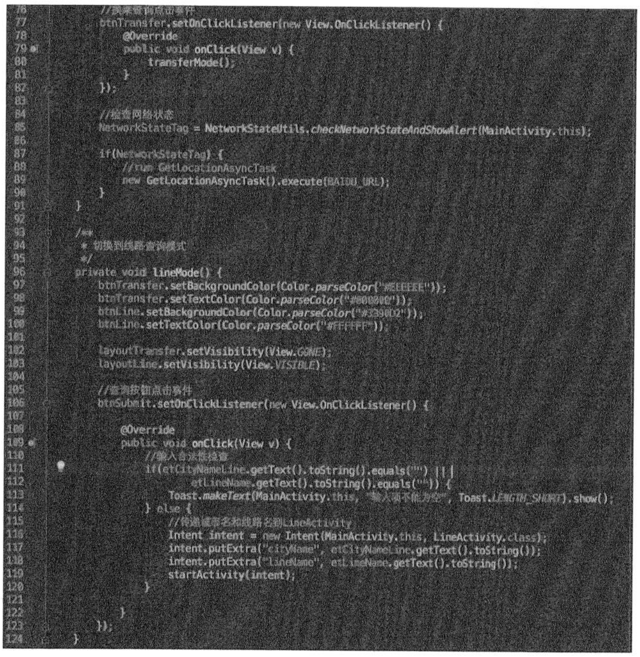　　　　　图 9A-26　MainActivity2

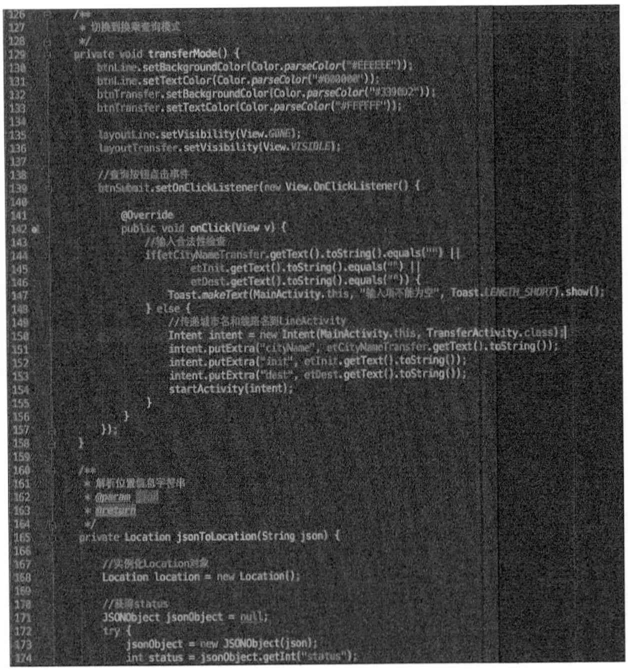

图 9A-27　MainActivity3

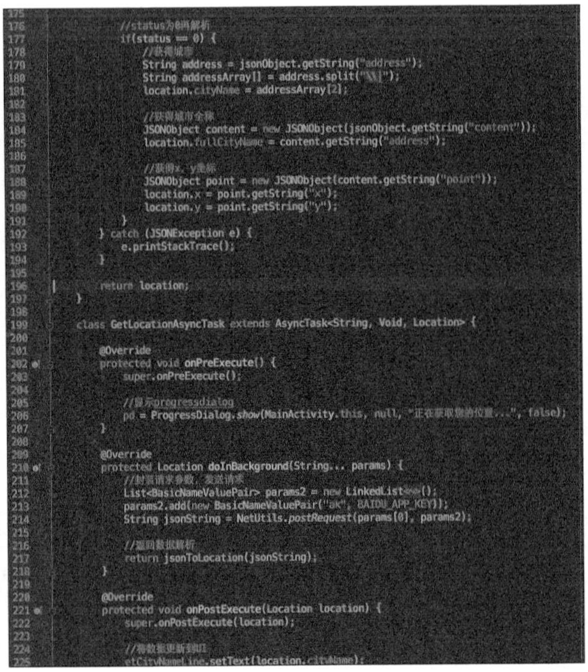

图 9A-28　MainActivity4

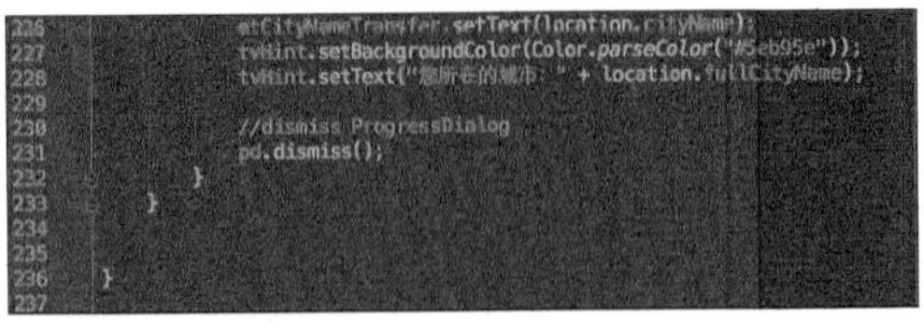

图 9A-29　MainActivity5

第 106 到 123 行代码，为查询按钮设置监听器，并为其定义单击事件。首先进行用户输入框中输入字符合法性检查，然后将输入框的字符串通过 Intent 对象，传递到 LineActivity 进行公交线路查询。

第 135、136 行代码设置隐藏线路查询，显示换乘查询，进入换乘查询模式。

第 139 到 157 行代码，为查询按钮设置监听器，并为其定义单击事件。首先进行用户输入框中输入字符合法性检查，然后将输入框的字符串通过 Intent 对象，传递到 transferActivity 进行公交换乘查询。

第 165 到 197 行代码的 jsonToLocation 方法，传入请求百度位置 API 后返回的 json 字符串作为参数。首先实例化实体类 Location，然后使用 JSONObject 和 JSONArray 对象对 json 字符串进行解析。最终位置信息赋值给 location 对象。

AsyncTask，是 Android 提供的轻量级的异步类，在类中实现异步操作，并提供接口反馈当前异步执行的程度（可以通过接口实现 UI 进度更新），最后反馈执行的结果给 UI 主线程。

Android 的 AsyncTask 比 Handler 更轻量级一些，适用于简单的异步处理。

首先明确 Android 之所以有 Handler 和 AsyncTask，都是为了不阻塞主线程（UI 线程），且 UI 的更新只能在主线程中完成，因此异步处理是不可避免的。

Android 为了降低这个开发难度，提供了 AsyncTask。AsyncTask 就是一个封装过的后台任务类，顾名思义就是异步任务。

要使用 AsyncTask 工作就要提供三个泛型参数，并重载几个方法（至少重载一个）：

AsyncTask 定义了三种泛型类型 Params，Progress 和 Result。

(1) Params 启动任务执行的输入参数,比如 HTTP 请求的 URL。
(2) Progress 后台任务执行的百分比。
(3) Result 后台执行任务最终返回的结果,比如 String。
一个异步加载数据最少要重写以下这两个方法:
(4) doInBackground(Params…) 后台执行,比较耗时的操作都可以放在这里注意这里不能直接操作 UI。此方法在后台线程执行,完成任务的主要工作,通常需要较长的时间。在执行过程中可以调用 publicProgress(Progress…)来更新任务的进度。
(5) onPostExecute(Result)相当于 Handler 处理 UI 的方式,在这里面可以使用在 doInBackground 得到的结果处理操作 UI。此方法在主线程执行,任务执行的结果作为此方法的参数返回有必要的话你还得重写以下这三个方法,但不是必须的:
(6) onProgressUpdate(Progress…)可以使用进度条增加用户体验度。此方法在主线程执行,用于显示任务执行的进度。
(7) onPreExecute()这里是最终用户调用 Excute 时的接口,当任务执行之前开始调用此方法,可以在这里显示进度对话框。
(8) onCancelled()用户调用取消时,要做的操作

第 199 到 233 行代码,定义类 GetLocationAsyncTask 类继承 AsyncTask 类。对于三个泛型参数类型,定义为 String(传入 HTTP 请求的 URL)、Void、Location(返回实体类对象)。

在 onPreExecute 方法中,调用 ProgressDialog 类的 show 方法,显示一个提示框,提示用户正在获取数据。

在 doInBackground 方法中,封装请求参数,调用 NetUtils 类的 getRequest 方法发送 HTTP 请求,最后调用 jsonToLocation 将服务器端返回的 json 字符串解析,赋值到 Loaction 对象。

在 onPostExecute 方法中,将 Location 对象的属性,即是用户的位置信息更新到主界面的输入框和底部提示语中。最后将调用 ProgressDialog 的 dismiss 方法,关闭获取数据的提示框。

2. 线路查询模块 LineActivity
1) 算法分析
线路查询是获取用户在 MainActivity 传递过来的城市名和站点名,作为 API 请求的参数。检测网络状态后,进行 HTTP 请求,将返回的 Json 字符串解析成实体类对象。然后将所有实体类对象的成员,通过适配器,加载到布局上的 ExpandableList 控件。

2) 查询功能
LineActivity.class 实现线路查询界面,查询相应的公交线路,并显示出来。
本部分实现逻辑顺序为:
(1) 实例化布局上的 ExpandableList 控件。
(2) 取得上一个 Activity 传过来的"城市名"和"线路名"。
(3) 检查网络状态后向爱帮公交查询 API 发送 HTTP 请求。
(4) 将 HTTP 请求返回的 json 字符串进行解析,储存在 Line 的实体类对象中。
(5) 将所有实体类对象的成员,通过适配器,加载到布局上的 ExpandableList 控件。
具体实现代码,如图 9A-30~图 9A-34 所示。

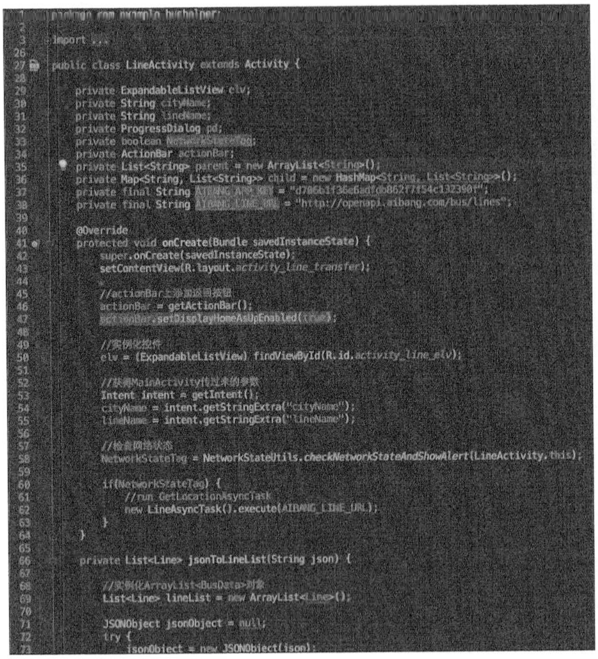

图 9A-30　LineActivity1

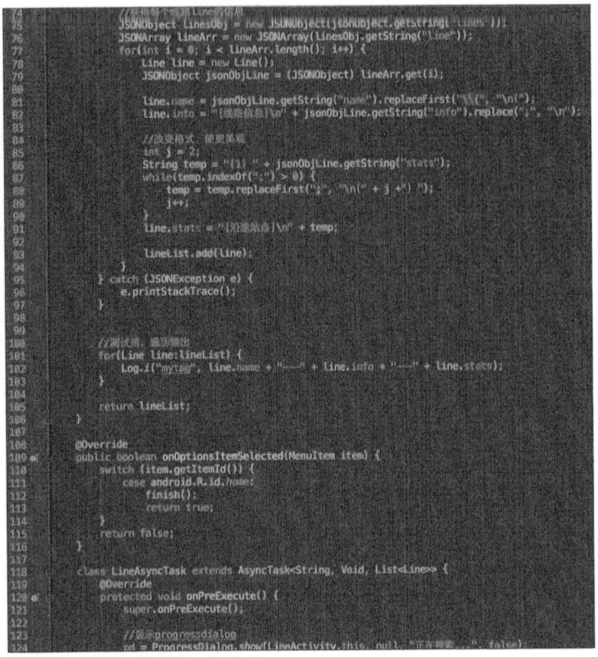

图 9A-31　LineActivity2

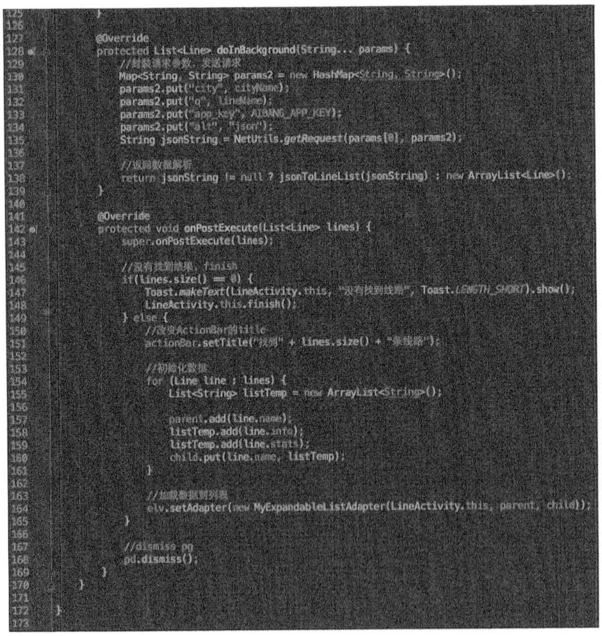

图 9A-32　LineActivity3

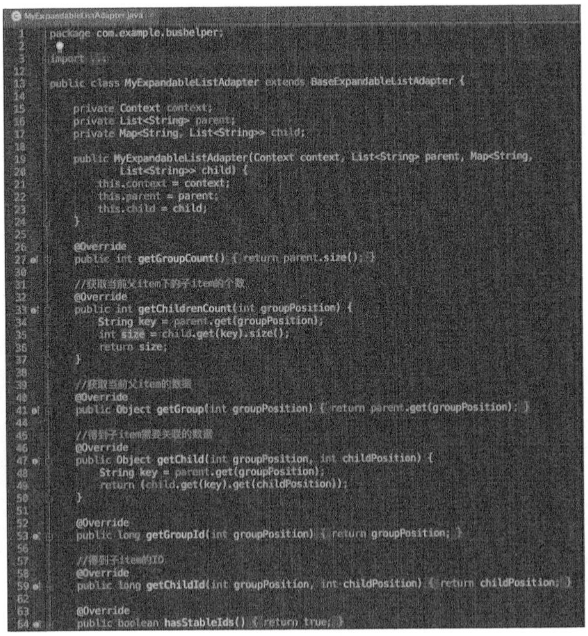

图 9A-33　MyExpandableListAdapter1

图 9A-30 中第 41 行到 63 行的 onCreate 方法，首先加载布局，实例化 ExpandableList 控件。通过调用 getIntent 方法获得 Intent 对象，通过调用该对象的 getStringExtra 方法获取 MainActivity 传过来的"城市名"和"线路名"。最后，调用 NetWorkStateUtils 确认当前网络状态可用后，实例化 LineAysncTask 类对爱帮公交线路查询 API 进行 HTTP 请求。

图 9A-30、图 9A-31 中第 66 到 106 行，jsonToLinelist 方法，传入请求爱帮公交线路查询 API 后返回的 json 字符串作为参数。首先实例化 ArrayList＜Line＞对象，然后使用 JSONObject 和 JSONArray 对象对 json 字符串进行解析，将每个线路的信息先赋值到 Line 实体类对象中，然后将实体类通过 ArrayList＜Line＞对象的 add 方法将所有线路信息整合到 ArrayList 数组中。

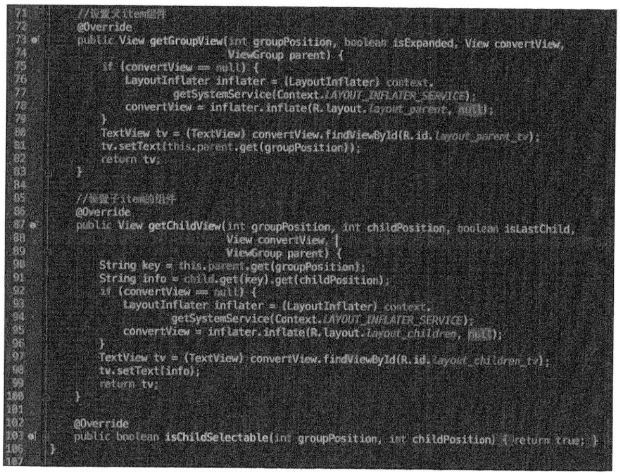

图 9A-31、图 9A-32 中第 118 到 170 行代码，定义类 LineAsyncTask 类继承 AsyncTask 类。对于三个泛型参数类型，定义为 String（传入 HTTP 请求的 URL）、Void、Location（返回实体类对象）。

图 9A-34 MyExpandableListAdapter2

在 onPreExecute 方法中，调用 ProgressDialog 类的 show 方法，显示一个提示框，提示用户正在获取数据。

在 doInBackground 方法中，封装请求参数，调用 NetUtils 类的 getRequest 方法发送 HTTP 请求，最后调用 jsonToLocation 将服务器端返回的 json 字符串解析，赋值到 ArrayList＜Line＞对象。

在 onPostExecute 方法中，遍历 ArrayList＜Line＞对象，将公交线路的路线名储存在 ArrayList＜String＞对象中，然后将公交线路名和公交线路实体类对象对应储存在 Map＜String，List＜String＞＞中。将这两个对象作为参数传入实例化的 ExpandableListView 的适配器对象的构造方法中。最后通过适配器把数据加载到 ExpandableListView 可折叠列表控件中。

【知识点】有时，使用 ListView 并不能满足应用程序所需要的功能。有些应用程序需要"多组"ListView，这时候就要使用一种新的控件——ExpandableListView，可以扩展的 ListView。它的作用就是将 ListView 进行分组。就好像我们使用 QQ 的时候，有"我的好友"，"陌生人"，"黑名单"分组一样，单击一下会扩展开，再单击一下又会收缩回去。

ExpandableListView 是一个垂直滚动显示两级列表项的视图，与 ListView 不同的是，它可以有两层：每一层都能够被独立的展开并显示其子项。这些子项来自于与该视图关联的 ExpandableListAdapter。

每一个可以扩展的列表项的旁边都有一个指示符（箭头）用来说明该列表项目前的状态（这些状态一般是已经扩展开的列表项，还没有扩展开的列表项，子列表项和最后一个子列表项）。

和 ListView 一样，ExpandableListView 也是一个需要 Adapter 作为桥梁来取得数据的控件。一般适用于 ExpandableListView 的 Adapter 都要继承 BaseExpandableListAdapter 这个类，并且必须重载 getGroupView 和 getChildView 这两个最为重要的方法。

MyExpandableListAdapter.class，设置查询结果显示的布局（将内容元素布局好，放置容器中）。

在 MyExpandableListAdapter 的构造方法中，我们获得三个参数，第一个为当前 Activity 的 Context 对象，一个为 List＜String＞对象，是公交线路线路名的集合，一个为 Map＜

String,List＜String＞＞,是公交线路名和公交线路实体类对象对应的集合。

在图 9A-34 中,第 73 到 83 行:利用 getGroupView 方法,用于取得列表项分组的视图。

第 87 到 100 行:利用 getChildView 方法,用于取得列表项分组中子列表的视图。

3. 换乘查询模块 TransferActivity

1) 算法分析

换乘查询与线路查询两个模块的处理逻辑大同小异。换乘查询是获取用户在 MainActivity 传递过来的"城市名"、"起始地"和"目的地",作为 API 请求的参数。检测网络状态后,进行 HTTP 请求,将返回的 Json 字符串解析成实体类对象。然后将所有实体类对象的成员,通过适配器,加载到布局上的 ExpandableList 控件。

2) 换乘功能

TransferActivity.class,其中包含了换乘查询的界面以及查询相应的换乘方案,并显示出来,具体实现代码,如图 9A-35～图 9A-38 所示。

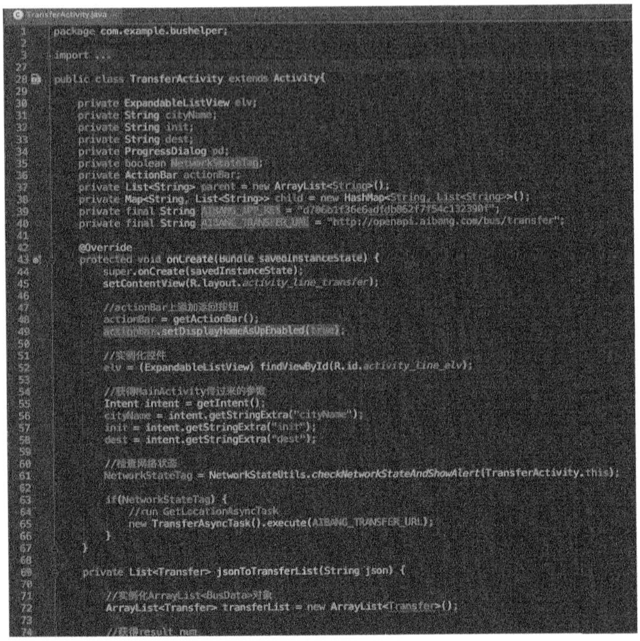

图 9A-35　TransferActivity1 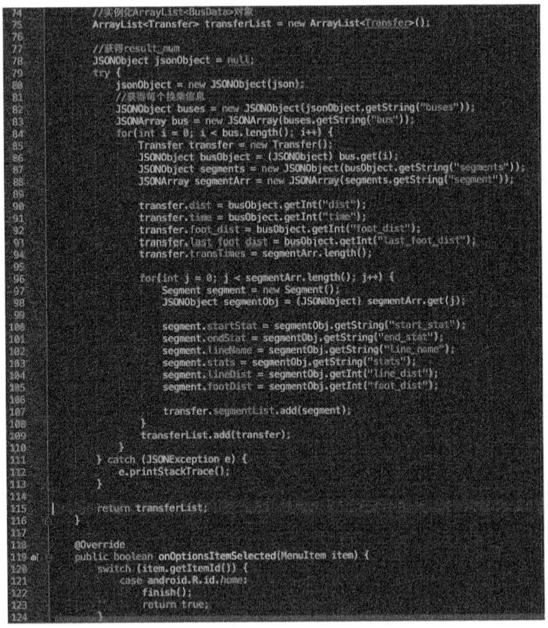　　　　图 9A-36　TransferActivity2

本部分实现逻辑顺序为:

(1) 实例化布局上的 ExpandableList 控件。

(2) 取得上一个 Activity 传过来的"城市名"、"起始地"和"目的地"。

(3) 检查网络状态后向爱帮公交换乘查询 API 发送 HTTP 请求。

(4) 将 HTTP 请求返回的 json 字符串解析,储存在 Line 的实体类对象中。

(5) 将所有实体类对象的成员,通过适配器,加载到布局上的 ExpandableList 控件。

图 9A-35 中第 43 行到 67 行的 onCreate 方法,首先加载布局,实例化 ExpandableList 控件。通过调用 getIntent 方法获得 Intent 对象,通过调用该对象的 getStringExtra 方法获取 MainActivity 传过来的"城市名"、"起始地"和"目的地"。最后,调用 NetWorkStateUtils 确认当前网络状态可用后,实例化 TransferAysncTask 类对爱帮公交线路查询 API 进行 HTTP 请求。

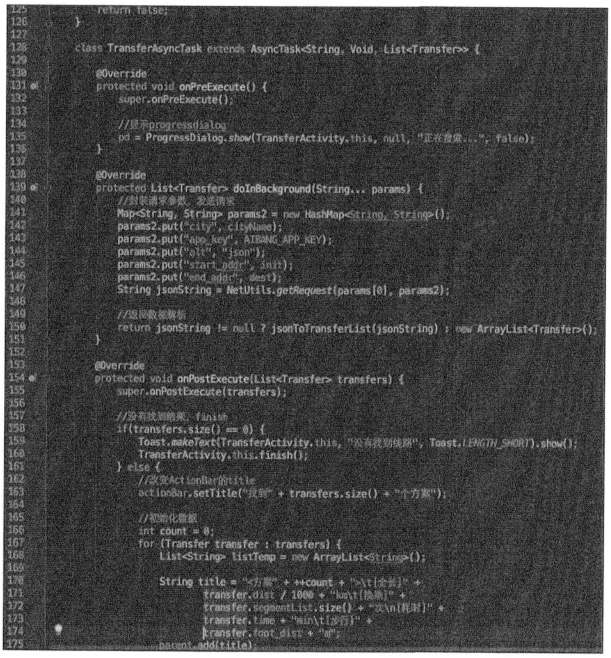

```
125         return false;
126     }
127
128     class TransferAsyncTask extends AsyncTask<String, Void, List<Transfer>> {
129
130         @Override
131         protected void onPreExecute() {
132             super.onPreExecute();
133
134             //显示progressdialog
135             pd = ProgressDialog.show(TransferActivity.this, null, "正在搜索...", false);
136         }
137
138         @Override
139         protected List<Transfer> doInBackground(String... params) {
140             //封装请求参数，发送请求
141             Map<String, String> params2 = new HashMap<String, String>();
142             params2.put("city", cityName);
143             params2.put("app_key", AIBANG_APP_KEY);
144             params2.put("alt", "json");
145             params2.put("start_addr", init);
146             params2.put("end_addr", dest);
147             String jsonString = NetUtils.getRequest(params[0], params2);
148
149             //返回数据解析
150             return jsonString != null ? jsonToTransferList(jsonString) : new ArrayList<Transfer>();
151         }
152
153         @Override
154         protected void onPostExecute(List<Transfer> transfers) {
155             super.onPostExecute(transfers);
156
157             //没有找到结果，finish
158             if(transfers.size() == 0) {
159                 Toast.makeText(TransferActivity.this, "没有找到线路", Toast.LENGTH_SHORT).show();
160                 TransferActivity.this.finish();
161             } else {
162                 //改变ActionBar的title
163                 actionBar.setTitle("找到" + transfers.size() + "个方案");
164
165                 //初始化数据
166                 int count = 0;
167                 for (Transfer transfer : transfers) {
168                     List<String> listTemp = new ArrayList<String>();
169
170                     String title = "<方案" + ++count + ">\t[全长]" +
171                             transfer.dist / 1000 + "km\t[换乘]" +
172                             transfer.segmentList.size() + "次\n[耗时]" +
173                             transfer.time + "min\t[步行]" +
174                             transfer.foot_dist + "m";
175                     parent.add(title);
```

图 9A-37　TransferActivity3

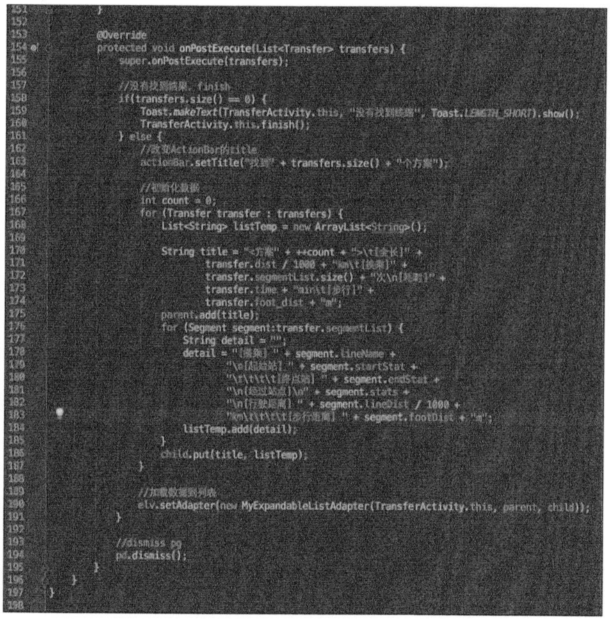

```
151         }
152
153         @Override
154         protected void onPostExecute(List<Transfer> transfers) {
155             super.onPostExecute(transfers);
156
157             //没有找到结果，finish
158             if(transfers.size() == 0) {
159                 Toast.makeText(TransferActivity.this, "没有找到线路", Toast.LENGTH_SHORT).show();
160                 TransferActivity.this.finish();
161             } else {
162                 //改变ActionBar的title
163                 actionBar.setTitle("找到" + transfers.size() + "个方案");
164
165                 //初始化数据
166                 int count = 0;
167                 for (Transfer transfer : transfers) {
168                     List<String> listTemp = new ArrayList<String>();
169
170                     String title = "<方案" + ++count + ">\t[全长]" +
171                             transfer.dist / 1000 + "km\t[换乘]" +
172                             transfer.segmentList.size() + "次\n[耗时]" +
173                             transfer.time + "min\t[步行]" +
174                             transfer.foot_dist + "m";
175                     parent.add(title);
176                     for (Segment segment:transfer.segmentList) {
177                         String detail = "";
178                         detail = "[换乘] " + segment.lineName +
179                                 "\n[起始站] " + segment.startStat +
180                                     "\t\t\t\t[终点站] " + segment.endStat +
181                                     "\n[经过站点]\n" + segment.stats +
182                                     "\n[行驶距离] " + segment.lineDist / 1000 +
183                                     "km\t\t\t\t[步行距离] " + segment.footDist + "m";
184                         listTemp.add(detail);
185                     }
186                     child.put(title, listTemp);
187                 }
188
189                 //加载数据到列表
190                 elv.setAdapter(new MyExpandableListAdapter(TransferActivity.this, parent, child));
191             }
192
193             //dismiss pd
194             pd.dismiss();
195         }
196     }
197 }
198
```

图 9A-38　TransferActivity4

第 69 到 116 行，jsonToTransferlist 方法，传入请求爱帮公交线路换乘查询 API 后返回的 json 字符串作为参数。首先实例化 ArrayList＜Transfer＞对象，然后使用 JSONObject 和 JSONArray 对象对 json 字符串进行解析，将每个线路换乘的信息先赋值到 Transfer 实体类对象中，然后将实体类通过 ArrayList＜Transfer＞对象的 add 方法将所有线路信息整合到 ArrayList 数组中。

第 128 到 196 行代码，定义类 TransferTask 继承 AsyncTask 类。对于三个泛型参数类型，我们定义为 String(传入 HTTP 请求的 URL)、Void、List＜Transfer＞(返回实体类对象)。

在 onPreExecute 方法中，调用 ProgressDialog 类的 show 方法，显示一个提示框，提示用户正在获取数据。

在 doInBackground 方法中，我们封装请求参数，调用 NetUtils 类的 getRequest 方法发送 HTTP 请求，最后调用 jsonToTransfer 将服务器端返回的 json 字符串解析，赋值到 ArrayList<Transfer>对象。

在 onPostExecute 方法中，遍历 ArrayList<Transfer>对象，将公交线路的路线名储存在 ArrayList<String>对象中，然后将换乘方案和方程线路实体类对象对应储存在 Map<String, List<String>>中。将这两个对象作为参数传入实例化的 ExpandableListView 的适配器对象的构造方法中。最后通过适配器把数据加载到 ExpandableListView 可折叠列表控件中。

A.4 项目心得

公交查询系统最主要的问题是查询数据的时效性，请求 API 获取数据（读者也可以尝试用其他的 API，调用原理是类似的），能保证用户得到的数据始终与服务器端数据同步。而且服务器端的数据有更新，用户无须更新客户端，类似于 Web 应用。其主要实现以下功能：

（1）线路查询：实现对用户所须乘车路线的查询，并对整条路线进行显示。

（2）换乘查询：对于一些不清楚的站点或者路线，用户根本不知道该如何从一个站点到达另一个站点，换乘查询便可以很方便的为用户列举出所有的乘车方案。

A.5 参考链接

（1）Android 开发 ListView 之 BaseExpandableListAdapter：

http://blog.csdn.net/very_caiing/article/details/24812845

（2）详解 Android 中 AsyncTask 的使用：

http://blog.csdn.net/liuhe688/article/details/6532519

B 公交路线查询移动应用系统——Web 版本

搜索关键字

（1）html5

（2）JavaScript 与 Java 的交互

（3）web 前端框架（Amaze UI & jQuery Mobile）

本章难点

html5 的发展，催生了许多优秀的 Web 前端框架，如 Bootstrap、Amaze UI、JQuery 等，合理使用框架提供的美观的 html 控件和便捷的 Dom 操作，能简单、快捷地构建一个界面友好的 html 页面。

html 的载体是浏览器，随着互联网的发展壮大，浏览器控件几乎是每个平台都具备的。如 Android 中的 WebView 控件能加载 html 页面。

这样的话，如果使用 html 来作为 App 的 UI，不仅能用简洁的代码构建美观的 UI，而且

App 的可移植性亦会增加，不同平台的 App 可以共用一套 UI 代码。再者，Web 前端框架的使用，能节省大量的开发时间，构建出友好的用户界面，使得开发者的学习成本降低。当然，毕竟 Web 前端框架并不是使用 Android 原生的 UI 控件，其性能效率问题还是一大瓶颈。

【注意】本章的学习，需要一定的前端开发基础。

B.1 项目简介

本次实训主题仍然是：手机公交路线查询应用系统。查询部分依然是通过调用 API 的方式获得实时的公交线路信息。

本项目的 UI 采用 html5 编写，html5 并不是只包含超文本标记语言还包含了 CSS3、JavaScript。现在微信朋友圈推送的宝马、VIVO 广告、支付宝十年账单等等功能，其背后使用的皆是 html5 技术。

本章与之前原生的 App 项目不同的是：本项目中的 UI 使用 WebView 加载 html 页面代替加载布局文件 xml，并处理好 html 中的控件与功能代码的交互逻辑。

设计一个基于 Android"公交线路查询"的 Web 版程序，主要以 html 作为 UI。思路是使用一个 WebView 控件填充主布局，然后将需要作为 UI 的 html 加载到 WebView 中。难点在于需要解决简单的文本数据在 html 上和逻辑代码 Java 之间传递的问题，以此来使用 html 页面来作为 App 界面，这也为本文的重要讨论点。

系统只有两个 Activity，一个用以收集用户输入的关键词（如需要查询的公交线路、始发地、目的地等），然后传递到另外一个 Activity 里，让这个 Activity 去以此作为参数去请求爱帮公交查询 API，并将返回的 JSON 格式数据处理后展现到界面上。

程序初始运行时依然会自动获取用户所在城市，并有布局下方提示信息。并且默认会为用户填充当前城市名到输入框，如图 9B-1 所示。

在"线路查询"模式或在"换乘查询"下输入需要查询的关键信息，单击"查询"按钮即可获取到相关信息。如图 9B-2、图 9B-3 所示。

图 9B-1　启动后的界面

图 9B-2　线路查询

图 9B-3　换乘查询

【注意】细心的读者可以留意到，本次界面（html）和上一节的原生态（App）之间界面略有不同，这是因为本章使用的是 Web 前端框架进行布局。

单击线路名称或方案可展开查看详细信息，如图 9B-4 所示。

B.2 需求分析

B.2.1 系统目标

本公交路线信息查询系统具有以下功能：

435

图 9B-4　展开详细信息

（1）系统应该可以进行线路查询，为用户提供某一路公交车的信息包括公交车名、起始时间、通车路线等。

（2）系统应该能够进行站点查询，显示出经过某个站点的所有公交车信息。

（3）可以进行换乘查询，当两个地点之间没有直达车时，给出换乘方案。

（4）可以在不同城市的数据库中切换。

（5）界面上尽量友好，让用户能够方便的操作得到想要的查询结果，使系统能够快速查询出想要的结果，减少让用户等待的时间。

在使用前端框架 AmazeUI（一个中国的开源 HTML5 跨屏前端框架，类似 Bootstrap）的基础上，使用 html 和 css 语言，快捷地构建查询页面和查询结果展示的页面。

B.2.2　系统功能描述

1. 启动加载功能

主界面中能自动定位用户的所在城市，即自动帮助用户判断所在的城市，并自动为用户填充"城市名"输入框。实现方法为获取当前联网用户的外网 IP，通过请求百度 IP 定位 API 得到用户的城市名，如图 9B-5 所示。

2. 线路查询功能

本功能在"线路查询"模式下，用户单击"查询"按钮时调用，分别判断城市名输入框和公交线路输入框中内容是否为空，如果是则弹出 Toast 错误提示并结束查询。然后跳转到新的 Activity 中，检查联网状态后，执行 HTTP 请求。最后将请求返回的数据处理后，显示到界面上。如果没有找到结果，或者无网络连接，则会结束当前 Activity。并弹出 Toast 错误提示，如图 9B-6 所示。

图 9B-5　启动后加载完成界面

图 9B-6　线路查询

3. 换乘查询功能

本功能在"换乘查询"模式下，用户单击"查询"按钮时调用，分别判断城市名输入框、起始地输入框和目的地输入框中内容是否为空，如果是则弹出 Toast 错误提示并结束查询。然后跳转到新的 Activity 中，检查联网状态后，执行 HTTP 请求。最后将请求返回的数据处理后，显示到界面上。如果没有找到结果，或者无网络连接，则会结束当前 Activity。并弹出 Toast 错误提示，如图 9B-7 所示。

实现"公交路线查询"和"换乘查询"功能。这两个功能的实现方法实则上是大同小异的。爱帮公交提供给了开发者公交"线路查询"和"换乘查询"的 API，只需将用户输入的关键词作为参数去请求对应 API，即可取得用户所期望的数据，再将这些数据解析并展现到界面。故不涉及复杂的算法问题和本地数据库操作。

图 9B-7 换乘查询

B.3 系统设计与实现

本章将使用 Eclipse 来创建 BusHelper 工程，工程目录结构如图 9B-8 所示。

B.3.1 界面设计

由于本次项目使用 html 作为主要 UI，所以只需创建一个主布局文件，并添加一个填充父元素的 WebView 控件，每个 Activity 都加载这个布局文件，再将 html 页面加载到 WebView 控件中。

由于本次项目的 html 页面较为简单，可无须使用专门的 IDE 去编写代码，eclipse 即可。有偏好的读者，可选用自己所喜好的文本编辑器（稍后会介绍使用 sublime 来撰写脚本）。

主布局文件代码如图 9B-9 所示。

之后，使用 html 设计 App 的主界面，"线路查询"模块，主要有两个输入框，分别收集用户的"城市"和所要查询的"公交线路"。还要有一个"查询"按钮。为了使得用户界面更加美观，这里使用了 Amaze UI 这个前端框架（前文有提及，官方网站：http://amazeui.org/），并将 AmazeUI 的核心文件（框架的 js、css 文件，html 文件等）放置在项目的 assets 文件夹中，目录结构如图 9B-10 所示。

图 9B-9 布局代码

图 9B-8 工程目录结构

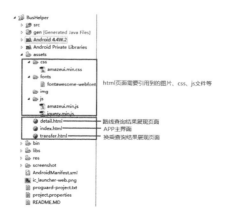

图 9B-10 目录结构

在 html 中，可以使用＜link＞标签引用 assets 中的 css，js 等文件，href 属性使用 file:///android_asset/定位到 assets 目录下。如图 9B-11 所示。引用其他本地资源时可类比。

`<link rel="stylesheet" href="file:///android_asset/css/amazeui.min.css">`

图 9B-11　html 中引用 css 文件

【注意】上面提及：html 页面是被加载到 WebView 控件里来作为应用 UI 进行展现的。所以首先要使用 html 语言来编写界面。

已知道了 html、css、js 等文件在工程目录 assets 中是如何放置后，就可以着手设计软件的主界面了。

主界面 index.html 设计要点：

（1）框架文件的引入。使用 link 标签在 head、body 体中引入必要的 css 和 js 文件。

（2）参照 AmazeUI 的官方文档，根据需求去引用框架已经定义好的美观的网页控件元素。引用到的组件如图 9B-12 所示，代码可参照文档和源码。

（3）定义 JavaScript 函数供逻辑代码调用。之前说过，主界面实现的逻辑有二，一为根据用户的 IP 获取用户所在城市，然后改变 html 页面上的"所在地"输入框和底部高亮提示字，而修改"所在地"的操作需要利用 JavaScript 对 Dom 进行操作，故定义 setCity 函数，以参数去替换 html 中的内容。二是"查询按钮"被单击时，需要将表单的值通过函数调用的方式，传递给逻辑代码进行 Activity 跳转和数据请求等操作，细节部分下面会讲到。定义为 btnOnclick 函数，并将该函数绑定到"查询按钮"的 OnClick 事件中。

图 9B-12　组件

下面使用 Sublime Text3 编辑器编写 UI 界面，主界面 index.html 的具体实现代码，如图 9B-13～图 9B-20。

图 9B-13　index.html 文件 1

图 9B-14　index.html 文件 2

第 12 行，使用 link 标签引入项目里 assets 文件夹中的前端框架文件。

第 13 到第 106 行代码，为本页面的自定义 CSS 样式，主要调整好各个组件的位置。

第 116 到 130 行代码，为 html 页面添加一个顶部的导航栏。

【注意】第 140 到 173 行，为选项卡组件的代码，参照"AmazeUI 文档-选项卡"。其中第 152 到 159 行，为"线路查询"模块选项卡的 div，包含两个 input 标签收集用户输入的"城市名"和"公交线路",和一个 button 提交按钮。其中第 152 到 159 行,为"换乘查询"模块选项卡的 div,包含三个 input 标签收集用户输入的"城市名"、"起始地"和"目的地"以及一个 button 提交按钮。

图 9B-15　index.html 文件 3

图 9B-16　index.html 文件 4

图 9B-17　index.html 文件 5

图 9B-18　index.html 文件 6

```
163     <input type="text" id="city2" class="am-form-field am-round" placeholder="城市名，如珠海" style
        ="width:40%;float:left;"/>
164     <input type="text" id="there" class="am-form-field am-round" placeholder="目的地" style="
        width:30%;float:right;"/>
165     <input type="text" id="here" class="am-form-field am-round" placeholder="起始地" style="
        width:30%;float:right;"/>
166   </div>
167
168   <div align="center"><button type="button" class="am-btn am-btn-primary am-round" onclick="
      javascript:btnOnclick2();"><i class="am-icon-search"></i> 查 询</button>
169   </div>
170
171       </div>
172     </div>
173   </div>
174
175
176
177
178   <div align="center"><span id="message" style="maigin:100px;" class="am-badge am-badge-success am-
      round am-text-sm">未检测到您所在的城市，请手动输入</span></div>
179
180
181
182   <div style="height:20px;"></div>
```

图 9B-19　index. html 文件 7

```
181
182   <div style="height:20px;"></div>
183
184   <script src="file:///android_asset/js/jquery.min.js"></script>
185   <script src="file:///android_asset/js/amazeui.min.js"></script>
186   <script type="text/javascript">
187   function setCity(city, fullName) {
188     $("#city").val(city);
189     $("#city2").val(city);
190     $("#message").html("您所在的城市：" + fullName);
191   }
192   function btnOnclick() {
193     var city = $("#city").val();
194     var keyword = $("#keyword").val();
195     window.android.callDetailActivity(city, keyword);
196   }
197   function btnOnclick2() {
198     var city = $("#city").val();
199     var here = $("#here").val();
200     var there = $("#there").val();
201     window.android.callTransferActivity(city, here, there);
202   }
203   </script>
204   </body>
205   </html>
206
```

图 9B-20　index. html 文件 8

第 178 行代码，为底部提示性信息的代码。

第 186 到 203 行的 script 标签中，有 3 个 javascript 函数，setCity 函数是通过传入城市名参数，改变页面上输入框的值和提示信息。btnOnclick 和 btnOnclick2 函数分别绑定"线路查询"和"换乘查询"模块的提交按钮。

查询结果展现页面 detail. html，设计要点：

(1) 使用到 AmazeUI 的折叠菜单控件展现查询结果，具体代码请参照 AmazeUI 的官方文档和源码。

(2) 定义结果项插入相关 JavaScript 函数。定义 appendDetail 函数，用以将 API 返回的数据通过固定的格式添加到 html 结点中。定义 resultCount 函数，用以将返回结果条数显示到导航栏上。

查询结果展现页面 detail. html 的具体实现代码，如图 9B-21、图 9B-22 所示。

```
1   <!doctype html>
2   <html class="no-js">
3   <head>
4     <meta charset="utf-8">
5     <meta http-equiv="X-UA-Compatible" content="IE=edge">
6     <title>Amaze UI Widget</title>
7     <meta name="description" content="">
8     <meta name="keywords" content="">
9     <meta name="viewport" content="width=device-width, initial-scale=1, maximum-scale=1, user-
      scalable=no">
10    <meta name="renderer" content="webkit">
11    <meta http-equiv="Cache-Control" content="no-siteapp" />
12    <link rel="stylesheet" href="file:///android_asset/css/amazeui.min.css">
13    <style>
14    </style>
15  </head>
16  <body>
17  <!-- Header -->
18  <header data-am-widget="header" class="am-header am-header-default am-header-fixed">
19    <div class="am-header-left am-header-nav">
20      <a href="#left-link" class="">
21        <i class="am-header-icon am-icon-angle-left"></i>
22      </a>
23    </div>
24    <h1 class="am-header-title">
25      <a href="#title-link" id="title" class="">没有找到相关线路</a>
26    </h1>
27    <div class="am-header-right am-header-nav">
28      <a href="#right-link" class="">
```

图 9B-21　detail. html 文件 1

第 18 到 32 行代码，为 html 页面添加一个顶部的导航栏。

第 35 到 38 行代码，为折叠面板组件的代码，参照 AmazeUI 文档-折叠面板。从帮助文档可知，这个组件的每一个折叠项，是由一个 dl 标签嵌套 dt 标签和 dd 标签构成，dt 标签的值为折叠项的标题，dd 标签的值为折叠项的内容。因为要用折叠项来展示公交线路信息，所以在

```
28      <a href="#right-link" class="">
29        <i class="am-header-icon am-icon-bars"></i>
30      </a>
31    </div>
32  </header>
33
34
35  <section id="sectionId" data-am-widget="accordion" class="am-accordion am-accordion-default"
36  data-am-accordion=''>
37
38  </section>
39
40  <div style="height:30px;"></div>
41
42  <script src="file:///android_asset/js/jquery.min.js"></script>
43  <script src="file:///android_asset/js/amazeui.min.js"></script>
44  <script type="text/javascript">
45  function appendDetail(name, info, stats){
46    $("#sectionId").append('<dl class="am-accordion-item"><dt class="am-accordion-title">' + name +'
      </dt><dd class="am-accordion-bd am-collapse"><div class="am-accordion-content"><code>线路信息<
      /code><br/>' + info + '<br/><hr><code>公交线路</code><br/>' + stats + '<br/></div></dd></dl>')
      ;
47  }
48  function resultCount(num) {
49    $("#title").text('找到'+ num + '条线路');
50  }
51  </script>
52  </body>
53  </html>
54
```

图 9B-22　detail. html 文件 2

第 45 到 47 行代码中，定义 JavaScript 函数 appendDetail，传入公交线路信息作为参数，动态地将公交线路信息(折叠项)添加到折叠面板中。

第 48 到 50 行代码，定义 JavaScript 函数 resultCount，用来改变导航栏的信息，提示用户找到多少条公交线路。

B.3.2　功能实现

以下以主界面 MainActivity 为例，说明 html 与 Java 如何通过 JavaScript 实现数据的传递。在“本章难点”部分已经说过，要使用 html 页面取代 Android 原生的 xml 布局来做用户界面，那么需要使用到 Android 原生控件 WebView 来加载这个 html 页面。WebView 是 Android 中的一个浏览器控件。下面来讲解如何使用 WebView 控件去加载 html 页面和如何定义 html 元素与 Java 交互的方法。

1. 初始化 WebView 控件

MainActivity. java 为主界面的 Activity，而 index. html 是我们设计的主界面 UI，所以要通过 WebView 组件，将 index. html 加载到 MainActivity。如图 9B-23 所示，为该 Activity 的 onCreate 方法的实现。

第 68 行代码，先加载一个主布局文件作为当前 Activity 的布局，此布局文件为 3. 1“界面设计”中提到的，只包含一个 WebView 控件的 xml 布局。

第 76 行代码，实例化一个线程类，作 HTTP 请求。

第 73 行代码，实例化一个 WebView 对象。在第 79 到 87 行代码中，调用 WebView 对象的参数设置方法，设置了 WebView 的一系列参数，详见代码注释部分。设置参数的目的是为了隐藏 WebView 控件原有的缩放按钮、禁止缩放、打开对 JavaScript 的支持等，使得 WebView 中的 html 页面可以填充整个手机屏幕，更加接近于 Android 的原生界面。

2. 定义 html 元素与 Java 交互的方法

图 9B-23 中 87 行的 webview. addJavascriptInterface(this，"android")语句，作用是设置接口，也是打通 html 与 Java 的数据传递通道的关键，使得 html 中的 JavaScript 方法能通过“window. android. 方法名”调用 Java 中的方法，Java 中通过 webview 的 loadUrl 方法可以调用 html 中的 JavaScript 方法。官方文档截图如图 9B-24 所示。

图 9B-23　初始化 WebView

图 9B-24　JavaScript 方法

【注意】：需在本类或 onCreate 方法添加注解@SuppressLint("JavascriptInterface")，和导入 android.annotation.SuppressLint 包，不然方法调用时会报错：找不到方法。并且被@JavascriptInterface 注解的公有方法才能在 webview 中被调用。

如图 9B-24 代码部分的第 1 到第 4 行，在类 JsObject 中，定义一个 toString 方法，这个方法前被添加注解@JavascriptInterface。

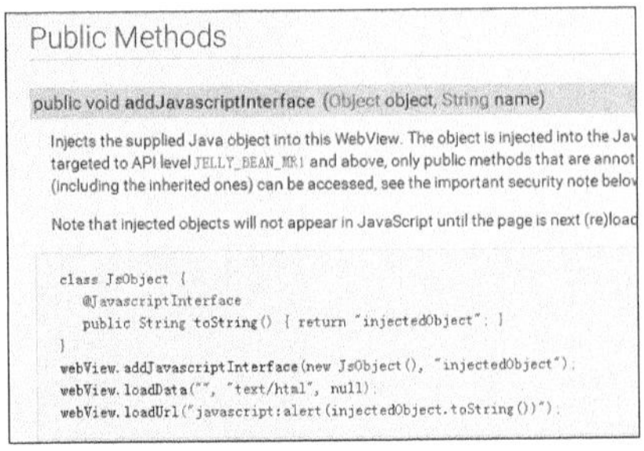

第 5 行代码调用 webview.addJavascriptInterface 方法，传入 JsObject 类的实例和自定义的字符串"injectedObject"。

接着可以在 html 文件中的 script 标签内使用 windows.injectedObject.toString() 语句来调用这个方法。或者如第 7 行代码，在 Java 中使用 webView.loadUrl 语句去调用这个方法。

1）通过 JavaScript 调用 Java 方法

在 MainActivity 中定义 callDetailActivity 方法，用于绑定到 html 中的 Button 标签的 OnClick 事件，实现单击按钮后，完成检查网络连接状态、传递数据并跳转到新的 Activity 的功能。callDetailActivity 方法代码如图 9B-25 所示。

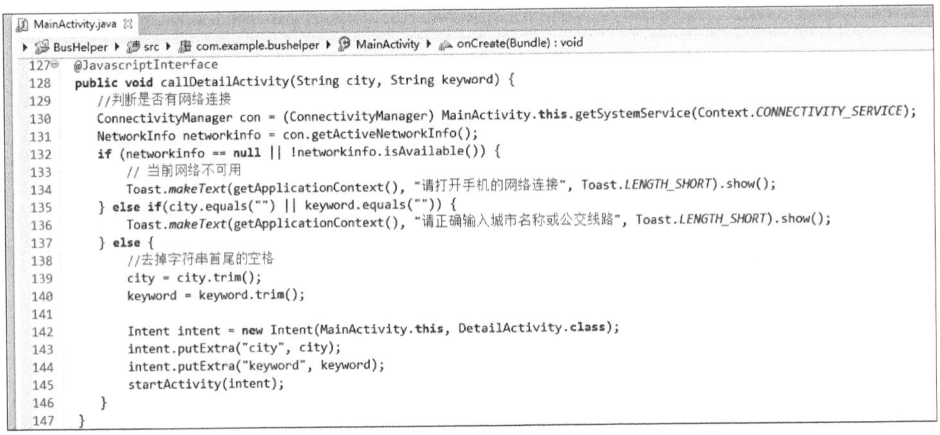

图 9B-25　callDetailActivity 方法

index.html 中，可以通过 JavaScript 语句 window.android.callDetailActivity（city，keyword）调用 MainActivity 中相应的 callDetailActivity 方法。index.html 修改代码如

442

图 9B-26 所示，实现了单击 button 后，将 id 为 city 和 keyword 的两个 input 标签中的 value 属性值作为参数调用图 9B-25 的 callDetailActivity 方法。（注：图 9B-26、图 9B-27 为文本编辑器 Sublime Text3 的截图）

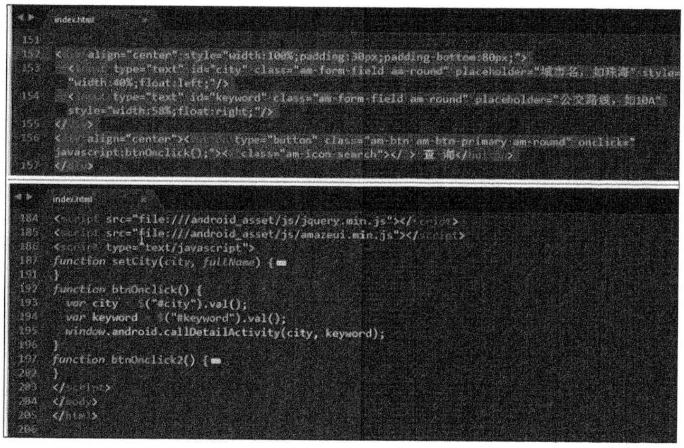

图 9B-26　index.html 修改代码

2）通过 Java 调用 JavaScript 的方法 s

在 index.html 的 script 标签中定义一个 setCity 方法，如图 9B-27 所示。把"所在城市"（参数）填充到 id 为 city 的 input 标签和 id 为 message 的 span 标签中，即是要将用户所在的城市名填充到城市名输入框中，免去用户手动输入的麻烦，并且在底部的提示性信息中显示用户的所在城市。

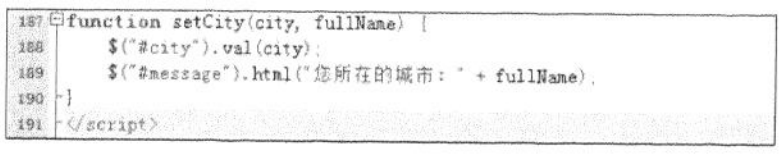

还需要在 MainActivity 中定义一个类继承自 WebViewClient 类，可重写类内的 onPageStarte，onPageFinished，shouldOverrideUrlLoading 方法。定义 WebView 控件加载 html 开始时、完成后执行的操作。重写 shouldOverrideUrlLoading 方法，返回值为 true，这样来使单击链接后不使用其他的浏览器打开，而是直接执行绑定在按钮单击事件的方法。代码如图 9B-28 所示。

图 9B-27　Script 标签

图 9B-28 中，第 112 到 120 行代码页面加载成功后，通过调用 webView 的 loadUrl 方法执行在 index.html 中定义的 setCity 方法，并将在 Java 中请求 API 获得的城市名作为参数传递过去。实现的逻辑是，当用户在启动软件后，在后台请求 API 获取到用户的所在城市，然后在 WebView 加载 html 页面，当页面加载完成后，最后调用 setCity 方法。

图 9B-28　代码

3. 向 API 请求数据

对于请求数据这部分和数据处理这部分，可将逻辑代码封装到一个类中。通过 HttpClient 等类进行 POST 或 GET 请求，返回的 JSON 数据使用 JSONObject 或 JSONArray 类进行处理，提取到需要的信息。需要注意的是，http 请求属于耗时操作，在 UI 线程内，即在 onCreate 内直接执行请求的话程序会抛出 Exceptin。故需要创建新的线程类执行 http 请求，数据处理完成后再通过 Handler 对象进行传递，更新 UI 控件等操作。由于这部分不是讨论重点，故只是概括一下实现逻辑。下面以 GetLocation 类为例，如图 GetLocation 类封装了百度位置 API 的请求方法和将 Json 数据转换为实体类的方法。

第 35 到 40 行代码，定义实体类 Location，储存从 json 数据解析得到的位置信息。

```
GetLocation.java
BusHelper ▸ src ▸ com.example.bushelper ▸ GetLocation ▸ getJsonFromServer() : String
1   package com.example.bushelper;
2
3   import java.io.BufferedReader;
20
21  /**
22   * 通过调用 百度ip定位 api获取城市
23   * @author Dr.Chan
24   *
25   */
26  public class GetLocation {
27
28      //百度api的ak
29      private final String appKey = "08f6ef39dd1e939ab7438b5847842dbc";
30
31      //请求url
32      private final String url = "http://api.map.baidu.com/location/ip";
33
34      //封装位置信息的结构体
35      public class Location {
36          public String city;
37          public String fullName;
38          public String x;
39          public String y;
40      }
41
42      /**
43       * 请求数据
44       */
45      private String getJsonFromServer() throws Exception{
46          BufferedReader in = null;
47          String result = null;
48
```

图 9B-29

```
GetLocation.java
BusHelper ▸ src ▸ com.example.bushelper ▸ GetLocation ▸ getJsonFromServer() : String
49          HttpClient client = new DefaultHttpClient();
50          HttpPost request = new HttpPost(url);
51
52          // 创建名/值组列表
53          List<NameValuePair> parameters = new ArrayList<NameValuePair>();
54          parameters.add(new BasicNameValuePair("ak", appKey));
55          parameters.add(new BasicNameValuePair("coor", "bd0911"));
56
57          // 创建UrlEncodedFormEntity对象
58          UrlEncodedFormEntity formEntiry = new UrlEncodedFormEntity(parameters, HTTP.UTF_8);//设置编码，防止中文乱码
59          request.setEntity(formEntiry);
60
61          // 执行请求
62          HttpResponse response = client.execute(request);
63
64          // 接收并处理返回数据
65          in = new BufferedReader(new InputStreamReader(response.getEntity().getContent()));
66          StringBuffer sb = new StringBuffer("");
67          String line = "";
68          String NL = System.getProperty("line.separator");
69          while ((line = in.readLine()) != null) {
70              sb.append(line + NL);
71          }
72          in.close();
73          result = sb.toString();
74
75          //测试用，logcat打印返回的json字符串
76          Log.i("myTag", "服务器返回的结果：" + result);
77
78          return result;
79      }
80
```

图 9B-30

第 45 行到 79 行代码，定义 getJsonFromServer 方法，作用是实例化 HttpClient 类，封装请求参数，执行 HTTP 请求，将返回的结果转换为 String 类型的 json 字符串后返回。

```
GetLocation.java
BusHelper ▸ src ▸ com.example.bushelper ▸ GetLocation ▸ getJsonFromServer() : String
84      private Location jsonToLocation(String json) throws JSONException {
85
86          //实例化Location对象
87          Location location = new Location();
88
89          //获得status
90          JSONObject jsonObject = new JSONObject(json);
91          int status = jsonObject.getInt("status");
92
93          //status为0再解析
94          if(status == 0) {
95              //获得城市
96              String address = jsonObject.getString("address");
97              String addressArray[] = address.split("\\|");
98              location.city = addressArray[2];
99
100             //获得城市全称
101             JSONObject content = new JSONObject(jsonObject.getString("content"));
102             location.fullName = content.getString("address");
103
104             //获得x，y坐标
105             JSONObject point = new JSONObject(content.getString("point"));
106             location.x = point.getString("x");
107             location.y = point.getString("y");
108         }
109
110         //Debug
111         Log.i("location", location.city + "---" + location.fullName + "---" + location.x + "---" + location.y);
112
113         return location;
114     }
115
```

图 9B-31

第 84 到 114 行代码,定义 jsonToLocation 方法,将 API 返回的 json 转换为实体类的对象 Location。

至此,以 MainActivity 为例,介绍了将 html 页面用作 Android UI 的方法。

主要流程为:

(1) 使用 html 语言编写用户界面,将 html 元素的 dom 操作代码封装成 JavaScript 函数,以便在 Java 代码中被调用。

(2) 在 Java 代码中定义需要被 JavaScript 调用的方法,并在方法名前添加注解@SuppressLint("JavascriptInterface")。

(3) 在 OnCreate 方法内初始化 WebView 控件,加载 html 页面,实现 Java 与 JavaScript 代码相互调用的逻辑。

其他 Activity 中方法雷同,Activity 的大体结构如图 9B-32 所示。只需根据不同的需求,更改相应的代码块即可。

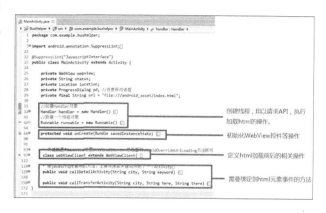

图 9B-32

B.4 项目心得

成熟的 web 前端框架使得构建界面风格友好的 html 变得简单,使用 html 作为 Android UI,不但可以节省开发者设计原生 UI 所要花费的时间,而且更新迅速、紧随 UI 发展潮流的 web 前端 UI 框架能很大程度优化用户的体验。

如果要谈 Web 实现 App 的缺点,由该项目可知,简单的文本数据传递是可以做到两者(原生和 Web)之间毫无区别的。但是若要使得 html 元素与手机硬件模块,如蓝牙、陀螺仪、摄像头等交互的话,可能比较难处理。其实亦有软件厂商提供解决方案,如 APICloud、HBuilder、PhoneGap 等,旨在使用 html5 开发出原生体验的 App,但是如果要到这种解决方案,需要用到它提供的一套规范去编码,甚至需要用到它们提供的 IDE,无疑这又是另外一种局限性。并且移动设备的硬件水平的不同,也会导致效率问题的产生。

B.5 参考资料

(1)项目源码:

https://github.com/cyn8/-BusHelper

(2)百度 IP 定位 API 文档:

http://developer.baidu.com/map/index.php?title=webapi/ip-api

(3)爱帮公交线路查询 API 文档:

http://www.aibang.com/api/usage#bus_lines

(4)AmazeUI 前端框架官方网站:

http://amazeui.org/

B.6 常见问题

处理 html 加载时白屏的另类方法：

虽然 html 文件在本地，但是该项目的 Activity 处理逻辑是等待请求 API、数据解释完成后才完整加载 html 页面的，所以会受到网络因素的制约，可能会出现 html 加载时白屏的问题，因而造成不友好的用户体验。

解决方法：在 OnCreate 方法执行时，先实例化 Android 的 ProgressDialog 控件，显示加载圈，并有相关提示性文字，待耗时操作完成和 html 加载完成后，再执行 ProgressDialog 对象的 dismiss() 方法，将该控件隐藏掉。html 加载时效果如图 10B-33 所示。

图 9B-33　显示加载过程

C　公交路线查询移动应用系统-QPython 版本

搜索关键字

（1）Qpython
（2）HTML5
（3）WebApp
（4）web 前端框架（Amaze UI&jQuery Mobile）

前　言

QPython 是一款在 Android 上运行 Python 的脚本引擎，它里面整合了 Python 解释器、Console、编辑器和 SL4A 库。在手机上就可以运行 Python 语言开发的程序。QPython 提供的开发工具能可以在手机上轻松方便地进行 Python 项目和代码的编写。

本章节是由 QPython 的原作者 River 撰写全文，由本书主编统稿。其个人联系方式：

github：https://github.com/riverfor

weibo：http://weibo.com/riverfor。

River："以前在开发 Android 程序时，发现特别麻烦，复杂的安装环境、充满无数选项的 IDE、复杂的 Java 依赖体系、漫长的编译等待过程，这些问题时不时冒出来时，就特别希望能有像 Python 一样方便的编程语言。于是找了很多资料，装了很多应用，发现有些有那么点意思，但总是离自己想要的还差很远。直到有一天发现与其那么费劲寻觅不如自己实现一个。对！就是要做 Android 上的 Python 开发环境，安装后直接在手机上就可以写程序，于是就有了开发 QPython 的想法。

经过几年的开发和积累，从简单的 Python 解释器，到编辑器，到库，社区支持，终于有了今天的 QPython，同时还在开发一个在线的 APK 导出服务，能够直接将 QPython 项目导出为一个 Android APK，可以直接发布到现在的应用市场上。

到目前为止，QPython 支持多种程序开发，有控制台程序（一般处理些轻交互或无交互的任务),GUI 程序(处理复杂交互的任务),还有 WebApp 程序(最常见的应用开发模式)。

与原生的 Android 开发模式相比,Qpython 具有不需要搭建复杂的开发环境,快速上手,开发灵活等优势。缺点是无法像原生开发一样能够方便地访问所有的 Android 特性,以及运行效率比原生开发要低。

与类似 PHONEGAP 等混合原生开发中间件的 WebApp 开发相比,Qpython 免除了复杂的环境搭建过程;除去 Qpython 已经支持的各种开发库,Qpython 还支持 SL4A API,能够驱动很多安卓特性,如地理位置、蓝牙等,从这块看 Qpython 拥有比它们更强大的特性库支持;并且 Qpython 的开发模式与 Python Web 开发模式高度重合,相比而言开发更加简单。

与业务处理完全依赖于服务器的传统 WebApp 开发相比,Qpython 能够处理大部分的业务处理,比如文件 IO,各式各样协议的网络通讯等等,因而大大地提高了运行效率,用户体验更佳。"

本章难点

本次介绍的是如何开发一个 WebApp 程序。难点在于:与以往原生应用开发不同的是,本次可以通过 QPython 在手机上启动自定义的 Python 服务(包括 Web 服务)。有了 Python 强大的后端逻辑编程处理能力,再结合 Web 开发中大量的 UI 前端库,可以很轻松地开发出一个 WebApp 来。

【注意】本章的学习,需要一定的 Python 及 Web 前端开发基础 QPython 如何快速入门:从应用市场安装 QPython 之后,单击启动按钮下方的"快速开始"即可看到一个快速开始帮助教程,里面有 QPython 所支持的 3 种运行模式:控制台模式,Kivy 应用模式以及 WebApp 模式,在每个例子下有"复制到编辑器中运行",即可将示范代码复制到 QPython 内置的编辑器中,单击编辑器底部的运行符号即可运行。

C.1 项目简介

在本次查询公交路线的 App 项目中,将会基于 QPython 的 WebApp 开发框架原理,使用 Python 来处理功能逻辑,使用 Web 来开发前端,最终实现一个"公交线路查询应用"Android 程序。

设计一个"公交线路查询"的 Qpython WebApp 应用,主要以 html 作为 UI,思路是像使用 Python 开发一个 Web 应用,然后将其上传到 Qpython 要求的项目运行目录中,即可通过启动按钮运行。

该应用只有两个界面,一个用以收集用户输入的关键词(如需要查询的公交路线、始发地、目的地等),然后传递到另外一个界面里,让这个界面去以此作为参数去请求爱帮公交查询 API,并将返回的 JSON 格式数据处理后展现到界面上。

程序初始运行时会自动获取用户所在城市,并有布局下方提示信息。并且默认会为用户填充当前城市名到输入框,如图 9C-1 所示。

图 9C-1 启动后的界面

在"线路查询"模式或在"换乘查询"下输入需要查询的关键信息,单击"查询"按钮即可获取到相关信息。如图 9C-2、图 9C-3 所示。

单击线路名称或方案可展开查看详细信息,如图 9C-4 所示。

图 9C-2 线路查询

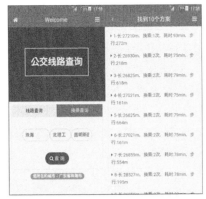
图 9C-3 换乘查询

图 9C-4 展开详细信息

C.2 准备工作

C.2.1 QPython 安装与使用入门

QPython 是一款安卓上的 Python，通过它，可以愉快地在 Android 设备上进行 Python 编程。

图 9C-5 从应用商店搜索并安装 QPython

可以从国内的各个主要安卓应用市场内安装 QPython。和 PC 版本的 Python 相比，QPython 的安装可谓更加简单。图 9C-5 展示了如何从小米商店安装。

1. 启动 QPython

安装完 QPython 后，单击即可运行。启动后为主界面，屏幕中央的为启动按钮。向左滑动为开发者面板，如图 9C-6 所示。

2. QPython 使用简单入门

在开发者面板可以看到终端、编辑器、程序、库、社区几个模块。

（1）终端：Qpython 终端能协助你更方便地探索 Python 对象属性。比如可以在控制台下查看 bottle 帮助，如图 9C-7 所示。

图 9C-6 QPython 启动界面

图 9C-7 使用终端探索对象属性，获得说明

（2）编辑器：QPython 内置了一个编辑器，支持语法高亮，会在接下来的 Helloworld 程序将用它来进行。

（3）程序：这里存放了脚本或者项目。（脚本为单独的一个 python 文件；项目则是数个文件集合，其中 main.py 是启动文件，运行项目时，Qpython 会寻找项目的 main.py 来运行），如图 9C-8 所示。

（4）库：可以在库模块中通过 Qpypi 或者 pip 客户端来安装第三方库，第三方库可以很灵活地拓展 Qpython，如图 9C-9 所示。

（5）社区：主要提供了技术支持。

图 9C-8　脚本和项目

图 9C-9　用 Qpypi 和 PIP 安装库

C.2.2　用 QPython 开发一个 Hello World WebApp 应用

安装了 QPython 之后，接下来就试试用 QPython 开发一个"Hello World" WebApp 应用。

1. Qpython WebApp 原理

通过 QPython，可以在手机上启动自定义的 Python Web 服务，随后让 Qpython 调用 WebView 控件来载入服务地址，即可拥有了一个 WebApp。

2. 建立项目

单击编辑器后进入 QPython 的编辑器，单击右上方的 ＋ 即可新建，选择 WebApp（Project），输入项目名称，QPython 会自动初始化一个项目，并且打开对应的 main.py 文件，如图 9C-10 所示。

3. 运行 & 修改项目

代码的第 2,3 行则分别声明了这是一个 Qpython WebApp 其标题是 WebAppSample 和 WebView 需要载入//127.0.0.1:8080 这个地址上的 Web 服务作为 WebApp。而除去头部声明，其他的代码则是所实现的 Web 服务逻辑代码，最后，该服务就运行在 127.0.0.1:8080 端口，如图 9C-11 所示。

单击编辑器底部的运行即可运行对应的 WebApp 项目。单击运行后，可以看到目前其在一个 WebView 控件输出"This is a QPython's WebApp"，如图 9C-12 所示。

想要修改其输出为 Hello World，只需要修改 main.py 里的 home 方法，如图 9C-13 所示。

再次运行，即可看见熟悉的 Hello world，如图 9C-14 所示。

C.2.3 小结

经过上述的步骤，我们就能运行起一个简单的 Qpython WebApp 实例来。接下来我们就教会你如何将一个简单的示例一步步扩展为一个复杂的项目。

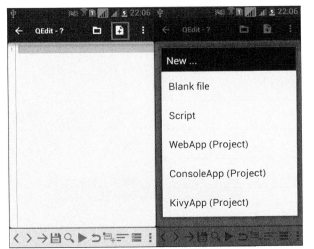

图 9C-11　WebApp 项目的声明与逻辑实现

图 9C-10　用 Qpython 新建一个 WebApp 项目

图 9C-12　运行输出

图 9C-13　修改默认输出前后

图 9C-14　修改保存后运行输出

C.3　系统设计与实现

由于可以在 PC 上开发完后再上传到手机上，因此可以在电脑上直接用记事本之类的编辑软件完成开发,当然,同样需要安装好 Python 的开发运行环境,这里我们直接从 Python 的官网下载最新的 Python2.7.5 进行开发,同时使用 pip 安装好 bottle web 框架。

随后在电脑上创建一个项目目录(在这里定义为 bushelper),然后分别新建立几个空文件或目录(分别是 assets,detail.html,index.html,main.py,transfer.html),如图 9C-15 所示。

Main.py 是项目的入口文件,index.html,detail.html,transfer.html 都是模版文件,assets 目录存放 UI 框架所需要的 js,css 文件等,如图 9C-16 所示。

图 9C-15 bushelper 项目的文件结构

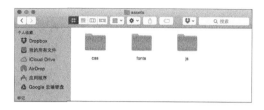

图 9C-16 assets 目录所放的资源文件目录

C.3.1 界面设计

由于 QPython 已经处理了可以直接使用 html 设计 App 的主界面,"线路查询"模块,主要有两个输入框,分别收集用户的"城市"和所要查询的"公交线路"。还要有一个"查询"按钮。为了使得用户界面更加美观,这里使用了 Amaze UI 这个前端框架(前文有提及,官方网站:http://amazeui.org/)。

参照 AmazeUI 的官方文档,根据需求去引用框架已经定义好的美观的网页控件元素。做出了下面的框架设计。

基于上面的界面框架原则,首先开发编写对应的模板。

1. 开发主界面 index.html

开发要点:

(1) 在应用的根目录创建 assets 目录,把 Amazeui 所需要的 JS/css 依赖文件放置于该目录。

(2) 在根目录新建一个 index.html 文件,使用 link 标签在 head、body 体中引入 Amazeui 必要的 css 和 js 文件。

(3) 参照 AmazeUI 的官方文档,根据需求去引用框架已经定义好的美观的网页控件元素。

图 9C-17 界面框架

图 9C-18 引入 Amazeui 的 css 文件 amazeui.min.css 和 amazeui.min.js

(4) 定义 JavaScript 函数供逻辑代码调用,来处理提交查询操作,在 index.html 提交查询后,查询路线的结果展示将会使用 detail.html 的样式来展示,查询换成信息的查询结果将会使用 transfer.html 页面模版来展示。

最后实现的主界面 index.html 的代码如图 9C-19~图 9C-24 所示。

图 9C-19　首页代码片段 1

图 9C-20　首页代码片段 2

图 9C-21　首页代码片段 3

btnOnclick 和 btnOnclick2 函数分别负责切换到公交详情查询和换乘查询。

2. 开发查询路线详情展现页面 detail.html

开发要点：

（1）在路线查询结果中，使用到 AmazeUI 的折叠菜单控件展现查询结果（具体代码请参照 AmazeUI 的官方文档和源码），这种展示的方式非常简洁，如图 9C-25 所示。

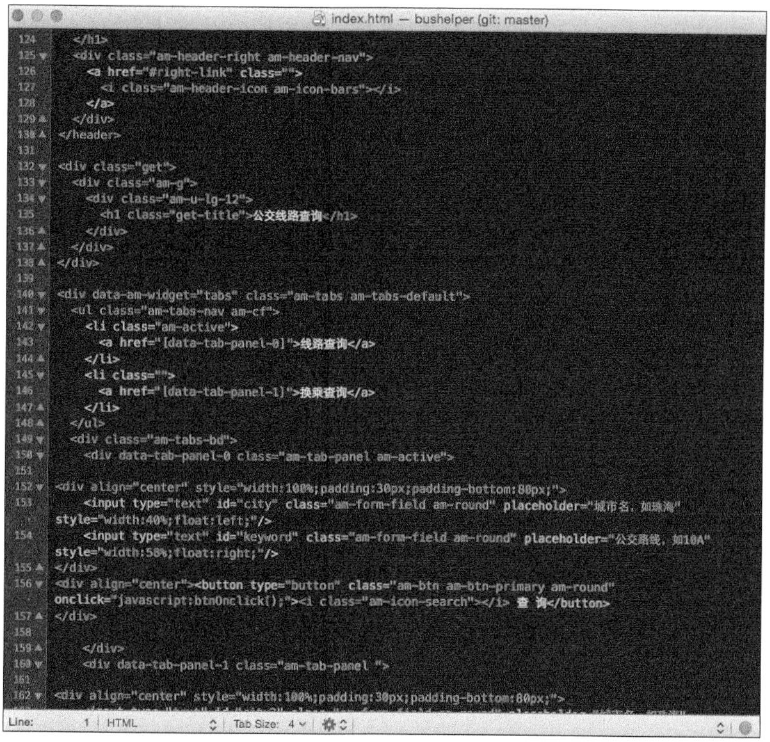

```html
    </h1>
    <div class="am-header-right am-header-nav">
      <a href="#right-link" class="">
        <i class="am-header-icon am-icon-bars"></i>
      </a>
    </div>
  </header>

  <div class="get">
    <div class="am-g">
      <div class="am-u-lg-12">
        <h1 class="get-title">公交线路查询</h1>
      </div>
    </div>
  </div>

  <div data-am-widget="tabs" class="am-tabs am-tabs-default">
    <ul class="am-tabs-nav am-cf">
      <li class="am-active">
        <a href="[data-tab-panel-0]">线路查询</a>
      </li>
      <li class="">
        <a href="[data-tab-panel-1]">换乘查询</a>
      </li>
    </ul>
    <div class="am-tabs-bd">
      <div data-tab-panel-0 class="am-tab-panel am-active">

  <div align="center" style="width:100%;padding:30px;padding-bottom:80px;">
      <input type="text" id="city" class="am-form-field am-round" placeholder="城市名，如珠海"
  style="width:40%;float:left;"/>
      <input type="text" id="keyword" class="am-form-field am-round" placeholder="公交路线，如10A"
  style="width:58%;float:right;"/>
  </div>
  <div align="center"><button type="button" class="am-btn am-btn-primary am-round"
  onclick="javascript:btnOnclick();"><i class="am-icon-search"></i> 查 询</button>
  </div>

      </div>
      <div data-tab-panel-1 class="am-tab-panel ">

  <div align="center" style="width:100%;padding:30px;padding-bottom:80px;">
```

图 9C-22　首页代码片段 4

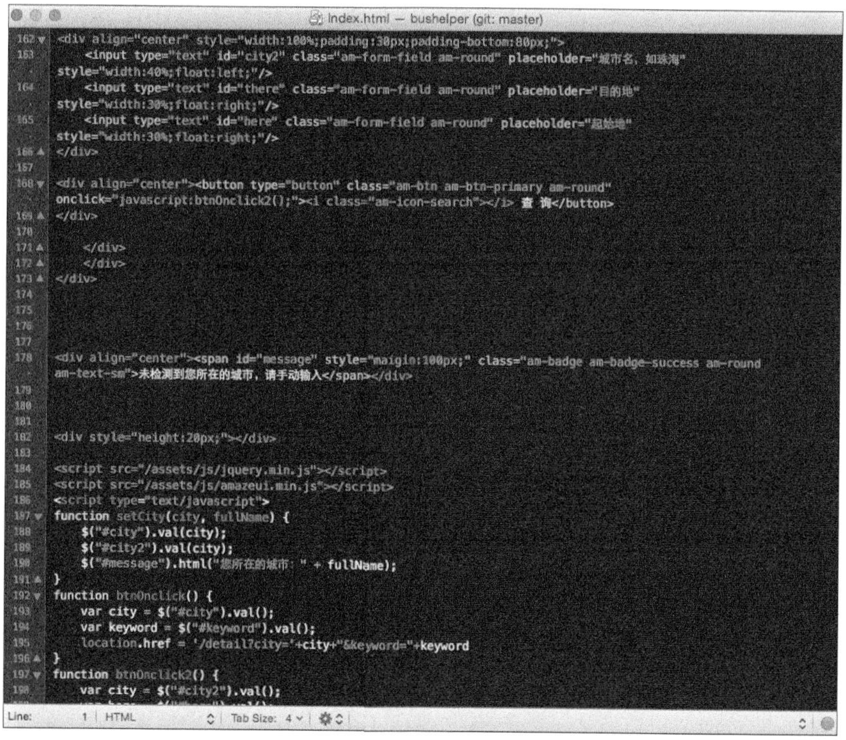

```html
<div align="center" style="width:100%;padding:30px;padding-bottom:80px;">
    <input type="text" id="city2" class="am-form-field am-round" placeholder="城市名，如珠海"
style="width:40%;float:left;"/>
    <input type="text" id="there" class="am-form-field am-round" placeholder="目的地"
style="width:30%;float:right;"/>
    <input type="text" id="here" class="am-form-field am-round" placeholder="起始地"
style="width:30%;float:right;"/>
</div>

<div align="center"><button type="button" class="am-btn am-btn-primary am-round"
onclick="javascript:btnOnclick2();"><i class="am-icon-search"></i> 查 询</button>
</div>

    </div>
    </div>
</div>




<div align="center"><span id="message" style="maigin:100px;" class="am-badge am-badge-success am-round
am-text-sm">未检测到您所在的城市，请手动输入</span></div>



<div style="height:20px;"></div>

<script src="/assets/js/jquery.min.js"></script>
<script src="/assets/js/amazeui.min.js"></script>
<script type="text/javascript">
function setCity(city, fullName) {
    $("#city").val(city);
    $("#city2").val(city);
    $("#message").html("您所在的城市：" + fullName);
}
function btnOnclick() {
    var city = $("#city").val();
    var keyword = $("#keyword").val();
    location.href = '/detail?city='+city+"&keyword="+keyword
}
function btnOnclick2() {
    var city = $("#city2").val();
```

图 9C-23　首页代码片段 5

（2）需要使用 JavaScript 函数 appendDetail 来接收返回的结果，重新组装数据为固定的格式，最后再添加到 html 结点中。此外在实现并调用一个 resultCount 函数将返回结果条数显示到导航栏上。

图 9C-24　首页代码片段 6　　　　　图 9C-25　路线查询结果展示

最终查询路线结果展现页面 detail.html 代码如图 9C-26、图 9C-27 所示。

图 9C-26　路线详情页代码片段 1

上述的代码分为 html 和 js 部分，在 html 中主要定义了页面的基本框架，在 js 中我们主要是对数据进行处理，从图 9C-27 中 45 行开始是 javascript 关键函数。appendDetail 是将接收到的数据格式化地追加到结果展示区域，resultCount 是在标题部分展示搜索到的路线数据。随后 var data＝{{! data}}则是接受来自 python 逻辑部分传递过来的 json 数据 data，解析实际的数据并调用对应的 js 函数进行数据输出。

3．开发查询换乘结果的展示页面 transfer.html

开发要点：

（1）同查询路线结果展示结果页面比较相似，transfer.html 同样使用到 AmazeUI 的折叠菜单控件展现查询结果。

图 9C-27 路线详情页代码片段 2

（2）定义 appendTransfer Javascript 函数来将 API 返回的数据通过固定的格式添加到 html 结点中。定义 resultCount 函数，用以将返回结果条数显示到导航栏上。

最终查询换乘结果展现页面 transfer.html 代码如图 9C-28、图 9C-29 所示。

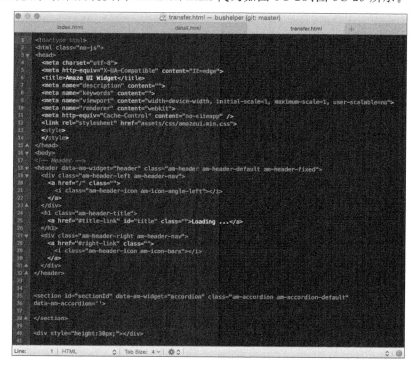

图 9C-28 换乘结果页代码片段 1

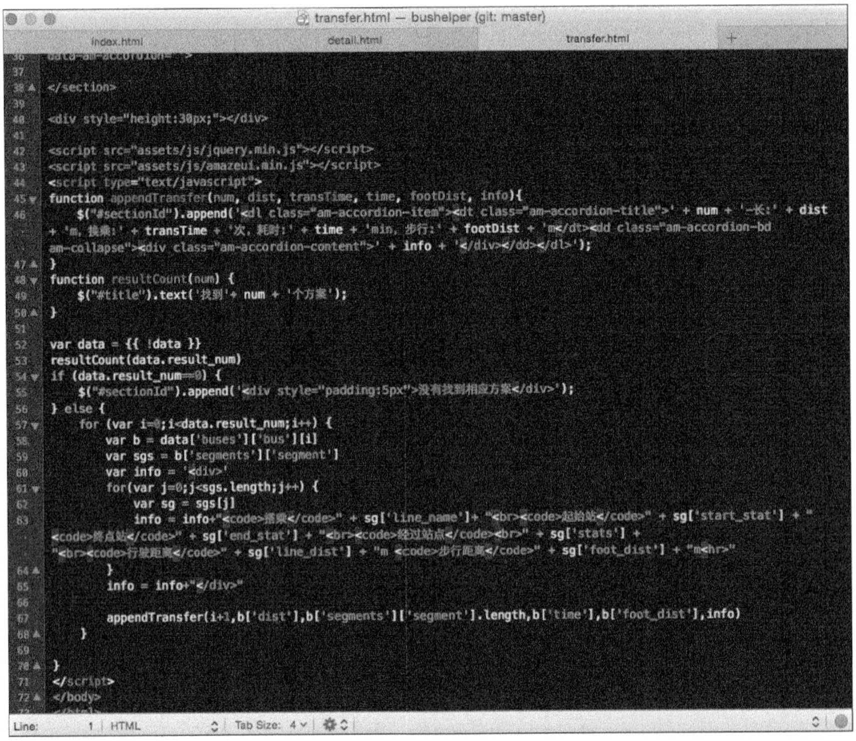

图 9C-29　换乘结果页代码片段 2

与路线查询结果的模板页面比较相似,换乘结果页面代码也分为 html 和 js 部分,在 html 中主要定义了页面的基本框架,在 js 中主要是对数据进行处理,从图 9C-29 中 45 行开始是 javascript 关键函数。AppendTransfer 是将接收到的数据格式化地追加到结果展示区域,resultCount 是在标题部分展示搜索到的换乘数据。随后 var data＝{{! data}}则是接受来自 python 逻辑部分传递过来的 json 数据 data,解析实际的数据并调用对应的 js 函数进行数据输出。

C.3.2　功能开发

完成了界面的开发之后,开始在项目目录的 main.py 文件中实现逻辑功能开发,在 C.2.2 节中已经阐述了用 QPython 在某些开发方面比原生态更具优势的地方。

在此使用 QPython 中的"新建 WebApp 项目"过程中,QPython 自动创建的 WebApp 模板。在 QPython 中新建了项目后(项目都放在/sdcard/com.hipipal.qpyplus/projects 目录中),将其传输到 PC 上(QPython 的设置中有 FTP 服务,开启后在 PC 上使用 FTP 客户端就可以进行文件传输)。

QPython 的 WebApp 是基于 bottle 框架为基础,第 2,第 3 行"#qpy:xxx"头部为固定的声明,第 2 行#qpy:webapp:<title>,第三行#qpy://<侦听的 ip>:<侦听的端口>,需要与 67 行的 IP 和地址对应。

23 行开始声明了一个自定义的 WsgRefServer,此外,45 行_exit 及 49 行_ping 为保留方法,需要实现,分别为关闭 WebApp 的方法以及检测当前服务是否 ok 的方法。55 行 home 则是一个示范的定义,通过 61 行的 route 定义,让这个 WebApp 默认启动时,显示 QPyConChina App 的字样。

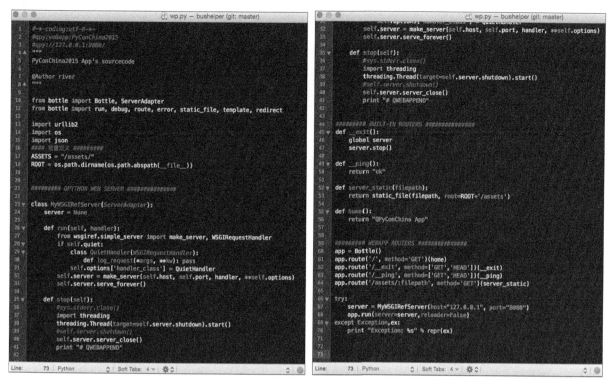

图 9C-30　QPython WebApp 模板代码片段 1　　　　图 9C-31　QPython WebApp 模板代码片段 2

掌握了 QPython 的 WebApp 之后，我们爱帮 API 交互获得查询数据，同时将结果展示出来。

1. 请求爱帮 API 进行查询

Python 有大量的和 HTTP 交互的库，在这里使用 urllib2 库来发起 API 请求来获取结果。相关代码如下：

在 main.py 中定义一个 Python 函数 _get_json_content 来统一访问 API 并获得结果。（由图 9C-32～图 9C-35 的代码变化都是指在 main.py 中进行）

2. 获取 API 返回结果并传递给页面模板

通过调用爱帮 API 获得了结果之后，直接使用了 bottle 的模板引擎来将爱帮 API 的请求结果返回到模板页面中。

图 9C-32　使用 urllib2 来请求 api

图 9C-33　查看路线及换乘的 API 定义

先看看查看路线以及查看换乘的 API URL 定义，如图 9C-33 所示，其中 API_URL 为查看路线详情的 URL，API_URL2 为查看换乘详情的 URL API。

图 9C-34　查看路线详情的实现代码

调用 API 查询路线 API，随后通过 data

返回到页面模板中，如图 9C-34 所示。

调用换乘查询 API，随后通过 data 将结果返回到页面模板中，如图 9C-35 所示。

```
def transfer():
    city = request.GET['city']
    here = request.GET['here']
    ther = request.GET['ther']

    data = _get_json_content(API_URL2+"&city="+city+"&start_addr="+here+"&end_addr="+ther)
    print data
    return template(ROOT+'/transfer.html',data=data)
```

图 9C-35　查看换乘详情的实现代码

3. 页面模板接收数据并做处理

完成了查询的请求和数据的获取及传递之后，再将前后端数据对接起来，最后由前端的 javascript 代码来判断用户的输入，以及进行结果的匹配和格式化，即可完成数据展示：

```
44  <script type="text/javascript">
45  function appendDetail(name, info, stats){
46      $("#sectionId").append('<dl class="am-accordion-item"><dt class="am-accordion-title">' + name +'</dt><dd
    class="am-accordion-bd am-collapse"><div class="am-accordion-content"><code>线路信息</code><br/>' + info +
    '<br/><hr><code>公交线路</code><br/>' + stats + '<br/></div></dd></dl>');
47  }
48  function resultCount(num) {
49      $("#title").text('找到'+ num + '条线路');
50  }
51  var data = {{ !data }}
52  resultCount(data.result_num)
53  if (data.result_num==0) {
54
55      $("#sectionId").append('<div style="padding:5px">没有找到对应的路线</div>');
56  } else {
57      for (var i=0;i<data.result_num;i++) {
58          var b = data['lines']['line'][i]
59          appendDetail(b['name'],b['info'],b['stats'])
60      }
61  }
```

图 9C-36　查看路线详情的模板页面中接收 bottle 传递的数据

在查看路线详情的模板（detail. html）中，如图 9C-36 所示，在 51 行，使用 var data＝{{! data}}的方式来获得 python 传递过来的 data 数据，随后在 javascript 中便可以来对 data 进行解析。

```
<script type="text/javascript">
function appendTransfer(num, dist, transTime, time, footDist, info){
    $("#sectionId").append('<dl class="am-accordion-item"><dt class="am-accordion-title">' + num + '-长:' + dist
+ 'm, 换乘:' + transTime + '次, 耗时:' + time + 'min, 步行:' + footDist + 'm</dt><dd class="am-accordion-bd
am-collapse"><div class="am-accordion-content">' + info + '</div></dd></dl>');
}
function resultCount(num) {
    $("#title").text('找到'+ num + '个方案');
}

var data = {{ !data }}
resultCount(data.result_num)
if (data.result_num==0) {
    $("#sectionId").append('<div style="padding:5px">没有找到相应方案</div>');
} else {
    for (var i=0;i<data.result_num;i++) {
        var b = data['buses']['bus'][i]
        var sgs = b['segments']['segment']
        var info = '<div>'
        for(var j=0;j<sgs.length;j++) {
            var sg = sgs[j]
            info = info+"<code>搭乘</code>" + sg['line_name']+ "<br><code>起始站</code>" + sg['start_stat'] + "
<code>终点站</code>" + sg['end_stat'] + "<br><code>经过站点</code><br>" + sg['stats'] +
"<br><code>行驶距离</code>" + sg['line_dist'] + "m <code>步行距离</code>" + sg['foot_dist'] + "m<hr>"
        }
        info = info+"</div>"

        appendTransfer(i+1,b['dist'],b['segments']['segment'].length,b['time'],b['foot_dist'],info)
    }

}
</script>
```

图 9C-37　查看换乘详情的模板页面中接收 bottle 传递的数据

在查看换乘的模板(transfer.html)中,如图 9C-37 所示,在 52 行,我们使用 var data={{!data}}的方式来获得 python 传递过来的 data 数据,随后在 javascript 中可以来对 data 进行解析。

4. 其他:如何自动获取地理位置

QPython 内置了强大的 SL4A 库——一个可以轻松访问手机特性的 API 库,可以获取地理位置,蓝牙,网络状态等数据。最后使用 SL4A 接口来获取地理位置坐标,再通过百度的查询接口,即可知道现在在哪个城市。

如图 9C-39 所示,使用 SL4A 接口来启动 GPS 侦听。

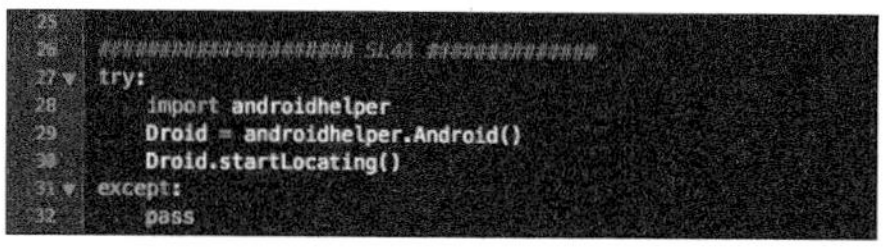

图 9C-38　调用 SL4A 接口来启动 GPS 侦听 　　图 9C-39　调用 SL4A 接口来获得地理位置坐标

如图 9C-39 所示,使用 SL4A 接口来获得 GPS 坐标地址,随后即可进一步调用百度 API 来获得对应的城市。

经过上述的开发之后,大体上就可以跑起一个可以运行的公交路线查询应用,只需要将它上传为手机的 sdcard/com.hipipal.qpyplus/projects/bushelper 目录下,即可通过 QPython 的启动按钮来启动它。

C.4　项目心得

使用 QPython 之后,能够快速地重用 Web 的开放模式来开发一个体验良好的 WebApp,可以充分使用成熟的 Web 前端框架来方便地构建风格友好的界面;基于 Python 的强大的库,能在手机上就轻松地处理网络请求等事务。由此可见,使用 QPython 开发能大大地加速 WebApp 的开发。除了网络、本地 IO 等处理能力外,QPython 还具备 SL4A 库来操作安卓的摄像头、地理位置、蓝牙等特性。

C.5　参考资料

(1) 项目源码:https://github.com/qpython-apps/BusHelper/

(2) QPython 网站:http://qpython.com/

(3) QPython 快速开始:http://qpython.org/quick-start/

(4) QPython 之如何用 QPython 极速开发 PyConChinaApp:http://qpython.org/pyconchina2015/

(5) QPython 的优酷频道:http://i.youku.com/qpython

(6) 爱帮公交线路查询 API 文档:http://www.aibang.com/api/usage#bus_lines

(7) AmazeUI 前端框架官方网站:http://amazeui.org/

C.6　常见问题

使用 QPython 获取地理位置时为 NULL

获取地理位置需要开启地理位置的权限,未打开该权限,获得的数据就会为 NULL。有时及时打开该权限但如果还未获取到地理坐标时也会为 NULL。

解决方法:调用时如果为 NULL 则提示用户需要打开地理位置权限再返回。

项目10　移动财务管理应用程序——企业版

A　原型工具和需求分析

A.1　需求文档

在本次的财务管理软件中，甲方对应给出的需求文档详细如下：

1）开发语言及技术要求

（1）软件采用Java语言开发；

（2）数据库采用SQLite数据库进行数据存储；

（3）软件可运行在Android 2.3及以上版本的操作系统中，并支持市面上大部分的安卓智能设备。

2）功能要求

（1）用户可在软件中记录个人财务的借入、贷出信息，能实现财务信息增删改功能，并能进行汇总统计。

（2）财务记录分为四大种类：借入信息、贷出信息、还息信息、收息信息，统计时需按各分类进行汇总后再进行合计。

（3）财务信息包含以下内容：一级科目、二级科目、日期、摘要、金额（元）、月息（％）、日息（元）、还款日期、备注等。

（4）"一级科目"、"二级科目"、"摘要"为选项值，可由用户进行项目信息自定义。

（5）"一级科目"包含:科目名称、标准日息。

（6）"二级科目"包含:科目名称。

（7）"摘要"包含:摘要名称。

（8）软件需提供将财务记录进行结清的功能，并能查看结清后的历史财务记录。

（9）软件需提供远程授权使用限制，只有通过远程授权后才能使用本软件。

（10）软件需提供密码功能，需输入正确密码后才能使用本软件。

（11）软件需提供数据云端备份和恢复功能。

（12）在进行云端备份时，需对数据进行加密，确保数据的安全性。

（13）软件需提供提醒功能，能对最近几天的财务数据进行提醒。

（14）软件需提供一、二级科目、摘要、提醒天数、密码、备份等设置功能。

（15）保留相关接口，以便以后进行二次开发与升级。

（16）软件需依据人性化进行设计，界面需美观易操作。

A.2 需求分析

根据甲方给的文档,在现实工程中,一定需要仔细的阅读,并且提取出其中能够转换成计算机语言表达的方式,然后,再和甲方进行确认自己的需求分析是否正确。因为如果对需求文档要求模棱两可,势必会导致在项目验收的过程中出现问题。

通过分析,可以从上面的文档中提取出几个要点,如图 10A-1 所示。

A.2.1 功能模块划分

软件分为六大模块,财务管理模块、财务汇总管理模块、科目和摘要管理模块、云备份和本地备份管理模块、软件授权模块、手势密码模块。

1. 财务管理模块

(1) 财务信息有四种类型,分别是借入、贷出、还息、付息。

(2) 财务记录有隶属的一级科目和二级科目。

(3) 每条财务记录具备日息、月息、还款日期、备注字段。

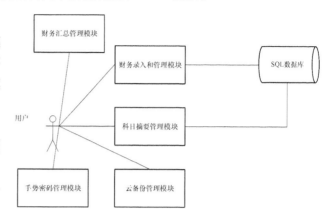

图 10A-1 程序功能模块图

(4) 财务记录能够进行 CRUD(增删改查)操作,并且有界面能够进行汇总统计。

较不明确的点是第四条中的:"需要有界面进行汇总统计"。这种时候一定需要和甲方再次沟通,确认了汇总需要显示借入总额、借出总额、应付息、应收息、总资产、最近 5 天借入到期、最近 5 天贷出到期等信息。

财务汇总管理模块,由于在需求文档中并未详细的叙说,与甲方进行再次沟通后,得到的反馈内容如下。

2. 财务汇总管理模块

(1) 借入总额:所有借入记录金额的合计。

(2) 应付息:所有借入记录的息的合计－所有还息记录的金额合计。

(3) 贷出总额:所有贷出记录的金额合计。

(4) 应收息:所有贷出记录的息的合计－所有收息记录的金额合计。

(5) 总资产:贷出总额＋应收息－借入总额－应付息。

二级科目中具备结清的功能,只有当二级科目记录下的总资产为"0"的时候才能够进行结清,而且当结清后,所有的记录将不会再进行借入,贷出中进行相应的计算,但是能够在二级科目的历史中看到自己的结清记录,并且进行结清的同时还需要添加备注。

3. 科目和摘要管理模块

1) 科目

(1) 科目分为一级科目和二级科目。

(2) 其中二级科目隶属于一级科目。

(3) 添加科目时包含科目的名称和标准的日息。

2) 摘要

(1) 摘要录入的内容为字符串。

(2) 能够对摘要进行 CURD 操作。

4．本地和云备份模块

(1) 能够提供本地的备份恢复。

(2) 本地备份可以增量保存最近五次的备份。

(3) 能够提供云端的备份和恢复。

关于备份模块,文档并未给出详细需求,同样和甲方行沟通后,得知,本地备份需要保存最近五次的备份记录,并且有备注功能,而云端备份只需要备份当前数据库即可。

5．授权管理模块

程序需要通过某种远程授权后才能够使用:需求不明确,和甲方进行沟通后,对方需要实现一个类似于注册码的机制来对程序进行授权。

6．图案解锁和管理模块

(1) 用户可以设置进入程序的时候是否需要图案进行解锁。

(2) 可以设置录制自定义的图案。

分析总结:

可以从以上整理的需求分析看出,从原本甲方给出的需求文档(非乙方整理的需求分析)中还存在许多需要完善和补充的点,此时,沟通显的特别重要,详细地了解每一个需求下面包含的隐藏需求,才能够对整个项目有一个完整的认知以及对项目的工作量的正确把握。

A.3 原型工具

A.3.1 概述

在确定了项目的整体需求后,接下来面临的工作便是系统的"概要设计"阶段,概要设计包含了界面的原型的搭建,数据库的设计,程序流程的梳理,系统的组织结构,模块的划分,设计相关难点的解决方案这六点来进行展开。(程序的开发流程不一定需要按照上述的顺序来进行,每个人的设计程序的思想都不会非常的一致,只要符合当前所面临的项目即可)

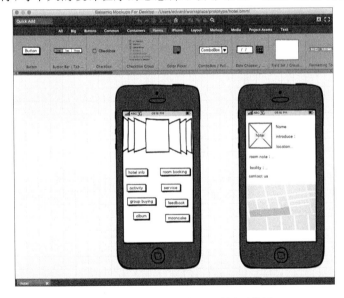

图 10A-2 Mockups 原型工具界面截图

A.3.2 原型设计

首先便是原型的设计,原型的设计离不开与甲方进行沟通,因为只有客户最清楚他需要的是什么样的功能和内容,然后我们该为甲方提供什么样的功能和服务,结合他们提出的意见,我们将会使用原型设计工具搭建项目的原型(常见的原型工具有:Axure,Balsamiq Mockups 等,当然还有很多其他优秀的原型设计工具未在此列出)。

根据用户的需求,借助原型工具,就能够画出页面大致的草图,如图 10A-2 所示。

结合甲方需求,可以得出该项目的原型(软件并未完成,只是搭建出来的界面效果),如图 10A-3 至图 10A-9 所示。

图 10A-3　左为主页面 右为显示全部的界面　　　　图 10A-4　左为添加财务记录界面 右为科目汇总界面

图 10A-5　左为历史界面 右为历史记录点界面　　　　图 10A-6　左为设置界面 右为科目管理界面

【注意】截图是该软件的 UI 效果图。以笔者经验,一般到项目后期多半会出现需求变化,所以"强烈建议"在做需求分析的初期,软件流程展现的越细节越好。

用户打开软件之后显示的是左边的页面,单击进入科目后,便进入到右边显示全部科目的界面。

在显示全部科目的界面单击添加按钮后跳转到添加财务记录的界面,添加成功后便跳转到当前科目的汇总界面。

当科目的总借入和贷出均衡后,可以进行结清操作,结清成功后,将会跳转到历史记录点界面。单击历史按钮也会跳转到历史时间点界面。

单击主页面的设置按钮,便跳转到设置界面,然后再单击科目后便会跳转到科目管理界面。

图 10A-7　左为摘要管理界面 右为设置软件背景界面　　图 10A-8　左为备份恢复界面 右为选择恢复的时间点界面

图 10A-9　左为手势管理界面 右为软件授权界面

同样的,单击摘要便会跳转到管理摘要的界面,单击更改软件背景便会跳转到选择背景的界面。

单击备份与恢复进入备份管理界面,具备云备份恢复和本地备份恢复,备份后,选择恢复的时候会选择需要恢复的时间点。

单击手势管理能够进行手势管理,单击远程授权可以向服务商索取授权码。

【注意】从每个页面的效果图,能够比较清楚的看清楚 App 每一个页面需要展现的数据,以方便在接下来的工作进行数据库的设计。

A.3.3　数据库分析与设计

原型搭建好后,便从需求分析中已经剥离出来的模块结合概要设计中做好的原型来进行数据库的一个设计,先从摘要管理的界面说起,因为只需要记录一个字符串的值,所以只需要一张表来进行储存即可,摘要表的设计如图 10A-10 所示。

一二科目管理的界面,从原型上来看,一二级科目都具有名称和日息两个字段,并且二级科目隶属于一级科目,存在一对多的关系,故需要两张表,分别是一级科目表和二级科目表,如图 10A-11 所示。

财务记录管理界面和科目历史界面,从原型上来看,每条财务记录都隶属于一二级科目,并且具备摘要字段,而且有日息,开始日期和结束日期的字段,但结合历史界面,已经结清的财务记录只能够在历史界面中才能够查看,那么财务记录还需要有一个字段值记录是否已经被结清,并且历史界面具备每次结清的备注信息,那么,在财务记录中还需要一个字段索引到历史记录的表中,综上所述,需要两张表,分别

图 10A-10　摘要表字段

是财务记录表和历史表,如图 10A-12 所示。

到这里,整个应用的数据库设计就已经完成了,如图 10A-13 为整个应用的数据库关系总览。

图 10A-11　一二级科目表

图 10A-12　左为财务数据表,右为历史表

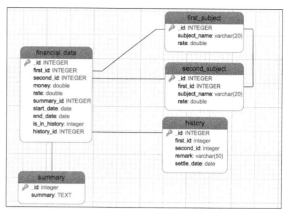

图 10A-13　整体数据库关系图

构建数据库可以通过工具来进行创建,这里使用了 Navicat Premium 这个工具,这个工具的好处是能够建立的数据库表立即生成对应的表图,能够很清晰的了解设计的表结构,如图 10A-14 所示,相信大家已经具备使用 MMSQL 企业化的数据库管理工具的能力,相信对此数据库工具的上手应该不会存在太大的问题。

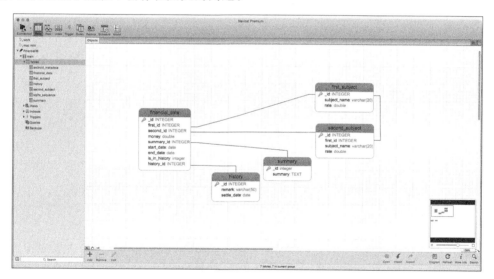

图 10A-14　Navicat premium 软件界面图

A.3.4　技术方案选择

由于需求文档的要求,程序还需要下面三块额外的功能模块,分别是手势解锁,软件授权和备份恢复。

1. 手势解锁方案

单击程序图标进入的时候,需要用户进行绘制图案才能解锁 App,这个功能可以借鉴网上许多开源框架(如可在 github 下载:LockPattern)。

2. 软件授权方案

甲方提出新的需要:程序具备远程授权的功能,即只有授权了的用户才能够使用该软件,于甲方进行沟通后,最后决定的授权方案如下(以下给出的是方案,细节会在后面的章节介绍)。

移动端需要设计一个注册机,是用来生成对移动财务软件进行授权的一个简单的App,需要具备注册码生成和授权历史记录两块功能。

进入财务软件的设置界面,单击软件授权,输入使用注册机生成的注册码进行软件授权即可。

图 10A-15　授权页面和发送信息界面　　　　图 10A-16　注册机界面和生成注册码界面

最终讨论的授权流程框图如图 10A-17 所示。

3. 备份恢复方案

根据需求,需要提供本地备份和云备份的功能,本地备份功能已经比较明确了,重点在于云备份的功能,在经过讨论后,本项目使用了金山快盘来实现云备份的功能(官网:http://www.kuaipan.cn/developers/)

但是并不太建议新手开发者使用金山快盘(可以使用百度云盘),因为金山快盘并没有官方的 SDK 来引导开发者进行开发。

A.4　参考资料

(1) Navicat premium 是一款简单易用的建立数据库表的 E-R 关系图并能够生成相应的 SQL 语句的数据库图形化工具。

下载地址:http://www.liangchan.net/liangchan/4785.html

(2) Axure 是一款原型设计软件,功能强大,并社区众多,资源丰富。

中文社区:http://www.axure.org/axure

A.5　常见问题

在本文 A.3.3 的数据库分析与设计中提到 Navicat Premium 这个工具,现在简单介绍下这

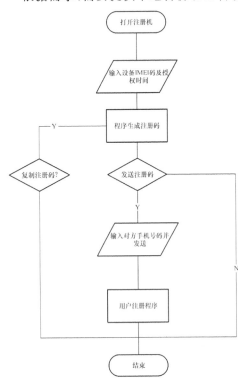

图 10A-17　软件授权流程

工具,并说明连接到数据库的步骤。

Navicat premium 是一款数据库管理工具。将此工具连接数据库,可以从中看到各种数据库的详细信息,包括报错等等。当然,也可以通过他,登录数据库,进行各种操作。Navicat Premium 是一个可多重连线资料库的管理工具,它可以以单一程式同时连线到 MySQL、SQLite、Oracle 及 PostgreSQL 资料库,让管理不同类型的资料库更加的方便。

下面以 Navicat premium 连接到 SQL Server 为例:

(1) 在 SQL Server 中先建好数据库,建好表。

(2) 在 SQL Server 中新建登录,并为建好的数据库设置权限。如图 10A-18、图 10A-19 与图 10A-20 所示。

图 10A-18　新建登录

图 10A-19　新建登录设置

确定后,打开 Navicat Premium。

(3) 在 Navicat Premium 中,单击连接,选择 SQL Server,如图 10A-21 所示。

(4) 在新建连接中,填写 SQL Server 的连接名、主机名、选择 SQL Server 验证方式,并填写好在新建登录中设置好的登录名与密码,如图 10A-22 所示。

图 10A-20　设置权限

图 10A-21　选择连接的数据库

图 10A-22　新建连接

（5）右键新建的连接，单击打开连接，如图 10A-23 所示。

连接完成后出现如图 10A-24 所示页面。

图 10A-23　打开连接　　　　　　　　图 10A-24　连接完成

Navicat Premium 在实际的使用中，更多是连接 mySQL，SQLite，Oracle 数据库来进行管理和操作，连接 mmSQL 管理数据库较少，因为微软自身的管理工具已经很完善了。

B　ORMLite 数据库 CURD 操作

B.1　项目简介

搜索关键字

（1）SQLite
（2）ORMLite
（3）MVC

本案例分为两个部分：第一部分的目标是借助第三方的库 ORMLite 完成对 Android 内置的 SQLite 数据库进行基本的 CURD 操作，与 SQL 语句操作数据库不同，ORMLite 能够将数据库表映射成对象，以对象的方式来对数据库表进行 CURD 操作，通过该案例能够让读者体会到使用该方法操作数据库所带来的便利。

第二部分则是结合第一部分的代码的基础上，实现程序的逻辑计算。

B.2　案例设计与实现

B.2.1　需求分析

上一节中已经分析完了整个程序的数据库表和每张表字段的设计，那么接下来的工作就是将数据库创建在 Android 的 SQLite 中，由于程序最后要实现对数据库里面的数据进行逻辑运算，那么必须实现对数据库的 CURD（创建、更新、读取、删除）操作后，才能够提取数据库里面的数据进行程序的逻辑计算功能的实现。在甲方的需求中，逻辑计算的公式如下：

借入总额：所有借入记录金额的合计。

应付息:所有借入记录的息的合计－所有还息记录的金额合计。
贷出总额:所有贷出记录的金额合计。
应收息:所有贷出记录的息的合计－所有收息记录的金额合计。
总资产:贷出总额＋应收息－借入总额－应付息。

如图 10B-1 为上述四个值在页面中的表现形式,其中左图为总财务汇总的界面,右图为科目财务汇总的界面,科目界面与总财务汇总界面中数值的差距是因为后者添加了科目的限制。

B.2.2 架构设计

在 Android 中编写 SQL 脚本可以对内置的数据库进行增删改查操作,然而在使用此方法的时候,经常会出现 SQL 语法错误的问题,使程序调试非常困难,导致开发效率的降低。为了避免这些问题,笔者建议采用第三方的解决方案 ORMLite 来解决上述的问题,要清楚的了解 ORMLite 的核心思想,需

图 10B-1 财务汇总界面

要先了解 ORM 这个概念,随后结合本案例加深对 ORM 的了解和使用。

对象关系映射(Object Relational Mapping,ORM)模式是一种为了解决面向对象与关系数据库存在的互不匹配的现象的技术。简单的说,ORM 是通过使用描述对象和数据库之间映射的元数据,将程序中的对象自动持久化(储存)到关系数据库中。那么,到底如何实现持久化呢？一种简单的方案是采用硬编码方式,为每一种可能的数据库访问操作提供单独的方法。但是这种方案存在以下不足:

(1) 持久化层缺乏弹性。一旦出现业务需求的变更,就必须修改持久化层的接口。

(2) 持久化层同时与域模型与关系数据库模型绑定,不管域模型还是关系数据库模型发生变化,都要修改持久化层的相关程序代码,增加了软件的维护难度。

ORM 提供了实现持久化层的另一种模式,它采用映射元数据来描述对象关系的映射,使得 ORM 中间件能在任何一个应用的业务逻辑层和数据库层之间充当桥梁。在 Java 中典型的 ORM 中间件有:Hibernate,ibatis,loonframework-db。

【知识点】ORM 的方法论基于三个核心原则:

(1) 简单。以最基本的形式建模数据。

(2) 传达性。数据库结构被任何人都能理解的语言文档化。

(3) 精确性。基于数据模型创建正确标准化了的结构。

ORM 解决的主要问题是对象关系的映射。域模型和关系模型分别是建立在概念模型的基础上的。域模型是面向对象的,而关系模型是面向关系的。一般情况下,一个持久化类和一个表对应,类的每个实例对应表中的一条记录,类的每个属性对应表的每个字段。

ORM 的优点:

(1) 大大提高了开发效率。由于 ORM 可以自动对 Entity 对象与数据库中的 Table 进行字段与属性的映射,所以不需要一个专门的数据库访问类。

(2) ORM 提供了对数据库的映射,不用 SQL 直接编码,能够像操作对象一样从数据库获取数据。

ORM 的缺点:会牺牲程序的执行效率和会固定数据库设计思维模式。

从系统结构上来看,采用 ORM 的系统一般都是多层系统,系统的层次多了,效率就会降低。ORM 是一种完全的面向对象的做法,而面向对象的做法会对性能产生一定的影响。

在开发系统时,有时候会存在性能问题。性能问题主要产生在算法不正确和与数据库不正确的使用上。ORM 所生成的代码一般不太可能写出很高效的算法,在数据库应用上更有可能会被误用,主要体现在对持久对象的提取和和数据的加工处理上,如果用上了 ORM,程序员很有可能将全部的数据提取到内存对象中,然后再进行过滤和加工处理,这样就容易产生性能问题。

在对"对象"做持久化时,ORM 一般会持久化所有的属性,有时候,这是我们所不希望的。但 ORM 是一种工具,工具确实能解决一些重复、简单的劳动,这是不可否认的。但我们不能指望工具能一劳永逸的解决所有问题,有些问题还是需要特殊处理的,但需要特殊处理的部分对绝大多数的系统应该是很少的。

B.2.3 功能实现

1. 使用 ORMLite

1) 官网下载

要开始使用 ORM 框架,首先需要下载 ORM 框架所对应的 jar 包,并将其导入至项目中。其中 ORMLite 框架可以进入官网进行下载:http://ormlite.com/,如图 10B-2 所示。

单击 localrepository 便进入如图 10B-3 所示的界面。

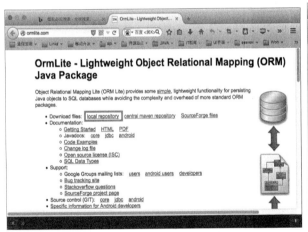
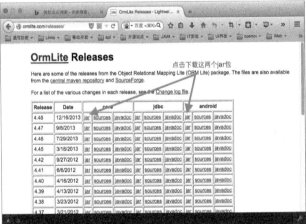

图 10B-2 ORMLite 官网　　　　　　　　　图 10B-3 下载第三方 jar 包

下载完成后,就需要在项目中导入 jar 包。因为程序中只需要使用到 ORMLite-core-4.48.jar 和 ORMLite-Android-4.48.jar 这两个 jar,所以在项目中新建一个 libs 文件夹,将这两个 jar 包放进去并在项目属性中导入即可。

2) 编写数据访问对象

使用 ORMLite 还需要建立数据访问对象(DAO),所谓的数据访问对象是将数据库表的字段分别对应映射到对象的属性中去。本案例将建立一个包为 com.edvard.dao,用来储存数据访问对象,因为数据库对应的表为 5 张,所以包中有 5 个对象,分别对应每一张表。建立完后,还需要告诉 ORMLite 每个对象中的属性是映射到数据库表中的哪个字段,故需要给每个对应的字段添加注解。至此,DAO 创建完毕。

【注】DAO(Data Access Object),即数据访问对象。数据访问对象是一种应用程序接口

（API），主要作用为把底层数据访问逻辑和高层的商务逻辑分开，使开发人员专注于编写数据访问代码。在本例中，新建了 5 个类，分别对应数据库中的每一张表，而每一个类中的每一个对象，又分别对应表中的每一个字段，而这些类，就是 DAO。如图 10B-5 所示为表 Summery 对应的 DAO。

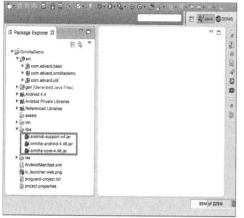

图 10B-4　在项目中导入 jar 包完成

图 10B-5　summery 类的业务逻辑代码

ORMLite 中可以使用@DatabaseField 语句来告诉程序，此变量与数据库的字段是关联在一起的，而在数据库字段中的唯一标识 _id 一般都是自动增长的，在这里可以通过设置 generatedId＝true 来告诉程序该字段为自动增长字段，在编写代码时便不需要给该字段进行赋值。当然，ORMLite 还提供了很多其他强大的注解功能，在这边就不一一阐述，感兴趣的读者可以去查阅其官方文档。

3) 编写数据库帮助类

创建完业务逻辑后，还需要实现连接和创建数据库的帮助类，新建一个包为 com.edvard.util 并在里面新建一个 java 文件为 DatabaseHelper.java，在编码中，首先需要让该类继承 ORMLiteSqliteOpenHelper 父类，具体代码如图 10B-6 所示。

图 10B-6　数据库帮助类的代码实现

继承了该父类后，还需要实现其构造方法

```
//创建的数据名的表明
private static final String DATABASE_NAME = "financial.db";
//数据库的版本号
private static final int DATABASE_VERSION = 1;
public DatabaseHelper(Context context) {
// TODO Auto-generated constructor stub
super(context, DATABASE_NAME, null, DATABASE_VERSION);
}
```

构造方法需要传入 4 个参数,分别是:
(1) 上下文;
(2) 需要创建数据库的名称;
(3) 数据库检索工厂,在数据库查询的时候会返回查询的结果,而结果是储存在 Cursor 中的,由检索工厂生成,一般不需要重新定义该工厂来生成产生查询结果的方法,使用默认的工厂即可,所以一般传入空值(这里涉及了软件工程里面的一个设计模式,称为工厂模式)。
(4) 最后便是数据库的版本。那么在启动程序的时候便会自动调用该方法生成数据库。

而且该构造方法还需要重写父类的两个方法,第一个方法为 onCreate 方法,此方法在程序还没有创建数据库表的时候将会被调用。

```
@Override
public void onCreate(SQLiteDatabase sqliteDatabase,
    ConnectionSource connectionSource) {
// TODO Auto-generated method stub
}
```

而另外一个方法为 onUpgrade 方法,此方法则是当程序的数据库结构发生变化的时候将会被调用的方法。

```
@Override
public void onUpgrade(SQLiteDatabase sqLiteDatabase,
    ConnectionSource connectionSource,int oldVer, int newVer) {
    // TODO Auto-generated method stub
}
```

至此,ORMLite 框架部分的代码已经编写完毕,"run"(运行)一下代码,然后打开 DDMS (图 10B-7 最右上角绿色按钮),结果如图 10B-7 所示。

在 DDMS 中 File Export 选项卡中找到本程序对应的包,展开后,便可以清楚的看到 database 文件夹下有一个名为 financial.db 的数据库文件。

2. 使用 ORMLite 提供的方法进行 CURD 操作

如图 10B-8 所示,常规的往数据库表插入一条数据首先需要编写插入的 SQL 语句,随后调用 dbOpenHelper.execSQL(sql,args)来执行该方法,从代码的结构上来看,显的比较凌乱,而且 SQL 语句很容易出错,从而增大了代码的调试难度。如果采用 ORMLite 来插入数据,不仅代码结构将变得清晰,而且也不用编写 SQL 脚本,大大加快了开发的效率。那么,下面就来详细的介绍如何使用 ORMLite。

1) 创建数据库表

创建数据库表一般在 helper 类里面的 onCreate 方法中进行(图 10B-6),调用 ORMLite 封装好的 TableUtils.createTable()方法,该方法需要传入两个参数,第一个参数为连接数据库的信息,第二个参数为需要创建表对应的业务类,由于该方法会抛出 SQLException 的异常,所以需要 try 和 catch 块来捕捉异常。例如创建历史表的代码如下:

```
try {
        TableUtils.createTable(connectionSource, History.class);
    } catch (SQLException e) {
        // TODO Auto-generated catch block
        Log.e(DatabaseHelper.class.getName(), "Unable to create datbases",e);
        e.printStackTrace();
    }
```

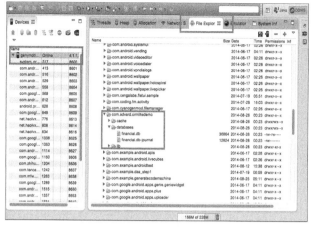

图 10B-7　DDMS 查看 db 数据库文件

图 10B-8　SQL 语句插入数据

当然，该类还有其他许多方法在这里并未提及，比如删除表的方法 dropTable（ConnectionSource，Class，ignoreError），清除表中的全部数据的方法 clearTable（ConnectionSource，Class）等。详细的 api 说明，可以查看官方的 pdf 文档。

2）插入数据

由于使用 ORMLite 封装的方法，使用者不会出现经常写错脚本代码的情况，因为，只需要两步就可以插入数据（这是 ORMLite 最大的优点）。

第一步，新建一个 firstSubject 对象，给对象里面每个属性进行赋值，也即给数据库表的每列字段进行赋值，因为在前面的业务对象中已经声明了 id 值为自动增长，在此就不需要再对 id 属性进行赋值。

第二步：调用 ORMLite 中的 create 方法便可以向数据库插入一条数据。

具体实现的代码如图 10B-9 所示。

3）检索数据

常用的检索数据的两种方式，第一种是根据 id 将表中某行数据检索出来，另外一种则是将表中所有的数据都检索出来，在 ORMLite 中只需要调用下面两个方法即可实现上面两种方式的数据检索。

Object queryForId(Integer _id) throws SQLException；

根据 id 将表中的一行数据以对象的方法返回。（对应图 10B-10 代码的第 87 行）

List<Object> queryForAll() throws SQLException

将调用该方法的 DAO 对象里面的全部数据以 List 的方式返回，对应图 10B-10 代码的 71 行。

4）更新数据

同样，在 ORMLite 中进行数据的更新，需要先建立对象，然后往对象赋值需要更新数据的 id 值，赋值其他字段后，便可以进行更新，更新的方法如下：

intupdate(Class) throws SQLException；

将需要更新的对象设置进去后，DAO 调用该方法，即可更新对应的条目。

5）删除数据

删除数据调用的是 DAO 的 delete 方法，同样传入的是需要删除的对象的数据，如果知道主键的值，只需要给主键赋值即可删除对应的条目。

图 10B-9　插入数据代码

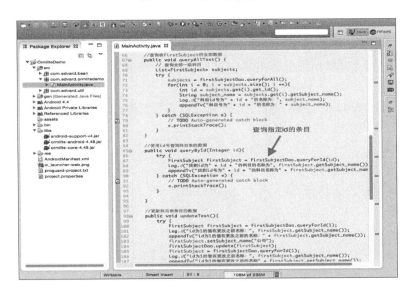

图 10B-10　检索数据代码

int delete(Class) throws SQLException；在图 10B-10 可以看到实现的代码。

3．逻辑计算功能实现

1）实现公共方法

程序的财务计算在总财务汇总界面上和科目财务汇总的界面上都使用到了，所以为了提高代码的可复用性，本项目将算法的实现部分放到了一个基类里面去，随后，只需要用到该算法的 activity 继承该基类，便可实现效果。

（基类名称：com．edvard．util．ArithmeticActivity．java）

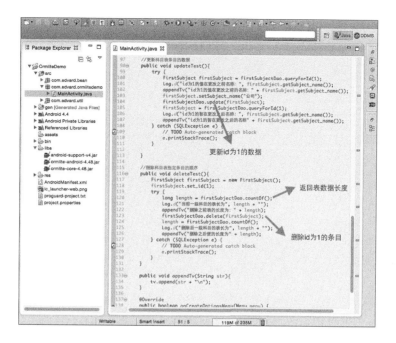

图 10B-11　更新和删除数据代码

在该基类里面定义了许多的方法,但有 5 个方法是在程序业务计算中会被多次调用的,通过这几个方法的组合(后面有使用的例子),便可以分别计算出借入、贷出、付息、收息的值。

方法一:

public List<FiancialData> getTypeDataList(Integer firstId,Integer secondId,Integer type){}

该方法接收三个参数,分别是一级科目,二级科目,财务记录类型,用于查找数据库里面的内容,并且该记录还未添加进历史记录里面去。具体的代码如图 10B-12 所示。

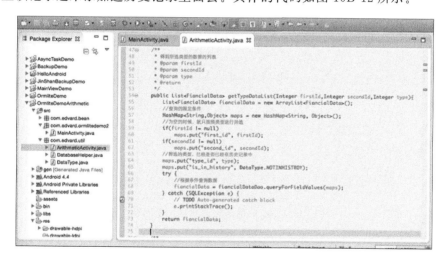

图 10B-12　类型查询全部财务记录代码

方法二:

public double getDataSum(Integer firstId,Integer secondId,Integer type){}

该方法同样传入三个参数,分别是一级科目,二级科目,以及财务类型,此方法是计算属于该科目的全部金额的总和,代码的具体实现如图 10B-13 所示。

图 10B-13 该类型全部金额总和

需要注意的是,当一级科目和二级科目传入为空值的时候,将会根据类型来查询和计算全部的满足条件的财务记录。

方法三:
public int shuffDay(long start,long end){}
该方法传入两个 long 类型的时间,返回的值为两个 long 类型相差的天数。

方法四:
public double calEachInterest(long start,long end, double money, double rate){}
该方法传入 4 个参数,分别对应着财务记录的开始时间,结束时间,该记录的金额,和该记录的日息。随后便会根据传入的值计算当前财务记录的利息是多少,具体的代码实现如图 10B-14 所示。

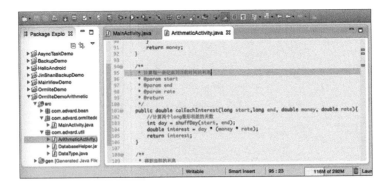

图 10B-14 计算每条记录对应的利息截图

方法五:
public double getInterest(List<FiancialData> data){}
该方法传入一个参数,为某种类型的财务记录(调用方法一可以得到),随后遍历全部的财务记录可以得到对应借入或者贷出数据的财务利息,具体的实现代码查看图 10B-15 所示。

2) 借入总额的计算

通过调用方法二传入借入的 id 便可以计算出借入总额,如图 10B-16 所示。

图 10B-15　计算得到财务记录的利息截图

3）应付息的计算

应收息应该包括两种数据，第一种是已经付息了的记录，第二种则是根据日期的差异产生的付息值，所以，所有应付息的计算包含两个部分，如图 10B-17 所示。

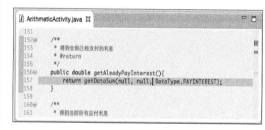

图 10B-16　计算借入总额　　　　　　　图 10B-17　计算已经付息的值

日期差异产生的付息值的代码，如图 10B-18 所示。

4）贷出总额的计算

计算所有贷出的代码，如图 10B-19 所示。

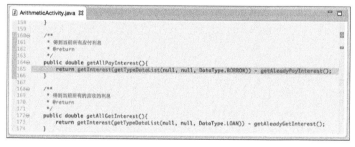

图 10B-18　计算应付息的值　　　　　　　图 10B-19　计算贷出总额

5）应收息的计算

同样的，应收息也包括了两个部分，分别是已经收息的值，根据日期记录差异产生的收息值，其中已经收息值的代码，如图 10B-20 所示。

日期产业产生的收息值，如图 10B-21 所示。

图 10B-20 计算已经收到利息

图 10B-21 计算应收利息

6）总资产的计算

总资产的计算方式为贷出总额＋应收息－借入总额－应付息，那么相应的，在代码中的实现如图 11B-22 所示。

图 10B-22 总资产计算

B.3 项目心得

本章首先介绍了 ORM 的概念，随后使用了 ORM 方案来对 Android 内置的 SQLite 数据库进行 CURD 操作，了解到操作数据库数据能够像操作对象一样，避免了使用原生的 SQL 语句中出现的问题。

B.4 参考资料

本案例的实现参照了 ORMLite 官方的 pdf 教程，在其官网 http://ORMLite.com 下面有进行下载，并且相应的 Android 端也提供了示例代码以供下载，示例代码托管在 github 上面，地址为：https://github.com/j256/ORMLite-examples。

除了本项目介绍的 ORMLite，市面上还存在着另外一个非常优秀的 ORM 框架 greenDAO，与 ORMLite 相比，它具有最大性能、易于使用的 API 和最小的消耗内存，在许多有名的软件中都有用到此框架，如奇妙清单，该框架的官方地址为：http://greendao-orm.com/。

C 界面设计与实现

C.1 项目简介

搜索关键字

（1）LinearLayout

（2）RelativeLayout

（3）RadioGroup

（4）Selector

(5) 本次实训的主要目的是实现程序的界面功能,也即财务汇总的界面,在介绍代码的同时引入一些代码的设计技巧。

C.2 案例的设计与实现

C.2.1 需求分析

由需求可知,需要在主页面展示个人财务汇总的信息,第一块是借入和付息汇总:主要包括数据库中所有借入的总额(不包括已经结清的借入条目),应付利息,所有未结清条目的应付的利息。

第二块是贷出和收息汇总,主要包括数据库所有未被结清的贷入条目,以及所有未被结清的贷入记录对应的应收利息。

随后,还需要包含最近五天(可在设置中更改)借入或者贷出记录的显示,底部便能够进入科目录入条目,在设置中更改软件的一些设置等一些功能。

C.2.2 界面设计

在经过了确认需求和之前原型设计的阶段,主界面的效果如图 10C-1 所示。

界面分三块,分别是最上面的财务汇总,中间的最近到期,底部单击按钮,左边按钮单击可以进入科目添加财务记录,右边按钮能够进入设置调整软件的偏好。

C.2.3 编码实现

页面的原型设计完成后,随即便是编码实现。

1. 去除 actionbar

在编写界面之前的时候需要注意的是,在 Android 4.0 以上引用了 actionbar,如果需要隐藏 actionbar 的话,需要在 AndroidMainifest.xml 中进行配置,如图 10C-2 第 18 行所示。

图 10C-1 主页面

图 10C-2 AndroidManifest.xml

在 Android 版本高于 4.0 的时候,默认会给每一个 activity 添加 actionbar,如图 10C-3 左

边所示,而在本案例的设计中并不需要 actionbar,为了去掉 actionbar 的显示,需要在配置文件中对应的 activity 中加上 android:theme＝"@android:style/Theme.NoTitleBar"随后,再 run 程序的时候,就不会再显示 actionbar,效果如图 10C-3 右边所示。

2. 财务汇总模块实现

图 10C-3 的图片对应的是财务汇总的界面,包含了需求所述的几个模块,通过对原型界面的分析,要实现此页面效果,需要大量的 TextView,页面的控件分布图如图 10C-4 所示。

图 10C-3　左图含 actionbar,右图不含 actionbar

由图 10C-4 得知,其实每个复杂的页面都是由简单的控件堆砌而成的,其本身并不存在复杂性,其实更需要时间和精力的是:如何来设计这个页面以及构成页面的图片和素材的来源,并且保持风格的统一。在没有美工的帮助的前提下,在 http://www.easyicon.net/选择同一风格的素材是一个不错的选择。

3. 最近到期模块实现

最近到期的效果图,如图 10C-5 所示。

由图 10C-5 所示可知,最近到期的效果图的控件使用图如图 10C-6 所示。

图 10C-5　最近到期效果图

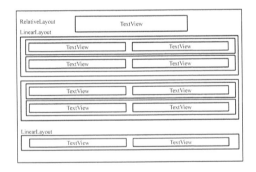

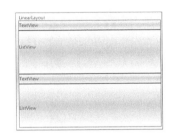

图 10C-4　控件分布图

图 10C-6　最近到期控件分布

4. 底栏按钮实现

底栏按钮的设计是比较常见的,尤其在 ios 应用中。当然,在 Android 实现也并不困难,根据页面的分析可知其控件分布图如图 10C-8 所示。

在添加上述控件后,便需要美化该按钮,首先需要为按钮添加相应的 icon,实现的代码如图 10C-9 所示。

为了能够有更好的用户体验,还需要设置当单击按钮时,需要给用户反馈,例如添加黄色灯光效果,黄色灯的效果图如图 10C-10 所示。

图 10C-7 底部按钮

图 10C-8 底部按钮控件分布

图 10C-10 单击触发的黄色光

图 10C-9 为底部的按钮设置图标

在程序中实现的流程如下：在 Android 中使用 xml 来定义这类事件，需要在 drawable 中添加 bg_home_btn.xml，新增如下代码，如图 10C-11 所示。

//单击的时候，按钮叠加的图片，其实是一个黄色光的图片：
android:drawable = "@drawable/nav_btn_pressed"
//当被单击状态为真的时候显示黄色光图片：
android:state_enabled = "true"
android:state_pressed = "true"

设置完成后，最后便要在布局文件引用该 xml，打开应用查看主页面的时候，触摸下面的按钮的时候，便会有黄色的灯光显示出来，能够让用户更加直观的知道自己的操作。

图 10C-11 单击底部按钮出发的事件

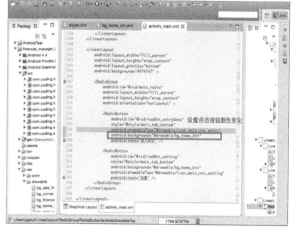

图 10C-12 在布局文件引用点击事件

至此，主页面的编写就完成了。

C.3 项目心得

在完成了本项目的编码和学习后，体会到在页面的编写上，其实并不存在太大的难度，最难的是如何设计精美的页面，以及如何寻找适合当前页面的素材，最后再将其用代码编写实现。

在进行设计页面的时候，不要一味只追求堆砌控件，更多的需要为用户进行换位思考，提高用户的使用体验。而页面素材需要平时的积累，看到好看的图片或者 icon 可以保存在本地，并分门别类地收集起来，这样在进行页面设计的时候才会得心应手。

D App 的云备份与恢复

D.1 项目简介

关键字：
(1) IO(输入输出流)
(2) XMLParser
(3) Oauth 协议
(4) AsyncTask

本案例实现的功能是数据库的备份与恢复，分别实现本地备份和云端数据的备份和恢复的功能，一定程度上保证了用户的数据不被丢失。

D.2 案例设计与实现

D.2.1 需求分析

根据甲方提出的备份需求，数据库备份恢复需要完成下面三点的要求：
(1) 能够提供本地的备份恢复，数据库文件需要保存在 SD 卡中。
(2) 本地备份可以增量保存最近五次的备份。增量备份五次，超过五次备份的则会覆盖之前的备份，并且每次备份能够保存此次备份的备注信息。
(3) 能够提供基本的云端的备份和恢复。

D.2.2 架构设计

【知识点】由于 Android 的数据库只是一个.db 结尾的一个文件，本地备份只需要将该文件移动到外置存储器中去即可，而还原则是逆向的一个过程，需求中还需要保存当前备份的备注信息，据此，可以使用 XML 文件来保存每次备份的备注信息，数据库文件名以及备份的时间。

实现云端备份在市面上有很多的选择，百度云盘，金山快盘等，在本案例中选择了金山快盘早期的 Android SDK，现在该 SDK 已经更新，而且也出现了更多更优秀的替代产品，如百度云盘、七牛等。

金山快盘使用 oath 协议，让用户授权给本案例的应用，让其对用户的网盘具备读写的权限，以达到云端备份的功能，接下来来了解下 oath 协议在金山快盘中的应用。

总体来说，实现备份和恢复的流程为
备份：用户单击本地备份→弹出确认备份对话框→输入备份的备注→单击确认。
恢复：用户单击本地恢复→跳转到备份的历史→单击某一时间点进行恢复。
其实现的流程图如图 10D-1 所示。

D.2.3 界面设计

本地备份恢复的设计：

参照了市场上一些 App 的备份功能以及当前的需求，备份和恢复的界面应该包含本备份和云备份的按钮，当用户单击了本地备份后，将会弹出确认备份的对话框，输入备注信息便能保存此次备份，单击本地恢复后，则会跳转到历史的备份记录以供用户进行恢复。

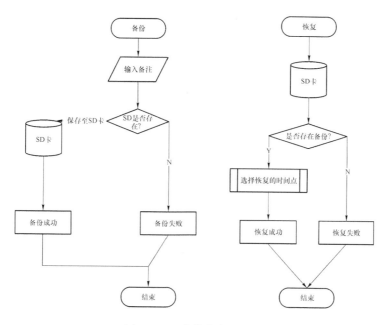

图 10D-1　备份恢复流程图

图 10D-2　备份界面和恢复选择界面　　图 10D-3　确认备份(左),确认恢复(右)

云备份恢复的设计:

当用户进入云备份恢复界面后,首先需要跳转到金山快盘的界面输入快盘的账号密码登录,在授予权限给本应用后,即可使用云备份和云恢复的操作。

图 10D-4　云备份与恢复界面

D.2.4 功能实现

1. 本地备份与恢复

1) 概述

Android 内置的 SQLite 数据库的每一个数据库文件是一个独立存在文件,所以本地备份实际上就是在进行数据库文件的移动和删除。

2) 备份编码实现

（1）复制数据库文件

本地备份的前提条件：

① SD 卡是否挂载。

② 数据库文件是否存在。

那么在备份之前需要写两个方法来判断 SD 卡和数据库文件是否存在,由于在备份和恢复当中都需要用到这两个方法,将其抽取出来放在了一个公共 Activity 类（CommonMethodActivity）里面,如图 10D-6 所示。

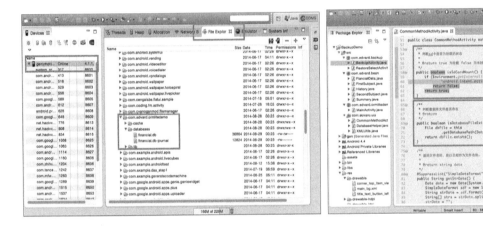

图 10D-5　一个程序的数据库文件所在路径　　　图 10D-6　判断 SD 卡和数据库文件代码

保证了前提条件后,便可以开始编写复制数据库文件的方法了,由于在恢复中也需要用到复制数据库文件的功能,所以也将该方法放到了 CommonMethodActivity。

随后,只要将需要使用这些方法的类继承 CommonMethodActivity 类便可使用公共方法,如图 10D-7 所示。

为了能够让备份的数据库名称的不同,区分不同的备份文件,这里采用备份的当前的时间为复制后的文件名,如图 10D-8 所示。

（2）XML 保存备注信息

每当用户备份的时候,将会保存以 XML 格式的文本保存当前备份的备注信息,为此,需要写一个工具类来处理当前 XML 文本的读写。

在 Android 中读写 XML 文件的主流方法有三种,分别是 SAX 解析器、DOM 解析器、PULL 解析器。在本案例中使用了第三种方法来进行读写。

PULL 解析器是 Android 内置的一个解析器。

（官网：http://www.xmlpull.org/）

本例中 XML 的格式,如图 10D-9 所示。

图 10D-7　文件复制的代码

图 10D-8　时间戳为 SD 卡数据库文件名

XMLUtils.java 中读取 XML 文本的代码,如图 10D-10 所示。

读取 XML 文本分三步走:

① 实例化一个 XmlPullParser 对象:

图 10D-9　XML 文件的格式

```
XmlPullParser parser = Xml.newPullParser();
parser.setInput(fis, "UTF - 8");
```

② 得到当前 parser 所在的浮标:

```
int eventType = parser.getEventType();
```

③ 不断循环得到每个 tag 标签里面的内容:

```
while(eventType! = XmlPullParser.END_DOCUMENT){
                switch(eventType){
                        break;
                        case XmlPullParser.START_TAG:
```

```
                    break;
                case XmlPullParser.END_TAG:
                    break;
            }
            //指向下一个位置
            eventType = parser.next();
    }
```

```
30
31   /**
32    * 读取XML文件
33    * @return 返回数据的键值对
34    */
35   public ArrayList<HashMap<String,String>> readXML(){
36
37       ArrayList<HashMap<String,String>> data = new ArrayList<HashMap<String,String>>
38       HashMap<String,String> item = new HashMap<String, String>();
39
40       try {
41           File file = new File(localXMLFilePath);
42           FileInputStream fis = new FileInputStream(file);
43           //创建一个解析器
44           XmlPullParser parser = Xml.newPullParser();
45           parser.setInput(fis, "UTF-8");
46           //得到当前读取文档的位置
47           int eventType = parser.getEventType();
48           while(eventType != XmlPullParser.END_DOCUMENT){
49               switch(eventType){
50                   case XmlPullParser.START_DOCUMENT:
51                       data = new ArrayList<HashMap<String,String>>();
52                       break;
53                   case XmlPullParser.START_TAG:
54                       if(parser.getName().equals("item"))
55                           item = new HashMap<String, String>();
56                       else if(parser.getName().equals("date")){
57                           eventType = parser.next();
58                           item.put("date", parser.getText());
59                       }
60                       else if(parser.getName().equals("remark")){
61                           eventType = parser.next();
62                           item.put("remark", parser.getText());
63                       }
64                       break;
65                   case XmlPullParser.END_TAG:
66                       if(parser.getName().equals("item"))
67                           data.add(item);
68                       break;
69               }
70               //指向下一个位置
71               eventType = parser.next();
72           }
73       } catch (FileNotFoundException e) {
74           // TODO Auto-generated catch block
75           e.printStackTrace();
76       } catch (XmlPullParserException e) {
77           // TODO Auto-generated catch block
78           e.printStackTrace();
79       } catch (IOException e) {
80           // TODO Auto-generated catch block
81           e.printStackTrace();
82       }
83
84       Log.d(TAG, "记录的长度为: " + data.size());
85       return data;
86   }
87
88   /**
```

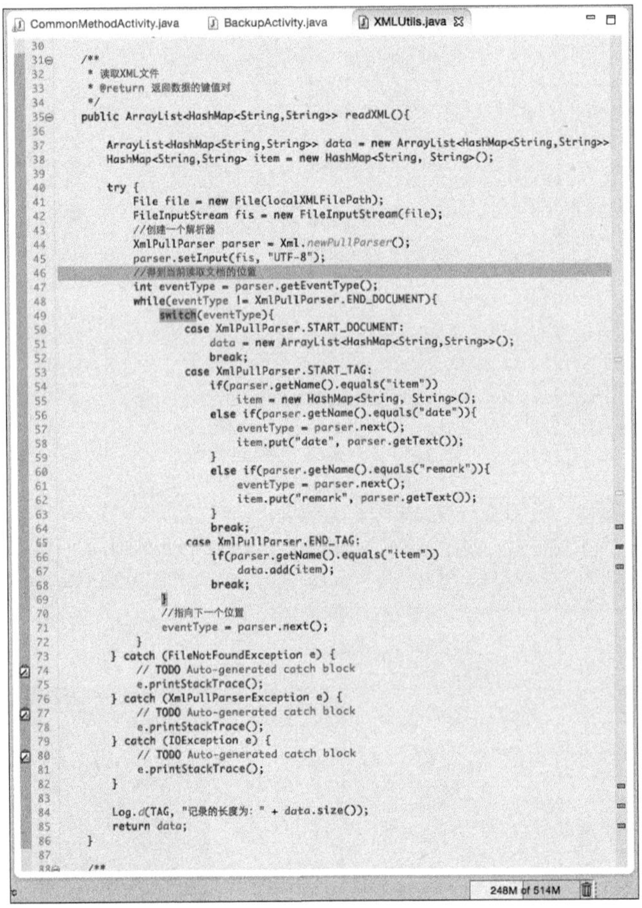

图 10D-10　读取 XML 文本的代码

在图 10D-10 代码的 48 行有一个循环体在不断的遍历 XML 文件直到文件结束，几个常量字段的解释如下：

START DOCUMENT

　　文档的开始，还未开始解析 XML

START_TAG

　　开始解析<tag>标签

TEXT

　　读取<tag>TEXT</tag>中的 text 文本内容

END_TAG

　　结束读取该标签</tag>

END_DOCUMENT

　　文档已经结束，不允许再继续读取

最后方法以键值对的方式返回 XML 的数据。

写 XML 格式文件代码,如图 10D-11 所示。

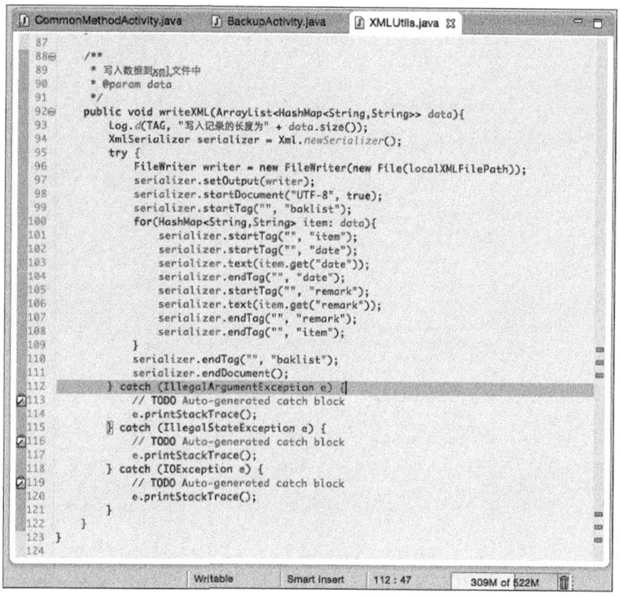

"写文档"的方法与"读文档"的方式类似,在此也就不再赘述,关于具体的 API 使用,读者可自行到 PULL 解析器的官网进行查阅。

(3) 保存最近五次的备份

每当备份完成后。程序将会检查 SD 卡备份的数目,当数目大于 5 的时候,将会增量自动删除最旧的备份记录。

程序首先会读取 info. xml 文件,得到备份的记录,当发现备份的记录大于 5 份的时候,则会自动删除最早的那份备份。

图 10D-11 写 XML 文件的代码

代码实现如下:

```
/**
 * 保存最近五次的备份
 * @param data 读取 xml 文件得到的键值对
 */
public void keepRecent(ArrayList<HashMap<String, String>> data) {
    if(data.size() <= 4)
        return;
    HashMap<String, String> item = data.get(0);
    String fileName = item.get("date");
    File file = new File(LOCAL_BACKUP_PATH + File.separator + fileName
            + ".db");
    if (file.exists())
        file.delete();
    data.remove(0);
}
```

最后,在 activity 中集成上述的几个方法便完成了数据库备份的实现,具体实现的代码如图 10D-12 所示。

3) 恢复编码实现

恢复数据库则是备份数据库的一个反过程,简单来说就是将 SD 卡的数据库文件移动到相应的 App 的目录下去,由于在备份中我们已经实现了文件复制的代码,那么数据库恢复的编码的问题也就能够轻易的解决,实现的代码如图 10D-13 和图 10D-14 所示。

2. 云备份和恢复

1) 概述

为了保证用户的数据尽可能地不被丢失,本例中使用了金山快盘和七牛云存储两种方式来实现云备份和恢复的功能。金山公司的云存储在业界比较著名,但由于金山早期的 SDK 已经被废弃,而是开放相应的 url 接口,所以如果要在后期使用金山快盘,需要重写这部分的代码,需要自行 GET/POST 数据到金山服务器,自行处理网络的异常。(官网网址:http://

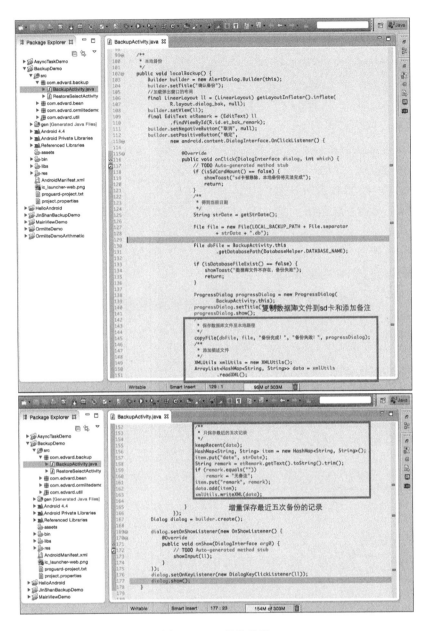

图 10D-12 备份代码

www.kuaipan.cn/developers/），下面先看看金山快盘的云存储是如何调用的。

2）术语

OpenAPI：金山快盘团队提供给开发者用于访问快盘资源的接口。

开发者：使用 OpenAPI 的人，一个开发者可以拥有多个应用。

（第三方）应用：由 consumer_key 唯一标识，开发者使用 OpenAPI 的应用程序。

（快盘）用户：使用金山快盘进行文件同步、备份的人。

关系

开发者-应用-用户三者关系的 E-R 图可以表示为：从 E-R 图中不难看出，一个开发者可以创建多个应用，而一个应用又可以被多个快盘用户授权访问该用户网盘的权限，如图 10D-15

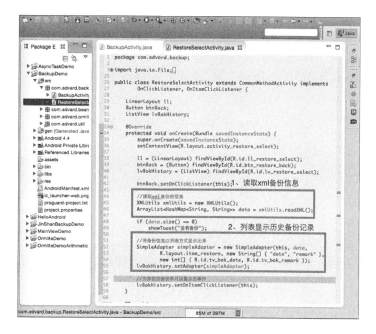

图 10D-13　本地恢复代码(1)

图 10D-14　本地恢复代码(2)

所示。

那么在开发中应该如何使用金山快盘来备份数据库呢？操作的流程如图 10D-16 所示。

首先第一步需要在金山快盘的开发平台创建一个应用：http://www.kuaipan.cn/developers/create.htm

创建完成后便会得到该应用对应的 comsumer_key 和 comsumer_serect

随后当用户申请访问快盘资源的时候,将会得到一个临时的 token,然后打开一个界面来引导用户输入快盘的账号密码,当账户密码匹配成功后,便授权了该 token 凭证(Access_Token),有了该凭证应用即可读写登录的用户的金山快盘空间。

本案例早期使用的是 SDK 来进行开发,所以只需要得到 comsumer_key 和 comsumer_serect 后即可。

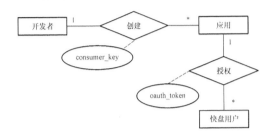

图 10D-15　E-R 图

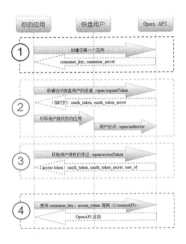

图 10D-16　Oath 协议流程

由于金山快盘的备份需要将本地的数据库备份到金山快盘上面去,这里涉及了网络请求和处理的内容,而在 Android 中,网络请求的代码是不能够放置在主线程中,必须新开一个异步线程来处理,那么在使用 API 进行备份之前,通过下面章节学习一下 Android 中异步任务的使用。

3. AsyncTask 异步任务

1) AsyncTask 介绍

Android 的 AsyncTask 比 Handler 更轻量级一些,适用于简单的异步处理。首先明确 Android 之所以有 Handler 和 AsyncTask,都是为了不阻塞主线程(UI 线程),且 UI 的更新只能在主线程中完成,因此异步处理是不可避免的。

Android 为了降低这个开发难度,提供了 AsyncTask。AsyncTask 就是一个封装过的后台任务类,顾名思义就是异步任务。

2) 使用方法和注意事项

AsyncTask 直接继承于 Object 类,位置为 android.os.AsyncTask。要使用 AsyncTask 工作需要提供三个泛型参数,并重载几个方法(至少重载一个)。

AsyncTask 定义了三种泛型类型 Params,Progress 和 Result。

① Params 启动任务执行的输入参数,比如 HTTP 请求的 URL。

② Progress 后台任务执行的百分比。

③ Result 后台执行任务最终返回的结果,比如 String。

异步加载必须重写实现以下两个方法:

① doInBackground(Params…) 后台执行,比较耗时的操作都可以放在这里。注意这里不能直接操作 UI。此方法在后台线程执行,完成任务的主要工作,通常需要较长的时间。在执行过程中可以调用 publicProgress(Progress…)来更新任务的进度。

② onPostExecute(Result) 相当于 Handler 处理 UI 的方式,在这里面可以使用在 doInBackground 得到的结果处理操作 UI。此方法在主线程执行,任务执行的结果作为此方法的参数返回。

有必要的话还得重写以下这三个方法,但不是必须的:

onProgressUpdate(Progress…):可以使用进度条增加用户体验度。此方法在主线程执行,用于显示任务执行的进度。

onPreExecute():这里是最终用户调用 Excute 时的接口,当任务执行之前开始调用此方法,可以在这里显示进度对话框。

onCancelled():用户调用取消时,要做的操作。

使用 asyctask,有下面几条需要注意的事项:

(1) Task 的实例必须在 UI thread 中创建;

(2) execute 方法必须在 UI thread 中调用;

(3) 不要手动的调用 onPreExecute(),onPostExecute(Result),doInBackground(Params…),onProgressUpdate(Progress…)这几个方法。

3) 异步小例子

下面结合一个简单的例子来讲解异步任务。

例子的效果是单击按钮开始异步任务的时候,progressbar 进度条会缓慢的前进。在布局文件放置了两个插件,分别是 ProgressBar 和 Button,代码如图 10D-17 所示。

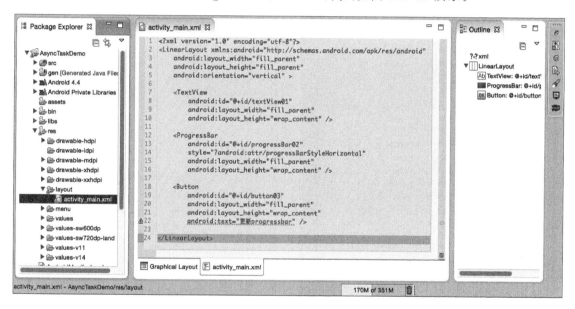

图 10D-17　布局文件代码

这里用了一个 NetOperator 类来模拟网络环境,这个类里面有一个方法,每当调用的时候,线程会停止 1 秒的时间,如图 10D-18 所示。

接下来便来实现异步任务的类。正如之前所述,要使用异步任务,必须继承 AsyncTask 并且可以传入三个泛型参数,在目前 App 中设置的是 Integer,Integer,String 三个参数,且实现里面至少两个方法 doInBackground 和 doPostExecute 这两个方法,其中在 doInBackground 中调用了 NetOperator 里面的阻塞线程的方法来模拟网络状况,并且调用了 publiishProgress(int)来更新 ProgressBar 进度条数,该方法可以回调 onProgressUpdate(Integer... value)来更新 ProgressBar 进度条,如图 10D-19 所示。

那么,最后一步的工作便是调用该类执行相应的异步任务即可,如图 10D-20 所示。

最后,程序运行的效果图如图 10D-21 所示。

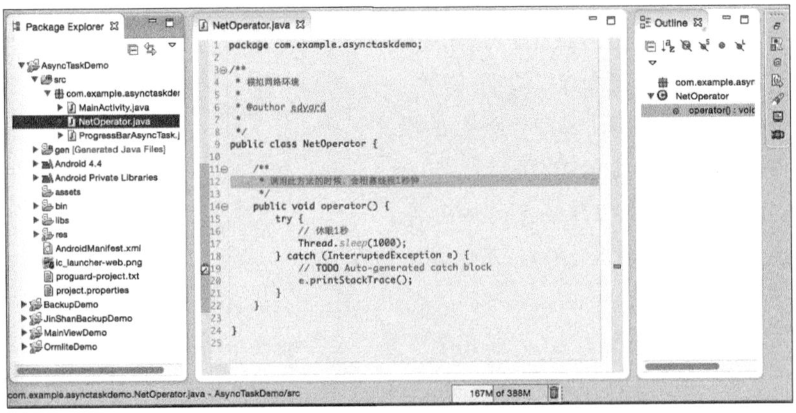

图 10D-18 模拟网络请求的代码

在了解了如何使用 AsyncTask 后，下面的章节将介绍如何使用金山快盘 API 来进行云备份。

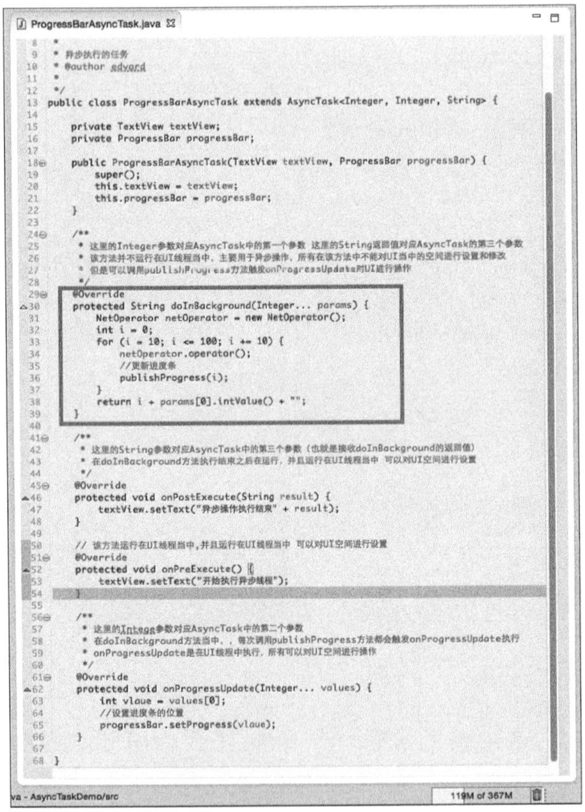

图 10D-19 异步任务的代码

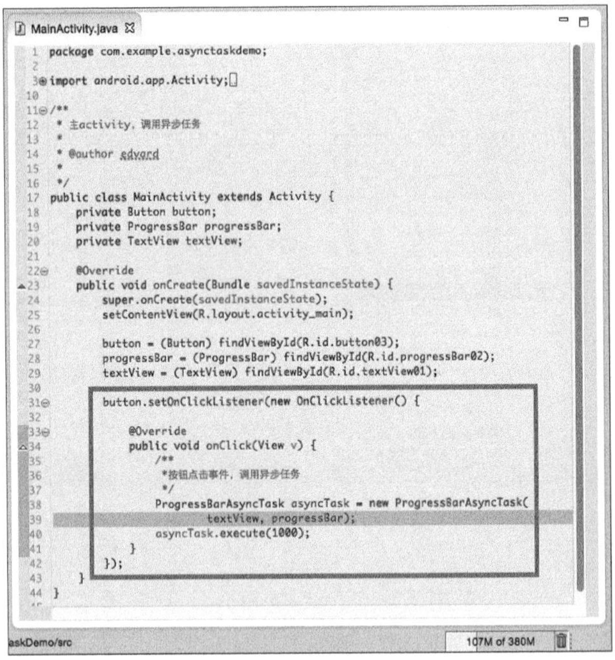

图 10D-20 调用异步任务

图 10D-21 异步程序界面

4. 快盘 API 实现云备份及恢复

云备份和本地备份的最大不同是备份的"地点"不一样，本地备份是将数据库文件放置到手机的 SD 卡中去，而快盘备份则是将数据库文件放置到云端保存，当需要的时候则将其下载至本地。

因为涉及了网络请求的部分，而 Android 的编码规范中是不允许在主线程中访问网络请求,所以,使用快盘 API 进行云备份的编码难度则大大增加。

1) 编码流程

（1）开发人员从金山快盘开放平台中拿到 comsumer_key 和 comsumer_serect。

（2）在应用中引导用户给该应用授权,也即拿到 accessToken。

（3）储存用户的 accessToken。

（4）调用 API 进行数据库文件上传。

2) 实现细节

项目 Demo 名称:JinShanBackupDemo。

3) 云备份

由于需要数据库文件,所以该项目部分代码引用了前面 CURD 操作的示例的一部分代码。

因为需要访问网络,所以需要在 AndroidManifest 中加上访问网络的权限,如图 10D-22 所示。

图 10D-22　添加应用权限

首先,用户单击登录按钮,发出授权事件,在代码只需要调用一个方法,便自动的跳转到登录并授权的界面,如图 10D-23 所示。

当用户授权完成后,将会回调 onActivityResult 方法,此方法返回一个 Bundle Extras 对象,里面包含了授权给此应用的 accessToken 和 accessSerect 的内容,在 onActivityResult 方法上保存下来,以供下次重新建立会话使用,如图 10D-24 所示。

随后,应用便具备读写登录用户网盘的权限,本案例的方法是覆盖备份,即每次的备份都会覆盖之前备份的那份数据,还原的话也是如此,如图 10D-25 所示。

在单击云备份按钮后,将会把本地的数据库文件上传到云盘上去。

在进行云端备份之前,需要告诉服务器,上传的本地文件夹的路径,上传到云服务器上的路径,以及授权信息,也即 kuaipanAPI,为了便于发出网络请求,写了一个 RequestBase 对请求信息进行了简单的封装,如图 10D-26 所示。

由于上传涉及了网络请求,所以在这边使用了两个异步任务来处理上传的任务,第一个任务务为文件夹创建任务,如图 10D-27 所示。

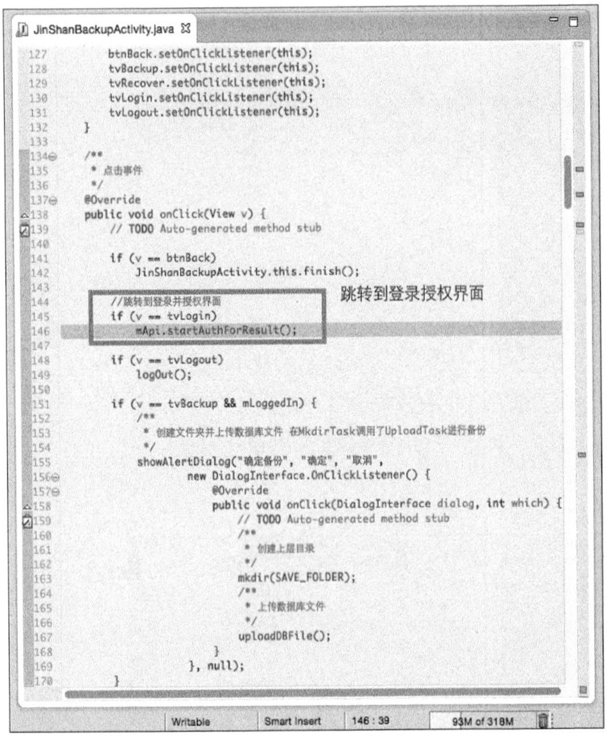

图 10D-23　跳转到登录授权界面

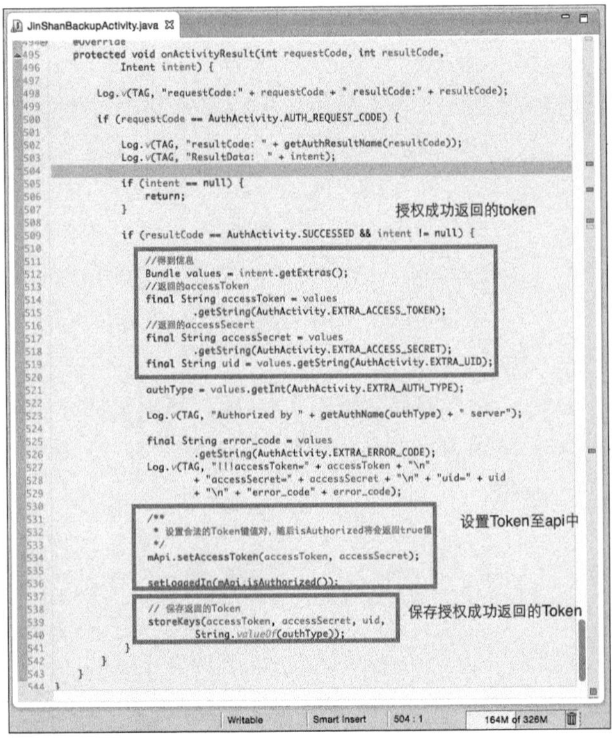

图 10D-24　得到 Token 并保存在本地

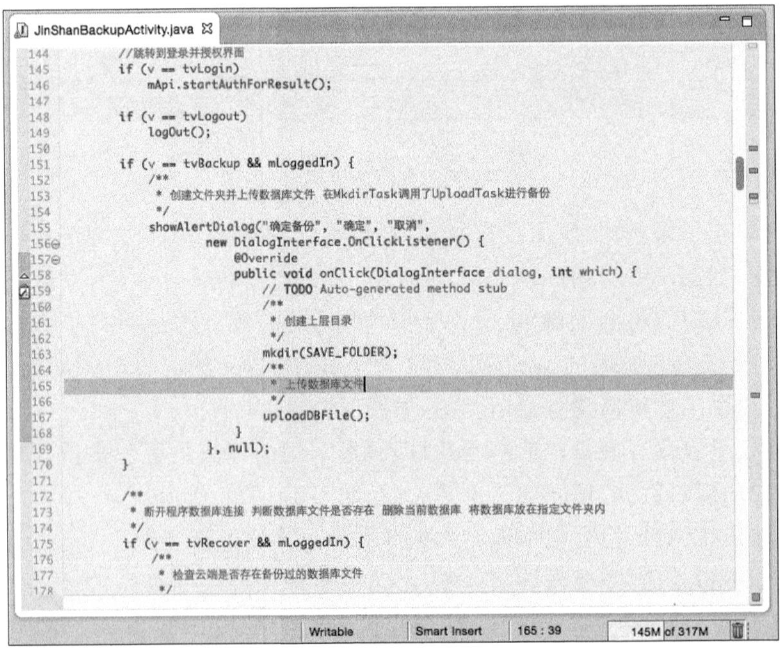

图 10D-25　单击上传按钮触发事件

第二个任务则为上传文件任务，如图 10D-28 所示。

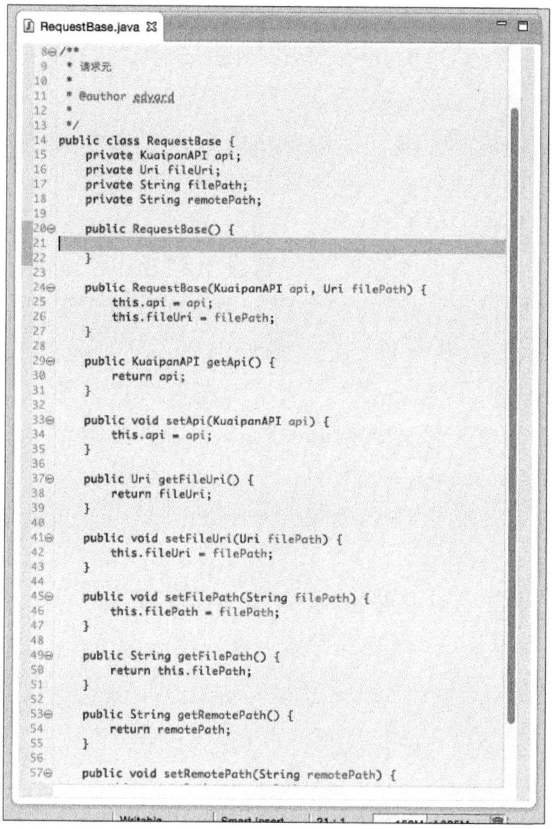

图 10D-26　RequestBase 请求元

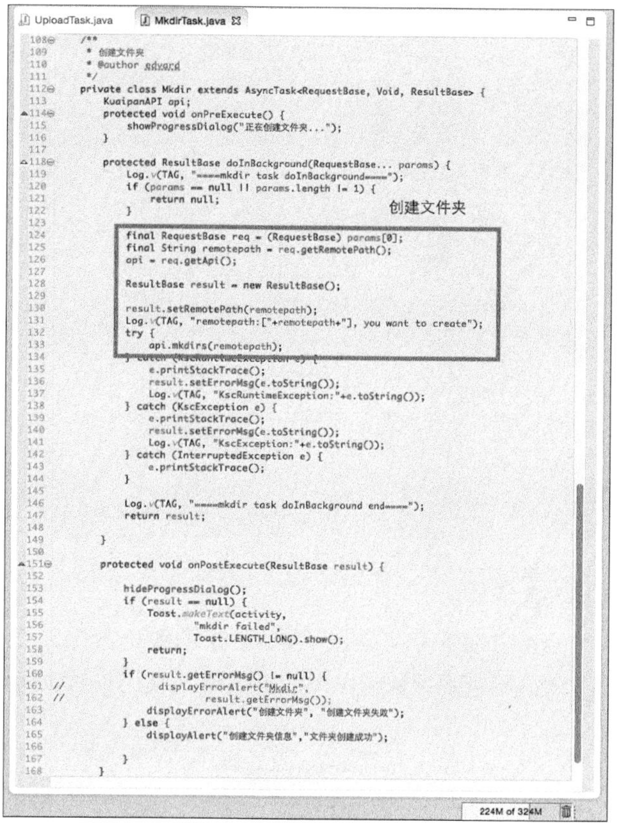

图 10D-27　创建文件夹代码

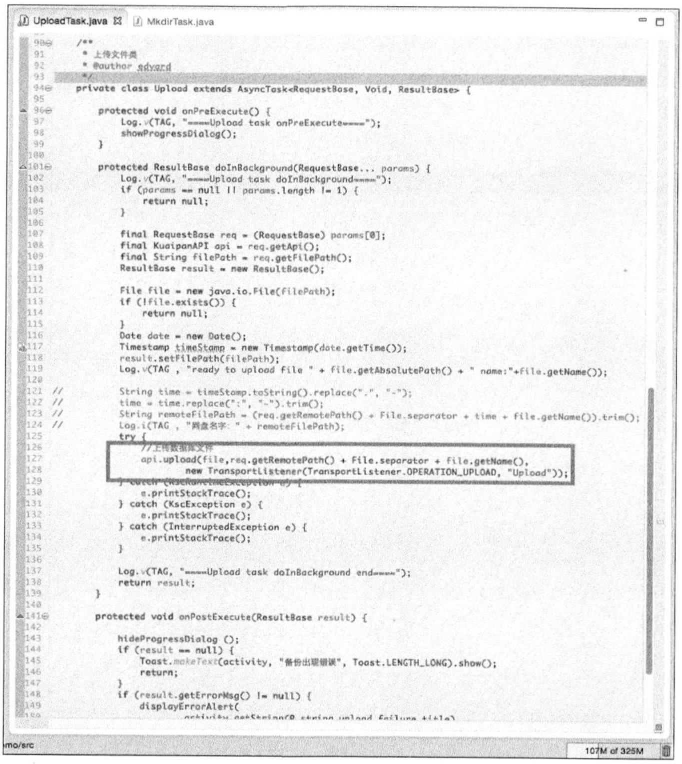

图 10D-28　上传数据库文件代码

图 10D-29　反馈元

当网络异步任务执行完成后,将会返回信息,同样的,也使用一个 ResultBase 类来进行封装,如图 10D-29 所示。

如果能根据上传的返回值来判断是否上传成功并弹出服务器返回的相应信息,那么,云备份就已经完成。

为了验证数据库文件已经上到金山快盘中去,可以登录金山快盘官方网站查看是否存在此数据库文件,快盘地址:http://www.kuaipan.cn/输入账号密码后,进入网盘文件管理的财务管理数据库文件夹下如果看到有 FinanceDB.db 的数据库文件,那么,云备份模块便是正常运行了,如图 10D-30 所示。

4) 云恢复

单击云恢复按钮,首先,程序会调用 Api 检查在云端是否存在上一次留下来的备份数据库文件,如果存在,则将那份数据库文件下载下来,随后将本地的数据库文件覆盖掉,如图 10D-31 所示。

图 10D-30　云盘数据库文件

其中,检查云端是否存在备份数据和下载数据库文件都属于网络任务,都是会发起网络请求的,但是两个请求存在着依赖关系,只有前者的条件满足后,后者的下载数据库文件才会顺利的进行。

检查云端数据库文件是否存在的代码如图 10D-32 所示。

其中第 270 行的方法是遍历该路径下的所有文件:

在检查数据库文件是否存在的代码中,进行了简单的判断,如果备份数据库文件夹里面的文件数目大于 1 后便开始恢复数据库文件,其实这种处理方法并不好。大家可以在后期尝试使用其他方式来进行限定,如图 10D-33 所示。

数据库文件存在后,将使用 handler 发送消息,通知主线程进行下一步任务,也即是开始恢复数据库文件,如图 10D-34 所示。

其中图 10D-34 第 194 行的方法为下载并覆盖数据库,其代码如图 10D-35 所示。

至此。金山快盘的云恢复功能也就实现了。

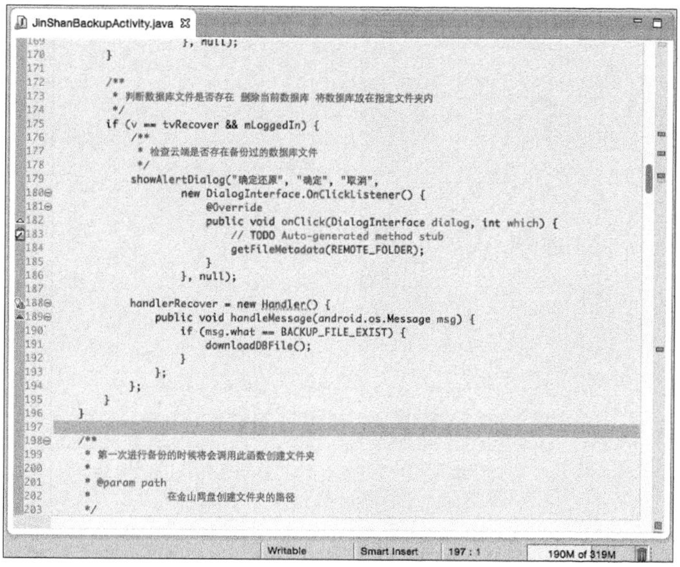

```java
                }, null);
    }

    /**
     * 判断数据库文件是否存在 删除当前数据库 将数据库放在指定文件夹内
     */
    if (v == tvRecover && mLoggedIn) {
        /**
         * 检查云端是否存在备份过的数据库文件
         */
        showAlertDialog("确定还原", "确定", "取消",
                new DialogInterface.OnClickListener() {
                    @Override
                    public void onClick(DialogInterface dialog, int which) {
                        // TODO Auto-generated method stub
                        getFileMetadata(REMOTE_FOLDER);
                    }
                }, null);

        handlerRecover = new Handler() {
            public void handleMessage(android.os.Message msg) {
                if (msg.what == BACKUP_FILE_EXIST) {
                    downloadDBFile();
                }
            };
        };
    }
}

/**
 * 第一次进行备份的时候将会调用此函数创建文件夹
 *
 * @param path
 *            在金山网盘创建文件夹的路径
 */
```

图 10D-31　恢复按钮事件

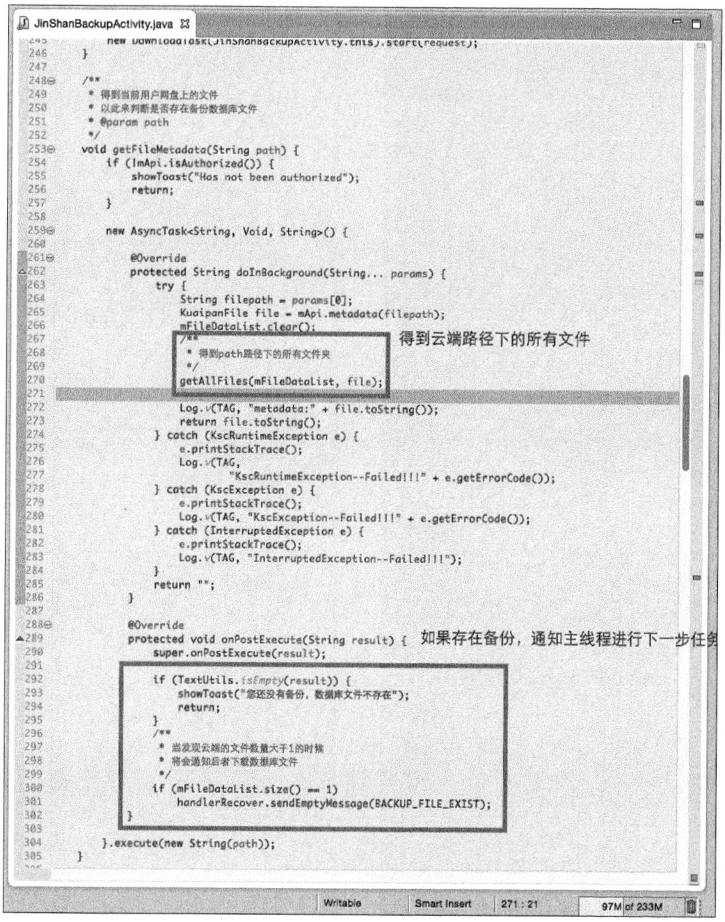


```java
        new DownloadTask(JinShanBackupActivity.this).start(request);
    }

    /**
     * 得到当前用户网盘上的文件
     * 以此来判断是否存在备份数据库文件
     * @param path
     */
    void getFileMetadata(String path) {
        if (!mApi.isAuthorized()) {
            showToast("Has not been authorized");
            return;
        }

        new AsyncTask<String, Void, String>() {

            @Override
            protected String doInBackground(String... params) {
                try {
                    String filepath = params[0];
                    KuaipanFile file = mApi.metadata(filepath);
                    mFileDataList.clear();
                    /**
                     * 得到path路径下的所有文件夹
                     */
                    getAllFiles(mFileDataList, file);

                    Log.v(TAG, "metadata:" + file.toString());
                    return file.toString();
                } catch (KscRuntimeException e) {
                    e.printStackTrace();
                    Log.v(TAG,
                            "KscRuntimeException--Failed!!!" + e.getErrorCode());
                } catch (KscException e) {
                    e.printStackTrace();
                    Log.v(TAG, "KscException--Failed!!!" + e.getErrorCode());
                } catch (InterruptedException e) {
                    e.printStackTrace();
                    Log.v(TAG, "InterruptedException--Failed!!!");
                }
                return "";
            }

            @Override
            protected void onPostExecute(String result) {
                super.onPostExecute(result);

                if (TextUtils.isEmpty(result)) {
                    showToast("您还没有备份，数据库文件不存在");
                    return;
                }
                /**
                 * 当发现云端的文件数量大于1的时候
                 * 将会通知后者下载数据库文件
                 */
                if (mFileDataList.size() == 1)
                    handlerRecover.sendEmptyMessage(BACKUP_FILE_EXIST);
            }

        }.execute(new String(path));
    }
```

图 10D-32　路径下是否存在备份文件

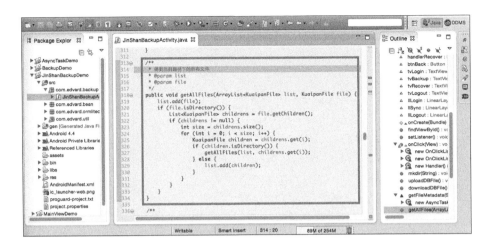

图 10D-33　遍历路径下所有文件

5. 七牛云储存

因为现在的金山快盘 API 已经停止更新了，为了提高功能的安全性以及兼容性，那么就需要选择其他云存储服务商所提供的云存储服务。这里将介绍国内著名的七牛云存储作为云备份功能的实现，其实类似的产品调用方法大同小异，本例在此只是起到一个抛砖引玉的介绍。

图 10D-34　恢复数据库文件　　　　　图 10D-35　覆盖并下载数据库文件

1）编码流程

（1）跟金山快盘一样，开发者首先需要到七牛开发者平台注册账户，并拿到对应的 AccessKey/SecretKey。

（2）在应用中给用户获取授权信息，也就是 Token。

（3）调用 API 进行相关的云存储操作。

2）实现细节

项目 Demo 名称：JinShanBackupDemo。

因为都是云储存项目,所以可以直接沿用 JinShanBackupDemo 项目。要使用七牛云存储的 API,首先需要向项目导入七牛云存储的 SDK。

3) 云备份

七牛所推荐的安全机制模型如图 10D-36 所示。

因为凭证的生成需要用到 SecretKey,因此生成 Token 动作不应在不受信任的环境中进行。需要注意的是,开发者绝不能将密钥包含在分发给最终用户的程序中,无论是包含

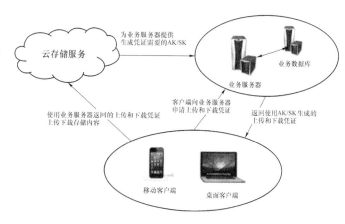

图 10D-36　七牛安全机制模型

在配置文件中还是二进制文件中都会带来非常大的密钥泄漏风险。

但是因为本案例用于演示,所以将生成 Token 的动作放置在本地,而在实际的开发中决不能这样做!

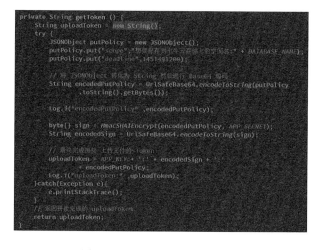

图 10D-37　获取 Token 的方法

七牛云存储中生成 Token 的加密方式非常严格,但是七牛的 SDK 并没有提供生成 Token 的 API,所以需要自行编写生成 Token 的方法,方法如下:

(1) 构造上传策略,即上传空间、Token 生存时间、限制上传文件大小等规则。

(2) 将上传策略序列化成为 JSON 格式。

(3) 对 JSON 编码的上传策略进行 URL 安全的 Base64 编码,得到待签名字符串 encodedPutPolicy。

(4) 使用 SecretKey 对上一步生成的待签名字符串计算 HMAC-SHA1 签名。

(5) 对签名进行 URL 安全的 Base64 编码得到 encodedSign。

(6) 将 AccessKey、encodedSign 和 encodedPutPolicy 用 : 符号连接起来。

当获取到 Token 之后,接下来只需要调用七牛 SDK 中的 API 即可完成上传动作,如图 10D-38 所示。

UploadManager 的 put 方法有五个参数,分别为:

(1) 文件路径。

(2) 文件上传至空间后的名称。

(3) Token。

(4) 上传完成之后执行的参数。

图 10D-38

(5) 上传进度回调函数。

当控制台出现 status:200，即如图 10D-39 所示，即文件上传成功：

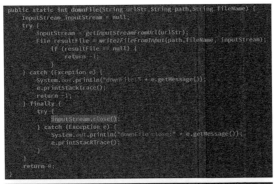

图 10D-39　上传成功返回信息

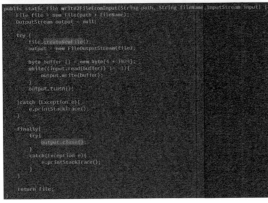

图 10D-40　下载文件并覆盖到本地

4）云恢复

七牛的 SDK 中并没有提供下载的 API，所以在这里可以使用 GET 请求访问文件的外链地址进行下载并覆盖到本地文件，如图 10D-40 所示。

如图 10D-40 所示，通过 GET 请求访问资源，然后通过读取资源的流，覆盖到本地的数据库即可完成云恢复，如图 10D-41 所示。

图 10D-41　将本地数据库覆盖
即可完成恢复备份

D.3　项目心得

通过该项目的学习，了解了 Android 中数据库储存的实质为一个扩展名为 .db 的文件，更加熟悉了 Java 的 IO 流的操作。通过编写云备份与恢复的功能，对网络编程及第三方 API 的调用有了更深一层的了解。

D.4　参考资料

(1) 金山快盘开放平台帮助文档：

http://www.kuaipan.cn/developers/document.htm

(2) AsyncTask 异步任务使用：

http://www.cnblogs.com/devinzhang/archive/2012/02/13/2350070.html

(3) XML 读写：

http://www.xmlpull.org

项目 11　Android 工业化设计思路

A　Android 多任务高并发框架 taskController

搜索关键字

（1）Android 工业化开发
（2）开发流程
（3）网络请求

本章难点

互联网已经告别了单打独斗写 App 的时代了，所以现在很难看到个人开发者可以推出颠覆性的产品。如今只有高效的多人协助才能高效地打造出一款优质的 App，而在学校的课程中学习到的方法，放在一个真实的工业化设计开发流程中，还是略显不足。

工业化的设计思想，体现在整体框架设计方面，其中网络请求是必不可少的环节，无论是社交类、阅读类、新闻类软件，都脱离不开服务器的支持，甚至是一个手电筒 App，为了用户统计，也会涉及到网络请求。

那么在实际的开发过程中，由于开发者代码编写不规范，性能考虑欠缺，业务逻辑代码管理的混乱，网络请求这一块的开发很容易会对整个项目造成灾难性的后果，包括流畅度、代码可读性、可维护性、扩展性等影响。

本章将重点讲解合适产品级别 App 开发的开发框架，并且对相关组件的运用进行讲解与剖析，相信读者们看完后会对 Android 开发有一个全新，深刻的体会。

A.1　一般开发流程的问题

A.1.1　代码结构混乱

只要涉及网络请求，多线程就肯定是必不可少的，而在 Android 里，当应用启动的时候，系统就会创建一个主线程（main thread）。

这个主线程负责向 UI 组件分发事件（包括绘制事件），也是在这个主线程里。主线程负责 Android 的 UI 组件交互，所以 main thread 也称 UI thread，也即 UI 线程。

所以比较耗时的工作，比如访问网络或者数据库查询都会堵塞 UI 线程，导致事件停止分发（包括描绘事件）。从用户的角度来讲，就好像应用卡住了，更糟糕的是如果 UI 线程堵塞太长时间,用户就会看到 ANR(Application Not Responding)的对话框。

所以为了保证应用的及时响应性以及流畅度,所有网络操作都不能放到 UI 线程中,必须把他们放到新建的其他线程中。

并且 Android 的 UI 组件并不是线程安全的,也就是当在多线程能够同时访问这些组件的代码,这样会产生不确定的结果。所以不能在非 UI 线程里操作 UI 组件,只能在主线程也就是 UI 线程里操作。这样一来,线程之间的交互就变得异常重要了,Android 提供了多种方式给 UI 线程与其他线程进行通信,其中有:

(1) Handler。

(2) RunOnUiThread。

(3) AsyncTask。

(4) 广播机制。

再简单的 App 里 UI 与网络请求或者业务处理的通信是非常频繁的,一个简单交互操作,可能都涉及数次的通信过程,相对应地也使得保持代码整洁性的难度大大增加,很容易出现一个 Activity 里出现大量臃肿的代码,包括网络请求、业务逻辑、交互逻辑等,模块之间的耦合度也相对较高。

A.1.2 不利于多人协同开发

在软件工程中,对象之间的耦合度就是指对象之间的依赖性。指导使用和维护对象的主要问题是对象之间的多重依赖性。对象之间的耦合越高,维护成本越高。因此对象的设计应使类和构件之间的耦合最小。

在传统 Android 的开发模式中,耦合度是很高的,所以在多人协同开发的时候很容易出现代码冲突、代码可读性成线性下降等情况,到最后功能越来越多,产品成型后,实际上代码也变得难堪不已。

A.1.3 线程性能

在通常新建一个网络请求都习惯性地新建如下的线程,如图 11A-1 所示。

例如发送一条聊天信息,会有如下的函数如图 11A-2 所示,里面对发送聊天的网络请求进行了线程封装。

```
1  new Thread(new Runnable() {
2
3      @Override
4      public void run() {
5          // TODO Auto-generated method stub
6
7      }).start();
```

图 11A-1　new thread　　　　　　图 11A-2　发送聊天

那么大家可以看到其中的弊端,每当发送聊天信息的时候就会调用该函数一次,继而就会新建一个新的线程对象,并且当我连续发送 10 条的话,甚至 10 条线程并发竞争资源也会出现。所以这种方式在这总结为以下三条缺点:

(1) 每次都新建新的对象,性能不佳,当并发频繁时,性能问题很容易暴露出来。

(2) 线程缺乏统一管理,可能无限制新建线程,相互之间竞争,及可能占用过多系统资源导致死机或 oom。

(3) 缺乏一些定制功能,如定时执行、定期执行、线程中断。

A.2 TaskController 机制

在真正的产品级别的开发时,由于功能的复杂程度,上述 3 个问题将会变得更加尖锐,不可避免让人会去思考,到底怎样的开发模式才能将这些问题得到合适的解决呢?笔者在这里详细讲解一个名为 TaskController 的开发框架,该框架能够避免上述几种弊端。接下来,通过案例让读者能够有更深刻的理解。

A.2.1 总体设计

首先 TaskController 为了解决网络请求耦合度高的问题,使用了 Android 的广播机制,从而避免了使用大量的回调方式,回调方式也即定义一个接口,然后要由关注该事件的控件来实现这个接口。然后事件触发的地方来注册/取消注册这些对该事件感兴趣的控件。

通过广播的机制,整个通知的模型如图 11A-3 所示。

也就是通过网络业务层统一发送广播到各个注册了的 UI 界面中,这样一来就能把请求代码,业务代码都从 Activity 或者 Fragment 里解耦合出来。

接着 TaskController 里把每个接口的请求都是作为一种 Task,其中把 Task 分为 onBegin,onProgress,onExcuted,onError,onExcutedFail,onEnd,onCancel 七种生命周期。分别代表通过 TaskExecutor 来统一管理 Task 的周期,每当进入新的周期则发送广播通知订阅者。UI 层通过接收各个状态来相应作出反应,例如当接收到 onBegin 的通知,就弹出"正在加载中"的对话框提示,紧接着接收到 onExcuted 发送过来的通知后,作出相应的业务操作,最后接收到 onEnd 后,关闭"正在加载中"的对话框。

这样做的好处在于让开发者对接口的状态以及代码的管理有了更加好的把控,将 UI 层与业务层之间的耦合度进一步降低,逻辑分层也相应变得更加清晰。当多人进行协同开发的时候可以避免了各自各编写自己的网络请求,并且将代码堆在一起,风格不一致,在项目中加入 Task 机制则会变得容易管理与维护,此时整个框架的结构图 11A-4 为如图 11A-4 所示。

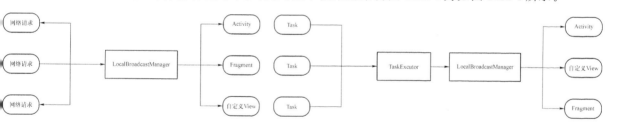

图 11A-3 通知模型   图 11A-4 引入 Task 机制

但是当 Task 并发的数量多了后,上述的线程的并发性能,资源竞争的问题依然没有得到的解决,所以这个时候需要引入线程池。线程池是一种多线程处理形式,处理过程中将任务添加到队列,然后在创建线程后自动启动这些任务。

引入线程池的好处在于:
(1) 避免线程重复的创建,减少了对象创建与消亡的开销。
(2) 提供了定时执行,定期执行,并发数量,并发模式,队列模式等定制功能。
(3) 能够很好的控制并发线程数,提高了资源的利用率,避免太多的资源争抢,堵塞。

从 Java 5 开始,Java 提供了自己的线程池,也即 Java 有了上述提到线程问题的解决方案,这些类位于 java.util.concurrent 包中。

其中 Executors 为其中的核心类,提供了一组创建线程池对象的方法,常用的有以下几个:

(1) newFixedThreadPool

创建一个指定工作线程数量的线程池。每当提交一个任务就创建一个工作线程,如果工作线程数量达到线程池初始的最大数,则将提交的任务存入到线程池队列中。

(2) newCachedThreadPool 创建一个可缓存的线程池。

这种类型的线程池的特点是:

① 工作线程的创建数量几乎没有限制(其实也有限制的,数目为 Interger. MAX_VALUE),这样可灵活的往线程池中添加线程。

② 如果长时间没有往线程池中提交任务,即如果工作线程空闲的持续时间到了指定的时间(默认为 1 分钟),则该工作线程将自动终止。终止后,如果又提交了新的任务,则线程池重新创建一个新的工作线程。

③ newSingleThreadExecutor 创建一个单线程化的 Executor,即只创建唯一的工作者线程来执行任务,如果这个线程异常结束,会有另一个取代它,保证顺序执行(笔者觉得这点是它的特色)。

单工作线程最大的特点是可保证顺序地执行各个任务,并且在任意给定的时间不会有多个线程是活动的。

(4) newScheduleThreadPool 创建一个定长的线程池,而且支持定时的以及周期性的任务执行,类似于 Timer。

最后引入线程池后,TaskController 的框架就如图 11A-5 所示,每当有一个 Task 需要执行时,就加入到线程池中,也就是图 11A-5 中的 TaskQueue,并由 TaskExcutor 统一调度使用,并且最终通过广播 LocalBoradcastManager 通知各个 UI 组件,如图 11A-5 所示。

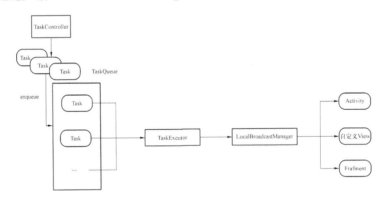

图 11A-5　引入线程池

A.2.2　核心代码

上个章节对 TaskConTroller 的总体框架进行了介绍,先让读者在宏观上对该框架及其设计思想有了一定的认识,那么接下来会对一些具体的代码细节进行讲解,旨在让读者对领会到整体实现以及使用的方式。

1. Task

既然每个网络接口业务都封装成 Task 的形式,为了整体逻辑的清晰以及减少代码复用,下面定义 Task 为一个抽象 Java 父类,并且定义了一些抽象方法,这样通过继承该父类,将获得实现了各个生命周期的方法,若子类没有特定的需求,各个周期在 Task 父类已经实现了发送广播到对应 UI 层的方法。如图 11A-6 和图 11A-7 所示。

图 11A-6　Task 父类实现的方法

在进行网络请求的时候,需要知道几个要素,包括有:服务器 url,请求类型,请求参数等等,所以在为了让调用者必须提供这些参数,我们把这些必不可少的元素都定义成抽象方法,让子类不得不去实现,并且返回对应的参数出来。

Task 定义了些抽象方法让子类去实现,这些方法有 getRequstType(),用于获取请求的类型,包括 Get,Post,Put,Delete;getJsonRequstStr(),用于获取请求的参数,在 JsonExcutor 会通过该方法来发送参数到指定服务器中;getResponseSuccessCode(),用于决定服务器返回的成功码;getTaskUrl(),获得 Task 发送所指定的具体服务器地址;getActionName(),通过该方法来告诉 LocalBroadcastManager 这些任务会发到什么地方去。具体代码如图 11A-8 所示。

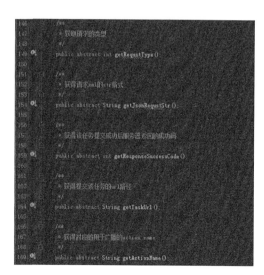

图 11A-7　Task 父类实现的方法　　　　图 11A-8　子类需实现的方法

2. BaseActivity(BaseFragment)

在 TaskController 中所有 Activity 或者 Fragment 都需要对应集成 BaseActivity 或者 BaseFragment。这个类主要是实现了基础的注册与取消广播的方法,并且把添加过滤器的方法写成抽象,让每个子类都对应添加各自所需要的广播。这样做的好处可以让使用者尽量少的敲打重复的代码,例如注册广播。因为为了接收到 Task 发送出来的广播,每个组件都是必须得注册对应的广播,从而让 Android 系统知道谁想要接受指定的广播。

除了避免重复注册广播的代码外,甚者还可以把每个 Activity 或者 Fragment 公共的特效都实现在 BaseActivity 或者 BaseFragment 上,例如公共的 Actionbar,Context 都能在此声明配置,这是一个非常重要的编程习惯来的,也符合该框架的初衷也即:高内聚,低耦合。

如图 11A-9 在 BaseActivity 的 onCreate 里。

而 getIntentFilter() 为抽象的方法,是需要子类去实现的,借此来判断该 Activity 会接受具体哪些广播,如图 11A-10 所示。

广播的接收器也在该基础类里实现,并且通过抽象的 handleOnReceive() 来实现接受广播后的交互操作。具体代码如图 11A-11、图 11A-12 所示。

图 11A-9　注册广播并且添加过滤

图 11A-10　getIntentFilter

图 11A-11　BoradcastReceiver

图 11A-12　handleOnReceive

如图 11A-9 所示,在 TaskController 里的广播使用了 Android v4 兼容包里面提供的 LocalBroadcastManager 类,使用它比直接通过 sendBroadcast(Intent) 发送系统全局广播有以下几点好处:

(1) 因广播数据在本应用范围内传播,不用担心隐私数据泄露的问题。

(2) 不用担心别的应用伪造广播,造成安全隐患。

(3) 相比在系统内发送全局广播,它更高效。

A.3　案例描述

通过上述介绍,读者们肯定对 TaskController 有了初步的认识,下面将通过两个案例的对比学习,大家对该框架有更加深刻的理解。其中第一个案例,为传统的开发模式,而后者则为使用了 TaskController 的框架。

它们最终实现的功能是一样的,都是一个简单的新闻列表,即在一个 ListView 里展现出新闻的条目,包括有新闻标题,内容简介,发布时间以及缩略图,界面如下。在下面的讲解中,由于重点比较的是二者代码冗余度,分层结构等以及线程性能的优劣,所以对于 UI 的细节并不会太多提及,感兴趣的读者可以在源代码里查看,效果如图 11A-13 所示。

在第一个案例里,是没有用到 TaskController 框架的普通案例,与后者使用了框架的相比,它们有着如下的区别:

(1)普通案例里通过回调来进行 UI 更新,这种实现方法将造成代码逻辑的紊乱,而使用 TaskController 的项目内部业务逻辑与 UI 层分离清晰。

(2)普通案例里并没有使用到线程池来管理线程,在新闻类的应用中,网络请求是非常频繁的操作,容易造成 Out ofmememry。

(3)由于 UI 更新是基于回调来完成的,对于断网,网络链接超时等处理会比较累赘。

A.3.1 普通案例

首先介绍下该案例的整体代码框架,该案例分为

图 11A-13 新闻列表

interfaces,model,network,ui 以及 utils,分别对应管理回调接口类,对象 model,网络请求,UI 界面以及工具类,如图 11A-14 所示。

在 network 里,NetWorkClient.java 里封装了网络请求的方法 doRequst,而 NetWorkDealer.java 则封装了这个案例网络请求的业务代码,如图 11A-15 所示,getNews()为请求获得新闻列表,在该方法里新起了一个线程来发送网络请求。在 TaskController 里这种 new thread 通通都丢给线程池去管理。

图 11A-14 代码分层　　　　　　　　图 11A-15 getNews 方法

当网络请求完毕,返回 response 后(见上图断点位置),便执行回调接口的 updateNewsList()方法来通知 UI 界面进行更新。

而在主界面 DemoActivity 里,该回调接口的实现如图 11A-16 所示。

在该回调接口里,主要是接收到网络请求的内容后通过 Handler 去通知 UI 线程更新内容,如图 11A-17 所示。读者们会发现这种模式下,为了让业务逻辑尽可能不放到 UI 层中会利用回调接口来实现通知,当功能多了以后,就会出现各种各样的回调接口,UI 层渐渐地将会越来越臃肿。在该案例里就不一一举例了,希望通过这一个例子可以起到抛砖引玉的作用,引起读者们的思考。

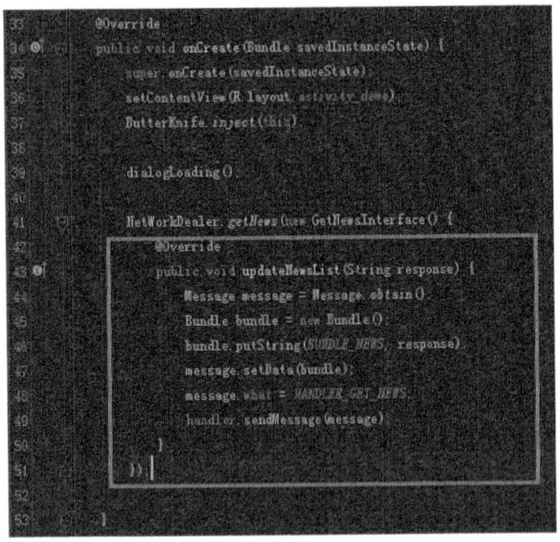

图 11A-16 回调实现

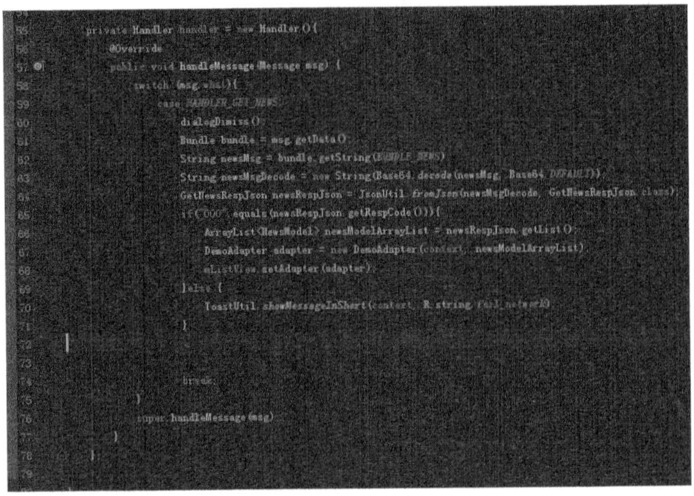

图 11A-17 Handler 处理

接着在 DemoActivity 里 Handler 接收到消息后,对消息进行解密,并判断是否正确的格式,若是正确的话就把内容填充到对应的 Listview 里去,否则弹出"网络异常"的错误,如图 11A-17 所示。

A.3.2 TaskController 案例

而在 TaskController 框架里,首先为了实现获取新闻列表的接口,在上述普通案例里是通过 NetWorkClient.java 的 getNews() 来实现的,并会在该方法里 new thread() 以达到发送网络请求的目的。而区别于普通案例,这里会创建一个继承 Task 的类 GetNewsTask.java,在该类里将定义接口的地址,传输的参数(该案例并不需要参数,所以代码体现不出来),以及网络请求完毕后消息的分发,如图 11A-18 所示。

在图 11A-18 的代码中可以看到接收到服务器返回的 response 后,即通过 base64 解密以及 Json 的操作来获得最终结果对象 GetNewsRespJson.java,在这里笔者使用了 Google 的 Gson 库来操作 json,如图 11A-19 在下面的章节里会对其进行介绍。

GetNewsRespJson 类封装了请求状态(respCode),请求描述(respDesc),新闻列表(list),如图 11A-19 所示。

通过判断 respCode 的状态来决定发送成功或者失败的广播到 DemoActivity 去,可见图 11A-19 中第 33 行,当判断成功后即把 list 广播到 UI 层去。

而 Task 的管理都放在 TaskController.java 中去,在该案例中,GetNewsTask 对象即在 TaskController 中的 getNews() 方法中调用,假如该接口需要一些业务操作后传入参数的话也将在该方法里实现,这样做的目的在于使 UI 层与业务逻辑解耦,并最终把该 Task 对象丢到线程池 Taskqueue.java 中去,如图 11A-20 所示。

在该案例里使用了 java 的 newCachedThreadPool 线程池,在上述章节(A.2.1 总体设计)里的线程池部分已经对其进行过介绍,这里就不再重复说明了。

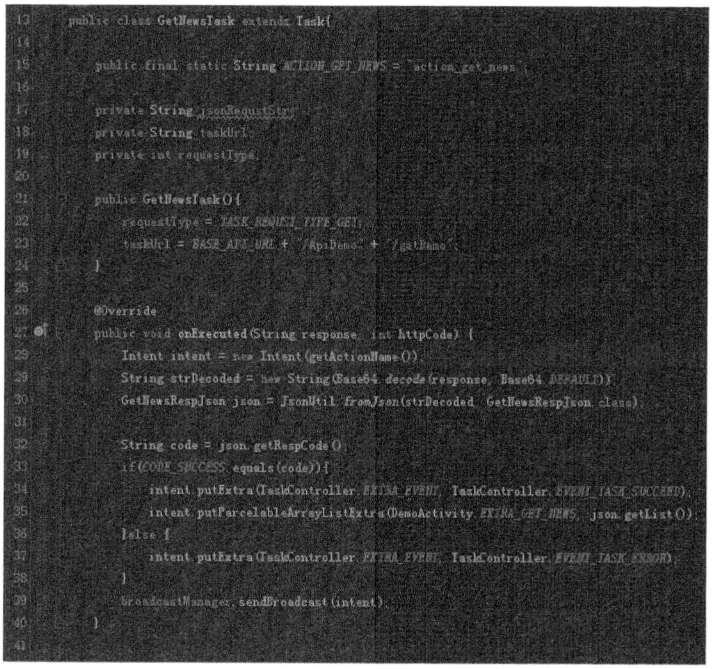

图 11A-18 Task 子类

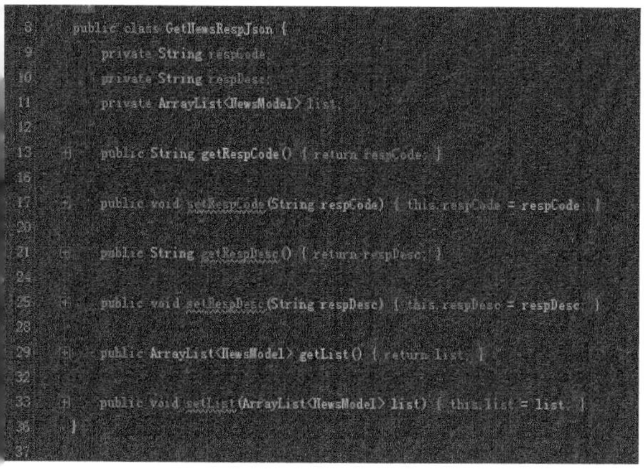

图 11A-19 GetNewsRespJson

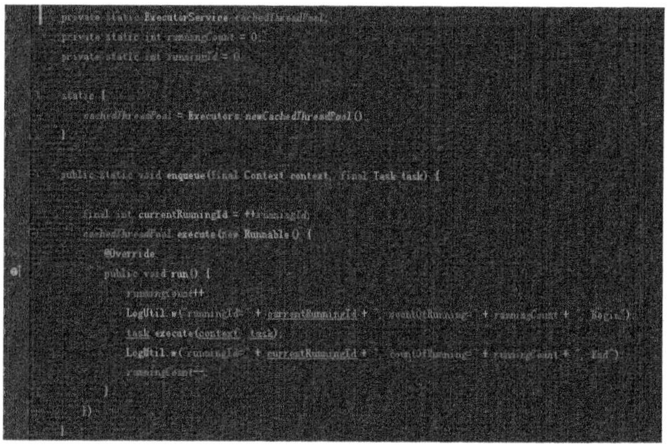

图 11A-20 线程池

接下来网络请求部分讲解完后,将解析下 DemoActivity 的代码。该 Activity 集成了,BaseActivity,并且实现了其抽象方法 getIntentFilter(),以及 handleOnReceive() 来进行广播的接收与处理操作,如图 11A-21 所示。

在 getIntentFiler() 里,注册了 GetNewsTask 的广播,也即添加了 GetNewsTask.ACTION_GET_NEWS 的广播事件,并在 handleGetNews() 中处理该 Task 每个生命周期对应的操作。在 TaskController.EVENT_TASK_BEGIN 中调用 dialogLoading() 方法,用来弹出"正在加载中"的状态框提示;在 TaskController.EVENT_TASK_SUCCEED 中处理服务器成功返回结构后的内容,并把它们更新到 Listview 上去,也就是大家看到的新闻列表的界面;假如连接服务器失败的话,将接收到 TaskController.EVENT_TASK_FAILED 的消息,并把发生错误的原因 Toast 出来;如果服务器返回错误的信息的话将接收到 TaskController.

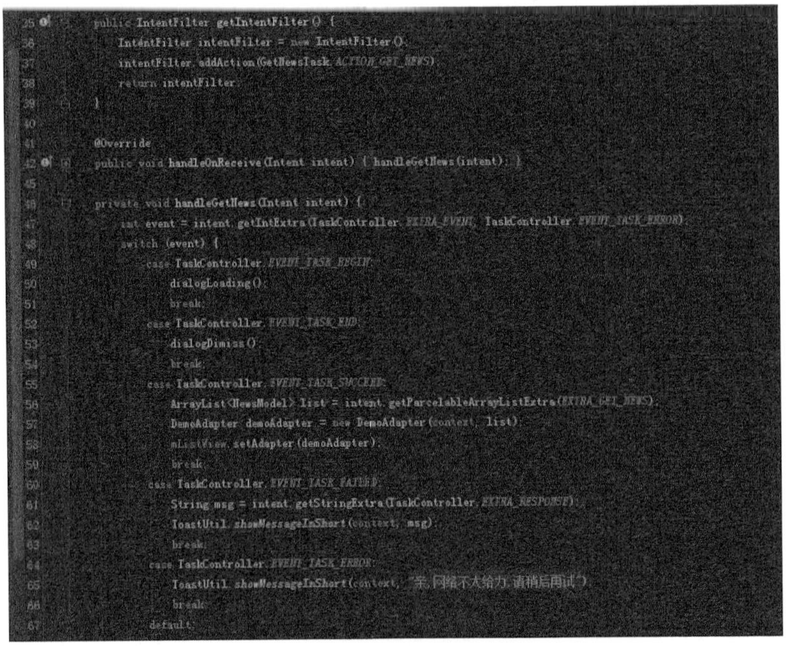

图 11A-21　实现抽象方法

EVENT_TASK_ERROR 的消息，后续操作跟 Failed 一样；最后无论成功与否，在 TaskController.EVENT_TASK_END 里将把"正在加载中"的状态框隐藏掉。那么整个交互的过程就结束了。

在这里大家会发现整个 UI 层与网络层交互过程的代码会异常清晰。接口的管理也显得非常便捷，并且通过线程池的管理，除了性能方面的优化，代码里也避免第一个案例里随着功能增加大量的出现 new thread 的情况。当有其他组件对该新闻列表有兴趣的话，只要添加 GetNewsTask.ACTION_GET_NEWS 广播事件即可，不用重复的实现回调接口，功能的扩展性也非常强。所以在成熟的产品开发中，该框架是非常适合团队开发的。

A.4　推荐组件

现在不管是开源的还是服务类的，Android 开发中的组件不胜枚举，优秀的组件能让开发者在应用开发过程中事半功倍合理地使用一些组件，也是产品级别开发必不可少的一个环节，作为开发者有在用这些组件吗？下面将粗略地介绍笔者常用的一些组件。

A.4.1　Butterknife

该库为 Jakewharton 大神所编写的视图注入库，该库的唯一目的在于简化 Android 开发时的代码，加快编写代码的效率，也即"帮开发者偷懒"。

在平常的 Android 开发中，一般的生成 view 视图有如下的形式，如图 11A-22 所示。

相信大家一定很厌烦每次都敲打重复的语句，所以此时视图注入就顺势而生了，Butterkknife 就是这样的一个开发组件，当然平台上也有其他成熟的注入库，像 androidannotations，Dagger 等，但通过笔者比较，Butterknife 是其中性能，易用性等各方面综合起来比较实用的。

通过 Butterknife，如图 11A-23 所示。

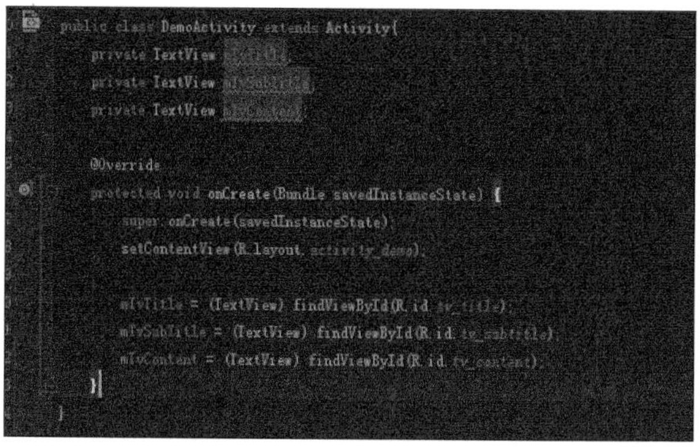

图 11A-22　平常生成视图的方法

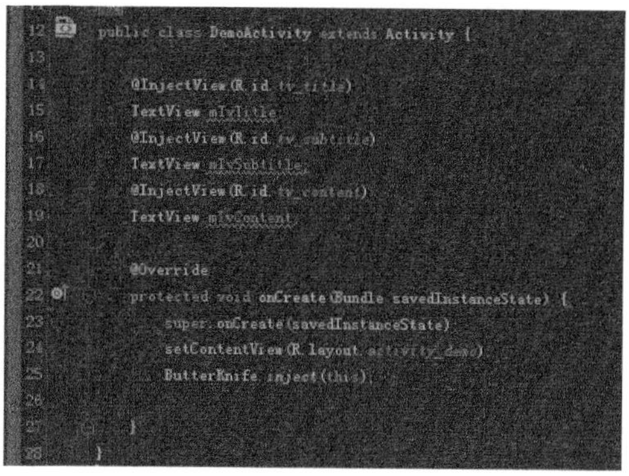

图 11A-23　Butterknife

除了上述的注入方式,Butterknife 还支持：
(1) 支持 Activity 中的 View 注入。
(2) 支持 View 中的 View 注入。
(3) 支持 View 事件回调函数注入。
(4) 从烦琐的 findViewById 中解救出来。
(5) Fragment 销毁的时候掉用 ButterKnife.reset(this)。

在上述的两个案例里,也用到该组件进行快速开发,如下面的 ViewHolder 例子,如图 11A-24所示。

A.4.2　Gson

Json 在开发应用中大家都不陌生,如何解析和创建也有很多方法可以参考,在这里将介绍 Google 官方推出的类库 Gson,Gson 和其他现有的 json 类库最大的不同是 Gson 需要序列化的实体类不需要使用 annotation 来标识需要序列化的字段,同时 Gson 又可以通过使用 annotation 来灵活配置需要序列化的字段。

(1) toJson()方法将对象转换成 Json 字符串
(2) fromJson()方法来实现从 Json 相关对象到 Java 实体的方法。

Gson 的效率也比传统的 JSONObject 要快上不少,关键是省下开发时间,一劳永逸！下面将通过本章案例来做个简单的介绍。

该案例从服务器取回来的数据是通过 Base64 封装后的 Json 格式的,将其封装成对象,如图 11A-25 所示。

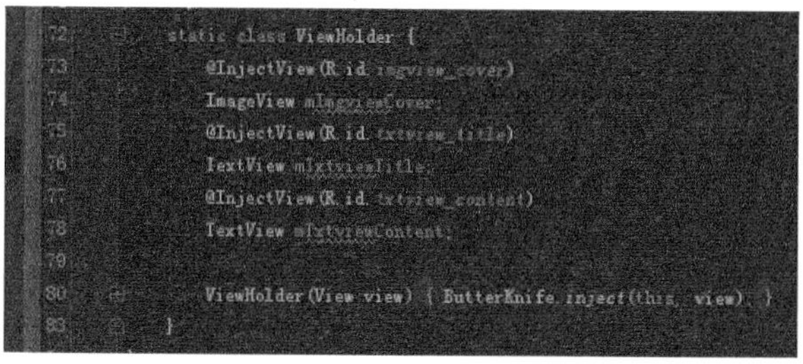

图 11A-24　使用 Butterknife 后的 ViewHolder

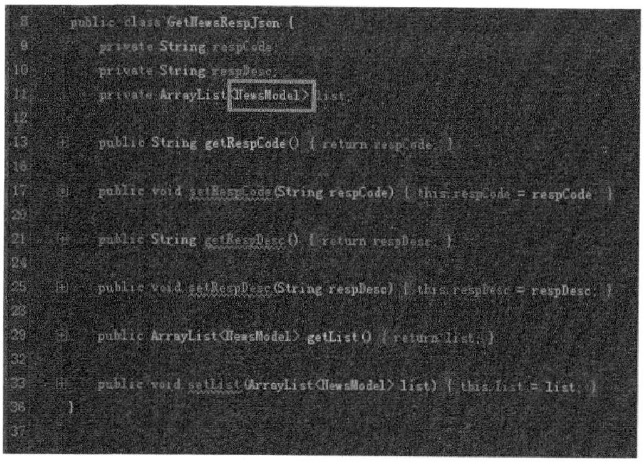

图 11A-25　GetNewsRespJson

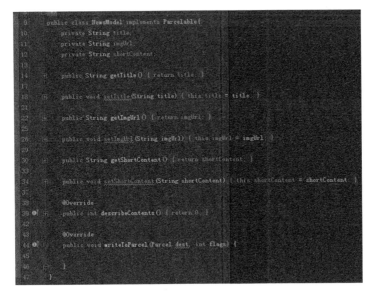

图 11A-26 NewsModel

上述方框中对对象封装见下图。为了能够在广播里传输该对象列表,所以做了序列化处理,如图 11A-26 所示。

当请求新闻列表后,在 GetNewsTask 处理服务器发送过来的 Json 数据后,就对其进行 Gson 处理,并返回封装好的对象,GetNewsRespJson。最终通过 getRespCode()、getRespDesc()、getList()等方法即可获得对应的数据。

在案例中,把 Gson 操作封装成工具类,方便编程时调用,详情可见 Utils 里的 JsonUtil. java,如图 11A-27,图 11A-28 所示。

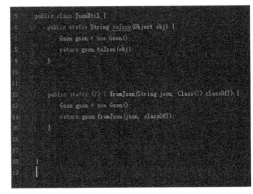

图 11A-27 解析获得 GetNewsRespJson 对象

图 11A-28 JsonUtil 方法

A.4.3 Picasso

Picasso 是 Square 公司开源的一个 Android 图形缓存库,可以实现图片下载和缓存功能。仅仅只需要一行代码就能完全实现图片的异步加载:

```
Picasso.with(context).load("http://i.imgur.com/DvpvklR.png").into(imageView);
```

是不是这 API 挺独特的? Picasso 不仅实现了图片异步加载的功能,还解决了 Android 中加载图片时需要解决的一些常见问题:

(1) 在 adapter 中需要取消已经不在视野范围的 ImageView 图片资源的加载,否则会导致图片错位,Picasso 已经解决了这个问题。

(2) 使用复杂的图片压缩转换来尽可能的减少内存消耗。

(3) 自带内存和硬盘二级缓存功能。

其实在项目 5:基于推送服务的新闻类系统平台,这一章中也使用了该库,感兴趣的读者可以去代码里一探究竟。

A.4.4 友盟统计

一个成熟的 App 的背后，肯定少不了大量用户统计，通过后台的统计分析，能够统计出用户量，活跃度等信息，对把握 App 的发展方向至关重要。对于普通的开发者或者初始的团队来说，搭建这样的统计平台无疑是很花费时间的，那么友盟统计绝对能很好得解决这方面得需求。

通过集成友盟的组件，能够清晰展现应用的新增用户、活跃用户、启动次数、版本分布、行业指标等数据，方便您从整体掌控应用的运营情况及增长动态。如图 11A-29 和图 11A-30 所示。

友盟统计渠道分析功能可以实时查看各渠道的新增用户、活跃用户、次日留存率等用户指标，通过数据对比评估不同渠道的用户质量和活跃程度，从而衡量推广效果。

可以掌握每日（周/月）的新增用户在初次使用后一段时间内的留存率，留存率的高低一定程度上反映了产品和用户质量的好坏，如图 11A-31 所示。

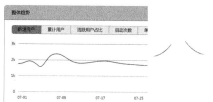

图 11A-29　趋势分析　　图 11A-30　渠道分析　　图 11A-31　留存用户

还可以收集并归类崩溃日志，提供错误管理及分析工具，帮助开发者更好的解决问题，从而提高应用的稳定性，改善应用质量。

并且其集成的难度是非常非常的低的，通过简单的几句代码即可搭配好环境，其整个 Jar 包也只有 300 多 KB，并且不会对 App 的性能造成影响。在这里就不对其配置的方法做详细的介绍了，有兴趣的读者可以到友盟的官网去研究，必定能让 App 的开发受益匪浅，如图 11A-32 所示。

图 11A-32　异常报错

A.5　总结

本章节通过实际的应用场景概括了一般开发流程所遇到的问题，包括代码结构容易混乱，不利于多人协同开发，不利于后期维护，线程性能堪忧等。并且当今的互联网已经告别了单打独斗的时代了，俗话说得好："三个臭皮匠顶得过一个诸葛亮"，团队之间如何在不影响代码质量，产品质量的前提下高效得进行协同开发已经是开发者们不可避免的问题。

基于这些问题，本章提出了一套成熟的解决方案：TaskController 框架。该框架通过广播机制解决了 UI 层与业务层代码、网络请求代码耦合度高的问题，以及加入线程池避免线程重复的创建，减少了对象创建与消亡的开销，并且很好得控制并发线程数，提供资源的利用率，避免太多的资源争抢，堵塞。

"实践是检验真理的唯一标准"，所以在第 A.3 小节中通过案例的比较让读者们更好的消化理解 TaskController 框架，并且在第 A.4 小节中介绍了在企业中经常使用到的组件，包括 Butterkinfe，Gson，Picasso 以及友盟统计以此来提高读者们的开发效率与质量。相信读者们在学习完该章节后能够在 Android 开发中更加得心应手,并且能打造出更好,更精美的产品!

B Android 多缓存高并发框架 LruDiskCache

搜索关键字

(1) LruDiskCache

(2) MVC

本章为讲解 LruDiskCache 缓存框架,本章分为三部分:

(1) 普通网络应用,如果没有用多缓存高并发框架是带来如何差用户体验?

(2) 多缓存高并发框框架到底有哪些常用的方法,如何使用?

(3) 在普通网络应用的案例中,如果重构了多缓存高并发框架,会带来什么好处?

如今,缓存技术在各种场合都应用得非常广泛,因为在应用程序中优化中,缓存可以说是优化效果最明显的一种方式。例如对网络数据的缓存,可以达到节省流量,减少等待时间的效果。

在本节内容中,将重点介绍 Android 的一个多缓存高并发框架 LruDiskCache;然后用此框架实际讲解一个案例:对一个 ListView 加载网络数据的项目进行图片缓存优化。

B.1 普通网络应用案例

B.1.1 项目简介

接下来演示的是:在不用多缓存并发框架情况下一个普通的网络加载型应用。

本应用结构比较简单:调用慕课网的数据接口,得到课程的相关信息(课程图片、课程标题、课程简介),最后利用 ListView 展示。

B.1.2 项目结构

工程 LruDiskCacheDemo 结构如图 11B-1 所示。在包 com.example.utils 中,存放的是一些辅助类。作用如下:

(1) Constants.java:存放项目中用到的常量。

(2) DemoClient:封装了 AsyncHttpClient 框架的 get 方法,便于网络请求。

(3) ImageLoader:用于图片下载。

(4) MD5Utils:MD5 编码的相关操作。

(5) ViewHolder:用于获取 ListView 中 Item 的控件。

在 libs 文件夹中,案例引入了两个开源框架的 jar 包,分别是:

(1) android-async-http-1.4.7:AndroidAsyncHttp 框架,用于网络请求。

(2) gson-2.2.2:Gson 框架,用于 json 与 Java 类的转换。

1. 数据层(Model)

在 Constant.java 文件中(图 11B-2 所示)的 6 行代码中,通过字符串常量 Url_data 定义了慕课网的课程数据接口(json 数据展示如图 11B-3 所示)。

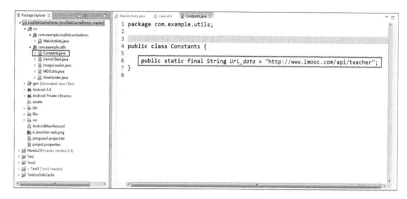

图 11B-1　LruDiskCacheDemo 工程结构

图 11B-2　定义了慕课网的数据接口 URL

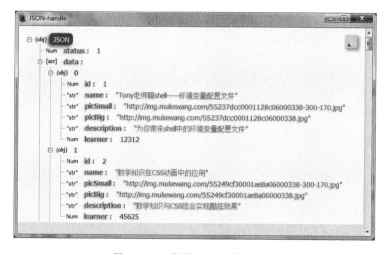

图 11B-3　慕课网 json 数据展示

为了方便 Json 数据的解析与获取,项目中定义了一个 ImageTextData 类,以及一个 List<ImageTextData>类型的数组。代码如图 11B-4、图 11B-5 所示。

图 11B-4　定义 ImageTextData 类

```
 1 package com.example.lrudiskcachedemo;
 2
 3 import java.util.ArrayList;
36
37 public class MainActivity extends Activity {
38
39     private ListView listview;
40     private List<ImageTextData> imageTextDatas = new ArrayList<MainActivity.ImageTextData>();
41     private ListViewBaseAdapter listViewBaseAdapter;
42
43     @Override
44     protected void onCreate(Bundle savedInstanceState) {
45         super.onCreate(savedInstanceState);
46         setContentView(R.layout.activity_main);
47
48         bindViews();
```

图 11B-5　定义 ImageTextData 类型的数组

2. 视图层（View）

在本案例中，使用 ListView 作为展示的容器。其中，每个 Item 项上均有三条信息，分别对应着课程图片、课程标题及课程描述等信息。布局代码如图 11B-6 所示。

图 11B-6　ListView 的 Item 布局

3. 控制层（Control）

1) json 数据的下载

如图 11B-7 中，使用 AndroidAsyncHttp 框架的 get 方法进行获取课程数据，并设置参数 type 与参数 num，用于说明请求课程的类型与请求数据条数。在本案例中，将会请求 30 组数据。

当数据获取成功后，将会调用 success 方法，在该方法中，如果课程数据不为空，调用 json2ImageTextData 方法将 json 数据 data 字段的数组转换成 List<ImageTextData> 对象，如图 11B-7 方框所示。

2) 数据解析

在本案例中，使用 Gson 框架对 json 数据进行解析，代码如图 11B-8 所示。

3) 图片下载

如图 11B-9 所示的代码中，通过 ImageLoader 类里面的 showImageByThread 方法，创建一个子线程根据图片 URL 进行下载，最后通过 handle 设置 ImageView 的图片。

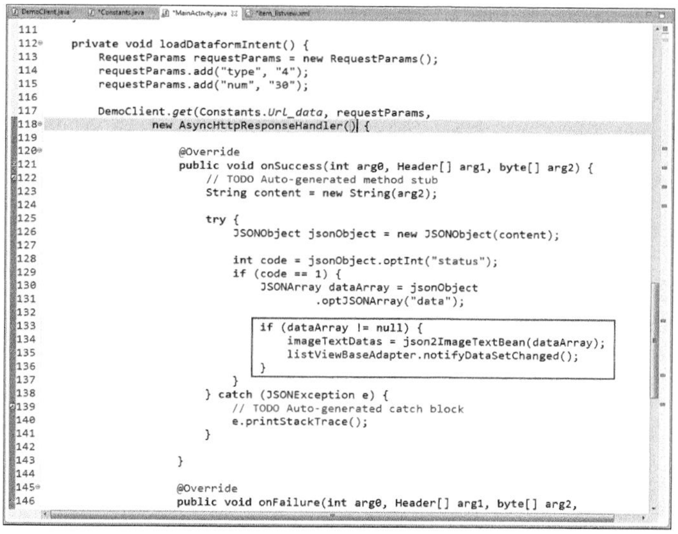

图 11B-7 json 数据的加载

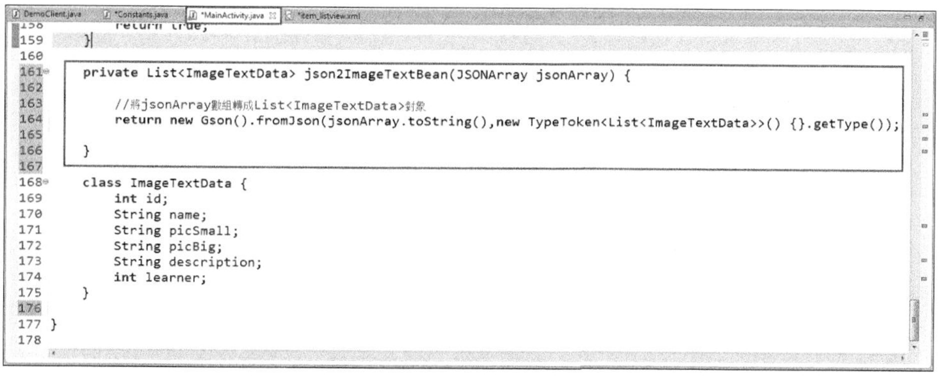

图 11B-8 解析 json 数据并得到 List<ImageTextData>实例

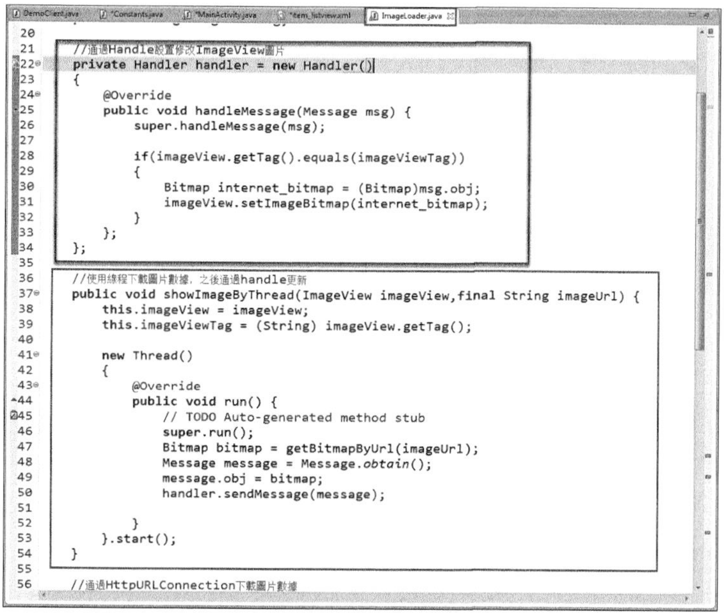

图 11B-9 图片的加载

4）数据展示

本案例中，ListView 的适配器使用 BaseAdapter，重点看一下其中的 getView 方法。在该方法中，先通过 ViewHolder 类的 get 方法获取控件的对象，然后通过 ImageTextData 实例设置相应的信息。在如方框所示代码中，获得图片的下载地址（picSmal 属性）后，调用 ImageLoader 类的 showImageByThread 方法显示图片。代码如图 11B-10 所示。

图 11B-10 ListView 数据的展示

B.1.3 项目问题

运行程序，将会看到如图 11B-11 所示的界面。同时，有一个很明显的现象，当快速滑动 ListView 时，ImageView 会先显示默认的图片，然后等数秒后在显示课程图片，如图 11B-12 所示。这是由于下载得到的图片并没有保存起来，而是再次通过网络下载图片。

这种做法用户体验非常不好，接下来，将使用 LruDiskCache 框架来解决这个问题。

图 11B-11 项目展示图

图 11B-12 快速滑动时，显示默认图片

B.2 LruDiskCache 案例设计与实现

B.2.1 项目简介

接触过 Android 缓存机制的读者，或许听说过 LRU 算法（LRU，Least Recently Used 近期最少使用算法，其核心思想是“如果数据最近被访问过，那么将来被访问的几率也更高”）。

其中 Android 4.0 也提供了一个 LruCache 类，但 LruCache 只是管理了内存中数据的存储与释放，如果数据从内存中被移除的话，那么需要再次从网络上重新加载，这显然非常耗时。

LruDiskCache 则是使用 LRU 算法的磁盘缓存类，它与 LruCache 的区别在于：“将缓存的位置从内存改到磁盘”。一般两者结合使用，用于对处理小文件，如图片的缓存，效果甚好。

B.2.2 打开缓存

接下来，准备开始动手将之前的应用重构为 LruDiskCache 框架。

使用前，我们得知道，LruDiskCache 是不能通过 new 来创建实例的。如果需要创建实例，必须调用它的 open()方法，接口如图 11B-13 所示。

```
public static LruDiskCache open(File directory, int appVersion,int valueCount, long maxSize)
```

图 11B-13 LruDiskCache 的 open 方法

open()方法接收四个参数：

第一个参数指定的是缓存文件夹的路径；

第二个参数指定当前应用程序的版本号；

第三个参数指定同一个 key 可以对应多少个缓存文件，基本都是传 1；

第四个参数指定最多可以缓存多少字节的数据。

回到项目中，首先在项目中创建 com. example. lrudiskcache 包，并导入 LruDiskCache 类，然后在该包下创建 LruDiskCacheUtils 类，用于生成一个单例的 LruDiskCache 对象，代码如图 11B-14 所示。

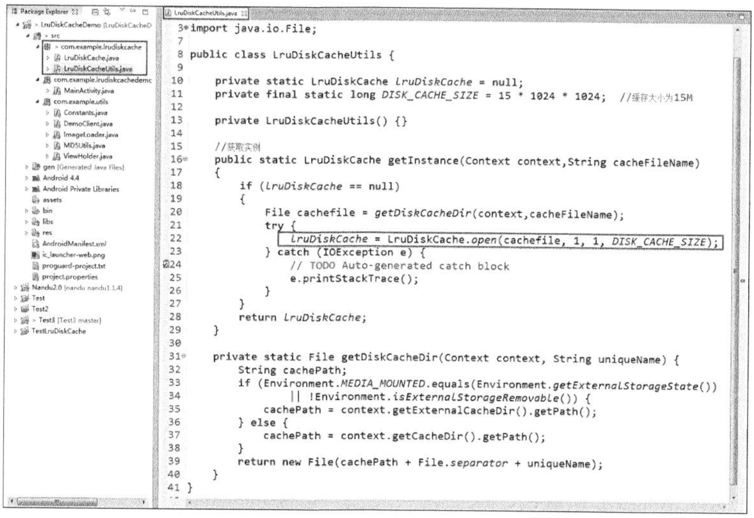

图 11B-14 使用 LruDiskCache 的 open 方法创建实例

在图 11B-14 中，创建了 getInstance 方法，用于获得 LruDiskCache 实例。在第 22 行中，使用了 getDiskCacheDir 方法根据是否存在 SD 卡来设置缓存文件夹的路径，前者获取到的就是/sdcard/Android/data/<application package>/cache 路径，而后者获取到的是/data/data/<

application package>/cache 路径。

另外三个参数中,分别设置了应用版本号为 1、一个 key 只能对应一个缓存文件、最多可以缓存 15MB 的数据。

B.2.3 写入缓存

无论是读写或者删除缓存等操作,都需要使用 LruDiskCache 实例,因此,在 com. example. lrudiskcache 包下新建一个 LruDiskCacheManger 类,该类封装了一系列增删缓存等方法。其中,写入缓存的代码如图 11B-15 所示。

```
22          // TODO Auto-generated constructor stub
23          lruDiskCache = LruDiskCacheUtils.getInstance(context,cacheFileName);
24      }
25
26      //写入缓存图片
27      public boolean writeBitmap2Cache(String key, Bitmap bitmap) {
28          LruDiskCache.Editor editor = null;
29          InputStream inputStream = bitmap2InputStream(bitmap);  ①
30
31          try {
32              editor = lruDiskCache.edit(MD5Utils.getMD5Code(key));
33          } catch (IOException e) {
34              // TODO Auto-generated catch block   ②
35              return false;
36          };
37
38          try {                                    ③
39              if(try2WriteCache(inputStream,editor))
40              {
41                  editor.commit();
42              }
43              else
44              {
45                  editor.abort();
46              }
47          } catch (IOException e) {
48          };
49          return false;
50      }
51
52      private boolean try2WriteCache(InputStream inputStream,LruDiskCache.Editor editor)
```

图 11B-15 实现写入缓存方法

在第 21 到 23 行代码中,在构造方法中调用了 LruDiskCacheUtils 类的 getInstance 方法,确保应用程序中只有一个 LruDiskCache 实例。

再看一下 27 行的 writeBitmap2Cache 方法。这个方法有两个参数,key 以及图片 bitmap,由于 LruDiskCache 的读写缓存基于输入输出流操作,因此需要使用 bitmap2InputStream 方法将图片从 bimap 类型转成 InputStream 类型。如图 11B-15 方框 1 所示。

另外,我们需要知道,利用 LruDiskCache 写入缓存,需要借助 LruDiskCache. Editor 这个类完成的。类似地,这个类也是不能直接用 new 来创建实例的,需要调用 LruDiskCache 的 edit()方法。接口如图 11B-16 所示。

图 B-16 edit 方法

可以看到,edit()方法接收一个参数 key,这个 key 将会成为缓存文件的文件名,并且必须要和图片的 URL 是一一对应的。如何才能一一对应呢?其实,给这个参数传入图片 URL 的 MD5 码,就能确保 key 与图片 URL 一一对应,如图 11B-15 方框 2 所示。

接下来,看一看方框 3 中 try2WriteCache 方法的实现。代码如图 11B-17 所示。

在图 11B-17 中,可以调用 LruDiskCache. Editor 实例中的 newOutputStream()方法来创建一个输出流,注意 newOutputStream()方法接收一个 index 参数,由于前面调用 LruDiskCache. open 时,将 valueCount 参数设置成 1(一个 key 对应一个 Cache 文件),所以这里 index 传 0 就可以了。

在写入操作执行完之后,还需要调用一下 commit() 方法进行提交才能使写入生效,而调用 abort() 方法的话则表示放弃此次写入。可见图 11B-15 第 41 和第 45 行。

B.2.4 读取缓存

缓存已经写入成功之后,接下来就该学习一下如何读取缓存。读取的方法要比写入简单一些,主要是借助 LruDiskCache 的 get() 方法实现的,接口如图 11B-18 所示。

很明显,get() 方法要求传入一个 key 来获取到相应的缓存数据,而这个 key 毫无疑问就是将图片 URL 进行 MD5 编码后的值,因此读取缓存数据的代码如图 11B-19 所示。

图 11B-17　方法 try2WriteCache 的实现　　　图 11B-19　readBitmapCache 方法的实现

在图 11B-19 中,在调用 LruDiskCache 的 get 方法后,得到了一个 LruDiskCache.Snapshot 对象。这个对象我们该怎么利用呢？十分简单,只需要调用它的 getInputStream() 方法就可以得到缓存文件的输入流了。同样地,getInputStream() 方法也需要传一个 index 参数,这里传入数值 0。有了文件的输入流后,使用 BitmapFactory.decodeStream 方法就可以将输入流转化成 Bitmap 对象。

B.2.5 移除缓存

学习完 LruDiskCache 的读写这两个最难操作后,移除缓存就相对简单多了,实际上就是使用 LruDiskCache 的 remove 方法。接口如图 11B-20 所示。

当然,这里传入的 Key 也是 MD5 码类型。代码如图 11B-21 所示。

图 11B-20　LruDiskCache 中的 remove 方法　　　图 11B-21　deleteBitmapCache_byKey 方法的实现

但是读者需要知道,这个方法并不应该经常去调用它。因为完全不需要担心缓存的数据过多从而占用 SD 卡太多空间的问题,LruDiskCache 会根据在调用 open() 方法时设定的缓存最大值来自动删除多余的缓存。只有确定某个 key 对应的缓存内容已经过期,需要从网络获取最新数据的时候才应该调用 remove() 方法来移除缓存。

因此,在项目中,并没有使用此方法。

B.2.6 其他 API

1. size()方法

这个方法会返回当前缓存路径下所有缓存数据的总字节数,以 byte 为单位,如果应用程序中需要在界面上显示当前缓存数据的总大小,就可以通过调用这个方法计算出来。比如南都 App 中就有这样一个功能,如图 11B-22 所示。

在 LruDiskCacheManger 类中,将 size 方法封装成 getCacheSize 方法,如图 11B-23 所示。

图 11B-22　南都 App 缓存大小显示　　　　图 11B-23　getCacheSize 方法实现

2. delete()方法

这个方法用于将所有的缓存数据删除,只需要调用一下 LruDiskCache 的 delete()方法就可以实现了。代码如图 11B-24 所示,在 LruDiskCacheManger 类中将 delete()方法封装成 deleteBitmapCacheAll 方法。

3. flush()方法

这个方法用于将内存中的操作记录同步到日志文件(也就是 journal 文件)当中。这个方法非常重要,因为 LruDiskCache 能够正常工作的前提就是要依赖于 journal 文件中的内容。需要注意的是,频繁地调用并不会带来任何好处,只会额外增加同步 journal 文件的时间。比较标准的做法就是在 Activity 的 onPause()方法中去调用一次 flush()方法就可以了。

在 LruDiskCacheManger 类中,将其封装成 refreshLog 方法,如图 11B-25 所示。

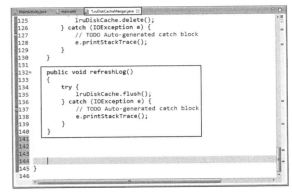

图 11B-24　deleteBitmapCacheAll 方法的实现　　　　图 11B-25　refreshLog 方法的实现

B.3 使用 LruDiskCache 修改案例

B.3.1 加入读缓存

经过了前几节的学习，已经比较了解 LruDiskCache 的使用，现在准备来修改 LruDiskCacheDemo 项目。

首先，在 MainActivity 类中定义一个 LruDiskCacheManger 对象，然后在 ListViewBaseAdapter 的 getView 方法中，先使用 readBitmapCache 方法根据图片 URL 判断缓存中是否拥有缓存，如果有，直接显示该图片，否则进行网络下载。代码如图 11B-26、图 11B-27 所示。

```java
package com.example.lrudiskcachedemo;

import java.math.BigDecimal;

public class MainActivity extends Activity {

    private ListView listview;
    private List<ImageTextData> imageTextDatas = new ArrayList<MainActivity.ImageTextData>(
    private ListViewBaseAdapter listViewBaseAdapter;
    private LruDiskCacheManger lruDiskCacheManger;

    @Override
    protected void onCreate(Bundle savedInstanceState) {
        super.onCreate(savedInstanceState);
        setContentView(R.layout.activity_main);

        bindViews();
        loadDataformIntent();
    }

    private void bindViews() {
        listview = (ListView) findViewById(R.id.listview);
        listViewBaseAdapter = new ListViewBaseAdapter(this);
        listview.setAdapter(listViewBaseAdapter);

        lruDiskCacheManger = new LruDiskCacheManger(this,
                Constants.BitmapCacheName);
    }

    class ListViewBaseAdapter extends BaseAdapter {
        private LayoutInflater inflater;

        public ListViewBaseAdapter(Context context) {
            super();
            inflater = LayoutInflater.from(context);
        }

```

图 11B-26　创建 LruDiskCacheManger 实例并初始化

```java

        @Override
        public View getView(int position, View convertView, ViewGroup parent) {
            // TODO Auto-generated method stub
            ImageTextData imageTextData = (ImageTextData) getItem(position);

            if (convertView == null) {
                convertView = inflater.inflate(R.layout.item_listview, parent,
                        false);
            }

            ImageView iv_pic = ViewHolder.get(convertView, R.id.iv_pic);
            TextView tv_title = ViewHolder.get(convertView, R.id.tv_title);
            TextView tv_content = ViewHolder.get(convertView, R.id.tv_content);

            Bitmap local_bitmap = lruDiskCacheManger
                    .readBitmapCache(imageTextData.picSmall);
            if (local_bitmap != null) {
                iv_pic.setImageBitmap(local_bitmap);
            } else {
                iv_pic.setTag(imageTextData.picBig);
                new ImageLoader().showImageByThread(iv_pic,
                        imageTextData.picSmall, lruDiskCacheManger);
                iv_pic.setImageResource(R.drawable.ic_launcher);
            }

            tv_title.setText(imageTextData.name);
            tv_content.setText(imageTextData.description);

            return convertView;
        }

    }

    private void loadDataformIntent() {
        RequestParams requestParams = new RequestParams();
        requestParams.add("type", "4");
```

图 11B-27　修改 getView 方法，加入判断是否存在图片缓存的逻辑

B.3.2 加入写缓存

上一节可知，当缓存中不存在与 URL 对应的图片时，则进行图片下载，因此在图片下载完成后，应该将图片缓存起来。代码如图 11B-28 所示。

在图 11B-28 中，修改了 showImageByThread 方法，添加了一个 LruDiskCache 形参，便于传递实例，在 Thread 的 run 方法中，在图片下载完成后，调用了 LruDiskCacheManger 的 writeBitmap2Cahce 方法，将图片保存到缓存中。

B.3.3 获取缓存占用空间

查看当前缓存大小十分简单，将这个功能的入口放到菜单项中，代码如图 11B-29、图 11B-30 所示。

在图 11B-30 中，在 showCacheSizeDailog 方法中，通过 LruDiskCacheManger 的 getCacheSize 方法得到缓存的大小。当用户单击"查看缓存大小"菜单项时，将会显示缓存大小的提示框。

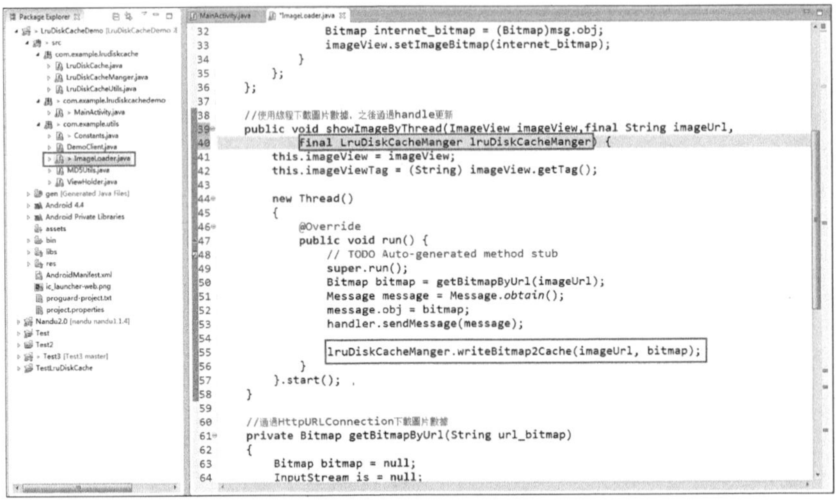

图 11B-28　修改 showImageByThread 方法，加入写入图片缓存

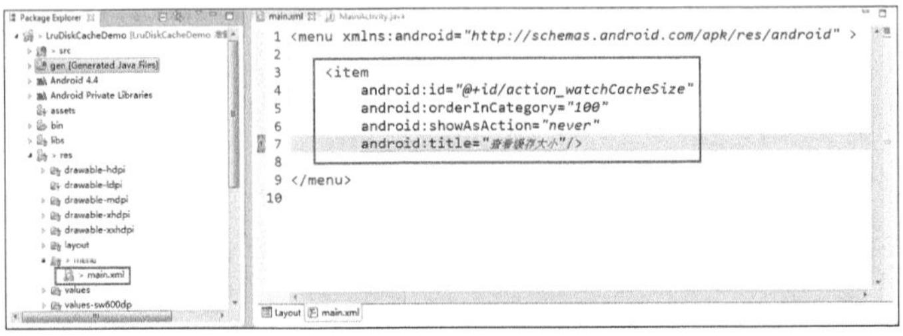

图 11B-29　在 XML 中添加菜单项

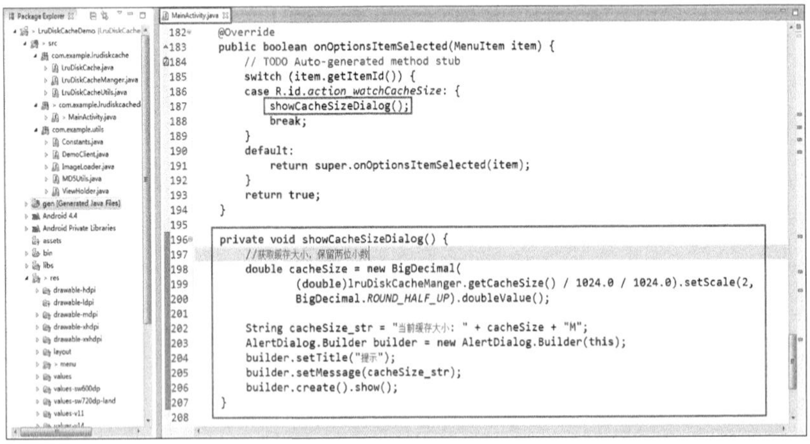

图 11B-30　响应菜单项

B.3.4　删除所有缓存

同样地，把删除所有缓存功能的入口放在菜单项中，代码如图 11B-31、图 11B-32 所示。

如图 11B-32 所示，当用户单击菜单并选择"删除所有缓存"项时，将会调用 showDeleteAllCacheDialog 方法，该方法将会显示对话框供用户是否选择删除缓存，如果选择确定,则会调用 LruDiskCacheManger 的 deteBitmapCacheAll 方法删除所有缓存。

B.3.5 效果图

运行程序,可看到效果图如图 11B-33 所示。当快速滑动 ListView 时,也不会出现显示默认图片的情况。当单击右上角的菜单时并选择查看"缓存大小"时,将显示提示对话框,如图 11B-34 所示。

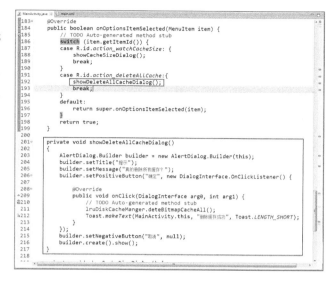

图 11B-31 在 XML 中添加菜单项　　　　图 11B-32 响应菜单项

当然,选择"删除所有缓存"时,如图 11B-35 所示,如单击确认,所有缓存将会被删除(等于第一次使用),此时快速滑动 ListView,将再次出现默认图的情况(需要从网络下载图片)。

图 11B-33 效果图　　　图 11B-34 缓存大小提示对话框　　　图 11B-35 显示是否删除缓存的提示

B.4 项目心得

引用电影的一句台词:"念念不忘,必有回响。"任何技术或者产品,就是同一个功能,如本例实现缓存部分,反复琢磨,找寻业界大牛的解决方案(github 或者 git 上)总有值得优化,提高,学习的地方。

B.5 相关资料

Android DiskLruCache 完全解析,硬盘缓存的最佳方案:
http://blog.csdn.net/guolin_blog/article/details/28863651

C Android 函数响应式链编程 RxJava

搜索关键字

(1) RxJava
(2) RxAndroid
(3) 观察者模式

本章难点

RxJava 在 Android 开发者中变得越来越流行,它的魅力在于:在异步处理中,无论是多么复杂的逻辑,使用 RxJava 都可以让代码保持足够的简洁。本章将会讲解 RxJava 的使用,并完成以下任务:

(1) 使用 RxJava 在控制台输出一组字符串。
(2) 使用 RxJava 优化一个图片下载的 Android 案例。

第一个任务让大家了解使用 RxJava 的步骤,以及学习几个重要的操作符。第二个任务会使用 RxJava 对一个 Android 案例进行优化,让大家直观地感受到 RxJava 的处理异步时的便利性。

C.1 简介

C.1.1 RxJava 到底是什么

一个词:异步。

RxJava 在 GitHub 上的自我介绍是"a library for composing a synchronous and event-based programs using observable sequences for the Java VM"(一个在 Java VM 上使用可观测的序列来组成异步的、基于事件的程序的库)。这就是 RxJava 的精准概括。

也许对于初学者来说,这段话还是很难看得懂。其实,RxJava 的本质是一个实现异步操作的库。

读者可能有疑问:Android 中,AsyncTask、Handler 同样是异步,那为何要用 RxJava 呢?RxJava 的优势在哪里?这个问题的答案也可以总结为两个字:简洁。在 Android 中,AsyncTask、Handler 的出现也是为了让异步的过程更加简洁,而 RxJava 的优势在于,随着程序业务逻辑越来越复杂,它同样可以保持简洁。

那 RxJava 是否可以完全替代 Handler 呢?个人认为是不可以。Handler 除了和 Thread 配合实现异步更新 UI 外,还可以实现执行计划任务、线程间通信等功能,实现的功能可以更加精细,颗粒度更小,而 RxJava 更适合专门处理异步更新 UI 这一功能。

因此,如果读者需要实现异步加载数据,然后在 UI 线程中刷新界面这一类的需要,使用 RxJava 比 Handle 和 AsyncTask 更加合适、方便。

C.1.2 RxJava 的实现原理——观察者模式

1. 观察者模式介绍

RxJava 实现异步原理，本质上是一种扩展的观察者模式。那么问题来了，什么是观察者模式呢？

举个通俗易懂的例子，如"监控抓小偷"，监控需要在小偷伸手作案的时候实施抓捕。在这个例子里，监控是观察者，小偷是被观察者，监控需要时刻盯着小偷的一举一动，才能保证不会漏过任何瞬间。当然，程序设计里的观察者模式和这种生活中真正的观察是有所不同的：观察者不需要时时刻刻盯着被观察者（例如 A 不需要每 2ms 就检查一次 B 的状态），而是采用注册（Register）或者订阅（Subscribe）的方式，告诉被观察者：我需要你的状态变化，你要在它变化的时候通知我。

类比"监控抓小偷"的例子，程序中的观察者模式就像：监控事先告诉警察，小偷在作案的时候，就会向警察汇报，然后便采取行动。在程序设计中，就是这样的流程。

在 Android 开发中，一个经典的例子就是单击事件监听器 OnClickListener 。对设置 OnClickListener 来说，View 是被观察者，OnClickListener 是观察者，两者通过 setOnClickListener() 方法达成订阅关系。订阅之后用户单击按钮的瞬间，Android Framework 就会将单击事件发送给已经注册的 OnClickListener 。采取这样被动的观察方式，既省去了反复检索状态的资源消耗，也能够得到最高的反馈速度。

OnClickListener 的模式大致如图 11C-1 所示。

另外，如果把这张图中的概念抽象出来（Button→被观察者、OnClickListener→观察者、setOnClickListener()→订阅，onClick()→事件），就由专用的观察者模式（例如只用于监听控件单击）转变成了通用的观察者模式，如图 11C-2 所示。

图 11C-1　OnClickListener 的观察者模式　　图 11C-2　通用的观察者模式

而 RxJava 作为一个工具库，使用的就是通用形式的观察者模式。

【知识点】 观察者模式，是设计模式的一种，通常被称为订阅—发布模式。采取观察者模式，既省去了反复检索状态的资源消耗，也能够得到最高的反馈速度。

2. RxJava 中的观察者模式

了解 RxJava 的观察者模式，这一步十分重要，希望大家能够仔细阅读，否则可能影响理解后面案例的实现。

RxJava 有四个基本概念：Observable（可观察者，即被观察者，即前文说的小偷）、Observer（观察者，即前文说的监控）、subscribe（订阅，小偷被监控抓住了！）、事件（小偷作案的事件）。

被观察者 Observable 和 观察者 Observer 通过 subscribe() 方法实现订阅关系，从而观察者 Observable 可以在需要的时候发出事件来通知被观察者 Observer。与传统观察者模式不同，RxJava 的事件回调方法除了普通事件 onNext()（小偷每一件的作案事件）之外，还定义了两个特殊的事件：onCompleted() 和 onError()。

onCompleted()：事件队列完结（小偷作案完成事件）。RxJava 不仅把每个事件单独处理，还会把它们看作一个队列。RxJava 规定，当不会再有新的 onNext() 发出时，需要触发

onCompleted()方法作为标志。

onError():事件队列异常(小偷作案失败事件)。在事件处理过程中出异常时,onError()会被触发,同时队列自动终止,不允许再有事件发出。

在一个正确运行的事件序列中,onCompleted()和onError()有且只有一个,并且是事件序列中的最后一个。因为onCompleted()和onError()两者也是互斥的,即在队列中调用了其中一个,就不应该再调用另一个。

图 11C-3 RxJava 的观察者模式

RxJava 的观察者模式大致如图 11C-3 所示。

C.2 案例实现

C.2.1 RxJava 案例

在本例中,实现一个很简单的例子:使用 RxJava 在控制台中依次打印一组字符串。让大家对 RxJava 的使用流程及重要的操作符有个初步认识。

我们使用的平台是 Android Studio。首先创建一个 Android 项目,名为 RxJavaDemo,并在 gradle 文件中引入 RxJava 和 RxAndroid 的依赖,如图 11C-4 所示。

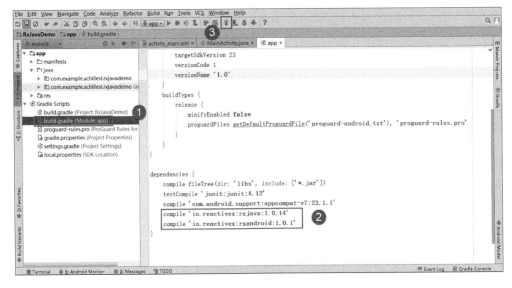

图 11C-4 创建项目 RxJavaDemo,并添加依赖

添加依赖后,单击如方框 3 所示的按钮,更新 gradle 文件,完成后就可以在项目中使用 RxJava 及 RxAndroid。

【注意】本章全部案例均使用 Android Studio 作为开发平台,对于使用 eclipse 的读者,可以自行到 maven 官网中下载相关 jar 包,导入后即可使用 RxJava 及 RxAndroid。

(1) RxJava:

https://repo1.maven.org/maven2/io/reactivex/rxjava/1.1.0/rxjava-1.1.0.jar

(2) RxAndroid:

http://search.maven.org/#search|ga|1|rxandroid

1. 创建被观察者 Observable

Observable 即被观察者,它决定什么时候触发事件以及触发怎样的事件。通俗地讲,这里的 Observerable 相当于 1.2 节中"RxJava 的实现原理——观察者模式"中的小偷。因此,要使用 RxJava,先在程序中创建一个被观察者(小偷)。

RxJava 使用 create() 方法来创建一个 Observable ,并重写 call 方法为它定义事件触发规则。代码如图 11C-5 所示。

如图 11C-5 方框所示,在 Observerable.create 方法中传入了一个 OnSubscribe 对象作为参数,这个 OnSubscribe 对象,可以理解成一个计划表(小偷作案的记录表)。当 Observable 被订阅的时候(小偷被监控抓住了!),OnSubscribe 的 call() 方法会自动被调用(向监控汇报作案过程),事件序列就会依照设定依次触发(被抓后,小偷向监控汇报作案内容:我偷了一个 Hello 字符串、一个 world 字符串、一个 Hi 字符串、一个 You are my World too! 字符串、已经全部偷完了)。

一般来讲,我们会调用 onNext 方法来传递事件,当所有事件传输完成时,就调用 onCompeted 方法。此外,还有一个 onError 方法,该方法在事件传输中断时调用。

这样,由被观察者(小偷)调用了观察者(监控)的回调方法,就实现了由被观察者向观察者的事件传递,即观察者模式。

2. 创建观察者 Observer

Observer 即观察者,它决定事件触发的时候将有怎样的行为。通俗来讲,下面准备实现的这个 Observer,即是前文案例中的监控,它会根据小偷的作案事件做出不同的响应。代码如图 11C-6 所示。

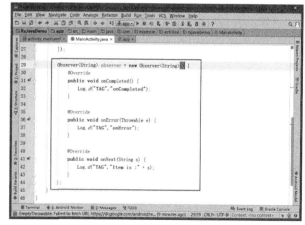

图 11C-5　创建 Observable　　　　图 11C-6　创建观察者 Observer

下面需要重写了观察者 Observer 的 onCompleted、onError、onNext 方法。这些方法会在事件传输完成时(小偷偷完时)、事件传输中断时(小偷失败时)、事件传输时(小偷正在作案时)得到回调,对应于被观察者在 call 方法中调用 onCompleted、onError、onNext 等方法。这些回调方法的详细作用,可见上文中阐述的"RxJava 中的观察者模式"。

在图 11C-6 中,当事件传输完成时,将打印 onCompleted 字符串,当传输事件失败时,将打印 onError 字符串,当传输有效的字符串时,就直接打印。

实现观察者,除了 Observer 接口之外,RxJava 还内置了另一个抽象类:Subscriber。Subscriber 对 Observer 接口进行了一些扩展,但它们的基本使用方式是完全一样的,如图 11C-7 所示。

Subscribe 接口相对于 Observer 接口,增加了两个方法：

onStart()方法：这是 Subscriber 增加的方法。它会在 subscribe 刚开始,而事件还未发送之前被调用,可以用于做一些准备工作,例如数据的清零或重置。

unsubscribe()方法：这是也 Subscriber 增加的方法,用于取消订阅。在这个方法被调用后,Subscriber 将不再接收事件。

3. 使用 Subscribe 链接观察者与被观察者

创建了被观察者 Observable 和观察者 Observer 之后,需要用 subscribe()方法将它们联结起来,此时整条响应链(RxJava 基于链式编程)就可以工作了(相当于监控抓住了小偷,小偷准备向监控汇报)。代码很简单,如图 11C-8 方框中所示。

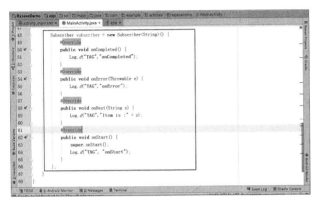

图 11C-7　Subscriber 用法展示　　　　图 11C-8　使用 subsrcibe 方法链接 observable 和 observer

读者可能会注意到,subscribe()这个方法有点怪：它看起来是：被观察者订阅了观察者(即小偷主动向监控自首了,而不是监控抓住了小偷)。这让人读起来有点别扭,不过如果把 API 设计成 observer.subscribe(observable),虽然更加符合思维逻辑,但对流式 API 的设计就造成影响了(读者可以带着这个问题,在 C.2.2 节"Android 中实战"中寻找答案。在那一节中可以看到：获取图片 URL→根据 URL 得到图片→过滤→显示图片这个流程是在被观察者.subsrcibe(观察者)模式下实现的,如果 API 改成观察者.subsrcibe(被观察者)模式,上述的流程将会颠倒,代码可读性会更加差),比较起来,开销变大,可读性变差,明显是得不偿失的。此时,编译运行程序,可以看到在控制台中,依次打印了字符串,效果如图 11C-9 所示。

图 11C-9　在控制台中,依次打印字符串

4. 订阅特定的事件回调

上一节中,已经学习了 subscribe 方法的用法,subscribe 方法可以将观察者和被观察者链接起来。当被观察者 observable 开始事件流传输的,观察者可以通过 onCompleted、onError、onNext 方法对被观察者传输的事件进行监听处理。

于是问题来了,作为开发者可能只对某个事件回调感兴趣,如仅想监听 onNext 事件(好比监控只想听小偷的作案具体事件,不想了解作案失败和作案结束事件),此时怎么办呢？

实际上,subscribe 方法还可以支持不完整定义的回调,形式如图 11C-10 所示。

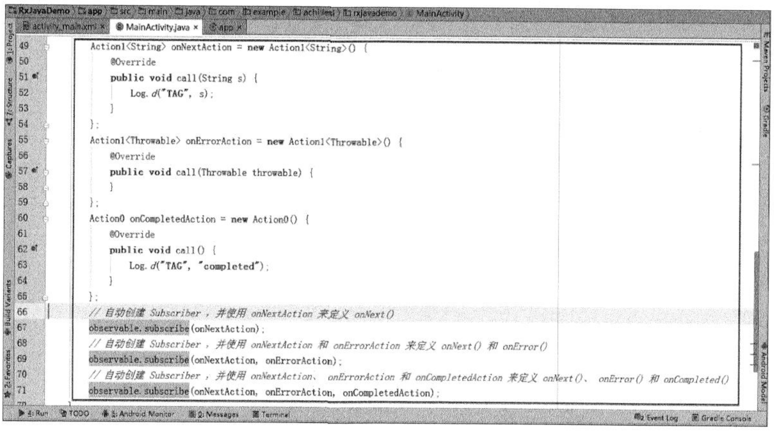

图 11C-10　在 subscribe 方法中定义不完全的回调

简单解释一下这段代码中出现的 Action1 和 Action0。

Action0 是 RxJava 的一个接口,它只有一个 call()方法,这个方法是无参数无返回值的。由于观察者的 onCompleted() 方法也是无参数无返回值的,因此 Action0 可以被当成一个包装对象,将 onCompleted() 的内容打包起来将自己作为一个参数传入 subscribe() 以实现不完整定义的回调。

图 11C-10 中,定义的 onCompletedAction 对象实现了 Action0 接口,图中虽然在第 71 行才将 onCompletedAction 对象传入。实际上,也可以像第 67 行代码那样,单独传入 onCompletedAction 对象对 onCompleted 事件单独进行监听。

Action1 也是一个接口,它同样只有一个方法 call(T param),这个方法也无返回值,但有一个参数。与 Action0 同理,由于观察者的 onNext(T obj)和 onError(Throwable error)方法也是单参数无返回值的,因此 Action1 可以将 onNext(obj)和 onError(error)打包起来传入 subscribe()以实现不完整定义的回调。

图 11C-10 中,定义的 onNextAction 和 onErrorAction 对象,都是实现了 Action1 接口,在第 67 和第 69 行代码中,可以将 onNextAction 和 onErrorAction 单独传入 subscribe 方法,此时可以实现业务只需关注的 onNext 或 onError 事件即可。

这样子,在实现观察者的时候,只需要实现感兴趣的事件回调即可,不必为每个事件重写回调方法。

5. filter 操作符

单词 filter,翻译成中文是过滤意思,在 RxJava 中 filter 操作符可以根据需求过滤掉不符合条件的事件。

比如在上一节的例子中,需要加入一个功能:在控制台中只打印长度大于 3 的字符串(好比小偷想,我要把字符串长度小于 3 的扔掉)。此时,用 filter 操作符可以很轻松地实现这个功能,代码如图 11C-11 所示。

在图 11C-11 中,可以看到下面给 filter 方法传入了一个匿名对象,该对象实现了 Func1 的接口。实际上,Func1 接口类似于前文的 Action0 和 Action1 接口。Fun1 接口有两个泛型参数,图中第一个参数是 String,表示事件的类型是 String 类型,第二个参数类型为布尔型,表

531

示 call 方法返回值的类型。

使用该接口需要实现 call 方法,当 call 方法返回 true 时,表示该事件满足条件不必过滤,否则将该事件过滤,不再往下传递。可以看到第 50 行的代码中,当字符串长度大于 3 时,则不过滤,否则过滤该事件。

此时,编译运行程序,看到控制台中打印了长度大于 3 的字符串,而字符串 Hi 则被过滤掉了,因此没有显示,如图 11C-12 所示。

图 11C-11　filter 的使用

图 11C-12　控制台输出信息

6. map 操作符

RxJava 提供了对事件序列进行变换的支持,这是它的核心功能之一。所谓变换,就是将事件序列中的对象或整个序列进行加工处理,转换成不同的事件或事件序列(好比小偷偷了赃物,然后把它变现成钱,于是赃物的类型从"物体"转变成"货币")。

上一个在例子中,将需求变成:将长度大于 3 的字符串转成对应的 hashCode,然后在控制台输出。此时,map 操作符可以派上用场了,代码如图 11C-13 所示。

如图 11C-13 方框所示,可以看到 map() 方法将参数中的 String 类型的对象转换成一个 Integer 类型的对象(hashCode 是 Integer 类型)后再作为返回值,这样经过 map() 方法变换后,事件的参数类型也由 String 型转化为了 Integer 型。

对于 map 操作符,可以理解成:需要将序列中事件的类型,转换成另一种类型,至于是何种类型转成何种类型、具体怎么转变,这些是需要开发者去实现的。

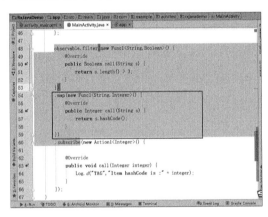

图 11C-13　map 操作符的运用

编译运行程序,效果如图 11C-14 所示。

图 11C-14　输出字符串的 hashCode

C.2.2　Android 中实战

"RxJava 的优势在于，随着程序业务逻辑越来越复杂，它同样可以保持代码简洁易读。"在这个案例中，下面将对这句话进行验证。

在上一节中，已经学习了 RxJava 的基础用法。在这一小节中，将使用 RxJava 对一个 Android 小案例进行优化。该案例实现的功能十分简单：

根据图片的 URL 来下载图片，并展示到 ImageView 上。其中图片 URL 也需要从网络下载（本例用线程休眠来模拟图片 URL 的下载），如果得到的 URL 是合法的，则下载对应的图片，否则就显示默认图。同时，单击 CHANGEPIC 按钮可以切换图片，并且在图片下载的过程中不可再次单击，效果如图 11C-15、图 11C-16 所示。

图 11C-15　显示网络图片　　　图 11C-16　若图片 URL 非法，显示默认图片

希望通过这个案例，可以让大家直观地看到，实现异步处理时，在代码的简洁与可读性层面上，使用 RxJava 方式要远远优于传统的 Thread+Handle 的方式。

1. 案例的关键代码

代码如图 11C-17 所示，在 MainActivity 类的方框 1 中，定义了一个字符串数据，包含了一组图片的 URL，其中最后一个 URL 内容为 error，用于模拟图片 URL 为非法的情况。

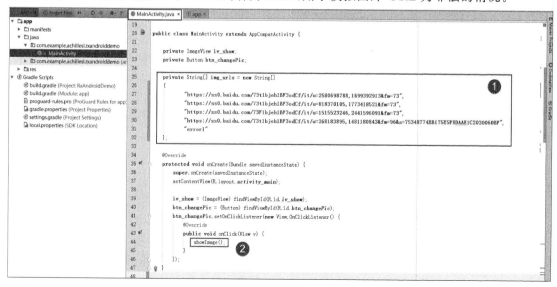

图 11C-17　部分关键代码

在方框 2 中，当单击按钮时，将调用 showImage 方法进行图片下载。

实际上，这个案例最关键的部分就在于 showImage 方法，也是后续需要用 RxJava 进行优化的部分。

看一下在用 RxJava 优化“前”showImage 方法时如何实现的，代码如图 11C-18 所示。可以看到在 showImage 方法中，创建了一个线程并调用 getImageUrl 方法模拟图片 URL 的下载。如果得到合法的 URL 后，则调用 getBitmapByUrl 方法进行图片下载，并在 runOnUIThread(runOnUIThread 的其实也是使用了 Handle)中更新图片(图 11C-18 中方框 3 与方框 4 部分)。如果得到非法的 URL，则通过 runOnUIThread 方法显示默认图。

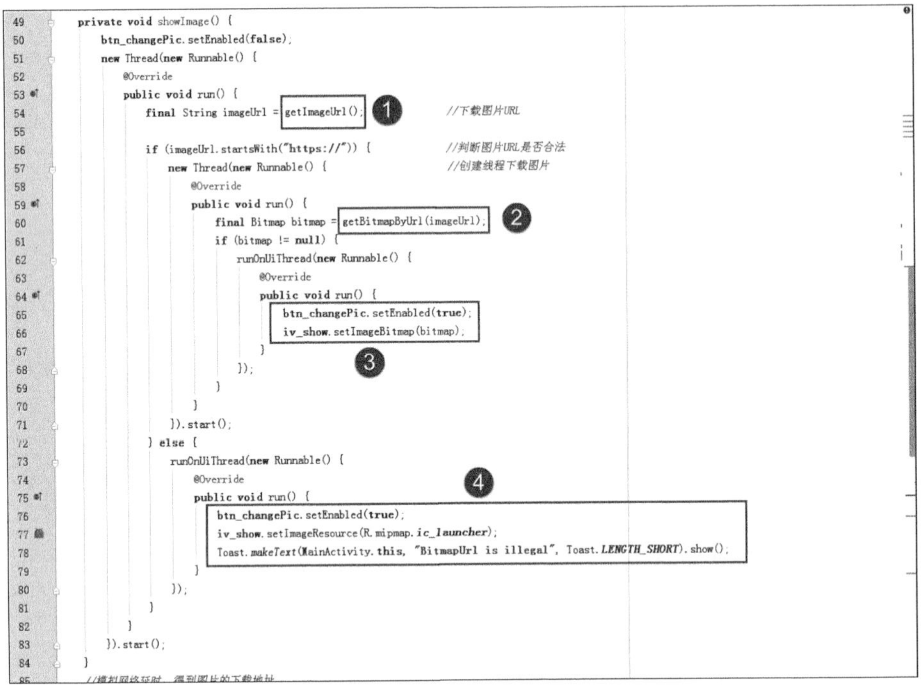

```java
private void showImage() {
    btn_changePic.setEnabled(false);
    new Thread(new Runnable() {
        @Override
        public void run() {
            final String imageUrl = getImageUrl();          //下载图片URL

            if (imageUrl.startsWith("https://")) {          //判断图片URL是否合法
                new Thread(new Runnable() {                  //创建线程下载图片
                    @Override
                    public void run() {
                        final Bitmap bitmap = getBitmapByUrl(imageUrl);
                        if (bitmap != null) {
                            runOnUiThread(new Runnable() {
                                @Override
                                public void run() {
                                    btn_changePic.setEnabled(true);
                                    iv_show.setImageBitmap(bitmap);
                                }
                            });
                        }
                    }
                }).start();
            } else {
                runOnUiThread(new Runnable() {
                    @Override
                    public void run() {
                        btn_changePic.setEnabled(true);
                        iv_show.setImageResource(R.mipmap.ic_launcher);
                        Toast.makeText(MainActivity.this, "BitmapUrl is illegal", Toast.LENGTH_SHORT).show();
                    }
                });
            }
        }
    }).start();
}
```

图 11C-18　showImage 方法的实现

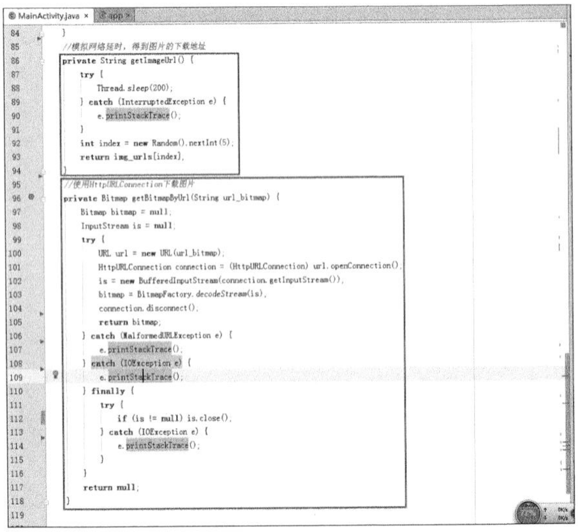

```java
}
//模拟网络延时，得到图片的下载地址
private String getImageUrl() {
    try {
        Thread.sleep(200);
    } catch (InterruptedException e) {
        e.printStackTrace();
    }
    int index = new Random().nextInt(5);
    return img_urls[index];
}
//使用HttpURLConnection下载图片
private Bitmap getBitmapByUrl(String url_bitmap) {
    Bitmap bitmap = null;
    InputStream is = null;
    try {
        URL url = new URL(url_bitmap);
        HttpURLConnection connection = (HttpURLConnection) url.openConnection();
        is = new BufferedInputStream(connection.getInputStream());
        bitmap = BitmapFactory.decodeStream(is);
        connection.disconnect();
        return bitmap;
    } catch (MalformedURLException e) {
        e.printStackTrace();
    } catch (IOException e) {
        e.printStackTrace();
    } finally {
        try {
            if (is != null) is.close();
        } catch (IOException e) {
            e.printStackTrace();
        }
    }
    return null;
}
```

图 11C-19　getImageUrl 和 getBitmapByUrl 方法的实现

虽然这段代码运行起来没有什么问题，但是由于逻辑负责，各种处理、回调糅合在一起，给人“谜”一般的感觉。有一句话叫：代码“迷之缩进”毁一生，做过大型项目的人都明白。

再来看一下上图两个关键的方法(图 11C-18 方框 1 与方框 2 所标注的方法)：getImageUrl 和 getBitmapByUrl，实现的代码如图 11C-19 所示。

getImageUrl 方法实现模拟了下载图片 URL 的过程，主要通过 Thread.Sleep 休眠 200 毫秒，模拟网络下载耗时，然后随机返回 img_urls 数组里的一个 Url 来实现的。

getBitmapByUrl 方法实现了网络图片的下载,主要通过 HttpURLConnection 类来实现的。

关键代码已经讲解完毕,大家应该有所感悟:在异步处理的过程中,由于业务逻辑的复杂,往往使得代码变得晦涩难懂,往往在一段时间过后,自己也看不懂当初的想法。在下一节,将使用 RxJava 对这部分代码进行优化。

2. 使用 RxJava 进行案例优化

1) 在 gradle 文件中加上相关的依赖

如图 11C-20 所示,在案例的 gradle 文件中加入相关的依赖。

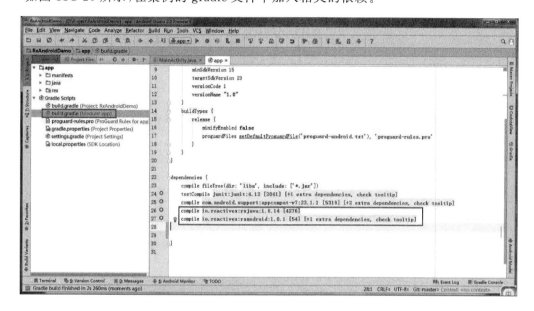

图 11C-20　在 gradle 中加入依赖

2) 创建观察者与被观察者

在这一步中,编写 showImage4RxJava 方法,创建观察者与被观察者并使用 subscribe 方法将它们链接起来,这里其中使用 Subscriber 类作为观察者,代码如图 11C-21 所示。

3) 重写 Observable.OnSubscribe<String> 类的 call 方法

代码如图 11C-22 所示,在该方法中,调用了 getImageUrl 方法获得图片 URL,如果 URL 合法则调用观察者的 onNext 方法将事件往下传递,若 URL 非法则调用观察者的 onError 方法终止事件传输。

4) 使用 map 操作符实现 URL 到图片的变换

这一步,使用了 map 操作符,将图片 URL 转成 Bitmap 对象,实际上是重写了 Fun1 的 call 方法,并使用 getBitmapByUrl 方法作为返

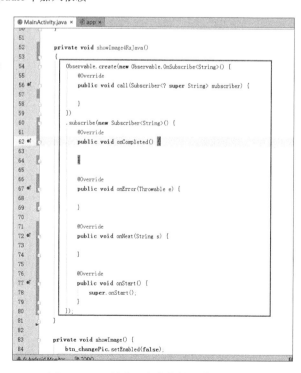

图 11C-21　创建观察者与被观察者

回值，通过该方法可以将图片 URL 转换成 Bitmap 对象。代码如图 11C-23 所示。

5）加入线程控制 Scheduler

在不指定线程的情况下，RxJava 遵循的是线程不变的原则，即：在哪个线程调用 subscribe()，就在哪个线程生产事件，在哪个线程生产事件，就在哪个线程消费事件。

由此可知，到目前为止，案例修改后的所有方法都是在 UI 线程运行的，但是那么像本例的 getImageUrl 和 getBitmapByUrl 方法，都是比较耗时的，希望将这两个方法在一个新的线程中执行，那应该怎么办呢？很简单，使用 subscribeOn 和 observeOn 操作符即可。代码如图 11C-24 所示。

图 11C-22　重写 call 方法　　　　　图 11C-23　使用 map 操作符进行 URL 转 Bitmap

subscribeOn 操作符：指定了 subscribe() 方法所发生的线程，即 Observable.OnSubscribe 被激活时所处的线程，或者称为事件产生的线程。

observeOn 操作符：指定观察者 Subscriber 所运行在的线程，或者称为事件消费的线程。

在图 11C-24 中，使用 subscribeOn() 方法并传入 Schedulers.io() 参数指定事件的产生的线程，可以使得 subscribeOn 操作符前的代码都在一个新的线程中运行。然后接着使用了 observeOn() 方法并传入 AndroidSchedulers.mainThread() 参数指定了事件的消费线程，可以使观察者的回调方法（即事件的消费）在 UI 线程中运行。

【知识点】RxJava 已经内置了几个线程调度器 Scheduler，它们适合大多数的使用场景：

（1）Schedulers.immediate()：直接在当前线程运行，相当于不指定线程。这是默认的 Scheduler。

（2）Schedulers.newThread()：总是启用新线程，并在新线程执行操作。

（3）Schedulers.io()：I/O 操作（读写文件、读写数据库、网络信息交互等）所使用的 Scheduler。行为模式和 newThread() 差不多，区别在于 io() 的内部实现是用一个无数量上限的线程池，可以重用空闲的线程，因此多数情况下 io() 比 newThread() 更有效率。不要把计算工作放在 io() 中，可以避免创建不必要的线程。

（4）AndroidSchedulers.mainThread()，Android 专门的一个操作符，操作将在 Android 主线程运行。

图 11C-24　加入线程控制

6）使用 filter 操作符

在原来的案例中,可以看到,若请求得到的图片为 null,则过滤并不处理。在 RxJava 中,这个需求可以用 filter 操作符来实现,如图 11C-25 所示。

图 11C-25　使用 filter 过滤掉为 null 的图片

在图 11C-25 方框所示中,使用了 filter 操作符,传入了 Fun1 对象,并重写了该对象的 call 方法:若 Bitmap 为空时,返回 false,此时事件将不再往下传递。

7）实现观察者 Subscriber 的回调方法

这一步,需要重写观察者 Subscriber 的回调方法,代码如图 11C-26 所示。

如上图 11C-26 所示,重写了 onError、onNext、onStart 等方法。若 onError 方法得到回调,说明图片 URL 非法,此时 ImageView 显示默认图。若 onNext 方法得到回调,表明得到有效的图片,此时 ImageView 直接显示下载得到的图片。

为了避免在图片下载过程中,用户可能重复单击按钮。因此也实现了 onStart 方法。它会在 subscribe 刚开始,而事件还未发送之前被调用,在这个时候将 CHANGEPIC 按钮设置为

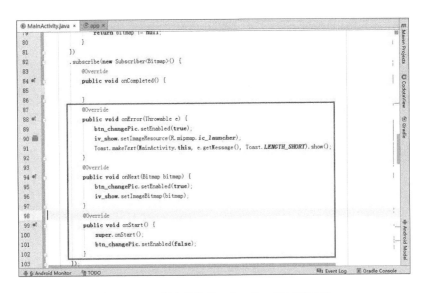

图 11C-26　重写观察者 Subscriber 的回调方法

不可单击状态,同时当 onError、onNext 方法得到调用时重新将 CHANGEPIC 按钮设置为可单击状态。

8) 运行程序

最后,在 CHANGEPIC 按钮的单击事件回调方法中,改成使用 showImage4RxJava 方法。编译,运行程序。可看到效果如图 11C-27、图 11C-28 所示。

图 11C-27　单击按钮,显示图片　　　　图 11C-28　若 URL 非法,显示默认图

3. 对比

此时,已经使用 RxJava 重写了一遍异步加载图片的案例,回顾一下前面编写的 RxJava 代码,如图 11C-29 所示,在对比一下使用 RxJava 之前的代码,如图 11C-30 所示。大家可以感受到 RxJava 的便利之处了吗?

RxJava 实现的代码,是一条从上到下的链式调用,没有任何嵌套,这在逻辑的简洁性上是十分具有优势的。当需求变得复杂时,这种优势将更加明显(试想一下,当你一两个月后翻回这里看到自己当初写下的那一片各种判断、嵌套的代码,你能保证自己将迅速看懂,而不是对着代码重新捋一遍思路?)

学习完这个案例，亲自证实了 RxJava 的优势：无论多复杂的业务逻辑，使用 RxJava 实现的代码都可以保持足够的简洁性。

图 11C-29　使用 RxJava 的效果

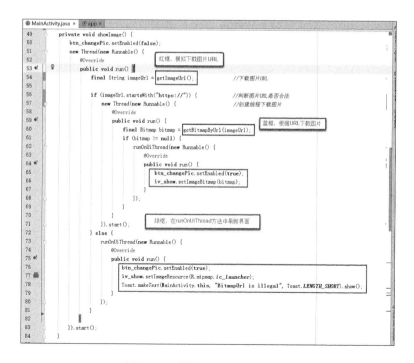

图 11C-30 使用 RxJava 前的效果

C.3 项目心得

本文对 RxJava 做出了一个入门级别的介绍,并没有对 RxJava 实现的原理做出过多讲解,希望学有余力的读者继续深入,参考"参考资料"的文章链接,不断学习、进步。

C.4 参考资料

(1) 给 Android 开发者的 RxJava 详解:

http://gank.io/post/560e15be2dca930e00da1083

(2) NotRxJava 懒人专用指南:

http://www.devtf.cn/?p=323

(3) 深入浅出 RxJava:

http://blog.csdn.net/lzyzsd/article/details/41833541

(4) Awesome-RxJava:

https://github.com/lzyzsd/Awesome-RxJava/blob/master/README.md?from=timeline&isappinstalled=1

D Android 自动化持续集成环境 CI

搜索关键字

(1) 持续集成

(2) GitHub

(3) UI Automator

本章难点

本章节将介绍 Android 自动化持续集成环境构建与操作。

软件集成,是软件开发过程中经常发生的事情,选择代码、构建、测试和发布都属于软件集成的环节。这些过程通常由人为地完成。"聪明"的程序员擅长把通常需要人工操作的任务变为自动化。持续集成表示自动化的可持续的软件集成,它一种软件开发的过程。

D.1 项目简介

集成(Integration)在软件开发的日常工作中频繁地发生,它包括构建、测试、部署等几个环节。

本次实训介绍了继续集成的理论,并介绍了自动构建工具和自动化测试框架的使用。通过本实训将认识持续集成的基本概念,并能动手搭建基于 Android 的持续集成环境。

Android 的集成开发工具(IDE)例如 Eclipse 或 Android Studio 等为开发人员提供了很方便的构建安装包(下文简称 APK)的功能,在开发的过程中,开发人员经常会使用它们来构建生成 APK,进行调试或者发布版本。

然而,利用集成开发工具进行构建 Android 软件,不仅依赖开发人员的经验,而且也考验开发人员的耐心和细心。如果开发人员在软件发布上市的时候,忘记修改一些调试的选项,或者遗忘了一部分代码,将软件发布出去,将对产品形象造成负面的影响,甚至可能造成经济上的损失。这种情况,对于团队协作开发而言,尤为明显。

为了解决以上问题,本文引入了搭建 Android 持续集成环境的概念。

本文提到的集成环境,只需要使用一台电脑(不限操作系统,Windows、OS X 或 Linux 均可),可选设备为一台 Android 硬件设备。

阅读本文后,可以掌握:

(1) 安装 Jenkins 自动化构建系统;
(2) 应用 Jenkins 创建 Android 的持续集成任务;
(3) 应用 Android 自动化测试框架 UI Automator。

D.2 案例设计与实现

D.2.1 需求分析

搭建适用于 Android 的持续集成环境,整个持续集成的过程由程序自动完成,不需要人工参与。包含以下环节:

(1) 自动获取合适的代码。
(2) 自动化构建,输出软件版本。
(3) 自动化测试,输出测试报告。

D.2.2 示例说明

1. 用于构建的 App 示例

本文将使用一个名为"Actions"的 Android 端的 GTD(Getting Thinks Done)软件来演示如何搭建持续集成的 Android 开发环境。

值得注意是,如何编写 App 不是本章的重点内容(源代码可下载),该 App 仅用于演示如何实现自动化构建以及自动化测试,如图 11D-1 所示。

Actions 的功能包括:

(1) 新增和编辑任务(Action);
(2) 查看任务列表和任务详情;
(3) 将标记为完成(Achieved)。

2. 持续集成工具

持续集成工具用于管理持续集成的流程,包括配置代码库、触发构建等功能,如图 11D-2 所示。

图 11D-1 本文的示例程序:Actions

图 11D-2 持续集成工具

3. 自动化测试框架

自动化测试框架用于实现适用于 Android 的自动化测试,并且输出直观的测试报告,为软件版本的发布提供重要的参考,如图 11D-3 所示。

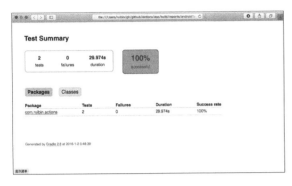

图 11D-3 自动化测试报告

D.2.3 持续集成相关理论

1. 敏捷开发的概念

敏捷开发以用户的需求进化为核心,采用迭代、循序渐进的方法进行软件开发。在敏捷开发中,软件项目在构建初期被切分成多个子项目,各个子项目的成果都经过测试,具备可视、可集成和可运行使用的特征。换言之,就是把一个大项目分为多个相互联系,但也可独立运行的小项目,并分别完成,在此过程中软件一直处于可使用状态。

2. 持续集成的概念

持续集成(Continuous integration,CI)是一种软件开发实践,在应用持续集成的个人或开发团队中,每个成员提交工作成果(包括代码、文档和配置文件等)的过程,都称为集成。通常每个成员每天至少集成一次,每次集成都通过自动化的流程(包括编译、自动化测试和部署)来验证,这套自动化的流程便是持续集成。持续集成可以发现某个成员的某次集成的错误,比如编译错误,或者自动化测试发现原有的功能受到了影响。许多个人或团队发现这个软件开发过程可以大大减少集成的问题,让团队能够更快的开发内聚的软件。并且避免人为的操作失误。

3. 持续集成的要素

搭建持续集成环境时,需要考虑以下要素:

(1) 工具要素:选择合适的代码库、自动构建系统以及自动化测试工具。

(2) 行为要素:个人或团队遵循约束,每个人要向代码库提交代码。

(3) 易用要素:集成的过程清晰透明,每个人都可以获取自动构建的产物。

4. 应用持续集成的 Android 的开发流程

在应用持续集成的 Android 开发流程中,每一个编码的需求,可以被称为一次 Change Request,是作为持续集成的开发流程的起点,如图 11D-4 所示。

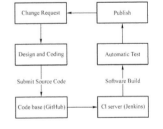

图 11D-4 持续集成的 Android 的开发流程

持续集成的开发流程,大致包含以下几个关键的任务结点:

(1) 开发人员从产品团队或客户中得到 Change Request;

(2) 开发人员设计并编写代码;

(3) 开发人员将代码提交(push)到代码库;

(4) 持续集成服务从代码库中获取代码,并执行构建;

(5) 持续集成服务负责发起自动化测试脚本。自动化脚本生成测试报告;

(6) 持续集成服务将软件版本(Build)和测试报告打包发布,流程结束。

D.2.4 自动化构建系统

1. 选择自动化构建工具

选择自动化构建需要考虑一下因素:功能、安全性、兼容性以及价格。目前,比较主流的持续集成工具很多,GitHub 网站中推荐了几款 Jenkins CI、Travis CI 和 Circle CI。以下是这几款工具的基本情况,如表 11D-1 所示。

表 11D-1　主流的持续集成工具对比

工具名称	支持的构建工具	兼容性	自主部署	价格
Jenkins	Ant,Gradle,Shell	跨平台	支持	免费,无限制
TravisCI	Ant,Maven,Gradle	SaaS	不支持	开源项目免费
Circle CI	Java,PHP,Shell	SaaS	不支持	每月 1500 分钟免费

这三款工具都能支持实现 Android 构建(通过 Gradle 或 Shell)。Jenkins 支持安装部署在自己的电脑或服务器上,而 Travis CI 和 Circle CI 是 SaaS 服务,构建在服务端完成,不需要本地进行部署。考虑到网络稳定性的因素,部署在本机或服务器中更加安全以及效率(内网访问通常更快速)。除此之外,Jenkins 可以完全免费地使用,而另外两款工具对免费使用有所限制。

由于 Jenkins 在功能上完全能够满足上述的需要,且简单易用,本文选择 Jenkins 作为实现自动化构建的工具。

2. Jenkins 的下载和安装

本文将以 Mac OS X 为例,介绍 Jenkins 的下载和安装。其他操作系统的安装方法大同小异,此处不再一一介绍。

访问 http://jenkins-ci.org,在页面找到 Download Jenkins,从 Native packages 中找到 Mac OS X,单击下载 jenkins-<version>.pkg(其中 version 为版本号,本文编写时,最新的版本号为 1.638)。Jekins 主页,如图 11D-5 所示。

运行下载的安装包,按照提示单击继续即可。Jenkins 的安装,如图 11D-6～图 11D-11 所示。

安装完成后,通过浏览器访问

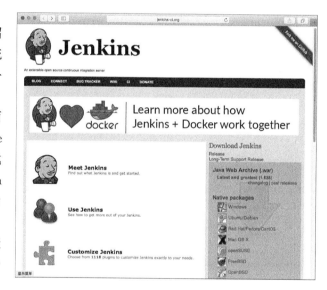

图 11D-5　Jenkins 主页

http://localhost:8080,如果能看见如下页面,表示已成功安装 Jenkins。

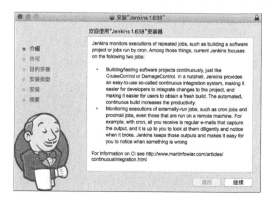

图 11D-6　Jenkins 的安装(1)

图 11D-7　Jenkins 的安装(2)

图 11D-8　Jenkins 的安装（3）

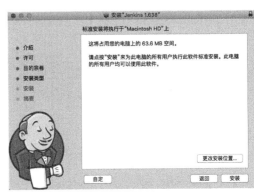

图 11D-9　Jenkins 的安装（4）

图 11D-10　Jenkins 的安装（5）

图 11D-11　Jenkins 的安装（6）

图 11D-12　Jenkins 的安装（7）

图 11D-13　Jenkins 的安装（8）

3．安装插件

由于本文使用 GitHub 作为代码库，Gradle 作为构建工具，而 Jenkins 默认不支持 Git 操作，因此需要安装"Git plugin"插件。

在 Jenkins 主页单击"系统管理-管理插件"，如图 11D-14 所示，然后从插件列表中找到 GIT plugin，如图 11D-15 所示。

在安装页面上，可以勾选"安装完成后重启 Jenkins（空闲时）"，这样，在等待 Jenkins 重启完毕，插件便安装完成了，如图 11D-16、图 11D-17 所示。

图 11D-14　系统管理

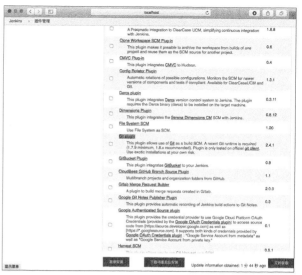

图 11D-15　选择 Git plugin

图 11D-16　插件安装

图 11D-17　插件安装完成，等待 Jenkins 重启

4．新建自动构建项目

1）Android 项目构建思路

首先 Actions 的代码托管在 GitHub 上，因此第一步需要从 GitHub 中下载 Actions 项目的代码。其次，由于 Actions 是一个 Android Studio 工程，在创建之初便已经在源码根目录安装好 gradle 构建工具，可以直接运行源码根目录的 gradlew 进行构建、启动自动化等操作。自动构建的思路如下：

（1）从 GitHub 中下载代码；

（2）调用如下命令，执行构建：

./gradlew clean build

（3）调用如下命令，执行自动化测试（关于自动化测试，在下文中会提到）：

./gradlew cC

2）新建项目

输入项目名称，并选择自由风格的软件项目。单击 OK 按钮，在下一页面中输入项目描述，如图 11D-18、图 11D-19 所示。

3）设置代码库

源码管理选择 Git，在 Repository URL 中输入示例项目的 clone 地址，如图 11D-20 所示。

4）设置周期性构建

图 11D-18 新建自动构建项目，输入项目名称

这一步是实现自动化构建的关键。为了实现周期性的自动化构建，勾选周期性编译（Build periodically）。注意日程表（Schedule）的语法，表示执行构建的周期，以 5 个参数组成，分别表示 MINUTE、HOUR、DOM、MONTH 和 DOW，如表 11D-2 所示。

图 11D-19 新建项目，输入构建项目的描述

图 11D-20 设置代码库

表 11B-2 周期性执行任务的定义

参数	含义	取值范围	参数	含义	取值范围
MINUTE	分钟	0~59	MONTH	月份	1~12
HOUR	时钟	0~23	DOW	星期	0~7（0 和 7 均表示星期天）
DOM	一个月中的某天	1~31			

例如"H 17 * * *"，表示每天下午 5 点钟执行构建，如图 11D-21 所示。

5）添加构建步骤

Gradle 是以 Groovy 语言为基础，基于 DSL（领域特定语言）语法的自动化构建工具。主要面向 Java 应用，自从 Google 将 Android Studio 作为 Android 的官方 IDE，Gradle 成为了 Android 的默认构建工具了。

单击"添加构建步骤"，选择"Execute shell"，在 Command 一栏中填入"./gradlew clean build"，表示使用当前工作路径下的 gradlew 进行构建，如图 11D-22 所示。

图 11D-21　设置自动构建的执行周期

图 11D-22　添加构建的步骤

单击"保存"按钮,完成新建自动构建项目。

6)立即构建

新建项目后,单击页面上的"自动构建",即可手动触发构建,如图 11D-23 所示。

6. Troubleshooting

项目构建的过程中,可能会出现失败的情况。Jenkins 在执行构架的时候,会将构建过程中生成的日志保存起来。可以通过构建任务的 Console Output 中查看构建的日志,如图 11D-24 所示。

图 11D-23　正在自动构建

图 11D-24　查看自动构建日志

比如通过 Console Output 中,发现如下信息:

java.lang.RuntimeException:SDK location not found. Define location with sdk.dir in the local.properties file or with an ANDROID_HOME environment variable.

这是由于 Jenkins 找不到 Android SDK 路径导致的。为了解决这个问题,可以在"系统管理-系统设置"中增加 ANDROID_HOME 环境变量,如图 11D-25 所示。

547

D.2.5 自动化测试

从软件测试的角度来看,软件测试具有很多分类:单元测试、功能测试、性能测试、压力测试、电量测试等。在持续集成(CI)的工作流程中,单元测试通常由开发者在本地开发环境中完成,对于软件集成而言,最基本的测试是功能测试。Android通常作为客户端平台,功能测试往往与UI测试紧密结合在一起。

功能测试作为最基础的测试项,在生产过程中,其执行的频率也是最高的。自动化测试工具通过程序来模拟人工的输入,比如单击界面上某

图 11D-25 配置环境变量

个按钮,或输入某段文字等,整个测试执行的过程由自动化测试工具完成。合理利用自动化测试工具可以提高工作效率,减少重复性的劳动,降低人力成本。

1. 测试用例

所有的测试分类,执行时都需要用到测试用例。测试用例的设计是测试设计的重要组成部分。

本文将使用以下两个测试用例来说明如何实现 Android 的自动化测试,如表 11D 3、表 11D-4 所示。

表 11D-3 测试用例(1)

编号	FUNCTION-1
用例标题	添加任务
测试目的	(1) 检查 Activity 之间可以正常跳转,并且 Activity 界面没有异常退出的现象; (2) 检查数据存储功能是否正常,即能否成功保存任务数据到数据库。
预置条件	手机已安装 Actions 应用
测试步骤	(1) 在任务列表界面,单击"Add"按钮; (2) 在"Title"栏中输入任务的标题:"Automatic Test"; (3) 在"Description"栏中输入任务的描述:"Verify add action function."; (4) 单击"Save"。
期望结果 (检查点)	(1) 正常进入新增任务界面; (2) 正常输入 Title 和 Description 的内容; (3) 任务保存成功,自动返回任务列表界面; (4) 新增的任务显示在任务列表中。
参考流程	

表 11D-4 测试用例(2)

编号	FUNCTION-2
用例标题	将任务标记为"已完成"
测试目的	(1) 检查标记为"已完成"的功能是否正常,包括界面显示和数据存储; (2) 由于销毁 Activity 之后再重新打开,可以触发查询数据库的逻辑,因此测试过程中可以单击"返回"按钮来销毁 Activity。
预置条件	手机已安装 Actions 应用;任务列表中,存在名为"Automatic Test"的任务,并且任务的状态为"未完成"。
测试步骤	(1) 在任务列表界面,单击在刚刚添加的"Automatic Test"任务的勾选框,将任务标记为"已完成"; (2) 单击"返回"按钮,退出任务列表界面; (3) 在桌面点击 Actions 图标,进入任务列表界面,检查"Automatic Test"任务的状态。
期望结果 (检查点)	(1) "Automatic Test" 状态被标记为"已完成"; (2) 退出任务列表之后,再次进入任务列表,"Automatic Test"任务的状态仍然是"已完成"。
参考流程	

2. Android UI 自动化测试框架

Android 官方推荐了两个 UI 自动化测试框架,分别是 Espresso 和 UI Automator,它们都属于白盒测试的框架。它们均支持以下操作:

(1) 访问 UI 控件,例如:TextView,Button 和 CheckBox 等;
(2) 操作 UI 控件,例如:单击、滑动(scroll)和设置文本等;
(3) 断言操作,例如 check(matches(isDisplayed()))和 assertTrue。

但 Espresso 和 UI Automator 的功能有一些差别:

(1) Espresso 运行在 UI 线程,是线程安全的,代码更加简洁;
(2) UIAutomator 在执行某些测试步骤后,需要设置等待;
(3) Espresso 只能测试单个 Activity,而 UI Automator 支持在 Activity,甚至不同的应用之间执行测试。

实际上,Espresso 和 UI Automator 是可以共同使用的。由于本文的测试用例需要涉及跨 Activity 之间的操作,因此主要介绍 UI Automator 框架。

3. 测试用例开发

1) UI Automator 核心类介绍

首先介绍 UI Automator 的核心类。UI Automator 的核心类,都在 android. support. test. uiautomator 包中,如表 11D-5 所示。

表 11D-5　UI Automator 核心类介绍

包：android.support.test.uiautomator

类名	说明
UiDevice	提供了操作设备的主要接口，如获取屏幕分辨率，屏幕方向等。UiDevice 还支持一些设备级别的接口，比如单击 Home 按钮，改变设备朝向等。
UiObject	表示 UI 控件，但它本身并不具体指向某一个具体的 UI 控件，仅仅指定了一组用于寻找 UI 控件的规则。只有当执行具体的操作时，才会指向某个具体的控件。
UiObject2	也表示 UI 控件，他与 UiObject 最大的区别是，UiObject2 明确绑定了某一个 UI 控件，通过它可以访问某一个控件的属性，例如 getText 和 isEnabled 等。UiObject2 对象的将随着 UI 控件的销毁而销毁。
UiSelector	提供了一些用于定位 UI 控件的接口，如 checked()、text()等。UiSelector 主要用于创建 UiObject 实例。

通过上述 API,可以模拟用户的输入。为了模拟输入,需要找到界面上对应的 UI 控件的实例。只有获取到了 UI 控件的实例,才能够对 UI 控件进行操作。如果在 Android Studio,可以通过 Tools－>Android－>Android Device Monitor。可以通过找到组件的信息,如图 11D-26 所示。

2）集成 UI Automator

下面就来看看怎么将 UI Automator 集成到 Actions 项目中,图 11D-27 为 Actions 的源代码目录结构。关于这节介绍的源代码,可以从 GitHub 上下载。下载地址请见本章最后一节"参考资料"。

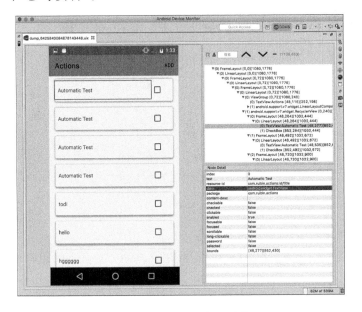

图 11D-26　查看控件的结构　　　　图 11D-27　Actions 的目录结构

（1）首先,在 app/build.gradle 中添加如下依赖：

```
dependencies {
    // Testing-only dependencies
    androidTestCompile 'com.android.support:support-annotations:23.1.1'
    androidTestCompile 'com.android.support.test:runner:0.4.1'
```

```
androidTestCompile 'com.android.support.test.uiautomator:uiautomator-v18:2.1.1'
// Set this dependency if you want to use Hamcrest matching
androidTestCompile 'org.hamcrest:hamcrest-library:1.3'
}
```

(2) 设置 app/build.gradle 中 AndroidJUnitRunner 作为默认的测试工具：

```
android {
    defaultConfig {
        testInstrumentationRunner "android.support.test.runner.AndroidJUnitRunner"
    }
}
```

(3) 下面是 ActionsTest 测试类的源代码：

```java
package com.ruibin.actions;

import android.content.Context;
import android.content.Intent;
import android.content.pm.PackageManager;
import android.content.pm.ResolveInfo;
import android.support.test.InstrumentationRegistry;
import android.support.test.filters.SdkSuppress;
import android.support.test.runner.AndroidJUnit4;
import android.support.test.uiautomator.By;
import android.support.test.uiautomator.UiDevice;
import android.support.test.uiautomator.UiObject;
import android.support.test.uiautomator.UiObjectNotFoundException;
import android.support.test.uiautomator.UiSelector;
import android.support.test.uiautomator.Until;

import org.junit.Before;
import org.junit.Test;
import org.junit.runner.RunWith;

import static org.hamcrest.CoreMatchers.notNullValue;
import static org.junit.Assert.assertThat;
import static org.junit.Assert.assertTrue;

@RunWith(AndroidJUnit4.class)
@SdkSuppress(minSdkVersion = 18)
public class ActionsTest {

    private static final String PACKAGE_NAME = "com.ruibin.actions";

    private static final int LAUNCH_TIMEOUT = 5000;

    private static final String TITLE_TO_BE_TYPED = "Automatic Test";
    private static final String DESCRIPTION_TO_BE_TYPED = "Verify add action function.";

    private UiDevice mDevice;

    @Before
    public void initialize() {
        // Initialize UiDevice instance
        mDevice = UiDevice.getInstance(InstrumentationRegistry.getInstrumentation());
```

```java
        lunchMainActivityFromHomeScreen();
}

private void lunchMainActivityFromHomeScreen() {
    // Start from the home screen
    mDevice.pressHome();

    // Wait for launcher
    final String launcherPackage = getLauncherPackageName();
    assertThat(launcherPackage, notNullValue());
    mDevice.wait(Until.hasObject(By.pkg(launcherPackage).depth(0)),
            LAUNCH_TIMEOUT);

    // Launch the blueprint app
    Context context = InstrumentationRegistry.getContext();
    final Intent intent = context.getPackageManager()
            .getLaunchIntentForPackage(PACKAGE_NAME);
    // Clear out any previous instances
    intent.addFlags(Intent.FLAG_ACTIVITY_CLEAR_TASK);
    context.startActivity(intent);

    // Wait for the app to appear
    mDevice.wait(Until.hasObject(By.pkg(PACKAGE_NAME).depth(0)),
            LAUNCH_TIMEOUT);
}

/**
 * Uses package manager to find the package name of the device launcher. Usually
 * this package is "com.android.launcher" but can be different at times. This is a
 * generic solution which works on all platforms.
 */
private String getLauncherPackageName() {
    // Create launcher Intent
    final Intent intent = new Intent(Intent.ACTION_MAIN);
    intent.addCategory(Intent.CATEGORY_HOME);

    // Use PackageManager to get the launcher package name
    PackageManager pm =
            InstrumentationRegistry.getContext().getPackageManager();
    ResolveInfo resolveInfo = pm.resolveActivity(intent,
            PackageManager.MATCH_DEFAULT_ONLY);
    return resolveInfo.activityInfo.packageName;
}

@Test
public void testActions_addAction() {
    // Clear all action in database.
    ActionController.getInstance().delete();

    // Lunch the edit activity to create a new Action.
    mDevice.findObject(By.res(PACKAGE_NAME, "action_new")).click();
```

```
        // Wait for the activity to appear
        mDevice.wait(Until.hasObject(By.pkg(PACKAGE_NAME).clazz(EditActivity.class)),
                LAUNCH_TIMEOUT);

        // Type in the title and description then press the 'save' button.
        mDevice.findObject(By.res(PACKAGE_NAME, "title"))
                .setText(TITLE_TO_BE_TYPED);
        mDevice.findObject(By.res(PACKAGE_NAME, "description"))
                .setText(DESCRIPTION_TO_BE_TYPED);
        mDevice.findObject(By.res(PACKAGE_NAME, "action_save")).click();

        // Wait for the activity to appear
        mDevice.wait(Until.hasObject(By.pkg(PACKAGE_NAME)
                .clazz(MainActivity.class)), LAUNCH_TIMEOUT);

        UiObject uiObject = mDevice.findObject(new UiSelector()
                .className("android.support.v7.widget.RecyclerView")
                .instance(0)
                .childSelector(new UiSelector()
                .className("android.widget.TextView")));

        try {
            assertTrue(TITLE_TO_BE_TYPED.equals(uiObject.getText()));
        } catch (UiObjectNotFoundException e) {
            e.printStackTrace();
        }
    }

    @Test
    public void testActions_achieveAction() {
        UiObject uiObject = mDevice.findObject(new UiSelector()
                .className("android.support.v7.widget.RecyclerView")
                .instance(0)
                .childSelector(new UiSelector()
                .className("android.widget.CheckBox")));

        try {
            // Mark the action as 'achievec' status
            uiObject.click();

            // Finish the activity, cause it to be destroy.
            mDevice.pressBack();

            lunchMainActivityFromHomeScreen();

            uiObject = mDevice.findObject(new UiSelector()
                    .className("android.support.v7.widget.RecyclerView")
                    .instance(0)
                    .childSelector(new UiSelector()
                    .className("android.widget.CheckBox")));

            assertTrue(uiObject.isChecked());
        } catch (UiObjectNotFoundException e) {
```

```
            e.printStackTrace();
        }
    }
}
```

4．测试用例代码说明

```
@Before
public void initialize() {
    // Initialize UiDevice instance
    mDevice = UiDevice.getInstance(InstrumentationRegistry.getInstrumentation());

    lunchMainActivityFromHomeScreen();
}
```

标记为@Before的代码，会在每次执行测试用例之前执行，通常用于初始化全局变量或重置测试设备的状态。这段代码用于初始化mDevice变量，并让测试设备回到桌面（Launcher界面）。

```
@Test
public void testActions_addAction() {
    // Clear all action in database.
    ActionController.getInstance().delete();

    // Lunch the edit activity to create a new Action.
    mDevice.findObject(By.res(PACKAGE_NAME, "action_new")).click();

    // Wait for the activity to appear
    mDevice.wait(Until.hasObject(By.pkg(PACKAGE_NAME).clazz(EditActivity.class)),
            LAUNCH_TIMEOUT);

    // Type in the title and description then press the 'save' button.
    mDevice.findObject(By.res(PACKAGE_NAME, "title"))
            .setText(TITLE_TO_BE_TYPED);
    mDevice.findObject(By.res(PACKAGE_NAME, "description"))
            .setText(DESCRIPTION_TO_BE_TYPED);
    mDevice.findObject(By.res(PACKAGE_NAME, "action_save")).click();

    // Wait for the activity to appear
    mDevice.wait(Until.hasObject(By.pkg(PACKAGE_NAME)
            .clazz(MainActivity.class)), LAUNCH_TIMEOUT);

    UiObject uiObject = mDevice.findObject(new UiSelector()
            .className("android.support.v7.widget.RecyclerView")
            .instance(0)
            .childSelector(new UiSelector()
            .className("android.widget.TextView")));

    try {
        assertTrue(TITLE_TO_BE_TYPED.equals(uiObject.getText()));
    } catch (UiObjectNotFoundException e) {
        e.printStackTrace();
    }
}
```

这段代码对应本文中的测试用例FUNCTION-1，这个测试用例检查了添加任务的界面流程是否正常，同时也验证了数据库存储功能是否正常。

UiDevice.findObject 方法根据 BySelector 或 UiSelector 对象来查找 UiObject 对象，BySelector 和 UiSelector 提供了相似的功能，BySelector 可以通过 By 类的静态方法来创建。findObject 方法如果参数为 BySelector 返回 UiObject2 对象，如果参数为 UiSelector，则返回 UiObject 对象。

```
mDevice.findObject(By.res(PACKAGE_NAME, "action_new")).click();
```

这段代码首先通过 findObject 方法找到主界面上的添加任务的按钮（id 为 action_new），并单击该按钮，以进入添加任务的界面。

```
// Wait for the activity to appear
mDevice.wait(Until.hasObject(By.pkg(PACKAGE_NAME).clazz(EditActivity.class)),
        LAUNCH_TIMEOUT);
```

这段代码等待程序进入编辑界面。

```
// Type in the title and description then press the 'save' button.
mDevice.findObject(By.res(PACKAGE_NAME, "title")).setText(TITLE_TO_BE_TYPED);
mDevice.findObject(By.res(PACKAGE_NAME, "description"))
        .setText(DESCRIPTION_TO_BE_TYPED);
mDevice.findObject(By.res(PACKAGE_NAME, "action_save")).click();
```

这段代码通过 setText 方法输入了 Action 的标题和描述文本。然后单击保存按钮。

```
UiObject uiObject = mDevice.findObject(new UiSelector()
        .className("android.support.v7.widget.RecyclerView")
        .instance(0)
        .childSelector(new UiSelector().className("android.widget.TextView")));
```

在这段代码中，新建的 UiSelector 对象从任务列表中搜索找到第一个任务的控件，然后通过 UiSelector.childSelector 搜索找到任务标题的 TextView。

```
assertTrue(TITLE_TO_BE_TYPED.equals(uiObject.getText()));
```

最后，调用 assertTrue 断言测试的结果，判断第一项任务的标题是否与期望输入的标题一致。

```
@Test
public void testActions_achieveAction() {
    UiObject uiObject = mDevice.findObject(new UiSelector()
            .className("android.support.v7.widget.RecyclerView")
            .instance(0)
            .childSelector(new UiSelector()
            .className("android.widget.CheckBox")));

    try {
        // Mark the action as 'achieved' status
        uiObject.click();

        // Finish the activity, cause it to be destroy.
        mDevice.pressBack();

        lunchMainActivityFromHomeScreen();

        uiObject = mDevice.findObject(new UiSelector()
                .className("android.support.v7.widget.RecyclerView")
                .instance(0)
                .childSelector(new UiSelector()
                .className("android.widget.CheckBox")));
```

```
            assertTrue(uiObject.isChecked());
        } catch (UiObjectNotFoundException e) {
            e.printStackTrace();
        }
    }
```

这段代码对应本文中的测试用例 Function-2。这个测试用例检查了完成任务的功能是否正常，涉及到勾选框的状态显示，以及数据库存储。

```
UiObject uiObject = mDevice.findObject(new UiSelector()
        .className("android.support.v7.widget.RecyclerView")
        .instance(0)
        .childSelector(new UiSelector()
        .className("android.widget.CheckBox")));
// Mark the action as 'achievec' status
uiObject.click();
```

首先，在任务主界面找到刚刚添加的任务的勾选框。单击勾选框，将任务标记为已完成。

```
// Finish the activity, cause it to be destroy.
mDevice.pressBack();
```

单击返回按钮，可以触发 Activity.onDestroy 销毁实例。以便下次再进入任务列表时能够重新从数据库中加载数据，以验证数据库功能是否正常。

```
uiObject = mDevice.findObject(new UiSelector()
        .className("android.support.v7.widget.RecyclerView")
        .instance(0)
        .childSelector(new UiSelector()
        .className("android.widget.CheckBox")));
assertTrue(uiObject.isChecked());
```

最后，找到同一个任务，通过 uiObject 对象的 isChecked 进行断言。

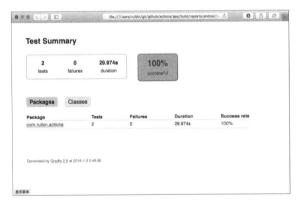

图 11D-28　测试报告

5. 测试报告

测试执行结束后，会将测试报告输出到项目根目录下的 app/build/reports/androidTests/ 目录中。可以通过浏览器打开测试报告，如图 11D-28 所示。

6. 产品发布

在测试报告中，测试人员或产品经理可以清晰地看到测试的用例数，测试执行的耗时，以及测试的通过率。最后，将构建生成的 APK 和测试报告一起提交到固定的版本发布系统(可以是一个本地目录，也可以是任意的 Web Service)，自动构建的流程到此结束。

D.3　项目心得

本实训介绍了自动化持续集成的概念，该软件开发过程通过自动化构建系统帮助开发人员完成构建的任务，并且降低软件集成出现错误的机率，让开发人员拥有更多的时间专注于打磨产品。文中还举例说明了 Jenkins 系统的安装，以及在 Jenkins 中新建自动构建任务。最后，文中介绍了自动化 UI 测试框架：UI Automator 的基本使用方法。希望本文能够为读者带来帮助。

D.4 参考资料

（1）本次项目的 Actions 的源代码：
https://github.com/ruibinliu/actions。
（2）Jenkins 官方网站：
http://jenkins-ci.org。

E Android 性能优化工具-渲染,运算,内存

搜索关键字

（1）Overdraw
（2）Hierarchy Viewer
（3）Traceview
（4）Heap Viewer

本章难点

本章节将围绕渲染、运算和内存三个方面介绍优化 App 性能的方法。

性能是评价应用可用性的一个要素,使应用达到理想的性能指标,是提供良好用户体验至关重要的任务。然而,性能问题通常被认为是一个难题,这是由于性能涉及的知识面非常广,包括渲染、运算以及内存管理等。熟练掌握这些方面的原理和调试方法,将有助于解决应用的性能问题。

E.1 项目简介

性能,一直以来都是软件开发的一个热门的话题。用户对移动应用的性能表现的感知来自多方面,包括启动速度、界面加载时间、动画效果的流畅程度、对交互行为的响应时间、出错状况等。

本次实训介绍了 Android 性能相关的理论,并介绍了如何使用 Android 提供的调试工具来测量性能的数据,以便发现应用的性能瓶颈。通过本实训,读者将认识 View Hierarchy、Overdraw 等概念,并能动手优化常见的性能问题。

以前常常有人说感觉 Android 手机比 iPhone 手机"卡",消费者感觉 iPhone 花了很大精力优化系统。其实,Google 对新出 Android 系统的性能也做了大量的优化。

所以手机到底卡不卡,不仅跟操作系统有关系,和应用也有很大的关系,也就是说和应用开发者的知识面有紧密联系。

谈到性能的问题,初学的开发者可能会感到无从入手。其实,开发者在项目进行的全程都应该关注应用在性能方面的表现。为了做到这一点,要求开发者必须具备一些 Android 性能相关的背景知识,只有了解了这些知识,才有可能在开发阶段尽早规避潜在的性能问题。

本次实训需要安装 Android Studio,以及一台 Android 硬件设备(模拟器不行)。

阅读本文后,你可以掌握:

(1) 使用 Viewer Hierarchy 工具观察布局结构;

(2) 观察 GPU 过度绘制(Overdraw)的方法;

(3) 使用 Traceview 观察各个方法运行时的资源占用信息;

(4) 使用 Memory Monitor、Heap Viewer 和 Allocation Tracker 观察内存使用的情况。

E.2 案例设计与实现

E.2.1 需求分析

为了便于观察的性能的问题,示例应该具有一些布局界面,并且具备一些可操作的功能。应用需要实现的功能没有硬性规定,只要应用具有一定的规模,可以是任意的应用。

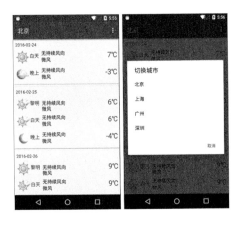

图 11E-1 本文的示例程序:Weather

E.2.2 性能优化示例说明

1. 天气预报示例

本文先以一个名为"Weather"的 Android 端的软件为切入点(图 11E-1),来演示如何发现并解决应用的性能问题。Weather 的功能包括:

(1) 显示最近 5 天的天气预报,预报的内容包括气温、天气以及风向和风力;

(2) 切换城市。

2. 代码目录结构说明

Weather 的源代码,可以从 GitHub 网站上下载,下载地址请参考本文最后的参考资料一节。

如图 11E-2,Weather 有两个 Activity,MainActivity 为天气预报的主界面。OverdrawActivity 主要用于介绍 Android 渲染性能方面的知识,与天气没有太大的关系。WeatherApi 封装了从网络接口获取天气数据的方法。Weather 类则是获取回来的天气数据的数据模型(JavaBean)。

E.2.3 性能优化的重要性

用户希望的移动应用应该是准确和高效的。移动应用在实现了功能的基础上,良好的用户体验也是至关重要的。要打造值得信赖的移动应用,移动应用在性能方面的表现是极其重要的任务。

从宏观的角度来看,应用应当在可接受的时间范围内做出反馈。假设一个地图应用实现了获取自身地理位置的功能,但是它需要花费十分钟甚至更久的时间来获取位置,那么从宏观上来说这一功能是不可用的,因为设备很可能已经被移动到了其他位置。

从微观的角度来看,假设一个应用频繁出现丢帧的情况,不仅会影响用户的视觉体验,甚至会丢失用户输入的操作。假设应用在主线程一直进行大量的运算,从微观来看可能会导致用户单击按钮没有响应,严重的情况下,会导致 ANR(Application Not Responding)。

图 11E-2 代码目录结构

【知识点】在 Android 上,如果你的应用程序的 UI 线程有一段时间正在执行耗时的操作,导致界面没有刷新,系统会向用户显示一个对话框,这个对话框称作应用程序无响应(ANR: Application Not Responding)对话框。对于出现了 ANR 的情况,用户可以选择"等待"而让程序继续运行,也可以选择"强制关闭"。所以一个流畅、合理的应用程序中不能出现 ANR。

综上所述:如果应用 App 具备良好的性能,便可以更高效、友好地解决用户的实际需要,同时给用户留下好的印象,有助于产品的发展。

性能问题是影响用户体验的重要因素,但并不是一个绝对的因素。在优化应用性能时,应当结合应用实际的使用场景来做出权衡。

E.2.4 解决性能问题的方法

解决性能问题,一般需要经历三个步骤:收集数据,分析数据,提出解决方案。Google 针对提供了很多用于搜集应用性能方面信息的工具,下面会分别提到这些工具。通过分析收集回来的数据,可以协助思考如何优化性能。最后,性能并不是权衡用户体验的唯一指标,在提出性能问题的解决方案时,应当考虑应用的设计、功能等其他因素。

性能涉及的知识面非常广,非一次两次可以把问题说清楚。初级的开发者可能会对如何解决性能问题感觉到无从上手。作为入门的一个很好的办法,便是先将性能的问题进行分类。Android 应用的性能问题,可以分为以下几类:

(1) 渲染问题。

(2) 运算问题。

(3) 内存问题。

下面分别针对这 3 个问题列举案例,逐一说明。

1. 解决渲染的性能问题

按照 Android 的设计,Android 屏幕的刷新率为 60 赫兹,即屏幕每秒画面被刷新的次数为 60 次。为了达到这个目的,Android 需要在每 16 毫秒将画面绘制到屏幕上,具体的算法如下。

$$1000 \text{ 毫秒}/60 \text{ 赫兹} = 16.666 \text{ 毫秒/帧}$$

为了达到 60 赫兹的刷新率,Android 需要在每 16 毫秒在屏幕上绘制一次内容。Android 只有一个的主线程(UI 线程),而且对界面的更新和绘制都必须在主线程中进行,因此所有的更新和绘制操作是单线程执行的。示意图如图 11E-3 所示。

【知识点】如果应用没有在 16 毫秒之内更新好界面,会导致失去绘制一帧的机会,也就是俗话说的丢帧引起的很"卡"。如图 11E-4 所示。

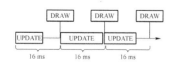
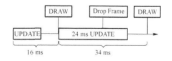

图 11E-3　Android 屏幕刷新示意图　　图 11E-4　丢帧示意图

在解决渲染的性能问题前,应该先了解 Android 渲染的流程。在 Android 平台,渲染(Render)是指将界面相关联的代码或资源文件,如 xml 布局文件、继承 View 的类和图片等,转换成可以在屏幕上显示的像素的过程。Android 渲染需要经过两个硬件:CPU 和 GPU,如图 11E-5 所示。

CPU 和 GPU 各司其职,CPU 负责读取布局文件(XML),对每一个控件进行测量

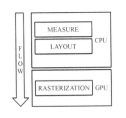

图 11E-5 Android 渲染的流程

(Measure),计算出控件的大小,然后进行布局(Layout),确认控件的位置。GPU 负责将解析的布局信息栅格化(Rasterization),成为可以显示的像素,并将其绘制到屏幕上。为了避免丢帧的现象,需要在 16 毫秒之内完成这些操作。

测量(Measure)操作为视图树计算每一个视图(View)实际的大小,每个视图控件的实际宽高都是由父视图和它本身决定的。如果视图对象是 ViewGroup 类型,需要重写 onMeasure()方法,对其子视图进行遍历的 measure()过程。

布局(Layout)操作根据子视图的大小以及布局参数,计算出 View 位于父视图的坐标,将 View 放到合适的位置上。如果 View 对象是 ViewGroup 类型,需要重写 onLayout()方法,对其子视图进行遍历的 layout()过程。

可以看出来,测量和布局操作都是树形的递归过程。减小视图树的深度,可以提高这一阶段的性能。为了检查视图嵌套的层次,可以使用 Android Device Monitor 提供的 Dump View Hierarchy 工具。

找到 Tools→Android→Android Device Monitor,然后在 Devices 旁选中要查看的应用:com.ruibin.weather,然后单击 Dump View Hierarchy for UI Automator。导出视图层级关系,如图 11E-6、图 11E-7 所示。

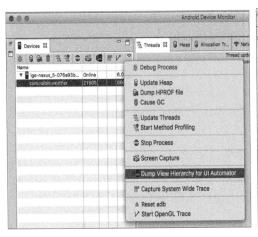

图 11E-6 导出视图层级关系

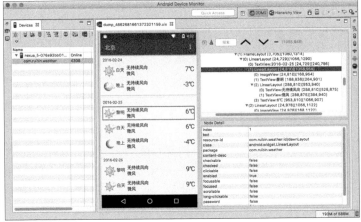

图 11E-7 视图层级关系

通过导出的视图层级关系图,可以很直观地观察应用中视图的属性,以及各视图之间的嵌套关系。前面提到,如果减少视图的嵌套关系,可以优化视图加载的效率。

在图 11E-7 中,注意观察黎明天气的布局,风向和风力这两个 TextView 具有相同的样式,因此,可以考虑将这两个 TextView 合并成一个,并删除它们所在的 LinearLayout。

这样做有两个好处:

(1) 不影响视觉效果的前提下,减少了一个视图控件;
(2) 减少了布局嵌套的层级。

【注意】以下是优化前和优化后的代码:

修改前:

```
<LinearLayout
```

```xml
    android:layout_width = "0dp"
    android:layout_height = "wrap_content"
    android:layout_marginStart = "@dimen/item_margin"
    android:layout_weight = "1"
    android:background = "@android:color/white"
    android:orientation = "vertical">

    <TextView
        android:id = "@+id/dawn_wind_direction"
        android:layout_width = "wrap_content"
        android:layout_height = "wrap_content"
        android:textAppearance = "?attr/textAppearanceListItem"/>

    <TextView
        android:id = "@+id/dawn_wind_speed"
        android:layout_width = "wrap_content"
        android:layout_height = "wrap_content"
        android:textAppearance = "?attr/textAppearanceListItem"/>
</LinearLayout>
```

修改后：

```xml
<TextView
    android:id = "@+id/dawn_wind"
    android:layout_width = "0dp"
    android:layout_height = "wrap_content"
    android:layout_marginStart = "@dimen/item_margin"
    android:layout_weight = "1"
    android:textAppearance = "?attr/textAppearanceListItem"/>
```

为了保持 UI 风格，还要修改以下 Java 代码：

```
mDawnWindDirectionView.setText(item.getDayWindDirection());
mDawnWindSpeedView.setText(item.getDayWindSpeed());
```

修改为：

```
mDawnWindView.setText(String.format("%s\n%s",
    item.getDayWindDirection(), item.getDayWindSpeed()));
```

通过实例得出结论，可以通过减少不必要的视图控件，以及减少嵌套的层级来达到优化布局的效果。接下来看看如何优化应用在 GPU 上运行的效率。

当 GPU 拿到 CPU 运算好的结果后，会对将这些图形绘制到屏幕上。对于开发者来说，在 GPU 绘图阶段，唯一需要关注的性能问题是过度绘制（Overdraw）。过度绘制表示在一个绘图帧的部分或全部像素上进行了多次绘制内容。

【知识点】如果把 GPU 的渲染想象一位画家正在画一幅森林的油画，画家可以从远到近地将森林里所有的树都完整地画出来，这样做不会影响最终油画的效果，但是，这会浪费很多的时间和精力，因为人们最终只能看见没有被遮挡的树木。同样的道理，在绘图帧上，对相同的像素进行多于一次的绘制操作，先绘制的像素会被后绘制的像素的内容覆盖，将会浪费 GPU 设备的资源。

Android 提供了开发者工具，可以帮助我们发现应用过度绘制的问题。首先启动项目示例应用 Weather（图 11E-8 左），然后，在"设置－开发者选项"中找到"调试 GPU 过度绘制"，将它设置为"显示过度绘制区域"。修改设置项以后，返回应用，此时应用的界面会多了很多奇怪的彩色（图 11E-8 中），不要担心，这是正常的现象，这些奇怪的颜色可以帮助我们发现过度绘制的问题。各种颜色的含义分别如下(图 11E-8 右)：

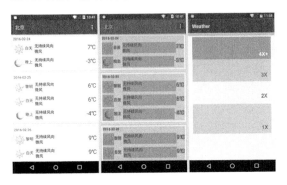

图 11E-8　过度绘制(Overdraw)示意

（1）红色:过度绘制了 4 次或以上；
（2）粉红色:过度绘制了 3 次；
（3）绿色:过度绘制了 2 次；
（4）蓝色:过度绘制了 1 次；
（5）原色:没有过度绘制。

由图 11E-8 中可以发现布局中有很多过度绘制，尤其是文字和图片的布局，这是由于在这些布局控件中都设置了白色的背景色导致的。在布局中，过度绘制通常是由于背景色导致的，如果布局控件的背景色会被前景控件遮挡，那么应该将其删除。接下来在项目中，逐层排查布局空间的背景色，逐个删除。

首先是 res/layout/activity_main.xml：

```xml
<?xml version = "1.0" encoding = "utf-8"?>
<android.support.design.widget.CoordinatorLayout
    xmlns:android = http://schemas.android.com/apk/res/android
    xmlns:app = http://schemas.android.com/apk/res-auto
    xmlns:tools = http://schemas.android.com/tools
    android:layout_width = "match_parent"
    android:layout_height = "match_parent"
    android:background = "@android:color/white"
    android:fitsSystemWindows = "true"
    tools:context = ".MainActivity">
```

接下来，在 res/layout/weather_list.xml 中：

```xml
<android.support.v7.widget.CardView
    xmlns:android = "http://schemas.android.com/apk/res/android"
    xmlns:card_view = "http://schemas.android.com/apk/res-auto"
    android:layout_width = "match_parent"
    android:layout_height = "wrap_content"
    android:layout_marginBottom = "@dimen/item_margin"
    android:background = "@android:color/white"
    android:clickable = "true"
    android:foreground = "?android:attr/selectableItemBackground"
    card_view:cardCornerRadius = "0dp"
    card_view:cardElevation = "2dp">

    <LinearLayout
        android:layout_width = "match_parent"
        android:layout_height = "wrap_content"
        android:layout_margin = "@dimen/item_margin"
        android:background = "@android:color/white"
        android:gravity = "center_vertical"
        android:orientation = "vertical">

        <LinearLayout
            android:layout_width = "0dp"
```

```
android:layout_height = "wrap_content"
android:layout_marginStart = "@dimen/item_margin"
android:background = "@android:color/white"
android:layout_weight = "1"
android:orientation = "vertical">
```

删除上述多余的背景色后,来看看效果图,如图 11E-9 所示。

删除背景色之后,过度绘制减少了许多。但是在天气图片处仍然有比较多的过度绘制的现象。其实,除了布局文件,在 Java 代码中也有可能会出现问题。这次的问题就出自 Java 代码处。

检查 app/src/main/java/com/ruibin/weather/MainActivity.java 的代码:

```java
private void bindDawnView(Weather.Forecast item) {
    if (item.isDawnAvailable()) {
        mDawnLayout.setVisibility(View.VISIBLE);
        Integer icon = item.getDawnWeatherIcon();
        if (icon != null) {
            mDawnWeatherView.setImageResource(icon);
        }
        mDawnWeatherView.setBackgroundColor(Color.WHITE);
        mDawnTemperatureView.setText(item.getDayTemperature() + "℃");
        mDawnWindDirectionView.setText(item.getDayWindDirection());
        mDawnWindSpeedView.setText(item.getDayWindSpeed());
    } else {
        mDawnLayout.setVisibility(View.GONE);
    }
}
```

可以看到,代码中给 ImageView 设置了背景色。ImageView 具有前景和背景,它们可以同时存在。由于这段代码给 ImageView 设置了背景色,且设置了前景图,因此,背景色部分也会导致过度绘制。删除不需要的背景色,得出如图 11E-10 的效果。

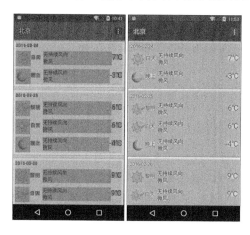

图 11E-9　删除多余的背景色前后对比

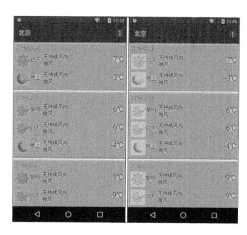

图 11E-10　优化过度绘制问题前后对比

总结:上文介绍了 Hierarchy Viewer 工具的使用方法,并介绍了 Overdraw 的概念。从渲染的角度来看,减少布局嵌套的层级,并且裁剪一些对用户来说不可见的绘图,可以提高 Android 应用渲染的效率。

2. 解决运算的性能问题

Android 的进程由一个接一个的方法组成。在一组串行执行的方法中,假如其中某一个方法的执行效率低,那么会影响后续方法开始执行时间(图 11E-11)。

导致方法的执行效率低的原因,可能有很多种:

(1) 算法原因。例如,同样实现排序的功能,快速排序(quick sort)算法会比冒泡排序(bubble sort)算法的速度更快;

(2) 资源限制。方法正在等待其他对象的资源,导致阻塞;

(3) 硬件原因。在旧式的 CPU 上,float 类型的比较运算,比 int 类型的运算,会慢 4 倍。

从运算的角度来看,找到并解决执行效率低的方法,有助于最直接、有效地提高 App 运行效率。因此,找到运行效率低的方法,是解决应用运算的性能问题的第一步。本节将介绍如何使用 Android SDK 提供的 Traceview 工具来分析在 App 运行时,各个方法占用的资源信息。

Traceview 是 Android 平台特有的数据采集和分析工具,它主要用于分析 Android 中应用程序中每个方法在运行时占用资源的情况。接下来 Traceview 观察方法的运行情况。

首先打开 AndroidDevice Monitor,在 Devices 标签下找到 Start Method Profiling 的按钮,开始录制应用各个线程以及方法的运行情况,如图 11E-12 左所示。

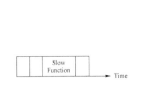

图 11E-11　进程运算的性能瓶颈　　　图 11E-12　启动和停止录制用于 Traceview 的数据

在录制结束后,同样在 ADM 中单击 Devices 标签下的 Stop Method Profilng 的按钮(图 11E-12 右),可以停止录制。此时在 ADM 界面上应该显示了一段 Trace View 记录,如图 11E-13 所示。

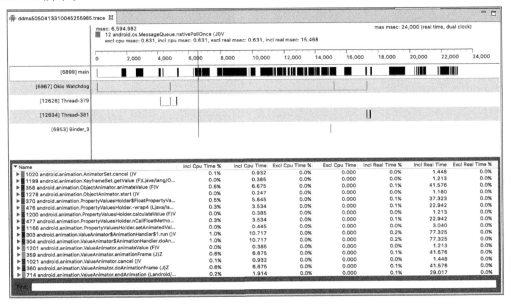

图 11E-13　TraceView 录制的记录

Traceview 的界面可分解成两个区域：上方矩形区域称为 TimelinePanel，下方称为 Profile Panel。Timeline Panel 又可细分为左右两个子区域，左边区域显示的是测试数据中所采集的线程信息，右边区域为按照时间线排序的每个线程测试时间段内所涉及的函数调用信息。Traceview 有一些使用的技巧：

（1）在 TimelinePanel 的时间线区域中，鼠标悬停在线程上某一点，可以查看所指时刻的方法的调用信息；

（2）在 TimelinePanel 的时间线区域中，单击拖动鼠标，可以放大某一个时间点内的方法调用信息；

（3）双击时间刻度线上方的空白区域，可以将时间刻度还原，恢复成默认的时间刻度。

鼠标单击选择线程，Profile Panel 将显示该线程中各个函数调用的情况，包括 CPU 使用时间、调用次数等信息。

表 11E-1　Traceview 中各个列的含义

列名	含　义
Name	该线程运行过程中所调用的函数名
Incl CPU Time	某函数占用的 CPU 时间，包含内部调用其他函数的 CPU 时间
Excl Cpu Time	某函数占用的 CPU 时间，但不含内部调用其他函数所占用的 CPU 时间
Incl Real Time	某函数运行的真实时间（单位为毫秒），内含调用其他函数所占用的真实时间
Excl Real Time	某函数运行的真实时间（单位为毫秒），不含调用其他函数所占用的真实时间
Call+Recur Calls/Total	某函数被调用次数以及递归调用占总调用次数的百分比
Cpu Time/Call	某函数调用 CPU 时间与调用次数的比。相当于该函数平均执行时间
Real Time/Call	同 CPU Time/Call 类似，只不过统计单位换成了真实时间

下面，让我们尝试使用 Traceview 工具来分析 Weather 应用加载天气数据的方法的运行情况。Weather 应用有两个方法可以触发加载天气数据的方法（getWeather()）：第一个方法，是 MainActivity 启动时，在 onCreate() 方法中触发调用。第二个方法，是单击 MainActivity 中的菜单，选择切换城市，调用 switchCity() 方法。

在 app/src/main/java/com/ruibin/weather/MainActivity.java 中，加载天气数据的方法 getWeather() 的定义如下。首先调用 WeatherApi.getWeather()，从网络上获取天气数据。接下来，调用 mRecyclerView.setAdapter() 将数据刷新到界面上。

```
private void getWeather(){
    new Thread() {
        @Override
        public void run() {
            try {
                mWeather = WeatherApi.getWeather(mCityList[mCurrentCity]);

                runOnUiThread(new Runnable() {
                    @Override
                    public void run() {
                        mRecyclerView.setAdapter(
                            new SimpleItemRecyclerViewAdapter(mWeather));
                    }
                });
```

```
            } catch (IOException e) {
                e.printStackTrace();
            }
        }
    }.start();
}
```

在 app/src/main/java/com/ruibin/weather/WeatherApi. java 中，getWeather ( ) 通过 HTTP Get 的方式，从服务器获取天气数据(JSON 格式)，然后将天气数据转换成 Weather 对象并返回：

```
public static Weather getWeather(String city) throws IOException {
    String result;
    if (TextUtils.isEmpty(city)) {
        result = httpGet(WEATHER_API_ADDRESS);
    } else {
        result = httpGet(WEATHER_API_ADDRESS + "? city = "
                + URLEncoder.encode(city, "UTF - 8"));
    }

    Log.d("Weather", "result: " + result);
    Gson gson = new Gson();
    Weather weather = gson.fromJson(result, Weather.class);
    Log.d("Weather", weather.toString());
    return weather;
}
```

接下来开始使用 Traceview。首先，确保 Weather 进程没有启动。单击 Start Method Profiling，开始录制数据。然后再启动 Weather，在 Weather 应用中操作，尝试滑动天气预报列表，或者更换所在的城市。最后，单击 Stop Method Profiling，终止录制。

观察 Traceview 的时间轴，单击拖动鼠标，选择最开始的一段时间。此时应该可以发现，MainActivity 中启动了一个新的线程。找到此线程的 run 方法，观察它内部调用的方法，可以发现，线程访问了 WeatherApi 类的 getWeather 方法，该方法花费了绝大部分时间，如图 11E-14 所示。

getWeather 方法内部实现了通过 Http Get 方式，从服务器获取天气信息的功能，服务器返回的数据格式是 Json 格式。一般来讲，网络请求是会消耗大量的时间的。为了确认这个问题，单击 Children 下的 getWeather 方法，可以进入子方法的调用信息，如图 11E-15 所示。

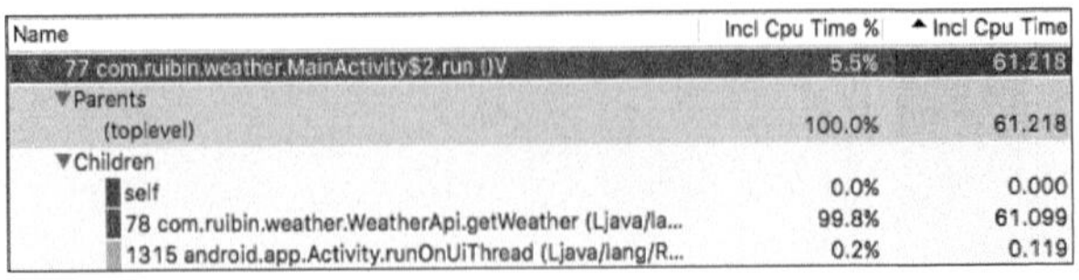

Name	Incl Cpu Time %	▲ Incl Cpu Time
77 com.ruibin.weather.MainActivity$2.run ()V	5.5%	61.218
▼Parents		
(toplevel)	100.0%	61.218
▼Children		
self	0.0%	0.000
78 com.ruibin.weather.WeatherApi.getWeather (Ljava/la...	99.8%	61.099
1315 android.app.Activity.runOnUiThread (Ljava/lang/R...	0.2%	0.119

图 11E-14　获取天气的线程的信息

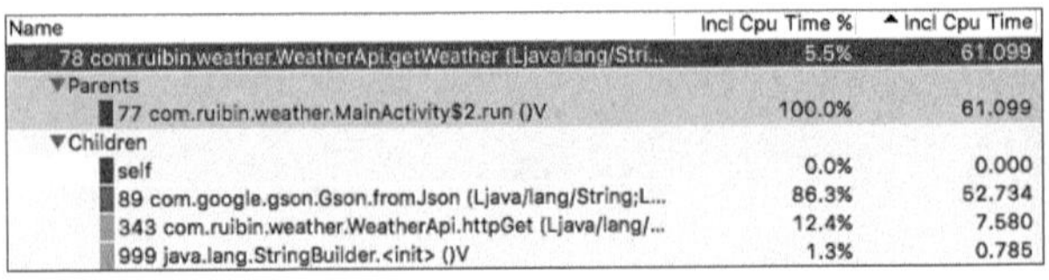

Name	Incl Cpu Time %	▲ Incl Cpu Time
78 com.ruibin.weather.WeatherApi.getWeather (Ljava/lang/Stri...	5.5%	61.099
▼Parents		
77 com.ruibin.weather.MainActivity$2.run ()V	100.0%	61.099
▼Children		
self	0.0%	0.000
89 com.google.gson.Gson.fromJson (Ljava/lang/String;L...	86.3%	52.734
343 com.ruibin.weather.WeatherApi.httpGet (Ljava/lang/...	12.4%	7.580
999 java.lang.StringBuilder.<init> ()V	1.3%	0.785

图 11E-15　getWeather 方法的信息

从图 11E-15 可以发现，getWeather 方法中的最耗时的操作，是调用 Gson 类来解析从服务器取回来的 Json 数据，而不是网络连接、获取数据等操作。

在 Weather 示例开发的时候，引用了 Gson 库来进行解析服务器返回的 Json 数据。Gson 是 Google 开发的一个 Java 类库，它提供了非常简洁的接口，实现了 JSON 字符串转换成 Java 对象。关于 Gson 的使用方法，可以参考 WeatherApi 类的源代码：

```
Gson gson = new Gson();
Weather weather = gson.fromJson(json, Weather.class);
return weather;
```

Gson 库虽然提供了非常简洁的接口，但由于 Gson 库内部使用了 Java 的反射机制来实现 Json 的解析，这是造成 Gson 库解析效率低的最主要原因。从另外一个角度来考虑，WeatherApi 从服务器下载回来的 Json 数据中，包括了很多生活指数、穿衣建议等数据，对 Weather 应用来说，这些字段是不需要被使用的。

综合这些因素，考虑使用 Android SDK 原生提供的 org.json 包来进行优化。

首先，将 Gson 和 org.json 的解析同时封装成方法，使用 Traceview 进行测试分析：

在 src/main/java/com/ruibin/weather/Weather.java 中：

```
private static Weather parseWeatherByGson(String json) {
    Gson gson = new Gson();
    Weather weather = gson.fromJson(json, Weather.class);
    return weather;
}

private static Weather parseWeatherByJsonObject(String json) {
    try {
        JSONObject jsonObject = new JSONObject(json);
        Weather weather = new Weather(jsonObject);
        return weather;
    } catch (JSONException e) {
        e.printStackTrace();
    }

    return null;
}
```

在 src/main/java/com/ruibin/weather/Weather.java 中：

```
public Weather(JSONObject jsonObject) throws JSONException {
    result = new Result();
    result.data = new Data();
    JSONObject jsonResult = jsonObject.getJSONObject("result");
    JSONObject jsonData = jsonResult.getJSONObject("data");
    JSONArray jsonWeather = jsonData.getJSONArray("weather");
    int length = jsonWeather.length();
    result.data.weather = new Forecast[length];
    for (int i = 0; i < length; i ++) {
        JSONObject jsonWeatherObject = jsonWeather.getJSONObject(i);

        result.data.weather[i] = new Forecast();
        result.data.weather[i].date = jsonWeatherObject.getString("date");

        JSONObject jsonInfoObject = jsonWeatherObject.getJSONObject("info");
        result.data.weather[i].info = new Forecast.Info();
        try {
            JSONArray jsonDawnForecast = jsonInfoObject.getJSONArray("dawn");
            result.data.weather[i].info.dawn = new String[jsonDawnForecast.length()];
            result.data.weather[i].info.dawn[0]
                    = jsonDawnForecast.getString(0);    // 天气 ID
            result.data.weather[i].info.dawn[1]
```

```java
                            = jsonDawnForecast.getString(1);    // 天气文字
                    result.data.weather[i].info.dawn[2]
                            = jsonDawnForecast.getString(2);    // 气温
                    result.data.weather[i].info.dawn[3]
                            = jsonDawnForecast.getString(3);    // 风向
                    result.data.weather[i].info.dawn[4]
                            = jsonDawnForecast.getString(4);    // 风力
                } catch (JSONException e) {
                }
                try {
                    JSONArray jsonDayForecast = jsonInfoObject.getJSONArray("day");
                    result.data.weather[i].info.day = new String[jsonDayForecast.length()];
                    result.data.weather[i].info.day[0]
                            = jsonDayForecast.getString(0);    // 天气 ID
                    result.data.weather[i].info.day[1]
                            = jsonDayForecast.getString(1);    // 天气文字
                    result.data.weather[i].info.day[2]
                            = jsonDayForecast.getString(2);    // 气温
                    result.data.weather[i].info.day[3]
                            = jsonDayForecast.getString(3);    // 风向
                    result.data.weather[i].info.day[4]
                            = jsonDayForecast.getString(4);    // 风力
                } catch (JSONException e) {
                }
                try {
                    JSONArray jsonNightForecast = jsonInfoObject.getJSONArray("night");
                    result.data.weather[i].info.night = new String[jsonNightForecast.length()];
                    result.data.weather[i].info.night[0]
                            = jsonNightForecast.getString(0);    // 天气 ID
                    result.data.weather[i].info.night[1]
                            = jsonNightForecast.getString(1);    // 天气文字
                    result.data.weather[i].info.night[2]
                            = jsonNightForecast.getString(2);    // 气温
                    result.data.weather[i].info.night[3]
                            = jsonNightForecast.getString(3);    // 风向
                    result.data.weather[i].info.night[4]
                            = jsonNightForecast.getString(4);    // 风力
                } catch (JSONException e) {
                }
            }
        }
```

最后,在 src/main/java/com/ruibin/weather/WeatherApi.java 中调用这两个解析 Json 的方法:

```java
        public static Weather getWeather(String city) throws IOException {
            String result;
            if (TextUtils.isEmpty(city)) {
                result = httpGet(WEATHER_API_ADDRESS);
            } else {
                result = httpGet(WEATHER_API_ADDRESS + "? city = " + URLEncoder.encode(city, "UTF-8"));
            }
            Log.d("Weather", "result: " + result);
```

```
Weather weather;
weather = parseWeatherByGson(result);
weather = parseWeatherByJsonObject(result);

return weather;
}
```

代码修改完毕，接着将 Weather 编译安装到 Android 设备，通过 Traceview 来观察这两个方法的效率。从图 11E-16 和图 11E-17 的结果来看，使用 org.json 的解析效率比 Gson 的解析效率提高了 20 倍以上，具体数据对比可以看 Incl Real Time 列。

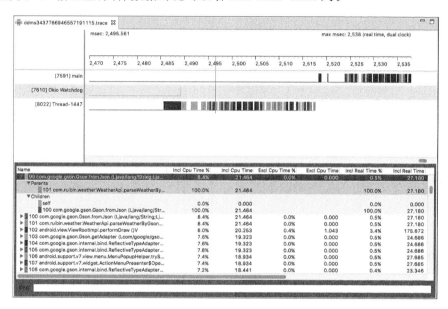

图 11E-16　使用 Gson 库解析的耗时

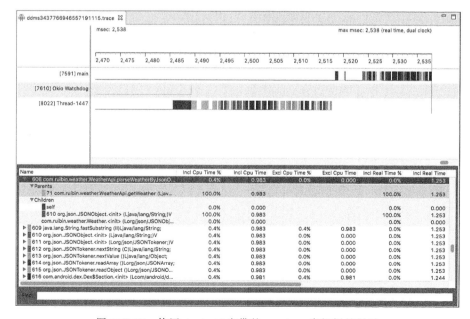

图 11E-17　使用 Android 自带的 org.json 库解析的耗时

总结:Traceview 工具给我们提供了准确的各个线程的各个方法的调用信息,帮助我们发现了 Gson 类的解析性能问题,反而将问题归结为网络请求慢的原因。想象如果没有 Traceview,这样的误解很可能会出现在其他场景,最终导致性能优化的方向不对,影响整个产品的性能表现。

3. 解决内存的性能问题

内存是应用性能的重要指标。如果尝试申请一个很大的内存空间,而 Android 设备的内存不足以满足这次内存申请,那么会导致 OutOfMemoryException(OOM)。申请和释放内存,是会阻塞 UI 线程刷新的,如果应用太频繁申请和释放内存,那么会降低界面的刷新率,最终影响应用性能。本小节将介绍 Android 应用内存使用原理,并介绍一些观察内存使用情况的工具。通过本小节的学习,可以了解到内存对应用性能的影响。

Java 是 Android 应用主要的编程语言,Android 进程分配和回收内存的机制沿用了 Java 的垃圾回收机制。Android 平台为每个进程分配一个虚拟机,内存的分配和回收由虚拟机负责完成。由于每一个虚拟机内存大小是有限的,当可用的内存空间不能满足分配的需要,虚拟机会回收一些内存,供后续使用。虚拟机回收内存的过程,称为垃圾回收(Garbage Collection,以下简称 GC)。关于内存使用情况的示意图,请参考图 11E-18。

如图 11E-19 所示,垃圾回收机制的实现思路简单,找到可回收的内存,并回收这些内存。当一个对象,或者基本数据类型的数据不能再被访问,那么它们所占用的内存块就变成了可回收的内存。在进程正在尝试申请一块内存,而虚拟机没有足够的内存进行分配时,虚拟机会触发垃圾回收。

【注意】对于 Android 平台来说,垃圾回收是会阻塞 UI 线程的,这意味着,如果应用频繁触发垃圾回收,那么很可能会导致丢帧的现象,如图 11E-20 所示。

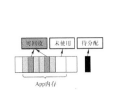

图 11E-18 Android 进程
内存示意图

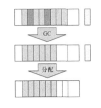

图 11E-19 垃圾回收的
工作原理

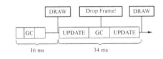

图 11E-20 频繁垃圾回收
导致丢帧

介绍了 Android 内存管理的基本知识后,接下来介绍 Android SDK 提供的内存的工具:Memory Monitor、Heap Viewer 和 Allocation Tracker 的使用方法,通过这些工具的使用,可以加深对 Android 内存管理机制的理解。

Memory Monitor 可以根据时间轴来显示 Android 应用内存变化的情况。可以在 Android Studio 主界面下方的 Android Monitor 中找到 Memory Monitor。

如图 11E-22 所示,在 Memory Monitor 的上方,可以选择调试的手机,以及选择调试的进程。Memory Monitor 的下方是进程的内存使用情况记录。在图中,Memory Monitor 显示了 Weather 应用在不断切换城市时的内存变化的情况。呈阶梯形状上升的部分,表示正在切换天气预报的目标城市。忽然下降的部分,表示正在进行垃圾回收。从 Weather 应用该的界面来说,切换天气预报的城市,在界面上并没有太多的更新,只是可能加载了不同的界面而已,然而通过 Memory Monitor 发现在切换城市的过程中,应用的内存一直在上涨,因此,Weather 切换城市的功能,可能存在内存使用方面的问题。

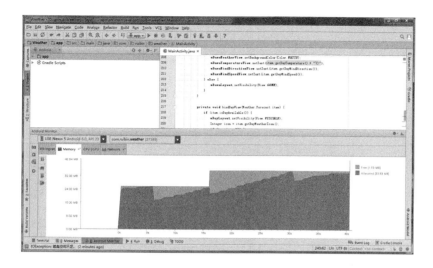

图 11E-21　Memory Monitor

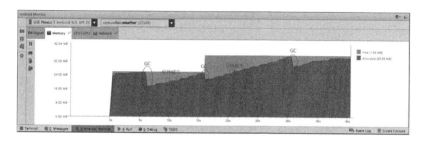

图 11E-22　切换天气预报的城市时的内存变化记录

　　Memory Monitor 提供了应用在不同时间的内存使用情况的信息,但这些信息不够详细。为进一步了验证我们的猜想,需要使用到 Android SDK 提供的另一个分析内存的工具:Heap Viewer。Heap Viewer 工具可以在 Android Studio 的菜单上启动的 Android Device Monitor 中找到。Heap Viewer 则能够提供应用占用的内存大小,已分配的内存大小等信息。下表详细列出了 Heap Viewer 各个字段的含义。除了这些信息之外,Heap Viewer 还能够按照对象的数据类型来查看对象的个数和占用内存等统计信息,如表 11E-2 所示。

表 11E-2　Heap Viewer 提供的各个字段的含义

列名	含义	列名	含义
Heap Size	应用占用的内存大小	% Used	已分配的内存大小占应用内存大小的百分比
Allocated	已分配使用的内存大小	# Object	占用内存的对象的个数
Free	可分配的内存大小		

　　Heap Viewer 工具的使用方法很简单:首先确认 Heap 窗口在 Android Device Monitor 中正常显示,如果 Heap 窗口没有显示,可以在菜单栏中 Windows-Show View 中找到 Heap 并打开它。接下来按照图 11E-23 的提示,在 Devices 窗口中单击要调试的应用,然后单击 Devices 窗口中的 Update Heap 按钮。观察 Heap 窗口,如果 Heap 窗口中没有数据显示数据,可以单击 Cause GC 按钮,触发垃圾回收,这时候就会有内存的数据显示了。这是因为 Heap Viewer 需要在垃圾回收之后,才能读取到内存数据。

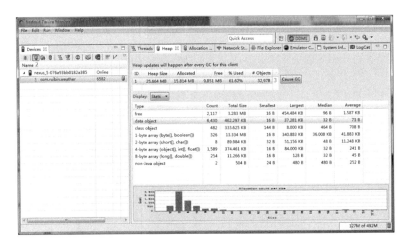

图 11E-23　通过 Heap Viewer 查看内存占用的情况

　　Heap Viewer 虽然提供了更多应用的内存信息，但是这些信息仍然不够定位问题所在。这时候需要用到 Android SDK 提供的 Allocation Tracker 工具。

　　Allocation Tracker 也位于 Android Device Monitor 中，选中要调试的 Weather 进程之后，在 Allocation Tracker 窗口中单击 Start Tracking 按钮，即可开始记录进程中所有分配内存的操作。单击 Get Allocations 按钮，可以将这些操作记录从手机加载到 Allocation Tracker 窗口中。等待内存分配的记录加载完成之后，单击 Stop Tracking 即可停止录制。

　　【注意】值得留意的是，根据记录的时间越久，加载分配记录的时间就越长，Android 设备上可能会提示应用程序无响应（ANR），这是正常的现象，只需等待即可。

　　接下来，分析图 11E-24 的内存分配记录。单击内存分配记录列表的 Allocation Size，可以让列表按照分配内存的大小进行排序。排序之后，发现排在列表前方有非常多 61400 字节的 byte[] 数组的分配记录，单击这些记录，可以在 Allocation Tracker 下方的窗口中看到分配该内存的方法栈。从这里可以推断，在 MainActivity 中刷新天气数据时为了更新天气图片，重复分配了很多内存。

　　了解问题的原因后，尝试从实际的场景出发，来修复这个内存的问题。此应用中天气图标的使用，应具有以下约束：

　　(1) 天气图标的数量确定的，每一种天气对应一张。因此，如果将天气图标加载到内存中，内存总数是固定的，不会无限增长。

　　(2) 临近几天的天气很可能是一样的，一般不会有太巨大的变化。这意味着进程不一定需要将全部天气图标加载到内存中。

　　结合这两点约束，优化的方案可将天气图标缓存到内存中，减少加载的次数。而且如果不同时间的天气是相同的，可以复用同一个天气图标。接下来看看代码。首先在 MainActivity 中找到相应的代码：

```
private void bindDayView(Weather.Forecast item) {
    if (item.isDayAvailable()) {
        mDayLayout.setVisibility(View.VISIBLE);
        Integer icon = item.getDayWeatherIcon();
        if (icon != null) {
            InputStream is = getResources().openRawResource(icon);
            Bitmap bitmap = BitmapFactory.decodeStream(is);
            mDayWeatherView.setImageBitmap(bitmap);
```

```
                }
                mDayWeatherView.setBackgroundColor(Color.WHITE);
                mDayTemperatureView.setText(item.getDayTemperature() + "℃ ");
                mDayWindDirectionView.setText(item.getDayWindDirection());
                mDayWindSpeedView.setText(item.getDayWindSpeed());
            } else {
                mDayLayout.setVisibility(View.GONE);
            }
        }
```

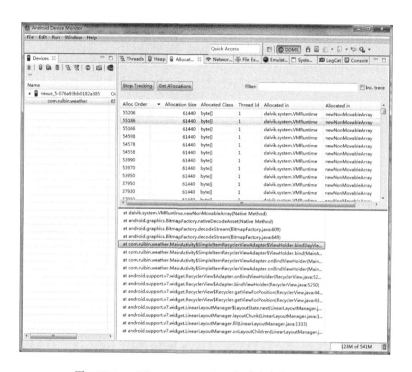

图 11E-24　Allocation Tracker 查看内存分配的记录

这段代码有一个明显问题：在 bindDayView 方法每一次被调用时，都会调用 BitmapFactory.decodeStream 方法生成一个 Bitmap 对象。考虑到天气预报的应用场景，连续几天的天气数据，很可能会用到相同的天气图标。因此，优化这个问题，可以考虑将天气的图标缓存在内存中，而不必每次都重新加载。

【注意】除了切换天气预报，在滚动 RecyclerView 时，由于需要更新列表所显示的数据，可能会多次调用其 Adapter（通过 setAdapter 方法设置）的 onBindViewHolder 方法。onBindViewHolder 最终会触发 bindDayView 的方法。也就是说，除了切换城市，仅仅是滑动天气预报列表，都存在内存的问题。

【小技巧】由于许多极端的天气是很少出现的，也就是说，很多天气图标在进程的声明周期中很可能不会被使用，如果把所有天气图标都加载到内存中，会造成内存资源的浪费。因此，可以考虑为天气图标实现一个懒汉模式（Lazy Loading）的缓存管理，当天气图标不在内存中时，才创建新的 Bitmap 对象。修改如下：

```
private static SparseArray<Bitmap> mWeatherIconCache = new SparseArray<Bitmap>();

private void bindDayView(Weather.Forecast item) {
    if (item.isDayAvailable()) {
```

```
            mDayLayout.setVisibility(View.VISIBLE);
            Integer icon = item.getDayWeatherIcon();
            if (icon ！ = null) {
                Bitmap bitmap = mWeatherIconCache.get(icon);
                if (bitmap == null) {
                    InputStream is = getResources().openRawResource(icon);
                    bitmap = BitmapFactory.decodeStream(is);
                    mWeatherIconCache.put(icon, bitmap);
                }
                mDayWeatherView.setImageBitmap(bitmap);
            }
            mDayWeatherView.setBackgroundColor(Color.WHITE);
            mDayTemperatureView.setText(item.getDayTemperature() + "℃");
            mDayWindDirectionView.setText(item.getDayWindDirection());
            mDayWindSpeedView.setText(item.getDayWindSpeed());
        } else {
            mDayLayout.setVisibility(View.GONE);
        }
    }
```

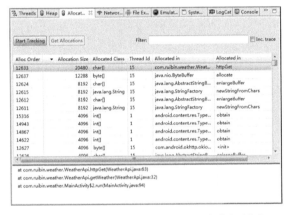

图 11E-25　优化天气图标的内存问题后

更新代码之后，启动 Weather 应用。等待天气数据加载完毕，然后再次使用 Allocation Tracker，可以发现切换城市操作，没有因为加载天气图标而再重复分配内存了，如图 11E-25 所示，由于天气图标导致的内存问题得以解决。

总结：Memory Monitor 工具给我们提供了进程内存的变化信息，Heap Viewer 提供了基本的内存使用情况的精确数据，Allocation Tracker 则帮助人们从代码级别定位内存分配的情况。熟练掌握这些工具，可以帮助人们制定出最有效的内存优化解决方案。

E.3　项目心得

本实训介绍了性能问题的理论知识，性能是衡量产品质量的指标，良好的性能将给用户带来良好的使用体验。性能问题可分为渲染问题、运算问题和内存问题。理解渲染的原理，通过 View Hierarchy 和 Overdraw 工具，可以分析然后优化应用渲染的速度，使界面显示更加流畅。紧接着，文中介绍了如何通过 Traceview 获取方法的执行时间、次数等信息。最后，文中还介绍了如何使用 Memory Monitor、Heap Viewer 和 Allocation Tracker 来解决内存的性能问题。

E.4　参考资料

本次项目的 Weather 的源代码：
https://github.com/ruibinliu/Weather

附录1　Android的测试驱动开发(TDD)

搜索关键字

（1）TDD
（2）Android JUnit

本章难点

测试应用程序有很多方法，如：黑盒测试、白盒测试、迭代测试等，然而，这些方法都是从宏观上描述测试的。而TDD(test driven development)是在结果上进行限制的测试方法，也就是在编写程序之前，先确定程序中的变量、控件等元素允许的值。如果在编写程序时，变量、控件中的值与事先确定的值不相符，就说明此程序某处有bug。

TDD与OpenGL ES一样，并不是具体的软件或者程序库，只是一套标准或者说是一套API。目前基于各种语言的TDD框架很多，在Android SDK中也提供了一套测试框架JUnit，可用于对Android应用程序进行TDD测试。本章将详细讨论JUnit测试Android应用程序的几大组件，如activity、service以及普通类等。

FL1.1　项目简介

1. 测试框架特性

Android测试框架作为Android开发环境的一个重要部分，可以用来测试应用的各个方面，从单元测试到框架测试。这个测试框架拥有如下特性：

（1）基于JUnit：Android的测试套件是基于JUnit 3的（所以不完全兼容JUnit 4），因而可以使用普通的JUnit而不调用Android的测试API来进行测试，当然推荐使用Android的测试API可以更高效全面的进行测试。

（2）组件的测试：Android的JUnit扩展提供了针对组件的测试用例类，这些类提供了mock对象和方法的辅助方法，进而控制组件生命周期。

（3）测试工程同应用工程类似：测试用例类包含在类似主程序包的测试包中，所以无须学习其他的技术和工具。

（4）自动创建测试工程：用于自动构建和运行测试的sdk工具在eclipse adt中可用，其他ide中可以使用命令完成。它们可以读取源项目的信息自动完成测试类的创建。

（5）自动事件流模拟工具monkeyrunner和monkey：可以用来进行ui测试，都可以向设备发送事件流（键盘、touch、手势）对程序进行压力测试，其中monkeyrunner需要编写python程序调用API发送事件流，monkey通过adb的命令行发送。

2. 测试框架结构

下面为测试框架的结构图,如图 FL1-1 所示。

通过图 FL1-1 可以发现以下几点:

(1) 测试 package 和应用 package 运行在同一个进程中。通过 InstrumentationTestRunner 进行交互。而一般情况下应用是运行在自己独立的 dalvik 进程中,而测试 package 和应用 package 为两个工程,它们如何运行在同一个进程中的呢?InstrumentationTestRunner 的作用呢?这些稍后都将解释。

(2) 测试工具以及 monkey 和 monkeyrunner 都运行在进程之外。并且也是通过 InstrumentationTestRunner 进行交互。

(3) 测试 package 由 test case classed 和 mock objects 组成。

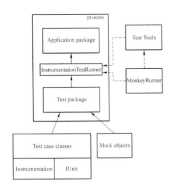

图 FL1-1　Android 测试框架的结构图

3. Android 测试用例结构

Android 测试用例结构同 Junit 差不多,比较显著的差别就是测试用例会单独放在一个工程中进行管理,并且可以通过自动化的方式(ide 插件或者命令行)建立好测试工程。

4. 用于测试的 API

1) Junit

JUnit3 的 API 可以在 Android 中使用。Android 的 AndroidTestCase 也是继承自 JUnit 的 TestCase。其他像 assert 也类似。

2) Instrumentation

instrumentation 是 Android 系统一系列控制函数和钩子的集合。通过 instrumentation 的钩子使得 Android 控件可以独立于其应用程序正常的生命周期以及通过 Android 系统加载程序。说的俗点,就是 Android 自己给自己开的后门。

(1) 显式控制系统组件生命周期。通常情况下,组件的生命周期是由系统控制的,例如大家熟悉的 activity 生命周期的相应函数 onCreate、onResume、onStop 等函数都是由系统自行调用,并且 Android 应用框架并没有提供权限让用户直接调用,但是在 instrumentation 中却可以调用。

(2) 测试和程序运行在同一进程中。Android 应用的组件(除 content providers 等外)都运行在同一个 dalvik 进程中,并且无法让应用同另外一个应用运行在同一个进程中。但是 instrumentation 能让测试程序和相应应用运行在同一进程中,这样就可以方便的进行组件生命周期控制和数据访问。现在知道了上面结构图中的第一个疑问。

3) 测试用例类

(1) AndroidTestCase 继承自 TestCase,功能类似 JUnit 的 TestCase,含有经典的 setUp 和 tearDown 函数。同时提供了测试权限以及通过解除类引用防止内存泄漏的方法。

(2) Component-specific test cases 面向组件的测试用例。包括 Activity Testing、Content Provider Testing、Service Testing。并没有单独提供 BroadCastReceiver,因为它可以通过传递 intent 进行测试。

(3) ApplicationTestCase

使用 ApplicationTestCase 测试应用对象的 setUp 和 tearDown。这些对象维护着应用的全局状态。这些测试用例可以校验 manifest 文件中的 application 元素的配置。

（4）InstrumentationTestCase

如果想在测试用例中使用 instrumentation 方法，必须使用 InstrumentationTestCase 或其子类，比如 Activity 的测试用例就继承自 InstrumentationTestCase，并且扩展了其他在 Activity 测试中实用的功能。

4) Assertion classes

同 Junit 测试一样，Android 测试中也可以使用 assert 展示测试结果。除了 Junit 的 assert 类可用外，Android 测试 API 还提供了 MoreAsserts 和 ViewAsserts。其中 MoreAsserts 提供了更强大的 assert 功能，比如正则表达式的比较、顺序比较、更丰富对象的 equal 判断等。

ViewAsserts 提供了 Views 即 UI 的几何和对齐测试。如位置、对其、views 包含判断。

5) Mock object classes

依赖注入可以方便测试，android 提供了类，用于 mock Context、ContentProvider、ContentResolver、Service 等系统对象，有些还提供 intent 对象的 mock。可以使用这些 mocks 将某个测试点独立出来或是方便测试的依赖注入。这些类可以在 android.test 和 android.test.mock 的包中找到。

Android 提供了两类 mock 对象的类

（1）Simple mock object classes

这些类提供了一个简单的 mock 策略，它们废止了对应的系统对象，如果调用相应系统对象就会抛出异常。通过重写方法达到 mock 依赖的目的。包括 MockApplication，MockContext，MockContentProvider，MockCursor，MockDialogInterface，MockPackageManager，and MockResources。

（2）Resolver mock objects

通过提供独立的解析器将数据提供商和测试分离，可以自己增加数据并经行解析以满足需要。见 MockContentResolver。

6) 上下文测试

Android 提供了两个上下文测试类

（1）IsolatedContext

这个类允许在不影响设备真实展现的数据情况下测试应用的数据操作。提供了独立的 context、文件、目录和数据库操作可以在测试中使用。

（2）RenamingDelegatingContext

这个类快速为数据操作提供了独立的数据，并且保持了其他 context 操作正常的功能。

FL1.2　案例设计与实现

通过 JUnit 测试框架，可以测试 Android 中的 Activity、Content Provider、Service 等组件，下面通过几个案例分别测试 Activity、Content Provider、Service 让读者更好地理解和掌握 Android 中的 JUnit 测试框架。

FL1.2.1　测试 Activity

本案例将通过测试 Activity 中的某控件来先小试牛刀，还有更多、更强大的测试功能读者可以自行探索。

进行测试，首先需要一个被测试应用以及测试应用，被测试应用选择的是 ADT 新建

Android 项目默认生成的 HelloWorld 应用,下面就来新建测试应用。

在 ADT 中单击"New"→"Other"→"Android"→"Android Test Project",新建一个测试工程,如图 FL1-2 所示。建立测试工程时在"Select Test Target"处选择"An existing Android project"并选中被测试的工程,如图 FL1-3 所示。

在新建的测试工程的 AndroidManifest.xml 文件中,会发现多了很多以前没见过的标签,如图 FL1-4 方框处所示。

图 FL1-2　新建 Android Test Project

图 FL1-3　选中被测试的应用

图 FL1-4　新建的测试工程 AndroidManifest.xml

打开测试工程的"Properties"对话框,会发现"Java Build Path"页的"Projects"标签已经引用了被测试工程(HelloWorld),如图 FL1-5 所示。因此,在 TestHelloWorld 工程中是可以访问 HelloWorld 工程中的类的(该工程中只有一个 MainActivity 类)。

需要注意的是,测试项目并不会自动生成类,所以要手动新建一个类文件,并注意要继承 ActivityInstrumentationTestCase2 类,如图 FL1-6 中方框所示。

图 FL1-5　TestHelloWorld 中引用的 HelloWorld 项目

图 FL1-6　继承 ActivityInstrumentationTestCase2

下面开始在新建的 HelloWorldTest 类中编写测试代码,实现如图 FL1-7 所示。

【注意】测试类中的 setUp 方法相当于 Activity.onCreate 方法,用于初始化被测试案例,如获得其中的 TextView 对象等。下面讲解一下本案例中使用到的两个测试方法:

(1) assertNotNull 方法用于检测对象是否为 null,在上例中如果无法从布局文件中获得 TextView 对象,该方法就会将错误信息输出到 JUnit 视窗上。

(2) assertEquals 方法用于检测两个字符串是否相同,如果不相同,该方法就会将错误信息输出到 JUnit 视窗中。

```
 1  package com.example.helloworld.test;
 2
 3  import com.example.helloworld.MainActivity;
 4
 5
 6
 7
 8  public class HelloWorldTest extends ActivityInstrumentationTestCase2<MainActivity>
 9  {
10      private Activity activity;
11      private TextView textView;
12
13      public HelloWorldTest()
14      {
15          super("com.example.helloworld", MainActivity.class);
16      }
17      @Override
18      //   初始化测试案例
19      protected void setUp() throws Exception
20      {
21          // TODO Auto-generated method stub
22          super.setUp();
23          //    获得要测试的窗口对象
24          activity = this.getActivity();
25          textView = (TextView) activity.findViewById(com.example.helloworld.R.id.textview);
26
27      }
28      //   测试TextView控件内容是否为"世界你好"
29      public void testText()
30      {
31          assertEquals("世界你好", (String) textView.getText());
32      }
33      //   测试TextView控件是否存在
34      public void testPreconditions()
35      {
36          assertNotNull(textView);
37      }
38  }
```

图 FL1-7　HelloWorldTest 类实现

下面将开始进行测试。如要用本案例进行 JUnit 测试，右键 TestHelloWorld 项目选择"Run as"→"Android JUnit Test"。

测试结果如图 FL1-8 所示，检测出 TextView 控件中的文本不正确（源代码中的 Text 为英文），如果被测试工程没有任何错误，在 JUnit 视窗则会显示如图 FL1-9 所示的信息。

图 FL1-8　检测出 TextView 控件中的文本不正确

图 FL1-9　被测试工程没有任何错误

FL1.2.2　测试 Content Provider

测试 Content Provider 需要编写一个继承 ProviderTestCase2 的测试类。本案例将会测试一个通过数据库获取城市信息的 Content Provider。记得要先导入被测试的 ReginContentProvider 项目，不然测试项目会出现小红感叹号。测试项目实现代码如图 FL1-10 所示。

ContentProviderTest 类在 setUp 方法中通过 getProvider 方法获得要测试的 ContentProvider 对象，然后调用 ContentProvider.query 方法查询对象信息，并通过 testCursor 和 testCity 方法测试返回的城市名称是否出错。如果 Uri 错误，cousor 变量会变成 null。

案例测试成功，如图 FL1-11 所示。

FL1.2.3　测试 Service

同上面的两个案例一样，测试 Service 需要编写一个继承 ServiceTestCase 的测试类。本

```
10  public class ConntentProviderTest extends
11          ProviderTestCase2<RegionContentProvider>
12  {
13      private ContentProvider contentProvider;
14      private Cursor cursor;
15      private String city;
16
17      public ConntentProviderTest()
18      {
19
20          super(RegionContentProvider.class,
21                  "mobile.android.ch11.regioncontentprovider");
22      }
23
24      @Override
25      protected void setUp() throws Exception
26      {
27
28          super.setUp();
29
30          try
31          {
32              contentProvider = getProvider();
33
34              Uri uri = Uri
35                      .parse("content://mobile.android.ch11.regioncontentprovider/code/024");
36
37              cursor = contentProvider.query(uri, null, null, null, null);
38              if (cursor.moveToFirst())
39              {
40                  city = cursor.getString(cursor.getColumnIndex("city_name"));
41              }
42          }
43          catch (Exception e)
44          {
45              // TODO: handle exception
46          }
47
48      }
49
50      public void testCursor() throws Exception
51      {
52          assertNotNull(cursor);
53      }
54
55      public void testCity()
56      {
57          assertEquals("沈阳", city);
58      }
59
60  }
```

图 FL1-10 Content Provider 测试案例实现

图 FL1-11 ContentProvider
案例运行结果

案例将测试一个用于演示 Android 生命周期的 Service。同样先导入被测试的 ServiceLifecycle 项目,然后开始新建测试项目。

测试案例项目代码实现如图 FL1-12 所示。

运行测试项目,结果如图 FL1-13 所示。

Android 中的 JUnit 测试非常强大,其不仅仅能测试 Android 中的应用组件(ACtivity、ContentProvider 和 Service),还能对普通类进行测试,这里就不详细叙述了,有兴趣的读者可自行查阅相关资料。

FL1.3 项目总结

本章介绍了 AndroidSDK 提供的测试框架,这套测试框架基于 JUnit。其功能十分强大,不仅仅帮助开发者解决 Android 中基本组件的测试,还能对普通的 Java 类进行详尽的测试。若能掌握好该测试框架,相信在开发的过程中能如虎添翼。

FL1.4 常见问题

在使用测试项目的时候经常会发现测试项目出现了小感叹号,如图 FL1-14 所示。

```
 8  public class ServiceTest extends ServiceTestCase<MyService>
 9  {
10      private MyService service;
11
12
13      public ServiceTest()
14      {
15          super(MyService.class);
16
17      }
18
19      @Override
20      protected void setUp() throws Exception
21      {
22          super.setUp();
23          Intent intent = new Intent(mContext, MyService.class);
24
25          startService(intent);
26          service = getService();
27
28      }
29
30      public void testService()
31      {
32          assertNotNull(service);
33      }
34
35      public void testResource()
36      {
37
38          assertEquals("服务的生命周期", service.getString(R.string.app_name));
39      }
40  }
```

图 FL1-12 Service 测试案例代码实现

图 FL1-13 Service 测试项目运行结果　　　图 FL1-14 测试项目出现小感叹号

这是因为测试案例没有在当前存在的项目中找到要测试的项目。这时候就需要去查看是否有导入被测试项目或者检查被测试的项目包名是否被更改过。

附录2　基于 Android 平台与 LBS 地理位置服务的移动社交应用系统

搜索关键字

(1) LBS
(2) Google map
(3) GIS
(4) GPS

本章难点

经过了多次知识点案例的训练和项目的拆分练习，读者应该对 Android 有了一个系统的了解，那么是时候尝试完成一个完整的项目了。

本项目主要是针对 Android 与 LBS 相关技术在移动社交的应用。随着人民的生活水平提高，人们的社交圈子和活动范围变得越来越广，但是由于人们对跨地域环境的不熟悉也造成了出行和活动的不便。如何能随时随地的了解当前位置信息和留下记录成为了当下人们关心的话题。更重要的是，人们出行时不可能带诸如电脑等传统桌面电子产品出行。如何来解决上述的问题，基于 Android 和 LBS 技术整合的地理位置移动社交系统可以给开发人员一个很好的解决方案。基于 Android 和 LBS 技术开发的系统，不仅能够实现随时随地的获取信息，更重的是用户只要用手机这一出门必备工作就能做到随时随地的信息获取，而且由于 Android 的开源，目前市面上价格低廉的 Android 手机有很多。基于 Android 和 LBS 技术整合的地理位置移动社交系统，更是能够体现这些特点。移动社交系统中，用户可以随时随地的签到、留言、和查询当地的一些信息，系统对用户的活动也进行一些徽章奖励，这些功能不仅解决了用户的需求，更加强了用户对系统的依赖性。

透过 Android 技术本身的特点，本项目的目的是设计出的地理位置移动社交系统就是交互性强，方便快捷，操作可行的系统。结合了 Google API、GIS、GPS 及数据库技术，后台采用 JSP 作为 API 接口，为 Android 客户端提供数据。开发基于 Android 平台与 LBS 地理位置信息服务的移动社交应用系统主要要解决的问题是，如何合理利用 Android 的框架机制跟 Google API 的结合，及如何通过 Android 客户端高效的获取服务端的数据。

LBS 英文全称为 Location Based Services，即基于位置的服务。在之前的教学案例中，或多或少都有介绍过 LBS 的服务，但多半以拆开的小例子进行讲解，本章是以完整的软件工程方式进行叙述,一个完整的上架案例贯彻始终,从需求分析、数据库如何设计(E-R 图,流程图等)、细节实现以及最后的测试都一应俱全。

FL2.1 项目简介

伴随着 3G 的兴起,网络已经不再是手机的短板,加上 Google 的开源系统 Android 让硬件厂商也大大节省了成本,借助于无线互联网,基于 Android 平台与 LBS 地理位置信息服务的移动社交应用系统能随时随地的提供当地信息。

目前当人们到一个地方,想了解当地信息,只能通过事先在网上查找和其他渠道查找信息。或者人们想在当地留下点记录,也不能有个很好的方法。本项目 LBS_FOR_SISE 在研究分析总结这些问题的基础上,设计并实现了基于 Android 平台与 LBS 地理位置信息服务的移动社交应用系统。系统运行于 Android 平台,地图部分使用谷歌地图,主要采用 Java 语言编写,数据库采用 MYSQL,以 Tomcat 作为服务器结合 GPS 和 GIS 及 Google API。实现了定位当前位置、查找位置并在地图中显示、签到、留言、获得徽章、商家信息查询等功能。系统直观,方便用户的查询。

LBS_FOR_SISE 功能简介:

LBS_FOR_SISE 是一款基于某校园的地理位置服务软件,此软件运行于 Android 平台,下面将详细介绍其主要功能:

(1) 签到:用户打开客户端,软件通过定位系统显示用户所在位置,用户如果想在这里留下记录,可以单击"签到"按钮进行签到。也可以对过往签到历史进行查询,如图 FL2-1 所示。

(2) 查看地图:单击"查看地图"按钮,Google Map 通过 GPS 服务,自动展示当前位置的地图情况,如图 FL2-2 所示。

(3) 留言:查看其他用户在当地留下的信息,除此之外,用户也可以自己在此地进行留言,如图 FL2-3 所示。

图 FL2-1 签到　　　　图 FL2-2 查看地图　　　　图 FL2-3 留言

(4) 商家信息查询:学生可通过此功能查询在此地发布的商家信息,以进行购买活动,如图 FL2-4 所示。

(5) 用户通过活动获得徽章:用户可通过操作系统获得徽章奖励,如图 FL2-5 所示。

(6) 用户查询自己所获得的徽章:用户查询自己获得的徽章,如图 FL2-6 所示。

FL2.1.1 与国内产品对比的区别

目前国内比较成熟或者说用户量比较多的几款产品有"网易八方"、"大众点评"、"区区小事"等,以下以"大众点评"和"网易八方"为例以本设计和它们之间做异同对比。

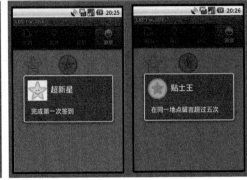

图 FL2-4　商家信息查询　　　　　图 FL2-5　徽章　　　　　　图 FL2-6　获得的徽章

1．区域定位

目前国内的产品更趋向于做较大区域性的产品，如某个城市、某个镇、或者某个商业圈，而本设计更多针对校园这个区域内的位置服务，用户多数为学生或者教师和其他对校园熟悉或者来校园观光的游客，如图 FL2-7 所示。

(a)　　　　　　　　　　(b)　　　　　　　　　　(c)

图 FL2-7

(a)网易八方截图；(b)本设计截图；(c)大众点评截图

从以上对比可以看出，网易八方和大众点评更多的针对学校周边的一个大范围内的地点进行展示，更有甚者，像大众点评这样的软件，由于缺少数据，对于地处偏僻的地方，无法进行服务；而本案例的设计更多针对学院校内进行的服务。

2．商业营销

"网易八方"和"大众点评"将商家融入到签到地点当中，而本设计将商家信息独立出来，针对某个地点做特定的发布，如图 FL2-8 所示。

相对于"网易八方"和"大众点评"，关于商业营销方面，以上两种将商家作为一个签到地点，一个地点对应一个商家，本设计将商家独立开发成为一部分，实现一个地点对应多家周边的商家。

3．其他

其他的不同主要区别在功能上，"网易八方"和"大众点评"多了个好友功能，而且数据库中的地点多很多，本设计多了个地图显示功能，能查到周边的信息，如图 FL2-9 所示。

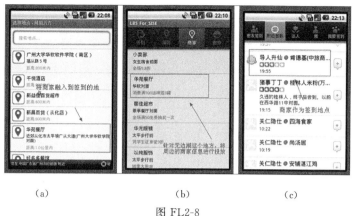

(a)　　　　　　　(b)　　　　　　　(c)

图 FL2-8

(a)网易八方截图；(b)本设计截图；(c)大众点评截图

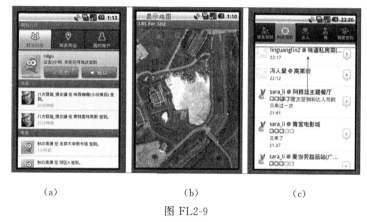

(a)　　　　　　　(b)　　　　　　　(c)

图 FL2-9

(a)网易八方截图；(b)本设计截图；(c)大众点评截图

FL2.2　需求分析

地理位置移动社交系统是基于 Android 和 LBS 技术整合所开发出来的一个应用程序。其实现的理论和思路十分清晰；系统应用简单，只需要成功地在安装在手机客户端，用户只要懂得如何使用手机即可使用该系统。地理位置移动社交系统有良好的用户界面、用户体验非常好。因此该系统在操作上是可行的。

由于地理位置移动社交系统开发所采用的平台是 Android 平台，而且技术基于 Java、XML、JSP、Linux、Google API、GIS、GPS 这些技术都是开源的，即是免费使用的；地理位置移动社交系统所使用的数据库产品 MYSQL 也是开源数据库。而该系统的运行成本只需要普通的 Android 终端即可，所以从总体上来看，项目在经济运作上是可行的。

【知识点 1】GPS（全球定位系统）

GPS 是英文 Global Positioning System（全球定位系统）的简称，而其中文简称为"球位系"。GPS 是 20 世纪 70 年代由美国陆海空三军联合研制的新一代空间卫星导航定位系统。其主要目的是为陆、海、空三大领域提供实时、全天候和全球性的导航服务，并用于情报收集、核爆监测和应急通讯等一些军事目的，是美国独霸全球战略的重要组成。经过 20 余年的研究实验，耗资 300 亿美元，到 1994 年 3 月，全球覆盖率高达 98％的 24 颗 GPS 卫星星座已布设完成。

【知识点 2】GIS（地理信息系统）

GIS 地理信息系统是以地理空间数据库为基础，在计算机软硬件的支持下，运用系统工程和信息科学的理论，科学管理和综合分析具有空间内涵的地理数据，以提供管理、决策等所需信息的技术系统。简单的说，地理信息系统就是综合处理和分析地理空间数据的一种技术系统。

【知识点 3】Google API 应用程序接口

Google API 是 Google 公司向普通开发者提供的应用程序接口，通过这些 API，开发者们能调用自己需要的 Google 的服务。

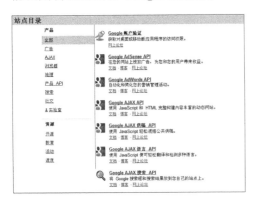

图 FL2-10　部分 Google API 截图

FL2.2.1　系统需求分析

作为一个软件系统，其结构必是由多个功能模块组成。基于 Android 平台与 LBS 地理位置信息服务的移动社交应用系统也不例外。其主要的 4 个主要功能模块如下：

1. 签到模块

当用户到了一个陌生的地方，希望留下自己的一点记录，签到功能就变得必不可少了。签到模块包括了用户对当地的签到功能、对自己的签到历史记录查询功能及对所在地点地图的查询功能。

2. 留言模块

用户可在某地查看其他用户在此地的留言，可根据留言信息进行选择性活动，另外用户也可以自己在此地留言，供其他人参考。

3. 商家模块

此模块中，商家可以针对用户进行优惠营销活动，用户可以查看商家的信息，并进行选择性活动，商家信息包括商家名称、商家地址、优惠信息。

4. 徽章模块

用户在进行留言或者签到等其他活动后，系统提供徽章奖励，在一定程度上满足了用户的虚荣心，可增加用户对系统的黏度。

FL2.2.2　用户端需求分析

（1）用户通过在系统里的注册，对系统进行使用。

（2）用户登录系统后对所在地点进行签到活动。

（3）用户对所在的留言信息进行查看和留言操作。

（4）地图显示用户所在地。

（5）用户可以查询所在地的周围商家信息。

（6）通过用户活动系统对用户进行徽章奖励。

FL2.2.3　用例的实现与说明

注册用户用例，如图 FL2-11 所示。

1. 用例名称：签到

参与者：注册用户。

用例功能:用户在某地进行签到。

简要说明:本用例的功能主要是在用户成功登录系统后,用户在某地进行签到、查看历史记录、查看地图等功能。

事件流:

(1) 用户登录个性化站点。

(2) 站点根据经纬度显示当前位置。

(3) 用户针对系统功能模块进行签到、查询等操作。

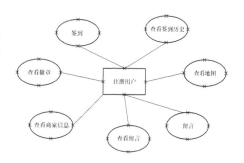

图 FL2-11　注册用户用例图

(4) 系统保存数据或者将数据展现给用户。

2. 用例名称:留言

用例功能:用户在某地进行留言。

简要说明:该用例的功能主要是用户在某地进行留言。

事件流:

(1) 用户查看某地的留言。

(2) 系统显示某地用户留言。

(3) 用户进行留言。

(4) 系统保存数据。

(5) 系统将新的界面呈现给用户。

3. 用例名称:商家信息查询

用例功能:用户查询某地商家信息。

简要说明:该用例的功能主要是用户查询某地商家信息。

事件流:

(1) 用户查询某地商家信息。

(2) 系统显示某地用户留言。

4. 用例名称:徽章查询

用例功能:用户查询自己所获得的徽章。

简要说明:该用例的功能主要是用户查询自己所获得的徽章。

事件流:

(1) 用户查询自己所获得的徽章。

(2) 系统显示用户获得的徽章。

FL2.2.4　系统运行环境

与前面的案例稍有不同,LBS服务是需要服务器/客户端的模型才可以搭建起来的,所以下面简单介绍一些客户端和服务器所需要的配置。

1. 服务器端硬件和软件环境

由于地理位置移动社交系统是由Web作为数据接口,因此需要在服务器端进行部署。

硬件:主流配置计算机即可。

操作系统:Windows系列/Linux系列。

Web 服务器:tomcat,WebLogic,JBoss。

运行平台:Sun Java Jrm1.5 For Win/Linux。

数据库:MYSQL。

2. 客户端硬件和软件环境

地理位置移动社交系统在服务器端成功配置后,用户所使用的客户端:Android SDK 1.6 以上的手机一台,因为需用用到 GPS 定位功能,所以就不能使用模拟器了。

总体来说系统环境包含:Java,XML,JSP,Linux,Google API.GIS,GPS 等技术,以上技术都可以说是成熟的技术,而且被广泛应用,这些技术的稳定性已经得到了软件开发行业的从业人员的公认。另外,系统采用的数据库是 MYSQL 数据库,该数据库产品型小,但是性能稳定性及使用的便捷性非常高,是 SUN 公司推荐使用的数据库。

FL2.3 系统设计与实现

FL2.3.1 系统设计

1. 系统的顶层 DFD 图

个性化门户系统的顶层 DFD 图,作为系统分层 DFD 图的第一步,通常是把整个系统看作是一个整体对象,如图 FL2-12 所示,显示了服务定制子系统的顶层 DFD 图。它表明,当用户提出服务添加的请求,服务提供商接收到请求后,返回数据,如果数据格式与服务添加请求要求的格式相符,将相关数据输入到数据库持久化。当用户需要该服务显示在自己的页面,则从数据库输入相应数据,并将服务发送至系统并显示出来;与此同时,当用户提交取消服务时,则在数据库取消相应数据,并相应取消用户个性化门页面的相关显示项目。

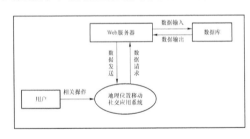

图 FL2-12　系统顶层 DFD 图

【知识点】什么是 DFD?

DFD(Data Flow Diagram,数据流图)数据流图是软件系统逻辑模型的一种图形表示。其主要作用在于指明系统中数据是如何流动和变换的,以及描述使数据流进行变换的功能,在 DFD 图中出现的每个功能的描述则写在加工说明中,它们一起构成软件的功能模型。

2. 系统第二层 DFD 图

根据系统的第一层 DFD 图所显示的整体系统结构,导出系统第二层 DFD 图。如图 FL2-13 所示。系统的第二层 DFD 图把系统分为登录验证、签到服务、留言服务、商家信息服务、徽章查询等五个子系统,根据图示,可以看出服务提供商与服务添加子系统的联系;用户与登录校验子系统的联系;用户与定制服务子系统的联系;以及个人信息子系统。这四个子系统通过数据库中的表联系在一起。

FL2.3.2 数据库设计

数据库是该系统的重要组成部分,保存整个系统的重要信息。数据库的设计直接关系到整个系统的运作及其安全性。数据库采用 MYSQL 设计,每个表都采用主键 ID 唯一性设计,即不会存在两个 ID 相同的记录,保证数据的准确性和唯一性。减少数据的冗余,节省服务器资源,如图 FL2-13 所示。

1. 地理位置移动社交应用系统的E-R图（图FL2-14）

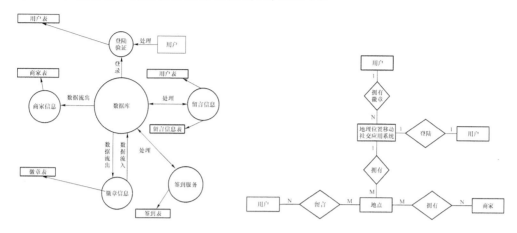

图 FL2-13　系统第二层DFD图　　　　图 FL2-14　系统E-R图

2. 数据字典

表 FL2-1　用户信息表—user

字段	类型	描述	扩展
USER_ID	INT	用户ID	主键（自增）
USER_PWD	VARCHAR(15)	密码	
USER_NAME	VARCHAR(15)	用户名	

表 FL2-2　地点信息表—address

字段	类型	描述	扩展
ADDRESS_ID	INT	地址ID	主键（自增）
ADDRESS	VARCHAR(40)	地址	
LATITUDE	DOUBLE	经度	
LONGITUDE	DOUBLE	纬度	
CHANGE_LATITUDE	DOUBLE	改变后经度	
CHANGE_LONGITUDE	DOUBLE	改变后纬度	

表 FL2-3　留言信息表—message

字段	类型	描述	扩展
MESSAGE_ID	INT	信息ID	主键（自增）
USER_ID	INT	用户ID	外键（引自用户表）
CONTENT	VARCHAR(200)	内容	
TIME	VARCHAR(30)	时间	
ADDRESS_ID	INT	地址ID	外键（引自地点信息表）

表 FL2-4 签到信息表—checkin

字段	类型	描述	扩展
CHECKIN_ID	INT	签到 ID	主键(自增)
USER_ID	INT	用户 ID	外键(引自用户信息表)
TIME	VARCHAR(30)	签到时间	
TIMES	INT	签到次数	
ADDRESS_ID	INT	地址 ID	外键(引自地点信息表)

表 FL2-5 徽章信息表—arming

字段	类型	描述	扩展
ARMING_ID	INT	信息 ID	主键(自增)
ARMING_NAME	VARCHAR(10)	徽章名	
ARMING_ADDRESS	VARCHAR(200)	徽章地址	
ARMING_DESCRIPT	VARCHAR(200)	徽章描述	

表 FL2-6 徽章用户表—arming_user

字段	类型	描述	扩展
AU_ID	INT	ID	主键(自增)
ARMING_ID	INT	信息 ID	外键(引自徽章信息表)
USER_ID	INT	用户 ID	外键(引自用户信息表)

表 FL2-7 商家信息表—shop

字段	类型	描述	扩展
SHOP_ID	INT	商店 ID	主键(自增)
SHOP_NAME	VARCHAR(10)	商店名字	
SHOP_ADDRESS	VARCHAR(200)	商家地址	
SHOP_PREFERENTIAL	VARCHAR(200)	优惠信息	

表 FL2-8 商家地址表—shop_address

字段	类型	描述	扩展
ID	INT	ID	
SHOP_ID	INT	商店 ID	外键(引自商家信息表)
ADDRESS_ID	INT	地址 ID	外键(引自地址信息表)

FL2.3.3 系统的部署

基于 Android 和 LBS 技术整合的地理位置移动社交系统部署在 Web 服务器上运行和数据库正常连接,为 Android 客户端提供数据接口。如图 FL2-15 如下:

FL2.3.4 功能实现

图 FL2-16(a)左为 Eclipse 中 Android 客户端,图 FL2-16(b)为 MyEclipse 中服务器端。

【特别注意】 如果读者利用系统源代码部署项目时,请注意更换图 FL2-16 中所选择的两个文件,将其 IP 地址改为自己的服务器地址和数据库地址。

如果希望在模拟器中运行,请注意下面 4 个部分:

(1) 将 JSP 文件夹的文件导进 myeclipse,运行 tomcat。

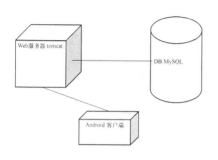

图 FL2-15 系统部署图

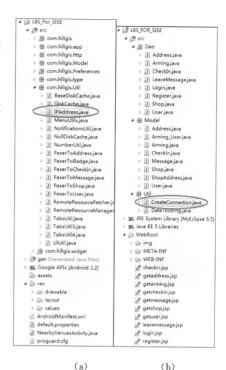

图 FL2-16
(a)客户端 Android;(b)服务器

(2) 将 Android 文件夹下的文件导进配置有 Android SDK 的 eclipse。
(3) 在 Android 模拟器中输入数据库中经纬度。
(4) 运行程序。

1. Web 服务器为 Android 客户端提供数据接口

【注意】 因为本例涉及的类比较多,无法将服务器和客户端每一个类进行具体分析,所以将其最重要的功能片段进行讲解:

Android 客户端的所有数据均来自 Web 服务器。Web 服务器采用 JSP+MYSQL+Tomcat 进行开发,主要为客户端提供数据接口,以下为部分代码。如图 FL2-17 所示:Android 客户端 Model.user。

服务器端返回用户的信息,如图 FL2-18 所示。

服务器端的登录界面,如图 FL2-19 所示。

2. 功能模块的实现

基于 Android 和 LBS 技术整合的地理位置移动社交应用系统是按照系统的功能模块需求分析的顺序进行有序开发,每个功能模块在完成后都能够使用,而不需要等待整个系统的功能模块完全开发完毕才可运行。从系统的功能划分,具体划分为:"签到模块"、"留言信

图 FL2-17 客户端 Android 部分//Model.user

息模块"、"商家信息模块"、"徽章信息模块"四个模块。以下将按照各模块的实现过程与方法进行详细说明。

图 FL2-18　服务器端//Dao.user

图 FL2-19　服务器端/login.jsp

1）用户注册登录

该模块是用户注册登录。这是用户在成功浏览该站点后，成为注册用户的相关操作。用户登录注册功能。页面如图 FL2-20～图 FL2-22 所示。

图 FL2-20　用户注册界面

图 FL2-21　注册用户登录界面

图 FL2-22　登录成功后跳转到主页设置页面

功能说明：系统为用户提供注册和登录功能。部分 Java 代码，如图 FL2-23 所示。

验证用户是否为合法用户，如图 FL2-24 所示。

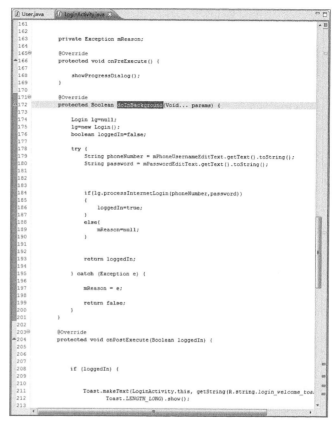

图 FL2-23　Andorid//对用户注册的信息进行检测并确认是否注册成功

图 FL2-24　Android//验证用户是否具有登录权限

2) 签到模块

此模块中用户可以查看自己所在地地名,并进行签到,用户还可以查看以往的签到历史和自己所在位置的地图信息。如图 FL2-25～图 FL2-27 所示。

图 FL2-25　用户进行签到　　图 FL2-26　用户查询自己的签到历史　　图 FL2-27　地图显示用户所在的位置

功能说明:该功能是用户成功登录系统后,体验的签到服务,系统通过定位仪器捕捉位置后,从数据库中读取地点信息呈现给信息;用户单击"签到"按钮,成功则提示成功信息,否则返回失败是信息;此外此模块中用户还能对自己过往的签到信息进行查询;如果用户想了解周围的地图信息,也可以通过"查看地图"按钮进行查看。

实现方法:系统通过 GPS 传入经纬度作为参数后,以 JSP 页面 request 作为请求,从数据库中进行搜索,将得到的结果再返回到 JSP 页面,因为页面结果是按一定格式书写的,Android 程序抓取到页面结果后,用 set 方法将地址信息保存并将数据转换成 Address 这个 Model。

部分代码如下:

Android 部分代码:取得经纬度部分代码。

建立 LocationManager 对象取得系统 LOCATION 服务,如图 FL2-28 所示。

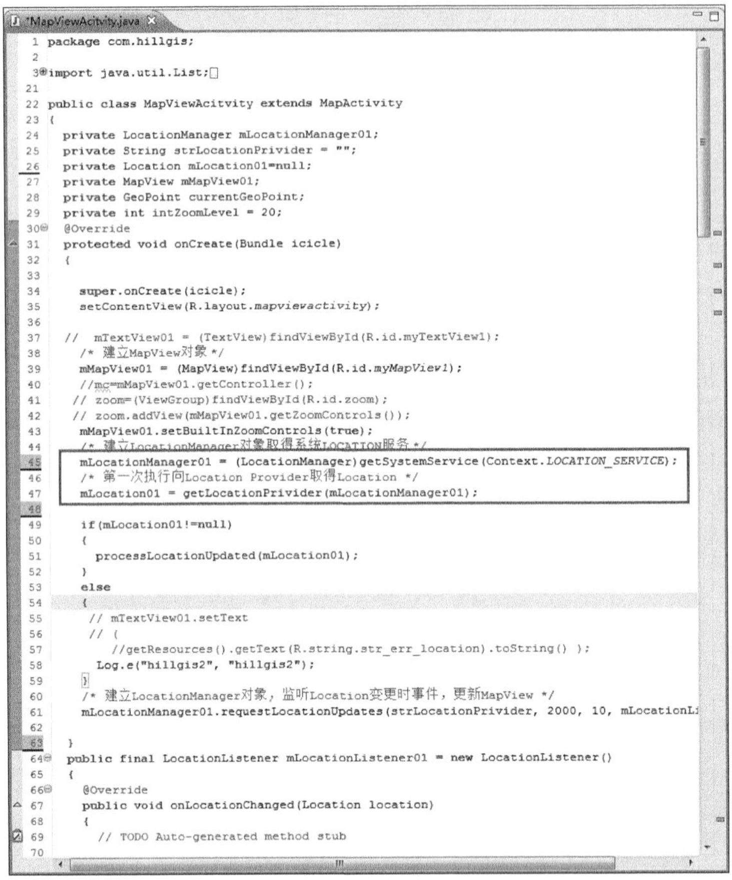

图 FL2-28 LOCATION 服务

Android 部分代码:将经纬度传给 JSP 页面,如图 FL2-29 所示。

Android 部分代码:将 JSP 页面返回结果转换成 Address Model 方法,如图 FL2-30 所示。

【小提示】详细代码请阅读源代码。

3)留言模块

系统为用户提供的本地留言和查看留言功能,如图 FL2-31 和图 FL2-32 所示。

实现方法:当用户单击留言 activity 后,显示本地的所有用户留言,供用户查看;用户还通过编辑框,自己在本地留言。

```java
package com.hillgis.http;

import java.util.ArrayList;

public class GetAddress {

    public String getAddress(String longti,String latin)
    {

        String uriAPI = IPAddress.IP+"/LBS_FOR_SISE/getaddress.jsp";
        String strRet = "";

        try
        {
            DefaultHttpClient httpclient = new DefaultHttpClient();
            HttpResponse response;
            HttpPost httpost = new HttpPost(uriAPI);
            List <NameValuePair> nvps = new ArrayList <NameValuePair>();
            nvps.add(new BasicNameValuePair("longti",longti));
            nvps.add(new BasicNameValuePair("latin",latin));

            httpost.setEntity(new UrlEncodedFormEntity(nvps, HTTP.UTF_8));

            response = httpclient.execute(httpost);
            HttpEntity entity = response.getEntity();

            /* HTML POST response BODY */
            strRet = EntityUtils.toString(entity);
            strRet = strRet.trim();


            if (entity != null)
            {
                entity.consumeContent();
            }

            return strRet;
        }
        catch(Exception e)
        {
            e.printStackTrace();
            return "";
        }
    }
}
```

图 FL2-29　传经纬度

```java
package com.hillgis.Util;


import com.hillgis.Model.Address;


public class PaserToAddress {


    public Address get_address_model(String web)
    {

        Address c=null;
        String []a=web.split(",");

            c=new Address();
            c.setmAddress(a[0]);
            c.setAid(Integer.parseInt(a[1]));
            c.setLit(Double.valueOf(a[2]));
            c.setLongti((Double.valueOf(a[3])));


        return c;
    }
}
```

图 FL2-30　Address Model 方法　　图 FL2-31　查看留言效果　　图 FL2-32　提交留言后界面

4)商家模块

用户查看商家信息,如图 FL2-33 所示。

5)徽章模块

用户查看自己所获得徽章及徽章的相关信息,如图 FL2-34、图 FL2-35 所示。

图 FL2-33　查看商家信息效果　　图 FL2-34　查看用户所获徽章　　图 FL2-35　单击徽章查看徽章信息

3．本章小结

本章主要是对各个功能的具体实现和实现方法进行了详细的讲述,并对每个功能的实现代码进行了解读。以上的功能的具体设计与实现是地理位置移动社交应用系统的主要功能。

FL2.4　项目测试

测试用例如表 FL2-9 至表 FL2-15 所示。

表 FL2-9　测试用例 1

测试项目编号	001	测试项目名称	登录界面的测试
测试用例编号			
(1) 输入:用户名:hillgis,密码:111111			
(2) 输出:跳转到设置页面并显示用户 hillgis			
(3) 步骤及操作:输入相应数据,单击登录			

表 FL2-10　测试用例 2

测试项目编号	002	测试项目名称	签到功能测试
测试用例编号			
(1) 输入:签到按钮控件			
(2) 步骤及操作:单击"签到",数据添加到 MySQL 数据库,签到按钮变成不可单击状态。			

表 FL2-11　测试用例 3

测试项目编号	003	测试项目名称	查询签到历史测试
测试用例编号			
(1) 输入:查询历史按钮控件			
(2) 输出:签到历史列表显示签到历史			
(3) 步骤及操作:单击"查询历史"按钮			

表 FL2-12　测试用例 4

测试项目编号	004	测试项目名称	留言功能测试
测试用例编号			
(1)输入:留言内容			
(2)输出:留言列表显示留言			
(3)步骤及操作:先输入相关数据,单击提交按钮			

表 FL2-13　测试用例 5

测试项目编号	005	测试项目名称	显示地图功能测试
测试用例编号			
(1)输入:显示地图按钮控件			
(2)输出:地图显示用户所在地的信息			
(3)步骤及操作:单击"显示地图"按钮			

表 FL2-14　测试用例 6

测试项目编号	006	测试项目名称	商家信息查询功能测试
测试用例编号			
(1)输入:"商家"控件			
(2)输出:商家信息列表显示商家信息			
(3)步骤及操作:单击"商家"控件			

表 FL2-15　测试用例 7

测试项目编号	007	测试项目名称	徽章信息查询功能测试
测试用例编号			
(1)输入:"徽章"控件			
(2)输出:徽章信息列表显示徽章信息			
(3)步骤及操作:单击"徽章"控件			

FL2.5　项目总结

本项目按照软件生命周期的各个阶段进行软件的开发,首先对软件进行了严格准确的定义,确定系统要解决的问题及意义和可行性研究,然后进行了详细的需求分析,将软件大致分为 4 个模块,并确定了各个模块需要实现的功能,并根据系统的数据流图设计了系统的软件结构,并使各模块之间尽量达到高内聚、低耦合,之后进行了软件的详细设计,确定了软件使用的数据结构、算法以及各模块的处理流程。该地理位置移动社交应用系统使用 Android 中内置的谷歌地图,实现了普通手机用户对于公交信息查询的一般要求,并设计了友好的用户界面。

具体完成的任务如下:

(1)完成了软件生命周期各个阶段的文档。在软件开发的过程中,编写了需求分析、概要设计、详细设计、运行及测试文档。

(2)按照软件生命周期进行软件的开发,并最终取得成功,开发的地理位置移动社交应用系统,性能稳定,界面友好,达到预期的目标。

(3)界面做到了尽量友好、使用方便简单,尽量使用户能够舒服的操作软件。